シンプレクティック幾何学

# シンプレクティック幾何学

深谷賢治

岩波書店

# まえがき

　この本はシンプレクティック幾何学の概説書で，Gromov に始まる概正則曲線を用いる大域シンプレクティック幾何学にかかわる部分を中心にしている．しかし，それ以外の話題にもできるだけ多く触れるように心がけた．シンプレクティック幾何学は解析力学から生まれた．20 世紀の解析力学の発展には，三体問題などから発展していった力学系の研究の流れと，量子力学から場の量子論へと向かった流れがある[*1]．本書の力点はどちらかといえば後者にあるが，前者にかかわることも述べられている．

　シンプレクティック多様体の大域的性質の研究のうちで，シンプレクティック多様体の分類などを中心とした部分は，最近ではシンプレクティックトポロジーと呼ばれることが多い．この本の力点はシンプレクティックトポロジーとはずれており，本書はシンプレクティックトポロジーの概説書というわけではない．（本書の力点のおき方には，[128], [115], [118] などで述べた夢が背景にある．）

　概正則曲線の理論の基礎をなす，関数解析的偏微分方程式論を用いる概正則曲線のモジュライ空間の構成と，その基本的な性質の証明を，技術的な詳細まで含めて，完全に与えることはしなかった．しかし，要点は第 2 章で説明したつもりである．概正則曲線のモジュライ空間の構成については最近では多くの書物がある（[25], [184], [253]）．

　シンプレクティック幾何学がかかわる最近の重要な話題に，ミラー対称性がある．この本ではその解説にかなりのページを割いたが，ミラー対称性にかかわる重要な側面で，この本では触れていないことが多くある．ミラー対称性は，シンプレクティック幾何学と同時に代数幾何学・複素幾何学にもか

---

[*1] この 2 つを分けてしまうのは一面的な見方ではあるが．

かわる．ミラー対称性の解説のほとんどは，理論物理学（弦理論）の立場からのもの，または代数幾何学・複素幾何学の立場からのものである（代数幾何学の立場からの詳しい解説が最近出版された[64]）．

この本では，むろん，シンプレクティック幾何学の立場から説明した．それで，代数幾何学・複素幾何学で論じるべきことについてはあまり深入りしなかった．特に，ミラー対称性の研究の1つの中心である，キャラビ–ヤウ多様体上の有理曲線の数え上げには深入りしていない．

この本で述べられているミラー対称性の側面は，代数幾何学・複素幾何学に属す側面に比べて未成熟な部分が多いが，限られた紙数の中で特徴をもつ本にしたいと思った結果，筆者が研究していることに近い部分を，現在進行中のことも含めてある程度述べることにした．

シンプレクティック幾何学は，天体力学，力学系，特異点論，流体力学あたりから始まって，超局所解析・可積分系・代数幾何学，素粒子論，リー群の表現論，非可換幾何学にいたるまで，数学とその隣接諸科学の非常に多くの分野にかかわっている．この本の執筆を始めてから，あれも調べなければ，これも勉強したい，という事柄が増えて，筆者の研究室の机の上には，いつも30〜40冊の本と，100以上の論文が，次々と入れ替わりつつ積み上げられている．その一部はこの本の中に引用したが，わかっている振りをして，積ん読のまま引用したものもある．読者がそれぞれの興味に従って，勉強・研究を続けていくことを期待したい．

各章の内容は次の通りである．第1章は導入で，シンプレクティック幾何学の20世紀の幾何学全体の中での，筆者なりの位置づけである．

第2章からが本論である．第2章はシンプレクティック多様体の定義と，シンプレクティック幾何学の2つの最初の基本定理である Darboux と Moser の定理を述べた後，概正則曲線の方法について述べた．§2.4, 2.5, 2.6 では，概正則曲線を考えることの重要性と，概正則曲線のモジュライ空間の構成・研究の基本的な考え方を述べた．とりあえずの目的とした定理 2.36 は，積分可能とは限らない概複素構造の場合の，$\mathbb{C}P^2$ 上の概正則曲線の存在定理で

ある.大がかりな道具立てのわりに,この定理は一見では大定理には見えないであろう.まずは道具立てそのものを解説することが目的であるが,§2.7でこの定理(の親戚)を利用して,大域シンプレクティック幾何学の誕生を告げる Gromov の定理,圧縮不能性定理を述べる.圧縮不能性定理では,積分可能でない概複素構造を考えることが本質的であり,複素幾何学(ケーラー多様体の幾何学)とは異なる,シンプレクティック幾何学の特徴が強く現れている.

第3章は,シンプレクティック商(あるいはシンプレクティック簡約)の概説である.この方面にも多くの書物([24],[167],[169],[200])がある.本書で比較的詳しく述べたのは,運動量写像のモース理論である.また,例として,曲面の基本群の表現空間を多く論じた.シンプレクティック商や運動量写像は,リー群の表現論の研究と一体となって研究されてきており,その方面に重要な例が多いが,あまり取り上げなかった.理由の1つは,筆者の勉強不足で,もう1つは,本書の力点が場の量子論,特にその大域幾何学と深くかかわった部分にあり,曲面の基本群の表現空間はその意味からも大切な例だからである.基本群の表現空間は接続全体の空間のシンプレクティック商である.このような無限次元の例は他にも多くあり,大域シンプレクティック幾何学の視点が,これからもその威力を発揮していく方向であると思われる.

第4章ではシンプレクティック幾何学の重要概念であるラグランジュ部分多様体を取り上げた.最初の2節の目的は,できるだけ多くの例・構成法を挙げ,ラグランジュ部分多様体がいかに多くの数学とかかわるかを見せることである.§4.3では,幾何学的量子化を解説した.幾何学的量子化もやはり,表現論と深くかかわって発達した分野で,実例も表現論にかかわるものが多くあるが,前と同じ理由で,曲面の基本群の表現空間にかかわる例の方を取り上げた.§4.4では,マスロフ指数を解説した.マスロフ指数も多方面とかかわる話題である.特性類として自然にかかわるのが,ラグランジュ同境の理論で,これについてはかなり詳しく述べた.また,最近の発展とかかわる重要な側面である,概正則円盤のモジュライ空間との関係についても

述べた．もう1つの大切な側面である，超局所解析との関係は，残念ながら紙数の関係で割愛した．[34], [165]などをご覧いただきたい．

　第5章はシンプレクティック幾何学におけるフレアーホモロジーの理論の概要を述べた．シンプレクティック幾何学で現れるフレアーホモロジーは（とりあえず）2種類あるが，最初の3つの節で周期ハミルトン系の場合を，§5.4でラグランジュ部分多様体の場合（で一番扱いやすい場合）を述べた．残念ながら必要な解析を細部まで述べることはできなかったが，フレアーホモロジーの理論の，基本的な問題点と考え方は示したつもりである．

　第6章ではミラー対称性を扱った．概正則曲線を組織的に用いて組み立てられるのが，グロモフ–ウィッテン不変量の理論である．最初の3つの節はその概要である．その基本的な構成だけでも，全部を述べると長大になるので，解析の細部の多くを省略した．（解析の基本的な考え方は，第2章にある．）また，グロモフ–ウィッテン不変量の計算法については，あまり多くを述べなかった．前にも引用したミラー対称性の代数幾何学的側面の概説[64]は計算法に詳しい．後半の3節は，変形理論（モジュライの理論）とそのシンプレクティック幾何学とのかかわりを述べた．ミラー対称性がモジュライ空間にかかわるのはまず周期写像を通してであるが，周期写像については説明しなかった．ミラー対称性と周期写像の関係も[64]に詳しい．（計算法と周期写像はどちらかというと代数幾何学に属する話題であるので避けた．また，[64]との重複もできるだけ避けた．）かわりにこの3つの節では，ホモロジー（ホモトピー）代数学にもとづく抽象的な変形理論を述べ，そのミラー対称性およびシンプレクティック幾何学への応用を与えた．§6.4ではホモロジー代数の部分を（複素多様体からの動機づけとともに）述べ，§6.5では，その応用である，Kontsevichらによる変形の存在についての2つの定理，すなわちキャラビ–ヤウ多様体の拡大変形空間の構成[*2]，および，ポアッソン構造に対応する変形量子化の存在を述べた．最後の節は，ほとんどの部分が予想として残されている，ホモロジー的ミラー対称性について述べた．主な目的は数学

---

*2　実はこれは周期写像の理論と関係が深い．

的に厳密な形の予想を導き出すことである．また，アーベル多様体の場合に，予想が成り立つ具体例を与えた．この節の半分は，本書と同時期に出版される予定の，Kontsevich・Oh・太田・小野氏と筆者の共著[122]の概要である．

本書の各章のかなりの部分は互いに独立に読める．第3章と第4章(§4.4の最後の部分以外)を読むには，第2章の§2.3以後は不要である．また，第4章のほとんどの部分は第2章と独立で，第3章の結果を用いるのは，§4.3の一部だけで，また，§4.4は§4.3とは独立である．第5章の§5.1, 5.2, 5.3は，第4章とは独立で，第3章では，§3.1, §3.2だけを用いる．§5.4では，第4章の§4.1と§4.4が用いられる．第5章と第6章もほぼ独立で，普遍ノビコフ環の定義5.44だけ見れば，第2章のあと，すぐに第6章に進んでもよい．ただし§6.6は例外で，第3, 4, 5章の大部分と関係がある．

本書のあちらこちらに(特に第5, 6章に)，注意として，かなりの予備知識を前提としていることが書かれている．初めて読む読者が，これらの多くを理解できないのは当然である．知らない言葉が出てきたらさっさと飛ばしてもよい．これらの注意は，読者のそれぞれが，そのうちの1ヵ所でも2ヵ所でも興味をもち，引用した文献などで勉強・研究を進めるきっかけになることを願って入れたものである．

筆者がシンプレクティック幾何学の勉強を始めたのは6, 7年前であり，大学院のセミナーのテーマにシンプレクティック幾何をやろう，と言い出したときからである．その後も，修士課程や博士課程のセミナーと称して，京都大学や東京大学の大学院の学生に，いろいろな論文を読んで教えてもらった．それらがこの本の主要部分をなしている．また，研究集会シリーズ "Surveys in Geometry"（の特に[129], [130], [131]の回）やその準備の中でも，多くの人にいろいろなことを習った．

このように，勉強中の学生から，シンプレクティック幾何学の代表的な研究者まで，多くの人にいろいろ教えてもらうことなしには，この本を書くことはできなかった．

以下それらの人々の名前の一部を五十音順で記して感謝の意を表したい．

赤穂まなぶ，板垣裕也，江口徹，Y. G. Oh，太田啓史，筬島靖文，小野薫，金子真隆，亀谷幸夫，M. Gromov，牛腸徹，今野宏，M. Kontsevich，高倉樹，中島啓，西納武男，橋本義武，林正人，古田幹雄，…

最後に，大幅な執筆の遅れとページ数の超過などで，ご迷惑をかけたにもかかわらず，執筆を最後まで助けてくれた岩波書店の編集部の方々に感謝したい．

1999年5月

深谷賢治

### 追記

本書は，岩波講座『現代数学の展開』の1分冊であった「シンプレクティック幾何学」を単行本としたものである．それにあたっては，本文中の内容は講座時のままとし，誤植訂正のみに留めた．ただし，あとがきの後に「単行本化にあたっての追記」を入れて本文への補足や訂正を行なった．

2008年10月

# 目　次

まえがき …………………………………… v

第1章　緒　論 …………………………………… 1
  §1.1　エルランゲン目録と $G$ 構造 …………… 2
  §1.2　局所から大域へ ………………………… 5
  §1.3　シンプレクティック幾何学の歴史瞥見 … 10

第2章　シンプレクティック幾何学と
　　　　概正則曲線入門 …………………………… 21
  §2.1　定義と例 ………………………………… 21
  §2.2　Darboux の定理と Moser の定理 ……… 25
  §2.3　概複素構造の微分幾何学 ……………… 30
  §2.4　概正則曲線序説 ………………………… 39
  §2.5　モース理論の観点とコンパクト性 …… 53
  §2.6　コンパクト化とバブル ………………… 65
  §2.7　最初の応用 ……………………………… 76

第3章　運動量写像とシンプレクティック商 … 81
  §3.1　シンプレクティック商 ………………… 81
  §3.2　運動量写像のモース理論 ……………… 89
  §3.3　複素幾何学との関係 …………………… 97
  §3.4　局所化と同変コホモロジー …………… 108

第4章　ラグランジュ部分多様体をめぐって … 119
  §4.1　ラグランジュ部分多様体 ……………… 119

§4.2　接触多様体とルジャンドル部分多様体 ‥‥‥ *129*
§4.3　幾何学的量子化 ‥‥‥‥‥‥‥‥‥‥‥‥ *141*
§4.4　マスロフ指数とラグランジュ同境 ‥‥‥‥‥ *163*

第5章　フレアーホモロジー ‥‥‥‥‥‥‥‥‥‥‥ *187*
　§5.1　周期ハミルトン系とアーノルド予想 ‥‥‥‥ *187*
　§5.2　フレアーホモロジー ‥‥‥‥‥‥‥‥‥‥ *194*
　§5.3　ボト–モース理論再説 ‥‥‥‥‥‥‥‥‥ *217*
　§5.4　概正則円盤の応用 ‥‥‥‥‥‥‥‥‥‥‥ *229*

第6章　グロモフ–ウィッテン不変量と
　　　　ミラー対称性 ‥‥‥‥‥‥‥‥‥‥‥‥‥ *243*
　§6.1　ミラー対称性序説 ‥‥‥‥‥‥‥‥‥‥‥ *243*
　§6.2　グロモフ–ウィッテン不変量 ‥‥‥‥‥‥‥ *251*
　§6.3　フロベニウス多様体 ‥‥‥‥‥‥‥‥‥‥ *276*
　§6.4　ホモトピー代数と変形理論 ‥‥‥‥‥‥‥ *294*
　§6.5　$B$模型と変形量子化 ‥‥‥‥‥‥‥‥‥‥ *309*
　§6.6　フレアーホモロジーとミラー対称性 ‥‥‥ *333*

あとがき ‥‥‥‥‥‥‥‥‥‥‥‥‥‥‥‥‥‥‥‥ *373*
単行本化にあたっての追記 ‥‥‥‥‥‥‥‥‥‥‥‥ *375*
参考文献 ‥‥‥‥‥‥‥‥‥‥‥‥‥‥‥‥‥‥‥‥ *385*
索　　引 ‥‥‥‥‥‥‥‥‥‥‥‥‥‥‥‥‥‥‥‥ *405*

# 1 緒論

　シンプレクティック幾何学の教科書を書くのは時期尚早である．
　シンプレクティック幾何学は，19 世紀の数学者 Hamilton によって古典力学の方程式の変分法としての構造を表現する数学的な型式として出発した．
　奇妙なことに，古典力学の表現手段であったはずのシンプレクティック幾何学(ハミルトン型式)は，量子力学の創設においても不可欠な役割を果たした．
　20 世紀の幾何学の発展において，シンプレクティック幾何学は異端児でありつづけた．局所から大域へという幾何学の流れに，シンプレクティック幾何学は完全に乗り遅れた．だから，未来の数学の萌芽として一部で熱烈に擁護されながら，そして幾何学以外の分野で多くの重要な応用を生みながら，幾何学そのものの本流になることは決してなかった．
　Gromov の 1985 年の論文は，大域シンプレクティック幾何学が豊かな内容をもつことをついに明らかにし，その風景を一変させた．理論物理学で，大域幾何学の意義がようやく見出されたとき，大域シンプレクティック幾何学の重要性はいよいよ明らかになった．
　シンプレクティック幾何学の時代は今始まっている．

## §1.1 エルランゲン目録と $G$ 構造

冒頭のコピーは,筆者が岩波講座『現代数学の展開』の内容予告に書いたものである.これを敷衍することでシンプレクティック幾何学の歴史を語りたい.「局所から大域へ」と向かった20世紀後半の幾何学の流れと,そこに至る20世紀の幾何学の歩みを見つめながら.

有名な Klein の**エルランゲン目録**(Erlangen program)から話を始めよう.エルランゲン目録を,群とそれが作用する空間の組 $(X,G)$ が与えられたとき幾何学が与えられる,と簡略化して述べておく.$(X,G)$ に対応する幾何学をもつ空間 $M$ とは,任意の点 $p\in M$ に対して,その近傍 $U_p\subset M$ を $X$ の開集合とみなすことができる.また,$X$ 上の諸量あるいは諸概念のうちで,$G$ の作用で不変なものだけが,$(X,G)$ で与えられる幾何学の概念であるとみなす.

**注意1.1** 正確に定義すると,次の通りである.

$M$ の各点 $p$ に対して,その近傍 $U_p$ と $X$ の開集合の間に微分同相写像 $\varphi_p$ で以下の条件を満たすものが与えられたとき,$M$ 上に $(\boldsymbol{X},\boldsymbol{G})$ **構造**が定まったという:座標変換 $\varphi_p\circ\varphi_q^{-1}:\varphi_q(U_p\cap U_q)\to\varphi_p(U_p\cap U_q)$ が,$G$ の元 $g_{p,q}$ を用いて,$\varphi_p\circ\varphi_q^{-1}(x)=g_{p,q}x$ と表される.

典型的な例は,$X$ が $n$ 次元ユークリッド空間で $G$ がその合同変換(等長変換)全体の群である場合(ユークリッド幾何学),$X=\mathbb{R}^n$ で $G$ がその相似変換全体の群である場合(相似幾何学),$X$ が曲率 $-1$ の定曲率空間であって $G$ が等長変換である場合(双曲幾何学),$X$ が射影空間 $\mathbb{CP}^n$ であって $G$ が $GL(n+1;\mathbb{C})$ の場合(射影幾何学),などである.

どれもここで解説するわけではないので,説明は省く.ここで述べたかったのは,群を与えることで1つの幾何学ができる,という思想である.エルランゲン目録では,「群を与える」とは $(X,G)$ という組を与えることである.群 $G$ は空間 $X$ に作用している.重要な例では,$X$ への $G$ の作用は推移的(transitive)である.(つまり,$p,q\in X$ のとき $q=gp$ なる $g\in G$ が存在す

る.）この場合，考える空間はおおよそ等質空間 $G/H$ である.（ここで $H$ は $G$ の部分群で $G/H$ は $H$ の $G$ への右からの掛け算による作用についての商空間を指す.）

これを局所化したのが E. Cartan である．Cartan の幾何学では，群 $G$ はベクトル空間 $\mathbb{R}^n$ に作用している．すなわち，$G \subset GL(n;\mathbb{R})$ である．そして，$n$ 次元多様体 $M$ の **$G$ 構造**($G$ structure)とは，$M$ の座標系 $(U_i, \varphi_i)$ であって，座標変換の '微分' が $G$ の作用で与えられるものを指す．

すなわち，エルランゲン目録での幾何学では，空間 $M$ が各点の近傍で $(X, G)$ の一部と同一視されたのに対して，Cartan の幾何学では $M$ の各点の無限小近傍すなわち接空間 $T_pM$ が $(\mathbb{R}^n, G)$ と同一視されるのである．

**注意 1.2** 正確に述べると，$M = \bigcup U_i$ なる $M$ の開被覆と，$\varphi_i : U_i \to \varphi_i(U_i)$ なる $\mathbb{R}^n$ の開集合への微分同相写像で，$\varphi_j \circ \varphi_i^{-1} : \varphi_i(U_i \cap U_j) \to \varphi_j(U_i \cap U_j)$ としたとき，その $x \in \varphi_j(U_i \cap U_j)$ での微分 $d(\varphi_j \circ \varphi_i^{-1}) : T_p\mathbb{R}^n \to T_p\mathbb{R}^n$ が $G \subset GL(n;\mathbb{R})$ の元であるものが存在することを指す．

$G$ 構造の 2 つの典型例は，リーマン幾何学(Riemannian geometry)すなわち $G = O(n) \subset GL(n;\mathbb{R})$（直交群）の場合と，複素幾何学「すなわち」$G = GL(n;\mathbb{C}) \subset GL(2n;\mathbb{R})$ の場合である．

エルランゲン目録と Cartan の幾何学を結ぶのが，$G$ 構造の**積分可能性**(integrability)という概念である．$G$ 構造が積分可能とは，次のように定義する．$G \subset GL(n;\mathbb{R})$ であるとき，$\mathbb{R}^n$ には標準的な $G$ 構造が定まっている．$M$ 上の $G$ 構造が積分可能とは，$M$ の各点に対して，そのある近傍が $G$ 構造も含めて標準的な $G$ 構造をもつ $\mathbb{R}^n$ の開集合と同型であることを指す．

$G$ 構造の定義では，各点の無限小近傍が標準的な $G$ 構造をもつ $\mathbb{R}^n$ と同一視できるとしていた．積分可能性とは，十分小さい，しかし 0 でない有限の大きさをもつ近傍が，標準的な $G$ 構造をもつ $\mathbb{R}^n$ と同一視できることを意味する．

複素構造とは積分可能な $GL(n;\mathbb{C})$ 構造のことである．積分可能性を仮定しない場合，$GL(n;\mathbb{C})$ 構造のことを**概複素構造**(almost complex structure)

と呼ぶ．(これが，上で「すなわち」と括弧をつけた理由である．)

リーマン幾何学では，積分可能性は仮定しない．リーマン幾何学の場合，つまり $G$ が直交群 $O(n) \subset GL(n;\mathbb{R})$ の場合，積分可能な $G$ 構造とは，平坦なリーマン計量を意味する．あるいは，$X$ が $n$ 次元ユークリッド空間で $G$ がその合同変換(等長変換)のなす群である場合の，$(X,G)$ 構造を意味する．これでは研究対象として狭すぎる．

Cartan の幾何学は，積分可能でない $G$ 構造をとり込むことにより，等質空間を超えた一般の多様体に幾何学の対象を広げた．等質空間の研究には，リー群あるいはリー環の代数的研究が最も有力な手段であった．等質空間を超えることにより，代数的手法を超えた，超越的な方法が研究の中心的な手法になることが要請される．しかし，Cartan 自身がリー群論の中心的な建設者の一人であったことからもわかるように，超越的手法が幾何学の主要な手法となるには，多くの年月を要した．

20 世紀前半における微分幾何学の発展は，局所理論を中心に展開された．それは，$G$ 構造の言葉を使えば，$G$ 構造をもつ空間の局所的な分類の問題である．積分可能な $G$ 構造を考える限り，局所的な分類の問題は存在しない．なぜなら，局所的には標準的なものと同じである，というのが積分可能性の定義であるからである．しかし，たとえばリーマン幾何学を考えると，局所的なリーマン多様体の分類の問題は，曲面論を研究した Gauss 以来の中心問題であった．

$G$ 構造を与えるとは，多くの場合，空間上に構造を決めるテンソルを与えることを意味する．たとえば，リーマン幾何学ではそれは正定値対称テンソル $g:TM \otimes TM \to \mathbb{R}$ であり，(概)複素構造ではそれは $\sqrt{-1}$ 倍にあたる写像 (1-1 テンソル) $J:TM \to TM$ である．

$G$ 構造を局所的に分類する問題に答えるには，$G$ 構造の不変量を見つける必要がある．それは，$G$ 構造を与えるテンソルを微分して得られる量を適当に組み合わせることによって得られる．どのような組み合わせをすると，得られたものが $G$ 構造の不変量になるか，すなわち $G$ 構造を保つ微分同相写像で保たれるか，というのが基本問題である．このような量を**微分不変式**

(differential invariant)という．微分不変式を求める問題は，19世紀の末からテンソル解析の中心問題として研究された．リーマン幾何学の場合は，曲率が最も重要な微分不変式である．

 $G$ 構造の局所的な分類問題は，十分多くの微分不変式を見つけ，逆にそれらの微分不変式が一致する 2 つの $G$ 構造が局所的に同型であることを示せば解かれたことになる．これを**同値問題**(equivalence problem)という．

 リーマン幾何学の場合は「曲率が一致する 2 つのリーマン多様体は局所的には等長的である」という命題がそれにあたる．(曲率が一致するということの正確な意味を与えないと，この命題は数学の定理をなさない．それはここでは省略する．[204] Vol.1, Chapter IV 7 など参照．)

 同値問題の主要なものは 1950 年代までに解決され，また微分幾何学・位相幾何学の基礎づけも完成する．そうして微分幾何学の中心は大域的な問題に移るのである．

## §1.2　局所から大域へ

 シンプレクティック幾何学中興の祖 Gromov は，1985 年東京大学でシンプレクティック幾何学についての講演をしたが，当時日本に Gromov が展開したようなタイプのシンプレクティック幾何学の研究者はほとんどおらず，その場で活発な質疑が行われた，というわけにはいかなかった．Gromov は講演後筆者に向かって，なぜ質問が出なかったのか，と不満げであった．筆者は，Gromov の提示したシンプレクティック幾何学に対して，その目的としているもの，モティベーションを尋ねた．それに対して，Gromov は簡単に一言こう答えた．

**　　　シンプレクティック幾何学はリーマン幾何学より豊かだ．**
当時リーマン幾何学を研究していた筆者を意識しての言葉でもあったのだろうが[*1]，今になって思うと，自らが「普通の大域幾何学」の新たな 1 つとし

---

 [*1]　リーマン幾何学もシンプレクティック幾何学と同じくらい豊かである．

て提示したシンプレクティック幾何学の可能性に対する確信の表れでもあろう．

いま「普通の大域幾何学」と書いた．この言葉(筆者が勝手に使ったもの)の意味を説明したい．

20 世紀後半，大域的な研究が幾何学の前面に踊り出る．1950 年代においてこれを担った動きが，微分位相幾何学の創始と，複素幾何学の代数幾何学および多変数複素関数論からの自立である．

先に幾何構造を論じたときには，すでに微分多様体の構造は与えられたものとして出発した．すなわち，種々の幾何構造($G$ 構造)は，微分構造の下部構造として捉えた．出発点を微分多様体ではなく，位相多様体におけば，微分構造そのものを一種の幾何構造と捉えることができる．群 $G \subset GL(n;\mathbb{R})$ を考える，という視点は多少の修正を要するが，これも可能である．(ユークリッド空間の局所微分同相の群 Diff と局所位相同型の群 Top を考え，Diff $\subset$ Top というペアで $G \subset GL(n;\mathbb{R})$ を代置する．このとき，接束(tangent bundle)の概念が位相多様体まで拡張されることは，60 年代に Milnor らによってマイクロバンドル(micro bundle)の理論として確立された．位相多様体のマイクロバンドルでは，Top がベクトル束における $GL(n;\mathbb{R})$ の役割を演ずる．)

微分構造を「幾何構造」とみなしたとき，それはもちろん「積分可能」である．つまり，微分多様体 $M$ に対して，点 $p \in M$ の近傍はユークリッド空間の開集合と微分同相である．したがって，微分位相幾何学においては，分類の局所的な問題は自明である．しかし，分類の大域的な問題，すなわち「2 つの微分多様体 $M, M'$ が同相であるとき微分同相か」という問題，あるいは「与えられた位相多様体に対して，これと同相な微分多様体は存在するか」という問題は深いものであった．

筆者はこれらの問題が，Milnor が否定的な解答を与える前に，果たして問題として意識されていたかどうかを知らない．Milnor は第 1 の問題に対して 7 次元球面の場合に反例を与え，また Kervaire は第 2 の問題に反例を与えた．さらに，これらの反例は，病理的な例ではなく，普通に微分多様体を

考える限り，自然に現れる正統的な対象であった．

こうして上記の 2 つの問題が微分位相幾何学の基本問題として認知され，微分位相幾何学が数学の分野として本格的に始まる．

同じころから，大域的なリーマン幾何学が次第に発展していく．大域的なリーマン幾何学の基本問題は，曲率が多様体の大域的な性質にどのような影響を与えるか，である．

微分位相幾何学の発展は，どのような微分多様体が存在し，それらをお互いに区別するにはどのようなことを調べればよいかを次第に明らかにし，大域リーマン幾何学のために必要なバックボーンを準備した．一方，局所リーマン幾何学の主要な手段であったテンソル解析に代わる，大域リーマン幾何学の方法も現れ始めた．その 1 つは，曲線の長さに関する変分法すなわちモース理論 (Morse theory) であり，もう 1 つは調和積分論 (harmonic analysis, Hodge らによる) とボホナートリック (Bochner trick)，すなわち曲率と多様体上の偏微分方程式のかかわりであった．

一方において，複素幾何学の自立は，超越的方法，特に偏微分方程式を用いる方法の，複素多様体への応用の確立によることが大きい．これは，Hodge, De Rham, 小平といった人たちによって確立した調和積分論，さらには Gauss–Bonnet の定理 (の高次元化)・Riemann–Roch の定理・Atiyah–Singer の指数定理と続いた一連の研究であり，小平はこれらに基づいて複素幾何学を 1 つの分野として確立した．複素多様体の同型類の数は (微分多様体の微分同相類の数とは違い) 可算ではない．したがって，「分類」には複素多様体の同型類の作るモジュライ空間 (moduli space) の構成と研究が不可欠である．小平は Spencer とともに複素多様体の変形理論 (deformation theory)，すなわちモジュライ空間の局所理論を創始した．一方，やはり小平は古典的に知られていた複素 1 次元の場合 (つまりリーマン面の場合) を超える，複素 2 次元の複素多様体の分類すなわち複素解析曲面の分類理論を，イタリア学派の代数曲面論の論理的な不備を補いつつ，深く研究した．

微分多様体の (5 次元以上での) 分類，複素多様体のモジュライ空間の理論，複素曲面論が進展した 50, 60 年代を通じて，大域的な幾何学は幾何学の (あ

るいは数学の)中心を形作った.

70年代には,大域幾何学にもう1つの重要な手法が付け加わる.すなわち,非線型偏微分方程式の幾何学への応用である.これが,前に大域的リーマン幾何の2つの方法として述べた曲線の長さに関する変分法(これは非線型常微分方程式の問題である)と線型偏微分方程式に付け加わり,多様体上の大域微分幾何学は70年代以後飛躍的な進歩を遂げ,多くの未解決問題が解決する.そこでの基本的な問題意識は,微分位相幾何学の誕生のところで述べたものと類似である.すなわち,与えられた条件を満たすリーマン多様体や複素多様体が,存在するかどうか調べる,あるいは分類するといったものであった.このような数学をここでは「普通の大域幾何学」と呼ぶことにしたい.

Gromovの論文[159]が現れるまでのシンプレクティック幾何学は,これとは違った道を歩んだように筆者には思われる.

**注意 1.3** シンプレクティック幾何学の歴史を書く人物として,筆者はまったく不適任である[*2].ここに書くことは,「普通の大域幾何学」の研究者であった筆者が,1980年ごろのシンプレクティック幾何学に対していだいた印象に大きく影響されている.たとえば,シンプレクティック幾何学が大きな潮流として一貫して研究されてきたロシアの数学者から見たら,まったく違った見方が出てくるのではないかという気がする.

シンプレクティック構造を,$G$構造の言葉で書くと,それは,$G = Sp(n) \subset GL(2n;\mathbb{R})$の場合,ということができる.ここで

$$Sp(n) = \left\{ A \in GL(2n;\mathbb{R}) \,\middle|\, A^{-1} \begin{pmatrix} 0 & -I_n \\ I_n & 0 \end{pmatrix} A = \begin{pmatrix} 0 & -I_n \\ I_n & 0 \end{pmatrix} \right\}$$

である($I_n$は単位$n \times n$行列).いいかえると,$M$の「シンプレクティック構造」とは,非退化反対称2次型式$\omega : TM \times TM \to \mathbb{R}$のことである.(リーマン計量とは正定値対称2次型式であった.)反対称2次型式$\omega : TM \times TM \to \mathbb{R}$とは微分2型式のことであったから,「シンプレクティック構造」とは非

---

[*2] 筆者の書いたシンプレクティック幾何学の最初の論文は1993年ごろのもので,Gromov以後のシンプレクティック幾何学の歴史の中でも後発である.

退化な微分2型式のことであるといってもよい.

　上で括弧をつけたのは，シンプレクティック構造には，もう1つ条件が必要だからである．それは，積分可能条件である．シンプレクティック構造の場合には，積分可能条件は $d\omega = 0$ という条件と同値である．（Darbouxの定理．§2.2で詳述する．）したがって，単に非退化な微分2型式のことは（複素構造の場合のまねをすれば）概シンプレクティック構造とでもいうべきであろう．（概シンプレクティック構造の局所理論が，リーマン幾何学のように豊かな内容をもちうるか筆者は知らない．）

　シンプレクティック幾何学の場合にも，前の節で述べたような「普通の大域幾何学」の問題を考えることができる．しかし，そのような問題意識にもとづく発展は，長いあいだシンプレクティック幾何学の中心ではなかったように思われる．これらの問題に解答が見つかりはじめ，「普通の大域幾何学」としてのシンプレクティック幾何学の発展が始まるのが，Gromovの論文[159]以後なのである．その発展については，第2章以後に詳しく述べるので，ここでは触れない．むしろここでは，それ以前のシンプレクティック幾何学について述べたい．

　**注意 1.4**　「それ以前のシンプレクティック幾何学」などという言葉遣いをすると，なにやら古臭く聞こえる．しかしそうではない．シンプレクティック幾何学は長らく21世紀への夢をはらみながら，いやむしろ，はらむ夢に押しつぶされそうになりながら，発展したように思われる．量子化をその目標に掲げ，にもかかわらず，「普通の大域幾何学」のようにこれが成果であるといって差し出せる，かっこいい，数学的に明確な定理を余りたくさんもたないで．だからこそ，その流れが今筆者には気になる．

　ここまでに述べてきた20世紀幾何学の歴史は，正統的な見方，すなわち正史である．21世紀の幾何学が生まれるとき，正史では軽視された別の研究，派手な発展の外を流れていた別の流れが，前面に現れてくるのではないかと思われる．シンプレクティック幾何学が21世紀の幾何学を生み出す大きな流れを作るとし

たら，幾何学の正史にすでに載っている Gromov[*3]以後の研究と，それ以前の研究との接点が見出されなければならないと筆者は考える．

## §1.3 シンプレクティック幾何学の歴史瞥見

　私の考えは全数学のシンプレクティック幾何学化です．
長い間シンプレクティック幾何学の発展を支えてきた Arnold からの，筆者宛の電子メール(1996年)の一節である．Arnold もまたシンプレクティック幾何学に21世紀の幾何学を夢見た一人に違いない．

　シンプレクティック幾何学の歴史は古い．その創始者は，解析力学のハミルトン型式(Hamilton formalism)を作った Hamilton である．ハミルトン型式とラグランジュ型式(Lagrange formalism)の違いを思い出そう．（詳しくは，たとえば，[13]，[127]参照．）3次元ユークリッド空間内を動く$n$個の粒子からなる系の場合，粒子の運動は写像$q:\mathbb{R}\to\mathbb{R}^{3n}$で表される．ラグランジュ型式の場合，$q$の(汎)関数$L(q)$を考えその変分問題を考える．それに対して，ハミルトン型式では位置を表す写像$q$と，運動量を表す写像$p:\mathbb{R}\to\mathbb{R}^{3n}$の両方を独立変数とみなし，変分法を適用する．ラグランジュ型式の場合も，ラグランジュ汎関数$L(q)$は$q$の微分の項ももちろん含んでいる．しかし，ラグランジュ型式の場合は，$q$の微分は$q$から自動的に決まると考え，独立変数とはみなさない．ハミルトン型式では$p=m\,dq/dt$という式は，$(q,p)$がハミルトン汎関数の極値を与えることの帰結の1つとして出てくる．

　この差は重要である．すなわち，ハミルトン型式では$q$と$p$の役割は対等である．このことは，ハミルトン型式がラグランジュ型式より多くの変換を

---

　[*3] この節の説明でも，後の節の説明でも，大域シンプレクティック幾何学が，Gromovの論文[159]だけによって始まったかのような誤解をまねく書き方をしている．[159]の重要性は明らかであるが，むろんその前後に，大域シンプレクティック幾何学が生まれるのに貢献した多くの人たちがいた．その名前の多くは，後の節で引用することになるから，ここでは挙げず，[159]で大域シンプレクティック幾何学の創設期の多くの人たちの努力の結果を代表させる．

## §1.3 シンプレクティック幾何学の歴史瞥見

許すことを意味する.すなわち,ラグランジュ型式では $\mathbb{R}^n$ の座標変換すなわち $q$ を $q$ に移す変換しか許されないが,ハミルトン型式では $q,p$ をごっちゃにした変換が許される.ただし,すべての変換が許されるわけではなく

$$(1.1) \qquad \omega = dq_1 \wedge dp_1 + \cdots + dq_{3n} \wedge dp_{3n}$$

という微分型式を保つ変換だけが,ハミルトン型式を不変にする.この $\omega$ がシンプレクティック型式であり,ここにシンプレクティック幾何学の起源がある.ハミルトン型式がより大きな変換を許すことは,とりあえずは,より大きい変換の自由度を利用して,方程式を簡単な形にできる可能性が広がる,という利点があったが,それにはとどまらなかった.

ユークリッド空間ではないより一般の空間,たとえば多様体 $M$ 上での運動を考えよう.このとき $q$ は $M$ への関数とみなすことができる.$p$ はなんであろうか.式(1.1)の座標変換性をよく考えると,$(q,p)$ の組は,余接束 $T^*M$ への写像とみなすのがよいことがわかる.いいかえると,$T^*M$ には自然なシンプレクティック構造が入る(§2.1 の補題 2.2 参照).

しかし,こう見てしまうことは,先ほど見た重要な対称性,つまり $p$ と $q$ が同等である,を崩してしまっている.すなわち $q$ は一般には曲がった空間 $M$ の座標関数であるが,$p$ は余接束 $T^*M$ のファイバーであるベクトル空間の座標関数である.

$p$ と $q$ の対称性を復活させる一番手っ取り早い方法は,余接束 $T^*M$ とは限らない一般のシンプレクティック多様体にまで視野を広げることである.すなわち,一般の多様体 $X$ と,その上の非退化微分2型式 $\omega$ であって $d\omega = 0$ であるものの組 $(X, \omega)$ を,その上で「多様体上の解析力学」を展開する場と考えるのである.これが,とりあえずは,シンプレクティック幾何学の立場である.

そう考えたとき開ける魅惑的な視界がある.すなわち,シンプレクティック幾何学を普通の幾何学の一般化と見る視点である.これを説明しよう.

一般のシンプレクティック多様体 $X$ を考え,$X$ 上の関数すなわちハミルトン汎関数を用いて変分法を行うのがハミルトン型式だとしたならば,それに対応するラグランジュ型式は何だろうか.シンプレクティック多様体 $X$

が余接束 $T^*M$ である場合には，$M$ への写像 $q:\mathbb{R}\to M$ に対する汎関数を考えて，等価なラグランジュ型式を見出すことができる．しかし，$X$ が余接束 $T^*M$ ではない場合，たとえば $X$ がコンパクトな場合にはどうだろうか．何が $M$ なのか．あるいは，このハミルトン型式はどんな空間上の運動を記述しているのか．

この問いに対して，次のように答えてみよう．

余接束 $T^*M$ ではない $X$ の場合には，対応する $M$ は普通の意味では(たとえば多様体としては)存在しない．すなわち，一般の $X$ 上のハミルトン型式は，何か未知の幾何学に属する「空間」上の運動を記述するラグランジュ型式に対応するとみなす．あるいは，$M$ 上のシンプレクティック幾何学は，新しい空間概念に属する空間上の幾何学と等価である．

このままではこの答えはあまりに安易で，それほど多くのものがそこから直ちに出てくるようには思われない．しかし，シンプレクティック幾何学に 21 世紀の幾何学を夢見る立場の，最も素朴な表れがここにある．

ここで物語が終わるわけではない．われわれはシンプレクティック多様体の概念の登場，恐らく 19 世紀末の Darboux あたりだろうか，を見たにすぎない．そこでシンプレクティック幾何学がかかわったのは，解析力学つまり Newton の古典力学である．

20 世紀とともに量子力学が現れる．しかし，古典力学から生まれたシンプレクティック幾何学は，その役目を終えるどころか，量子力学とはより深い，そして謎めいた，関係を結ぶのである．

量子化をするためには古典論をハミルトン型式で書かなければならない．また，上で強調した $q$ と $p$ の等価性は，量子論に移っても健在である．すなわち，波動関数は位置 $q$ の関数と見ることも運動量 $p$ の関数と見ることもできる．その間の関係はフーリエ変換(Fourier transform)である．（余談ながら，波動関数が $p, q$ 両方を独立変数にもつことはできないことは，不確定性原理の根拠である．）

しかし，$\omega$ を保つすべての変換すなわち正準変換が，量子論の変換になる

§1.3 シンプレクティック幾何学の歴史瞥見 ―― 13

わけではない.したがって,一般のシンプレクティック多様体とその上の関数(ハミルトン汎関数)から量子論を作る処方箋が現存するわけではない.

この事実は,「シンプレクティック多様体を考えることが,ユークリッド空間でない空間上で解析力学を展開することである」という,前述の立場に対する不信を呼び起こす.この立場はそのままでは量子論では通用しないのだ.

ではどう考えるべきか.これに対する解答は,いまだに知られていない.

これは筆者の想像であるが,大域シンプレクティック幾何学が素直には発展しなかった理由の1つがここにあるのではないだろうか.あまりに理論物理学と密接にかかわって生まれたがゆえに,物理学的な素性に対する疑念を振り払うことなしに,純粋に数学としての「普通の大域シンプレクティック幾何学」を展開することが,多くのシンプレクティック幾何学の専門家には疑問だったのではないだろうか[*4].

「Gromov 以前」のシンプレクティック幾何学で盛んに研究されたいくつかの点は,「普通の大域幾何学」的視点からは理解が困難で,物理学特に量子論などとのかかわりを踏まえてはじめて,意義が見えてくるものであったような気がする.

そのような問題の例として,Dirac に端を発する**幾何学的量子化**(geometric quantization)の問題を説明しよう.

$X$ 上のシンプレクティック構造 $\omega$ は,$C^\infty(M)$ 上の積構造 $\{\cdot,\cdot\}$ を以下のように導く.関数 $f$ に対して,それが生成する**ハミルトンベクトル場**(Hamilton vector field) $X_f$ を

(1.2) $$\omega(X_f, V) = df(V)$$

が任意のベクトル場 $V$ に対して満たされるような,唯ひとつのベクトル場とする.これを用いて

(1.3) $$\{f, g\} = (df)(X_g) = X_g(f) = -X_f(g)$$

---

[*4] たとえば[296]を読めば,大森氏の多様体に対する,昨今の幾何学のあり方からすれば異様ともいえる否定的なこだわりに,読者は驚くのではないだろうか.筆者はそこに,たとえば最近始まった「シンプレクティックトポロジー」では汲み尽くせない,シンプレクティック幾何学の深い根を見る.しかし,大域的な幾何学に対する大森氏の否定的見解([295]の序文などを見よ)に筆者は同意しない.

とおく．(1.3) をポアッソンの括弧 (Poisson bracket) と呼ぶ．$\omega = \sum dq_i \wedge dp_i$ のときは

(1.4) $$X_f = \sum \frac{\partial f}{\partial p_i}\frac{\partial}{\partial q_i} - \sum \frac{\partial f}{\partial q_i}\frac{\partial}{\partial p_i}$$

(1.5) $$\{f,g\} = \sum \frac{\partial f}{\partial q_i}\frac{\partial g}{\partial p_i} - \sum \frac{\partial f}{\partial p_i}\frac{\partial g}{\partial q_i}$$

である．ポアッソンの括弧は $\mathbb{C}$ 上双線型で，ヤコビ律

(1.6) $$\{\{f,g\},h\} + \{\{g,h\},f\} + \{\{h,f\},g\} = 0$$

を満たすことが容易にわかる．また $\{f,g\} = -\{g,f\}$ も満たす．すなわち，ポアッソン括弧は $C^\infty(M)$ にリー環の構造を定める．(このリー環は $f \mapsto X_f$ なる対応で，$X$ のシンプレクティック型式を保つ微分同相写像のなすリー群のリー環と同型になる．§2.2 参照．)

$M = \mathbb{R}^{2n}$ とし，その座標を $p_i, q_i$，$\omega = \sum dq_i \wedge dp_i$ とする．$C^\infty(\mathbb{R}^{2n})$ の部分集合で，$p_i$ たちについては多項式であるものを仮に $A$ と書こう．$A$ の元

$$F = \sum f_{\alpha_1,\cdots,\alpha_n}(q_1,\cdots,q_n) p_1^{\alpha_1}\cdots p_n^{\alpha_n}$$

に対して

(1.7) $$\mathfrak{O}(F) = \sum \sqrt{-1}^{\alpha_1+\cdots+\alpha_n} f_{\alpha_1,\cdots,\alpha_n}(q_1,\cdots,q_n) \frac{\partial^{\alpha_1+\cdots+\alpha_n}}{\partial q_1^{\alpha_1}\cdots\partial q_n^{\alpha_n}}$$

なる $\mathbb{R}^{2n}$ の微分作用素を対応させる．このとき

(1.8)
$$\mathfrak{O}(\{F,G\}) \equiv \sqrt{-1}[\mathfrak{O}(F),\mathfrak{O}(G)] \mod \deg F + \deg G - 2 \text{ 階以下の項}$$

が確かめられる．ここで $[\mathfrak{O}(F),\mathfrak{O}(G)] = \mathfrak{O}(F)\mathfrak{O}(G) - \mathfrak{O}(G)\mathfrak{O}(F)$ は交換子である．これを余接束とは限らないシンプレクティック多様体に一般化せよ，というのが幾何学的量子化の問題である．つまり：

**問題 1.5** シンプレクティック多様体 $(M,\omega)$ に対して，$C^\infty(M)$ のできるだけ大きい部分リー環 $A$ と，ヒルベルト空間 (Hilbert space) $\mathfrak{H}$，そして $A$ の元 $F$ に対して $\mathfrak{O}(F) : \mathfrak{H} \to \mathfrak{H}$ なる線型作用素を与える対応 $\mathfrak{O}$ で，(1.8) を満たすものを構成せよ． □

式(1.7)が，相空間上の関数を作用素と見る，という量子化の手続きを表す式であることを思い出せば，問題1.5の量子力学での意味は明らかであろう．また，この問題がよい解答をもたないことが，前に述べた，解析力学を余接束から一般のシンプレクティック多様体に一般化すると，その量子化とは何かが不明になる，という事実を表している．しかし，量子力学を離れて純粋に数学の問題と見たとき，問題1.5の意義は必ずしも明らかではない．問題1.5は§4.3で解説する．

次に**変形量子化**(deformation quantization)の問題を説明しよう．
**非可換幾何学**(noncommutative geometry)という言葉を最近よく耳にするようになった．単純化していうと，非可換幾何学とは，その上の関数のなす環が非可換であるような空間の幾何学である．

もう少し説明しよう．空間 $M$ に対して，その上の関数全体のなす環を考える．「関数」というときどの程度のものを考えるかは状況によって異なる．すなわち，$M$ が単に位相空間であったら連続関数全体が適当であろうし，$M$ が微分多様体であったら滑らかな関数全体が適当であろう．また，複素多様体または代数多様体であったら，正則関数あるいは多項式全体が適当であろう．いずれにしても，空間上の関数全体は可換環をなす．$M$ の幾何学のうちの多くの部分が，この環の性質に翻訳できることが知られている．たとえば，$M$ の点は極大イデアルに対応し，$M$ 上のベクトル束はこの環の上の加群に対応する．（後者は連続関数の環 $C^0(M)$ を考えたときより明確になり，Serre–Swan の定理と呼ばれる．[352]など参照.) Gelfand はこの対応，空間 $M \mapsto$ 環 $C^0(M)$ をより明確にする次の定理を示した．

**定理1.6** $M \mapsto C^0(M)$ は，コンパクトハウスドルフ空間全体と可換 $C^*$ 環($C^*$ algebra)全体の間の1対1対応を与える． □

一方，代数方程式系
$$P_1(X_1, \cdots, X_n) = \cdots = P_k(X_1, \cdots, X_n) = 0$$
の零点集合のかわりに，$P_1, \cdots, P_k$ で生成されるイデアル $\mathfrak{m}$ による，多項式環 $\mathbb{C}[X_1, \cdots, X_n]$ の商環 $\mathbb{C}[X_1, \cdots, X_n]/\mathfrak{m}$ を考えよ，というのは，Grothendieck

による概型(スキーム, scheme)の考えの出発点である.

これらの考えを標語的に要約するならば,

「空間」とは「可換環」のことである.

となる. 空間 $M$ を普通とは違う意味の「空間」に変形しようと試みよう. ここでは, $M$ を微分多様体とし, 滑らかな関数全体の作る環 $C^\infty(M)$ を考える. 上の標語によれば, 空間を変形するかわりに環 $C^\infty(M)$ を変形すればよいことになる. すなわち可換環 $C^\infty(M)$ を非可換環に変形しようと試みるわけである. この変形した積を $f \star_\epsilon g$ と書こう. すなわち

$$(1.9) \qquad f \star_\epsilon g = fg + \sum_k \epsilon^k B_k(f,g)$$

とおく. ここで $fg$ は普通の積である. (1.9)の右辺は, とりあえず, $\epsilon$ の形式的べき級数としておこう. ここで次の要請をする.

**仮定 1.7** $B_k(f,g)$ は $f,g$ について双線型で, かつ $f,g$ について(有限階の)微分作用素である. □

すなわち

$$(1.10) \quad B_k(f,g) = \sum_\ell \sum_{i_1,\cdots,i_\ell,j_1,\cdots,j_\ell} b_{i_1,\cdots,i_\ell,j_1,\cdots,j_\ell} \frac{\partial^\ell f}{\partial x_{i_1}\cdots\partial x_{i_\ell}} \frac{\partial^\ell g}{\partial x_{j_1}\cdots\partial x_{j_\ell}}$$

と表されると仮定する. (ここで $b_{i_1,\cdots,i_\ell,j_1,\cdots,j_\ell}$ は滑らかな関数である. より正確には, $b$ は(1.10)の右辺が座標変換で不変になるような座標変換性をもったテンソルである.)

また積(1.9)は結合的であると仮定しよう. つまり

$$(1.11) \qquad (f \star_\epsilon g) \star_\epsilon h = f \star_\epsilon (g \star_\epsilon h)$$

が形式的べき級数として成り立つとする. ここで $\{f,g\} = B_1(f,g)$ と定義する. (1.11)から, $\{\cdot,\cdot\}$ がヤコビ律(1.6)を満たすことを確かめることができる.

**定義 1.8** $\{\cdot,\cdot\}: C^\infty \times C^\infty \to C^\infty$ が, **ポアッソン構造**(Poisson structure)であるとは, 次の3つの条件が満たされることを指す.

 (1) $\{\cdot,\cdot\}$ は, $\mathbb{R}$ 双線型で, $\{f,g\} = -\{g,f\}$.

 (2) ヤコビ律(1.6)が成り立つ.

(3)　$\{f, gh\} = g\{f, h\} + h\{f, g\}$.　　□

(3)から $\{\cdot, \cdot\}$ は $f, g$ についてともに1階の双線型微分作用素であることがわかる．シンプレクティック構造は，(1.3)により，ポアッソン構造を定める．一般のポアッソン構造は「退化したシンプレクティック構造」とみなせる．

**注意1.9**　シンプレクティック構造の場合，$\{\cdot, \cdot\}$ の係数すなわち(1.10)の $b_{ij}$ は，シンプレクティック型式 $\sum \omega_{ij} dx_i \wedge dx_j$ の係数 $\omega_{ij}$ を $\omega$ 自身を使って添え字の上げ下げで得られる．（テンソル解析の添え字の書き方の約束に従うと，$b_{ij}$ でなく，$b^{ij}$ と書くべきである．）したがって，退化した閉微分2型式とポアッソン構造は異なる．

さて，変形量子化の問題とは次の問題を指す．

**問題1.10**　与えられたポアッソン構造 $\{f, g\}$ に対して，$\{f, g\} = B_1(f, g)$ なる $B_k(f, g)$ であって，仮定1.7および式(1.11)を満たすものを構成せよ．
　　□

この問題は，ポアッソン構造 $\{\cdot, \cdot\}$ がシンプレクティック構造から定まる場合に，De Wilde–Lecomte [70]，Omori–Maeda–Yoshioka [294]，Fedosov [99]，[100]によって解かれ，一般のポアッソン構造の場合には Kontsevich によって解かれた[221]（§6.5を見よ）．

**注意1.11**　$M = \mathbb{C}^n$ で $\omega$ が普通のシンプレクティック型式のときは，$\star_\epsilon$ が具体的に計算されていた（§6.5を見よ）．また，$\epsilon = 1$ とすると，(1.7)と
$$\mathfrak{O}(f \star_1 g - g \star_1 f) = \sqrt{-1} [\mathfrak{O}(f), \mathfrak{O}(g)]$$
で結びついている．

今説明した2つの問題は，「Gromov以前」のシンプレクティック幾何学の典型的な問題であると思われる．（「Gromov以前」から盛んに研究された，特異点論や超局所解析とかかわる部分には今は触れない．）

Gromovが概正則曲線を導入し，「普通の大域幾何学」としてのシンプレクティック幾何学が発展を始めたころ，幾何学的量子化や変形量子化の問題

は，それとはあまり関係をもたなかった．そして，「普通の大域幾何学」としてのシンプレクティック幾何学は，数理物理学とは無縁にその歩みを始めたのである．

しかし，転機は程なくやってくる．1990年代初頭，ミラー対称性(mirror symmetry)の発見とともに，概正則曲線の理論が，素粒子論で隆盛を極めている超弦理論(super string theory)の一種，正確には位相的シグマ模型(topological sigma model)，と等価であることがわかったのである．概正則曲線によって定まる，シンプレクティック幾何学の不変量は，Gromovと位相的シグマ模型を物理側で導入したWittenの名前を冠して，グロモフ–ウィッテン不変量と呼ばれるようになり，その研究はミラー対称性の数学的研究の中心になる．

そしてその中で，幾何学的量子化も変形量子化も，いつのまにか再登場する(第6章を見よ)．しかし，幾何学的量子化や変形量子化がどうして現れたのか，もともとの量子化にかかわる問題意識とミラー対称性の研究での登場とがどうかかわるのか，その「哲学的理由」は，正直言って筆者にはまだはっきりとはわからない．それが明確になったとき，シンプレクティック幾何学がはらむ21世紀の幾何学への夢は，大域的問題も巻き込んで，一段とスケールが大きく膨らんでくるのではないかと思う．その日は遠くないと信じている．

シンプレクティック幾何学のもう1つの大事な側面である，ハミルトン力学系の研究と概正則曲線の関係は，Floerによって発見された．フレアーホモロジーの理論は，ハミルトン力学系の周期軌道の研究に，概正則曲線を応用するものであった(第5章参照)．しかし，より力学系らしい研究，たとえばKolmogorov–Arnold–Moserの理論(KAM理論)やカオスなどと概正則曲線の関係は，今のところあまり明確でないように思われる[*5]．

一方シンプレクティック幾何学とかかわるもう1つの重要な分野である特異点論と概正則曲線の関係は，ミラー対称性の発見の始まりから顕著であ

---

[*5] §2.7で述べる応用は，それにかかわるのであろうか．

った.たとえば,斎藤恭司による原始型式(primitive form)や平坦座標(flat coordinate)の理論は(特異点論に属するものであるが),ミラー対称性の研究で重要な役割を果たしている(これについては[321],[322],[243]など参照).また,振動積分や特異点の近傍に現れる接触多様体なども,グロモフ–ウィッテン不変量の研究で重要な役割を果たしている([94],[147]など参照).

# 2 シンプレクティック幾何学と概正則曲線入門

## §2.1 定義と例

この節ではシンプレクティック多様体の定義と,基本的な例を述べる.

**定義 2.1** $2n$ 次元多様体 $M$ 上の**シンプレクティック構造**(symplectic structure)とは,$M$ 上の微分 2 型式 $\omega_M$ であって,$d\omega_M = 0$ を満たし,かつ,微分 $2n$ 型式 $\omega_M^n$ がどこでも 0 にならないものを指す.組 $(M, \omega_M)$ のことを**シンプレクティック多様体**という. □

本書では,次元は断らない限り実次元で複素次元ではない.

$\omega_M^n \neq 0$ という条件は,$\omega_M$ を接束(tangent bundle)上の反対称 2 次型式とみなしたとき,非退化であることと同値である.

シンプレクティック多様体の最初の重要な例は,余接束(cotangent bundle)である.$M$ を多様体,$T^*M$ をその余接束とする.この上にシンプレクティック構造 $\omega_{T^*M}$ を定義する.1 点 $x$ のまわりの $M$ の局所座標 $q_1, \cdots, q_n$ を考える.このとき余接ベクトル空間 $T_x^*M$ の点は $p_1 dq_1 + \cdots + p_n dq_n$ と表される.$q_1, \cdots, q_n, p_1, \cdots, p_n$ を $T^*M$ の座標にとることができる.

**補題 2.2** $T^*M$ 上大域的に定義された微分 2 型式 $\omega_{T^*M}$ で,各点の近傍において,上に述べた局所座標を用いて $\omega = dq_1 \wedge dp_1 + \cdots + dq_n \wedge dp_n$ と表されるものが存在する.

[証明] 証明すべきことは
(2.1) $$\omega = dq_1 \wedge dp_1 + \cdots + dq_n \wedge dp_n$$
なる微分形式が，$M$ の局所座標 $q_1, \cdots, q_n$ のとり方によらないことである．

$\pi: T^*M \to M$ を余接束の射影とする．$TT^*M$ を（多様体とみなした）$T^*M$ の接束とする．$\pi$ を微分して $d\pi: T_{(x,v)}T^*M \to T_xM$ なる写像が得られる．$T^*M$ 上の微分 1 型式 $\theta$ を
$$\theta_{(x,v)}(w) = v(d\pi(w))$$
で定義する．ここで $x \in M$, $v \in T_x^*M$ で，また $w \in T_{(x,v)}T^*M$ である．左辺は $\theta$ の点 $(x,v)$ での値に $w$ を代入したものである．右辺を説明する．$d\pi(w)$ は接ベクトル空間 $T_xM$ の元である．$v \in T_x^*M$ で，$T_x^*M$ は $T_xM$ の双対ベクトル空間であるから，実数 $v(d\pi(w))$ が定まる．$\theta$ を**基本型式**(fundamental form)と呼ぶ．

さて，定義をちょっとにらむと $\theta = p_1 dq_1 + \cdots + p_n dq_n$ がわかる．よって $d\theta = dp_1 \wedge dq_1 + \cdots + dp_n \wedge dq_n = -\omega$．$\theta$ の定義には座標を用いなかったから，$\theta$ は $T^*M$ 全体で定義された微分 1 型式である．したがってその外微分 $d\theta$ も $M$ 全体で定義された微分 2 型式で，$M$ の座標のとり方によらない．∎

**補題 2.3** $(T^*M, \omega_{T^*M})$ はシンプレクティック多様体である．

[証明] 式(2.1)より $d\omega_{T^*M} = dd\theta = 0$．一方，局所座標で表すと $\omega_{T^*M}^n = n! \, dq_1 \wedge dp_1 \wedge \cdots \wedge dq_n \wedge dp_n$ であるから，$\omega_{T^*M}^n$ は決して 0 にならない．∎

シンプレクティック多様体の例の，もう 1 つの重要な源泉は，ケーラー多様体である．

**定義 2.4** $2n$ 次元多様体 $M$ 上の**概複素構造**(almost complex structure)とは，接空間 $TM$ からそれ自身への写像 $J_M: TM \to TM$ であって，各点のファイバー $T_pM$ をそれ自身に移し，$J_M \circ J_M = -1$ を満たすものを指す．組 $(M, J_M)$ を**概複素多様体**と呼ぶ．□

概複素多様体 $(M, J_M)$ の 1 点 $p \in M$ での接空間 $T_pM$ は，$\sqrt{-1}v = J_M(v)$ と定めることにより，複素ベクトル空間になる．

$n$ 次元複素ベクトル空間 $\mathbb{C}^n$ を考えると，$T_p\mathbb{C}^n = \mathbb{C}^n$ である．そこで $J_{\mathbb{C}^n}(v) = \sqrt{-1}v$ とおくと，$\mathbb{C}^n$ 上の概複素構造が定まる．

§2.1 定義と例――23

**定義 2.5** 概複素構造 $J_M:TM\to TM$ が**複素構造**であるとは，各点 $p\in M$ に対して，その近傍 $U_p$，開集合 $V_p\subset\mathbb{C}^n$，微分同相写像 $\varphi_p:U_p\to V_p$ が存在し $d\varphi_p\circ J_M=J_{\mathbb{C}^n}\circ d\varphi_p$ が成立することをいう．

ここで，$d\varphi_p:T_{\varphi^{-1}(p)}\mathbb{C}^n\to T_pM$ は $\varphi_p$ の微分，$J_{\mathbb{C}^n}$ は上に述べた $\mathbb{C}^n$ の概複素構造である． □

概複素構造 $J_M$ が複素構造であるとき，$J_M$ は**積分可能**であるという．定義の $\varphi_p:U_p\to V_p$ を**複素座標**という．

**定義 2.6** 概複素多様体 $(M,J_M)$ の**エルミート計量**(Hermitian metric)とは，リーマン計量 $g_M$ であって，$g_M(J_MV,J_MW)=g_M(V,W)$ が成り立つものを指す． □

$g_M$ を概複素多様体 $(M,J_M)$ のエルミート計量とし，$V,W\in T_pM$ とする．$\omega_M(V,W)=g_M(J_MV,W)$ とおく．

**補題 2.7** $\omega_M$ は微分 2 型式である．つまり，$\omega_M(V,W)=-\omega_M(W,V)$.

[証明]
$$\omega_M(V,W)=g_M(J_MV,W)=g_M(J_MJ_MV,J_MW)$$
$$=-g_M(V,J_MW)=-g_M(J_MW,V)=-\omega_M(W,V).\blacksquare$$

$\mathbb{C}^n$ 上の複素構造と普通のリーマン計量から $\omega_{\mathbb{C}^n}$ を決めると，$\omega_{\mathbb{C}^n}$ は $\omega_{\mathbb{C}^n}=dx_1\wedge dy_1+\cdots+dx_n\wedge dy_n$ になる．ここで，$z_i$, $i=1,\cdots,n$ を $\mathbb{C}^n$ の座標として，$z_i=x_i+\sqrt{-1}\,y_i$ とおいた．

**注意 2.8** $2n$ 次元ベクトル空間 $V$ 上に，非退化対称 2 次型式 $g$，非退化反対称 2 次型式 $\omega$，$J:V\to V$ で $JJ=-1$ となるもの，の 3 つをとり，等式
(2.2) $$\omega(V,W)=g(JV,W)$$
を考えよう．このとき，$g,\omega,J$ のうち，2 つを決めると 3 つめは等式(2.2)から自動的に定まる．

**定義 2.9** 複素多様体 $(M,J_M)$ とそのエルミート計量 $g_M$ の組 $(M,J_M,g_M)$ が**ケーラー多様体**(Kähler manifold)であるとは，$d\omega_M=0$ が成り立つことをいう．ただし $\omega_M$ は(2.2)で定める．$\omega_M$ のことを**ケーラー型式**(Kähler form)と呼ぶ． □

ケーラー多様体に対して，$(M, \omega_M)$ はシンプレクティック多様体になる．

$\mathbb{C}^n$ は明らかにケーラー多様体である．コンパクトなケーラー多様体の基本的な例は，複素射影空間 $\mathbb{CP}^n$ である．$\mathbb{CP}^n$ 上のケーラー構造の定義は，ここでは省略する．（$\mathbb{CP}^n$ 上のケーラー型式は，第 3 章の例 3.9 の特別な場合としても得られる．）

次の補題 2.11 を用いれば，射影空間から多くのケーラー多様体を作ることができる．複素多様体 $(M, J_M)$ の部分多様体 $N \subset M$ が，**複素部分多様体**であるとは，任意の点 $p \in N$ に対して，$J_M(T_pN) \subset T_pN$ が成り立つことをいう．$J_M$ は $TN$ に制限することにより，$N$ 上の概複素構造 $J_N$ を定める．

**補題 2.10** $J_N$ は積分可能である．（$J_M$ は積分可能と仮定していた．）

［証明］ $p \in N$ とする．定義より複素座標 $\varphi : U_p \to V \subset \mathbb{C}^n$ が存在する．$\varphi = (\varphi_1, \cdots, \varphi_n)$ とおく．微分 $d\varphi$ は複素線型かつ同型である．また $T_pN \subset T_pM$ は複素部分空間である．したがって，必要なら $\mathbb{C}^n$ の座標の順番を変えて，$(\varphi_1, \cdots, \varphi_m) : U_p \cap N \to \mathbb{C}^m$ が微分同相写像であるとしてよい（$\dim N = 2m$）．$(\varphi_1, \cdots, \varphi_m)$ が $N$ の複素座標を与える． ■

**補題 2.11** ケーラー多様体の複素部分多様体はケーラー多様体である．

［証明］ $N$ をケーラー多様体 $(M, J_M, g_M, \omega_M)$ の部分多様体とする．$g_M$ を $TN$ に制限すると，$N$ 上の計量 $g_N$ が定まるが，これは明らかにエルミート的である．$g_N$（と $N$ 上に導かれる複素構造）から (2.2) で定まる $N$ 上の微分 2 型式を $\omega_N$ と書くと，定義から容易に $\omega_N = i^*\omega_M$ がわかる（$i : N \to M$ は埋め込み）．よって $d\omega_N = d(i^*\omega_M) = i^*(d\omega_M) = 0$． ■

複素射影空間の部分多様体になるような複素多様体のことを，**射影代数多様体**(projective variety)という．補題 2.11 により射影代数多様体はケーラー多様体である．

コンパクトなシンプレクティック多様体であって，ケーラー多様体にならない例は，いろいろ作られている．最初の例はべき零多様体(nilmanifold)で，第 4 章で述べる例 4.68 であると思われる．単連結な多様体でそのような例を作るのは意外に難しく，McDuff [250] によって最初に作られた．最近では Gompf らによって多く構成されている．Gompf らの構成はシンプレクティ

ック手術(symplectic surgery)やシンプレクティック多様体の爆発(blowing up)などという方法を用いる．[154], [254]など参照．

## §2.2　Darbouxの定理とMoserの定理

次の定義は，幾何構造が同型ということの標準的な定義を，シンプレクティック構造の場合に当てはめたものである．

**定義 2.12**　2つのシンプレクティック多様体 $(M_1, \omega_{M_1})$, $(M_2, \omega_{M_2})$ の間の写像 $\varphi: M_1 \to M_2$ が**シンプレクティック同相写像**であるとは，微分同相写像であって，$\varphi^* \omega_{M_2} = \omega_{M_1}$ が成り立つことをいう．

シンプレクティック同相写像 $\varphi: M_1 \to M_2$ が存在するとき，$(M_1, \omega_{M_1})$ と $(M_2, \omega_{M_2})$ は**シンプレクティック同相**であるという． □

**問題 2.13**　2つのシンプレクティック多様体 $(M_1, \omega_{M_1})$ と $(M_2, \omega_{M_2})$ がシンプレクティック同相であるかどうかを判定する方法を見つけよ．

たとえば，微分同相ではあるがシンプレクティック同相ではないシンプレクティック多様体の組はあるか． □

これに対して直ちに思いつく，したがって深くない答えがある．シンプレクティック型式 $\omega_M$ は $M$ 上の閉微分2型式であるから，そのド・ラームコホモロジー類 $[\omega_M] \in H^2(M; \mathbb{R})$ を考えることができる．$\varphi: M_1 \to M_2$ をシンプレクティック同相とすると $\varphi^*[\omega_{M_2}] = [\omega_{M_1}]$ である．たとえば，2次元球面 $S^2$ を考えよう．この上に体積を表す閉微分2型式 $\omega$ を考えると，$(S^2, \omega)$ は $(S^2, 2\omega)$ とシンプレクティック同相でない．

したがってむしろ次のように問うべきであろう．

**問題 2.14**　$\varphi: M_1 \to M_2$ をシンプレクティック多様体の間の微分同相写像とし，$\varphi^*[\omega_{M_2}] = [\omega_{M_1}]$ を仮定する．$\varphi$ とホモトピックなシンプレクティック同相写像は存在するか．（すなわち $\varphi^* \omega_{M_2} = \omega_{M_1}$ なる $\varphi$ は存在するか．） □

答えがいつも肯定的ならば，つまり，$\varphi^*[\omega_{M_2}] = [\omega_{M_1}]$ なる微分同相写像に対して，いつでもそれとホモトピックなシンプレクティック同相写像が存在するならば，「普通の大域幾何学」としてのシンプレクティック幾何学はあ

まり豊かな内容をもたないであろう．つまり，たとえば，シンプレクティック多様体の分類は微分多様体の分類とその 2 次のコホモロジーの計算に大体帰着することになる．（どのコホモロジー類が，シンプレクティック型式で実現されるかという問題は残る．）

しかし，幸いにして，問題 2.14 の答えはいつも肯定的ではない．そのことを証明したのが Gromov であり（定理 2.107），したがって，Gromov とともに「普通の大域幾何学」としてのシンプレクティック幾何学が始まる．それは，1980 年代のことであり，シンプレクティック幾何学の長い歴史から見ると驚くほど最近のことである．

これから述べる，それ以前に証明されていた 2 つの定理は，問題 2.14 に対する答えが，「ほとんど肯定的である」，あるいは「局所的には肯定的である」，ということを意味する．

**定理 2.15**（**Moser の定理**[265]）　コンパクト多様体 $M$ 上のシンプレクティック構造の，パラメータ $\tau$ に滑らかに依存する族 $\omega_\tau$ があり，コホモロジー類 $[\omega_\tau] \in H^2(M; \mathbb{R})$ は $\tau$ によらないとする．このとき，$\tau$ に滑らかに依存する微分同相写像の族 $\varphi_\tau: M \to M$ が存在し $\varphi_\tau^* \omega_\tau = \omega_0$ が成り立つ．

[証明]　$\tau$ に滑らかに依存する微分同相写像の族 $\varphi_\tau: M \to M$ が与えられたとき，

$$\frac{d}{d\tau} \varphi_\tau(p) = X_\tau(\varphi_\tau(p)) \tag{2.3}$$

で $M$ 上のベクトル場の族 $X_\tau$ を定義する．逆に $X_\tau$ が与えられたとき，(2.3) で $\varphi_\tau$ が定まる．

$d\omega_\tau/d\tau = u_\tau$ とおく．$\varphi_\tau^* \omega_\tau = \omega_0$ を $\tau$ で微分すると

$$L_{X_\tau}(\omega_\tau) + u_\tau = 0 \tag{2.4}$$

が得られる（$L_{X_\tau}$ はリー微分を表す）．逆に (2.4) が任意の $\tau$ に対して成立していれば，これを積分することにより，$\varphi_\tau^* \omega_\tau = \omega_0$ が成立する．結局 (2.4) を満たす $X_\tau$ を見つければ定理が示されることになる．

$\omega_\tau$ が閉微分 2 型式でそのコホモロジー類が $\tau$ によらないことより，$u_\tau$ は閉微分 2 型式でそのコホモロジー類は 0 である．したがって，微分 1 型式の

族 $v_\tau$ が存在し，$dv_\tau = u_\tau$ が成立する．

微分 2 型式 $\omega_\tau$ は $X \mapsto \omega_\tau(X, \cdot)$ なる同型写像 $TM \to T^*M$ を引き起こす．よって，

(2.5) $$v_\tau(Y_\tau) = -\omega_\tau(X_\tau, Y)$$

が任意のベクトル場 $Y$ に対して成立するようなベクトル場の族 $X_\tau$ が存在する．この $X_\tau$ が(2.4)を満たすことを証明しよう．

微分 $k$ 型式 $w$ とベクトル場 $X$ に対して微分 $k-1$ 型式 $i_X(w)$ を
$$i_X(w)(Y_1, \cdots, Y_{k-1}) = w(X, Y_1, \cdots, Y_{k-1})$$
で定義する．このとき

(2.6) $$(d \circ i_X + i_X \circ d)w = L_X(w)$$

が成り立つ(多様体の教科書を参照)．さて(2.5)を書きなおすと

(2.7) $$i_{X_\tau} \omega_\tau = -v_\tau$$

となる．$dv_\tau = u_\tau$, (2.6), (2.7), $d\omega_\tau = 0$ より
$$L_{X_\tau}(\omega_\tau) = (d \circ i_{X_\tau} + i_{X_\tau} \circ d)(\omega_\tau) = -dv_\tau = -u_\tau$$
となって，(2.4)が成立する．∎

定理 2.15 により，問題 2.14 は次のような問題に帰着することになる：

多様体 $M$ 上に 2 つのシンプレクティック型式 $\omega$ と $\omega'$ があり，そのド・ラームコホモロジー類は等しいとする．このとき，$\omega_\tau$ なるシンプレクティック型式の滑らかな族で，$\omega_0 = \omega$, $\omega_1 = \omega'$ かつ $[\omega_\tau] = [\omega]$ なるものはあるか？

$\omega_\tau = (1-\tau)\omega + \tau\omega'$ とおけば，$\omega_\tau$ が非退化であること(つまり，$\omega_\tau^n$ が決して消えないこと)を除けば，ほかの性質は満たされることになる．問題 2.14 の反例を見つけるのがかなり微妙な問題であることがわかる．

次の定理は，局所的には，シンプレクティック構造は一意であることを意味する，古典的な結果である．

**定理 2.16** (**Darboux の定理**) $(M, \omega_M)$ をシンプレクティック多様体，$p \in M$ とする．このとき $p$ の近傍 $V_p$ と微分同相写像 $\varphi : V_p \to \mathbb{C}^n$ が存在し，$\varphi^*(\omega_{\mathbb{C}^n}) = \omega_M$ が成立する．

［証明］ ベクトル空間の非退化反対称 2 次型式は，基底のとり方を除いて

一意である.すなわち,線型同型写像 $\overline{\psi}:T_pM\to\mathbb{C}^n$ が存在して $\overline{\psi}^*(\omega_{\mathbb{C}^n})=\omega_{M,p}$ が成り立つ. $p$ での微分が $\overline{\psi}$ であるような微分同相写像 $\psi:V_p\to\psi(V_p)\subseteq\mathbb{C}^n$ をとる.必要なら $V_p$ を小さくとり直すことにより, $\psi^*\omega_{\mathbb{C}^n}-\omega_M$ はいくらでも(各点で)0 に近いと仮定できる.よって
$$\omega_\tau=(1-\tau)\omega_M+\tau\psi^*\omega_{\mathbb{C}^n}$$
は,任意の $\tau\in[0,1]$ に対して, $V_p$ 上非退化で,シンプレクティック構造を定める.

ここから先の証明は定理 2.15 とほとんど同じである.すなわち $u_\tau=d\omega_\tau/d\tau=\psi^*\omega_{\mathbb{C}^n}-\omega_M$ を考える. $du_\tau=0$ でかつ $H^1(V_p)=0$ としてよいから, $dv_\tau=u_\tau$ なる $v_\tau$ が存在する. $i_{X_\tau}\omega=-v_\tau$ でベクトル場 $X_\tau$ を定めると,(2.4)が定理 2.15 の証明中の計算により確かめられる. $p\in U_p\subset V_p$ なる $U_p$ を十分小さくとると, $\varphi_\tau:U_p\to V_p$ で, $\varphi_0=\mathrm{id}$,かつ(2.3)を満たすものが存在する.(2.3),(2.4)より, $\varphi_\tau^*(\omega_\tau)=\omega_0$ が示される. $\varphi=\psi\circ\varphi_1$ とおくとこれが求めるものである.∎

定理 2.16 の $\varphi$ のことを**ダルブー座標**(Darboux coordinate)と呼ぶ.

この節の最後に,定理 2.15, 2.16 の証明を敷衍して,シンプレクティック同相写像の群について論ずる.シンプレクティック多様体 $(M,\omega_M)$ からそれ自身へのシンプレクティック同相写像全体からなる群 $\mathrm{Aut}(M,\omega_M)$ を**シンプレクティック変換群**と呼ぶ.シンプレクティック変換群のリー環を計算する.微分1型式 $u$ に対して,ベクトル場 $X_u$ が $\omega(X_u,V)=u(V)$ で定まる.

**補題 2.17** $X_u$ が生成する1径数変換群が,シンプレクティック構造を保つことと, $du=0$ は同値である.

[証明] $\varphi_\tau$ で $X_u$ が生成する1径数変換群を表す.(2.6)より
$$L_{X_u}\omega_M=(d\circ i_{X_u}+i_{X_u}\circ d)\omega_M=du.$$
これから補題は容易に従う.∎

$u=df$ のとき, $\omega_M(X_{df},V)=df(V)=V(f)$ である.(1.2)と比べると, $X_{df}=X_f$ すなわち, $X_{df}$ は $f$ の生成するハミルトンベクトル場である.

$M$ 上の閉微分1型式全体を $\mathrm{Cl}(M)$ と表す. $u,v\in\mathrm{Cl}(M)$ とする.局所的に $u=df$, $v=dg$ と表し

(2.8) $$\{u,v\} = d\{f,g\}$$

とおく(ここで右辺はポアッソン括弧(1.3)である). $f$ を $f+$ 定数でおきかえても $\{f,g\}$ は不変であるから, $d\{f,g\}$ は $M$ 上の閉微分 1 型式を定める. ヤコビの恒等式 $\{\{u,v\},w\}+\{\{v,w\},u\}+\{\{w,u\},v\}=0$ は関数のポアッソン括弧についての同様の式から直ちに従う. これによって, $\mathrm{Cl}(M)$ にリー環の構造が定まる.

**定理 2.18** $\mathrm{Cl}(M)$ はシンプレクティック変換群 $\mathrm{Aut}(M,\omega_M)$ のリー環と同型である. すなわち, $X_{\{u,v\}} = [X_u, X_v]$.

[証明] 局所的な問題であるから, $u=df$, $v=dg$ の場合を考えれば十分である. $L_X i_Y - i_Y L_X = i_{L_X Y}$, $L_{X_f}\omega_M = 0$ より,
$$L_{X_f} i_{X_g} \omega_M = i_{L_{X_f} X_g} \omega_M = -i_{[X_f, X_g]}\omega_M.$$

一方,
$$L_{X_f} i_{X_g} \omega_M = L_{X_f}(dg) = d(L_f g) = -d(\{f,g\}).$$ ∎

**注意 2.19** 本によって符号が変わるのは混乱のもとだから, 本書の符号は [254]に合わせた. 特に, [254] Remark 3.3 で注意されているように, 通常と異なる定義 $L_X Y = -[X,Y]$ を採用している. シンプレクティック幾何学がかかわる分野は数が多いので, それぞれの分野の符号の習慣とすべて一致するように符号を決めるのは不可能なようである. たとえば, $T^*\mathbb{R}^n$ のシンプレクティック構造は $\sum dp_i \wedge dq_i$ としたいのだが, $T^*\mathbb{R}^n \simeq \mathbb{C}^n$ と見ると, ケーラー型式を $\sum dq_i \wedge dp_i$ とする, つまり, $J(\partial/\partial q_i) = \partial/\partial p_i$ とする方が, 自然である.

**補題 2.20** $u_1, u_2$ が閉微分 1 型式とすると, $X_{\{u_1,u_2\}} = [X_{u_1}, X_{u_2}]$ はハミルトンベクトル場である.

[証明] $M = \bigcup U_i$ を十分細かい開被覆とする. $U_i$ 上で, $u_1 = df_i^1$, $u_2 = df_i^2$ と表すことができる. $U_i \cap U_j$ の連結成分上で, $f_i^1 - f_j^1$, $f_i^2 - f_j^2$ は定数だから $\{f_i^1, f_i^2\} = \{f_j^1, f_j^2\}$, よって, $U_i$ 上 $\{f_i^1, f_i^2\}$ なる関数 $h$ が存在する. $X_{\{u_1,u_2\}} = X_h$ である. ∎

以上で次のリー環の完全系列が得られた.
$$0 \to H^0(M;\mathbb{R}) \to C^\infty(M) \to \mathrm{Lie}(\mathrm{Aut}(M,\omega_M)) \to H^1(M;\mathbb{R}) \to 0.$$
(補題 2.20 は $\mathrm{Lie}(\mathrm{Aut}(M,\omega_M)) \to H^1(M;\mathbb{R})$ がリー環の準同型であることを

意味する.)

## §2.3 概複素構造の微分幾何学

注意 2.8 を敷衍する一連の補題からはじめる.

**定義 2.21** $(M, \omega_M)$ をシンプレクティック多様体とする. $M$ 上の概複素構造 $J_M$ がシンプレクティック構造 $\omega_M$ と**整合的**(compatible)であるとは, $\omega_M(J_M V, J_M W) = \omega_M(V, W)$, $\omega_M(V, J_M V) > 0$ が任意の 0 でないベクトル $V, W$ に対して成立することをいう. □

**補題 2.22** $(M, J_M, g_M, \omega_M)$ をケーラー多様体とすると, $J_M$ は $\omega_M$ と整合的である.

[証明]
$$\omega_M(J_M V, J_M W) = g_M(J_M J_M V, J_M W) = g_M(J_M V, W) = \omega_M(V, W),$$
$$\omega_M(V, J_M V) = g_M(J_M V, J_M V) = g_M(V, V) > 0.$$
■

**補題 2.23** $(M, \omega_M)$ をシンプレクティック多様体, $J_M$ をそれと整合的な概複素構造とする. $g_M(V, W) = \omega_M(V, J_M W)$ とおくと, $g_M$ はエルミート計量である. □

証明は補題 2.23 とほぼ同様である.

**定義 2.24** 補題 2.23 のような $(M, \omega_M, J_M, g_M)$ のことを, **概ケーラー多様体**と呼ぶ. □

概ケーラー多様体という用語はこの本だけのもので一般的なものではない. 概ケーラー多様体とケーラー多様体の違いは, 概複素構造が積分可能かどうかだけである.

**命題 2.25** シンプレクティック多様体 $(M, \omega_M)$ に対して, $\omega_M$ と整合的な概複素構造 $J_M$ 全体の集合は可縮である. □

証明には, まず線型代数の補題 2.26 を示す. $\mathbb{R}^{2n}$ をベクトル空間とし, $\omega$ をその上の非退化反対称 2 次型式とする. $\mathfrak{J}_\omega$ を $J: \mathbb{R}^{2n} \to \mathbb{R}^{2n}$ で $J^2 = -1$, $\omega(Jv, Jw) = \omega(v, w)$ を満たし, かつ, $\omega(V, JV) \geqq 0$ であるもの全体とする.

**補題 2.26** $\mathfrak{J}_\omega$ は可縮である.

[証明] $\mathbb{R}^{2n} = \mathbb{C}^n$ と同一視し,$\omega$ はその上の標準的な反対称 2 次型式 $\sum dx_i \wedge dy_i$ としてよい.$\mathbb{C}^n$ の $n$ 次元の実部分線型空間 $V$ で $V \cap \mathbb{R}^n = \{0\}$ なるものと,$\mathbb{R}^n$ 上の非退化正定値対称 2 次型式 $h$ の組 $(V,h)$ の全体を $\mathfrak{Y}$ と書く.$\mathfrak{Y}$ は明らかに可縮であるから,$\mathfrak{J}_\omega$ が $\mathfrak{Y}$ と同相であることを示せばよい.$J \in \mathfrak{J}_\omega$,$V, W \in \mathbb{R}^n$ に対して,$h_J(V, W) = \omega(V, JW)$ と定め,$\psi(J) = (J(\mathbb{R}^n), h_J)$ とおくと,$\mathfrak{J}_\omega \to \mathfrak{Y}$ なる写像が得られる.$\psi$ が同相写像であることの証明は読者に任せる.  ∎

[命題 2.25 の証明] $p \in M$ と $\mathfrak{J}_{\omega_p}$ の元 $J_p$ の組 $(p, J_p)$ 全体を $\mathfrak{J}$ とすると,$\mathfrak{J} \to M$,$(p, J_p) \mapsto p$ はファイバー束で,補題 2.26 よりファイバーは可縮である.一方,$\omega_M$ と整合的な概複素構造 $J_M$ 全体の集合は,$\mathfrak{J}$ の切断全体に一致する.これから命題が従う. ∎

命題 2.25 は次のことを意味する:

> シンプレクティック多様体の不変量を構成するには概ケーラー多様体の不変量で,概複素構造の連続変形で不変なものを構成すればよい.

このことの意味を説明するのに,ベクトル束の特性類のチャーン–ヴェイユ理論(Chern-Weil theory)を思い出してみよう([204] Vol. 2, Chapter XII などを見よ).チャーン–ヴェイユ理論では,ベクトル束 $E \to M$ に対してその上の接続 $\nabla$ を用いて曲率型式 $\Omega$ を決め,これから(たとえば $E$ が複素ベクトル束なら)チャーン型式 $c^i(E, \nabla)$ を決める.チャーン型式は閉微分型式であることがわかり,ド・ラームコホモロジー類 $[c^i(E, \nabla)] \in H^*(M)$ が決まる.最後に,$c^i(E, \nabla)$ のド・ラームコホモロジー類が,接続によらずベクトル束だけで決まることを示す.これがあらすじであった.最後の点を示すのに使われた事実は,任意の 2 つの接続 $\nabla_0, \nabla_1$ があったときこの 2 つを接続の族 $\nabla_t = (1-t)\nabla_0 + t\nabla_1$ でつなげるという事実であった.

すなわち,ベクトル束という構造に対して,それと整合的な接続の集合が連結であることから,チャーン型式のド・ラームコホモロジー類という,ベクトル束と接続の組の連続変形で不変な量が,ベクトル束の不変量を与えることがわかる.

シンプレクティック構造の場合も，整合的な概ケーラー多様体の概複素構造の連続変形で不変な量を見つければ，シンプレクティック構造の不変量が見つかったことになる．これだけだと，必要なのは与えられたシンプレクティック構造と整合的な概複素構造全体のなす空間が連結であることだけであるが，シンプレクティック同相全体の群 $\mathrm{Aut}(M, \omega_M)$ を概複素構造を用いて調べようとすると[*1]，与えられたシンプレクティック構造と整合的な概複素構造全体のなす空間が可縮であることを用いることになる．ここで大切なのは，概複素構造を考えなければならないということである．複素構造の不変量ではいけない．なぜなら，シンプレクティック多様体に対して，それと整合的な複素構造があるかどうかはわからないし，あったとしても，整合的な複素構造の空間が可縮であるかどうかはわからないからである．

結局，われわれは，必ずしも積分可能でない概複素構造をもつ概ケーラー多様体の，概複素構造の連続変形で変わらない量を見つけよ，という問題に到達した．

「普通の大域幾何学としてのシンプレクティック幾何学」が Gromov 以後のまだ数十年ほどの歴史しかもたないのに比べて，複素幾何学は(代数幾何学と一体だったころも含めれば) 100 年を超える歴史をもっている．そこで，複素幾何学の研究の諸方法から，どの方法が概複素構造の研究に使えるか，を考えてみよう．複素幾何の教科書(たとえば[206])を取り出して，どんな方法が複素多様体の研究に使われてきたかを見てみよう．出てくるのは，正則関数，ベクトル束とその切断，層と層係数コホモロジー，調和積分論といった方法である．ベクトル束・層の切断，調和型式などすべて，正則関数の一般化であるから，これらは大体，正則関数を使って複素多様体を調べることといってよいであろう．それでは，概複素多様体を調べるのに概複素多様体の上の正則関数を使うことができるであろうか．概複素多様体の上の正則関数を定義しておこう．

**定義 2.27** 概複素多様体 $(M, J_M), (N, J_N)$ の間の**概正則写像**(pseudoholo-

---

[*1] 本書では述べないが，$S^2 \times S^2$ の場合に，Gromov によってすでに[159]で実行されている．

morphic map)とは，$\varphi: M \to N$ なる写像で，
(2.9) $$J_N \circ d\varphi = d\varphi \circ J_M$$
を満たすものを指す． □

$(M, J_M)$ 上の概正則関数とは，$(M, J_M)$ から $\mathbb{C}$ への概正則写像を指す．

ところが，次の補題が示すように，$J_M$ が積分可能でないとき，$(M, J_M)$ 上には概正則関数はあまり存在しない．

**補題 2.28** 概複素多様体 $(M, J_M)$ の任意の点 $p \in M$ に対して，$n$ 個の概正則関数 $f_1, \cdots, f_n$ で，$df_1, \cdots, df_n$ が $p$ で 1 次独立なものが存在するとする．すると，$J_M$ は積分可能である． □

証明は明らかである．$((f_1, \cdots, f_n): U_p \to \mathbb{C}^n$ が複素座標になる．)

Gromov による大切な注意は，概複素多様体上には概正則関数はあまり存在しないが，概複素多様体への，2次元(複素1次元)複素多様体からの，概正則写像は存在しうるということである．複素1次元多様体というのは，リーマン面あるいは代数曲線のことだから，そこからの概正則写像を，**概正則曲線**(pseudoholomorphic curve あるいは $J$-holomorphic curve)という．

この事実の最大の根拠は次のことである．

**定理 2.29** 複素1次元概複素多様体 $(\Sigma, J_\Sigma)$ は常に積分可能である．

[略証] 証明には補題 2.28 を用いる．すなわち任意の点 $p \in \Sigma$ に対して，そこで微分が 0 でない正則関数を構成すればよい．$p$ のまわりの(普通の，実の)座標 $x, y$ をとる．$p = (0, 0)$ としてよい．必要なら線型の座標変換をすることにより，$J_{(0,0)}(\partial/\partial x) = \partial/\partial y$ であると仮定してよい．($J_{(0,0)}$ は概複素構造 $J_\Sigma$ の $(0, 0)$ での値である．)

$$J_{(x,y)}\left(\frac{\partial}{\partial x}\right) = J(1, x, y)\frac{\partial}{\partial x} + J(2, x, y)\frac{\partial}{\partial y}$$

とおく．関数 $H(x, y)$ を

$$H(x, y) = \frac{\sqrt{-1} - J(1, x, y)}{J(2, x, y)}$$

で定義すると，$f(x, y)$ が正則であるという方程式は

(2.10) $$\frac{\partial f}{\partial y} = H(x,y)\frac{\partial f}{\partial x}$$

と表される．($z = x + \sqrt{-1}\,y$ が複素座標ならば，(2.10)は $\frac{\partial f}{\partial y} = \sqrt{-1}\frac{\partial f}{\partial x}$ という普通のコーシー–リーマン方程式(Cauchy-Riemann equation)になる．) 方程式(2.10)の $\frac{\partial f}{\partial x}(0,0) = 1$ なる解の存在を示せば，定理2.29が証明される．(2.10)の解の存在を示すには，いろいろな方法がある．$J_M$（あるいは同じことだが $H$）が実解析的である場合は，Cauchy–Kovalevskayaの定理を用いることができる．すなわち，$f(x,0) = f_0(x) = x$ とおいて，

(2.11) $$f(x,y) = \sum_k y^k f_k(x)$$

(2.12) $$H(x,y) = \sum_k y^k H_k(x)$$

と展開する．(2.11), (2.12)を(2.10)に代入して $y^k$ の係数を考えると，

(2.13) $$(k+1)! f_{k+1} = \sum_{n+m=k} H_n(x)\frac{\partial f_m}{\partial x}$$

が得られる．これから $f_k$ が帰納的に定まる．あとは，この $f_k$ を代入したとき，(2.11)が十分小さい $y$ に対して収束することを示せばよい．これは優級数の方法で示すことができる．

$J_M$ が実解析的でない場合は，Cauchy–Kovalevskayaの定理が使えないが，(2.10)の解の存在は，発展方程式の初期値問題に関する解の存在を用いて，示すことができる．

定理2.29は複素次元が2以上だと成立しない．その説明のために，ドルボー複体(Dolbeault complex)とネイエンハイステンソル(Nijenhuis tensor)について述べる．本書で重要なのは，ドルボー複体にかかわるさまざまな結果のどれが，複素構造が積分可能でないとき成立しなくなるかである．

概複素多様体 $(M, J_M)$ をとり，1点 $p$ での接空間 $T_p M$ の複素化 $T_p^{\mathbb{C}} M = T_p M \otimes_{\mathbb{R}} \mathbb{C}$ を考える．$T_p M$ には $J_M = \sqrt{-1}$ なる複素ベクトル空間の構造が入るが，ここではそれはとりあえず忘れて，$T_p M$ は実ベクトル空間とみなす．$J_{M,p} : T_p M \to T_p M$ は複素線型写像 $T_p^{\mathbb{C}} M \to T_p^{\mathbb{C}} M$ に一意に拡張される．$J_{M,p}^2 = -1$ ゆえ，$T_p^{\mathbb{C}}$ は $J_M$ の固有値 $\sqrt{-1}$ に属する固有空間と固有値 $-\sqrt{-1}$

§2.3 概複素構造の微分幾何学―――35

に属する固有空間の直和になる．すなわち

(2.14)
$$T_p^{1,0}M = \{v \in T_p^{\mathbb{C}}M \mid J_M(v) = \sqrt{-1}\,v\},$$
$$T_p^{0,1}M = \{v \in T_p^{\mathbb{C}}M \mid J_M(v) = -\sqrt{-1}\,v\}$$

とおくと，$T_p^{\mathbb{C}} = T_p^{1,0}M \oplus T_p^{0,1}M$ が成り立つ．双対空間 $T_p^{*\mathbb{C}} = \mathrm{Hom}(T_p^{\mathbb{C}}, \mathbb{C})$ も，$T_p^{*\mathbb{C}} = \Lambda_p^{1,0}M \oplus \Lambda_p^{0,1}M$ と分解する（$\Lambda_p^{1,0}M$, $\Lambda_p^{0,1}M$ はそれぞれ $T_p^{1,0}M$, $T_p^{0,1}M$ の双対空間である）．$T_p^*M$ の $n+m$ 次の外積代数 $\Lambda_p^{n+m}M$ のなかで，$\Lambda_p^{1,0}M$ の元 $n$ 個，$\Lambda_p^{0,1}M$ の元 $m$ 個の外積の1次結合である元全体を $\Lambda_p^{n,m}M$ と書く．

(2.15)
$$\Lambda_p^k M = \bigoplus_{n+m=k} \Lambda_p^{n,m}M$$

が成立する．$\Lambda_p^{n,m}M$ は $M$ 上のベクトル束 $\Lambda^{n,m}M$ を定める．その切断のことを **$n,m$ 型式**，あるいは **$n,m$ 型の微分型式**と呼ぶ．

**補題 2.30** $J_M$ が積分可能ならば，$n,m$ 型式の外微分は $n+1,m$ 型式と $n,m+1$ 型式の和になる．

[証明] $p$ のまわりで考えてよい．そこでの複素座標 $z_i = x_i + \sqrt{-1}\,y_i$ を考える．すると，$J_M dx_i = dy_i$, $J_M dy_i = -dx_i$ となる．よって，$dz_i = dx_i + \sqrt{-1}\,dy_i$ は 1,0 型式，$d\bar{z}_i = dx_i - \sqrt{-1}\,dy_i$ は 0,1 型式である．次元を勘定するとこれらが基底をなすこともわかる．よって，任意の $n,m$ 型式 $u$ は

$$u = \sum_{i_1,\cdots,i_n,j_1,\cdots,j_m} u_{i_1,\cdots,i_n,j_1,\cdots,j_m} dz_{i_1} \wedge \cdots \wedge dz_{i_n} \wedge d\bar{z}_{j_1} \wedge \cdots \wedge d\bar{z}_{j_m}$$

と表される．

$$du = \sum_{i_1,\cdots,i_n,j_1,\cdots,j_m} du_{i_1,\cdots,i_n,j_1,\cdots,j_m} \wedge dz_{i_1} \wedge \cdots \wedge dz_{i_n} \wedge d\bar{z}_{j_1} \wedge \cdots \wedge d\bar{z}_{j_m}$$

である．$du_{i_1,\cdots,i_n,j_1,\cdots,j_m}$ は 1,0 型式と 0,1 型式の和であるから補題が成立する． ∎

補題 2.30 は概複素多様体に対しては成立しない．その成立しない度合いをはかるのがネイエンハイステンソルである．

**定義 2.31** 0,1 型式 $u$ に対して，$\mathcal{N}(u)$ で $du$ の 0,2 成分を表す．すなわち $du - \mathcal{N}(u)$ は 1,1 型式と 2,0 型式の和で書けるとする． □

この $\mathcal{N}$ がテンソルである,つまり $\mathcal{N}(u)$ が $u$ の微分を含まないことを示すのが次の補題である.

**補題 2.32** 滑らかな関数 $f$ に対して $\mathcal{N}(fu) = f\mathcal{N}(u)$ が成立する.

[証明] $d(fu) = df \wedge u + fdu$ であるが,$u$ は $1,0$ 型式であるから $df \wedge u$ は $1,1$ および $2,0$ 型式の和で書ける.よって $d(fu)$ の $0,2$ 成分は $fdu$ の $0,2$ 成分に一致する. ∎

補題 2.32 により $\mathcal{N}$ は各点ごとに定義された線型写像 $\mathcal{N}_p : \Lambda_p^{1,0} \to \Lambda_p^{0,2}$ から導かれることがわかる.$\mathcal{N}$ はネイエンハイステンソル(定義は[206]を見よ)と等価である.補題 2.30 は積分可能な概複素構造に対してはテンソル $\mathcal{N}$ は $0$ であることを主張する.$\mathcal{N}$ は,複素次元が $2$ 以上の場合に,一般には $0$ にならない.簡単な例を $1$ つ計算してみよう.(この例を見れば $\mathcal{N}$ の計算法がわかるであろう.)$\mathbb{R}^4$ を考えその座標を $x_1, x_2, y_1, y_2$ とする.原点の近傍での概複素構造を

$$J\left(\frac{\partial}{\partial x_1}\right) = (1+x_2)^{-1}\frac{\partial}{\partial y_1}, \quad J\left(\frac{\partial}{\partial y_1}\right) = -(1+x_2)\frac{\partial}{\partial x_1}$$

$$J\left(\frac{\partial}{\partial x_2}\right) = \frac{\partial}{\partial y_2}, \quad J\left(\frac{\partial}{\partial y_2}\right) = -\frac{\partial}{\partial x_2}$$

で定義する.この $J$ の原点での $\mathcal{N}$ を計算しよう.$dz_i = dx_i + \sqrt{-1}\,dy_i$ とおくと,$dz_i$ は原点では $\Lambda_0^{1,0}\mathbb{R}^4$ の基底である.$J(dx_1) = (1+x_2)dy_1$,$J(dx_2) = dy_2$ ゆえ $e_1 = dx_1 + \sqrt{-1}(1+x_2)dy_1$,$e_2 = dx_2 + \sqrt{-1}\,dy_2$ が $\Lambda^{1,0}\mathbb{R}^4$ の基底になる.よって $de_1 = \sqrt{-1}\,dx_2 \wedge dy_1$,$de_2 = 0$.これから,$\Pi_{0,2}$ で $0,2$ 成分への射影を表すと,原点で

$$\mathcal{N}(dz_1) = \sqrt{-1}\,\Pi_{0,2}dx_2 \wedge dy_1$$
$$= \Pi_{0,2}\frac{1}{4}(dz_2 + d\overline{z}_2) \wedge (dz_1 - d\overline{z}_1) = \frac{1}{4}d\overline{z}_1 \wedge d\overline{z}_2,$$

$$\mathcal{N}(dz_2) = 0$$

が成り立つ.以上の計算から,$J$ を勝手に与えると,ほとんどの場合 $\mathcal{N}$ は $0$ にならないことが見てとれるであろう.

ここでドルボー複体を定義しよう.$\Pi_{n,m} : \Lambda^{n+m}M \to \Lambda^{n,m}M$ を直和分

§2.3 概複素構造の微分幾何学 —— 37

解(2.15)に関する射影とし，$\bar{\partial}: \Lambda^{0,k}M \to \Lambda^{0,k+1}M$ を $\bar{\partial} = \Pi_{0,k+1} \circ d$ で定める．

**補題 2.33** $\bar{\partial}\bar{\partial} = 0$ であるための必要十分条件は，$\mathcal{N}$ が 0 であることである．

［証明］ $u \in \Lambda^{1,0}_p M$ とすると，$df = u$ が 1 点 $p$ で成立するような関数 $f$ が存在する．よって $p$ で $\mathcal{N}(u) = \Pi_{0,2}ddf = 0$ である．すなわち $\mathcal{N} = 0$ である．

逆の証明は，補題 2.30 の証明と同様である． ∎

補題 2.33 より複素多様体に対して，$\bar{\partial}$ は

$$\cdots \longrightarrow \Lambda^{0,k-1} \longrightarrow \Lambda^{0,k} \longrightarrow \Lambda^{0,k+1} \longrightarrow \cdots$$

なる複体を定める．これを**ドルボー複体**と呼ぶ．

**補題 2.34** 次の 2 つは同値．

（1） $\bar{\partial}\bar{\partial} = 0$．

（2） $X, Y \in T^{0,1}M$ ならば，その交換子 $[X, Y]$ も $T^{0,1}M$ に属する．

［証明］ $X, Y$ をベクトル場，$f$ を関数とする．$\Pi_{0,1}(X) = X_{0,1}$, $\Pi_{0,1}(Y) = Y_{0,1}$ とおくと，

(2.16)
$$\begin{aligned}
\bar{\partial}\bar{\partial}f(X, Y) &= (d\bar{\partial}f)(X_{0,1}, Y_{0,1}) \\
&= X_{0,1}(\bar{\partial}f(Y_{0,1})) - Y_{0,1}(\bar{\partial}f(X_{0,1})) - (\bar{\partial}f)([X_{0,1}, Y_{0,1}]) \\
&= [X_{0,1}, Y_{0,1}](f) - (\bar{\partial}f)([X_{0,1}, Y_{0,1}]).
\end{aligned}$$

(2.16) から，補題 2.34 が従う． ∎

**定理 2.35**（Newlander–Nirenberg [284]） 概複素構造が積分可能であるための必要十分条件は，$\mathcal{N}$ が至るところ 0 であることである． □

$\mathcal{N}$ は複素 1 次元の場合には常に 0 である．したがって，定理 2.35 は定理 2.29 の一般化である．

定理 2.35 の証明は省略するが，定理 2.29 と似ている．大体の手順は次の通りである．補題 2.28 の条件を確かめる．関数 $f$ が正則関数であるのは，$Xf = 0$ が任意の $X \in T^{0,1}M$ に対して成立することと同値であることに注意する．$T^{0,1}M$ の基底 $X_i$ をとると，解くべき方程式は

(2.17)
$$X_i f = 0$$

と表される．補題 2.34 は方程式系(2.17)が，Frobenius の定理(多様体の教科書を見よ)の意味で完全積分可能(complete integrable)であることを意味する．ただし，少し違うのは，考えているのが接束の複素化の部分束 $T^{0,1}M$ で，また $f$ が複素数値関数であることである．しかし，この場合も Frobenius の定理にあたることが示され，(2.22)が次元の数だけ独立な解をもつことが示される．

以上で概複素構造の積分可能性についての解説を終わり，それが概正則写像の存在とどうかかわるかの説明に移ろう．$(N, J_N)$ を複素多様体，$(M, J_M)$ を概複素多様体とする．$J_M$ は積分可能でないとしよう．このような組に対して，概正則写像 $\varphi: N \to M$ は $N$ の複素次元が 1 でない限りあまり存在しない，ということを説明したい．写像 $\varphi: N \to M$ を考える．かりに，この写像をはめ込み(immersion)としてみよう．ここで $\varphi$ が概正則，より少し弱い条件 $\varphi(N)$ が概複素部分多様体である，つまり，$(d\varphi)(T_p N)$ が $T_{\varphi(p)}M$ の複素部分空間である，という条件を考えよう．すると，$M$ の概複素構造 $J_M$ は $N$ 上に概複素構造を引き起こす．この概複素構造は $N$ の複素次元が 1 でない限り，一般には積分可能ではないであろう．したがって，たとえば $N$ の座標変換(自分自身への微分同相写像)を合成して，$\varphi$ を概正則写像にすることは一般には期待できない．

これが，複素 1 次元と 2 次元以上との決定的な差である．たとえば，$N = S^2$ とすると，$N$ 上の概複素構造は一意である(定理 2.29 と Riemann の写像定理)．したがって，この場合は，$\varphi(N)$ が概複素部分多様体ならば，$S^2 \to S^2$ なる適当な微分同相写像を合成して，$\varphi$ を概正則写像にすることができる．$N$ が球面ではない場合も，その複素次元が 1 ならば，$N$ 上の概複素構造の全体のなす空間の次元は有限である($N$ の種数が $g$ なら実 $6g-6$ 次元)．したがって $\varphi(N)$ が概複素部分多様体という条件と，$\varphi$ が概正則写像であるという条件は，$N$ の微分同相写像のぶんを除けば，有限次元ぶんしか差がないことがわかる．

$X$ の次元が一般の場合でも，$N$ 上の複素構造全体の作る空間は有限次元

であることがわかる．(これは小平–Spencer の変形理論から容易に従う．)しかし，$N$ 上の概複素構造全体の作る空間は無限次元である．これは，テンソル $\mathcal{N}$ がとりうる値が関数空間の自由度ぶんあることからわかる．したがって，$\varphi(N)$ が概複素部分多様体という条件と，$\varphi$ が概正則写像という条件は，$N$ の微分同相写像のぶんを除いても，さらに無限次元ぶん差が残ることになる．実際，概正則写像 $\varphi$ のなす空間全体の仮想次元(virtual dimension，次の節で定義する)は $-\infty$ であることがわかるのである．この事実と楕円型作用素の指数定理の関係を，次の節で説明する．

この節で理解してほしかったのは次の点である．概複素構造に対して，概正則写像を考えるのは当然・自然に見えるが，それは後知恵である．積分可能でない概複素多様体の間の概正則写像が多く存在しうるのは，定義域が複素 1 次元である場合だけに限られ，ほかの場合は概正則写像はそもそももほとんど存在しない．

こう考えてくると，概複素構造を研究する上で，概正則曲線(複素 1 次元空間からの概正則写像)が数少ない使える道具の 1 つであることがわかるのである．

## §2.4 概正則曲線序説

前の節に述べたことに少し肉づけをして，概複素多様体 $(M, J_M)$ への概正則曲線は，$J_M$ が積分可能でない場合でも豊富に存在していることを見よう．Gromov の論文[159]で示された，次の定理 2.36 を例にとる．

$M = \mathbb{CP}^2$ とする．$\mathbb{CP}^2$ 上には自然なケーラー構造が存在するが，それから定まるシンプレクティック構造を $\omega_{\mathbb{CP}^2}$ と書く．$J_{\mathbb{CP}^2}$ を $\omega_{\mathbb{CP}^2}$ と整合的な任意の概複素構造とする．もちろん，$\mathbb{CP}^2$ の普通の複素構造はその 1 つの例であるが，ここでは，$J_{\mathbb{CP}^2}$ は積分可能とは仮定していない．$H^2(\mathbb{CP}^2; \mathbb{Z}) = \mathbb{Z}$ でその生成元は普通に埋め込まれた $\mathbb{CP}^1$ であった．$\mathbb{CP}^2$ を斉次座標(homogeneous coordinate) $[z_0 : z_1 : z_2]$ で表し，$\mathbb{CP}^1 = \{[z_0 : z_1 : z_2] \mid z_0 = 0\}$ とおく．

**定理 2.36** $\omega_{\mathbb{CP}^2}$ と整合的な任意の概複素構造 $J_{\mathbb{CP}^2}$ に対して，概正則写像

$: S^2 \to \mathbb{CP}^2$ であって,そのホモロジー類が $[\mathbb{CP}^1]$ であるものが必ず存在する.
  □

この定理の証明を通して,概正則曲線を調べる基本的なテクニックを解説したい.

$J^0_{\mathbb{CP}^2}$ を普通の複素構造とする.この場合には $S^2 \simeq \mathbb{CP}^1 \subset \mathbb{CP}^2$ なる概正則写像が明らかに存在する.一般の $J_{\mathbb{CP}^2}$ に対しては,この写像を連続的に変形していって求める写像を作る.

まず,$J^\theta_{\mathbb{CP}^2}$,$\theta \in [0,1]$ なる概複素構造 ($\omega_{\mathbb{CP}^2}$ と整合的) の族であって,$J^0_{\mathbb{CP}^2}$ が普通の複素構造で $J^1_{\mathbb{CP}^2}$ が与えられた概複素構造であるものを考えよう.(命題 2.25 によりこのような $J^\theta_{\mathbb{CP}^2}$ は必ず存在する.) そして,$\mathcal{M}_\theta$ を次の式で定義する.

(2.18) $\mathcal{M}_\theta = \{\varphi : S^2 \to \mathbb{CP}^2 \mid J^\theta_{\mathbb{CP}^2} \circ d\varphi = d\varphi \circ J_{S^2},$
$\varphi([S^2]) = [\mathbb{CP}^1],\ \varphi(0) \in \mathbb{CP}^1,$
$\varphi(1) = [1:1:0],\ \varphi(\infty) = [1:0:1]\}.$

**補題 2.37** $\mathcal{M}_0$ はちょうど 1 点からなる.

[証明] $\mathbb{CP}^2$ 上の異なる 2 点を通る $\varphi(\mathbb{CP}^1)$ はちょうど 1 つある.これは,$\mathbb{C}^2$ の一般の位置にある 2 点を通る 1 次元複素線型部分空間の数が 1 であることからわかる.すなわち,$[1:0:1]$,$[1:1:0]$ を通る $\varphi(\mathbb{CP}^1)$ は唯ひとつ存在する.$\mathcal{M}_\theta$ の定義では,部分多様体の数ではなく,写像の数を数えている.したがって,$\mathbb{CP}^1$ の自己同型 (1 次分数変換) のぶんだけ異なるとり方があるが,$\varphi(0) \in \mathbb{CP}^1$,$\varphi(1) = [1:1:0]$,$\varphi(\infty) = [1:0:1]$ という条件から,とり方は一通りに定まる. ■

定理 2.36 の証明の主要部分は次の 2 つの命題の証明である.$\mathcal{M}$ を次の式で定義する.

$$\mathcal{M} = \bigcup_{\theta \in [0,1]} \mathcal{M}_\theta$$

**命題 2.38** $\mathcal{M}$ が 1 次元境界つき多様体になり,$\partial \mathcal{M} = \mathcal{M}_0 \cup \mathcal{M}_1$ となるような族 $J^\theta_{\mathbb{CP}^2}$ は,$J^\theta_{\mathbb{CP}^2}$ たち全体の集合のなかで稠密である. □

**命題 2.39** $\mathcal{M}$ はコンパクトである. □

補題 2.37,命題 2.38,命題 2.39 から定理 2.36 が導かれることは図 2.1 から明らかであろう.以上のような証明法を,**連続法**(continuity method)と呼ぶ.この節では命題 2.38 の説明をする.命題 2.39 は次の 2 つの節で説明する.

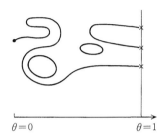

図 2.1 連続法による解の構成

命題 2.38 の証明の基本的な道具は,Atiyah–Singer の指数定理と陰関数の定理である.議論の大部分は一般の概ケーラー多様体 $(M, \omega_M, J_M)$ への概正則写像に対して成り立つので,以下しばらく一般の場合を考える.$\beta \in H_2(M; \mathbb{Z})$ を 1 つとり固定する.$\mathrm{Map}(S^2, M)$ で滑らかな写像 $\varphi : S^2 \to M$ 全体を表す.その部分集合 $\mathfrak{X}$ を

$$\mathfrak{X} = \{\varphi \in \mathrm{Map}(S^2, M) \mid \varphi_*[S^2] = \beta\}$$

で定める.$\mathfrak{E}$ を $\mathrm{Map}(S^2, M)$ 上のベクトル束で,その $\varphi$ でのファイバーが

$$\Gamma(S^2; \Lambda^{0,1} S^2 \otimes_{\mathbb{C}} \varphi^* T^{1,0} M)$$

であるものとする.ここで $\Lambda^{0,1} S^2$ は $S^2 = \mathbb{CP}^1$ 上の $0,1$ 型式の作るベクトル束で,$\varphi^* T^{1,0} M$ は $T^{1,0} M$ を $\varphi$ で引き戻したベクトル束である.$\Gamma$ は滑らかな切断全体を指す.($\varphi$ を動かしたときこのベクトル空間たちが連続に動き,ベクトル束を定めることは容易に証明できる.)

$M$ の $\omega_M$ と整合的な概複素構造の族 $J_M^\theta$ を考える.($TM \otimes \mathbb{C} = T^{1,0} M \oplus T^{0,1} M$ という分解は $\theta$ によるが,$T^{1,0} M$ の複素ベクトル束としての同型類は概複素構造の連続変形で不変である.よって,$\mathfrak{E}$ はどの $\theta$ の値に対しても同じものであるとみなしてよい.)

$\Lambda^{0,1}S^2 \otimes_{\mathbf{C}} \varphi^* T^{0,1}M$ の切断は反複素線型写像 $TS^2 \to \varphi^*(TM, J_M^\theta)$ と同一視できる．また，$\varphi$ の微分 $d\varphi$ は実線型写像 $TS^2 \to \varphi^*(TM, J_M^\theta)$ を定める．$d\varphi$ を複素線型な部分と反複素線型な部分に分け，反複素線型な部分を $\overline{\partial}_\theta \varphi$ と書き

$$s_\theta(\varphi) = \overline{\partial}_\theta \varphi$$

と定義する．すると，$s_\theta(\varphi) = 0$ と $\varphi$ が（概複素構造 $J_M^\theta$ についての）概正則写像であることは，明らかに同値である．以上の考察によりわれわれは以下のものを構成したことになる．

（1）無限次元空間 $\mathfrak{X}$

（2）その上の無限次元のベクトル束 $\mathfrak{E}$

（3）$\mathfrak{E}$ の切断 $s_\theta$

そしてわれわれの調べたかったモジュライ空間は $\mathcal{M}_\theta = s_\theta^{-1}(0)$ と表されたわけである．無限次元空間上の無限次元ベクトル束の切断の 0 点集合としてモジュライ空間を表す，というのは，非線型偏微分方程式を幾何学で扱うときよく現れる考え方である．位相的場の理論（topological field theory）と呼ばれるものの多くが，このようにして構成される．それが最初に組織的に行われたのは，ゲージ理論（gauge theory）すなわち，自己共役（self-dual，あるいは，ヤン–ミルズ（Yang-Mills））方程式の場合であった．

このような，無限次元ベクトル束の切断の 0 点集合として得られたモジュライ空間の基本ホモロジー類が深い不変量になるというのが，Donaldson がゲージ理論の場合に発見した重要なアイデアであった．Gromov はこのアイデアがシンプレクティック多様体の概正則曲線の場合にも適用可能であることを見抜いたのである．すでに述べたように，シンプレクティック多様体の不変量を得る重要な方法は，概複素構造から定まる量であって，概複素構造の連続変形で不変なものを見つけることである．われわれの状況ではこれは $\mathcal{M}_\theta$ の基本ホモロジー類が $\theta$ によらないことを意味する．$\mathcal{M}_\theta$ は 0 次元であるので，基本ホモロジー類というのは「集合 $\mathcal{M}_\theta$ の符号を含めて考えた位数」である．すなわち，「$\mathcal{M}_\theta$ の符号を含めて考えた位数」が $\theta$ によらないというのが，中心的な主張である．

モジュライ空間の基本ホモロジー類が定まり（モジュライ空間を定義する方程式の）連続変形で不変であるというのは，いつでも成り立つことではない．それが成り立つための条件を見ていこう．

第1の条件はフレドホルム性である．問題点を明確にするために，抽象化して話をする．定義を振り返ろう．

**定義 2.40**　バナッハ空間(Banach space) $\mathfrak{E}, \mathfrak{F}$ の間の線型写像 $\psi : \mathfrak{E} \to \mathfrak{F}$ が**フレドホルム作用素**(Fredholm operator)であるとは，その核 $\mathrm{Ker}\,\psi = \{x \in \mathfrak{E} \mid \psi x = 0\}$ および余核 $\mathrm{CoKer}\,\psi = \mathfrak{F}/\psi(\mathfrak{E})$ が有限次元であることを指す．

$\dim \mathrm{Ker}\,\psi - \dim \mathrm{CoKer}\,\psi$ のことを $\psi$ の**指数**(index)という．

バナッハ多様体 $X, Y$ の間の微分可能な写像 $\Psi : X \to Y$ が**フレドホルム写像**(Fredholm map)であるとは，その各点での微分がフレドホルム作用素であることを指す．　□

フレドホルム作用素の大域解析学および幾何学における意味・応用については，『指数定理』[135]で詳述されているので，それをご覧いただきたい．

フレドホルム作用素の指数は，作用素の連続変形で不変である（[135]参照）．このことを用いて，フレドホルム写像 $\Psi : X \to Y$ の指数を定義する．$X$ は連結とする．すると，$\Psi$ の $p \in X$ での微分 $d_p\Psi : T_pX \to T_{\Psi(p)}Y$ の指数は，$p$ によらない．これを $\Psi$ の指数という．

もう少し定義を続ける．次の定義は，有限次元の多様体の場合の定義のそのままの拡張である．

**定義 2.41**　バナッハ多様体の間の微分可能な写像 $\Psi : X \to Y$ があったとき，$p \in X$ が**正則点**(regular point)であるとは，微分 $d_p\Psi : T_pX \to T_{\Psi(p)}Y$ が全射であることを指す．$q \in Y$ が**正則値**(regular value)であるとは，$\Psi^{-1}(q)$ のすべての点が正則点であることを指す．正則点でない点を**臨界点**(critical point)，正則値でない点を**臨界値**(critical value)と呼ぶ．　□

次の補題はバナッハ空間における陰関数の定理の直接の系である．

**補題 2.42**　$q \in Y$ が指数 $n$ のフレドホルム写像 $\Psi : X \to Y$ の正則値であれば，$\Psi^{-1}(q)$ は $n$ 次元部分多様体である．　□

次の補題 2.43 は，Sard の定理([1]，[356] などを見よ)の無限次元化で Smale [342] による．証明は省略する．

**補題 2.43** フレドホルム写像 $\Psi: X \to Y$ の正則値のなす集合は $Y$ で稠密である． □

フレドホルム写像 $\Psi$ の指数のことを，$\Psi^{-1}(q)$ の**仮想次元**(virtual dimension)と呼ぶ．

ここで，簡略化するための仮定をおく．すなわち，写像 $\Psi: X \to Y$ は固有(proper)とする．(これは任意のコンパクト集合 $K \in X$ の逆像 $\Psi^{-1}(K)$ がコンパクトであるということを意味した．)(命題 2.39 にあたる．)

さて，$q_1, q_2$ をフレドホルム写像 $\Psi: X \to Y$ の正則値とする．補題 2.42 より，$\Psi^{-1}(q_1), \Psi^{-1}(q_2)$ は $n$ 次元コンパクト部分多様体である($n$ は $\Psi$ の指数)．$Y$ は連結と仮定する．

**命題 2.44** $\Psi^{-1}(q_1)$ の基本ホモロジー類 $[\Psi^{-1}(q_1)] \in H_n(X; \mathbb{Z}_2)$ は，$\Psi^{-1}(q_2)$ の基本ホモロジー類 $[\Psi^{-1}(q_2)] \in H_n(X; \mathbb{Z}_2)$ に等しい． □

無限次元の空間の間の写像 $\Psi: X \to Y$ で重要なものは，微分作用素である．その場合は $\Psi^{-1}(q_1), \Psi^{-1}(q_2)$ は微分方程式の解の作る空間，すなわちモジュライ空間である．こうして，命題 2.44 はモジュライ空間の基本ホモロジー類が，方程式を連続に動かしたとき不変であることを意味する．

命題 2.44 は $X, Y$ が有限次元であれば明らかである．すなわち $[\Psi^{-1}(q_1)]$ は $\Psi^*([Y])$ のポアンカレ双対である($[Y] \in H^{\dim Y}(Y; \mathbb{Z}_2)$ は基本コホモロジー類)．

われわれの関心をもっている状況では，$X, Y$ が無限次元であるので，基本コホモロジー類 $[Y]$ は意味をもたず，上の議論は通用しない．しかし，コホモロジー群などの概念装置をおもてに出さず，議論を直接見直すことで，以下のように命題 2.44 を証明することができる．

$q_1$ と $q_2$ を結ぶ $Y$ の滑らかな道 $\gamma: [0,1] \to Y$ をとる($\gamma(0) = q_1, \gamma(1) = q_2$ である)．これを用いてファイバー積
$$X \times_Y [0,1] = \{(x, \tau) \in X \times [0,1] \mid \Psi(x) = \gamma(\tau)\}$$
を考えよう．次の 2 つの補題は補題 2.42 および 2.43 の一般化である．

**補題 2.45** 任意の $(x,\tau)\in X\times_Y [0,1]$ に対して，$\operatorname{Im} d_x\Psi$ と $\dfrac{d\gamma}{d\tau}$ が $T_{\Psi(x)}Y$ を張るならば，$X\times_Y[0,1]$ は $n+1$ 次元多様体で，その境界 $\partial(X\times_Y[0,1])$ は $\Psi^{-1}(q_1)\cup\Psi^{-1}(q_2)$ である． □

補題 2.45 は陰関数の定理から得られる．

**補題 2.46** $q_1,q_2$ が正則値であれば，補題 2.45 の仮定を満たす道 $\gamma$ の集合は，$q_1$ と $q_2$ を結ぶ道全体の集合のなかで稠密である．

[略証] $\gamma:[0,1]\to Y$，$\gamma(0)=q_1$，$\gamma(1)=q_2$ なる道の全体を $\mathcal{P}_Y$ と書く．
$$\mathcal{P}_X = \{(\gamma,x,\tau)\in\mathcal{P}_Y\times X\times[0,1]\mid \gamma(\tau)=\Psi(x)\}$$
とおく．$\mathcal{P}_Y,\mathcal{P}_X$ は(無限次元)多様体[*2]で，$\pi:\mathcal{P}_X\to\mathcal{P}_Y$ を $(\gamma,x,\tau)\mapsto\gamma$ で定義すると，$\pi$ はフレドホルム写像である．よって補題 2.43 により，正則値は $\mathcal{P}_Y$ で稠密である．$\pi$ の正則値である $\mathcal{P}_Y$ の元は補題 2.46 の結論を満たす． ■

この 2 つの補題から，命題 2.44 は直ちに得られる．

命題 2.44 は，証明の構造が見やすい一番議論がすっきりいく場合を述べた．実際には，この命題で直ちに，モジュライ空間の基本ホモロジー類が方程式を変形しても不変であることを示すことができる場合はあまりない．(モノポール方程式(monopole equation)から決まる，4 次元多様体のサイバーグ–ウィッテン不変量(Seiberg-Witten invariant)は，ほぼこれだけで十分な例である．)

概正則曲線のモジュライ空間の場合に戻ろう．今までの議論を適用するには，まず滑らかな写像の範疇ではなく，その完備化を考えなければならない．(滑らかな写像全体は，バナッハ空間ではなくフレシェ空間(Fréchet space)で，その上の陰関数定理などを考えることはより困難である．) これは適当なソボレフ空間(Sobolev space)を考えることで可能になる．この節ではこの点には触れない．(定義 5.50 参照．)

---

[*2] 考える道の滑らかさや，道の空間の位相などに触れていない．滑らかな道からなる空間を考えたいので，普通にとると，フレシェ多様体になり，バナッハ多様体にならない．これは，陰関数の定理などを適用するのに都合が悪い．$C^k$ 級の範囲で論じておき，最後に道の滑らかさを何らかのやり方で証明するか，Floer のテクニック([102] §5)を用いて，滑らかな道からなるバナッハ多様体を作る必要がある．

われわれの状況は，無限次元多様体の間の写像があるのではなく，無限次元多様体 $\mathfrak{X}$ の上のベクトル束 $\mathfrak{E}$ とその切断があるわけである．この場合に「フレドホルム写像」の概念を「フレドホルム切断」に一般化するにはどうしたらよいであろうか．それには，ベクトル束の1点 $p \in \mathfrak{X}$ のまわりでの自明化 $E|_{U_p} \simeq U_p \times \mathfrak{E}_p$ を考えて，切断 $s : \mathfrak{X} \to \mathfrak{E}$ を局所的に $s_p : U_p \to \mathfrak{E}_p$ なる写像とみなせばよい（すなわち，$s(x) = (x, s_p(x))$）．任意の $p$ に対して $s_p$ の $p$ での微分がフレドホルム作用素であるとき，$s$ を**フレドホルム切断**と呼ぶことにしよう．

ほとんどすべての重要な例では，$s$ は非線型の微分作用素で，その微分 $d_p s$ は線型微分作用素である．このような場合，線型微分方程式 $d_p s = 0$ のことを，$s = 0$ の**線型化方程式**（linearized equation）と呼ぶ．

**注意 2.47** 今述べたフレドホルム切断の定義には1つ問題がある．すなわち「フレドホルム切断」という概念が局所自明化によるかよらないかはっきりしない．まったく一般のバナッハ多様体とその上のバナッハベクトル束を考えると正しくないように思われる．ただし，$s(p) = 0$ のときは，$T_{(p,0)} \mathfrak{E} = T_p X \oplus \mathfrak{E}_p$ なる標準的な分解がある．これを用いて，線型写像 $d_p s : T_p X \to \mathfrak{E}_p$ は局所自明化によらずに定まる．したがって，$s(p) = 0$ なる点で $s$ の微分がフレドホルム作用素であるということは，局所自明化によらない意味をもつ．

しかし，命題 2.44 のまねをして，$s$ の 0 点集合の基本ホモロジー類が，$s$ の連続変形で不変であることを証明するには，$s(p) = 0$ でのフレドホルム性を仮定するだけでは不十分であろう．それを可能にする抽象的な枠組みを作ることは本書では試みない．

われわれの状況では次のような局所自明化をとればよい．$\varphi$ が与えられたとき $\varphi$ に十分近い $\varphi'$ について，ファイバー $\Gamma(S^2; \Lambda^{0,1} S^2 \otimes_{\mathbb{C}} \varphi^* T^{1,0} M)$ と $\Gamma(S^2; \Lambda^{0,1} S^2 \otimes_{\mathbb{C}} \varphi'^* T^{1,0} M)$ の間の同型で，$\varphi'$ を動かしたとき滑らかに動くものを以下のように定める．$x \in S^2$ に対して，$\varphi(x)$ と $\varphi'(x)$ の間の最短測地線に沿った平行移動を使って，$\varphi^* TM$ と $\varphi'^* TM$ の間の同型を定める．その複素線型成分を考えて得られる，$\varphi^* T^{1,0} M$ と $\varphi'^* T^{1,0} M$ の間の同型を使えばよい（[124] §12）．

ほかにもいろいろなとり方があるだろうが，有限次元の状況に戻って定義しないと，うまくいかない可能性が多い．抽象的な無限次元多様体論の枠組みの内で

## §2.4 概正則曲線序説

作ろうとすると,先々危なくなってくる.この節の議論が無限次元多様体を使っているのは,わかりやすくするための方便で,一般の無限次元幾何学を抽象的に展開して,その系としていろいろなことが論じられる段階には,まだ至っていないように思われる.

さて,われわれの切断 $s_\theta(\varphi) = \bar{\partial}_\theta \varphi$ はフレドホルム切断であろうか.この点にまず,われわれが考えているのが複素 1 次元多様体からの写像の空間であることがかかわるのである.これを見るために,$s_\theta(\varphi) = 0$ なる $\varphi$ での,$s_\theta$ の微分を計算してみよう.(注意 2.47 で述べたように,これは局所自明化によらない意味をもつ.)

無限次元多様体 $\mathrm{Map}(S^2, M)$ の 1 点 $\varphi$ での接空間は $\Gamma(S^2; \varphi^* TM)$ である.このことは,次のようにして確かめられる.$\gamma: (-\epsilon, \epsilon) \to \mathrm{Map}(S^2, M)$ を,$\gamma(0) = \varphi$ なる滑らかな曲線とする.すなわち,$\gamma(\tau)$ は $S^2 \to M$ なる曲線である.すると,おのおのの $x \in S^2$ に対して $d(\gamma(\tau)(x))/d\tau$ の $\tau = 0$ での値は,接ベクトル $\in T_{\varphi(x)} M$ である.よって $\Gamma(S^2; \varphi^* T(S^2 \times S^2))$ の元が定まる.これを $\gamma$ の原点での接ベクトルだとする.

さて,$\varphi: S^2 \to M$ を $J_M^2$ に関する概正則曲線とし,$V \in \Gamma(S^2; \varphi^* TM)$ とする.切断 $s_\theta$ の $\varphi$ での微分 $d_\varphi s_\theta$ の $V$ での値 $\in \Gamma(S^2; \Lambda^{0,1} \otimes \varphi^* TM)$ を計算しよう.$w_0 \in S^2$ での値を計算することにする.$p = \varphi(w_0)$ とおき,$p$ のまわりでの $M$ の座標 $z_1, \cdots, z_m$ $(z_i = x_i + \sqrt{-1} y_i)$ を $dz_1, \cdots, dz_m$ が $\Lambda_p^{1,0} M$ の基底になるように選ぶ.$J_M^\theta$ は積分可能でないから,各点で $dz_1, \cdots, dz_m$ が $\Lambda^{1,0} M$ に含まれるようにとることはできない.1 点でならできる.

$$V(w) = \sum a_i(w) \frac{\partial}{\partial x_i} + b_i(w) \frac{\partial}{\partial y_i}$$

とおこう.曲線 $\gamma: (-\epsilon, \epsilon) \to \mathrm{Map}(S^2, M)$ を
$$\gamma(\tau)(w)_i = \varphi(w)_i + \tau a_i(w) + \sqrt{-1} \tau b_i(w)$$
で定義する.($\varphi(w)_i$ は $\varphi(w)$ の $z_i$ 座標,$\gamma(\tau)(w)_i$ は $\gamma(\tau)(w)$ の $z_i$ 座標を表す.)$\gamma$ の原点での接ベクトルが $V$ である.

$w = s + \sqrt{-1}t$ なる $w_0$ のまわりでの $S^2$ の複素座標を導入する．$(\overline{\partial}_\theta \gamma(\tau))(w_0)$ の $\tau$ 微分の，$\tau = 0$ での値を計算したい．$w_0 = 0$ としても一般性を失わない．$w$ を $(\tau a_1(w) + \sqrt{-1}\tau b_1(w), a_1(w) + \sqrt{-1}b_1(w))$ に移す写像を $V(w) : D(\epsilon) \to \mathbb{C}^2$ で表す（$D(\epsilon)$ は $\mathbb{C}$ の半径 $\epsilon$ の円盤）．

$(\overline{\partial}_\theta \gamma(\tau))(0)$ は $V(w)$ の微分（ヤコビ行列）$d_0 V$ の $J^\theta_{\gamma(\tau)(w)}$ についての反複素線型成分である．$\Pi_\tau : \mathrm{Hom}(\mathbb{R}^2, \mathbb{R}^{2m}) \to \mathrm{AntiHom}(\mathbb{C}, \mathbb{C}^m)$ を $J^\theta_{\gamma(\tau)(w)}$ についての反複素線型成分への射影とする．また $\overline{\partial}V(u_0)$ で $d_0 V$ の $J^0$（すなわち普通の複素構造）についての反複素線型成分を表す．すると，$(\overline{\partial}_\theta \gamma(\tau))(0)$ の $\tau$ 微分の $\tau = 0$ での値は

$$(2.19) \qquad \overline{\partial}V(0) + \frac{\partial \Pi_\tau}{\partial \tau} du_0$$

である．注意すべきことは，第 2 項は $V$ についての微分を含まないことで，すなわち，第 2 項は 0 階の微分作用素である．第 1 項は 1 階の微分作用素である．

今までの計算は

$$(2.20) \qquad (d_\varphi s)(V) = \overline{\partial}V + \mathcal{N}'(V)$$

と表される．ここで $\mathcal{N}'$ は 0 階の微分作用素である．$(2.20) = 0$ が $\overline{\partial}_\theta \varphi = 0$ の線型化方程式である．

**注意 2.48** もし，概複素構造 $J^\theta$ が複素構造であったら，上の計算で複素座標 $z_i$ を用いることができる．そのときは $J^\theta$ はどの点でもふつうの $\sqrt{-1}$ 倍であるから，$\Pi_\tau$ は $\tau$ によらない．すなわち (2.20) の第 2 項は 0 である．よって，第 2 項は $\mathcal{N}$ で表される．(2.20) で $\mathcal{N}'$ と書いたのは，この項が $\mathcal{N}$ から定まるからであるが，$\mathcal{N}$ そのものではない．

(2.20) の第 1 項 $\overline{\partial}V$ の $S^2$ での大域的な意味をはっきりさせるために，正則ベクトル束とそれを係数とするドルボー複体について簡単に復習する．詳しくは [206] を見よ．

複素多様体 $M$ 上の複素ベクトル束 $\pi : E \to M$ が，**正則ベクトル束**（holomorphic vector bundle）であるとは，$M = \sum U_i$ なる開被覆と，$\varphi_i : \pi^{-1} U_i \simeq$

$U_i \times \mathbb{C}^n$ なるベクトル束の局所自明化で，$g_{ij}: U_i \cap U_j \to GL(n;\mathbb{C})$ を $g_{ij}(x)(v) = \varphi_i \varphi_j^{-1}(x,v)$ で定義したとき，$g_{ij}$ が正則関数であるものが存在することを指す．このような $U_i, \varphi_i$ を**正則な自明化**と呼ぶ．

正則ベクトル束 $\pi: E \to M$ の切断 $s$ を考える．正則な自明化 $U_i, \varphi_i$ を用いて，$s_i: U_i \to \mathbb{C}^n$ を $(x, s_i(x)) = \varphi_i s(x)$ で定義する．$g_{ij}$ は正則であることから $g_{ij}\bar{\partial} s_j = \bar{\partial} s_i$ がわかる．よって $s_i$ らは張り合い，$E \otimes \Lambda^{0,1} M$ の切断を定める．これを $\bar{\partial} s$ と書く．

以上で $\bar{\partial}: \Gamma(E) \to \Gamma(E \otimes \Lambda^{0,1} M)$ なる写像が定まった．これは $\bar{\partial}: \Gamma(E \otimes \Lambda^{0,k} M) \to \Gamma(E \otimes \Lambda^{0,k+1} M)$ に拡張される（[206]を見よ）．こうして $E$ 係数のドルボー複体ができる．次の定理は定理 2.35 の類似である．

**定理 2.49** 次の 2 つの条件は同値である．

（1） $E$ は正則ベクトル束である．

（2） $\bar{\partial}: \Gamma(E \otimes \Lambda^{0,k} M) \to \Gamma(E \otimes \Lambda^{0,k+1} M)$ が存在し，$u \in \Gamma(E \otimes \Lambda^{0,k} M)$，$v \in \Gamma(\Lambda^{0,\ell} M)$ に対して，次の条件を満たす．

$$\bar{\partial}\bar{\partial} = 0, \quad \bar{\partial}(u \wedge v) = \bar{\partial} u \wedge v + (-1)^{\deg u} u \wedge \bar{\partial} v.$$

［略証］ $(1) \Rightarrow (2)$ はすでに説明した．逆の証明は定理 2.35 の証明に近い．すなわち，(2)を仮定して，各点 $p$ の近傍に $\bar{\partial} s_k = 0$ なる $s_k$ $(k=1, \cdots, n)$ で，$s_1(p), \cdots, s_n(p)$ が $E_p$ の基底になるようなものを探す．（すると，$u = \sum u_k s_k \mapsto (u_1, \cdots, u_k)$ が $p$ の近傍での正則な自明化を与える．）方程式 $\bar{\partial} s = 0$ が解けることを保証するのが条件 $\bar{\partial}\bar{\partial} = 0$ である．詳しくは[79] §2.1 を見よ． ∎

**系 2.50** 複素 1 次元多様体（リーマン面）上の任意の複素ベクトル束は正則ベクトル束の構造をもつ． □

これは，$\bar{\partial}\bar{\partial} = 0$ がリーマン面の場合は自動的に成立することから従う．

**補題 2.51** $\bar{\partial}^1$ と $\bar{\partial}^2$ を，同一の複素ベクトル束の異なった正則ベクトル束の構造から定まるドルボー作用素とする．このとき，$\bar{\partial}^1 - \bar{\partial}^2$ は 0 階の微分作用素である．

［証明］ 定理 2.49(2)の 2 番目の条件式より，$\bar{\partial}^i(fu) = \bar{\partial} f \wedge u + f \bar{\partial}^i u$ が成り立つ．よって $(\bar{\partial}^2 - \bar{\partial}^1)(fu) = f(\bar{\partial}^2 - \bar{\partial}^1)(u)$．すなわち，$\bar{\partial}^1 - \bar{\partial}^2$ は 0 階の微分作用素である． ∎

以上で正則ベクトル束についての復習を終わる．(2.25)の第1項に大域的な意味をつけよう．$\varphi: S^2 \to M$ を概正則写像とする．$\varphi^* T^{1,0} M$ は複素ベクトル束である．系2.50より，これには正則ベクトル束の構造が入る．1つ固定しておく．

**補題2.52** $V \mapsto d_\varphi s(V) - \bar{\partial} V$ は0階の微分作用素である． □

$\bar{\partial}$ は0階の微分作用素を除けば正則ベクトル束の構造にはよらない．このことに注意すれば，証明はすでにした計算から明らかである．

**注意2.53** 系2.50は補題2.52の証明に必ずしも必要なわけではない（$\varphi^* T^{1,0} M$ に正則ベクトル束の構造が入らなくても，$\bar{\partial} V$ は意味をもつ）．したがって，$S^2$ が複素1次元であるということを，本質的に用いる場所はここではない．

$S^2$ が複素1次元であるということを，本質的に用いるのは，次の補題である．

**補題2.54** $\Sigma$ がリーマン面，$E \to \Sigma$ が正則ベクトル束とすると，$\bar{\partial}: \Gamma(E) \to \Gamma(E \otimes \Lambda^{0,1})$ はフレドホルム作用素である． □

このことは，ドルボー複体に関する次の有名な定理の帰結である．

**定理2.55** $\bar{\partial}$ は $E \to E \otimes \Lambda^{0,1} \to E \otimes \Lambda^{0,2} \to \cdots \to E \otimes \Lambda^{0,n}$ なる楕円型複体を定める（$n$ は $M$ の複素次元）． □

楕円型複体の定義および定理2.55の証明は[135]を見てもらうことにして，ここでは省略する．

［補題2.54の証明］ リーマン面の場合には，定理2.55より，長さ2の複体 $\bar{\partial}: E \to E \otimes \Lambda^{0,1}$ が楕円型複体である．これは，$\bar{\partial}$ が楕円型微分作用素であることを意味する．したがって，よく知られているように（たとえば[135]参照）$\bar{\partial}: \Gamma(E) \to \Gamma(E \otimes \Lambda^{0,1})$ はフレドホルム作用素である． ■

補題2.54の証明では，$\bar{\partial}$ が1階の楕円型作用素であることを示した．この性質は0階の微分作用素を加えても変わらない．したがって，補題2.51より，$d_\varphi s_\theta(V)$ も楕円型である．結局次のことが示された：

**定理2.56** $\varphi: S^2 \to M$ を概正則写像とすると，微分作用素 $d_\varphi s_\theta: \Gamma(\varphi^* TM) \to \Gamma(\varphi^* TM \otimes \Lambda^{0,1})$ はフレドホルム作用素である． □

§2.4 概正則曲線序説 —— 51

　ここで，複素1次元の空間 $S^2$ ではなく，もっと次元の高い空間からの写像を考えると，定理 2.56 は成立しなくなることを見ておこう．たとえば，$\varphi : \mathbb{CP}^2 \to \mathbb{CP}^3$ を概正則写像とする．（$\mathbb{CP}^3$ には積分可能でない概複素構造を，$\mathbb{CP}^2$ には普通の複素構造を入れる．）このとき，複素ベクトル束 $\varphi^* T^{1,0} \mathbb{CP}^3$ は一般には正則構造をもたないから，そもそもこれを係数とするドルボー「複体」は複体でない（$\bar{\partial} \bar{\partial} = 0$ が成立しない）．この点は目をつぶることにして，$\varphi^* T^{1,0} \mathbb{CP}^3$ に正則構造が入ったとしよう．しかし，この場合はドルボー複体は

$$\varphi^* T^{1,0} \mathbb{CP}^3 \to \varphi^* T^{1,0} \mathbb{CP}^3 \otimes \Lambda^{0,1} \to \varphi^* T^{1,0} \mathbb{CP}^3 \otimes \Lambda^{0,2}$$

であるから，$\varphi^* T^{1,0} \mathbb{CP}^3 \to \varphi^* T^{1,0} \mathbb{CP}^3 \otimes \Lambda^{0,1}$ だけを考えたのでは楕円型でない．いいかえるとコホモロジー

$$\frac{\operatorname{Ker} \bar{\partial} : \Gamma(\varphi^* T^{1,0} \mathbb{CP}^3 \otimes \Lambda^{0,1}) \to \Gamma(\varphi^* T^{1,0} \mathbb{CP}^3 \otimes \Lambda^{0,2})}{\operatorname{Im} \bar{\partial} : \Gamma(\varphi^* T^{1,0} \mathbb{CP}^3) \to \Gamma(\varphi^* T^{1,0} \mathbb{CP}^3 \otimes \Lambda^{0,1})}$$

は有限次元であるが，

$$\operatorname{CoKer} \bar{\partial} : \Gamma(\varphi^* T^{1,0} \mathbb{CP}^3) \to \Gamma(\varphi^* T^{1,0} \mathbb{CP}^3 \otimes \Lambda^{0,1})$$

は無限次元である．すなわち，写像

$$\bar{\partial} : \Gamma(\varphi^* T^{1,0} \mathbb{CP}^3) \to \Gamma(\varphi^* T^{1,0} \mathbb{CP}^3 \otimes \Lambda^{0,1})$$

の指数は $-\infty$ である．これは，$\mathbb{CP}^2 \to \mathbb{CP}^3$ なる概正則写像のモジュライ空間の仮想次元が $-\infty$ であることを意味する．

　このことは前の節でも述べた．そこで述べた理由は $\mathbb{CP}^2$ の上の概複素構造が一般には積分可能でないことで，それは，$\Lambda^{0,2} \mathbb{CP}^2$ が 0 でないことの帰結である．$\bar{\partial}$ がフレドホルム作用素にならないことも同じ理由である．もちろんこの一致は偶然ではなく，同じことを違った側面から見ているにすぎない．

　リーマン面の場合に戻ろう．定理 2.56 より $d_\varphi s_\theta$ はフレドホルム作用素であった．その指数は Riemann–Roch の定理を用いて次のように計算される．

**定理 2.57**　$E$ を種数 $g$ の閉リーマン面 $\Sigma$ 上の正則ベクトル束とし，$c^1(E)$ をその第 1 チャーン類とする．このときドルボー作用素 $\bar{\partial} : \Gamma(E) \to \Gamma(E \otimes \Lambda^{0,1})$ の指数 $\operatorname{Index} \bar{\partial}$ は次の式で与えられる．

$$\operatorname{Index} \bar{\partial} = (2 - 2g) \operatorname{rank}_{\mathbb{C}} E + 2[\Sigma] \cap c^1(E) . \qquad \square$$

定理の証明は省略する．[135]を見よ．

$d_\varphi s_\theta$ は $\bar{\partial}$ と 0 階の作用素のぶんだけ異なる．フレドホルム作用素の指数の連続変形不変性より，$d_\varphi s_\theta$ の指数は $\bar{\partial}$ の指数と一致する．こうして $d_\varphi s_\theta$ の指数が計算された．

さて，定理 2.36 では，定理 2.57 の，$S^2$ 上の正則ベクトル束 $\varphi^* T^{1,0}\mathbb{CP}^2$ の場合が現れる．すなわち，$g=0$, $\mathrm{rank}_{\mathbb{C}} E=2$ である．また $\varphi[S^2]=[\mathbb{CP}^1]$ であった．よって $c^1(T^{1,0}\mathbb{CP}^2)=3[\mathbb{CP}^1]$ より

$$\int_{S^2} c^1(\varphi^* T^{1,0}\mathbb{CP}^2) = 3$$

である．したがって $\mathrm{Index}\, d_\varphi s_\theta = 10$ が得られる．

ところで，上の計算では $\mathrm{Map}(S^2, \mathbb{CP}^2)$ を考えていた，つまり，$\varphi(0) \in \mathbb{CP}^1$, $\varphi(1)=[1:0:1]$, $\varphi(\infty)=[0:1:1]$ という条件を考えていなかった．したがって，モジュライ空間 $\mathcal{M}_\theta$ の次元を計算するには，これから，$4\times 2+2=10$ を引く必要がある．すると，次元は 0 になる．すなわち，前にフレドホルム写像のとき説明した補題 2.42 や補題 2.43 のようなことがわれわれの状況で成立していれば，$s_\theta$ を少し動かして，$\mathcal{M}_\theta = s_\theta^{-1}(0)$ が 0 次元の多様体になる．さらに，補題 2.45 と 2.46 のようなことが成立すれば，$\mathcal{M}=\bigcup \mathcal{M}_\theta$ が 1 次元の多様体になり，その境界が $\mathcal{M}_0 \cup \mathcal{M}_1$ になるわけである．これが命題 2.38 の主張であった．

**注意 2.58** 補題 2.42, 2.43, 2.45, 2.46 の状況はわれわれの状況より簡略化されており，これらの補題から命題 2.38 が直ちに従うわけではない．しかし，以上の説明以上に必要なのは，陰関数定理やソボレフの不等式（Sobolev inequality）などで，その使われ方も一般的なものなので，これ以上の説明は省略する．

**注意 2.59** 指数を計算するときは，$d_\varphi s_\theta$ と $\bar{\partial}$ の差 $\mathcal{N}'$（これが $J_M^\theta$ が積分可能でないことの効果である）は重要でなかったが，$\mathcal{N}'$ はいつでも無視してよいわけではない．

$\mathcal{N}'$ の効果として次の点は重要である．$\Gamma(\varphi^* TM)$, $\Gamma(\varphi^* TM \otimes \Lambda^{0,1})$ は複素ベクトル空間で，$\bar{\partial}$ は複素線型であるが，$\mathcal{N}'$（したがって $d_\varphi s_\theta$）は複素線型とは限らない．

§2.5 モース理論の観点とコンパクト性―――53

このことは,概複素構造の幾何学が,複素幾何学とは異なり,実の幾何学の性格をもっていることの端的な表れである.その重要な帰結は以下の事実である.

ケーラー多様体 $(M, J_M)$ への $S^2$ からの正則写像でホモロジー類が $\beta \in H_2(M; \mathbb{Z})$ のものが存在し,そのモジュライ空間の次元と仮想次元が 0 であれば '複素構造' $J_M$ を動かしてもやはり,ホモロジー類が $\beta$ である $S^2$ からの正則写像が存在する.(正確にいうと,$S^2$ の有限個の和からの正則写像が存在する.) しかし,概ケーラー多様体 $(M, J_M)$ の場合には,ある '概複素構造' $J_M$ に対して,ホモロジー類が $\beta$ である $S^2$ からの概正則写像が存在しても,$J_M$ を動かすとなくなってしまうことがありうる.

これは次のことのアナロジーである.

複素曲面 $M$ の 2 つの複素部分多様体 $N_1, N_2$ に対して,集合としての交わり $N_1 \cap N_2$ が空でなく,$N_1$ と $N_2$ が横断的(transversal)に交われば,$[N_1] \cap [N_2] \in H_*(M)$(ホモロジーのキャップ積)は 0 でない.したがって,$N_i$ を連続的に $N_i'$ に変形しても $N_1' \cap N_2'$ は空でない.

同様のことは一般の実の部分多様体 $N_1, N_2$ に対しては成り立たない.


さて,ここまで読んできて次のことに気がついただろうか.

今までの議論でシンプレクティック構造はどこで用いたのだろうか.ただ単に,概複素多様体から出発して何がまずかったのだろうか.

実際,命題 2.38 のようなことであれば,概複素多様体に対しても証明することができる.したがって,今までの議論ですんでいれば,概正則曲線を使って得られるのは,シンプレクティック幾何学への応用ではなく,概複素構造の微分幾何学への応用である.

シンプレクティック構造が用いられるのは,命題 2.39 すなわちコンパクト性の証明においてなのである.だから,コンパクト性の証明が概正則曲線の理論の中心である.ここで節を改めることにしよう.

## §2.5 モース理論の観点とコンパクト性

この節の目的は,有限次元のアナロジーで説明できる範囲で,命題 2.39

の証明を説明することである.「なぜ概正則写像のモジュライ空間のコンパクト性を示すのにシンプレクティック構造が必要か」を理解するのが,主な目的である.

まず,概正則曲線をループ空間上の勾配ベクトル場の積分曲線とみなす Floer の立場を説明する. $(M,\omega_M)$ をシンプレクティック多様体とし,$J_M$ を $\omega_M$ と整合的な $M$ の概複素構造とする. §2.3 で述べたように,$\omega_M, J_M$ は $M$ のエルミート計量 $g_M$ を決める. $S^1$ から $M$ への写像の全体を $\Omega(M)$ と書き,$M$ の**ループ空間**と呼ぶ. 1点にホモトピックな元全体からなる,$\Omega(M)$ の連結成分を $\Omega_0(M)$ と書く. この節では完備化をして関数解析を展開するわけではないので,まだ $\Omega(M)$ の位相は重要でないが,とりあえずは $C^\infty$ 位相を入れておく.

$\Omega_0(M)$ 上の多価関数 $\mathcal{A}$ を次のように定義する. $\ell:S^1\to M$ とし,$\ell\in\Omega_0(M)$ とする. すると,$u:D^2\to M$ で $u|_{S^1}=\ell$ であるものが存在する.

**定義 2.60**
$$\mathcal{A}(\ell)=\int_{D^2}u^*\omega.$$
□

$\mathcal{A}$ は多価関数である. 最初にこの点の曖昧さを除いておこう. そのために $\Omega_0(M)$ の**被覆空間**(covering space)をとる. $\ell\in\Omega_0(M)$, $u:D^2\to M$, $u|_{S^1}=\ell$ なる組 $(\ell,u)$ 全体を考える. $(\ell,u)\sim(\ell',u')$ とは,$\ell=\ell'$ で $u$ と $u'$ が $\pi_2(M,\ell(S^1))$ の元として一致することを指す. $\sim$ は明らかに同値関係である. この商空間を $\widetilde{\Omega}_0(M)$ と書く. $(\ell,u)\mapsto\ell$ は写像 $\widetilde{\Omega}_0(M)\to\Omega_0(M)$ を定める. $\widetilde{\Omega}_0(M)$ が $\Omega_0(M)$ の被覆空間であることが容易にわかる. 被覆変換群(covering transformation group)は $\pi_2(M)$ である. Stokes の定理により,$\mathcal{A}(\ell)$ は $\widetilde{\Omega}_0(M)$ 上の関数としては1価である. 一方 $\gamma\in\pi_2(M)$ とすると

(2.21) $$\mathcal{A}(\gamma\cdot(\ell,u))=\mathcal{A}(\ell,u)+c(\gamma)$$

が成り立つ. ここで $c(\gamma)=\int_{S^2}\gamma^*\omega$ である. 式(2.21)より $d\mathcal{A}$ は $\Omega_0(M)$ 上の微分1型式の $\widetilde{\Omega}_0(M)$ への引き戻しであることがわかる. これを簡単のため $d\mathcal{A}$ と書く. 明らかに $d\mathcal{A}$ は閉微分型式である. ($\mathcal{A}$ は1価でないから, $d\mathcal{A}$ は**完全型式**(exact 1 form)とは限らない.)

## §2.5 モース理論の観点とコンパクト性

$M$ 上のリーマン計量 $g_M$ を用いて,$\Omega_0(M)$ 上のリーマン計量 $\tilde{g}$ を

$$\tilde{g}(X,Y) = \int g_M(X(t),Y(t))dt$$

で定める.ここで,$X, Y \in T_\ell(\Omega_0(M)) = \Gamma(S^1; \ell^*TM)$ である.$\tilde{g}$ と $d\mathcal{A}$ から,$\Omega_0(M)$ 上のベクトル場 $\mathrm{grad}\,\mathcal{A}$ が,次の式で定まる.

(2.22) $$\tilde{g}(\mathrm{grad}\,\mathcal{A}, V) = d\mathcal{A}(V).$$

**注意 2.61** 閉微分型式から (2.22) で定まるベクトル場のモース理論を(有限次元の場合に)組織的に研究したのは Novikov [287] である.§5.2 で Novikov の理論を説明する.

**命題 2.62** $\ell \in \Omega_0(M)$ に対して

(2.23) $$\mathrm{grad}_\ell \mathcal{A} + J_M\left(\frac{d\ell}{dt}\right) = 0$$

である.ここで,左辺は $\Gamma(S^1; \ell^*TM) = T_\ell(\Omega(M))$ の元である.

[証明] $\gamma: (-\epsilon, \epsilon) \to \Omega(M)$ を,$\gamma(0) = \ell$ であるような滑らかな道とする.$u|_{S^1} = \ell$ なる $u$ をとっておく.$\gamma$ は $(-\epsilon, \epsilon) \times S^1$ なる写像を定める.これを $\tilde{\gamma}$ と書く.$\tilde{\gamma}$ の $[0, \tau] \times S^1$ への制限と $u$ を図 2.2 のように張り合わせた写像を $u_\tau$ と書く.$u_\tau|_{S^1} = \gamma(\tau)$ である.したがって,

(2.24) $$\mathcal{A}(\gamma(\tau)) = \int_{D^2} u_\tau^* \omega$$

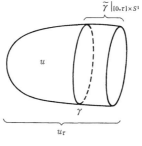

図 2.2

である．$X = \dfrac{d\gamma}{d\tau}\Big|_{\tau=0} \in T_\ell(\Omega_0(M)) = \Gamma(S^1; \ell^*TM)$ とおく．(2.24) より

$$(2.25) \qquad \dfrac{\partial \mathcal{A}(\gamma(\tau))}{\partial \tau} = \int_{t \in S^1} \omega\left(X(\ell(t)), \dfrac{d\ell}{dt}\right) dt$$

が成り立つ．(2.22) より (2.25) の左辺は $\tilde{g}(\operatorname{grad}\mathcal{A}, X)$ である．よって

$$-\int_{t \in S^1} \omega\left(\dfrac{d\ell}{dt}, X(\ell(t))\right) dt = \int_{t \in S^1} g_M(\operatorname{grad}\mathcal{A}, X(\ell(t))) dt$$

これは，(2.23) を意味する． ∎

命題 2.62 を次のようにいいかえると，$\mathcal{A}$ と概正則曲線の関係がはっきりする．補題の証明中と同様に $\gamma: (-\epsilon, \epsilon) \to \Omega(M)$ と $\tilde{\gamma}: (-\epsilon, \epsilon) \times S^1 \to M$ を考える．

**系 2.63** $\gamma: (-\epsilon, \epsilon) \to \Omega(M)$ が，$\operatorname{grad}\mathcal{A}$ の積分曲線であることと，$\tilde{\gamma}: (-\epsilon, \epsilon) \times S^1 \to M$ が概正則写像であることは，同値である． ∎

証明は命題 2.62 と $J(\partial/\partial t) = -\partial/\partial \tau$ から明らかである．

以後の話を見やすくするために，シンプレクティック構造と整合的な概複素構造という概念，および勾配ベクトル場という概念を少し一般化する．

**定義 2.64** 概複素構造 $J_M$ が $\omega_M$ 穏やかである ($J_M$ is tamed by $\omega_M$) とは，$\omega_M(V, J_M V) > 0$ がすべての $0$ でない接ベクトル $V$ に対して成立することである． ∎

$J_M$ が $\omega_M$ 穏やかであるとき，リーマン計量 $g_M$ を

$$2g_M(V, W) = \omega_M(V, J_M W) + \omega_M(W, J_M V)$$

で定義する．$g_M$ を用いて $\Omega(M)$ 上の計量 $\tilde{g}$ を同様に定める．

**定義 2.65** 多様体上のベクトル場 $X$ と関数 $f$ があるとき，$X$ は $f$ に関して**勾配的**(gradient like)であるとは，ある正の数 $c$ が存在して $X(f) \geqq c\|X\|^2$ が成立することをいう．この用語は，$f$ がこの節で考えている多価関数 $\mathcal{A}$ である場合にも意味をもつ． ∎

**注意 2.66** 力学系の用語では，$f$ は $X$ のリアプノフ関数 (Lyapunov function) であるという．

$f$ の勾配ベクトル場は $f$ に関して勾配的である．実際

§2.5 モース理論の観点とコンパクト性 —— 57

$$\operatorname{grad} f(f) = df(\operatorname{grad} f) = g_M(\operatorname{grad} f, \operatorname{grad} f) = \|\operatorname{grad} f\|^2.$$

さて，これらの用語を使うと，命題 2.62 を次のように一般化することができる．$J_M$ は $\omega_M$ 穏やかな概複素構造とする．$J_M\left(\dfrac{d\ell}{dt}\right)$ は $\Omega(M)$ 上のベクトル場である．

**補題 2.67** $-J_M\left(\dfrac{d\ell}{dt}\right)$ は $\mathcal{A}$ について勾配的である．

[証明] 命題 2.62 の証明の計算をたどると，

$$-J_M\left(\frac{d\ell}{dt}\right)_\ell(\mathcal{A}) = \int \omega_M\left(\frac{d\ell}{dt}, J_M \frac{d\ell}{dt}\right) dt.$$

定義により右辺は $\tilde{g}(d\ell/dt, d\ell/dt)$ である． ∎

勾配的であるということの重要な帰結を述べる．とりあえず，1 価な関数 $f$ について勾配的であるベクトル場 $X$ を考えよう．$\gamma:[a,b] \to M$ が $X$ の積分曲線とする．

**補題 2.68**

$$\int_a^b \left\|\frac{d\gamma}{d\tau}\right\|^2 d\tau \leqq C(f(b) - f(a)).$$

[証明]

$$\operatorname{grad} f\left(\frac{d\gamma}{d\tau}\right) \geqq c \left\|\frac{d\gamma}{d\tau}\right\|^2$$

を積分すればよい． ∎

補題 2.68 をわれわれの無限次元の状況 $f = \mathcal{A}$ で考えたい．

そのために写像のエネルギー，体積を定義し，概正則写像，調和写像，極小曲面の関係を説明する．$\varphi: N \to M$ をリーマン多様体の間の滑らかな写像とする．局所座標を使って $\varphi = (\varphi_1, \cdots, \varphi_m)$ と表す．$g_{N,ij}, g_{M,ij}$ を局所座標で書いたリーマン計量とし，それぞれの逆行列を $g_N^{ij}, g_M^{ij}$ で表す．

**定義 2.69**

$$\mathcal{E}(\varphi) = \frac{1}{2} \int_N \sum_{i,j,k,\ell} g_N^{k\ell} g_{M,ij} \frac{\partial \varphi_i}{\partial x_k} \frac{\partial \varphi_j}{\partial x_\ell} \sqrt{\det(g_{N,ab})}\, dx_1 \cdots dx_n$$

とおき，$\varphi$ の**エネルギー**(energy)と呼ぶ． □

**定義 2.70**

$$\mathrm{Vol}(\varphi) = \int_N \sqrt{\det\left(\sum_{i,j} g_{M,ij} \frac{\partial \varphi_i}{\partial x_k} \frac{\partial \varphi_j}{\partial x_\ell}\right)} dx_1 \cdots dx_n$$

とおき，$\varphi$ の**体積**(volume)と呼ぶ(括弧の中の行列は $k, \ell$ が添え字の $n \times n$ 行列である)．体積は $N$ の計量にはよらないことに注意しておく． □

上の定義を少し書き換えておく．$e_1, \cdots, e_n \in T_p N$ を $T_p N$ の $g_{N,k\ell}$ についての正規直交基とする．行列 $h_{k\ell}$ を $h_{k\ell} = g_M(d\varphi(e_k), d\varphi(e_\ell))$ で定義する．そのトレースおよび行列式を $\mathrm{Tr}(d\varphi) = \sum_{k=1}^{2} h_{kk}$, $\mathrm{Det}(d\varphi) = \det(h_{k\ell})$ で定義する．$\mathrm{Tr}(d\varphi), \mathrm{Det}(d\varphi)$ は正規直交基のとり方によらない．$\Omega_N$ を $N$ の体積要素 ($\sqrt{\det(g_{N,ij})} dx_1 \cdots dx_n$) とする．

**補題 2.71**

$$\mathcal{E}(\varphi) = \frac{1}{2} \int_N \mathrm{Tr}(d\varphi) \Omega_N, \quad \mathrm{Vol}(\varphi) = \int_N \mathrm{Det}(d\varphi)^{1/2} \Omega_N.$$

□

証明は容易なので読者に任せる．

エネルギーの極値を与える写像を，**調和写像**(harmonic map)と呼び，体積の極値を与えるはめ込みを，**極小はめ込み**(minimal immersion)と呼ぶ．本書では $N$ が 2 次元である場合しか用いないので，以下 $N$ は 2 次元とし，$\Sigma$ と書く．2 次元であることの重要な帰結は，次の命題 2.73 である．言葉を 1 つ準備する．

**定義 2.72** $\phi: \Sigma \to M$ が**共形的**(conformal)とは
$$g_M(d\phi(V), d\phi(W)) = h(p) g_\Sigma(V, W)$$
が任意の $V, W \in T_p \Sigma$ に対して成立するような，関数 $h: \Sigma \to \mathbb{R}_+$ が存在することを指す．共形的な微分同相写像のことを**共形変換**(conformal transformation)と呼ぶ． □

**命題 2.73** 2 次元多様体 $\Sigma$ からの写像のエネルギーは，$\Sigma$ の共形変換で不変である．すなわち，$\phi: \Sigma \to \Sigma$ が共形変換，$\varphi: \Sigma \to M$ が任意の写像とすると $\mathcal{E}(\varphi) = \mathcal{E}(\varphi \circ \phi)$．

［証明］ $g_M(d\phi(V), d\phi(W)) = h(p) g_\Sigma(V, W)$ とすると，定義から容易に

§2.5 モース理論の観点とコンパクト性 ―― 59

$e_{\varphi\circ\phi}(p) = h(p)^2 e_\varphi(\phi(p))$ である．面積要素に対して $\phi^*\Omega_\Sigma(p) = h(p)^{-2}\Omega_\Sigma(p)$ が成り立つ．この2つの式と補題 2.71 から命題 2.73 が得られる．  ■

極小はめ込みと調和写像の関係は次の命題 2.74 と命題 2.76 である．以後しばらく，エネルギーに対しては $\Sigma$ の計量を明示するため，$\mathcal{E}(\varphi;g_\Sigma)$ と書く．

**命題 2.74** 写像 $\varphi:(\Sigma,g_\Sigma)\to(M,g_M)$ が共形的であるのは，$\varphi$ をとめて $g_\Sigma$ を動かす変分に対して，$\mathcal{E}(\varphi;g_\Sigma)$ が最小であることと同値である．

[証明] 相加平均と相乗平均の関係から得られる次の補題に注意する．

**補題 2.75**
$$\frac{\mathrm{Tr}(d\varphi)(p)}{2} \geqq (\mathrm{Det}(d\varphi)(p))^{1/2}$$
で，等号成立は，$g_M(d\varphi(V),d\varphi(W)) = cg_\Sigma(V,W)$ が任意の $V,W\in T_p\Sigma$ に対して成立する場合でそれに限る．  □

補題 2.75 と体積が $N$ の計量によらないことにより，$\mathcal{E}(\varphi;g_\Sigma)\geqq \mathrm{Vol}(\varphi)$ が得られ，また等号成立は $\varphi:(\Sigma,g_\Sigma)\to(M,g_M)$ が共形的であるときでそれに限る．これから命題 2.74 が得られる．  ■

**命題 2.76** 共形的なはめ込み $\varphi$ に対して，極小はめ込みであることと調和写像であることは同値である．

[証明] $f(s,t) = \mathcal{E}(\varphi_s;\varphi_t^* g_\Sigma)$ とおくと，$\mathrm{Vol}(\varphi_\epsilon) = \mathcal{E}(\varphi_\epsilon;\varphi_\epsilon^* g_\Sigma)$ であるから，$\mathrm{Vol}(\varphi_\epsilon) = f(\epsilon,\epsilon)$ である．一方定義より，$\mathcal{E}(\varphi_\epsilon;g_\Sigma) = f(\epsilon,0)$ である．また命題 2.74 より $\partial f/\partial t(0,0) = 0$ である．これから
$$\frac{d}{d\epsilon}\mathrm{Vol}(\varphi_\epsilon)(0) = \frac{d}{d\epsilon}\mathcal{E}(\varphi_\epsilon;g_\Sigma)(0).$$
よって命題 2.76 が成り立つ．  ■

次に概正則写像との関係を述べる．$(M,g_M,\omega_M,J_M)$ を概ケーラー多様体とする．（すなわち，$J_M$ は $\omega_M$ と整合的と仮定する．）

**補題 2.77** $\varphi:\Sigma_M\to M$ に対して
$$\int_\Sigma \varphi^*\omega_M \leqq \mathrm{Vol}(\varphi).$$

[証明] $p\in\Sigma$ とし $(\tau,t)$ を $p$ の近傍での $\Sigma$ の局所座標とする.

$$(2.26) \quad \varphi^*\omega\Big(\frac{\partial}{\partial\tau},\frac{\partial}{\partial t}\Big) = g_M\Big(d\varphi\Big(\frac{\partial}{\partial\tau}\Big), J_M d\varphi\Big(\frac{\partial}{\partial t}\Big)\Big)$$
$$\leq \Big\|d\varphi\Big(\frac{\partial}{\partial\tau}\Big)\Big\|^{1/2} \Big\|d\varphi\Big(\frac{\partial}{\partial t}\Big)\Big\|^{1/2}.$$

左辺を積分すると $\int_\Sigma \varphi^*\omega_M$ が,右辺を積分すると $\mathrm{Vol}(\varphi)$ が得られる. ∎

**補題 2.78** $\varphi:\Sigma_M\to M$ が概正則写像ならば

$$\int_\Sigma \varphi^*\omega_M = \mathrm{Vol}(\varphi).$$

[証明] $\Sigma$ 上の 1 点で $J_\Sigma(\partial/\partial\tau)=\partial/\partial t$ となるように座標をとると,(2.26) で等号が成立する. ∎

**注意 2.79** 命題 2.76 と補題 2.77 は複素 2 次元以上の複素部分多様体でも同様に成り立つ($\omega$ のかわりに $\omega^n$ を用いる).**ウィルティンガー不等式**(Wirtinger inequality)と呼ぶ([156] p.31 を見よ).

**注意 2.80** 補題 2.77 の左辺は $\varphi(\Sigma)$ のホモロジー類にしかよらない.このように,エネルギーなどの量を位相的な量で下から評価する式を**ボゴモルニー不等式**(Bogomol'nyi inequality)と呼ぶ([398] などを見よ).その等号成立の場合が **BPS インスタントン**(Bogomol'nyi-Prasad-Sommerfeld instanton)と呼ばれる.いま出てきた概正則曲線(あるいは複素部分多様体)以外に,自己共役接続などがその例である(注意 2.84 も見よ).

補題 2.77 と 2.78 から,$\int_\Sigma \varphi^*\omega_M$ が連続変形で不変であることを用いると,次のことがわかる.

**命題 2.81** 概正則写像は極小写像である. ∎

さらに,

**命題 2.82** 概正則写像は共形写像である.

[証明] 概正則写像 $\varphi:\Sigma\to M$ に対して,$V\in T_p\Sigma$ とおくと,定義より
$$g_M(d\varphi(V),d\varphi(V)) = g_M(J_M d\varphi(V), J_M d\varphi(V)) = g_M(d\varphi(J_\Sigma V), d\varphi(J_\Sigma V)).$$
$V, J_\Sigma V$ は $T_p\Sigma$ の基底であるから,$\varphi$ は共形的である. ∎

**系 2.83** 概正則写像は調和写像である.　　　　　　　　　　　□

証明は命題 2.81, 2.82 から明らかである.（はめ込みではない $\varphi$ の場合には, $\varphi$ がはめ込みである点でだけ, 調和写像の方程式を満たすことを確かめればよい. これは, その点の近傍でだけ 0 でない変分を用いれば, 命題 2.81, 2.82 から従う.）

写像が調和写像である, という条件を方程式で表すと, 2 階の非線型偏微分方程式になる. 一方写像が概正則写像である, というのは, 1 階の非線型偏微分方程式で表される. 系 2.83 は 2 階の微分方程式の問題を 1 階の微分方程式におきかえたことになる.

微分方程式が 1 階であるということは, モジュライ空間を考える上で重要である. すなわち, 前節のように微分方程式を無限次元多様体の上の無限次元ベクトル束の切断とみなしたとき, その線型化方程式がフレドホルム作用素をなすには, 1 階の方程式であったほうが都合がよい.

2 階の微分方程式の問題を 1 階の微分方程式におきかえる, というプロセスはほかでも現れる.（たとえばヤン–ミルズ方程式と自己共役方程式の関係もそれである.）これは, 素粒子論で最近重要性を増している, 超対称性（super symmetry）とかかわっていると思われる.

**注意 2.84** リーマン多様体 $M$ の上の閉微分 $k$ 型式 $\Omega$ が**キャリブレーション**（calibration）であるとは, $V_i \in T_p M$ に対して $|\Omega(V_1, \cdots, V_k)| \leqq \|V_1\| \cdots \|V_k\|$ が成立することを指す.（このとき, $\int_N \Omega \leqq \mathrm{Vol}\, N$ が成り立つ.）

キャリブレーション $\Omega$ に対して, $k$ 次元部分多様体 $N$ が**キャリブレートされた部分多様体**（calibrated submanifold）であるとは,
$$\Omega|_N = \omega_{g_M|_N}$$
であることを指す. ここで $\Omega|_N$ は $\Omega$ の $N$ への制限で, $\omega_{g_M|_N}$ は $M$ の計量の制限で得られる $N$ のリーマン計量についての体積要素である.

この条件は $\int_N \Omega = \mathrm{Vol}\, N$ と同値である.

$\int_N \Omega$ は $N$ のホモロジー類にしかよらない. 一方 $\int_N \Omega \leqq \mathrm{Vol}\, N$ はいつも成り立っている. よって, キャリブレートされた部分多様体は極小部分多様体である. われわれの場合, シンプレクティック型式 $\omega$ はキャリブレーションである. キャ

リブレーションは Harvey–Lawson [174] によって極小曲面の研究のために導入された．最近では場の理論や弦理論でも注目されている（§6.6 を見よ）．

さて，補題 2.68 をわれわれの汎関数 $\mathcal{A}$ に当てはめるという目的に戻ろう．$\gamma:[a,b]\to\Omega(M)$ に対して $\widetilde{\gamma}:[a,b]\times S^1\to M$ と書く．

**補題 2.85** $\widetilde{\gamma}:[a,b]\times S^1\to M$ が概正則写像であれば

$$\int_{[a,b]\times S^1}\left(\left\|\frac{\partial\widetilde{\gamma}}{\partial t}\right\|^2+\left\|\frac{\partial\widetilde{\gamma}}{\partial\tau}\right\|^2\right)d\tau dt\leq C\int_{[a,b]\times S^1}\widetilde{\gamma}^*\omega$$

が成立する（$\tau$ は $[a,b]$ の，$t$ は $S^1$ のパラメータ）．

[証明] $J_M$ が $\omega_M$ と整合的であれば補題 2.78 である．$J_M$ が整合的より弱い $\omega_M$ 穏やかという条件だけを満たしているだけの場合も，補題 2.67 と補題 2.68 の証明をあわせれば証明できる．読者に任せる．∎

**注意 2.86** 補題 2.77 も $J_M$ が単に $\omega_M$ 穏やかな場合に次のように一般化される．

$\varphi:S^2\to M$ を概複素構造 $J_M^\tau$ についての概正則曲線とし，$J_M^\tau$ は $\omega_M$ 穏やかとする．このとき $\mathcal{E}(\varphi)\leq\varphi_*([S^2])\cap[\omega]$．

証明は $S^2-2$ 点が $\mathbb{R}\times S^1$ と共形的であることを用いて補題 2.85 に持ち込めばよい．

補題 2.68, 2.78, 2.85，注意 2.86 とモジュライ空間のコンパクト性の関係を説明しよう．まず $V$ を有限次元コンパクト多様体 $X$ 上の，1 価関数 $f$ について勾配的なベクトル場とする．$\gamma:\mathbb{R}\to X$ が $V$ の積分曲線とする．すると補題 2.68 は

$$(2.27)\qquad \int_{\mathbb{R}}\left\|\frac{\partial\gamma}{\partial\tau}\right\|^2 d\tau\leq C(\sup f-\inf f)$$

を意味する．これは，$\gamma$ の 1 階微分の $L^2$ ノルムが一様に有界であることを意味する．

一般に，偏微分方程式の解の列 $\gamma_i$ があり，ここから収束部分列を探したいとき，有力な方法は次のものである．

**処方箋 2.87**

（1）まず，何らかの弱いノルムについて，$\gamma_i$ が一様に有界であることを示す．

（2）微分方程式そのものを用いて，弱いノルムによる評価が強いノルムによる評価を導くことを示す．（たとえば $L^2$ ノルムでソボレフノルムを評価する．）これは方程式が楕円型であれば，方程式の解の滑らかさ（regurality）の証明と平行して行える場合が多い．

（3）Rellich の定理を用いて，強いノルムに対する一様に有界な関数列から，弱いノルムに関する収束部分列を見出す．

（4）再び(2)の方法で，弱いノルムに関する収束列が，実は強いノルムについて，収束していることを示す． □

この処方箋を実行するには，まず(1)すなわち何らかの弱いノルムについての有界性が必要である．補題 2.68, 2.78, 2.85，注意 2.86 がそれを提供する．ベクトル場が勾配的でなくなる，あるいは，概複素構造が $\omega_M$ 穏やかでなくなると，これらの補題が成立しなくなり，コンパクト性が崩れる．この節の最後に，補題 2.68 の状況でその実例を見てみよう．

$X = S^2 = \{(x, y, z) \mid x^2+y^2+z^2 = 1\}$ とし $f(x, y, z) = z$ とおく．$f$ の勾配ベクトル場 $V_0$ は図 2.3 の通りである．

$W(x, y, z) = y\partial/\partial x - x\partial/\partial y$ をとり $X_\theta = (1-\chi(z)\theta)V + \chi(z)\theta W$ と定義する（図 2.4）．ただし，$\chi : [-1, 1] \to [0, 1]$ は図 2.5 のような滑らかな関数であ

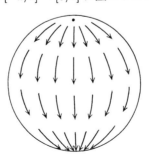

図 **2.3** $V_0 = \mathrm{grad}\, f$

る．$X_\theta$ は $0 \leqq \theta < 1$ の場合には $f$ について勾配的であるが，$X_1$ は $f$ について勾配的でない．モジュライ空間 $\mathcal{M}_\theta$ を

(2.28)
$$\mathcal{M}_\theta = \left\{ \gamma : \mathbb{R} \to S^2 \,\middle|\, \frac{d\gamma}{dt} = X_\theta,\ \lim_{\tau \to -\infty} \gamma(\tau) = (0, 0, +1), \right.$$
$$\left. \lim_{\tau \to +\infty} \gamma(\tau) = (0, 0, -1),\ \gamma(0) \subset \{(x, y, 0)\} \right\}$$

と定義する．（最後の条件 $\gamma(0) \subset \{(x,y,0)\}$ はパラメータのとり方を固定するためのもので，重要でない．）$\theta = 0$ で $\mathcal{M}_0$ は $S^1$ に一致する．これは，$\gamma \in \mathcal{M}_0$ に $\gamma(0)$ を対応させればわかる．$\theta < 1$ の場合の $\mathcal{M}_\theta$ も $S^1$ である．

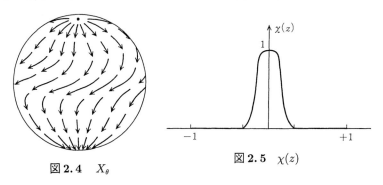

図 2.4　$X_\theta$　　　　図 2.5　$\chi(z)$

しかし，$\mathcal{M}_1$ は空集合である．なぜなら，赤道が $X_1$ の閉軌道になり，$(0,0,1)$ を出発した積分曲線は赤道を越えて南半球に到達することができないからである．別のいい方をすると，$\theta$ が 1 に近づくと，積分曲線が赤道を越えるのにだんだん時間がかかるようになり，$\theta = 1$ で無限に時間がかかるようになる．これは，補題 2.68 が $\theta = 1$ で成立しないからである．

$\theta$ を動かしてモジュライ空間 $\mathcal{M} = \bigcup_\theta \mathcal{M}_\theta$ の絵を書くと図 2.6 のようになる．図 2.1 と比べてほしい．違いは $\mathcal{M}$ のコンパクト性である．このことが，シンプレクティック構造の存在と，モジュライ空間のコンパクト性の関係を表している．この節の説明はこの関係の始まりに過ぎない．命題 2.39 の証明にはもっといろいろなことが必要である．続きは次の節で述べる．

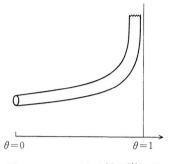

図 2.6 コンパクト性が崩れる

## §2.6 コンパクト化とバブル

前の節では，有限次元のモース理論からのアナロジーにもとづいて，概正則写像のモジュライ空間のコンパクト性を論じた．しかし，われわれの状況では，モース関数 $\mathcal{A}$ は有限次元のモース関数とはさまざまな点で異なっている．この節ではこの異なる点について論じる．この節の内容は，概正則曲線より一般的な調和写像について成り立つ．

問題を要約しよう．$\varphi_k : \Sigma \to M$ をリーマン面 $\Sigma$ から $X$ への概正則曲線の列とする．この列が収束部分列をもつか，が問題である．前の節で説明したことは，エネルギーが有界でなければ，収束するはずがないということであった．そこで

(2.29) $$\mathcal{E}(\varphi_k) \leqq C$$

と仮定する．(エネルギーを定義するための計量としては $\Sigma$ 上のケーラー計量をとる．) 処方箋 2.87 に従うことにしよう．(2.29)はそこでの(1)つまり弱いノルムによる有界性であるとみなす．次のステップ(2)(これを**先験的**(アプリオリ，a priori)**評価**と呼ぶ)は，次の問題である．

**問題 2.88** (2.29)を満たす概正則写像 $\varphi$ に対して，$\sup \|d\varphi\|$ は一様有界か？ □

前節の状況，すなわち有限次元の上のモース理論，あるいは常微分方程式の場合には，問題 2.88 はいつも正しい．すなわち，コンパクト空間上の常

微分方程式の解の $C^1$ ノルムはいつでも有界である．しかし，われわれの状況，すなわち，2 変数の偏微分方程式あるいはループ空間上のモース理論の場合には，問題 2.88 は正しくない．この困難の発見と克服が，Uhlenbeck らによる 1970 年代の非線型偏微分方程式の幾何学的研究の大きな成果である．まず反例を挙げよう．

**例 2.89** $\varphi_k(z) = z(z+k)/(z+1)$ によって $\varphi_k : \mathbb{CP}^1 \to \mathbb{CP}^1$ を定義する．$\varphi_k$ は $z \mapsto z^2$ とホモトピックであるから，$\mathcal{E}(\varphi_k)$ は $k$ によらず，特に有界である．ところが，$\|d\varphi_k\|$ の 0 での値は発散する．

定義域 $\mathbb{CP}^1$ の座標変換をしても，$\|d\varphi_k\|$ を有界にすることはできない．実際，0 で有界にするために $w = kz$ とおくと，$\varphi_k(w) = w(k^2+w)/(k^2+kw)$ になる．これを $w = \infty$ の近くで考える．定義域の($k$ によらない)座標変換 $y = 1/w$ と値域の($k$ によらない)座標変換 $\psi_k = 1/\varphi_k$ で，$\psi_k(y) = y(k^2+ky)/(1+k^2y)$ を得る．$\psi_k$ の $y = 0$ ($w = \infty$) での微分は発散する． □

このような現象をバブル(bubble)と呼ぶ．バブルはどうして起こるのかを説明しよう．次の定理は Eells–Sampson [86] によるもので，調和写像の理論の出発点である．

**定理 2.90** $M$ を非正断面曲率をもつコンパクトリーマン多様体，$N$ を任意のコンパクトリーマン多様体とする．すると，任意の写像 $N \to M$ に対して，それとホモトピックな調和写像が存在する． □

**注意 2.91** 定理 2.90 は $N$ の次元が 2 でなくても成り立つ．どこで次元が 2 という仮定が大切になるかがわかるように，しばらく $N$ の次元は一般としておく．

定理 2.90 の証明の要点を思い出そう(詳しくは [285] 参照)．定理の証明には，熱流(heat flow)を用いるもの，直接変分法を使うものなどいろいろあるが，それは，ほかの変分問題でも共通である．定理 2.90 の証明の特徴は，先験的評価に現れる．先験的評価は，定理 2.90 のような存在定理のためだけではなく，この節のテーマである，モジュライ空間のコンパクト化の問題でも重要である．そこで，先験的評価を定理 2.90 の場合に証明しよう．

§2.6 コンパクト化とバブル——67

先験的評価は,一言でいうと,$M$ が非正曲率をもてば,処方箋 2.87 の (2) がうまくいく,とまとめられる.証明には次の **Weitzenböck の公式**(Weitzenböck formula)を用いる.

**命題 2.92** $N, M$ を定理 2.90 の通りとし,$\varphi: N \to M$ を調和写像とする.$e_\varphi = \frac{1}{2} \operatorname{Tr}(\varphi)$ とおく.このとき,

$$\triangle_N e_\varphi = |\nabla\nabla\varphi|^2 + \sum_{i,j} g_M(d\varphi(\operatorname{Ric}^N(e_i, e_j)e_j) d\varphi(e_i))$$
$$- \sum_{i,j} g_M(R^M(d\varphi(e_i), d\varphi(e_j))d\varphi(e_j), d\varphi(e_i))$$

が成り立つ.ここで,$e_i$ は $TN$ の正規直交基である.$\operatorname{Ric}^N$ は $N$ のリッチ曲率(Ricci curvature),$R^M$ は $M$ の曲率テンソルである. □

式の詳しい形は必要ないが,以下のことに注目しよう.$e_\varphi = \frac{1}{2} \sum_i g_M(d\varphi(e_i), d\varphi(e_i))$ を用いて,命題 2.92 を省略して書くと

(2.30) $\quad \triangle_N(|d\varphi|^2) = |\nabla\nabla\varphi|^2 + K_{1,N}|d\varphi|^2 - K_{2,M}|d\varphi|^4$

と表せる.$K_{1,N}|d\varphi|^2$ は少しごまかした記号で,$d\varphi$ の大きさの 2 次式で係数は $N$ の曲率で決まっている,ぐらいの意味である.$K_{2,M}|d\varphi|^4$ の方も同様.

**注意 2.93** ラプラス作用素(Laplacian)$\triangle_N$ の符号のとり方には 2 通りの流儀があるが,ここでは $\triangle_{\mathbb{R}^n} = -\sum \frac{\partial^2}{\partial x_i^2}$ となる流儀をとる.

(2.30) を見ると,ほとんどの項が $\varphi$ について 2 次であることに気がつく.唯ひとつそうでないのが最後の項 $K_{2,M}|d\varphi|^4$ で,これは 4 次である.(2.30) の項の次数が項によって違うのは,方程式(調和写像の方程式)が非線型であるからである.いいかえると,われわれが考えているのが非線型方程式である効果は,この項 $K_{2,M}|d\varphi|^4$ に現れている.

ここで,$M$ が非正曲率をもつという仮定を用いる.すると,この問題の項 $-K_{2,M}|d\varphi|^4$ はいつでも非負であることがわかる.よって,この項と第 1 項を同時に捨てることができて,次の補題が成り立つ.(この議論および次の補題 2.95 の証明が,ボホナートリックの一例である.)

**補題 2.94** 定理 2.90 の仮定のもとで $\triangle_N e_\varphi + C e_\varphi \geqq 0$ が成り立つ. □

ここで次の補題を用いる.

**補題 2.95** $D^n$ ($n$ 次元円盤) 上の非負な関数 $f$ が $\triangle f + Cf \geq 0$ を満たせば

$$f(0) \leq C' \int_{D^n} f dx_1 \cdots dx_n.$$

ここで $\triangle$ は $D^n$ 上の十分ユークリッド計量に近い計量についてのラプラス作用素で，$C'$ は計量と $C$ のみによる定数である．

［証明］ 以後 dist でリーマン多様体(ここでは $D^n$)の距離関数を表す．$D^n(r) = \{x \in D^n | \text{dist}(0,x) \leq r\}$ とおき，球 $S^{n-1}(r)$ をその境界とする．(計量は十分ユークリッド計量に近かったから，$D^n(r)$ は滑らかな境界をもつ，$n-1$ 次元球体である．) $\vec{n}$ を $S^{n-1}(r)$ の外向き法線ベクトルとする．次に $g(x) = \exp(A \text{dist}(0,x)^2)$ とおく ($A$ はあとで決める正の定数)．Green の公式

$$\int_{D^n(r)} (g\triangle f - f\triangle g) dx_1 \cdots dx_n = \int_{S^{n-1}(r)} (f\vec{n}(g) - g\vec{n}(f))\Omega_{S^{n-1}(r)}$$

を用いる．$\triangle g < -cA^2 g$ であるから，$A$ を $C$ と $c$ のみによるある数より大きく選べば，

$$g\triangle f - f\triangle g \geq (\triangle f + cA^2 f)g \geq (\triangle f + Cf)g \geq 0$$

が成り立つ．よって

$$\int_{S^{n-1}(r)} g\vec{n}(f)\Omega_{S^{n-1}(r)} \leq \int_{S^{n-1}(r)} f\vec{n}(g)\Omega_{S^{n-1}(r)}.$$

よって，$A$ のみによる $C_1, C_2$ が存在して

$$C_1 \int_{S^{n-1}(r)} \vec{n}(f)\Omega_{S^{n-1}(r)} \leq \int_{S^{n-1}(r)} g\vec{n}(f)\Omega_{S^{n-1}(r)}$$

$$\leq \int_{S^{n-1}(r)} f\vec{n}(g)\Omega_{S^{n-1}(r)}$$

$$\leq C_2 \int_{S^{n-1}(r)} f\Omega_{S^{n-1}(r)}.$$

そこで $h(r) = \int_{S^{n-1}(r)} f\Omega_{S^{n-1}(r)}$ とおくと，$dh/dr \leq C_2 h(r)/C_1$．よって $h(0) \leq \exp(C_2 r/C_1) h(r)$ が成り立つ．$r^{n-1}$ をかけて $0$ から $1$ まで積分すれば補題が得られる． ∎

補題 2.94 を用いると $f = e_\varphi$ が補題 2.95 の仮定を満たすことがわかる．計量が十分ユークリッド計量に近いという仮定は，各点の近くで計量に大きい

定数をかけ，空間を拡大すれば満たされる．よって次の命題が得られる．

**命題 2.96** 定理 2.90 の仮定のもとで $e_\varphi(0) \leq C\mathcal{E}(\varphi)$. □

命題 2.96 から，概正則写像 $\varphi$ に対して，$M$ が非正曲率をもてば
$$|\varphi|_{C^1} \leq C\sqrt{\mathcal{E}(\varphi)} \tag{2.31}$$
がわかる．(2.31)が先験的評価式である．

さてここで $M$ の曲率が非負という仮定をはずしてみよう．すると (2.30) の最後の項を捨てることができず，上の証明は破綻する．

次に述べる Sacks–Uhlenbeck [320] の定理は，$\varphi$ のエネルギーが小さければ，この問題を回避できるというものである．簡単のため $N$ が 2 次元円盤 $D^2$ の場合に述べる．($N$ が円盤でなくても同様な定義が成り立つが，2 次元という仮定は本質的である．)

**定理 2.97** $M$ のみによる正の定数 $\epsilon(M), C(M)$ が存在して次のことが成り立つ．$\varphi: D^2 \to M$ が調和写像で，$\mathcal{E}(\varphi) \leq \epsilon(M)$ であれば，
$$e_\varphi(0) < C(M)\sqrt{\mathcal{E}(\varphi)}.$$
□

例 2.89 は仮定 $\mathcal{E}(\varphi) \leq \epsilon(M)$ を取り除くことができないことを示している．

[証明] まず，次の補題を示す．

**補題 2.98** 任意の正の数 $A$ に対して $A$ と $M$ のみによる正の定数 $C(A, M)$ が存在して次のことが成り立つ．$\varphi: D^2 \to M$ が調和写像で，$e_\varphi \leq A$ であれば，$e_\varphi(0) < C(A, M)\mathcal{E}(\varphi)$.

[証明] 仮定 $e_\varphi \leq A$ と Weitzenböck の公式 (2.30) から，$f = e_\varphi$ に対して $\triangle f + C(1+A)f \geq 0$ がわかる．よって，補題 2.95 から補題 2.98 が従う． ■

補題 2.98 は証明したい定理 2.97 によく似た形をしているが，しかし，$e_\varphi \leq A$ という仮定は証明したい結論，つまり $C^1$ ノルムに関する有界性を仮定しているようなもので，これを使って定理 2.97 を示すというのは，一見循環論法に見える．補題 2.98 では大切な仮定である，$N$ が 2 次元ということを使っていない．次の 2 つの補題が証明のキーポイントであり，循環論法をすれすれで回避する，Uhlenbeck たちの妙技である．

**補題 2.99** $x \in D^2$ とし，$\text{dist}(x, \partial D^2) > r$ とする．次の仮定をする．

（1） $\text{dist}(x, y) < r$ なる任意の $y$ について $e_\varphi(y) \leq 4e_\varphi(x)$.

(2) $e_\varphi(x) \leqq r^{-2}$.

このとき次の評価が成り立つ.

(2.32) $$e_\varphi(x) < C(2,M)r^{-2}\mathcal{E}(\varphi).$$

［証明］ $\varphi'(z) = \varphi(rz+x)$ とおく. $|\varphi'|_{C^1} \leqq 2$ が(1),(2)から成り立つ. 一方 '2 次元であるから' エネルギーは共形変換不変である（命題 2.73）. よって

$$\mathcal{E}(\varphi') = \int_{\{y|\,\mathrm{dist}(x,y)<r\}} e_\varphi \leqq \mathcal{E}(\varphi).$$

よって補題 2.98 から補題 2.99 が従う. ■

**補題 2.100** $M$ のみによる正の定数 $\epsilon(M), B(M)$ が存在して次が成り立つ. $\varphi : D^2 \to M$ が調和写像で, $\mathcal{E}(\varphi) \leqq \epsilon(M)$ であれば,

$$e_\varphi(x) \leqq 100$$

が任意の $x \in D^2(1/2)$ に対して成り立つ.

［証明］ 補題 2.100 が成立しないとし

(2.33) $$e_\varphi(x) > 100$$

が成り立つとする. $x_1 = x$, $r_1 = \sqrt{1/e_\varphi(x_1)}$ とおく. また $\epsilon(M)$ を

(2.34) $$C(2,M)\epsilon(M) < 1$$

となるように選んでおく. さてこの $r = r_1$ に対して補題 2.99 を考えよう. すると, 結論の式(2.32)は(2.34)から成り立たないから, どれかの仮定が不成立である. 仮定(2)は $r_1$ のとり方から成り立っている. そこで次のどちらかが成り立つ.

(a1) $\mathrm{dist}(x_1, \partial D^2) \leqq r_1$,

(b1) $\mathrm{dist}(x_1, x_2) < r_1$, $e_\varphi(x_2) > 4e_\varphi(x_1)$ なる $x_2$ が存在する.

(b1)が成り立つと仮定しよう. このとき $r_2 = \sqrt{1/e_\varphi(x_2)}$ とおいて同じ議論を繰り返す. すると,

(a2) $\mathrm{dist}(x_2, \partial D^2) \leqq r_2$,

(b2) $\mathrm{dist}(x_2, x_3) < r_2$, $e_\varphi(x_3) > 4e_\varphi(x_2)$ なる $x_3$ が存在する.

のどちらかが成立する. これを繰り返すと, $r_k = \sqrt{1/e_\varphi(x_k)}$ とおいて,

(a$k$) $\mathrm{dist}(x_k, \partial D^2) \leqq r_k$,

(b$k$) $\mathrm{dist}(x_k, x_{k+1}) < r_k$, $e_\varphi(x_{k+1}) > 4e_\varphi(x_k)$ なる $x_{k+1}$ が存在する.

§2.6 コンパクト化とバブル ―― 71

のどちらかが成り立つ．このプロセスは(a$k$)が満たされるまで続けることができる．ところで

$$\mathrm{dist}(x_1, x_k) \leqq \sum_{j=1}^{k-1} r_j \leqq \sum_{j=1}^{k-1} \sqrt{1/e_\varphi(x_j)}$$

$$\leqq \sum_{j=1}^{k-1} \sqrt{1/e_\varphi(x_1)}\, 2^{-j+1} \leqq 2\sqrt{1/e_\varphi(x_1)} \leqq 2\sqrt{1/100}$$

である．よって $\mathrm{dist}(x_1, x_k) \leqq 1/4$ が示され，(a$k$)が成立することはない．すなわち，$x_k$ を順に選ぶことができる．

すると，$\mathrm{dist}(x_1, x_k) \leqq 1/4$ と $\mathrm{dist}(0, x_1) < 1/2$ より，$x_k$ は $D^2$ の内点に収束する部分列 $x_{k_i}$ をもつ．ところが $\lim_{i\to\infty} e_\varphi(x_{k_i}) \to \infty$ であるから，$e_\varphi$ が連続であることに矛盾する． ∎

定理 2.97 は補題 2.100 と 2.98 から直ちに得られる． ∎

定理 2.97 を用いて概正則写像のモジュライ空間についての次の定理を示そう．Uhlenbeck によるものである．

**定理 2.101** $\varphi_i : \Sigma \to M$ を調和写像の列とし，$\mathcal{E}(\varphi_i) \leqq C$ と仮定する．このとき，部分列 $\varphi_{i_\ell}$ と有限個の点 $p_1, \cdots, p_J \in \Sigma$ が存在して，$\Sigma - \{p_1, \cdots, p_J\}$ の任意のコンパクト集合上で $\varphi_{i_\ell}$ は一様収束する．

[証明] 自然数 $k$ に対して，$p_{k,1}, \cdots, p_{k,N_k} \in \Sigma$ を次のようにとる．

(1) $\bigcup_i D^2(p_{k,j}, 1/k) = \Sigma$，ここで $D^2(p_{k,j}, 1/k)$ は $p_{k,j}$ を中心とした半径 $1/k$ の球である．

(2) $\mathrm{dist}(p_{k,j}, p_{k,j'}) > 1/2k$．

このような $p_{k,j}$ がとれることの証明は読者に任せる．((2)を満たすもののうちで極大な $\{p_{k,1}, \cdots, p_{k,N_k}\}$ が(1)を満たす．)

**補題 2.102** $D^2(p_{k,j_0}, 2/k)$ と交わるような，$D^2(p_{k,j}, 2/k)$ の数は 1000 個以下である．

[証明] $D^2(p_{k,j_0}, 2/k) \cap D^2(p_{k,j}, 2/k) \neq \varnothing$ ならば，$\mathrm{dist}(p_{k,j_0}, p_{k,j}) \leqq 4/k$ である．よって，

(2.35) $\qquad D^2(p_{k,j}, 1/4k) \subset D^2(p_{k,j_0}, 5/k)$．

一方，(2)より

(2.36) $$D^2(p_{k,j}, 1/4k) \cap D^2(p_{k,j'}, 1/4k) = \emptyset.$$
$D^2(p_{k,j_0}, 5/k)$ の体積は($k$ が大きいときは)$D^2(p_{k,j'}, 1/4k)$ の体積の $20^2 = 400$ 倍ぐらいだから(2.35), (2.36)より補題2.102が成立する.

補題2.102より
$$\sum_j \int_{D^2(p_{k,j}, 1/4k)} e_{\varphi_i} \leq 1000\mathcal{E}(\varphi_i) \leq 1000C$$
が成り立つ. よって,

(2.37) $$\int_{D^2(p_{k,j}, 5/k)} e_{\varphi_i} \geq \epsilon(M)$$

となるような, $j$ の数は $k, i$ によらずに上から $1000C/\epsilon(M)$ で評価される. 部分列をとって, この数は $k, i$ によらないとし, $J$ とおく. 番号を付け替えて, (2.37)が成立する $p_{k,j}$ が $p_{k,1}, \cdots, p_{k,J}$ としてよい. いいかえると

(2.38) $$j > J \implies \int_{D^2(p_{k,j}, 2/k)} e_{\varphi_i} \leq \epsilon(M)$$

とする. 部分列をとって $\lim_{\ell \to \infty} p_{k_\ell, j}$ が任意の $j \leq J$ に対して収束するとしてよい. ($\lim_{\ell \to \infty} k_\ell = \infty$ も成り立っているとする.) $\lim_{\ell \to \infty} p_{k_\ell, j} = p_j$ とおこう. $K$ を $\Sigma - \{p_1, \cdots, p_J\}$ の任意のコンパクト集合とする. (1)より十分大きい $\ell$ に対して
$$K \subset \sum_{j > J} D^2(p_{k_\ell, j}, 1/k_\ell)$$

が成り立つ. そのような $\ell$ を1つ固定する. $\ell$ は $i$ にはよらず, $K$ できまっていることに注意する. $z \in D^2(p_{k_\ell, j}, 1/k_\ell)$ とする. $D^2(z, 1/k_\ell)$ の計量を $k_\ell$ 倍してその上で定理2.97を適用する. (2.38), $D^2(z, 1/k_\ell) \subset D^2(p_{k_\ell, j}, 1/k_\ell)$ と共形不変性より, エネルギーについての仮定は満たされる. よって
$$e_{\varphi_i} < k_\ell^2 C(M)$$
が成り立つ. すなわち, $K$ 上で $\varphi_i$ の $C^1$ ノルムは一様有界である. よってAscoli-Alzeràの定理より, $K$ 上で $\varphi_i$ は一様収束する部分列をもつ. 任意の $K$ に対して $\varphi_i$ の部分列があって $K$ 上一様収束することが示された.「任意の $K$ に対して $\varphi_i$ の部分列があって」を「$\varphi_i$ の部分列があって任意の $K$ に

§2.6 コンパクト化とバブル —— 73

対して」にひっくり返すのは単純な対角線論法である．定理 2.101 は証明された． ∎

一言でいうと，定理 2.101 は，エネルギー有界な調和写像の列は有限個の点を除いて収束する，と述べられる．発散する点が存在しうるのは，例 2.89 が示している．

**注意 2.103** 定理 2.101 では単に一様収束について述べた．実は，調和写像はいつも滑らかで，また，一様収束すれば，任意の微分もこめて一様収束する．この事実は楕円型方程式の一般論であるから，ここでは証明しない．[141] など参照．

**注意 2.104** 定理 2.101 では $M$ やその上の計量は動かさなかった．$M$ 上に計量の列 $g_{M,k}$ があって $\varphi_k : \Sigma \to (M, g_{M,k})$ が調和写像である場合も，列 $g_{M,k}$ の極限が存在しやはり $M$ の計量であれば，まったく同じ結論が同じ証明で得られる．

先験的評価に属するもう 1 つ大変重要な定理がある．**除去可能特異点定理** (removable singularity theorem) と呼ばれる．

**定理 2.105** $\varphi : D^2 - \{0\} \to M$ を調和写像とし，

$$\int_{D^2-\{0\}} e_\varphi < \infty$$

とする．このとき，$\varphi$ は $D^2$ 上の滑らかな写像に拡張される． ∎

定理 2.105 は概正則曲線の理論の要石である．証明は [25] Chapter 5, [253] §4.2 などに与えられている．

以上は一般の $M$ に対して成り立つ事実であった．さて，定理 2.36 の状況に戻って，今までの考察を命題 2.39 の証明に応用しよう．$\varphi_k : S^2 \to \mathbb{CP}^2$ を $\mathcal{M}_{\tau_k}$ の元の列とする．$\lim \tau_k = \tau$ とする．$\lim \varphi_k$ が収束することを示すのが，目的であった．仮定の $\varphi_k[S^2] = [\mathbb{CP}^1]$ と補題 2.78 からエネルギーの有界性が従うから，定理 2.101 と注意 2.103, 2.104 より，$\varphi_k$ は有限個の点 $\{p_1, \cdots, p_J\}$ を除いては収束する．その極限を $\varphi$ とおく．

$$(2.39) \quad \int_{S^2-\{p_1,\cdots,p_J\}} e_\varphi = \sup_{K \subset S^2-\{p_1,\cdots,p_J\}} \int_K e_\varphi = \sup_K \lim_{k\to\infty} \int_K e_{\varphi_k}$$

$$\leq \sup_K \lim_{k\to\infty} \int_{S^2} e_{\varphi_k} \leq [\mathbb{CP}^1] \cap [\omega_{\mathbb{CP}^2}]$$

ゆえ，定理 2.105 が使えて，$\varphi$ は $S^2$ 上の写像に拡張される．これも同じ記号で表す．実は $\lim \varphi_k = \varphi$ であることを証明したい．

まず，$0, 1, \infty$ のうち，少なくとも 2 点が $\{p_1, \cdots, p_J\}$ の外にあるとしよう．すると $\varphi$ は定数でないことがわかる．（たとえば，$1$ と $\infty$ が $\{p_1, \cdots, p_J\}$ に含まれなければ，そこで $\lim \varphi_k = \varphi$ であるから，仮定より，$\varphi(1) = [1:0:1] \neq [1:1:0] = \varphi(\infty)$．）よって $\int_{S^2} e_\varphi \neq 0$．一方 $\int_{S^2} e_\varphi = \varphi_*([S^2]) \cap \omega_{\mathbb{CP}^2}$ である．よって

(2.40) $$\int_{S^2} e_\varphi \geq [\mathbb{CP}^1] \cap [\omega_{\mathbb{CP}^2}].$$

（$[\mathbb{CP}^1]$ は $H^2(\mathbb{CP}^2, \mathbb{Z})$ の生成元であった．）すなわち (2.39) で等号が成立する．これから，$j = 1, \cdots, J$ に対して $c_j$ が存在して，

$$\int_{D^2(p_j, c_j)} e_{\varphi_k} < \epsilon(\mathbb{CP}^2)$$

が十分大きい任意の $k$ に対して成立する．よって $1/\sqrt{c_j}$ 倍に拡大して，定理 2.97 を使えば，$p_j$ の近傍でも，$\varphi_k$ の $C^1$ ノルムは一様有界である．すなわち，$\varphi_k$ は $S^2$ 全体で収束する．

最後に，$\varphi_k$ が 3 点 $0, 1, \infty$ のうち 2 点以上で発散すると仮定して矛盾を導こう．$0, 1$ で発散しているとする．$0$ の近傍 $D^2(0, r)$ を $D^2(0, 2r) \cap \{p_1, \cdots, p_J\} = \{0\}$ となるように選ぶ．$z_k \in D^2(0, r)$ を

(2.41) $$e_{\varphi_k}(z_k) = \sup_{z \in D^2(0, r)} e_{\varphi_k}(z)$$

となるように選ぶ．$e_{\varphi_k}$ は $0$ で発散し，$D^2(0, r)$ の境界上では収束するから，$z_k$ は存在して，$\lim z_k = 0$ である．$r_k^2 = e_{\varphi_i}(z_k)^{-1}$ とおき，$\phi_k(z) = \varphi_{z_k + z/r_k}$ と定義する．$\phi_k$ は $D^2(0, r_k) \to M$ なる写像である．(2.41) より，$\phi_k$ の $C^1$ ノルムは $1$ 以下である．よって $\phi_k$ は $\mathbb{C} = S^2 - \{\infty\} \to M$ なる写像にコンパクト一様に収束する．極限を $\phi$ とすると，$\phi$ のエネルギーが有限であることがわかり，よって，$\phi$ は $S^2 \to M$ なる写像に拡張される（定理 2.105）．よっ

て(2.40)と同様にして

$$\int_{S^2} e_\phi \geqq [\mathbb{CP}^1] \cap [\omega_{\mathbb{CP}^2}]$$

がわかる．これから十分大きい $k$ に対して

$$\int_{D^2(0,r)} e_{\varphi_k} > (1-\delta)[\mathbb{CP}^1] \cap [\omega_{\mathbb{CP}^2}].$$

同様の考察を 1 の近傍ですると

$$\int_{D^2(1,r)} e_{\varphi_i} > (1-\delta)[\mathbb{CP}^1] \cap [\omega_{\mathbb{CP}^2}]$$

が得られる．$r$ を小さくとって $D^2(0,r) \cap D^2(1,r) = \varnothing$ とできる．すると，

$$\int_{S^2} e_\varphi > 2(1-\delta)[\mathbb{CP}^1] \cap [\omega_{\mathbb{CP}^2}].$$

これは(2.39)に矛盾する． ∎

以上多少細部を省き，定理 2.105 の証明を述べなかったが，定理 2.36 はほぼ証明された．

**注意 2.106** 最近 Taubes [359] は，モノポール方程式とサイバーグ–ウィッテン不変量を用いて，定理 2.36 を次のように一般化した．$\mathbb{CP}^2$ 上の任意のシンプレクティック構造 $\omega$ と $\omega$ 穏やかな概複素構造に対して，$[\mathbb{CP}^1]$ または $-[\mathbb{CP}^1]$ がホモロジー類である概正則写像 $S^2 \to \mathbb{CP}^2$ が存在する．応用として(Gromov の [159]での結果を用いると) $\mathbb{CP}^2$ 上のシンプレクティック構造が，定数倍を除いて唯ひとつであることが示される．

この結果は，シンプレクティックトポロジー・4 次元位相幾何学の双方で注目されている，4 次元シンプレクティック多様体の分類問題にかかわる，重要な結果である．この方面については，[224], [230]などを見よ．Taubes はさらに 4 次元の退化したシンプレクティック構造を概正則曲線とモノポール方程式を用いて研究しており，興味深い結果が得られつつある([360], [361])．

Donaldson によるシンプレクティック部分多様体の存在にかかわる結果[77], [78]も(4 次元より広い適用範囲をもつが)この方面の重要な結果である．

## §2.7 最初の応用[*3]

定理 2.107 は圧縮不能性定理(non squizing theorem)と呼ばれ，Gromovが[159]で証明した，大域シンプレクティック幾何学の誕生を告げる定理である．$D^{2n}(R)$ でベクトル空間 $\mathbb{C}^n$ の半径 $R$ の球を指す．$\mathbb{C}^n$ には標準的なシンプレクティック構造を入れておく．

**定理 2.107** $R>r$ ならば，$D^n(R)$ は $D^2(r)\times\mathbb{C}^{n-1}$ のどの開部分集合ともシンプレクティック同相でない． □

定理 2.107 から，たとえば，$D^2(2)\times D^2(1/2)$ が $D^2(1)\times D^2(1)$ とシンプレクティック同相でないことがわかる．これは，問題 2.14 の最初に見つかった反例である．空間 $D^2(2)\times D^2(1/2)$, $D^2(1)\times D^2(1)$ は 2 つとも，これ以上考えられないくらい単純な空間であるが，定理 2.107 の証明には，§2.3 から §2.6 で述べたことのすべてが必要であり，自明からはほど遠い．

定理 2.107 の証明には，定理 2.36 と同じやり方で証明される，次の定理 2.108 を用いる．$2n$ 次元トーラス $T^{2n}=\mathbb{C}^n/\mathbb{Z}^n$ に $\mathbb{C}^n$ の標準的なシンプレクティック構造から導かれるシンプレクティック構造 $\omega_{T^{2n}}$ を入れておく．(そのようなシンプレクティック構造は一意ではないが，どれでもよい．) $S^2(S)=\partial D^3(S)$ とおく．$S^2(S)\times T^{2n-2}$ に，直積シンプレクティック構造 $\omega_{S^2(S)\times T^{2n-2}}$ を入れる．$J_{S^2(S)\times T^{2n-2}}$ を $\omega_{S^2(S)\times T^{2n-2}}$ 穏やかな任意の概複素構造とする(積分可能とは限らない)．$(p_0,q_0)\in S^2(S)\times T^{2n-2}$ を任意の点とする．

**定理 2.108** 概正則曲線 $\varphi: S^2 \to S^2(S)\times T^{2n-2}$ で，$\varphi(0)=(p_0,q_0)$ かつホモロジー類が $[S^2\times pt]$ であるものが存在する．

[証明] 定理 2.36 とほとんど同じなので簡単に記す．$J_0$ が直積複素構造，$J_1$ が $J_{S^2(S)\times T^{2n-2}}$ であるような，$\omega_{S^2(S)\times T^{2n-2}}$ 穏やかな概正則構造の族 $J_\theta$ をとる．$q_1,q_2\in S^2(S)$ をとり，$\varphi(0)=(p_0,q_0)$, $\varphi(1)\in\{q_1\}\times T^{2n-2}$, $\varphi(\infty)\in\{q_2\}\times T^{2n-2}$ なる，概複素構造 $J_\theta$ に関する概正則曲線 $\varphi$ で，そのホモロジー類が $[S^2\times pt]$ であるもの全体を $\mathcal{M}_\theta$ とおく．$\mathcal{M}_\theta$ の $\theta\in[0,1]$ にわたる和集合

---

[*3] この節の記述は[25]の Introduction に従った．

§2.7 最初の応用 —— 77

を，$\mathcal{M}$ とおく．$\mathcal{M}_0$ が 1 点であることが容易にわかる．また，指数定理(あるいは Riemann–Roch の定理)より，$\mathcal{M}_\theta$ の仮想次元が 0 であることがわかる．よって，$\mathcal{M}$ がコンパクトであれば，定理 2.36 の証明と同様にして $\mathcal{M}_1$ が空でないこと，すなわち定理 2.108 が示される．コンパクト性はやはり定理 2.36 の場合と同様にして示される．最終段階(§2.6 の最後の議論にあたる部分)では，$\pi_2(S^2(S) \times T^{2n-2}) \simeq \mathbb{Z}$ で，$[S^2 \times pt]$ がその生成元であることを用いる． ∎

[定理 2.107 の証明] $R > r$ として矛盾を導く．$R > R' > r' > r$ なる $R', r'$ をとる．$D^2(r')$ と面積が等しい球面 $S^2(S) = S^2(r'/2)$ を考える．$D \subset S^2(S)$ を $D^2(r)$ と面積が等しい円盤(小円で囲まれる図形)とすると，$D^2(r)$ と $D$ はシンプレクティック同相である．(証明は読者に任せる．)このシンプレクティック同相を $\overline{\Psi}$ と書く．$\overline{\Psi}$ から $\Psi: D^2(r) \times T^{2n-2} \to S^2(S) \times T^{2n-2}$ が導かれる．

$\tilde{F}: D^{2n}(R) \to D^2(r) \times \mathbb{C}^{n-1}$ を像へのシンプレクティック同相とする．十分大きい $C$ をとって，$\tilde{F}$ は $D^{2n}(R) \to D^2(r) \times \mathbb{C}^{n-1}/C\mathbb{Z}^{2n-2}$ なる埋め込み $\overline{F}$ を導くとしてよい．$\mathbb{C}^{n-1}/C\mathbb{Z}^{2n-2} = T^{2n-2}$ である．$\overline{F}$ と $\Psi$ の合成により，$F: D^{2n}(R) \to S^2(S) \times T^{2n-2}$ なる埋め込みが導かれる．$D^{2n}(R)$ 上の標準的な複素構造を $F$ で移して，$F$ の像の上の，$\omega_{S^2(S) \times T^{2n-2}}$ と整合的な概複素構造が得られる．この概複素構造を $F(D^{2n}(R'))$ の外で少し変えて，$S^2(S) \times T^{2n-2}$ 上の $\omega_{S^2(S) \times T^{2n-2}}$ と整合的な概複素構造 $J_{S^2(S) \times T^{2n-2}}$ に拡張できる．(補題 2.26 を使って証明できる．)

$(p_0, q_0) = F(0)$ とおいて，$J_{S^2(S) \times T^{2n-2}}$ に対して，定理 2.107 を適用する．得られた $\varphi(S^2)$ を $F$ で引き戻そう．$F^{-1}(\varphi(S^2))$ の 0 を含む連結成分を $\Sigma$ とする．$\varphi(0) = F(0)$ ゆえ，$\Sigma$ は空ではない．また，$\varphi$ のホモロジー類は 0 ではないから，定値写像でもない．

**補題 2.109**
$$[\Sigma] \cap \omega \leq \pi r'^2.$$

[証明] $F$ はシンプレクティック同相であるから，
$$[\Sigma] \cap \omega = \int_{F(\Sigma)} \omega_{S^2(S) \times T^{2n-2}}.$$

$\varphi$ は概正則写像であるから，$\varphi^*(\omega_{S^2(S) \times T^{2n-2}})$ の任意の開集合上の積分は正である．よって

$$\int_{F(\Sigma)} \omega_{S^2(S) \times T^{2n-2}} \leq \int_{S^2} \varphi^*(\omega_{S^2(S) \times T^{2n-2}}) = \pi r'^2.$$

次の補題により定理 2.107 の証明は完成する．

**補題 2.110** $\Sigma$ の面積は $\pi R'^2$ 以上である．

[証明] $D^n(t)$ を原点を中心にした半径 $t$ の球とする．$L(t) = \partial D(t) \cap \Sigma$, $A(t) = D(t) \cap \Sigma$ とする．$L(t)$ は 1 次元で，$A(t)$ は 2 次元である．$\ell(t)$ で $L(t)$ の長さを，$a(t)$ で $A(t)$ の面積を表す．

$$(2.42) \qquad \frac{da(t)}{dt} \geq \ell(t)$$

が成り立つ．$L(t)$ の錐 $CL(t) = \{sx \mid s \in [0,1], x \in L\}$ を考えると，$CL(t)$ の面積は $t\ell(t)/2$ である．よって，$\Sigma$ は面積最小であるから，

$$(2.43) \qquad a(t) \leq \frac{t\ell(t)}{2}$$

である．(2.42), (2.43) より

$$\frac{d}{dt}\frac{a(t)}{t^2} = \frac{t\dfrac{da(t)}{dt} - 2a(t)}{t^3} \geq 0$$

である．0 の近くで拡大すると，$\Sigma$ はどんどん平面に近づくから，$\lim_{t \to 0} a(t)/t^2 = \pi$ である．よって $a(t) \geq \pi t^2$．$t = R'$ とおくと補題が得られる． ■

**注意 2.111** 補題 2.110 はユークリッド計量でない場合に一般化され，**単調性原理** (monotonicity principle) と呼ばれる．定理 2.97 や 2.105 の証明に単調性原理を用いる流儀もある ([298], [299], [404] を参照)．

**注意 2.112** ここで与えた定理 2.107 の証明では，積分可能でない概複素構造を考えることが，中心的な役割を果たしている．定理 2.107 は複素幾何学の定理ではなく，シンプレクティック幾何学の定理である．たとえばミラー対称性における概正則曲線の応用では，この点はより曖昧である．

定理 2.107 の重要な応用を与える．Eliashberg [91] による[*4]．

**定理 2.113** $\varphi_k:(M,\omega_M) \to (M,\omega_M)$ をシンプレクティック同相写像とし，$\lim_{k\to\infty} \varphi_k$ が，微分同相 $\varphi:M\to M$ に $C^0$ 収束するとする．このとき，$\varphi$ はシンプレクティック同相写像である． □

**注意 2.114** $C^0$ 収束でなく，$C^1$ 収束であれば，定理の結論は自明である．

定理 2.113 は，シンプレクティックトポロジーの存在定理，などともいわれる．もしシンプレクティック同相写像の群が，すべての微分同相写像の群の中で $C^0$ 稠密であったら，大域シンプレクティック幾何学は見るべき内容をもちえない．これがこの名前の理由である．

**補題 2.115** $A\in SL(2n;\mathbb{R})$ とし，$A,-A \notin Sp(n;\mathbb{R})$ と仮定する．$e_i, f_i$ なる $\mathbb{R}^{2n}$ の基底と $B\in Sp(n;\mathbb{R})$ が存在して，次の性質を満たす．

（1） $\omega(e_i,e_j)=\omega(f_i,f_j)=0$, $\omega(e_i,f_j)=\delta_{ij}$. ここで $\omega$ は $\mathbb{R}^{2n}$ のシンプレクティック型式で，$\delta_{ij}$ は Kronecker のデルタである．

（2） $0<\lambda<1$ が存在して，$B(A(e_1))-\lambda e_1$, $B(A(f_1))-\lambda f_1$ は $e_2,\cdots,e_n,f_2,\cdots,f_n$ が張る線型部分空間に含まれる．

（3） $i\geqq 2$ に対して，$B(A(e_i)), B(A(f_i))$ は，$e_2,\cdots,e_n,f_2,\cdots,f_n$ が張る線型部分空間に含まれる．

［証明］ $|\omega(e,f)|\neq|\omega(Ae,Af)|$ なる $e,f$ が存在する．$A\in SL(2n;\mathbb{R})$ ゆえ，$|\omega(e,f)|=\lambda^2|\omega(Ae,Af)|<|\omega(Ae,Af)|$ としてよい．$B_1\in Sp(n;\mathbb{R})$ で $B_1A(e)=\lambda e$, $B_1A(f)=\lambda f$ なるものが存在する．

$e,f$ の張るベクトル空間の，シンプレクティック型式に関する直交補空間を $\langle e,f\rangle^\perp$ と書く．$B_2\in Sp(n;\mathbb{R})$ で $B_2B_1A$ が $\langle e,f\rangle^\perp$ を保つものが存在する．さらに，$B_2$ は $B_2e-e\in\langle e,f\rangle^\perp$, $B_2f-f\in\langle e,f\rangle^\perp$ を満たすとしてよい．

$B=B_2B_1$, $e_1=e$, $f_1=f$ とし，$e_2,\cdots,e_n, f_2,\cdots,f_n$ が $\langle e,f\rangle^\perp$ の基底となるように選ぶと，補題の結論が満たされる． ■

［定理 2.113 の証明］ 局所的な問題であるので，$\mathbb{R}^{2n}$ で考えてよい．$\varphi_k$ は

---

[*4] 以下の証明は本質的には Gromov による．Eliashberg の証明はこれとは異なっている．

$\mathbb{R}^{2n}$ のルベーグ測度を保つ．よって，その $C^0$ 極限もルベーグ測度を保つ．すなわち $\varphi$ の微分は $SL(2n;\mathbb{R})$ の元である．$\varphi$ が向きを保つことも容易にわかる．よって，もし $\varphi$ がシンプレクティック同相写像でなければ，補題 2.115 により，（線型）シンプレクティック同相写像を合成することにより，$d_0\varphi$ が補題 2.115 の $BA$ が満たすべき性質をもつとしてよい．すなわち
$$f(x_1, y_1, \cdots) = (\lambda x_1, \lambda y_1, \cdots)$$
が 2 次以上の項を無視して成り立つ．よって，十分小さい $\epsilon$ と $\epsilon > \epsilon' > \lambda\epsilon$ をとれば，$f(D^{2n}(\epsilon)) \subset D^2(\epsilon') \times \mathbb{C}^{n-1}$ が満たされる．これは，定理 2.107 に反する． ∎

この節で述べた諸結果は，Hofer らによって大きく発展している．それは，本書では十分に述べられなかった，シンプレクティック幾何学の力学系の研究の流れにかかわるものである．概正則曲線の力学系への応用については [182] が基本文献である．[17], [31], [89] なども見よ．最近では，定理 2.107 の無限次元への一般化やその応用も聞こえてくる（[228], [51]）．

# 3

# 運動量写像とシンプレクティック商

## §3.1 シンプレクティック商

　群作用の商空間として，シンプレクティック多様体を構成することを考えよう．シンプレクティック多様体 $(M,\omega)$ と $M$ に作用するコンパクト[*1]群 $G$ であって，$G$ の元 $g \in G$ がシンプレクティック構造を保つもの，つまり $g^*\omega = \omega$ であるものを考える．商 $M/G$ は一般にはシンプレクティック構造をもたない（$G$ が奇数次元であることもありうるのだから）．$p \in M$ に対して，$G_p = \{g \in G \mid g \cdot p = p\}$ とおく．$p \in M$, $G_p = \{1\}$ であれば，$M/G$ は $[p]$ の近くで多様体で，接空間 $T_{[p]}(M/G)$ は $T_pM/T_{[1]}G$ である．そこで，$T_{[p]}(M/G)$ を $T_pM$ での $T_{[1]}G = T_p(G \cdot p)$ の（$G$ 不変計量についての）直交補空間 $T_p(G \cdot p)^\perp$ と同一視する（$G \cdot p$ は $p$ を含む $G$ の軌道を表す）．

　$T_p(G \cdot p)^\perp$ 上で $\omega$ が非退化であれば，$T_{[p]}(M/G)$ 上の非退化 2 次型式が決まる．しかし，一般には $T_p(G \cdot p)^\perp$ 上で $\omega$ は非退化ではない．この章で考えたい状況は，むしろその逆である．つまり，$\omega$ の $T_{[p]}(M/G)$ 上での階数が $\dim M - 2\dim G$ の場合である．この場合は $G$ の方向の「相棒」の方向をすべて捨てないと，$\omega$ から非退化 2 次型式は作れない．この捨てるという操作

---

[*1] 作用が固有(proper)であれば，$G$ はコンパクトでなくてもよい．

を行うために，運動量写像なる概念を用いる．

リー群 $G$ のリー環のことを $\mathfrak{g}$ と書く．$\mathfrak{g}$ の双対空間を $\mathfrak{g}^*$ と書く（双対空間は実数体上でとる）．$G$ の $G$ への作用 $g \cdot h = ghg^{-1}$ の微分で得られる $G$ の $\mathfrak{g}$ への作用およびその双対を ad と書く[*2]．

**定義 3.1** 写像 $f: M \to \mathfrak{g}^*$ が次の 2 つの条件を満たすとき，**運動量写像**（moment map）であるという．

（1）任意の元 $W \in \mathfrak{g}$ と $M$ 上のベクトル場 $V$ に対して，$(df)(V)(W) = \omega(W, V)$．

（2）$f(g \cdot p) = (\mathrm{ad}\, g) f(p)$．特に，$G$ が可換ならば，$f(g \cdot p) = f(p)$． □

(1)で用いた記号を説明する．$df(V)$ は $\mathfrak{g}^*$ の接ベクトルであるから，$\mathfrak{g}^*$ の元とみなせる．これに，$W \in \mathfrak{g}$ を代入したのが左辺である．一方，群 $G$ の $M$ への作用を用いると，リー環 $\mathfrak{g}$ の元は $M$ 上のベクトル場とみなすことができる．これで右辺に意味がつく．

運動量写像の存在についての次の結果は，解析力学の Noether の定理（たとえば[127]参照）の一般化とみなすこともできる．

**定理 3.2**（[245]） $H^1(M; \mathbb{R}) = 0$ または $G$ が半単純(semi-simple)ならば，シンプレクティック構造を保つ任意のコンパクト群 $G$ の $(M, \omega)$ の作用に対して，運動量写像が存在する．

［証明］ まず $H^1(M; \mathbb{R}) = 0$ を仮定する．$e_1, \cdots, e_g$ を $\mathfrak{g}$ の基底，$e^1, \cdots, e^g \in \mathfrak{g}^*$ を双対基底とする．$e_i$ は $\mathrm{Aut}(M, \omega)$ のリー環の元を定める．よって，補題 2.17 より，$e_i$ は $\mathrm{Cl}(M)$ の元を定める．$H^1(M; \mathbb{R}) = 0$ より，$\mathrm{Cl}(M)$ の元は関数の外微分である．同型のとり方を考えると，$df_i = i_{e_i} \omega$ なる関数 $f_i$ が存在することになる．$f = \sum f_i e^i$ とおくと，(1)が満たされる．

$H^1(M; \mathbb{R}) = 0$ のかわりに，$G$ が半単純であると仮定すと，$e_i = [e'_i, e''_i]$ なる $e'_i, e''_i$ がある．$e'_i, e''_i$ を $M$ 上のベクトル場とみなすと，$e'_i = X_{u'_i}$, $e''_i = X_{u''_i}$ な

---

[*2] [254]の符号の約束だと，$g \cdot h = g^{-1}hg$ になるはずなのだが，すると，$G$ の $G$ への作用が右からの作用になってしまうので，ここでは[254]に従わなかった．$\mathrm{Diff}(M)$ の $\mathrm{Map}(M, X)$ への作用も $\phi \cdot u = u \circ \phi^{-1}$ である．したがって，リー微分は $\mathrm{Diff}(M)$ のリー環への，反同型を与える．

る閉微分1型式 $u'_i, u''_i$ が存在する．よって補題2.20により，$e_i = X_{f_i}$ なる関数 $f_i$ が存在する．これから $f$ を同様に構成できる．

(2)を満たすように $f$ を取り替えよう．まず，任意の $v \in \mathfrak{g}^*$ に対して，$f+v$ も(1)を満たすことに注意する．逆に，$f_1, f_2$ がともに(1)を満たすとき，$f_1 - f_2$ の微分は消え，したがって，$f_2 = f_1 + v$ なる，$v \in \mathfrak{g}^*$ が存在する．

次に，$f$ が(1)を満たし $g \in G$ であるとき，$f^g(x) = (\operatorname{ad} g)(f(g^{-1} \cdot x))$ も(1)を満たすことに注意する．実際，$W \in \mathfrak{g}$ を $M$ 上のベクトル場とみなすと，$(dg)(W) = (\operatorname{ad} g)(W)$ であるから，

$$(d_p f^g)(V)(W) = (\operatorname{ad} g)(d_{g^{-1}p} f)(dg^{-1})(V)(W)$$
$$= (d_{g^{-1}p} f)(dg^{-1})(V)(\operatorname{ad} g)(W) = \omega(dg^{-1}W, dg^{-1}V) = \omega(W, V).$$

よって，$f^g = f + c(g)$ なる $c(g)$ が存在する．

$$f^{g_1 g_2} = (f^{g_1})^{g_2} = (f + c(g_1))^{g_2} = f + c(g_1) + (\operatorname{ad} g_2)(c(g_1))$$

ゆえ，

$$c(g_1 g_2) = c(g_1) + (\operatorname{ad} g_2)(c(g_1))$$

である．これは $c$ が1コサイクルであることを意味する([240]などを見よ)．よって，コンパクトリー群の1次のコホモロジー $H^1(G; \mathfrak{g}^*)$ が0である[*3]ことを用いると，$c(g) = (\operatorname{ad} g)(c) - c$ なる $c \in \mathfrak{g}^*$ が存在する．$f - c$ が(2)を満たすことが容易にわかる． ∎

運動量写像の一意性についてについては，次のことを定理3.2の証明中にすでに示した．

**命題3.3** $f_1, f_2$ が運動量写像であるとき，$v \in \mathfrak{g}^*$ が存在し，$f_2 = f_1 + v$ が成り立つ．さらに，$(\operatorname{ad} g)(v) = v$ が任意の $g \in G$ に対して成り立つ． □

シンプレクティック構造を保つ群作用に対して，運動量写像が存在するとき，ハミルトン作用(Hamiltonian action)と呼ぶ．さて，ハミルトン作用によるシンプレクティック多様体の商を定義しよう．

**定理3.4**(Marsden–Weinstein [245]) $x$ が運動量写像 $f$ の正則値で，任

---

[*3] たとえば，$H^k(T^n; \mathbb{R}) \simeq H^k((\mathbb{CP}^\infty)^n; \mathbb{R})$ である．ここで左辺は群のコホモロジー，右辺は空間のコホモロジーであることに注意せよ．

意の $p \in f^{-1}(x)$ に対して, $G_p = \{1\}$ が成り立つとする. $f^{-1}(x)/G_x$ 上のシンプレクティック構造 $\overline{\omega}$ で $\pi^*\overline{\omega} = \omega|_{f^{-1}(x)}$ を満たすものが唯ひとつ存在する. ここで, $\pi: f^{-1}(x) \to f^{-1}(x)/G_x$ は自然な射影である.

[証明] $G_x$ は $f^{-1}(x)$ を保つ. また, $x$ は $f$ の正則値で, $f^{-1}(x)$ で $G$ の作用は自由(free, すなわち $G_p = \{1\}$)であると仮定したから, $f^{-1}(x)/G_x$ は多様体である. 次の補題に注意する.

**補題 3.5** $V \in \mathfrak{g}_x$, $W \in T(f^{-1}(x))$ ならば, $\omega(W, V) = 0$.

[証明] 定義 3.1(1) より $\omega(W, V) = (df)(V)(W)$. しかし, $(df)(V) = 0$ である. ∎

補題を用いて $\overline{\omega}$ を定義する. $\overline{V}_i \in T_q(f^{-1}(x)/G_x)$ とする. $\tilde{q} \in (f^{-1}(x))$ と $V_i \in T_{\tilde{q}}(f^{-1}(x))$ を, $\pi(\tilde{q}) = q$, $d\pi(V_i) = \overline{V}_i$ となるようにとる.

$$(3.1) \qquad \overline{\omega}(\overline{V}_1, \overline{V}_2) = \omega(V_1, V_2)$$

とおく. 補題 3.5 より, (3.1) の右辺が, ($\tilde{q}$ をとめて) $V_i$ を取り替えたとき不変であることがわかる. また, $G$ の作用はシンプレクティック型式 $\omega$ を不変にしたから, $\tilde{q}$ を変えても (3.1) の右辺は変わらない.

これで $\overline{\omega}$ が定義された. $\pi^*\overline{\omega} = \omega|_{f^{-1}(x)}$ は定義より明らかである. すると, $\pi^*d\overline{\omega} = d\pi^*\overline{\omega} = 0$ がわかる. $\pi$ の微分は全射だから, これから $d\overline{\omega} = 0$ が従う. 以上で, $\overline{\omega}$ が定理 3.4 が主張する性質をもつことがわかった. 一意性は容易にわかるので, 読者に任せる. ∎

**定義 3.6** $G$ の $M$ へのハミルトン作用があり, その運動量写像を $f: M \to \mathfrak{g}^*$ とする. シンプレクティック多様体 $(f^{-1}(0)/G_x, \overline{\omega})$ のことを, ハミルトン群作用による, **シンプレクティック商**(symplectic reduction) といい $M /\!/ G$ と書く. (symplectic reduction はシンプレクティック簡約と訳されることも多い. 商空間であるということを強調するために, シンプレクティック商という訳語を用いた.) □

**注意 3.7** 命題 3.3 より, 運動量写像は, $G$ の中心のリー環, すなわち
$$\mathrm{Lie}(\mathrm{Cent}(G)) = \{v \mid \forall v, \ (\mathrm{ad}\, g)(v) = v\}$$
のぶんだけ定まらない. したがって, シンプレクティック商が一意に定まるわけではない.

以下ハミルトン作用の例をいくつか挙げる．表現論にかかわる例が豊富にあるが，本書では表現論には触れない．

**例 3.8** $M$ を多様体とし，$G$ を $M$ に作用するコンパクト群とする．すると，余接束 $T^*M$ への $G$ の作用が導かれる．この作用は明らかに $T^*M$ の標準的なシンプレクティック構造を保つ．運動量写像は $f(p,u)(V) = u(V)$ である．ここで，$u \in T_p^*M$ で，$V \in \mathfrak{g}$ は $T_pM$ の元とみなす．したがって，$f^{-1}(0)$ は $\{(p,u) \mid u(T_p(G \cdot p)) = 0\}$ と表せる．すなわち，$T^*M /\!/ G = T^*(M/G)$ である． □

**例 3.9** $M = \mathbb{C}^n$，$G = S^1$ とする．整数 $k_1, \cdots, k_n$ に対して
$$e^{\sqrt{-1}\theta}(z_1, \cdots, z_n) = (e^{\sqrt{-1}k_1\theta}z_1, \cdots, e^{\sqrt{-1}k_n\theta}z_n)$$
とおく．この作用は，シンプレクティック構造を保ち，運動量写像は
$$f(z_1, \cdots, z_n) = k_1|z_1|^2 + \cdots + k_n|z_n|^2 + c$$
で与えられる（$c < 0$ とする）．シンプレクティック商は $k_1 = \cdots = k_n = 1$ のときは複素射影空間 $\mathbb{C}P^{n-1}$ である．

一般の $k_1, \cdots, k_n$ の場合のシンプレクティック商 $\mathbb{C}^n /\!/ S^1$ のことを，**重み付き射影空間**(weighted projective space)と呼ぶ．ただし，この場合 $p$ を動かさない $G$ の元全体 $G_p$ は一般には $\{0\}$ でなく，有限群である（$p \neq 0$ のとき）．したがって $\mathbb{C}^n /\!/ S^1$ は多様体ではなく，軌道体(orbifold)になる（軌道体の定義は §6.2 を見よ）． □

次の例では $M$ は無限次元であるが，この節の議論は代数的なテンソル計算だけであるので，$M$ が無限次元でもまったく同じにできる．

**例 3.10** $(M, \omega)$ をシンプレクティック多様体とし，ループ空間 $\Omega(M)$ を考える．$\ell \in \Omega(M)$ に対して $T_\ell \Omega(M) = \Gamma(S^1; \ell^*TM)$ である．$V, W \in \Gamma(S^1; \ell^*TM)$ に対して
$$\tilde{\omega}(V, W) = \int_{S^1} \omega(V(t), W(t)) dt$$
とおくと，これは，$\Omega(M)$ 上のシンプレクティック構造を定める．

一方 $\Omega(M)$ 上には $S^1$ が
$$(e^{2\pi\sqrt{-1}\theta} \cdot \ell)(t) = \ell(t + \theta)$$

で作用する．この作用は明らかに $\tilde{\omega}$ を保つ．このとき，定義 2.60 の $\mathcal{A}$ を用いて，$i_{\partial/\partial\theta}\tilde{\omega} = d\mathcal{A}$ がわかる．すなわち，$\mathcal{A}$ が「運動量写像」である．しかし，$\mathcal{A}$ は多価であるから，正確には運動量写像ということはできない．いいかえると，運動量写像は一般には存在しない．§2.5 で考えた被覆空間 $\tilde{\Omega}(M)$ に作用を持ち上げると，運動量写像が存在しそれは $\mathcal{A}$ である．

シンプレクティック商を見るために，$\mathcal{A}^{-1}(0)$ を考えると，これは，定値写像たち（その全体は $M$ に一致する）を含む．その上で $S^1$ の作用は自明である．したがって商 $\tilde{\Omega}(M)/\!/S^1$ は特異点をもってしまう．少しずらして $\mathcal{A}^{-1}(\epsilon)/S^1$ を考えることもできる．この空間は，$M$ 上の無限次元複素射影空間束の上の無限次元ベクトル束である． □

次の例ではさらに群も無限次元である．

**例 3.11** $\Sigma$ をリーマン面とし $E \to \Sigma$ をその上の構造群がコンパクト群 $G$ であるベクトル束とする．$E$ 上の $G$ 接続（$G$-connection）全体を $\mathcal{A}(\Sigma, E)$ と書く．$E$ の自己同型すなわちゲージ変換の全体を $\mathcal{G}(\Sigma, E)$ と書く．（接続，ゲージ変換などの用語はたとえば[205]参照．）

$\mathcal{A}(\Sigma, E)$ 上のシンプレクティック構造を定義しよう．$\mathcal{A}(\Sigma, E)$ はアファイン空間であるから，1 点 $\nabla$ での接空間はベクトル空間 $\Gamma(\Sigma; \mathrm{Ad}\, E \otimes \Lambda^1)$ である（$\mathrm{Ad}\, E$ は $G$ の共役表現 $G \to \mathrm{Hom}(\mathfrak{g}, \mathfrak{g})$ による随伴束を指す）．そこで $V, W \in \Gamma(\Sigma; \mathrm{Ad}\, E \otimes \Lambda^1)$ に対して

$$\omega(V, W) = -\frac{1}{8\pi^2} \int_\Sigma \mathrm{Tr}(V \wedge W)$$

とおく（$\mathrm{Tr}$ は $\mathfrak{g}$ 上の $G$ の作用で不変な内積に関するトレースを表す）．$\omega$ が $\mathcal{A}(\Sigma, E)$ のシンプレクティック構造を定めることを確かめることができる．

ゲージ変換群 $\mathcal{G}(\Sigma, E)$ がこのシンプレクティック構造を保つことも容易にわかる．この作用の運動量写像を計算しよう．$\mathcal{G}(\Sigma, E)$ のリー環は，$\Gamma(\Sigma; \mathrm{Ad}\, E)$ である．この双対 $\Gamma(\Sigma; \mathrm{Ad}\, E)^*$ と $\Gamma(\Sigma; \mathrm{Ad}\, E \otimes \Lambda^2)$ を

(3.2) $$V(W) = -\frac{1}{8\pi^2} \int_\Sigma \mathrm{Tr}(V \wedge W)$$

で同一視する．ここで，$W \in \Gamma(\Sigma; \mathrm{Ad}\, E)$ で，$V$ は右辺では $V \in \Gamma(\Sigma; \mathrm{Ad}\, E$

$\otimes \Lambda^2)$, 左辺では $V \in \Gamma(\Sigma; \mathrm{Ad}\, E)^*$ とみなしている. $\mathrm{Tr}(V \wedge W)$ は微分 2 型式である.

さて, 局所的に $\nabla = d + A$ と表したとき, 曲率 $F_A$ は $F_A = dA + A \wedge A \in \Gamma(\Sigma; \mathrm{Ad}\, E \otimes \Lambda^2) = \Gamma(\Sigma; \mathrm{Ad}\, E)^*$ で定義された.

$$\tag{3.3} f(A) = -\frac{1}{8\pi^2} F_A$$

が, 運動量写像であることを示そう.

$V \in \Gamma(\Sigma; \mathrm{Ad}\, E \otimes \Lambda^1)$ とすると, $t \mapsto d + A + tV + \cdots$ なる $\mathcal{A}(\Sigma, E)$ の道の接ベクトルが $V \in T_\nabla(\mathcal{A}(\Sigma, E))$ である. よって

$$-8\pi^2 (d_A f)(V) = \frac{d}{dt} F_{A+tV} \Big|_{t=0} = dV + A \wedge V + V \wedge A = d_A V$$

である ($d_A V$ は $A$ の随伴接続による共変微分を表す). よって, $W \in \Gamma(\Sigma; \mathrm{Ad}\, E)$ に対して

$$(d_A f)(V)(W) = -\frac{1}{8\pi^2} \int_\Sigma \mathrm{Tr}(d_A V \wedge W) = \frac{1}{8\pi^2} \int_\Sigma \mathrm{Tr}(V \wedge d_A W).$$

一方, $t \mapsto 1 + tW + \cdots$ なる $\mathcal{G}(\Sigma, E)$ の道の $0$ での接ベクトルが $W \in \Gamma(\Sigma; \mathrm{Ad}\, E)$ である. よって, $W$ が定める $\mathcal{A}(\Sigma, E)$ 上のベクトル場 $W_*$ の $A$ での値は,

$$\frac{d}{dt}(1 + tW + \cdots)^* A \Big|_{t=0} = dW + [A, W] = d_A W$$

である. よって,

$$\omega(W_*, V) = -\frac{1}{8\pi^2} \int_\Sigma \mathrm{Tr}(d_A W \wedge V).$$

これで $(d_A f)(V)(W) = \omega(W_*, V)$ が示された. すなわち定義 3.1(1) が成り立つ. 定義 3.1 の (2) はゲージ変換による曲率の変換のよく知られた式 $F_{g^* A} = g F_A g^{-1}$ である.

運動量写像が計算できたので, シンプレクティック商 $\mathcal{A}(\Sigma, E) /\!/ \mathcal{G}(\Sigma, E)$ を考えよう. $f^{-1}(0)$ は $F_A = 0$ なる接続, すなわち平坦な接続全体である. 結局シンプレクティック商 $\mathcal{A}(\Sigma, E) /\!/ \mathcal{G}(\Sigma, E)$ は $E$ の平坦な接続のゲージ同

値類全体であることがわかった(これを平坦接続のモジュライ空間といい $R(\Sigma, E)$ と書く). $E$ が自明な束であると,平坦接続のモジュライ空間は表現空間 $\mathrm{Hom}(\pi_1(\Sigma), G)/G$ に一致する.ここで,$G$ の $\mathrm{Hom}(\pi_1(\Sigma), G)$ への作用は,$G$ の $G$ への共役作用から誘導される.

この場合からも想像がつくように,$\mathcal{A}(\Sigma, E)/\!\!/\mathcal{G}(\Sigma, E)$ は有限次元である(次元は $g$ を $\Sigma$ の種数とすると $(2g-2)\dim G$ である).ただし,$G$ の $\mathrm{Hom}(\pi_1(\Sigma), G)$ への作用が不動点をもつと,商空間 $\mathrm{Hom}(\pi_1(\Sigma), G)/G$ には特異点が生じる. □

以上から,次の定理が示されたことになる([150]).

**定理 3.12** 曲面上の平坦束のモジュライ空間には,シンプレクティック構造が存在する. □

定理 3.12 のシンプレクティック構造は,$R(\Sigma, E)$ の各点で式(3.4)で表される.

$$T_{[A]}R(\Sigma, E) = \frac{\mathrm{Ker}\, d_A : \Gamma(\Sigma; \mathrm{Ad}\, E \otimes \Lambda^1) \to \Gamma(\Sigma; \mathrm{Ad}\, E \otimes \Lambda^2)}{\mathrm{Im}\, d_A : \Gamma(\Sigma; \mathrm{Ad}\, E \otimes \Lambda^0) \to \Gamma(\Sigma; \mathrm{Ad}\, E \otimes \Lambda^1)}$$

である.$[V], [W] \in T_{[A]}R(\Sigma, E)$,$V, W \in \mathrm{Ker}\, d_A : \Gamma(\Sigma; \mathrm{Ad}\, E \otimes \Lambda^1) \to \Gamma(\Sigma; \mathrm{Ad}\, E \otimes \Lambda^2)$ とすると,

(3.4) $$\omega([V],[W]) = -\frac{1}{8\pi^2}\int \mathrm{Tr}(V \wedge W).$$

無限次元の群に対する運動量写像には,幾何学で重要な役割を演ずるものが,ほかにも多くある.定理 3.12 で考えたリーマン面のかわりに,次元の高い複素多様体を考えた場合が,Donaldson [75]の導入した運動量写像で,ベクトル束上のケーラー–アインシュタイン接続の存在問題の研究に大きな役割を果たした([79] Chapter 6, [341]を見よ).また,複素多様体上のケーラー–アインシュタイン計量の存在問題で重要な,二木不変量や満渕の $K$ エネルギー写像も運動量写像である([281]に解説されている).

## §3.2 運動量写像のモース理論

この節では,$G=S^1$ のハミルトン作用を扱う.すなわち,$S^1$ が $(M,\omega)$ にシンプレクティック構造を保って作用し,運動量写像 $f: M \to \mathbb{R}$ が存在するとする($S^1$ のリー環は $\mathbb{R}$ である).$S^1$ 作用があるようなシンプレクティック多様体を調べるのに有力な方法が,運動量写像のモース理論である.

**定義 3.13**([50]) 多様体 $M$ 上の関数 $f: M \to \mathbb{R}$ が,**ボット–モース関数**(Bott-Morse function)であるとは,次の条件が満たされることを指す.

(1) $\mathrm{Cr}(f) = \{p \in N \mid df(p) = 0\}$ とおくと,$\mathrm{Cr}(f)$ の連結成分は,滑らかな部分多様体である.

(2) $p \in \mathrm{Cr}(f)$ に対して,$T_pM$ を接束と法束の直和 $T_p\mathrm{Cr}(f) \oplus N_p\mathrm{Cr}(f)$ に分解する.このとき,任意の $p \in \mathrm{Cr}(f)$ に対してヘッセ行列 $\mathrm{Hess}_p f$ の $N_p\mathrm{Cr}(f)$ への制限は,非退化である. □

$\mathrm{Cr}(f)$ が 0 次元の場合,ボット–モース関数は普通の意味のモース関数である(モース関数については[248],[257],[274]などを参照).$\mathrm{Cr}(f)$ を**臨界点集合**(critical point set)または**臨界部分多様体**(critical submanifold)と呼ぶ.前者の用語はボット–モース関数でない場合も用いられる.

**定理 3.14** 運動量写像 $f: M \to \mathbb{R}$ はボット–モース関数である.

[証明] まず,$\mathrm{Cr}(f) = \{p \in M \mid S_p^1 = S^1\}$ が容易にわかる($S_p^1$ は $p$ を動かさない $S^1$ の元全体を指す).これから,$\mathrm{Cr}(f)$ が滑らかな部分多様体であることが従う.(群作用の一般論である.以下の議論からもわかる.)

(2)を示そう.$p \in \mathrm{Cr}(f)$ とする.$p$ は $S^1$ の作用の不動点であるから,接空間 $T_pM$ に $S^1$ が作用する.この作用に関して既約分解して $T_pM = \bigoplus V_{\lambda_i}$ とする.ここで,$\lambda_i \in \mathbb{Z}$ で,$V_i \equiv \mathbb{C}^{k_i}$ 上の $z \in S^1 = \{z \in \mathbb{C} \mid |z| = 1\}$ の作用は $v \mapsto z^{\lambda_i} v$ で与えられる.($V_{\lambda_0} = V_0$ 以外の成分が偶数次元であることは,$S^1$ の表現の一般的な性質である.$V_0$ が偶数次元であることは,シンプレクティック多様体の次元が偶数であることからわかる.) $M$ 上に $S^1$ 不変な計量をとる($S^1$ がコンパクトであるから存在する).この計量についての測地座標を用いると,$S^1$ の作用も含めて,$p$ の近傍は $T_pM$ の 0 の近傍と同一視できる.

$S^1$ の作用がシンプレクティック構造を保つから，シンプレクティック型式に関して，$V_{\lambda_i}$ と $V_{\lambda_j}$ は $\lambda_i \neq \lambda_j$ のとき直交する．したがって，$p$ でのシンプレクティック型式は $V_{\lambda_i} = \mathbb{C}^{k_i}$ の標準的なシンプレクティック型式の直和であるとしてよい．$p$ の近傍を $T_pM$ の $0$ の近傍と同一視したとき，$p$ 以外の点 $q$ では，シンプレクティック型式は標準的なシンプレクティック型式の直和に近いが，とりあえず dist$(p,q)$ 程度ずれることがありうる．

**注意 3.15** 実は Darboux の定理を群作用付きで証明すれば，$S^1$ 不変なダルブー座標がとれ，したがって勝手な点でシンプレクティック型式は標準的としてよい．本書ではこのことは用いない．

さて，この座標で定義 3.1 の (1) を書くと

$$(3.5) \qquad df = \sum_i \sum_j \lambda_i (x_{i,j} dx_{i,j} + y_{i,j} dy_{i,j}) + \mathrm{Err}$$

である．ここで，$x_{i,j} + \sqrt{-1} y_{i,j}$, $j = 1, 2, \cdots$ は $V_i$ の座標で，Err は $x_{i,j}, y_{i,j}$ について 2 次の項である．(3.5) から

$$f = \mathrm{const} + \sum_i \sum_j \lambda_i (x_{i,j}^2 + y_{i,j}^2) + \mathrm{Err}$$

がわかり，Err は $x_{i,j}, y_{i,j}$ について 3 次の項である．よって，$f$ はボット–モース関数である． ∎

ボット–モース関数は Bott によってリー群のホモトピー群を計算する，すなわち，有名な Bott の周期性定理を証明するのに用いられた ([257] 参照)．ホモロジー群の計算にも，ボット–モース関数は有力な手法を提供する．

それを説明するために，まず記号を準備する．$p \in \mathrm{Cr}(f)$ に対して，法束 $N_p \mathrm{Cr}(f)$ 上でヘッセ行列 $\mathrm{Hess}_p(f)$ を考える．これは対称行列で，$f$ がボット–モース関数であるという仮定により，非退化である．$\mathrm{Hess}_p(f)$ の正の固有値に属する固有ベクトルたちで張られる部分空間を $N_p^+ \mathrm{Cr}(f)$，負の固有値に属する固有ベクトルたちで張られる部分空間を $N_p^- \mathrm{Cr}(f)$ とおく．

$$N_p^+ \mathrm{Cr}(f) \oplus N_p^- \mathrm{Cr}(f) \oplus T_p \mathrm{Cr}(f) = T_p M$$

が成り立つ．$\dim N_p^- \mathrm{Cr}(f)$ のことを，$p$ での $f$ の**モース指数**（Morse index）

という.

$\mathrm{Cr}(f)$ を連結成分に分けて $\mathrm{Cr}(f) = \bigcup_i R_i$ とする. モース指数は, $\mathrm{Cr}(f)$ のおのおのの連結成分上一定値をとり, これを $\mu(R_i)$ と書く. $N_p^+\,\mathrm{Cr}(f)$, $N_p^-\,\mathrm{Cr}(f)$ を, $p \in R_i$ にわたって集めると, ベクトル束 $N_i^+ \to R_i$, $N_i^- \to R_i$ ができる.

$R_i$ 上で $f$ は一定の値 $f(R_i)$ をとる. 連結成分の番号を付け替えると, 次の式が成り立つとしてよい.

(3.6) $\qquad i < j \implies f(R_i) \leqq f(R_j)$.

**注意 3.16** $f$ がモース関数であると仮定する(すなわち $R_i$ がすべて 1 点とする). このとき, $f$ を少し動かして

(3.7) $\qquad \mu(R_i) < \mu(R_j) \iff f(R_i) < f(R_j)$

が満たされるようにとることができる([248]定理 3.22 参照). (3.7)が成り立つとき $f$ は**自己指数付き**(self indexing)であるという. (3.6), (3.7)より

(3.8) $\qquad i < j \implies \mu(R_i) \leqq \mu(R_j)$

が成り立つ. 一般のボット–モース関数の場合は, $f$ を小さく動かして(3.7)を満たすようにすることはできない. $f$ が自己指数付きでない場合は, 定理 3.17 のスペクトル系列の微分が普通とは違った向きの写像も含むことになる.

**定理 3.17** スペクトル系列 $E_*^*$ が存在して次の性質をもつ.
(1) $E_k^2 = \bigoplus_i H_k(N_i^+, N_i^+ - R_i; \mathbb{Z})$.
(2) $E_k^\infty = H^k(M; \mathbb{Z})$. $\qquad\square$

以下定理 3.17 の証明を述べる. 無限次元の場合, つまり, 例 3.10 の運動量写像の場合でも通用する別の証明を第 5 章で与える.

$\varphi_t$ を勾配ベクトル場 $\mathrm{grad}\,f$ の生成する 1 径数変換群とする.(すなわち, $\dfrac{d}{d\tau}\varphi_\tau(p) = \mathrm{grad}_{\varphi_\tau(p)} f$ である.)

$R_i$ の不安定多様体 $U(R_i)$ および安定多様体 $S(R_i)$ を次の式で定義する.

(3.9) $\qquad U(R_i) = \{x \in M \mid \lim_{\tau \to -\infty} \varphi_\tau(x) \in R_i\}$

(3.10) $\qquad S(R_i) = \{x \in M \mid \lim_{\tau \to +\infty} \varphi_\tau(x) \in R_i\}$

次の補題が成り立つ.

**補題 3.18** $U(R_i), S(R_i)$ はそれぞれ $N_i^+, N_i^-$ と同相である. $\qquad\square$

証明は省略する([201]を見よ). もう1つ補題が必要である.

**補題 3.19** 任意の $x \in M$ に対して, $\lim_{\tau \to -\infty} \varphi_\tau(x)$ および $\lim_{\tau \to \infty} \varphi_\tau(x)$ は収束する.

[証明] $\lim_{\tau \to \infty} f(\varphi_\tau(x))$ は単調増加で有界だから収束する. 極限を0としても一般性を失わない. $f$ の臨界値全体の集合 $f(\mathrm{Cr}(f))$ は有限集合であり, これを $\mathcal{R}$ とおく. まず, 正の数 $C$ が存在して,

$$(3.11) \qquad \mathrm{dist}(\mathcal{R}, f(x)) < C |\mathrm{grad}_x f|^2$$

が成り立つことに注意する. 実際 $x$ が $\mathrm{Cr}(f)$ の小近傍の外にあれば, $|\mathrm{grad}_x f| > \mathrm{const} > 0$ ゆえ正しい. $x$ が $\mathrm{Cr}(f)$ の小近傍の中にあるとする. 座標系 $x_1, \cdots, x_n$ を, $x_1, \cdots, x_m$ が $\mathrm{Cr}(f)$ の方向, $x_{m+1}, \cdots, x_n$ が法方向で, かつ $x_{m+1} = \cdots = x_n = 0$ が $\mathrm{Cr}(f)$ を表すようにとることができる. さらに, 3次以上の項を除いて

$$(3.12) \qquad f(x) = r + \sum_{i=m+1}^n \lambda_i x_i^2$$

となる. このとき, $r \in \mathcal{R}$ で $|\mathrm{grad}_x f|^2 \sim \sum_{i=m+1}^n 4\lambda_i^2 x_i^2$ ゆえ, やはり (3.11) は成り立つ.

さて, $\lim_{\tau \to \infty} f(\varphi_\tau(x)) = 0$ ゆえ, $\tau > T$ に対して, $\mathrm{dist}(\mathcal{R}, f(x)) = -f(x)$ としてよい. よって, (3.11) より,

$$\begin{aligned}
\frac{d}{d\tau} \sqrt{-f(\varphi_\tau(x))} &= \frac{1}{2}(-f(\varphi_\tau(x)))^{-1/2} \frac{df(\varphi_\tau(x))}{d\tau} \\
&= \frac{1}{2}(\mathrm{dist}(\mathcal{R}, f(x)))^{-1/2} |\mathrm{grad}_{\varphi_\tau(x)} f|^2 \geqq \frac{1}{2C} |\mathrm{grad}_{\varphi_\tau(x)} f|.
\end{aligned}$$

よって, 積分

$$\int_T^\infty \left| \frac{d\varphi_\tau(x)}{d\tau} \right| d\tau = \int_T^\infty |\mathrm{grad}_{\varphi_\tau(x)} f| d\tau \leqq 2C \int_T^\infty \frac{d}{d\tau} \sqrt{-f(\varphi_\tau(x))} d\tau$$

は収束する. したがって, $\lim_{\tau \to +\infty} \varphi_\tau(x)$ は収束する. ∎

**注意 3.20** 定理 2.105 は補題 3.19 をループ空間で考えたものに近い.

**注意 3.21** $f$ がボット–モース関数でなくても, たとえば, 実解析的であれば,

補題の結論は成り立つ．実際，(3.12)のかわりに，
$$\mathrm{dist}(\mathcal{R},f(x))^\theta < C|\mathrm{grad}_x f|$$
がある $1>\theta>0$ に対して成り立つ．よって同様に議論して
$$\frac{d}{d\tau}(-f(\varphi_\tau(x)))^{1-\theta} < C|\mathrm{grad}_{\varphi_\tau(x)} f|$$
が示され，これから $\lim_{\tau\to\infty}\varphi_\tau(x)$ の収束が示される．また $\varphi_\tau$ が勾配ベクトル場でなくても，$f$ について勾配的ならよい．これを **Lojaszewicz** の評価という．以上については[338] Lemma 1 参照[*4].

さて，
$$\varphi_{-\infty}(x) = \lim_{\tau\to-\infty}\varphi_\tau(x), \quad \varphi_{+\infty}(x) = \lim_{\tau\to+\infty}\varphi_\tau(x)$$
とおくと，$\varphi_s\varphi_{\pm\infty}(x) = \lim_{\tau\to\pm\infty}\varphi_{\tau+s}(x) = \varphi_{\pm\infty}(x)$ ゆえ，$\varphi_{\pm\infty}(x)\in\mathrm{Cr}(f)$ である．$\mathfrak{X}_k(M) = \bigcup_{i\geq k} S(R_i)$ とおく．

**補題 3.22** $U(R_i)$ の閉包は $\mathfrak{X}_i(M)$ に含まれる．

[証明]（次ページの図 3.1 参照．）$p_j\in U(R_i)$，$\varphi_{-\infty}(p_j)=q_j\in R_i$ とする．$\lim_{j\to\infty}p_j = p$ が $\mathfrak{X}_i(M)$ に含まれることを示そう．補題 3.19 より，$\varphi_{-\infty}(p)\in\mathrm{Cr}(f)$ が存在する．(3.6)より，$f(\varphi_{-\infty}(p))\geq f(R_i)$ を示せば十分である．$R_i$ はコンパクトだから，$\lim_{j\to\infty}q_j = q_\infty\in R_i$ としてよい．$\mathrm{dist}(\varphi_{t_j}(p_j),q_j) < 1/j$ なる $t_j$ をとる．$\lim_{j\to\infty}\varphi_{t_j}(p_j) = q_\infty\in R_i$ である．任意の $\epsilon>0$ に対して $|f(\varphi_{-\infty}(p))-f(\varphi_T(p))|\leq\epsilon$ なる $T$ が存在する．すると，$\lim_{j\to\infty}t_j = -\infty$ ゆえ
$$f(\varphi_T(p)) = \lim_{j\to\infty}f(\varphi_T(p_j)) \geq \lim_{j\to\infty}f(\varphi_{t_j}(p_j)) = f(q_\infty) = f(R_i).$$
すなわち，$f(\varphi_\infty(p))\geq f(q_\infty) = f(R_i)$. ∎

補題 3.22 より，$\mathfrak{X}_i(M)$ は閉集合である．すなわち層化(stratification)
$$\mathfrak{X}_0(M)\subset\mathfrak{X}_1(M)\subset\cdots\subset\mathfrak{X}_J(M) = M$$
が得られる($J$ は $\mathrm{Cr}(f)$ の連結成分の数)．$\mathfrak{X}_i(M)$ がその近傍の変形レトラクト(deformation retract)であることを，$i$ についての帰納法で示すことが

---

[*4] この注意はゲージ理論で[262]によって用いられている．

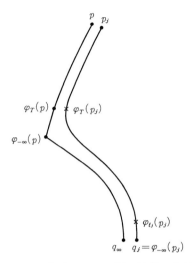

図 3.1　勾配ベクトル場の軌道の分裂

できる．よって，$\mathfrak{X}_i(M)$ は $M$ のある 3 角形分割についての部分複体としてよい．すると，特異鎖複体 $S_*(M)$ のフィルター付け(filtration)
$$S_*(\mathfrak{X}_0(M)) \subset S_*(\mathfrak{X}_1(M)) \subset \cdots \subset S_*(\mathfrak{X}_J(M)) = S_*(M)$$
が得られる($S_*(X)$ は空間 $X$ の特異鎖複体である)．これから，$S_*(M)$ のホモロジーに収束するスペクトル系列が得られる．その $E^2$ 項は

(3.13) $$\bigoplus_i H_*(\mathfrak{X}_i(M), \mathfrak{X}_{i-1}(M))$$

である．切除同型と補題 3.18 により (3.13) は $\bigoplus_i H_k(N_i^+, N_i^+ - R_i; \mathbb{Z})$ と同型である．

ホモロジー群 $H_k(N_i^+, N_i^+ - R_i; \mathbb{Z})$ は，ベクトル束 $N_i^+$ に向きが付くとき，$H_{k+\mu(R_i)+\dim R_i - n}(R_i; \mathbb{Z})$ に一致する．(トム同型(Thom isomorphism)と呼ぶ．$N_i^+$ の階数は $n - \mu(R_i) - \dim R_i$ である．) $f$ が運動量写像である場合には，$N_i^+$ のおのおののファイバーには，不動点をもたない $S^1$ の作用が定まっている．これを用いると，$N_i^+$ に向きが付くことがわかる．さらに，次のことがわかる．

**定理 3.23** 運動量写像の場合は，定理 3.17 のスペクトル系列は $E^2$ 項で退化する．すなわち
$$H_k(M;\mathbb{Z}) \simeq \bigoplus_i H_{k+\mu(R_i)+\dim R_i - n}(R_i;\mathbb{Z}).$$
□

$M, R_i$ が向き付け可能な場合は，ポアンカレ双対を用いると，定理 3.23 は
$$H^k(M;\mathbb{Z}) \simeq \bigoplus_i H^{k-\mu(R_i)}(R_i;\mathbb{Z})$$
になる．(次数の約束は，コホモロジーにしたとき自然に見えるように選んだので，定理 3.23 の右辺の次数 $k+\mu(R_i)+\dim R_i - n$ は不自然に見える．)

同変コホモロジーを用いる定理 3.23 の証明を §3.4 で述べる．§5.3 では無限次元の場合(例 3.10)でも通用する別証明を与える．

**定義 3.24** 定理 3.23 の結論が成り立つボット–モース関数を**完全ボット–モース関数**(perfect Bott-Morse function)という． □

定理 3.23 の応用として次の定理を証明しよう(Atiyah [18], Guillemin–Sternberg [166]による)．連結なコンパクト可換群 $G$ の $(M,\omega)$ へのハミルトン作用があり，$f: M \to \mathfrak{g}^*$ を運動量写像とする．

**定理 3.25** $M$ が連結かつコンパクトならば，$f$ の像 $f(M)$ は凸集合である．

[証明] $G$ の作用は効果的(effective, すなわち, $g \cdot x = x$ がすべての $x \in M$ で成立すれば $g=1$)と仮定しても一般性を失わない．

$f(M)$ の $\mathfrak{g}^*$ での内点全体の集合を $f(M)^{\circ}$ とおく．まず $f(M)^{\circ}$ の閉包が $f(M)$ と一致することを示す．作用が効果的であることから，$G_x = 1$ である点 $x$ 全体は $M$ で稠密である．一方 $G$ は可換であるから，運動量写像は $G$ で不変である．

$G_x = 1$ のとき, $d_x f: T_x M \to T_{f(x)}\mathfrak{g}^* = \mathfrak{g}^*$ が全射であることを示す．もしそうでないと, $W \in \mathfrak{g}$ が存在して, $(d_x f)(V)(W) = 0$ が任意の $V \in \mathfrak{g}$ に対して成り立つ．(ここで, $V \in \mathfrak{g}$ は $G$ の作用を用いて，$T_x M$ の元とみなしている．) よって，定義 3.1(1)により, $\omega(W, V) = 0$. よって，$\omega$ は非退化だから, $W(x) = 0$. 一方, $G_x = 1$ より, $\mathfrak{g} \to T_x M$ は単射だから，矛盾する．

よって，$G_x=1$ であれば $f(x)$ は $f(M)$ の内点である．これから $f(M)^\circ$ が $f(M)$ で稠密であることが従う．

したがって，$f(M)$ が凸であることを示すには，任意の $\alpha \in E^*$ に対して，$\alpha$ の $K$ への制限が極小になる点全体の集合が，連結であることを示せばよい．ここで $V^*$ は双対空間を表す．$\mathfrak{g}^*$ の双対空間は $\mathfrak{g}$ である．$V \in \mathfrak{g}$ をとり関数 $f_V(p) = f(p)(V)$ を考えよう．$f_V$ が極小になる点全体の集合が連結であることを示せばよい．

$\{\exp(tV) \mid t \in \mathbb{R}\}$ の $G$ での閉包は $G$ の部分群である（$\exp(tV)$ はリー群の指数写像）．$V$ を小さく動かして，この群が $S^1$ であるとしてよい．（$f_V$ が極小になる点全体の集合が非連結なら，$V$ を小さく動かしても同じ性質が成り立つことがわかる（図 3.2）．）

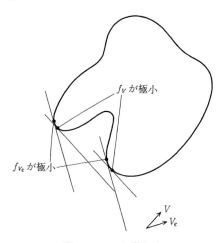

**図 3.2** $V$ を動かす

すると，$f_V$ はこの $S^1 \subset G$ の作用に関する運動量写像である．よって，定理 3.23 より $H_0(M; \mathbb{Z}) \simeq \bigoplus_{\mu(R_i)=0} H_0(R_i; \mathbb{Z})$．したがって $\mu(R_i) = 0$ なる $i$ は唯ひとつである．一方，$f_V$ が極小になる点全体の集合は $\mu(R_i) = 0$ なる $R_i$ の和集合と一致する．

## §3.3 複素幾何学との関係

**定義 3.26** 複素リー群 $G_{\mathbb{C}}$ とは，複素多様体 $G_{\mathbb{C}}$ と正則写像 $\cdot: G \times G \to G$, $^{-1}: G \to G$, 元 $1 \in G$ であって，これらが $G$ 上に群の構造を定めるものを指す．複素リー群 $G_{\mathbb{C}}$ の複素多様体 $M$ への**作用**とは，作用を定める写像 $G \times M \to M$ が正則写像であることをいう． □

この節では複素多様体 $M$ の複素リー群 $G_{\mathbb{C}}$ による商空間と，シンプレクティック商との関係を述べる．複素リー群による商を考えるときの大きな問題は，複素リー群がめったにコンパクトにならないことである．実際，コンパクト複素リー群は可換群(トーラス)に限られることが知られている(たとえば[270]を見よ)．$M$ がコンパクトで $G_{\mathbb{C}}$ がコンパクトでないと，普通に考えた商空間 $M/G_{\mathbb{C}}$ はハウスドルフ空間にならない．したがって，まず商空間を考えてそこに複素構造を入れる，という考え方で商空間を作ることはできない．Mumford [269], [271]の考えは，粗く述べると，$M$ から不安定点と呼ばれる点たちの集合 $M_{us}$ を除き，$M_{ss} = M - M_{us}$ への $G_{\mathbb{C}}$ の作用による商空間 $M_{ss}/G_{\mathbb{C}}$ を考えると，うまく複素多様体ができる，というものである．この節では，この構成がシンプレクティック商の構成にケーラー多様体の場合には一致することを説明する．次の状況から出発する．

**仮定 3.27** $G_{\mathbb{C}}$ は複素リー群，$G$ はそのリー部分群で次の性質を満たす．

(1) $G$ はコンパクトである．

(2) $JT_1G \cap T_1G = \{0\}$, かつ $JT_1G + T_1G = T_1G_{\mathbb{C}}$. ここで $1 \in G$ は単位元．

(3) 任意の $g \in G_{\mathbb{C}}$ に対して，$k \in G$ と $X \in JT_1G$ が唯ひとつ存在し，$g = \exp(X)k$ が成り立つ． □

**定義 3.28** $G$ を $G_{\mathbb{C}}$ の**コンパクト実型式**(compact real form)と呼ぶ． □

たとえば $G_{\mathbb{C}}$ が半単純ならば，仮定を満たす $G$ はいつでも存在することが知られている．例を挙げておこう．

**例 3.29** $G_{\mathbb{C}} = \mathbb{C}^{*n}$ とする($\mathbb{C}^* = \mathbb{C} - \{0\}$)．このとき，$G = T^n = \{(z_1, \cdots, z_n) \mid |z_i| = 1\}$ である． □

**例 3.30** $G_\mathbb{C} = SL(n;\mathbb{C})$, すなわち行列式 1 の複素行列全体とする.
$$SU(n) = \{k \mid {}^t\bar{k} = k^{-1}\},$$
$$E^+(n) = \{h \mid {}^t\bar{h} = h, \ \forall v \in \mathbb{C}^n, \ hv \cdot v > 0\}$$
とおく．任意の $g \in SL(n;\mathbb{C})$ に対して，$g = hk$, $g \in SU(n)$, $h \in E^+(n)$ なる分解が一意に存在する．$h \in E^+(n)$ に対して，$h = \exp X$ なるエルミート行列 $X$ が唯ひとつ存在する．$g = \exp(X)k$ が求める分解である． □

$(M, J_M, \omega_M)$ をケーラー多様体とする．$G$ の $(M, \omega_M)$ への複素構造とシンプレクティック構造を保つ群 $G$ の作用を考える．ここで，$G$ の $(M, \omega_M)$ への作用が**複素構造を保つ**とは，任意の元 $g \in G$ に対して，それが定める写像 $g : M \to M$ が正則写像であることを指す．

ここから出発して，$G_\mathbb{C}$ の $(M, J_M)$ への複素リー群としての作用を構成しよう．$g \in G_\mathbb{C}$ なる元を $g = \exp(X)k$ と仮定 3.27 に従って分解する．$Y = -\sqrt{-1}X \in \mathfrak{g}$ である．

$$(3.14) \qquad g \cdot p = \exp(J_M Y)(k \cdot p)$$

とおく ( $\exp(tJ_M Y)$ はベクトル場 $J_M Y$ の生成する 1 径数変換群を表す).

**命題 3.31** (3.14)は $G_\mathbb{C}$ の $(M, J_M)$ への複素リー群としての作用を定める．

[証明] まず，(3.14)が群の作用であること，つまり $g_1(g_2 x) = g_1(g_2 x)$ が $g_1, g_2 \in G_\mathbb{C}$ に対して成立することを見る．それには，$\mathfrak{g} \otimes \mathbb{C} \to \Gamma(TM)$ なる写像 $X + \sqrt{-1}Y \mapsto X + J_M(Y)$ が，リー環の準同型であることを示せばよい．$G$ の $M$ への作用は複素構造を保つから，リー微分 $L_X J_M$, $L_Y J_M$ は 0 である．すなわち，$[J_M X, V] = J_M([X, V])$ などが成り立つ．このことを用いて，$X + \sqrt{-1}Y \mapsto X + J_M(Y)$ がリー環の準同型であることが確かめられる．

次に，1 点 $p \in M$ をとめたとき，$g \mapsto g \cdot p$ なる $G \to M$ なる写像は正則写像である(これは定義から明らか)．よって，写像 $G \times M \to M$, $(g, p) \to g \cdot p$ が正則写像であることを示すには，$X \in \mathfrak{g}$ をとめたとき，$p \mapsto \exp(J_M X)(p)$, $M \to M$ が正則写像であることを示せばよい．いいかえると，$L_{J_M X} J_M = 0$ を示せばよい．

$X = X_{1,0} + X_{0,1}$ と $TM \otimes \mathbb{C} = T^{1,0}M \oplus T^{0,1}M$ に従って分解する．$G$ の作用は複素構造を保つから，ad $X$ は $T^{1,0}M \subset TM \otimes \mathbb{C}$ を保つ．一方 $J_M$ は積分可能であるから，$[\Gamma(T^{1,0}), \Gamma(T^{1,0})] \subset \Gamma(T^{1,0})$, $[\Gamma(T^{0,1}), \Gamma(T^{0,1})] \subset \Gamma(T^{0,1})$ である．$Y \in \Gamma(T^{1,0})$ とすると，$[X_{0,1}, Y] = [X, Y] - [X_{1,0}, Y] \in \Gamma(T^{1,0})$ である．よって

$$[J_M X, Y] = [J_M X_{1,0}, Y] + [J_M X_{0,1}, Y]$$
$$= [\sqrt{-1} X_{1,0}, Y] - [\sqrt{-1} X_{0,1}, Y] \in \Gamma(T^{1,0}).$$

すなわち，$L_{J_M X} J_M = 0$. ■

以上で $(M, J_M, \omega_M)$ への $G$ の複素構造を保つハミルトン作用から，$G_\mathbb{C}$ の $(M, J_M)$ への複素リー群としての作用が定まった．この構成には逆が存在する．

**補題 3.32** $(M, J_M, \omega_M)$ をケーラー多様体とし，そこへ複素リー群 $G_\mathbb{C}$ が作用しているとする．このとき，必要ならケーラー計量 $\omega_M$ を取り替え別のケーラー計量 $\omega'_M$ をとると，$(M, J_M, \omega'_M)$ はケーラー多様体で，$G$ の作用は $\omega'_M$ を保つ．$G$ の作用がハミルトン作用ならば，$G_\mathbb{C}$ の作用は式 (3.14) で得られる．

[証明] $\omega'_M$ は，$\omega_M$ の $G$ の作用で動かした微分 2 型式たちを $G$ の両側不変測度で平均をとれば得られる．証明の残りの部分は，命題 3.31 の証明の計算を逆にたどればよい．■

次に群 $G$ の作用はハミルトン作用であると仮定し，$f : M \to \mathfrak{g}^*$ を運動量写像とする．

**命題 3.33** $f^{-1}(x)$ の $G_\mathbb{C}$ 軌道 $G_\mathbb{C} \cdot f^{-1}(x)$ は $M$ の稠密な部分集合である．

[証明] 関数 $h(x) = \|f(x)\|^2$ を考える[*5]．ここで $\| \ \|$ は $\mathfrak{g}^*$ の $G$ 不変内積である．$\| \ \|$ は $G$ 不変であるから $h$ も $G$ 不変である．

以下 $\| \ \|$ の定義に用いる $G$ 不変内積 $\langle \cdot, \cdot \rangle$ を使って，$\mathfrak{g}$ と $\mathfrak{g}^*$ を同一視する．$x \in M$ とする．$W = f(x)$ とおく．$W$ を $\mathfrak{g}$ の元とみなし，さらにそれを $T_x M$

---

[*5] $h$ のモース理論は次の節で詳しく論じる．

の元とみなす．このとき $V \in T_x M$ に対し
$$dh(V) = 2df(V)(W) = 2\omega_M(W,V) = 2\langle J_M W, V\rangle$$
が成り立つ．すなわち $\mathrm{grad}_x h = 2J_W$ である．したがって $\mathrm{grad}_x h$ の積分曲線は $G_{\mathbb{C}}$ の軌道に含まれる．また，$G_{\mathbb{C}} \cdot f^{-1}(0)$ は，$f^{-1}(0)$ の十分小さい近傍の稠密な部分集合を含む．よって，$h$ が 0 以外極小値をもたないことを示せばよい．$h$ が $x$ で極小で $f(x) = W$ とする．$h'(y) = f(y)(W)$ とおくと，$\{y \mid h'(y) \geq h'(x)\}$ は $\{y \mid h(y) \geq h(x)\}$ に含まれる．よって $h'$ は $x$ で極小であるが，これは定理 3.23 に反する． ∎

命題 3.33 から，シンプレクティック商 $f^{-1}(0)/G$ は，$M$ の稠密な開部分集合 $G_{\mathbb{C}} \cdot f^{-1}(0)$ を複素リー群の $G_{\mathbb{C}}$ の作用で割ったものである．この空間を $M /\!/ G_{\mathbb{C}}$ とも書くことにしよう．$G$ はコンパクトであるから，商空間 $M /\!/ G_{\mathbb{C}}$ はハウスドルフ空間である．第 1 の記述 $M /\!/ G_{\mathbb{C}} = f^{-1}(0)/G$ から $M /\!/ G_{\mathbb{C}}$ にはシンプレクティック構造が入る．第 2 の記述 $M /\!/ G_{\mathbb{C}} = G_{\mathbb{C}} \cdot f^{-1}(0)/G_{\mathbb{C}}$ から，$M /\!/ G_{\mathbb{C}}$ には複素構造が入る．

**補題 3.34** $M /\!/ G_{\mathbb{C}}$ はケーラー多様体である． □

証明は容易である．

$G_{\mathbb{C}} \cdot f^{-1}(0)$ の点のことを**安定**(stable)点と呼び，それ以外の点のことを**不安定**(unstable)点と呼ぶことにする[*6]．

代数幾何学では，以上の構成は次のようにして現れる．$G_{\mathbb{C}} \subset GL(n+1; \mathbb{C})$，$G = G_{\mathbb{C}} \cap U(n+1)$ とし，$G$ は $G_{\mathbb{C}}$ のコンパクト実型式とする．$P_1, \cdots, P_k$ を $n+1$ 変数の斉次多項式とし，$P_i$ たちで生成される $\mathbb{C}[z_0, \cdots, z_n]$ のイデアル (ideal) は $G_{\mathbb{C}}$ 不変とする．$\mathbb{C}^{n+1}$ の点を太文字を使って $\boldsymbol{z}$ などと表す．$\boldsymbol{z} \neq 0$ に対して，対応する $\mathbb{C}\mathbb{P}^n$ の点を $[\boldsymbol{z}]$ と書く．$M = \{[\boldsymbol{z}] \mid P_i(\boldsymbol{z}) = 0\} \subset \mathbb{C}\mathbb{P}^n$ は滑らかな多様体であると仮定する．$G, G_{\mathbb{C}}$ は $M$ に作用し，$G$ は $M$ のケーラー型式を保つ．

$\mathbb{C}^{n+1}$ のケーラー計量 $\langle \cdot, \cdot \rangle$ と，ケーラー型式 $\omega$ は

---
[*6] 代数幾何学では半安定(semistable)という概念も重要である．本書の用語は代数幾何のものと若干ずれている．

$$\langle z, w \rangle = \sum_i \mathrm{Re}(z_i \overline{w}_i), \quad \omega(z, w) = \sum_i \mathrm{Im}(z_i \overline{w}_i)$$

である．$(n+1) \times (n+1)$ 行列 $A$ を $G$ のリー環の元とする．${}^t\overline{A} = -A$ を用いて，$\omega(AX, Y) = \omega(AY, X)$ が確かめられる．

**命題 3.35** $G$ の $M$ への作用の運動量写像は次の式で与えられる $f$ である．

$$f([z]) = \frac{\omega(Az, z)}{2\langle z, z \rangle}.$$

[証明] $z(t)$ を $\|z(t)\| = 1$, $z(0) = z$, $P(z(t)) = 0$ なる道とし，$dz/dt(0) = V$ とおく．$\pi : \mathbb{C}^{n+1} \setminus \{0\} \to \mathbb{CP}^n$ を射影とする．$A \in \mathfrak{g}$ は $T_{[z]}\mathbb{CP}^n$ の元を決めるが，この元は $(d\pi)(Az)$ である．一方

$$\left.\frac{d}{dt}f([z(t)])\right|_{t=0}(A) = \frac{1}{2}\left.\frac{d}{dt}\omega(Az(t), z(t))\right|_{t=0} = \frac{1}{2}(\omega(AV, z) + \omega(Az, V))$$
$$= \omega(Az, V) = \omega_M((d\pi)(Az), (d\pi)(V))$$

である．これは定義 3.1(1) を意味する．(2) の証明は容易である．∎

**命題 3.36** $[z] \in G_\mathbb{C} \cdot f^{-1}(0)$ は，$0 \notin \overline{G_\mathbb{C} \cdot z}$ と同値である．

[証明] $0 \notin \overline{G_\mathbb{C} \cdot z}$ とする．$\overline{G_\mathbb{C} \cdot z}$ の元で $0$ に一番近い元 $gz$ が存在する．$w = gz/\|gz\|$ とおくと，$f([w]) = 0$ が命題 3.35 と $\omega(Az, z) = \langle \sqrt{-1} z, z \rangle$ からわかる．したがって，$g^{-1}([w]) = [z]$, $w \in f^{-1}(0)$．

逆に $f([z]) = 0$ とすると，命題 3.35 より，$g \mapsto \|gz\|$ は $g = 1$ で極値をとる．極値が極小値に限られることが容易にわかるから，$g \mapsto \|gz\|$ は $g = 1$ で最小である．よって，$\|gz\| \geq \|z\| \geq c > 0$．すなわち，$0 \notin \overline{G_\mathbb{C} \cdot z}$．∎

$0 \notin \overline{G_\mathbb{C} \cdot z}$ が代数幾何学での(半)安定性の定義である([269], [268] を見よ)．

**例 3.37** 対角成分が $a, b, c$ である $3 \times 3$ 行列を $\mathrm{mat}(a, b, c)$ と書く．$M = \mathbb{CP}^2$, $G = \{\mathrm{mat}(a, b, (ab)^{-1}) \mid |a| = |b| = 1\} \simeq T^2$, $G_\mathbb{C} = \{\mathrm{mat}(a, b, (ab)^{-1}) \mid a, b \in \mathbb{C}^*\}$ とおく．$G_\mathbb{C}$ は $M$ に効果的に作用する．$A_1 = (\sqrt{-1}, 0, -\sqrt{-1})$, $A_2 = (0, \sqrt{-1}, -\sqrt{-1})$ を $G$ のリー環の生成元とする．

$$f([z_0:z_1:z_2])(A_1) = \frac{|z_0|^2 - |z_2|^2}{2(|z_0|^2+|z_1|^2+|z_2|^2)^2}$$
(3.15)
$$f([z_0:z_1:z_2])(A_2) = \frac{|z_1|^2 - |z_2|^2}{2(|z_0|^2+|z_1|^2+|z_2|^2)^2}$$

である．よって，$f^{-1}(0) = \{[z_0:z_1:z_2] \mid |z_0|=|z_1|=|z_2| \neq 0\} \simeq T^2$ である．$[z_0:z_1:z_2]$ が不安定であることは，$z_0 z_1 z_2 = 0$ と同値である． □

前に注意したように，運動量写像あるいはシンプレクティック商は一意でない．第 2 の記述 $G_\mathbb{C} \cdot f^{-1}(0)/G_\mathbb{C}$ の立場で見ると，これは，集合 $G_\mathbb{C} \cdot f^{-1}(x)$ が $x$ によって変わることの帰結である．すなわち，安定性の定義が運動量写像のとり方によって変化する．この状況を $G = S^1$ のときに調べてみよう．

勾配ベクトル場 $\mathrm{grad}\, f$ を考える．$\varphi_t$ を $\mathrm{grad}\, f$ の生成する 1 径数変換群とする．(3.14) より $\mathbb{C}^* f^{-1}(x) = \{\varphi_t(p) \mid f(p) = x,\ t \in \mathbb{R}\}$ である．

$\mathrm{Cr}(f) = \bigcup_i R_i$ を連結成分への分解とし，定理 3.17 の証明中の記号を用いる．$\dim U(R_i) = \mu(R_i) + \dim R_i$ は $p \in R_{i,j}$ での，$\mathrm{Hess}_p f$ の非負の固有値の数に等しく，$\dim S(R_i)$ は $p \in R_i$ での，$\mathrm{Hess}_p f$ の非正の固有値の数に等しい．

$x_0 \in \mathbb{R}$ を臨界値とする．$f^{-1}(x_0)$ に含まれる臨界点の集合は連結としても一般性を失わない．$R_i$ とする．$\mathbb{C}^* \cdot f^{-1}(x_0 - \epsilon)$ を $X_-$，$\mathbb{C}^* \cdot f^{-1}(x_0 + \epsilon)$ を $X_+$ と書く ($\epsilon$ は十分小さい正の数)．すると，$X_+ - S(R_i) \simeq X_- - U(R_i)$ が成立する．$R_i$ 上の 2 つのベクトル束 $N_- R_i$ と $N_+ R_i$ を考える．これは $S(R_i)$ および $U(R_i)$ と微分同相である．これらは $S^1$ あるいはより一般に $\mathbb{C}^*$ の作用で不変である．$(N_- R_i - R_i)/\mathbb{C}^*$, $(N_+ R_i - R_i)/\mathbb{C}^*$ は $R_i$ 上の複素射影空間をファイバーにもつファイバー束で，複素多様体になる．

$$f^{-1}(x_0 - \epsilon)/S^1 - (N_- R_i - R_i)/\mathbb{C}^* = f^{-1}(x_0 + \epsilon)/S^1 - (N_+ R_i - R_i)/\mathbb{C}^*$$

がわかる．$f^{-1}(x_0 - \epsilon)/S^1$ から $f^{-1}(x_0 + \epsilon)/S^1$ を作る操作はフリップ (flip) とかフロップ (frop) とか呼ばれる操作の例である (これらについては，[263] 参照)．

代数幾何学における安定性やその不変式論との関係は，[268] で詳述されるのでそちらを見ていただきたい．この節の構成の具体例のうちで，代数幾

## §3.3 複素幾何学との関係

何学に属するものは[268]で解説されるであろう.

それで，以下では少し種類の違う例を挙げる．例 3.10 を思い出そう．そこでは，リーマン面 $\Sigma$ 上のベクトル束 $E$ の接続全体の空間に，シンプレクティック構造を考え，ゲージ変換群の作用がハミルトン作用であり，シンプレクティック商が平坦接続のモジュライ空間であることを見たのであった．ここまでの構成にはリーマン面 $\Sigma$ の複素構造は使われていない．

$\Sigma$ の複素構造 $J_\Sigma$ をとる．また，複素リー群 $G_{\mathbb{C}}$ をコンパクトリー群 $G$ ($E$ の構造群)の複素化とする．いいかえると $G \subset G_{\mathbb{C}}$ は仮定 3.27 を満たすとする．$G_{\mathbb{C}} \subset GL(n; \mathbb{C})$, $G = G_{\mathbb{C}} \cap U(n)$ ととることができることが知られている．(リー群論の書物を見よ．$G = U(n), SU(n)$, $G_{\mathbb{C}} = GL(n; \mathbb{C}), SL(n; \mathbb{C})$ などの場合には明らかである.)

接続の空間 $\mathcal{A}(\Sigma, E)$ の 1 点 $A$ での接空間は $\Gamma(\Sigma; \mathrm{Ad}\, E \otimes_{\mathbb{R}} \Lambda^1)$ である．$J_\Sigma$ は $\Lambda^1$ からそれ自身への写像 $J_\Sigma$ を引き起こす．ケーラー計量 $g_\Sigma$ を考え，そのホッジ作用素を $*_\Sigma$ とすると，$J_\Sigma = *_\Sigma$ である．いいかえると，$u \wedge J_\Sigma v = g_\Sigma(u, v) \Omega_\Sigma$ が成り立つ．特に，$J_\Sigma J_\Sigma = -1$ である．この(概)複素構造を入れた $\mathcal{A}(\Sigma, E)$ は無限次元の複素ベクトル空間と同型であるので，$J_\Sigma$ は積分可能である．

$-\mathrm{Tr}$ が $\mathfrak{g}$ 上の不変正定値内積だから，

$$\omega(V, J_\Sigma V) = -\frac{1}{8\pi^2} \int \mathrm{Tr}(V \wedge *_\Sigma V) \geqq 0$$

である．すなわち，$g_\Sigma(V, W) = \omega(V, J_\Sigma W)$ が $\mathcal{A}(\Sigma, E)$ 上のケーラー計量を定める．

さて，ゲージ変換群 $\mathcal{G}(\Sigma, E)$ は $G$ 値の「関数」($E$ がねじれているぶんだけ関数とは違うが)である．この群は無限次元であるので，コンパクトではないが，コンパクト群に値をもつ写像の集合であるので，コンパクト群と多くの共通の性質をもっている．この群がこの節で論じてきた $G$ だと思ってよい．$\mathcal{G}(\Sigma, E)$ がシンプレクティック構造 $\tilde\omega$ を保つことはすでに述べたが，複素構造 $J_\Sigma$ も保たれる．したがって，われわれはほぼ命題 3.31 の状況にある．$\mathcal{G}(\Sigma, E)$ の複素化は $G_{\mathbb{C}}$ 値のゲージ変換全体である．$\mathcal{G}_{\mathbb{C}}(\Sigma, E)$ と表すこ

とにしよう．

$\mathcal{G}_{\mathbb{C}}(\Sigma,E)$ の $\mathcal{A}(\Sigma,E)$ への作用を計算しよう．$\mathcal{A}(\Sigma,E)$ の元 $\nabla_0$ を 1 つ決め $\mathcal{A}(\Sigma,E)$ の元 $\nabla$ に $A=\nabla-\nabla_0$ を対応させ，$\mathcal{A}(\Sigma,E)$ を $\varGamma(\Sigma;\operatorname{Ad}E\otimes\varLambda^{0,1})$ と同一視する．$\mathfrak{g}\subset\mathfrak{u}(n)$ だから ${}^t\overline{A}=-A$ が成り立つ．

$d_A g=\nabla_0 g+[A,g]$ を考え，これを $\Sigma$ の複素構造を用いて $d_A g=\partial_A g+\overline{\partial}_A g$ と分解する．ここで $\partial_A g$ は $\varGamma(\Sigma;\operatorname{Ad}E\otimes\varLambda^{1,0})$ の元で，$\overline{\partial}_A g$ は $\varGamma(\Sigma;\operatorname{Ad}E\otimes\varLambda^{0,1})$ の元である．

**命題 3.38** (3.14)の作用は(3.16)で与えられる．

(3.16) $$g^*A = g\overline{\partial}_A g^{-1} + {}^t\overline{g}^{-1}\partial_A {}^t\overline{g}.$$

[証明] (3.16)が $\mathcal{G}_{\mathbb{C}}(\Sigma,E)$ の $\mathcal{A}(\Sigma,E)$ への複素リー群としての作用を与え，また，$\mathcal{G}(\Sigma,E)$ 上で，普通のゲージ変換に一致することを示せば十分である．

後者を示す．$g\in\mathcal{G}(\Sigma,E)$ とすると，${}^t\overline{g}=g^{-1}$ ゆえ，
$$g\overline{\partial}_A g^{-1} + {}^t\overline{g}^{-1}\partial_A {}^t\overline{g} = g\overline{\partial}_A g^{-1} + g\partial_A g^{-1} = g d_A g^{-1}.$$
前者を示すのに，まず(3.16)の作用を書き換える．$\operatorname{Ad}E$ のファイバーは $\mathfrak{g}$ であるが，その複素化 $\mathfrak{g}\otimes\mathbb{C}$ は $G_{\mathbb{C}}$ のリー環 $\mathfrak{g}_{\mathbb{C}}$ である．$\operatorname{Ad}E_{\mathbb{C}}=\operatorname{Ad}E\otimes\mathbb{C}$ は $\mathfrak{g}_{\mathbb{C}}$ をファイバーとするベクトル束である．同型

(3.17) $$\operatorname{Ad}E\otimes_{\mathbb{R}}\varLambda^1 \simeq \operatorname{Ad}E_{\mathbb{C}}\otimes_{\mathbb{C}}\varLambda^{0,1}$$

を構成しよう(ここで $\varLambda^1$ は実数値微分 1 型式全体である)．まず $\operatorname{Ad}E\otimes_{\mathbb{R}}\varLambda^1\subset(\operatorname{Ad}E\otimes_{\mathbb{R}}\varLambda^1)\otimes\mathbb{C}$ である．$\varLambda^1\otimes\mathbb{C}=\varLambda^{1,0}\oplus\varLambda^{0,1}$ と分解する．その射影で $(\operatorname{Ad}E\otimes_{\mathbb{R}}\varLambda^1)\otimes\mathbb{C}\to\operatorname{Ad}E_{\mathbb{C}}\otimes_{\mathbb{C}}\varLambda^{0,1}$ が定まる．この 2 つの写像の合成が(3.17)である．$J_\Sigma$ は $\varLambda^{0,1}$ に $-\sqrt{-1}$ 倍で作用するから，(3.17)は反複素線型である．

**注意 3.39** $G=U(n)$ のときの(3.17)は，ベクトル束に複素構造を与えると，それと整合的なユニタリ接続が一意に存在する，というよく知られた事実を表している．

(3.17)の同型を具体的に書く．$A\in\operatorname{Ad}E\otimes_{\mathbb{R}}\varLambda^1$ を $A=A^{1,0}+A^{0,1}$ と 1,0 成分および 0,1 成分に分解すると $A\mapsto A^{0,1}$ が左辺から右辺への写像である．

逆を計算する．まず $\mathfrak{g}_{\mathbb{C}}$ での複素共役が $A \mapsto -{}^t\overline{A}$ で与えられることに注意する ($\mathfrak{g}$ の元に対して $-{}^t\overline{A} = A$ であることからわかる)．よって，(3.17) の右辺から左辺への写像は

(3.18) $$A^{0,1} \mapsto -{}^t\overline{A}^{0,1} + A^{0,1}$$

で与えられる．さて，$A^{0,1} \in \operatorname{Ad} E_{\mathbb{C}} \otimes_{\mathbb{C}} \Lambda^{0,1}$ に対して

(3.19) $$g^* A^{0,1} = g\overline{\partial}_{A^{0,1}} g^{-1}$$

と定める．定義を比べると (3.19) を (3.18) で移したものが，(3.16) である．

(3.16) が複素構造を保つ作用を与えることを示すには，(3.19) が複素構造を保つ作用であることを示せばよい (2 つの反複素線型な写像と複素線型写像の合成は複素線型である)．写像 $\overline{\partial}_{A^{0,1}} : \Gamma(\Sigma; E \otimes \mathbb{C}) \to \Gamma(\Sigma; E \otimes_{\mathbb{R}} \Lambda^{0,1})$ を $\overline{\partial}_{A^{0,1}}(u) = (\nabla_0 u)^{0,1} + A^{0,1} \wedge u$ と定義する．すると，$\overline{\partial}_{g^* A^{0,1}} = g \circ \overline{\partial}_{A^{0,1}} \circ g^{-1}$ である．よって $(g_1 g_2)^* A^{0,1} = (g_1)^* (g_2)^* A^{0,1}$ および $g^{*-1}$ が複素構造を保つ変換であることがわかる．

最後に，(3.16) が $g$ の関数として正則であることを示す．1 点 $g = \mathrm{id}$ での微分を計算すれば十分である．$X \in \mathfrak{g}$ に対して $g_{t,s} = \exp(tX + s\sqrt{-1}X)$ とおくと

$$\left.\frac{\partial g_{t,s}^* A}{\partial t}\right|_{t=s=0} = -\overline{\partial}_A X - \partial_A X, \quad \left.\frac{\partial g_{t,s}^* A}{\partial s}\right|_{t=s=0} = \sqrt{-1}(\overline{\partial}_A X - \partial_A X)$$

である．$\Lambda^{1,0}$ 上 $J_M = \sqrt{-1}$，$\Lambda^{0,1}$ 上 $J_M = -\sqrt{-1}$ ゆえ，(3.16) の $g$ 方向の微分は $g = \mathrm{id}$ で複素線型である． ∎

**定義 3.40** 式 (3.16) の変換を**複素ゲージ変換** (complex gauge transformation) という． □

補題 3.34 から次のことがわかる．

**定理 3.41** $E$ の平坦接続全体のモジュライ空間は，(特異点がない場合) ケーラー多様体になる．(複素構造は $\Sigma$ の複素構造によって定まり，ケーラー型式は $\Sigma$ の複素構造によらない．) □

一方，命題 3.33 にあたる定理は，次の定理 (**Narashimhan–Seshadri の定理** [283]) である．

**定理 3.42** $E$ の任意の安定な接続は，複素ゲージ変換で平坦接続に移さ

れる。 □

考えている空間が無限次元であるので,証明にはこの節で述べたこと以上の議論が必要である.

命題 3.33 の証明中の $h$ のこの場合の対応物 $A \mapsto \int_\Sigma \|F_A\|^2$ を考え,そのモース理論を用いて定理 3.42 の別証明を与えたのは Donaldson [73] である.

シンプレクティック多様体への群作用と複素幾何学が関係する話題で,重要なものに,トーリック多様体がある.

**定義 3.43** 実 $2n$ 次元のコンパクトなシンプレクティック多様体 $(M,\omega)$ に対して,$n$ 次元トーラス $T^n$ の効果的なハミルトン作用が存在するとき,$(M,\omega)$ を**トーリック多様体**(toric variety)という. □

**例 3.44** $\mathbb{CP}^n$ はトーリック多様体である.実際 $T^n = \{(g_0, \cdots, g_n) \in T^{n+1} \mid g_0 \cdots g_n = 1\}$ とおき,斉次座標で $\mathbb{CP}^n$ を表すと $(g_0, \cdots, g_n)[z_0 : \cdots : z_n] = [g_0 z_0 : \cdots : g_n z_n]$ が $T^n$ の作用である.運動量写像は $\mathbb{R}^n = \mathbb{R}^{n+1}/\mathbb{R}$ とみなすと次の式で与えられる.

$$f[z_0 : \cdots : z_n] = [|z_0|, \cdots, |z_n|].$$ □

シンプレクティック幾何学の側から,トーリック多様体を考えたときの出発点は次の定理 3.45 である.$G \subset T^n$ に対して $M^G = \{p \in M \mid \forall g \in T^n, g \cdot p = p\}$ とおく.

**定理 3.45** $f$ をトーリック多様体 $M$ の運動量写像とする.このとき $f(M)$ は有限集合 $f(M^{T^n})$ を頂点とする多面体である.

[証明] まず $M^{T^n}$ が有限集合であることを証明しよう.容易にわかるように,$M^{T^n}$ は $M$ の閉部分多様体である.よって,$M$ はコンパクトであるから,$M^{T^n}$ が 0 次元であることを示せばよい.法束 $NM^{T^n} \to T^n$ は作用する.$M$ への作用は効果的だから,$NM^{T^n}$ のファイバーへの作用も効果的である.$GL(k; \mathbb{R})$ に $T^n$ が埋め込まれるには,$k \geq 2n$ でなければならない.すなわち,ファイバーの次元は $2n$ 以上である.よって,$M^{T^n}$ は 0 次元である.

さて,$f(M)$ が有限集合 $f(M^{T^n})$ を頂点とする多面体であることを,次元の帰納法で証明しよう.$V \in \mathfrak{g}$ を任意にとる.$f_V(p) = f(p)(V)$ とおく.

$$M_V = \{p \in M \mid f_V(p) = \sup f_V\}$$

とおく．$f(M_V)$ が $f(M^{T^n}) \cap M_V$ の点を頂点とする多面体であることを示せば十分である．そうでないと仮定する．必要なら，$V$ を少し動かし $\{\exp(tV) \mid t \in \mathbb{R}\} \simeq S^1$ としてよい．式(3.5)より，$M_V$ 上で $\omega$ は非退化である．すなわち，$M_V$ はシンプレクティック多様体である．$T^n/S^1$ がこの上に作用するが，必要なら群を効果的に作用するようにとり直すと，$M_V$ はトーリック多様体になる．よって，帰納法の仮定が使えて矛盾する． ∎

**例 3.46** 例 3.37 で $M = \mathbb{CP}^2$，$G = T^2$ の場合を考えると，$M$ はトーリック多様体である．$f(M)$ は(3.15)より，$(1/2, 0), (0, 1/2), (-1/2, -1/2)$ を頂点とする 3 角形で，3 頂点の逆像は，$[1:0:0], [0:1:0], [0:0:1]$ である． □

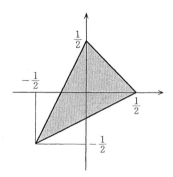

**図 3.3** 運動量写像の像

トーリック多様体の理論の中心は，凸体 $f(M)$[*7]の組合せ的性質で $M$ の幾何学的諸性質を記述することで，具体例や応用が豊富な重要な理論であるが，基本的には代数幾何学に属するので本書ではこれ以上述べない．[133]，[288]などの優れた教科書がある．トーリック多様体には代数幾何学と違った側面もあり，多くの分野とかかわっている．等周不等式との関係については[54]を，特異点との関係については[137]を見よ．他に[331]なども興味深い．

---

*7 ただし $f(M)$ は標準的な「凸体 ⟺ トーリック多様体」なる対応([133], [288]参照)で，$M$ に対応する凸体そのものではない．

## §3.4 局所化と同変コホモロジー

この節ではシンプレクティック商のコホモロジーについての，Kirwan [200]らの結果を解説する．まず同変コホモロジーの定義をする．任意のコンパクトリー群 $G$ に対して，$G$ が自由(free, $gx=x$ がある $g \in G$, $x \in X$ に対して成り立てば，$g=1$ を意味する)に作用する可縮な空間 $EG$ が，同変ホモトピー同値を除いて一意に存在することが知られている．（$G \subseteq O(k)$ であれば，$X_n = G \backslash O(n+k)/O(n)$ とおき，帰納的極限 $\varinjlim X_n$ をとればよい．$O(k) \subset O(n+k)$ は $X_n$ 上に左からの掛け算として作用する．）

$M$ を $G$ が作用する空間とし，$M \times EG$ の $G$ の対角作用 $g(x, y) = (gx, gy)$ による商空間を $M \times_G EG$ と書く．（これを **Borel の構成**（Borel construction）と呼ぶ．）

**定義 3.47** 可換環 $R$ に対して，$M$ の**同変コホモロジー**（equivariant cohomology）$H_G^*(M; R)$ は $M \times_G EG$ のコホモロジー $H^*(M \times_G EG; R)$ のことである． □

$M$ への $G$ の作用が自由であれば，$H_G^*(M; R)$ は商空間 $M/G$ のコホモロジーに一致する．

同変コホモロジーは，$G$ が作用する空間の圏からの反変関手（contravariant functor）を与える．普通のコホモロジーの性質の多くは，同変コホモロジーでも成り立つ．どれが成り立つかを考えるのは，読者に任せる．

この節の主定理は次の定理である．

**定理 3.48**（Kirwan [200]） コンパクト連結リー群 $G$ のコンパクトなシンプレクティック多様体 $(M, \omega_M)$ へのハミルトン作用があり，$f: M \to \mathfrak{g}^*$ をその運動量写像とする．このとき，埋め込みが誘導する写像
$$i^*: H_G^*(M; \mathbb{Q}) \to H_G^*(f^{-1}(0); \mathbb{Q})$$
は全射である．（$0$ が $f$ の正則値である場合は，$H_G^*(f^{-1}(0); \mathbb{Q})$ はシンプレクティック商 $M/\!/G = f^{-1}(0)/G$ のコホモロジーであった．） □

まずリー群の言葉をほんの少し復習する．コンパクト連結リー群 $G$ には，極大トーラス $\mathbb{T} \subset G$ が存在し，$G$ の任意の可換部分群は $\mathbb{T}$ の部分群と共役で

ある．$N\mathbb{T} = \{g \in G \mid g\mathbb{T}g^{-1} = \mathbb{T}\}$ とおくと，$N\mathbb{T}/\mathbb{T}$ は有限群 $W$ である．$W$ を**ワイル群**(Weyl group)と呼ぶ．$\mathfrak{t}$ を $\mathbb{T}$ のリー環とする．$W$ の $\mathbb{T}$ への共役作用の基本領域を**ワイル領域**(Weyl chamber)と呼び，$\mathfrak{t}^+$ で表す．$\mathfrak{t}^+$ は有限個の原点を通る超平面に囲まれた凸多面体で，ワイル群の作用はその面たちに関する**鏡映**(reflection)で生成される．

定理 3.48 の証明に戻る．$h: M \to \mathbb{R}$ を $h(p) = \|f(p)\|^2$ で定義する．$h$ のモース理論が定理 3.48 の証明の主要な道具である．まず臨界点集合 $\mathrm{Cr}(h)$ を決定しよう．

$\mathfrak{g}$ に正定値不変内積を決め，$\mathfrak{g}$ と $\mathfrak{g}^*$ を同一視する．$\beta \in \mathfrak{g}$ に対して，$f_\beta: M \to \mathbb{R}$ を $f_\beta(p) = f(p)(\beta)$ で定義する．$f_\beta$ は $\beta$ が生成する $\mathbb{R}$ の作用の運動量写像である．$M$ に $G$ 不変なリーマン計量 $g_M$ と概複素構造 $J_M$ を選んでおく（補題 3.32）．

$\beta \in \mathfrak{t}$ に対して，$\{\exp(t\beta) \mid t \in \mathbb{R}\}$ の閉包を $\mathbb{T}_\beta$ と書く．$\mathbb{T}_\beta$ はトーラスである．$\mathrm{Fix}(\mathbb{T}_\beta) = \{p \in M \mid \forall g \in \mathbb{T}_\beta, \, gp = p\}$ とおく．

**補題 3.49** $f_\beta$ はボット–モース関数で，$\mathrm{Cr}(f_\beta) = \mathrm{Fix}(\mathbb{T}_\beta)$ である．さらに $T_p \mathrm{Fix}(\mathbb{T}_\beta)$ は $J_M$ 不変である．

［証明］ 定理 3.14 に似ているので簡略に記す．$p \in \mathrm{Fix}(\mathbb{T}_\beta)$ とする．$T_p M$ を $\mathbb{T}_\beta$ の表現空間とみなすと，部分空間 $T_p \mathrm{Fix}(\mathbb{T}_\beta)$ は，自明な表現の部分に対応する．すなわち，法束のファイバー $N_p \mathrm{Fix}(\mathbb{T}_\beta)$ は自明な表現を含まない．よって，$N_p \mathrm{Fix}(\mathbb{T}_\beta)$ は実 2 次元の表現の和 $\bigoplus \mathbb{C}_{\alpha_i}$ に分解する．ここで $\alpha_i: \mathbb{T}_\beta \to U(1)$ である．$J_M, \omega_M, g_M$ は $\mathbb{T}_\beta$ 不変ゆえ，$\mathbb{C}_{\alpha_i}$ は $J_M$ 不変，すなわち $T_p \mathrm{Fix}(\mathbb{T}_\beta)$ も $J_M$ 不変である．

$X_i, Y_i$ を $\mathbb{C}_{\alpha_i}$ の（$\mathbb{R}$ 上の）基底とし $Y_i = J_M X_i$ とする．$\alpha_i$ の微分による $\beta$ の像を $\sqrt{-1}\lambda_i$ とすると，(3.5) と同様にして，

$$\mathrm{Hess}\, f_\beta(X_i, X_i) = \mathrm{Hess}\, f_\beta(Y_i, Y_i) = \lambda_i, \quad \mathrm{Hess}\, f_\beta(X_i, Y_i) = 0$$

が示される．これから補題が得られる． ∎

**定義 3.50** $Z_\beta = \{p \in \mathrm{Fix}(\mathbb{T}_\beta) \mid f_\beta(p) = \|\beta\|^2\}$． □

**命題 3.51**

（1） $Z_\beta$ 上 $h \geq \|\beta\|^2$ で，等号は，$p \in f^{-1}(\beta) \cap Z_\beta$ または $p \in f^{-1}(-\beta) \cap$

$Z_{-\beta}$ と同値である.

(2)  $\mathrm{Cr}(h) = \sum_{\beta} G \cdot (f^{-1}(\beta) \cap Z_\beta)$.

(3)  $f^{-1}(\beta) \cap Z_\beta \neq \emptyset$ なる $\beta \in \mathfrak{t}$ は有限個である. □

証明の前に例を挙げよう.

**例 3.52** 例 3.37, 3.46 の $M, T^2 = G$ を考える. $f^{-1}(\beta) \cap Z_\beta \neq \emptyset$ なる $\beta$ は, 3 角形の 3 辺に原点からおろした垂線の足 $\beta_1, \beta_2, \beta_3$ と 3 頂点 $\beta_4, \beta_5, \beta_6$ である. $\mathbb{T}_{\beta_1}, \mathbb{T}_{\beta_2}, \mathbb{T}_{\beta_3}$ のリー環は $A_1 + A_2, A_1 - 2A_2, A_2 - 2A_1$ で生成される. $\mathrm{Fix}(\mathbb{T}_{\beta_1}), \mathrm{Fix}(\mathbb{T}_{\beta_2}), \mathrm{Fix}(\mathbb{T}_{\beta_3})$ は斉次座標 $[z_0 : z_1 : z_2]$ に関して, それぞれ, $z_0 = z_1 = 0$ または $z_2 = 0$, $z_0 = z_2 = 0$ または $z_1 = 0$, $z_1 = z_2 = 0$ または $z_0 = 0$ で与えられる. $Z_{\beta_1}, Z_{\beta_2}, Z_{\beta_3}$ は $z_2 = 0, z_1 = 0, z_0 = 0$ で, これらは $\mathrm{Fix}(\mathbb{T}_{\beta_i})$ と, $\beta_i$ を重心とする辺の $f$ による逆像との交わりである. $Z_{\beta_1} \cap f^{-1}(\beta_1), Z_{\beta_2} \cap f^{-1}(\beta_2), Z_{\beta_3} \cap f^{-1}(\beta_3)$ は, それぞれ $|z_0| = |z_1|$ かつ $z_2 = 0, 2|z_0|^2 = 3|z_2|^2$ かつ $z_1 = 0, 2|z_1|^2 = 3|z_2|^2$ かつ $z_0 = 0$ で, いずれも $S^1$ である. □

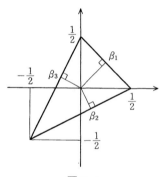

**図 3.4**

[命題 3.51 の証明] (1) $p \in Z_\beta$ ならば, $\sqrt{h(p)} = \|f(p)\| \geq |f(p)(\beta)|/\|\beta\| = \|\beta\|$. 等号は $\|f(p)\|\|\beta\| = \|f(p)(\beta)\|$ と同値だが, これは $f(p) = \beta$ または $f(p) = -\beta$ と同値である.

(2) $p \in f^{-1}(\beta) \cap Z_\beta$ とすると, 定義より $d_p h = 2\langle d_p f, f(p)\rangle = 2\langle d_p f, \beta\rangle = 2 d_p f_\beta = 0$ である. $h$ は $G$ 不変だから, $G \cdot (f^{-1}(\beta) \cap Z_\beta) \subset \mathrm{Cr}(h)$. 逆に, $p \in \mathrm{Cr}(h)$ とする. $\mathfrak{g}$ の任意の元は $\mathfrak{t}$ の元に共役作用で移るから, $f(p) \in \mathfrak{t}$ として

も一般性を失わない．$f(p)=\beta$ とおくと，$0=f_p h=2\langle d_p f, \beta\rangle = 2d_p f_\beta$ であるから，$p \in \mathrm{Cr}(f_\beta) = \mathrm{Fix}(\mathbb{T}_\beta)$ である．よって(1)より，$p \in Z_\beta$．すなわち，$p \in f^{-1}(\beta) \cap Z_\beta$．

(3) $f(M)$ はコンパクトである．また，$\beta(\tau)$, $\tau \in [0,1]$ に対して，$\mathbb{T}_{\beta(\tau)}$ の次元が一定ならば，$\mathbb{T}_{\beta(\tau)}$ そのものが $\tau$ によらない．この 2 つのことから，$\beta(1), \cdots, \beta(k)$ なる有限集合があって，$\beta \in f(M)$ ならば，$\mathbb{T}_\beta$ はどれかの $\mathbb{T}_{\beta(i)}$ に一致する．

$\mathfrak{t}_{\beta(i)}$ を $\mathbb{T}_{\beta(i)}$ のリー環とすると，$f$ と直交射影 $\mathfrak{g} \to \mathfrak{t}_{\beta(i)}$ の合成 $M \to \mathfrak{t}_{\beta(i)}$ の $\mathrm{Fix}(\mathbb{T}_\beta)$ での微分は 0 である．実際，$\beta \in \mathfrak{t}_{\beta(i)}$, $p \in \mathrm{Fix}(\mathbb{T}_{\beta(i)})$ に対して，$\langle d_p f, \beta\rangle = d_p f_\beta$ で，$f_\beta$ は $\mathbb{R} \subset \mathbb{T}_{\beta(i)}$ の作用の運動量写像だから，$d_p f_\beta = 0$．

よって，$f(\mathrm{Fix}(\mathbb{T}_{\beta(i)})) \cap \mathfrak{t}_{\beta(i)}$ の位数は $\mathrm{Fix}(\mathbb{T}_{\beta(i)})$ の連結成分の数以下で，特に $f(\mathrm{Fix}(\mathbb{T}_{\beta(i)})) \cap \mathfrak{t}_{\beta(i)}$ は有限集合である．これから(3)が従う． ∎

**定義 3.53** $\{\beta \in \mathfrak{t}^+ \mid f^{-1}(\beta) \cap Z_\beta \neq \varnothing\}$ を考え，その上のワイル群 $W$ の作用の代表系を，$\mathbb{B} = \{\beta_1, \cdots, \beta_b\}$ とする．また，$C_\beta = G \cdot f^{-1}(\beta) \cap Z_\beta$ とおく． □

命題 3.51 は
$$\mathrm{Cr}(h) = \bigcup_{\beta \in \mathbb{B}} C_\beta = \bigcup_{\beta \in \mathbb{B}} G \cdot (f^{-1}(\beta) \cap Z_\beta)$$

を意味する．また，$\beta, \beta'$ を互いに異なる $\mathbb{B}$ の元とすると，$C_\beta \cap C'_\beta = \varnothing$ である．以上で $\mathrm{Cr}(h)$ が求められた．

$h$ のモース理論の困難な点は，$h$ が必ずしもボット–モース関数にならない点である．この困難の解決に使われるのが，次の命題 3.54 である．

$Z_\beta$ は $\mathrm{Cr}(f_\beta)$ の連結成分であるから，滑らかな部分多様体である（$f_\beta$ はボット–モース関数であった）．$U(Z_\beta)$ を $Z_\beta$ の $f_\beta$ に関する不安定多様体とする(3.9)．$U(Z_\beta)$ も多様体である．

**命題 3.54**

(1) $G \cdot U(Z_\beta)$ と $C_\beta$ の小さな近傍の交わりは，滑らかな多様体である．

(2) $p \in C_\beta$ ならば，$T_p(G \cdot U(Z_\beta))$ は $\mathrm{Hess}_p h$ の非負の固有値に属する固有空間の和である． □

証明はもう少し先で行う．$C_\beta$ は $f^{-1}(G \cdot \beta) \cap G \cdot U(Z_\beta)$ である．$G \cdot U(Z_\beta)$,

$G\cdot\beta$ は滑らかな多様体であるが,$f: G\cdot U(Z_\beta) \to \mathfrak{g}$ は $G\cdot\beta$ と横断的とは限らない.たとえば,$\beta=0$ の場合は,$\mathrm{Cr}(0) = f^{-1}(0)$ で,一般には多様体でない.命題 3.54 の意味を説明するために,言葉を導入しよう.

**定義 3.55** $h: M \to \mathbb{R}$ を関数 $p \in \mathrm{Cr}(h)$ とする.部分多様体 $U$ が $p$ の**不安定中心多様体**(unstable center manifold)であるとは,次の条件(1),(2),(3)が成り立つことを指す.

(1) $U$ は $\mathrm{grad}\, h$ の生成する 1 径数変換群で不変である.

(2) $p \in U$.

(3) $T_p U$ は $\mathrm{Hess}_p h$ の非負固有空間の和に一致する. □

**安定中心多様体**(stable center manifold),**中心多様体**(center manifold)なる概念が同様に定義されている[*8].これらは常に存在するが,一意とは限らない.(以上についてはたとえば,[375]を見よ.)

ボット–モース関数の場合は,$p$ の不安定中心多様体は $p$ を含む臨界部分多様体の不安定部分多様体に一致する.

ボット–モース関数でない一般の場合は,臨界点集合の上を移動したとき,ヘッセ行列の 0 固有値が正に変わったり負に変わったりする.したがって不安定中心部分多様体の次元は点によって変わってしまう.

命題 3.54 は,$h$ の場合ヘッセ行列の 0 固有値は正にだけ変わり負の固有値の数は一定であることを意味する.このことから臨界点集合の連結成分 $C_\beta$ に対して「大域的な不安定中心部分多様体」$G\cdot U(Z_\beta)$ が存在する.

命題 3.54 の証明を始める.(1) の証明から始める.$\mathrm{Cent}(\beta) = \{g \in G \mid (\mathrm{ad}\, g)\beta = \beta\}$ とおく.いいかえると $\mathrm{Cent}(\beta)$ は $\mathbb{T}_\beta$ の中心化群(centerizer)である.定義より $g \in \mathrm{Cent}(\beta)$ ならば,$gU(Z_\beta) = U(Z_\beta)$ である.次の補題はこの逆が $Z_\beta \cap f^{-1}(\beta)$ の近傍に属する $p$ に対しては成り立つことを意味する.

**補題 3.56** $p \in Z_\beta \cap f^{-1}(\beta)$ とする.

(1) $gp \in U(Z_\beta)$ ならば,$g \in \mathrm{Cent}(\beta)$.

(2) $V \in \mathfrak{g}$,$V(p) \in T_p(U(Z_\beta))$ ならば,$V \in \mathrm{Lie}(\mathrm{Cent}(\beta))$.

---

[*8] 前者は(3)の非負を非正に変えて,後者は 0 に変えて定義される.

[証明] (1) $gp \in U(Z_\beta)$ で $f_\beta$ は $Z_\beta$ 上 $\|\beta\|^2$ ゆえ，$f_\beta(gp) \geqq \|\beta\|^2$. 一方，$\|f(gp)\|^2 = \|f(p)\|^2 = \|\beta\|^2$. よって，$f(gp) = \beta$. すなわち，$g\beta = \beta$.

(2) $\exp(tV)$ を $V$ の生成する1径数変換群とする.
$$f(\exp(tV)p) = \beta + t[V, \beta] + t^2 W + O(t^3)$$
なる $W$ が存在する(定義3.1(2)を用いる). $\|f(gp)\|$ は $g \in G$ によらない. よって $\|\beta + t[V,\beta] + t^2 W + O(t^3)\| = \|\beta\|$. したがって，$\langle \beta, [V,\beta] \rangle = -\langle [V,\beta], \beta \rangle = 0$ ゆえ，

(3.20) $$2\langle \beta, t^2 W \rangle = -t^2 \|[V,\beta]\|$$

である．一方

(3.21) $\quad f_\beta(\exp(tV)p) = \|\beta\|^2 + t\langle [V,\beta], \beta \rangle + t^2 \langle W, \beta \rangle + O(t^3)$
$\qquad\qquad\qquad = \|\beta\|^2 + t^2 \langle W, \beta \rangle + O(t^3)$

である．(3.21)と $V(p) \in T_p(U(Z_\beta))$ より $\langle W, \beta \rangle \geqq 0$ である．よって(3.20)より，$[V, \beta] = 0$. つまり，$V \in \mathrm{Lie}(\mathrm{Cent}(\beta))$. ∎

命題3.54(1)の証明に戻る．$\mathrm{Cent}(\beta)$ の $G \times U(Z_\beta)$ への作用 $h(g,p) = (gh^{-1}, hp)$ を考え，商空間を $G \times_{\mathrm{Cent}(\beta)} U(Z_\beta)$ と書く．これは多様体である．写像 $G \times_{\mathrm{Cent}(\beta)} U(Z_\beta) \to G \cdot U(Z_\beta)$ を考えよう．補題3.56(1)より，この写像は $1 \times C_\beta$ の近傍で同相写像である．さらに，補題3.56(2)より，この写像は，$1 \times C_\beta$ の近傍で微分同相写像である．(1)はこれから従う．

(2)を示す．$g \in G$, $p \in U(Z_\beta)$ ならば，$\|f(gp)\| = \|f(p)\| \geqq f_\beta(p)/\|\beta\| \geqq \|\beta\|$ である(最後の不等号は $p \in U(Z_\beta)$ と $Z_\beta$ 上 $f_\beta = \|\beta\|^2$ であることから従う)．すなわち，$h$ の $G \cdot U(Z_\beta)$ への制限は，$C_\beta$ で最小値 $\|\beta\|^2$ をとる．よって，$p \in C_\beta$ に対して，$\mathrm{Hess}_p h$ が $T_p(G \cdot U(Z_\beta))$ の $g_M$ 直交補空間 $T_p(G \cdot U(Z_\beta))^\perp$ 上負定値であることを示せばよい．

$p \in f^{-1}(\beta) \cap Z_\beta$ の場合を考えれば十分である．補題3.49とその証明より，$T_p(G \cdot U(Z_\beta))$ は $J_M$ 不変である．したがって $\omega_M$ は $T_p(G \cdot U(Z_\beta))$ の上で非退化である．さらに，$T_p(G \cdot U(Z_\beta))^\perp$ は $T_p(G \cdot U(Z_\beta))$ の $\omega_M$ に関する直交補空間である．

$V \in T_p(G \cdot U(Z_\beta))^\perp$, $W \in \mathfrak{g}$ とすると，$W(p) \in T_p(G \cdot U(Z_\beta))$ であるから，

$(d_p f)(V)(W) = \omega_M(W(p), V) = 0$. つまり, $(d_p f)(V) = 0$ である. よって,
$$f(\exp(tV)p) = \beta + t^2 a + O(t^3)$$
なる $a \in \mathfrak{g}$ がある. $h = \|f\|^2$ だから,

(3.22) $\qquad h(\exp(tV)p) = \|\beta\|^2 + 2t^2 \langle a, \beta \rangle + O(t^3)$

である. 一方

(3.23) $\qquad f_\beta(\exp(tV)p) = \|\beta\|^2 + t^2 \langle \beta, a \rangle + O(t^3)$

である. $T_p(G \cdot U(Z_\beta))^\perp$ は $T_p(G \cdot U(Z_\beta))$ に直交するから, $\mathrm{Hess}_p f_\beta$ は $T_p(G \cdot U(Z_\beta))^\perp$ 上負定値. よって, (3.22), (3.23) を用いれば, $\mathrm{Hess}_p h$ は $T_p(G \cdot U(Z_\beta))^\perp$ 上負定値であることがわかる.

これで命題 3.54 の証明が完成した. ∎

**定義 3.57**
$$Z_{\beta,d} = \{p \in Z_\beta \mid \mathrm{Hess}_p f_\beta \text{ の負の固有空間は実} 2d \text{ 次元}\},$$
$$C_{\beta,d} = \{p \in C_\beta \mid \dim T_p(G \cdot U(Z_\beta))^\perp = 2d\}.$$
□

補題 3.56 より, 次の (3.24) が成り立つことに注意しておく.

(3.24) $\qquad H_G^*(C_{\beta,d}; \mathbb{Q}) \simeq H_{\mathrm{Cent}(\beta)}^*(f^{-1}(\beta) \cap Z_{\beta,d}; \mathbb{Q})$.

定理 3.17, 3.23 の類似が次の定理である.

**定理 3.58** 埋め込み $C_\beta \to M$ は次の同型を導く.
$$H_G^k(M; \mathbb{Q}) \simeq \bigoplus_{\beta,d} H_G^{k-2d}(C_{\beta,d}; \mathbb{Q}).$$
□

定理の結論を, $h$ は $\mathbb{Q}$ **上同変完全**(equivariantly perfect over $\mathbb{Q}$) と言い表す.

**注意 3.59** 定理 3.58 は $M$ の大域的な性質 (コホモロジー) が, 群作用がある場合に, 群の不動点のまわりの性質に局所化されることを意味する. この原理には他にも多くの適用例がある (たとえば [135] を見よ).

$C_{0,0} = f^{-1}(0)$ ゆえ, 定理 3.48 は定理 3.58 から得られる. 定理 3.58 の証明がこの節の残りの目標である. $\phi_t$ を $\mathrm{grad}\, h$ の生成する 1 径数変換群とする.

**補題 3.60** $\lim_{t\to\infty}\phi_t(p)$, $\lim_{t\to-\infty}\phi_t(p)$ は任意の $p$ に対して収束する. □

$h$ はボット-モース関数とは限らないから，補題 3.60 は補題 3.19 からは導かれないが，命題 3.54 を使って証明することができる([200]を見よ). 応用上は $h$ が実解析関数である場合が重要で，その場合は注意 3.21 からも従う.

**定義 3.61** $S(C_{\beta,d}) = \{p \mid \lim_{t\to\infty}\phi_t(p) = C_{\beta,d}\}$. □

$G \cdot U(Z_{\beta,d})$ の法束の $C_{\beta,d}$ への制限を $N^-(C_{\beta,d})$ と書く.

**補題 3.62** $S(C_{\beta,d}) \to C_{\beta,d}$, $p \mapsto \lim_{t\to\infty}\phi_t(p)$ は $N^-(C_{\beta,d}) \to C_{\beta,d}$ と $G$ の作用を含めて微分同相である. □

補題 3.62 は補題 3.18 の類似で，命題 3.54(特に(2))を用いて証明される．証明は省略する([200]を見よ).

$h$ の臨界値は有限個である．$r_0 = 0 < r_1 < \cdots < r_m$ とする．

$$\mathfrak{X}_k = \bigcup_{h(C_{\beta,k}) \leq r_k} S(C_{\beta,k})$$

とおく．補題 3.22 の類似が補題 3.60 から証明できるから，$\mathfrak{X}_k$ は閉集合である．$\mathfrak{X}_k$ がその近傍のレトラクトであることは，命題 3.54 を使って証明できる．よって，$S_*(M)$ のフィルター付け $S_*(\mathfrak{X}_k)$ が定まる.

**注意 3.63** フィルター付け $S_*(\mathfrak{X}_k)$ を用いて，定理 3.58 の右辺が $E_2$ 項で，$M$ のコホモロジー(定理 3.58 の左辺)に収束するスペクトル系列が定まる(定理 3.17 の類似[*9])．このスペクトル系列が退化するというのが，定理 3.58 である．ただし，以下ではスペクトル系列の言葉は使わない.

長い完全系列

$$\to H_G^\ell(\mathfrak{X}_k(M), \mathfrak{X}_{k-1}(M); \mathbb{Q}) \to H_G^\ell(\mathfrak{X}_k(M); \mathbb{Q}) \to H_G^\ell(\mathfrak{X}_{k-1}; \mathbb{Q}) \to$$

を考える．補題 3.62，切除同型，および同変トム同型(すぐ下で説明する)より，

$$(3.25) \quad H_G^\ell(\mathfrak{X}_k(M), \mathfrak{X}_{k-1}(M); \mathbb{Q}) \simeq \bigoplus_{h(C_{\beta,d}) = r_k} H_G^{\ell-2d}(C_{\beta,d}; \mathbb{Q})$$

---

[*9] ただし安定多様体と不安定多様体が逆になっている.

である．よって次の補題により定理 3.58 の証明は完成する．

**補題 3.64**　$i^*:H_G^\ell(\mathfrak{X}_k(M),\mathfrak{X}_{k-1}(M);\mathbb{Q})\to H_G^\ell(\mathfrak{X}_k(M);\mathbb{Q})$ は単射である．

[証明]　(3.25) と埋め込み $C_{\beta,d}\to\mathfrak{X}_k(M)$ から導かれる写像を合成すると，

(3.26) $$H_G^{\ell-2d}(C_{\beta,d};\mathbb{Q})\to H_G^\ell(C_{\beta,d};\mathbb{Q})$$

が得られる．(3.26) が単射であることを示せばよい．ベクトル束 $N^-(C_{\beta,d})\to C_{\beta,d}$ から，$N^-(C_{\beta,d})\times_G EG\to C_{\beta,d}\times_G EG$ が得られる．このオイラー類

$$e(N^-(C_{\beta,d})\times_G EG)\in H^{2d}(N^-(C_{\beta,d})\times_G EG,(N^-(C_{\beta,d})-C_{\beta,d})\times_G EG;\mathbb{Z})$$
$$=H_G^{2d}(N^-(C_{\beta,d}),N^-(C_{\beta,d})-C_{\beta,d};\mathbb{Z})$$

を**同変オイラー類**(equivariant Euler class)と呼ぶ．同変トム同型は，同変オイラー類とのカップ積で定義される．$e(N^-(C_{\beta,d})\times_G EG)$ を，制限写像で $H_G^{2d}(N^-(C_{\beta,d});\mathbb{Z})$ に移したものを同じ記号で書く．$N^-(C_{\beta,d})$ は $C_{\beta,d}$ とホモトピー同値だから，同変オイラー類は $C_{\beta,d}$ のコホモロジー類を与える．この元を $e(\beta,d)$ と書こう．$e(\beta,d)$ とのカップ積が写像 (3.26) である．(3.24) より $e(\beta,d)\in H_{\mathbb{T}_\beta}^{2d}(f^{-1}(\beta)\cap Z_{\beta,d};\mathbb{Q})$ と見ることができる．よって，次の補題 3.65(Atiyah–Bott [20] による)から補題 3.64 が得られる．

**補題 3.65**
$$H_{\mathrm{Cent}(\beta)}^{k-2d}(f^{-1}(\beta)\cap Z_{\beta,d};\mathbb{Q})\to H_{\mathrm{Cent}(\beta)}^k(f^{-1}(\beta)\cap Z_{\beta,d};\mathbb{Q})$$
$x\mapsto x\cup e(\beta,d)$ は単射である．

[証明]　$\mathrm{Cent}(\beta)$ の有限被覆 $\widetilde{\mathrm{Cent}}(\beta)$ で，$\mathbb{T}_\beta$ の逆像 $\widetilde{\mathbb{T}}_\beta$ が直積因子で，$\widetilde{\mathrm{Cent}}(\beta)\simeq\widetilde{\mathbb{T}}_\beta\times G'$ となっているものが存在する．有理数係数で考えているから，$\widetilde{\mathrm{Cent}}(\beta)=\mathrm{Cent}(\beta)$ と仮定して一般性を失わない(ここが有理数係数で考えなければいけない，唯ひとつの場所である)．$EG=E\mathbb{T}_\beta\times EG'$ である．ベクトル束

(3.27)　　　$N^-(C_{\beta,d})\times_{G'}EG'\to(f^{-1}(\beta)\cap Z_{\beta,d})\times_{G'}EG'$

を $\pi:\xi\to X$ と書く．(3.27) にはトーラス $\mathbb{T}=\mathbb{T}_\beta$ が作用し，そのファイバーへの制限は，定義より自明な既約成分をもたない．よって補題 3.65 は次の補題 3.66 に帰着する．

**補題 3.66**　$\mathbb{T}$ が作用するベクトル束 $\pi:\xi\to X$ があり，$X$ への $\mathbb{T}$ の作用は

自明,かつ,ファイバーへの $\mathbb{T}$ の作用は自明な既約成分をもたないとする. このとき,同変オイラー類 $e(\xi) \in H_{\mathbb{T}}(X;\mathbb{Q})$ によるカップ積は $H_{\mathbb{T}}^{k-2d}(X;\mathbb{Q}) \to H_{\mathbb{T}}^{k}(X;\mathbb{Q})$ なる単射を引き起こす.

[証明] $X$ への $\mathbb{T}$ の作用は自明だから,$X \times_{\mathbb{T}} E\mathbb{T}$ は直積 $X \times (\mathbb{CP}^{\infty})^{2b}$ である. ここで,$2b = \dim \mathbb{T}$. よって,Künneth の公式により

(3.28) $\qquad H_{\mathbb{T}}^{*}(X;\mathbb{Q}) \simeq H^{*}(X;\mathbb{Q}) \otimes H^{*}(\mathbb{CP}^{\infty};\mathbb{Q})^{\otimes b}$

である.

$\xi_p \simeq \bigoplus_{j=1}^{b} L_j$ を既約分解する($L_j$ の階数は 2). 同変オイラー類 $e(\xi)$ の $H_{\mathbb{T}}(p;\mathbb{Q}) \simeq H((\mathbb{CP}^{\infty})^{2b};\mathbb{Q})$ への制限 $e(\xi)_p$ を考える. $e(\xi)_p = e(L_1) \cup \cdots \cup e(L_b)$ であるが,$e(L_j) \in H_{\mathbb{T}}(p;\mathbb{Q})$ は $\mathbb{T} \to U(1)$ なる $L_j$ に対応する表現で,$H^2(\mathbb{CP}^{\infty};\mathbb{Q}) \simeq H_{U(1)}^2(p;\mathbb{Q})$ の生成元を引き戻したものである. $L_j$ に対応する表現はどれも自明でないから,$e(L_j)$ は 0 でない. $H_{\mathbb{T}}(p;\mathbb{Q})$ は多項式環だから,$e(\xi)_p = e(L_1) \cup \cdots \cup e(L_b)$ によるカップ積は $H_{\mathbb{T}}(p;\mathbb{Q})$ 上単射を引き起こす. よって,(3.28) より,補題が得られる. ∎

これで定理 3.48, 3.58 の証明が完成した.

定理 3.23 は定理 3.48 から次のようにして示せる. まず,今までの議論で有理数係数にする必要があったのは,補題 3.65 で直積で群をおきかえたところだけであったことに注意する. したがって,定理 3.23 の状況では群は $S^1$ であるから,定理 3.48 は整数係数で成立する.

$H^k(M;\mathbb{Z}) \to H^{k-\mu(R_i)}(R_i;\mathbb{Z})$ が全射であることを示せば十分である. ところが,定理 3.58 より,$H_{S^1}^k(M;\mathbb{Z}) \sim \bigoplus_i H_{S^1}^{k-\mu(R_i)}(R_i;\mathbb{Z})$ である. $H_{S^1}(1\,点;\mathbb{Z}) \simeq \mathbb{Z}[c]$ であるが,

$$H(1\,点;\mathbb{Z}) \simeq \frac{H_{S^1}(1\,点;\mathbb{Z})}{c \cup H_{S^1}(1\,点;\mathbb{Z})}$$

である. 一方

$$H_{\mathbb{T}}^{*}(R_i;\mathbb{Z}) \simeq H^{*}(X;\mathbb{Z}) \otimes H^{*}(\mathbb{CP}^{\infty};\mathbb{Z})$$

である. よって

$$H_{S^1}(M;\mathbb{Z}) \simeq H^{*}(M;\mathbb{Z}) \otimes H^{*}(\mathbb{CP}^{\infty};\mathbb{Z})$$

でもある．以上の事実から定理 3.23 は明らかである．

　**注意 3.67**　Atiyah–Bott [19] はリーマン面上の平坦ベクトル束のモジュライ空間 $\mathcal{M}(\Sigma, E)$ の場合に，定理 3.58 を応用して，そのベッチ数 (Betti number) などを求めた．より正確にいうと，[19], [20] は Kirwan の [200] に先行しており，Atiyah–Bott の結果を見て，それを一般化したのが [200] である．

　定理 3.48, 3.58 では，同変コホモロジーの可換群としての構造についてのみ述べている．カップ積との関係も研究されており，Duistermaat–Heckman [85] に始まり，Witten [394], Jeffrey–Kirwan [189], [190] などによって多くのことが調べられている．積構造の研究は，共形場の理論の Verlinde の公式の別証明などに応用されている．これらは，大変重要な結果であるが，ここでは省略する．上に挙げた原論文以外に [24], [169] などが参考になる．

　さらに，同変コホモロジーや運動量写像がかかわる話題に，マタイ–キレン流の定式化 (Mathai–Quillen formalism [247]) や，BRST コホモロジー[*10]がある．

　この本では述べなかったが，超ケーラー多様体 (hyper Kähler manifold) に対する，超ケーラー運動量写像 (hyper Kähler moment map) という類似の概念がある．これは [180] あたりに始まり，[21], [225], [227] など多くの応用を生んだ．

　ハミルトン力学系の対称性の研究は，Lagrange や Euler にまでさかのぼる長い伝統を持っており，シンプレクティック商についての本書の記述は，代数幾何学および場の量子論に近い部分に片寄ってしまった．たとえば [244] とそこに多く引用されている文献などで補っていただきたい．

---

*10 [37] がもとの論文だが，物理の文献である．数学の専門家に読みやすい文献としてはたとえば [66] を挙げておく．

# 4 ラグランジュ部分多様体をめぐって

## §4.1 ラグランジュ部分多様体

**定義 4.1** シンプレクティック多様体 $(M,\omega)$ の部分多様体 $L$ が**ラグランジュ部分多様体**(Lagrangian submanifold)であるとは,$\dim L = \frac{1}{2}\dim M$,$\omega|_L = 0$ が成り立つことを指す.

$n$ 次元多様体 $L$ とはめ込み $i: L \to M$ が**ラグランジュはめ込み**(Lagrangian immersion)であるとは,$i^*\omega = 0$ であることを指す. □

ラグランジュ部分多様体はシンプレクティック幾何学の中心的な概念で,さまざまな場面で現れる.この章では,できるだけ多くの例を挙げ,その一端を示したい.

$N$ を $n$ 次元多様体とする.余接束 $T^*N$ ($2n$ 次元)の中の $n$ 次元部分多様体の代表例は,微分 1 型式 $u$ のグラフである.これを $\mathrm{Graph}(u)$ と書く.$\mathrm{Graph}(u)$ と $N$ を,写像 $p \mapsto (p, u(p))$ で同一視する.

**補題 4.2** シンプレクティック型式 $\omega$ の $\mathrm{Graph}(u)$ への制限は $-du$ に一致する. □

**系 4.3** $\mathrm{Graph}(u)$ がラグランジュ部分多様体であるための必要十分条件は,$u$ が閉微分型式であることである. □

系 4.3 より,余接束の中のラグランジュ部分多様体は,閉微分 1 型式とい

う概念の一般化とみなすことができる[*1].あるいは,多価の微分1型式とみなすことができる.

[補題 4.2 の証明] $\theta = \sum p_i dq_i$ を補題 2.2 の証明で用いた微分1型式,すなわち基本型式,とする.$\theta$ の $\mathrm{Graph}(u)$ への制限は $u$ である($\mathrm{Graph}(u)$ と $N$ の同一視の仕方を考えれば明らか).一方 $-d\theta = \omega$ である. ∎

別の例を挙げよう.$Y$ を $N$ の部分多様体とする.
$$T_Y^* N = \{(p, u) \mid p \in Y,\ u \in T_p^* Y,\ \forall V \in T_p N,\ u(V) = 0\}$$
とおく.$T_Y^* N$ を**余法束**(conormal bundle)と呼ぶ.

**補題 4.4** 余法束はラグランジュ部分多様体である.

[証明] $V \in T_{(x,v)} T_Y^* N$ $(v \in T_x^* N,\ x \in Y)$ とする.$\pi_*(V) \in T_x N$ ゆえ,$\theta(V) = v(\pi_*(V)) = 0$ である.よって,$\theta$ の $T_Y^* N$ への引き戻しは 0 である.$d\theta = -\omega$ ゆえ,補題を得る. ∎

補題 4.4 は局所的には,すべてのラグランジュ部分多様体を与える.この事実を表すのが次の定理である.

**定理 4.5**(Weinstein [384]) $(M, \omega_M)$ をシンプレクティック多様体,$L$ をそのラグランジュ部分多様体とする.このとき,$T^*L$ の 0 の近傍 $U$ と,$L$ の $M$ での近傍 $V$ の間の,シンプレクティック同相 $\Psi: U \to V$ が存在して,$\Psi$ の 0 切断への制限は,$L$ への恒等写像である.

[証明] $U^+$ を 0 切断の十分小さい近傍とする.$TT^*L$ の $L\,(= 0\,$切断$)$ への制限と,$TM$ の $L$ への制限は,シンプレクティック型式も含めて同型である.よって,微分同相写像 $\Psi': U^+ \to V \subseteq M$ であって,0 切断への制限は $L$ への恒等写像で,かつ,$\Psi'^* \omega_M$ が 0 切断の上で $U^+ \subset T^*L$ のシンプレクティック型式 $\omega_{T^*L}$ に一致するものが存在する.$\omega_\tau = \tau \Psi'^* \omega_M + (1-\tau)\omega_{T^*L}$ とおく.Darboux の定理または Moser の定理の証明と同様にして,$U \subset U^+$ と $\Phi_\tau U \to U^+$ であって,$\Phi_\tau^* \omega_\tau = \omega_{T^*L}$ かつ,$\Phi_\tau$ は 0 切断上恒等写像であるものが存在することを証明できる.$\Psi' \circ \Phi_1 = \Psi$ とおけばよい. ∎

次の補題は,ラグランジュ部分多様体のシンプレクティック幾何学での意

---

[*1] 閉微分1型式 $u$ は,おおよそ $u = df$ と表せるから,関数の一般化とみなすことができる.

味を考えるのに大切である．$(M, \omega_M)$, $(N, \omega_N)$ をともに $2n$ 次元のシンプレクティック多様体とする．微分2型式 $\pi_1^* \omega_M - \pi_2^* \omega_N$ は，直積 $M \times N$ 上にシンプレクティック構造を定める．

**補題 4.6** $\Phi: M \to N$ をシンプレクティック同相写像とすると，$\mathrm{Graph}(\Phi) = \{(x, \Phi(x)) \mid x \in M\}$ は，$(M \times N, \pi_1^* \omega_M - \pi_2^* \omega_N)$ のラグランジュ部分多様体である．

［証明］ $p \mapsto (p, \Phi(p))$ で $M$ と $\mathrm{Graph}(\Phi)$ を同一視すると，$\pi_1^* \omega_M - \pi_2^* \omega_N$ の $\mathrm{Graph}(\Phi) = M$ への制限は $\omega_M - \Phi^* \omega_N$ である．$\Phi$ はシンプレクティック同相写像であるから $\omega_M - \Phi^* \omega_N$ は 0 である． ∎

複素幾何学とシンプレクティック幾何学を比べると，正則写像にあたる概念が，とりあえずは，シンプレクティック幾何学にはないことに気づく．つまり，2つのシンプレクティック多様体の間の写像 $\Phi: M \to N$ が，シンプレクティック構造と整合的である，というのをどう定式化するのか定かでない．いいかえると，シンプレクティック多様体の圏を作ろうとしたとき，射が何であるべきかはっきりしない．一方，シンプレクティック同相写像という概念だけは，定義されているわけである．

補題 4.6 を見ると，「$(M \times N, \pi_1^* \omega_M - \pi_2^* \omega_N)$ のラグランジュ部分多様体」を，「$M \to N$ なるシンプレクティック写像」とみなすのがよいのではないだろうかと気づく（ここでは $M$ の次元と $N$ の次元は一致しなくてもかまわない）．しかし，そのように定義すると，「シンプレクティック写像」は集合論の意味での $M$ から $N$ への写像ではない．$(M \times N, \pi_1^* \omega_M - \pi_2^* \omega_N)$ のラグランジュ部分多様体のことを**ラグランジュ対応**(Lagrangian correspondense)と呼ぶ．

ラグランジュ対応という考え方は，シンプレクティック幾何学の量子化接触変換(quantized contact transform)やフーリエ積分作用素(Fourier integral operator)への応用でも重要である．

**注意 4.7** $M \times N$ の部分多様体を $M \to N$ なる写像とみなすという考え方は，数学のいろいろなところに姿を現す大切な考え方である．代数幾何学のサイクルの対応(cycle correspondence)はその例で，モチーフ(motiv)の考えとかかわ

る．ミラー対称性あるいは弦理論の双対性とかかわりの深いフーリエ–向井変換（Fourier-Mukai transform，[266]など参照）や，整数論のヘッケ(Hecke)作用素もその例である．さらに，中島啓による，モジュライ空間を用いた対応に基づく，さまざまな代数構造の構成[278]，[279]，[280]も，それにかかわる例であろう．本書の第5, 6章の構成の主要な道具は，モジュライ空間による対応である．これらの例は，実は，ラグランジュ部分多様体の例も含めて，すべて相互に何らかの「双対性(duality)」によって互いに移り合うのではないかと考えられる．

ラグランジュ対応の例を1つ挙げる．$(M, \omega_M)$ をシンプレクティック多様体とし，コンパクトリー群 $G$ の $M$ へのハミルトン作用が存在するとする．$f: M \to \mathfrak{g}^*$ を運動量写像とする．0 は $f$ の正則値とし，$G$ の $f^{-1}(0)$ への作用は不動点をもたないとする．$M /\!/ G = f^{-1}(0)/G$ であった．$M \times (M /\!/ G)$ にシンプレクティック構造 $\pi_1^* \omega_M - \pi_2^* \omega_{M /\!/ G}$ を考え $L$ を次の式で定義する．
$$L = \{(x, y) \in M \times (M /\!/ G) \mid f(x) = 0, \ x \equiv y \mod G\}.$$

**補題 4.8** $L$ は $(M \times (M /\!/ G), \pi_1^* \omega_M - \pi_2^* \omega_{M /\!/ G})$ のラグランジュ部分多様体である． □

証明は定義からすぐできる．読者に任せる．

次に実代数幾何学の例を挙げる．射影代数多様体 $M$ とは有限個の斉次多項式 $P_1, \cdots, P_m$ を用いて，
$$M = \{[z_0 : \cdots : z_n] \in \mathbb{CP}^n \mid P_1(z_0, \cdots, z_n) = \cdots = P_m(z_0, \cdots, z_n) = 0\}$$
と表される集合であった．（$\mathbb{CP}^n$ の複素部分多様体はすべて斉次多項式系の零点集合として表される，というのが Chow の定理である．）

$P_i$ の係数がすべて実数のとき，$M_\mathbb{R}$ を次の式で定義する．
$$M_\mathbb{R} = \{[z_0 : \cdots : z_n] \in M \mid z_i \in \mathbb{R}\}.$$

**補題 4.9** $M_\mathbb{R}$ は，非特異ならば，$M$ のラグランジュ部分多様体である．

[証明] $\tau([z_0 : \cdots : z_n]) = [\bar{z}_0 : \cdots : \bar{z}_n]$ とおく．$P_i$ の係数はすべて実数であるから，$\tau$ は $M \to M$ なる写像を引き起こし，$M_\mathbb{R}$ はその不動点集合である．また $d\tau \circ J_M = -J_M \circ d\tau$ である．$V, W \in TM_\mathbb{R}$ ならば，$d\tau(V) = V$, $d\tau(W) =$

$W$ で,したがって,
$$\omega_M(V,W) = \omega_M(d\tau(V), d\tau(W)) = g_M(d\tau(V), J_M(d\tau(W)))$$
$$= -g_M(d\tau(V), d\tau(J_M(W))) = -g_M(V, J_M(W)) = -\omega_M(V,W)$$
ゆえ,$\omega_M(V,W) = 0$ である. ∎

$M_\mathbb{R}$ を**実代数多様体**(real algebraic variety)という.実代数多様体を,ラグランジュ多様体であるという性質を用いて研究することは,始まったばかりである.

余接束の中のラグランジュ部分多様体の例に戻ろう.余接束の中のラグランジュ部分多様体を構成する組織的な方法は,正準変換(シンプレクティック同相写像)を構成する方法として古くから研究され,局所的な問題には多くの結果がある.生成関数という概念がその基礎である.(生成関数については,[13],[14],[188]などにより詳しい解説がある.)

**注意 4.10** 一方で,大域的な問題,つまり,与えられたシンプレクティック多様体に,閉じたラグランジュ部分多様体がどのくらいあるかは,最近までほとんど手がついていなかった問題である.たとえば,$\mathbb{C}^n$ のなかにラグランジュ部分多様体がどのくらいあるかも,まだ完全にわかっているというのからは程遠い.概正則曲線の理論は,ラグランジュ部分多様体の大域的性質の研究にも有用である.§5.4 でその一端に触れる.

生成関数について説明する.$V$ を $n$ 次元多様体 $M$ 上の,階数が $m$ の(実)ベクトル束とする.$F$ を $V$ 上の関数とする.$V$ の点を $(q, \lambda)$ と表す.ここで $q \in M$,$\lambda \in V_q$ である($V_q$ は $V$ の $q$ でのファイバー).$F$ の $V_q$ への制限を $F_q$ と書く.$L_F = \{(q, \lambda) \in V \mid d_\lambda F_q = 0\}$ とおく.

座標による表示を述べておく.$M$ のダルブー座標 $(q_1, \cdots, q_n, p_1, \cdots, p_n) = (\vec{q}, \vec{p})$ を考える.$m$ 個の別の変数 $(\lambda_1, \cdots, \lambda_m) = \vec{\lambda}$ をとり,これを $V$ のファイバー方向の座標とする.$U$ を $\vec{q}, \vec{\lambda}$ を変数とする $n+m$ 次元ユークリッド空間での 0 の近傍とする.$F(\vec{q}, \vec{\lambda}): U \to \mathbb{R}$ は $U$ 上で定義された関数とする.

$$L_F = \left\{ (\vec{q}, \vec{\lambda}) \in \mathbb{R}^{n+m} \;\middle|\; \frac{\partial F}{\partial \lambda_i} = 0 \right\}$$

である．$L_F$ は $n$ 次元の部分多様体であると仮定する．座標で表すと，$L_F$ 上で

(4.1) $$\det\left( \frac{\partial^2 F}{\partial \lambda_i \partial \lambda_j} \right) \neq 0$$

を仮定することになる．写像 $i_F : L_F \to T^*M$ を定義する．$(q, \lambda) \in L_F$ とし，$V \in T_q M$ とする．$d_{(q,\lambda)}\pi : T_{(q,\lambda)}V \to T_q M$ を射影とし，$d_{(q,\lambda)}\pi(\tilde{V}) = V$ なる $\tilde{V}$ を任意にとる.

(4.2) $$i_F(q, \lambda)(V) = (d_{(q,\lambda)}F)(\tilde{V})$$

と定義する．$d_{(q,\lambda)}F$ は $T_{(q,\lambda)}V_q$ 上 $0$ であるから，(4.2)の右辺は $\tilde{V}$ のとり方によらず $V$ で定まる．座標では次の式で表される．

$$i_F(\vec{q}, \vec{x}) = \left( \vec{q}, \frac{\partial F}{\partial q_1}(\vec{q}, \vec{\lambda}), \cdots, \frac{\partial F}{\partial q_n}(\vec{q}, \vec{\lambda}) \right)$$

**命題 4.11** $(L_F, i_F)$ はラグランジュはめ込みである．

[証明] 局所的な問題であるから，座標で計算する．$y_1, \cdots, y_n$ を $L_F$ の局所座標とする．$\omega = \sum dq_i \wedge dp_i$ の $i_F$ による引き戻しは，

$$\sum_i dq_i \wedge d\frac{\partial F}{\partial q_i} = \sum_{i,j,k} \frac{\partial q_i}{\partial y_j} dy_j \wedge \frac{\partial^2 F}{\partial y_k \partial q_i} dy_k = \sum_{j,k} \frac{\partial^2 F}{\partial y_j \partial y_k} dy_j \wedge dy_k = 0.$$

∎

**定義 4.12** $F$ をラグランジュはめ込み $i_F : L_F \to T^*M$ の**生成関数**（generating function）という（母関数と訳すこともある）． □

**例 4.13** $n = m = 1$ とし

$$F(q, x) = x^3 + 3qx$$

とおく．$L_F$ は方程式 $x^2 + q = 0$ で与えられる．よって，$x$ を $L_F$ の局所座標としてとることができる．このとき，$i_F : L_F \to \mathbb{R}^2$ は $i_F(x) = (-x^2, 3x)$ で与えられる．$i_F$ は図 4.1 の通りである． □

**例 4.14** $n = 2$, $m = 1$ とし，

$$F(q_1, q_2, x) = x^4 + 2q_1 x^2 + 4q_2 x$$

とおく．$L_F$ は方程式 $x^3 + q_1 x + q_2 = 0$ で与えられる．$x = x$, $y = q_1$ を $L_F$ の

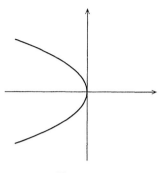

図 4.1　$i_F$

座標にとることができる. $i_F: L_F \to \mathbb{R}^4$ は $i_F(x,y) = (y, -x^3-xy, 2x^2, 4x)$ で与えられる. 　□

例 4.14 は 4 次元の中の 2 次元の図形であるから，図がそのままでは描けない．しかし，次のように考えると，大体の形を「見る」ことができる．

一般のラグランジュはめ込み，$i: L \to T^*M$ で話をしよう．$i$ と $\pi: T^*M \to M$ の合成を考える．

**定義 4.15**　$p \in M$ がラグランジュはめ込み $i: L \to T^*M$ の**焦点集合**(コースティックス，caustics)上にあるとは，$x \in L$ が存在し，$\pi i(x) = p$, $d_x \pi \circ i: T_x L \to T_p M$ が可逆でないことを指す．

ラグランジュ部分多様体 $L \subset T^*M$ があったとき，写像 $\pi: L \to M$ の特異点のことを，**ラグランジュ特異点**(Lagrange singularity)と呼ぶ．　□

焦点集合の幾何学的意味を説明する．簡単のため，$i$ は埋め込みとする．この場合，$p \in M$ が焦点集合上になく，$L$ がコンパクトならば，$p$ の近くの $q$ に対して，$T_q^*M$ と $L$ の交点の数は $q$ によらない．したがって，$p$ の近くで，微分 1 型式 $u_1, \cdots, u_m$ が存在し，$L$ はそのグラフの和集合である．系 4.3 により，$u_i$ は閉微分型式である．すなわち，焦点集合の外では，$L$ は多価の閉微分 1 型式のグラフとみなすことができる．焦点集合の近くではそうはいかない．焦点集合とその近くでの $L$ の様子がわかれば，$L$ の大まかな様子がわかる．

例 4.14 の場合には，$\pi \circ i_F(x,y) = (y, -x^3-xy)$ である．このヤコビ行列

式は $3x^2+y$ であるから，焦点集合は $x$ をパラメータとして，$(-3x^2, 2x^3)$ である．これは図 4.2 で表される．原点が特異点 (カスプ) であることに注目せよ．図 4.2 の領域 1 では $L$ は 3 価の微分 1 型式のグラフ，領域 2 では，$L$ は 1 価の微分 1 型式のグラフである．

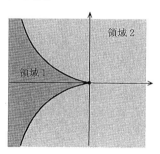

**図 4.2** カスプ

**定理 4.16** $T^*\mathbb{R}^n$ の任意のラグランジュ部分多様体 $L$ と $x \in L$ に対して，$\pi(x)$ の近傍 $U$，$m \in \mathbb{Z}_+$，$U \times \mathbb{R}^m$ 上の関数 $F$ で (4.1) を満たすものが存在し，$L \cap T^*U = i_F(L_F)$ である．

[証明] $q_1, \cdots, q_n, p_1, \cdots, p_n$ を $T^*\mathbb{R}^n$ の標準的な座標とする．$\omega\left(\dfrac{\partial}{\partial q_i}, \dfrac{\partial}{\partial p_i}\right) = 1$ であるから，おのおのの $i$ に対して，次の (4.3), (4.4) のどちらかが成り立つ．

$$\text{(4.3)} \qquad \frac{\partial}{\partial q_i} \notin T_xL$$

$$\text{(4.4)} \qquad \frac{\partial}{\partial p_i} \notin T_xL$$

必要なら順番を入れ替えて $i = 1, \cdots, m$ に対して (4.3), $i = m+1, \cdots, n$ に対して (4.4) が成り立つとしてよい．

$$\Psi(q_1, \cdots, q_n, p_1, \cdots, p_n)$$
$$= (p_1, \cdots, p_m, q_{m+1}, \cdots, q_n, -q_1, \cdots, -q_m, p_{m+1}, \cdots, p_n)$$

とおく．$\Psi$ はシンプレクティック同相写像である．$T_{\Psi(x)}\Psi(L)$ は $T^*\mathbb{R}^n$ のファイバーと横断的だから，$\Psi(x)$ の近傍で，$\Psi(L)$ は微分 1 型式 $u$ のグラフにな

る．系 4.3 より，$u=dS$ なる $n$ 変数関数 $S$ が存在する．すると $\Psi(L)$ は

(4.5) $$p_i = \frac{\partial S}{\partial q_i}$$

と表される．$S$ に変数 $p_1, \cdots, p_m, q_{m+1}, \cdots, q_n$ を代入する．すると(4.5)より，$L$ は $x$ の近くで

(4.6) $$q_i = -\frac{\partial S}{\partial p_i}, \quad i \leqq m \text{ のとき}$$

(4.7) $$p_i = +\frac{\partial S}{\partial q_i}, \quad i > m \text{ のとき}$$

と表される．さて，新しい変数 $\lambda_1, \cdots, \lambda_m$ をとって
$$F(q_1, \cdots, q_n, \lambda_1, \cdots, \lambda_m) = q_1\lambda_1 + \cdots + q_m\lambda_m \\ + S(\lambda_1, \cdots, \lambda_m, q_{m+1}, \cdots, q_n)$$

とおく．すると，$L_F$ は $q_i = -\partial S/\partial \lambda_i,\ i=1, \cdots, m$ で表される．また
$$i_F(q_1, \cdots, q_n, \lambda_1, \cdots, \lambda_m)$$
$$= \left(q_1, \cdots, q_n, \frac{\partial S}{\partial q_1}, \cdots, \frac{\partial S}{\partial q_m}\right)$$
$$= \left(-\frac{\partial S}{\partial \lambda_1}, \cdots, -\frac{\partial S}{\partial \lambda_m}, q_{m+1}, \cdots, q_n, \lambda_1, \cdots, \lambda_m, \frac{\partial S}{\partial q_{m+1}}, \cdots, \frac{\partial S}{\partial q_n}\right)$$

である．よって，(4.6), (4.7) より $i_F(L_F) = L$ である． ∎

命題 4.11，定理 4.16 により，余接束のラグランジュ部分多様体の局所的な考察は，生成関数の考察に帰着する．

生成関数の考察は，微分可能写像の特異点の研究と次のように結び付く．$F(\vec{q}, \vec{\lambda})$ を生成関数とする．$(0, 0) \in L_F$ として一般性を失わない．すなわち，$F(0, \vec{\lambda})$ は $\vec{\lambda}$ の関数と見て，$0$ を特異点にもつ．しかし，(4.1)から $(0, 0)$ は $F$ は $\vec{q}, \vec{\lambda}$ の両方の関数と見た $F$ の特異点ではない．

$F_{\vec{q}}(\vec{\lambda}) = F(\vec{q}, \vec{\lambda})$ を，$\vec{\lambda}$ が変数である $\mathbb{R}^m$ 上の滑らかな写像の，$\vec{q}$ をパラメータとした族とみなす．すなわち，$0$ を特異点にもつ関数を，変形したものとみなす．このようなものを特異点の**開析**(unfolding)という．結局特異点とその開析を調べるという問題に，ラグランジュ部分多様体の局所的な問題は

帰着する．Arnold は，特異点の分類と結び付けることで，焦点集合の形を次元が低い場合に分類し，ディンキン図形(Dynkin diagram)や鏡映変換群(reflection group)との関係を見出した([11], [14], [16]など参照)．さらに特異点の分類から奇妙な双対性(strange duality)を発見した．これらはミラー対称性と深くかかわると考えられているが，どのように関係しているのかについての研究は現在進行中である．

関数族の $F_{\vec{q}}$ の言葉で，焦点集合は次のように特徴づけられる．

**補題 4.17** $\vec{q}$ が $i_F(L_F)$ の焦点集合上にあることと，$\vec{\lambda}_0$ が存在して，$d_{\vec{\lambda}_0} F_{\vec{q}} = 0$ かつ $\det(\mathrm{Hess}_{\vec{\lambda}_0} F_{\vec{q}}) = 0$ を満たすことは同値である．$\mathrm{Hess}_{\vec{\lambda}_0} F_{\vec{q}}$ はヘッセ行列を指す．

[証明] $d_{\vec{\lambda}_0} F_{\vec{q}} = 0$ は $(\vec{q}, \vec{\lambda}_0) \in L_F$ と同値である．$(\vec{q}, \vec{\lambda}_0)$ での，$m \times m$ 行列 $\left( \dfrac{\partial F}{\partial \lambda_i \partial \lambda_j} \right)$ を $A$，$n \times m$ 行列 $\left( \dfrac{\partial F}{\partial \lambda_i \partial q_j} \right)$ を $B$ とする．定義により
$$T_{(\vec{q}, \vec{\lambda}_0)} L_F = \{ (\vec{a}, \vec{b}) \in \mathbb{R}^m \times \mathbb{R}^n \mid A\vec{a} + B\vec{b} = 0 \}$$
と表される．また $d\pi : T_{(\vec{q}, \vec{\lambda}_0)} L_F \to T_{\vec{q}} \mathbb{R}^n$ は $(\vec{a}, \vec{b}) \mapsto \vec{b}$ である．仮定より，$(n+m) \times m$ 行列 $(AB)$ の階数は $m$ であるから，$d\pi$ が同型であることと $A$ が可逆であることが同値であることがわかる．補題 4.17 は，このことと定義から直ちに得られる． ∎

$df = 0$ なるすべての点でヘッセ行列が可逆であるような関数 $f$ とは，モース関数のことである．モース関数は少し変形してももとの関数と座標変換で移り合う(Morse の補題，[248], [257], [274])．このことを，モース関数は**安定**(stable)であるという．逆に関数が安定であればモース関数であることが知られている．補題 4.17 は焦点集合が，$F_{\vec{q}}$ が安定でないすべての $\vec{q}$ の集合と一致することを意味する．いいかえれば，焦点集合はカタストロフ(catastroph)が起きている点，すなわち分岐(bifurcation)集合である．カタストロフ理論の用語では，例 4.13 は折り目，例 4.14 はくさびと呼ばれる．

以上生成関数については局所理論だけを述べた．余接束のラグランジュ部分多様体の大域的性質を，生成関数を応用して調べる研究は，近年盛んにな

ってきている.ラグランジュ部分多様体についての大域的研究は,概正則曲線を使う方法が Gromov や Eliashberg によって導入され,進展していたが,生成関数を使っても多くの結果が平行して導かれることが Viterbo などによって明らかにされてきている.生成関数を使う方法は,概正則曲線を使う方法より,初等的であるのが 1 つの大きな利点である.[143],[380] などを見よ.

## §4.2 接触多様体とルジャンドル部分多様体

**定義 4.18** $2n+1$ 次元多様体 $M$ の上の微分 1 型式 $\theta_M$ が**接触型式**(contact form)であるとは,微分 $2n+1$ 型式 $\theta_M \wedge d\theta_M^n$ が決して消えないことを指す.

$2n+1$ 次元多様体 $M$ の接束 $TM$ の階数 $n$ の部分束 $\xi \subset TM$ が,**接触構造** (contact structure)であるとは,各点 $p \in M$ に対して,その近傍で接触型式 $\theta_M$ が存在して,$\mathrm{Ker}\,\theta_M = \xi_M$ が $p$ の近傍で成立することを指す. □

定義の条件 $\theta_M \wedge d\theta_M^n \neq 0$ は,$\theta_M$ が 0 にならず,$\mathrm{Ker}\,\theta_M = \xi_M$ 上 $d\theta_M$ が定める反対称 2 次型式が非退化であることと同値である.

$\mathrm{Ker}\,\theta_M = \xi_M$ のとき,接触多様体には自然に向きが入る.すなわち,$\mathrm{Ker}\,\theta_M$ 上は非退化 2 次型式 $d\theta_M$ が向きを決め,$\mathrm{Ker}\,\theta_M$ の補空間上は $\theta_M$ が向きを決める.以後接触多様体には向きが入っているとし,接触型式 $\theta_M$ としては,その定める向きが,もともとの $M$ の向きと整合的なもののみを考える.

接触構造はシンプレクティック構造の奇数次元の類似物で,さまざまなところに現れる.Darboux の定理,Moser の定理のアナロジーから始めよう.

**定理 4.19** $M$ 上の任意の接触型式 $\theta_M$ に対して,各点のまわりで座標系を
$$\theta_M = dq_0 - p_1 dq_1 - \cdots - p_n dq_n$$
となるようにとることができる.$q_0, \cdots, q_n, p_1, \cdots p_n$ をやはり**ダルブー座標**と呼ぶ. □

**定理 4.20** $M$ 上の接触型式の $\tau$ をパラメータとする任意の滑らかな族

$\theta_\tau$ に対して, $\varphi_\tau : M \to M$ なる微分同相写像の滑らかな族が存在し, $\varphi_\tau^* \theta_\tau = \theta_0$, $\varphi_0 = \mathrm{id}$ が成り立つ. □

Darboux の定理, Moser の定理の証明の根拠であった, 定理 2.18 の類似物を述べる.

**定義 4.21** $\varphi : (M, \xi_M) \to (N, \xi_N)$ が**接触同相写像**(contact diffeomorphism)であるとは, 向きを保つ微分同相写像であって, $\varphi_* \xi_M = \xi_N$ が成り立つことを指す. $M = N$ のときは, **接触変換**(contact transform)という. $\mathrm{Aut}(M, \xi_M)$ で接触変換全体のなすリー群を指す. □

$\xi_M = \mathrm{Ker}\, \theta_M$ のときは, $h \in C^\infty(M)$, $h > 0$ が存在して $\varphi^* \theta_M = h \theta_M$ が成り立つことと同値である.

$\xi_M = \mathrm{Ker}\, \theta_M$ のとき, $\mathrm{Aut}(M, \xi_M)$ のことを $\mathrm{Aut}(M, \theta_M)$ とも書く.

$\mathrm{Aut}(M, \xi_M)$ のリー環を計算する. 次の定義では $\theta_M$ をとって固定しておく.

**定義 4.22** $M$ 上の関数 $f$ に対して, $f$ の生成するハミルトンベクトル場 $X_f$ を次の条件で定義する.

(1) 任意の $V \in \xi_M$ に対して, $df(V) = (d\theta_M)(X_f, V)$ が成り立つ.

(2) $\theta_M(X_f) = -f$.

この 2 つの条件で, $X_f$ が一意に定まることは, 接触構造の定義から明らかである. □

ダルブー座標では, $X_f$ は次の式で与えられる.

$$X_f = \left(-f + \sum p_i \frac{\partial f}{\partial p_i}\right) \frac{\partial}{\partial q_0} - \sum \left(\frac{\partial f}{\partial q_i} + p_i \frac{\partial f}{\partial q_0}\right) \frac{\partial}{\partial p_i} + \sum \frac{\partial f}{\partial p_i} \frac{\partial}{\partial q_i}.$$

**補題 4.23** $\mathrm{Aut}(M, \theta_M)$ のリー環は, ハミルトンベクトル場 $X_f$ 全体と一致する.

[証明] $\mathrm{Aut}(M, \theta_M)$ のリー環は $L_X \theta_M = h \theta_M$ なる $h$ が存在する $X$ たち全体と一致した. (2.8) と $X_f$ の定義より, $\xi_M$ 上

$$L_{X_f} \theta_M = (d \circ i_{X_f} + i_{X_f} \circ d) \theta_M = 0.$$

よって $L_{X_f} \theta_M = h \theta_M$. 逆に $L_X \theta_M = h \theta_M$ とする. $f = -\theta_M(X)$ とおく. (2.6) より $\xi_M$ 上 $0 = df + i_X(d\theta_M)$. よって, $X = X_f$ である. ■

補題 4.23 を用いて，定理 4.19, 4.20 が Darboux の定理，Moser の定理と同様にして証明できる(読者に任せる).

**定義 4.24**　$f \equiv -1$ のときの $X_f = X_{-1}$ を，**レーブベクトル場**(Reeb vector field)という. □

$T_pM$ は $\xi_M$ と $X_{-1}$ で張られ $(d\theta_M)(X_{-1}, X_{-1}) = 0$ である. よって $i_{X_{-1}}(d\theta_M) = 0$ が成り立つ. ダルブー座標では $i_{X_{-1}} = \partial/\partial q_0$ である.

次の予想は接触幾何学の基本問題である.

**予想 4.25**（ワインシュタイン予想）　$H^1(M; \mathbb{R}) = 0$ である接触多様体 $M$ のレーブベクトル場は，周期軌道をもつ. □

部分解としては，$\mathbb{C}^n$ の凸領域の場合(Weinstein [38])，$\mathbb{C}^n$ の星型領域の境界の場合(Rabinowitz [311])，$\mathbb{C}^n$ の接触型部分多様体(定義 4.40)の場合(Viterbo [378])，$S^3$ に同相な場合(Hofer [181]) などが知られている.

$X_{-1}$ を用いて，$L_{X_f}\theta_M = h\theta_M$ なる $h$ を表すことができる.

**補題 4.26**
( 1 )　$(d\theta_M)(X_f, X_{-1}) = 0.$
( 2 )　$L_{X_f}\theta_M = X_{-1}(f)\theta_M.$

［証明］　$X_f + fX_{-1}$ は $\xi_M$ に属するから，定義 4.22 の(1)により $(d\theta_M)(X_f, X_{-1}) = -(f\theta_M)(X_{-1}, X_{-1}) = 0.$

(2) $L_{X_f}\theta_M = h\theta_M$ なる $h$ の存在は，すでに補題 4.23 で示した. ところが(1)を用いると

$$h = (L_{X_f}\theta_M)(X_{-1}) = (i_{X_f}d + di_{X_f})(\theta_M)(X_{-1})$$
$$= (d\theta_M)(X_f, X_{-1}) + (df)(X_{-1}) = X_{-1}(f). \blacksquare$$

**定義 4.27**　接触多様体に対して，ポアッソン括弧 $\{f, g\}$ を
$$\{f, g\} = X_g(f) - fX_{-1}(g)$$
で定義する. □

**定理 4.28**　$\{\cdot, \cdot\}$ は $C^\infty(M)$ 上にリー環の構造を定める. $f \mapsto X_f$ はリー環の同型 $(C^\infty(M), \{\cdot, \cdot\}) \to \text{Lie}(\text{Aut}(M, \theta_M))$ を定める.

［証明］　$f \mapsto X_f$ がベクトル空間の同型 $(C^\infty(M), \{\cdot, \cdot\}) \to \text{Lie}(\text{Aut}(M, \theta_M))$

を定めることは補題 4.23 からわかる．$L_X Y = [Y, X]$ に注意して計算すると

$$i_{[X_f, X_g]}\theta_M = (L_{X_g} i_{X_f} - i_{X_f} L_{X_g})\theta_M = -X_g(f) - i_{X_f}(X_{-1}(g)\theta_M)$$
$$= -X_g(f) + X_{-1}(g)f = -\{f, g\}.$$

$[X_f, X_g] = X_h$ なる $h$ の存在は，補題 4.23 から従う．よって，$h = -i_{[X_f, X_g]}\theta_M = \{f, g\}$．すなわち，$f \mapsto X_f$ は括弧積を保つ．特に，$(M, \{\cdot, \cdot\})$ はリー環である． ∎

以下，接触多様体の例を挙げる．いずれも重要な例で関係する数学は豊かである．まず $T^*M \times \mathbb{R}$ を考える．$\mathbb{R}$ の座標を $z$ とする．

**補題 4.29** $dz - \theta$ は $T^*M \times \mathbb{R}$ 上の接触 1 型式である．

［証明］ $(dz - \theta) \wedge d(dz - \theta)^n = (-1)^n dz \wedge d\theta^n$ である．$d\theta^n$ は $T^*M$ 上決して 0 にならないから，$(dz - \theta) \wedge d(dz - \theta)^n$ は決して 0 にならない． ∎

補題 4.29 の構成を一般化したい．$(M, \omega_M)$ をシンプレクティック多様体とし，$[\omega_M] \in H^2(M; \mathbb{R})$ は $H^2(M; \mathbb{Z})$ の像に含まれることを仮定する．すると，$M$ 上の複素直線束($U(1)$ 束)$\mathcal{L}$ とその上の $U(1)$ 接続 $\nabla$ があり，その曲率 $F_\nabla$ は

$$(4.8) \qquad F_\nabla = 2\pi\sqrt{-1}\,\omega$$

を満たす．特に，$c^1(\mathcal{L}) = [\omega]$ である．（たとえば [205] 参照．）

**定義 4.30** $(\mathcal{L}, \nabla)$ を**前量子化束**(prequantization bundle)と呼ぶ． ∎

前量子化については次の節で述べる．

$\mathcal{L}$ に随伴する主 $U(1) = S^1$ 束(の全空間)を $S(\mathcal{L})$ と書く．$U(1)$ のリー環は $u(1) = \sqrt{-1}\,\mathbb{R}$ であるから，$\nabla$ の接続型式 $\theta$ は，$S(\mathcal{L})$ 上の $u(1)$ 値微分 1 型式である．$\mathbb{R} \simeq u(1)$ を $t \mapsto 2\pi\sqrt{-1}\,t$ で定めると，$\theta$ は普通の微分 1 型式とみなすことができる．(4.8) と接続型式，曲率の定義より $d\theta = \pi^*\omega$ がわかる．

**補題 4.31** $\theta$ は $S(\mathcal{L})$ 上の接触 1 型式である．

［証明］ $d\theta = \pi^*\omega$ より，$\theta \wedge d\theta^n = \theta \wedge \pi^*\omega^n$ である．$\omega^n$ は $M$ 上決して消えない微分 $2n$ 型式で，$\theta$ のファイバー $S^1$ への制限はやはり 0 にならないから，$\theta \wedge d\theta^n$ は決して 0 にならない． ∎

定義からわかるように，$S(\mathcal{L})$ のレーブベクトル場の軌道は，$S(\mathcal{L}) \to M$

のファイバーである.

別の種類の例を挙げる. $(M, J_M)$ を $n$ 次元複素多様体とする. $N$ を $M$ の向きの付いた,実 $2n-1$ 次元部分多様体(超曲面)とする.

(4.9) $$\xi_N = \{V \in TN \mid J_M(V) \in TN\}$$

とする. $\xi_N$ は $TN$ の階数 $2n-2$ の部分束である. $\pi : TN \to TN/\xi_N$ を射影とする.

**補題 4.32** (階数 1 の実)ベクトル束 $TN/\xi_N$ は自明である.

[証明] $\xi_N$ は複素ベクトル束であるから向きが付く. $TN$ は仮定により向きが付く. よって,$TN/\xi_N$ には向きが付く. よって,階数 1 の実ベクトル束であるから,自明である. ∎

以下 $TN/\xi_N$ に自明化を 1 つ選んでおく($TN, \xi_N$ には向きが付いているから,この向きと整合的に自明化を選んでおく). $V_1, V_2$ なる $\xi_N$ の切断に対して,

$$L(V_1, V_2) = \pi([V_1, J_M V_2])$$

とおく. $TN/\xi_N$ の自明化を決めたから,右辺は関数になる.

**補題 4.33**

(1) $L(fV_1, V_2) = L(V_1, fV_2) = fL(V_1, V_2)$,

(2) $L(V_1, V_2) = L(V_2, V_1)$,

(3) $L(J_M V_1, J_M V_2) = L(V_1, V_2)$.

[証明] $\pi([fV_1, V_2]) = \pi(f[V_1, V_2] - V_2(f)V_1)$ である. $\pi(V_1) = 0$ ゆえ (1) が成り立つ. $J_M$ は積分可能としたから $[J_M V_1, J_M V_2] = J_M[V_1, V_2]$ である. これから (2), (3) が従う. ∎

補題 4.33 により,$L$ は $\xi_N$ 上の対称 2 次型式である.

**定義 4.34** $L$ をレビ型式(Levi form)と呼ぶ. レビ型式が正定値のとき,向きの付いた超曲面 $N$ は擬凸(pseudo convex)であるという. □

**注意 4.35** $N$ の向きを決めると,$TN/\xi_N$ の向きが決まるから,レビ型式が正定値という条件は,(この向きと整合的な)$TN/\xi_N$ の自明化によらずに決まる.

**補題 4.36** $H$ が非退化ならば,$\xi_N$ は接触構造である.

[証明] $TN \to TN/\xi_N \to \mathbb{R}$ を $TN^*$ の切断,すなわち,$N$ 上の微分 1 型式とみなす.これを $\theta_N$ とおく.$\operatorname{Ker}\theta_N = \xi_N$ は明らかゆえ,$\theta_N$ が接触型式であることを示せばよい.それには,$\operatorname{Ker}\theta_N$ 上 $d\theta_N$ が非退化であることを示せばよい.$V_1, V_2$ を $\xi_N$ の切断とすると,
$$(d\theta_N)(V_1, V_2) = V_1\theta_N(V_2) - V_2\theta_N(V_1) - \theta_N[V_1, V_2] = L(V_1, J_M V_2)$$
であるから,仮定より,$\xi_N$ 上 $d\theta_N$ は非退化である. ∎

$\mathbb{C}^n$ の滑らかな境界をもつ領域 $U$ が擬凸であるとは,その境界 $\partial U$ のレビ型式が非退化であることを指す.任意の擬凸領域 $U$ に対して,$U$ で定義された正則関数で $U$ の外には正則関数として解析接続されないものが存在する.これは Levi の問題と呼ばれ,岡潔によって解かれた([297]など参照).

擬凸性の判定法を述べておく.擬凸性は局所的な条件だから,各点 $p \in N$ の近傍で考えれば十分である.$p$ の近傍の $M$ の複素座標 $z_1, \cdots, z_n$ をとり,$N$ が $p$ の近傍で,関数 $h$ により,$h(z_1, \cdots, z_n) = 0$ で表されるとしよう.行列 $\left(\dfrac{\partial^2 h}{\partial z_i \partial \overline{z}_j}\right)$ を**レビ行列**と呼ぶ.

**補題 4.37** $N$ が擬凸であるための必要十分条件はレビ行列が正定値であることである. ∎

証明は多変数複素関数論の本,たとえば [297] を見よ.

補題 4.36 によって構成される接触多様体は CR 構造(コーシー–リーマン構造,Cauchy-Riemann structure)を用いて研究される.CR 構造については [35] など参照.

**例 4.38** $f_1, \cdots, f_m$ を $\mathbb{C}^n$ の 0 の近傍で定義された正則関数とする.
$$X = \{(z_1, \cdots, z_n) \mid f_1(z_1, \cdots, z_n) = \cdots = f_m(z_1, \cdots, z_n) = 0\}$$
とおく.0 以外で $X$ は特異点をもたないと仮定する.このとき,十分小さい $\epsilon$ に対して
$$X(\epsilon) = \{(z_1, \cdots, z_n) \in X \mid \sum |z_i|^2 = \epsilon\}$$
とおく.$X(\epsilon)$ は擬凸である(証明は補題 4.37 を用いればできる).したがって $X(\epsilon)$ は接触多様体である. ∎

例 4.38 で重要なのが,$f_i$ が多項式で,**重み付き斉次**(weighted homoge-

neous)である場合である．すなわち，$\deg(z_j) = k_j$ とし
$$f_i = \sum_\ell c_\ell z_1^{m_{1,\ell}} \cdots z_n^{m_{n,\ell}}$$
と表したとき，各項の重み $k_1 m_{1,\ell} + \cdots + k_n m_{n,\ell}$ が $\ell$ によらず一定である場合である．この場合は $S(\epsilon) = \{(z_1, \cdots, z_n) \in \sum |z_i|^{2k_i} = \epsilon\}$ として，$X(\epsilon) = S(\epsilon) \cap X$ を考えた方が自然である．$X(\epsilon)$ はやはり擬凸である．

**補題 4.39** $X(\epsilon)$ のレーブベクトル場はすべて周期的である（すなわち積分曲線はすべて閉じて $S^1$ になる）．

[証明] $\mathbb{C}^n$ 上の関数 $f(z_1, \cdots, z_n) = \sum |z_i|^{2k_i}$ を考える．$f$ が生成するハミルトンベクトル場の 1 径数変換群は
$$\varphi_\tau(z_1, \cdots, z_n) = (\exp(2\pi\sqrt{-1}\tau k_1)z_1, \cdots, \exp(2\pi\sqrt{-1}\tau k_n)z_n)$$
で与えられる．定義から，$\varphi_\tau$ は $X(\epsilon)$ を不変にする．$\varphi_\tau$ がレーブベクトル場の積分曲線であることが簡単な計算で確かめられる． ∎

以上では複素多様体の超曲面が接触多様体になる状況を述べた．次に $(M, \omega_M)$ が $2n$ 次元シンプレクティック多様体，$N$ がその（向きの付いた）超曲面である場合を考えよう．

**定義 4.40** $N$ が**接触型部分多様体**(submanifold of contact type)であるとは，$N$ 上に接触型式 $\theta_N$ が存在し，$d\theta_N = -\omega_M$ を満たすことを指す． □

接触型のシンプレクティック部分多様体の重要な例は（余）球面束である．$M$ をリーマン多様体とし，

(4.10) $$S(M) = \{(q, v) \in TM \mid \|v\| = 1\}$$

とする．$S(M)$ に接触型式を定義しよう．まず，リーマン計量を使うと，接空間と余接空間の間の同型が定まる（この同一視をルジャンドル変換とも呼ぶ）．したがって，
$$S(M) = S^*(M) = \{(q, v) \in T^*M \mid \|v\| = 1\}$$
とみなしてもよい．$S^*(M)$ を**余接球面束**と呼ぶ．

**補題 4.41** 基本 1 型式 $\theta$ の制限は $S(M)$ の接触型式である．特に，$S(M)$ は接触型部分多様体である．

[証明] 余接束で考える．$f : T^*M \to \mathbb{R}$ を $f(p, v) = g_M(v, v)$ で定義する．

そのハミルトンベクトル場 $X_f$ を考える．$S(M) = f^{-1}(1)$ で $X_f(f) = 0$ ゆえ，$X_f$ は $S(M)$ に接する．$V \in TS^*(M)$ とすると，

(4.11) $\qquad \omega_{T^*M}(X_f, V) = df(V) = V(f) = 0$

である．一方 $\theta(X_f) = 2$ が容易にチェックできる．よって，$\mathrm{Ker}\,\theta$ は $X_f$ を含まない．また $TS^*(M)$ への $\omega_{T^*M} = -d\theta$ の制限の階数は $2n-2$ である．よって，$\theta(X_f) = 2$ より，$\mathrm{Ker}\,\theta$ 上 $d\theta$ は非退化である． ∎

ケーラー多様体の場合に，擬凸と接触型は似ているが異なる([95]を見よ)．

シンプレクティック多様体の部分多様体に接触多様体の構造が入る状況について述べたが，逆方向の構成もある．$N$ を接触多様体，$\theta_N$ をその接触型式とする．$N \times \mathbb{R}$ 上の微分 2 型式 $\omega$ を

$$\omega = e^\tau(d\theta_N + d\tau \wedge \theta_N)$$

で定義する．ただし，$\tau$ は $\mathbb{R}$ の座標である．

**補題 4.42** $(N \times \mathbb{R}, \omega)$ はシンプレクティック多様体である． ∎

証明は簡単な計算である．

**定義 4.43** $(N \times \mathbb{R}, \omega)$ を接触多様体 $(N, \theta_N)$ のシンプレクティック化 (symplectization) と呼ぶ． ∎

シンプレクティック化はワインシュタイン予想の研究や接触ホモロジー (contact homology) において，Hofer らによって用いられている([181], [94]を見よ)．

**注意 4.44** 接触多様体 $(N, \xi_N)$ を考え，$\xi_N$ に計量を入れる．$p, q \in N$ に対して，$p$ と $q$ を結ぶ道で，各点で $\xi_N$ に接するものを考え，その長さの下限を $d(p, q)$ と書く．$d(p, q)$ によって $N$ は距離空間になることが知られている．この距離をカルノーーカラテオドリ距離 (Carnot-Carathéodory metric) と呼び，その幾何学を準リーマン幾何学 (sub Riemannian geometry) と呼ぶ．(カルノーーカラテオドリ距離を考えるための $\xi_N$ の条件は，接触構造よりもう少しゆるくてもよく，**ヘルマンダー条件** (Hörmander condition) と呼ばれる．) これらは最近活発に研究されている．その微分幾何学的側面は[41](とそこに引用されている文献)を見よ．そのほかに，準楕円型微分方程式 (hypoelliptic differential equation) との関係([178], [332]などを見よ．ヘルマンダー条件の定義もこれらの文献を見よ)，制御理論 (control theory) との関係([188] §9.7, [4]などを見よ)が重要である．

接触多様体に対して，シンプレクティック多様体のラグランジュ部分多様体にあたる概念を定義しよう．$\theta_N$ を $2n+1$ 次元多様体 $N$ 上の接触型式とする．

**定義 4.45** $N$ の $n$ 次元部分多様体 $L$ が**ルジャンドル部分多様体**(Legendrian submanifold)であるとは，$\theta_N|_L = 0$ であることをいう．ルジャンドルはめ込みも同様に定義する． □

ルジャンドル部分多様体という概念は接触構造で決まり，接触型式のとり方によらない．

**補題 4.46** $L$ が $2n+1$ 次元多様体 $N$ の部分多様体で，$\theta_N$ を $N$ 上の接触型式とし，$\theta_N|_L = 0$ とする．このとき，$\dim L \leqq n$ である．

［証明］ $p \in L$ とする．$\theta_N|_L = 0$ より，$T_p L$ は $\xi_N$ に含まれ，$T_p L$ 上 $d\theta_N = 0$ である．$\xi_N$ 上 $d\theta_N$ は非退化な反対称 2 次型式を定める．したがって，反対称 2 次型式を標準形に直せば，$\dim L \leqq n$ が容易に示せる． ∎

ルジャンドル部分多様体の例を挙げよう．

**例 4.47** $T_Y^* N \cap S^*(N)$ は補題 4.41 の接触多様体 $S^*(N)$ のルジャンドル部分多様体である．この事実は補題 4.4 の証明ですでに示してある． □

**補題 4.48** 例 4.38 で $f_i$ を実数係数多項式とする．このとき，$X(\epsilon) \cap \mathbb{R}^n$ は $X(\epsilon)$ のルジャンドル部分多様体である．

［証明］ $p \in X(\epsilon) \cap \mathbb{R}^n$, $V \in T_p(X(\epsilon) \cap \mathbb{R}^n)$ とする．$S^{2n-1}$ を $\mathbb{C}^n$ の単位球面とすると，$J(T_p\mathbb{R}^n \cap T_p S^{2n-1}) \subset T_p S^{2n-1}$ が容易にわかる．よって，$JV \in T_p X(\epsilon)$ である．$V, JV \in T_p X(\epsilon)$ ゆえ，定義より，$\theta_N(V) = 0$． ∎

§4.1 で，生成関数を使って，ラグランジュ部分多様体を作るやり方を説明したが，その構成法は実はルジャンドル部分多様体を作っている．$V \to M$ をベクトル束，$F : V \to \mathbb{R}$ を滑らかな関数とする．$L_F$ を §4.1 のように定める．$i_F^+ : L_F \to T^{\prime *} \times \mathbb{R}$ を $i_F^+(q, \lambda) = (i_F(q, \lambda), F(q, \lambda))$ で定義する ($i_F$ は §4.1 の通り)．

**命題 4.49** $i_F^+$ はルジャンドルはめ込みである．

［証明］ 命題 4.11 の証明の記号を使う．$\mathbb{R}$ の座標は $z$ とする．$\theta = dz - p_1 dq_1 - \cdots - p_n dq_n$ である．よって

$$i_F^{+*}\theta = dF - \sum_{i,j}\frac{\partial F}{\partial q_i}\frac{\partial q_i}{\partial y_j}dy_j = dF - \sum_j \frac{\partial F}{\partial y_j}dy_j = 0.$$

**注意 4.50** $\pi: T^*M\times\mathbb{R}\to T^*M$ を射影とする．ルジャンドルはめ込み $i: L\to T^*M\times\mathbb{R}$ があり，合成 $\pi\circ i: L\to M$ がはめ込みであるとすると，$\pi$ はラグランジュはめ込みである．このとき，$\pi\circ i$ のことを，シンプレクティック多様体 $T^*M$ への**完全ラグランジュはめ込み**(exact Lagrangian immersion)と呼ぶ．$T^*M$ の完全ラグランジュ部分多様体も同様な意味である．

生成関数を使って作られるラグランジュはめ込みは，完全ラグランジュはめ込みである．生成関数を使って大域的に表すことができないラグランジュはめ込みの例を，次の命題を使って作ることができる．

**命題 4.51** $i^+: L\to T^*M\times\mathbb{R}$ をルジャンドルはめ込みとし，$i=\pi\circ i^+: L\to T^*M$ とおく．このとき，任意の $\gamma\in\pi_1(L)$ に対して，

(4.12) $$\int_\gamma i^*\theta = 0$$

である．逆に，ラグランジュはめ込み $i: L\to T^*M$ が，(4.12)を任意の $\gamma\in\pi_1(L)$ に対して満たしていれば，完全である．

[証明] 仮定より $\int_\gamma i^{+*}(dz-\theta)=0$ である．一方 $dz$ は完全型式だから，$\int_\gamma i^{+*}dz=0$, よって，(4.12)が成り立つ．

逆に，(4.12)を仮定する．$x_0\in L$ を固定し，$x\in L$ に対して，$x_0$ と $x$ を結ぶ道 $\ell_x$ をとり，$j(x)=\int_{\ell_x}i^*\theta$ とおく．(4.12)より右辺の積分は積分路 $\ell_x$ のとり方によらない．$i^+(x)=(i(x),j(x))$ とおくと，$j$ の定義から $i^+$ がルジャンドルはめ込みであることがわかる． ■

**例 4.52** $\mathbb{R}^2=T^*\mathbb{R}$ とし $i: S^1\to\mathbb{R}^2$ を図 4.3 で表されるはめ込みとする．$\mathbb{R}^2$ のすべての 1 次元部分多様体はラグランジュ部分多様体であるから，$i$ はラグランジュはめ込みである．$i$ が完全ラグランジュはめ込みになるのは，図 4.3 の 2 つの面積 $A$ と $B$ が一致するときである．これを見るには $\gamma\in\pi_1(S^1)$ を生成元としたときの，$\int_\gamma \theta$ を計算すればよい(命題 4.51)．Stokes の定理と

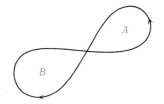

**図 4.3** ラグランジュ部分多様体が完全になるための条件

$d\theta = \omega$ より,この数は $A-B$ である. □

**定義 4.53** $i^+ : L \to T^*M \times \mathbb{R}$ をルジャンドルはめ込みとする.$\pi : T^*M \times \mathbb{R} \to M \times \mathbb{R}$ を射影とする.合成 $\pi \circ i : L \to M \times \mathbb{R}$ のことを**波頭**(wave front)という[*2].またこの写像の特異点のことを**ルジャンドル特異点**(Legendrian singularity)と呼ぶ. □

**例 4.54** 例 4.13 の場合を計算すると,$\pi \circ i^+(x) = (-x^2, x^3 - 3x^5)$ である.やはり $x=0$ で特異点をもっている. □

**例 4.55** 例 4.14 の場合は,$\pi \circ i^+(x,y) = (y, -x^3 - xy, -3x^4 - 2x^2 y)$ である(図 4.4). □

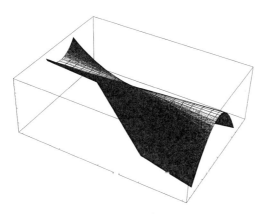

**図 4.4** 波頭の例

---

[*2] 超関数の wave front という概念(佐藤幹夫による)が超局所解析で使われる.定義 4.53 と関係はあるが,多少違った意味である.

ルジャンドル特異点とリーマン幾何学・幾何光学(geometric optics)との関係をほんの少しだけ述べる(詳しくは[165]などを見よ). $(M, g_M)$ をリーマン多様体とする. 余接束 $T^*M$ 上に関数 $f(p,v) = g_M(v,v)$ で定義する. $f$ によって定まるハミルトンベクトル場 $X_f$ を考える. 単位余接球面束 $S^*(M)$ は $f=1$ で表されるから, $X_f$ で保たれる. すなわち, $S^*(M)$ 上のベクトル場を定める. $X_f$ を測地流(geodesic flow)と呼ぶ.

**補題 4.56** 測地流は補題 4.41 の接触構造に関するレーブベクトル場である. □

証明は, 実は, 補題 4.41 の証明中に済んでいる.

$X_f$ の生成する 1 径数変換群を $\varphi_\tau$ と書く. $\tau \mapsto \pi(\varphi_\tau(p)) : \mathbb{R} \to M$ は $M$ の測地線になる.

補題 4.23, 4.56 より $\varphi_\tau^* \theta = \theta$ が成り立つ. よって特に $\varphi_\tau$ はルジャンドル部分多様体をルジャンドル部分多様体に移す.

$N$ を $M$ の部分多様体とし, $T_N^* M \subset T^* M$ をその余法束とする. 例 4.47 で述べたように, $S_N^* M$ はルジャンドル部分多様体である. よって, $\varphi_\tau(S_N^* M)$ もルジャンドル部分多様体である.

**定義 4.57** $p \in M$ が $N$ の共役点(conjugate point)であるとは, $\tau$ が存在して, $p = \pi(x)$, $x \in \varphi_\tau(S_N^* M)$ かつ $d\pi : T_x \varphi_\tau(S_N^* M) \to T_p M$ は単射でない, となっていることを指す. □

いいかえると, 共役点とは, ある $\tau$ について, $\varphi_\tau(S_N^* M)$ のルジャンドル特異点になっているような $M$ の点のことを指す.

次の補題は定義から容易に示される. リーマン計量 $g_M$ に関する指数写像 $\exp : TM \to M$ を考える. $TM$ と $T^*M$ をリーマン計量を使って同一視し, $\exp : T_N^* M \to M$ を考える.

**補題 4.58** $p \in M$ が $N$ の共役点であることと, $\exp : T_N^* M \to M$ の臨界値であることは同値である. □

$p \in M$ が $\exp : T_N^* M \to M$ の臨界値であるというのは, $x \in T_N M$ で $\exp(x) = p$ かつ, $d\exp$ が $T_x T_N^* M$ 上で可逆でないことを指した. これが, リーマン幾何での共役点の普通の定義である.

補題 4.58 は，リーマン幾何での共役点が，ルジャンドル特異点の特別な場合であることを示している．たとえば，$N$ が $M=\mathbb{R}^2$ の $y=x^2$ で表される部分多様体だと，$\pi(\varphi_\tau(S_N^*M))$ は図 4.5 のようになり，$\tau \geq 1/\sqrt{2}$ から特異点が現れる．幾何光学の言葉では，共役点を次のように見ることができる．$N$ を光源とすると，Huygens の原理により，時刻 $\tau$ での光線の届く範囲の境界は $\pi(\varphi_\tau(S_N^*M))$ である．これが波頭という用語の語源であると思われる．

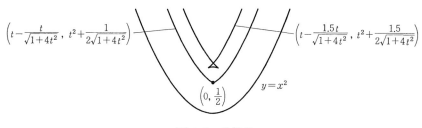

図 4.5 共役点

## §4.3 幾何学的量子化

この節ではラグランジュ部分多様体の，完全可積分系や幾何学的量子化との関係を述べる．

**補題 4.59** $\mathbb{R}^n$ の $2n$ 次元シンプレクティック多様体 $(M,\omega)$ へのシンプレクティック構造を保つ作用に対して，その $n$ 次元の軌道はラグランジュ部分多様体である．

［証明］ $T_0\mathbb{R}^n$ の基底の元が引き起こす $M$ のベクトル場を $V_1,\cdots,V_n$ とする．$[V_i,V_j]=0$ である．$\omega_M(V_i,V_j)=0$ を示せばよい．

局所的に考えると，定理 2.18 より，$V_i=X_{f_i}$ なる関数 $f_i$ が存在する（ここで $X_{f_i}$ は $f_i$ の定めるハミルトンベクトル場である）．すると，

(4.13) $\quad \omega_M(V_i,V_j)=df_i(V_j)=V_j(f_i)=\{f_i,f_j\}$

である（第 1 の等号はハミルトンベクトル場の定義，第 2 の等号は外微分の定義，第 3 の等号はポアッソン括弧の定義）．$X_{\{f_i,f_j\}}=[V_i,V_j]=0$（定理 2.18）より，(4.13) は 0 である． ∎

142 ——— 第 4 章 ラグランジュ部分多様体をめぐって

**注意 4.60** $\mathbb{R}^n$ の $2n+1$ 次元接触多様体への接触型式を保つ作用の $2n$ 次元の軌道が，ルジャンドル部分多様体であることも同様に示される．

完全可積分系の定義を思い出そう．

**定義 4.61** $f: M \to \mathbb{R}$ を $2n$ 次元シンプレクティック多様体 $(M, \omega)$ 上の関数としたとき，ハミルトンベクトル場 $X_f$ が**完全積分可能**(complete integrable)とは，$f_2, \cdots, f_n$ なる関数が存在し，次の条件が成り立つことを指す ($f = f_1$ とおく)．

（1） $\{f_i, f_j\} = 0$．
（2） $df_1, \cdots, df_n$ は各点で 1 次独立である． □

定義 4.61 の $f_i$ に対して，$X_{f_i}$ で生成される 1 径数変換群 $\varphi_\tau^i$ を考え，
$$(4.14) \qquad (\tau_1, \cdots, \tau_n)(p) = \varphi_{\tau_1}^1 \circ \cdots \circ \varphi_{\tau_n}^n (p)$$
とおく．条件(1)と定理 2.18 から，(4.14)は $\mathbb{R}^n$ の $M$ へのシンプレクティック構造を保つ作用を定める．さらに，$(f_1, \cdots, f_n)$ が運動量写像であるから，この作用はハミルトン作用である．補題 4.59 より，作用の軌道はラグランジュ部分多様体である．軌道がコンパクトで向き付け可能であると，$\mathbb{R}^n$ の作用の軌道であるから $n$ 次元トーラスになり，軌道上への $X_f$ の制限は，$\mathbb{R}^n$ 上の定数係数ベクトル場から導かれる．Arnold–Liouville の定理という ([13], [127] を見よ)．

群作用より少し一般化して，ファイバー束の構造や葉層構造を考えよう．

**定義 4.62** ファイバー束 $\pi: M \to N$ が**ラグランジュファイバー束**(Lagrangian fibration)であるとは，おのおののファイバーがラグランジュ部分多様体であるときをいう．

$M$ 上の葉層構造が**ラグランジュ葉層構造**(Lagrangian foliation)であるとは，おのおのの葉がラグランジュ部分多様体であるときをいう． □

葉層構造の定義は[355]などを見よ．

**定理 4.63** $\pi: M \to N$ をファイバーがコンパクト，連結で向き付け可能であるラグランジュファイバー束とする．

（1） ファイバーはトーラス $T^n$ と同相である．

§4.3 幾何学的量子化――― 143

（2） 任意の $p_0 \in N$ に対して，$p_0$ の近傍 $U$ と，$\pi^{-1}(U)$ への $T^n$ の作用が存在し，$T^n$ の軌道が $\pi$ のファイバーである．

（3） $\bar{f}: U \to \bar{f}(U) \subset \mathbb{R}^n$ なる微分同相写像が存在して，$f = \bar{f} \circ \pi$ が $T^n$ の作用の運動量写像である．

[証明] 必要なら $N$ を小さくとり直して，$N \subset \mathbb{R}^n$ としてよい．$f'_i : M \to \mathbb{R}$ を $\pi : M \to N \subset \mathbb{R}^n$ と $i$ 番目の座標関数の合成とする．$x \in M$, $p = \pi(x) \in N$, $V \in T_x(\pi^{-1}(p))$ とする．$df'_i(V) = V(f'_i) = 0$ ゆえ，定義より $\omega(X_{f'_i}, V) = df'_i(V) = 0$ である．$\pi^{-1}(p)$ はラグランジュ部分多様体であるから，$X_{f'_i} \in T_x(\pi^{-1}(p))$ がわかる．すなわち $X_{f'_i} f'_j = 0$ である．いいかえると $\{f'_i, f'_j\} = 0$．よって，$X_{f'_i}$ たちは $\mathbb{R}^n$ の作用を生成し，$\pi$ のファイバーがその軌道である．Arnold–Liouville の定理により，(1) が得られる．

$f'_i$ を取り替えて，$f = (f_1, \cdots, f_n) : N \to \mathbb{R}^n$ を構成しよう．$\gamma_i : S^1 \to T^n$, $i = 1, \cdots, n$ を $H_1(\pi^{-1}(p_0); \mathbb{Z})$ の生成元とする．$p$ が $p_0$ に近いとき，$\pi^{-1}(p)$ の閉曲線 $\gamma_i^p$ を $\gamma_i$ の近くにとることができる．$\psi_i^p : [0,1] \times S^1 \to M$ を $\psi_i^p(0,t) = \gamma_i(t)$, $\psi_i^p(1,t) = \gamma_i^p(t)$ なるようにとる（図 4.6）．$\bar{f}_i(p) = \int \psi_i^* \omega_M$ とおく．$\pi$ のファイバーがラグランジュ部分多様体であることから，$\bar{f}_i(p)$ は $\gamma_i$ のホモロジー類と $p$ のみにより，$\gamma_i, \psi_i^p$ によらない．

**補題 4.64** $d\bar{f}_1 \wedge \cdots \wedge d\bar{f}_n \neq 0$.

[証明] 微分同相写像 $\varphi : (S^1)^n \to T^n = \pi^{-1}(p_0)$ を $\varphi_*$ で $i$ 番目の $[S^1]$ が $[\gamma_i]$ に移るようにとる．$\bar{\varphi} : (S^1)^n \times V \to M$ なる像への微分同相写像で，$\bar{\varphi} : (S^1)^n \times \{1 \text{点}\}$ が $\pi$ のファイバーであるものがとれる．$V \subset \mathbb{R}^n$, $p_0 = 0$ としてよい．すると，定義から $p = (p_1, \cdots, p_n) \in V$ に対して，

$$\int_{(S^1)^n \times [0, p_1] \times \cdots \times [0, p_n]} \tilde{\varphi}^* \omega^n = (-1)^n \bar{f}_1(p_1) \cdots \bar{f}_n(p_n)$$

が容易にわかる．$\tilde{\varphi}^* \omega^n$ は体積要素であるから，補題が従う． ■

$f = (f_1, \cdots, f_n)$, $f_i = \bar{f}_i \circ \pi$ を運動量写像とする $\mathbb{R}^n$ 作用を考える．補題 4.64 より，その軌道は $\pi$ のファイバーに一致する．$\exp(tX_{f_i})$ をハミルトンベクトル場 $X_{f_i}$ が生成する 1 径数変換群とする．

**補題 4.65** 任意の $x \in M$ に対して，$\exp(X_{f_i})(x) = x$．すなわち $\exp(tX_{f_i})$

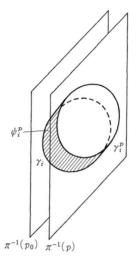

図 4.6 角・運動量座標の作り方

は周期 1 をもつ.

[証明] $\pi(x) = p_0$ として一般性を失わない. Arnold–Liouville の定理により, 1 次独立なベクトル $\vec{t}_1, \cdots, \vec{t}_n \in \mathbb{R}^n$, $\vec{t}_i = (t_{i,1}, \cdots, t_{i,n})$ が存在して,
$$\exp(t_{i,1} X_{f_1} + \cdots + t_{i,n} X_{f_n})(x) = x$$
が成り立つ. $\tau \mapsto \exp(\tau(t_{i,1} X_{f_1} + \cdots + t_{i,n} X_{f_n}))(x)$ なる閉曲線を $\ell_i$ とおく. $\ell_i$ は $H_1(\pi^{-1}(p_0); \mathbb{Z})$ の生成元であるとしてよい. $\ell_i^p$ を $\ell_i$ の近くの $\pi^{-1}(p)$ の閉曲線, $\phi_i^p : [0,1] \times S^1 \to M$ を $\ell_i$ と $\ell_i^p$ を境界にもつ写像とする (図 4.6).

$$\int \phi_i^* \omega_M = \sum t_{i,j} \overline{f}_j(p)$$

である. 一方 $[\ell_i] = \sum n_{i,j} [\gamma_j]$ とすると,

$$\int \phi_i^* \omega_M = \sum n_{i,j} \overline{f}_j(p)$$

である. よって, $t_{i,j} = n_{i,j}$ は整数で, $i, j$ を動かして行列と見ると $SL(n; \mathbb{Z})$ の元である. 補題はこれから得られる. ∎

これで定理 4.63 の証明が完成した. ∎

定理 4.63 の $f = (f_1, \cdots, f_n)$ を考える. 切断 $s : U \to M$ を選び, $\varphi : T^n \times$

$\overline{f}(U) \to M$ を次の式で定義する.

(4.15) $$\varphi(\vec{t},\overline{p}) = \vec{t} \cdot s(\overline{f}^{-1}(\overline{p})).$$

**定義 4.66** (4.15)を角・運動量座標(action angle coordinate)と呼ぶ. □

ラグランジュファイバー束の例をいくつか挙げる.

**例 4.67** 余接束 $T^*N \to N$ はラグランジュファイバー束である. □

**例 4.68**

(4.16) $$N_1 = \left\{ \begin{pmatrix} 1 & p_1 & q_2 \\ 0 & 1 & p_2 \\ 0 & 0 & 1 \end{pmatrix} \,\middle|\, p_1, p_2, q_2 \in \mathbb{R} \right\}$$

(4.17) $$N_2 = \left\{ \begin{pmatrix} 1 & q_1 \\ 0 & 1 \end{pmatrix} \,\middle|\, q_1 \in \mathbb{R} \right\}$$

とおく. また,それぞれで $p_i, q_i \in \mathbb{Z}$ としたものを,$\Gamma_1, \Gamma_2$ と書く. $M = N_1/\Gamma_1 \times N_2/\Gamma_2$ とおく. $dq_1 \wedge dp_1 + dq_2 \wedge dp_2$ は $N_1 \times N_2$ 上の閉微分2型式で,$\Gamma_1 \times \Gamma_2$ で不変である. よって,$M$ 上の微分2型式 $\omega_M$ が定まる. $\omega_M$ がシンプレクティック構造を定めることは,明らかである.

$H_1(M;\mathbb{Z}) = \mathbb{Z}^3$ であるので,$M$ はケーラー多様体にはならない[*3]. (ケーラー多様体の奇数次のベッティ数は偶数であることが,ホッジ理論からわかる.)

$[q_1, q_2, p_1, p_2] \mapsto [p_1, p_2]$ は $M \to T^2$ なるラグランジュファイバー束を定める.
□

**例 4.69** トーリック多様体 $M$ を考え,運動量写像 $f: M \to \mathbb{R}^n$ の臨界値集合を $X \subset \mathbb{R}^n$ とおく. $f$ の $M - f^{-1}(X)$ への制限は $\mathbb{R}^n - X$ の連結成分を底空間にした,ラグランジュファイバー束を与える. □

**例 4.70** $M$ を K3 曲面とする. K3 曲面にはリッチ曲率 0 のリーマン計量(キャラビ–ヤウ計量(Calabi-Yau metric)) $g_M$ が存在する. また 3 種類の複素構造 $I, J, K$ が $I^2 = J^2 = K^2 = -1$, $IJ = K$ を満たすように存在し,$I, J, K$ から,シンプレクティック構造 $\omega_I, \omega_J, \omega_K$ が $(M, g_M, I, \omega_I), (M, g_M, J, \omega_J),$

---

[*3] この例は小平ら 1950, 60 年代に複素曲面の分類を研究している研究者には知られていたと思われる. 後に(1970 年ごろ)Thurstone によっても注意された.

$(M, g_M, K, \omega_K)$ がケーラー多様体になるように定まる.(以上のことを,K3曲面は超ケーラー多様体(hyper Kähler manifold)であるという.以上の事実の証明は[281]を見よ.)

$g_M$ と $I$ をうまく選ぶと,$\pi : (M, I) \to \mathbb{CP}^1$ なる正則写像が存在することも知られている(楕円型K3曲面).

$\pi(x) = p$, $V \in T_x \pi^{-1}(p)$ とすると,$I(V) \in T_x \pi^{-1}(p)$ で $V, I(V)$ が $T_x \pi^{-1}(p)$ の基底である.また $V, I(V), J(V), K(V)$ は互いに直交する.よって,$\omega_J(V, I(V)) = g_M(V, JI(V)) = 0$.すなわち,$\pi$ のファイバーは,シンプレクティック構造 $\omega_J$ について,ラグランジュ部分多様体である.(ただし,$\pi$ には特異ファイバーがあり,ラグランジュファイバー束ではない.) □

**注意 4.71** 例 4.69, 4.70 が示すように,ラグランジュファイバー束の定義で,ファイバー束であること,いいかえると,どの点のファイバーも同じであることを要請するのは,さまざまな状況で強すぎる仮定である.例外的な集合の上で,特異なファイバーをもつ場合を許容するのが自然であると思われる.可積分系の定義でも同様であろう.

§6.6 で見るように,ラグランジュファイバー束はミラー対称性で重要な役割を果たす.

ラグランジュファイバー束とかかわりの深い話題に幾何学的量子化がある.幾何学的量子化は,Kostant [223], Souriau [345] に始まる.詳しい解説が [34], [196], [199], [344], [354], [399] などにある.

第1章で述べた問題 1.5 を思い出そう.問題 1.5 はシンプレクティック多様体 $M$ に対してヒルベルト空間 $\mathfrak{H}$,および,$C^\infty(M)$ の元に対して $\mathfrak{H} \to \mathfrak{H}$ なる作用素を構成せよ,というものであった.このうち半分,つまり $\mathfrak{H}$ の構成の方を,**前量子化**(prequantization)という.$\mathfrak{H}$ の構成のお手本は,$M$ が余接束 $T^*N$ の場合で,この場合は $\mathfrak{H} = L^2(N)$ であった.$L^2(N)$ であって,$L^2(T^*N)$ ではない.つまり,シンプレクティック多様体の上の関数空間ではなく,その半分の次元の空間 $N$ の上の関数空間である.この,関数空間を半分に割る,という操作が前量子化である.

一般のシンプレクティック多様体の場合に,前量子化を構成するには,偏

極という概念を用いる.

**定義 4.72** シンプレクティック多様体 $(M, \omega_M)$ の**偏極**(polarization)とは,$TM \otimes \mathbb{C}$ の階数 $n$ の部分複素ベクトル束 $P$ であって,次の条件を満たすものを指す.

(1) $V, W$ が $P$ の切断であれば,$[V, W]$(ベクトル場の交換子)も $P$ の切断である.

(2) $V, W$ が $P$ の切断であれば $\omega_M(V, W) = 0$ ($\omega_M$ は複素双線型に $TM \otimes \mathbb{C}$ まで拡張しておく). □

**例 4.73** $(M, J_M, \omega_M)$ をケーラー多様体とする.$TM \otimes \mathbb{C}$ を $TM \otimes \mathbb{C} = T^{1,0}M \oplus T^{0,1}M$ と分解する(2.15).$P = T^{0,1}M$ とおくと,$J_M$ が積分可能であるから,条件(1)が成り立つ(補題 2.34).また $V, W \in \Gamma(T^{0,1}M)$ ならば,
$$\omega_M(V, W) = \omega_M(J_M V, J_M W) = \omega_M(\sqrt{-1} V, \sqrt{-1} W) = -\omega_M(V, W)$$
ゆえ,(2)が成り立つ.この $P$ を**ケーラー偏極**(Kähler polarization)という. □

**例 4.74** $\pi : M \to N$ をラグランジュファイバー束とする.$P_x$ をファイバー方向の接空間全体,つまり $P_x = T_x(\pi^{-1}(x)) \otimes \mathbb{C}$ とおくと,(1), (2)が満たされる.この偏極を**実偏極**(real polarization)と呼ぶ.ラグランジュファイバー束でなく,ラグランジュ葉層構造から出発しても,同様に偏極が定義される. □

余接束 $T^*N \to N$ の実偏極 $P$ を考えよう.

(4.18) $\quad \mathfrak{H}_0 = \{s \in C^\infty(T^*N) \mid \forall V \in \Gamma(P),\ Vs = 0\}$

とおく.(以下この節では $C^\infty(M)$ などは,滑らかな'複素数値'関数の集合を指すことにする.)定義から,$\mathfrak{H}_0$ はファイバー上一定値をとる $T^*M$ 上の関数全体,すなわち $M$ 上の関数全体になる.したがって,その完備化が $\mathfrak{H}$ である.

余接束以外の $M$ とその上の偏極 $P$ の場合に,(4.18)を一般化できる.しかし,それには,関数を考えるのではなく,直線束の切断を考える必要がある.$(\mathcal{L}, \nabla)$ を定義 4.30 の前量子化束とする.

**注意 4.75** 前量子化束は $[\omega_M]$ が整数係数コホモロジー類でないと存在しない．$[\omega_M]$ が整数係数コホモロジー類でないとき，前量子化をどう考えるかは面白い問題だと思う．

**定義 4.76** $\mathfrak{H}_0(M,\omega_M,P) = \{s \in \Gamma(M;\mathcal{L}) \mid \forall V \in \Gamma(P),\ \nabla_V s = 0\}.$ □

これは暫定的な定義である．暫定的である理由は後で述べる．

まず，ケーラー偏極の場合を考えよう．この場合は定義 4.76 でうまくいく．$(M,\omega_M,g_M)$ をケーラー多様体とし，$\nabla: \Gamma(M;\mathcal{L}) \to \Gamma(M;\mathcal{L} \otimes \Lambda M)$ を $\nabla = \nabla^{1,0} + \nabla^{0,1}$ と分解する．ここで $\nabla^{1,0}: \Gamma(M;\mathcal{L}) \to \Gamma(M;\mathcal{L} \otimes \Lambda^{1,0}M)$, $\nabla^{0,1}: \Gamma(M;\mathcal{L}) \to \Gamma(M;\mathcal{L} \otimes \Lambda^{0,1}M)$ である．

**補題 4.77** $\bar{\partial} = \nabla^{0,1}$ とおくと，$\bar{\partial}$ は $L$ の複素構造を定める．

[証明] $\omega \in \Lambda^{1,1}M$ で $\nabla^2 = 2\pi\sqrt{-1}\omega \wedge$ ゆえ，$\bar{\partial}^2 = 0$ である．よって定理 2.49 より補題が示される． ∎

補題 4.77 から次のことがわかる．

**補題 4.78** ケーラー偏極 $P$ の場合に，$\mathfrak{H}_0(M,\omega_M,P)$ は $\mathcal{L}$ の正則な切断全体に一致する．

[証明] 「任意の $V \in \Gamma(P)$ に対して $\nabla_V s = 0$」という条件は，$\bar{\partial}s = 0$ と同値である． ∎

次に実偏極の場合を考える．そのために，命題 4.51 に類似の次の補題 4.79 を証明しよう．$(M,\omega_M)$ はシンプレクティック多様体，$(\mathcal{L},\nabla)$ は前量子化束とする．$L$ を $M$ のラグランジュ部分多様体とすると，$F_\nabla = 2\pi\sqrt{-1}\omega$ であるから，$(\mathcal{L},\nabla)$ の $L$ への制限は平坦ベクトル束である．接触多様体 $(S(\mathcal{L}),\theta)$ を考える．

**補題 4.79** 次の 2 つの条件は同値である．

(1) ルジャンドル部分多様体 $\tilde{L} \subset S(\mathcal{L})$ が存在して，$\pi(\tilde{L}) = L$ かつ，$\pi$ は $\tilde{L}$ 上単射である．

(2) $(\mathcal{L},\nabla)$ の，$L$ への制限は自明である．

[証明] $s: L \to S(\mathcal{L})$ なる切断に対して，$s(L)$ がルジャンドル部分多様体である，という条件と，$s$ が接続 $\nabla$ に関して平行である $(\nabla s = 0)$ という条件

は同値である．これから補題が従う． ∎

**定義 4.80** $L$ がボーア–ゾンマーフェルト軌道(Bohr-Sommerfeld orbit) であるとは，補題 4.79 の同値な条件が満たされるときを指す． □

$\pi: M \to N$ をラグランジュファイバー束とし，$(\mathcal{L}, \nabla)$ は前量子化束とする．

**補題 4.81** $M$ がコンパクトであれば，$\pi: M \to N$ のファイバーのうち，ボーア–ゾンマーフェルト軌道であるものは有限個である．

[証明] $T^n(p) = \pi^{-1}(p_0)$ をボーア–ゾンマーフェルト軌道とする．$p_0$ に近い $p$ に対して，$T^n(p)$ がボーア–ゾンマーフェルト軌道ではないことを証明すればよい．$\gamma_1, \cdots, \gamma_n$ を $H_1(T^n(p_0); \mathbb{Z})$ の基底とする．$p$ が $p_0$ に近い点のとき $\gamma_i \in H_1(T^n(p); \mathbb{Z})$ とみなすことができる．この基底 $\gamma_i$ を $\gamma_i^p$ と書こう．$p$ に対して，$h_i(p) = \log \mathrm{hol}_{\gamma_i^p} \nabla$ とおく．すなわち，$h_i(p)$ は接続 $\nabla$ の道 $\gamma_i^p$ に沿ったホロノミー $\mathrm{hol}_{\gamma_i^p} \nabla$ の対数である ($\log$ は $p_0$ で $0$ になる分枝をとる)．$dh_i, i = 1, \cdots, n$ が 1 次独立であることを示せばよい．

定理 4.63 の運動量写像 $f: \pi^{-1}(U) \to \mathbb{R}^n$ を考える．$\psi_i^p: [0,1] \times S^1 \to M$ を定理 4.63 の証明と同様にとる．すなわち $\psi_i^p(0, t) = \gamma_i^{p_0}(t)$，$\psi_i^p(1, t) = \gamma_i^p(t)$ である(図 4.6)．$F_\nabla = 2\pi\sqrt{-1}\,\omega$ ゆえ，ホロノミーと曲率の間のよく知られた関係式より，

$$(4.19) \qquad h_i(p) = 2\pi\sqrt{-1} \int_{[0,1] \times S^1} \psi_i^{p*} \omega$$

である．(4.19) と $f_i$ の定義より

$$(4.20) \qquad h_i(p) = 2\pi\sqrt{-1}\, f_i(p)$$

である．すなわち，$dh_i, i = 1, \cdots, n$ は 1 次独立である ∎

補題 4.81 の証明でした計算で，次の定理が証明される．

**定理 4.82** $(M, \omega_M)$ にハミルトントーラス作用が存在し，$f: M \to \mathbb{R}^n$ が運動量写像とする．$f^{-1}(0)$ はボーア–ゾンマーフェルト軌道とする．$f^{-1}(p)$ が $n$ 次元であるとき，次の 2 つは同値である．

（1） $f^{-1}(p)$ がボーア–ゾンマーフェルト軌道である．

（2） $p \in \mathbb{Z}^n$．

[証明] (4.20) より，$\gamma_i^p \in H_1(f^{-1}(p); \mathbb{Z})$ に沿った $\nabla$ のホロノミーは，

$\exp(2\pi\sqrt{-1}f_i(p))$ である．これから定理が従う． ∎

さて，定義 4.76 をラグランジュファイバー束 $\pi: M \to N$ から得られる実偏極の場合に当てはめてみよう．$\mathcal{L}$ の滑らかな切断 $s$ に対して，$\nabla_V s = 0$ が $V \in P$ に対して成り立っているとする．すると，$s$ のファイバー $f^{-1}(p)$ への制限は $\nabla s = 0$ を満たすことになる（$P$ はファイバー方向のベクトル場全体であった）．したがって，$s$ のファイバー $f^{-1}(p)$ への制限は，$\mathcal{L}$ が $f^{-1}(p)$ 上自明でない限り（すなわち $f^{-1}(p)$ がボーア–ゾンマーフェルト軌道でない限り）0 である．よって，補題 4.81 より，$s$ は 0 でなければならない．結局 $\mathfrak{H}_0(M, \omega, P) = 0$ となってしまった．これが，定義 4.76 を暫定的といった理由である．

これを修正するには，ボーア–ゾンマーフェルト軌道でだけ 0 でない，そして，ボーア–ゾンマーフェルト軌道上では $\nabla$ について平行であるような，超関数的な切断を $\mathfrak{H}$ の元として認めるのが適当であろう．そこで，次のように定義する．

**定義 4.83** $f^{-1}(p)$ がボーア–ゾンマーフェルト軌道であるような $p$ の数を $\ell$ とするとき，前量子化 $\mathfrak{H}(M, \omega_M, P)$ を $\mathbb{C}^\ell$ と定義する． □

**注意 4.84** 例 4.69 の状況（トーリック多様体）では，特異なファイバーがあり，定義 4.83 をそのまま適用することができない．この場合は，定理 4.82 を見て，次のように定義する．

$f: M \to \mathbb{R}^n$ を運動量写像とし，$\ell$ を $f(M) \cap \mathbb{Z}^n$ の点の数とする．このとき，前量子化 $\mathfrak{H}(M, \omega_M, P)$ は $\mathbb{C}^\ell$ である．（この定義では，退化した「ボーア–ゾンマーフェルト軌道」も勘定していることに注意せよ．）

**注意 4.85** Bohr–Sommerfeld の量子条件は次のようなものであった．

エネルギー（ハミルトン関数）が一定値 $E_0$ 以下という不等式で与えられる相空間（シンプレクティック多様体）のコンパクト部分集合を考え，そこに含まれるハミルトンベクトル場の軌道で，ある整数性条件（量子条件）を満たすものの数を数える．この数が，対応する量子力学での，エネルギーが $E_0$ 以下の状態の空間の次元に一致する[*4]．

---

[*4] §4.4 で論じるマスロフ指数は，Bohr–Sommerfeld の量子条件への修正として，発見された．[246], [34], [165] を見よ．

「ハミルトンベクトル場の軌道」をラグランジュファイバー束のファイバーに，「ある整数性条件」をボーア–ゾンマーフェルト軌道であるという条件に，それぞれおきかえれば，実偏極による前量子化で得られるヒルベルト空間が量子力学の状態空間にあたる．

量子力学の場合の別の定式化，つまり，$E_0$ 以下の固有値に属する固有ベクトルの数の類似物が，ケーラー偏極であろう．

**注意 4.86** 層 $\mathfrak{F}_P$ を前層
$$\mathfrak{F}'_P(U) = \{s \mid s \in \Gamma(U, \mathcal{L}),\ \nabla s = 0\}$$
の層化とする．このとき，定義 4.72 の $\mathfrak{H}(M, \omega_M, P)$ に対して，$\oplus H^{\bullet}(M; \mathfrak{F}_p) \simeq \mathfrak{H}(M, \omega_M, P)$ が Śniatycki [343] によって，証明されている．

トーリック多様体の場合に，実偏極とケーラー偏極から作られる前量子化は一致する．この事実は，トーリック多様体の代数幾何学で知られていたと思われるが，幾何学的量子化との関係を注意したのは，Guillemin–Sternberg [168] であると思われる．

**定理 4.87** トーリック多様体 $(M, J_M, \omega_M)$ に対して，
$$\operatorname{rank} H^0(M; \mathcal{L}) = \sharp(f(M) \cap \mathbb{Z}^n)$$
である．ここで $\mathcal{L}$ は前量子化束，$f: M \to \mathbb{R}^n$ は運動量写像である．□

**注意 4.88** シンプレクティック形式 $\omega_M$ を正の整数 $m$ 倍すると，前量子化束 $\mathcal{L}$ が $L^{\otimes m}$ におきかわる．一方運動量写像 $f$ は $mf$ に変わる．すると，$\sharp(mf(M) \cap \mathbb{Z}^n)$ は $f(M)$ の体積の $m^n$ 倍に漸近的に近づく．よって定理 4.87 により，

$$(4.21) \qquad \lim_{m \to \infty} \frac{\operatorname{rank} H^0(M; \mathcal{L}^{\otimes m})}{m^n \operatorname{Vol}(f(M))} = 1$$

がわかる．$\operatorname{rank} H^0(M; \mathcal{L}^{\otimes m})$ の $m \to \infty$ での振舞いを調べることは，代数幾何学で重要である．

**注意 4.89** $\mathfrak{H}(M, \omega_M, P_M)$ はヒルベルト空間になるべきであったから，内積を定めなければならない．また 2 つの互いに異なった偏極 $P_1, P_2$ に対して，$\mathfrak{H}(M, \omega_M, P_1), \mathfrak{H}(M, \omega_M, P_2)$ の間の積 $\mathfrak{H}(M, \omega_M, P_1) \otimes \mathfrak{H}(M, \omega_M, P_2) \to \mathbb{C}$ もさまざまな場合に構成されていて，**Blatter–Kostant–Sternberg の対合**(BKS pairing) と呼ばれる．これは重要な話題であるが，本書では論じない．[199], [344], [354] などを見よ．

幾何学的量子化の次の段階は，$M$ 上の関数から $\mathfrak{H}(M,\omega_M,P_M)$ 上の作用素を構成することである．これは，$M$ 上の関数の作る環の環構造の変形(変形量子化など)ともかかわると思われるが，この方向への研究はまだ初期段階にあるように思われる．

次にシンプレクティック商と，幾何学的量子化の関係を論じる．そのために，運動量写像の概念の接触多様体における類似物を定義しておく．

コンパクトリー群 $G$ が $\mathrm{Aut}(M,\xi_M)$ の部分群で，$\xi_M=\mathrm{Ker}\,\theta_M$ とする．$\theta_M$ を $G$ の作用についての平均でおきかえると，$g^*\theta_M=\theta_M$ が任意の $g\in G$ に対して成り立つようにできる．以後そう仮定する．

**定義 4.90** $f:M\to \mathfrak{g}^*$ が**運動量写像**であるとは，次の(1),(2)が成り立つことを指す．

（1）任意の $W\in\mathfrak{g}$ と $N$ 上の任意のベクトル場 $V$ に対して，$(df)(V)(W)=(d\theta_M)(W,V)$，かつ，$(\theta_M)(W)(p)=f(p)(W)$.

（2）$f(g\cdot p)=(\mathrm{ad}\,g)f(p)$. □

**注意 4.91** 定義 4.90(1)では，$(df)(V)(W)=(d\theta_M)(W,V)$ が，任意の $V$ に対して成り立つことを要求した．これは，一見 $f_W(p)=f(p)(W)$ が生成するハミルトンベクトル場が $W$ であるという条件である，定義 4.22(1)より強い．しかし，われわれは，$g^*\theta_M=\theta_M$ を仮定したので，補題 4.26(2)より，$X_{-1}(f_W)=L_W\theta_M=0$ である．つまり，$(df)(X_{-1})(W)=0=(d\theta_M)(W,X_{-1})$ は自動的に成り立っている．よって，定義 4.90(1)は $f_W$ が生成するハミルトンベクトル場が $W$ であるという条件と同値である．

次の定理は定理 3.2 の類似で，証明も同様である．

**定理 4.92** 運動量写像 $f:M\to\mathfrak{g}^*$ は常に存在する． □

**注意 4.93** シンプレクティック多様体の場合の定理 3.2 には，$H^1(M;\mathbb{R})=0$ という仮定が必要であった．接触多様体の場合には，必要ない．接触構造を保つ任意のベクトル場が，ハミルトンベクトル場であった(定理 4.28)ことを思い出そう．

$\mathcal{L}\to M$ が前量子化束のとき，シンプレクティック構造を保つ $M$ のベクトル場

§4.3 幾何学的量子化 —— 153

$V$ が，$S(\mathcal{L})$ の接触構造を保つベクトル場に持ち上がるための必要十分条件は，$V$ がハミルトンベクトル場であることである．

さて，$\mathcal{L} \to M$ をシンプレクティック多様体 $M$ の前量子化束とする．コンパクトリー群 $G$ が $M$ へのハミルトン作用をもつとし，運動量写像を $f: M \to \mathfrak{g}^*$ とする．シンプレクティック商 $M /\!/ G$ の前量子化束を構成するのが，以下しばらくの目標である．

$f \circ \pi : S(\mathcal{L}) \to \mathfrak{g}^*$ を用いて，$i : \mathfrak{g} \to \mathrm{Lie}(S(\mathcal{L}))$ が次のように定まる．$v \in \mathfrak{g}$ とする．関数 $f_v(x) = f(\pi(x))(v) : S(\mathcal{L}) \to \mathbb{R}$ を考え，そのハミルトンベクトル場 $X_{f_v}$ を $i(v)$ とする．$\partial/\partial t$ を $S(\mathcal{L})$ のレーベベクトル場，つまりファイバー方向のベクトル場とする．

**補題 4.94**

$$[i(v), i(w)] = i[v, w] + \omega_M(v, w)(p) \frac{\partial}{\partial t}$$

である．右辺第 2 項では $v, w$ を $M$ 上のベクトル場とみなしている．

［証明］ $p \mapsto f(p)(v)$ の生成するハミルトンベクトル場が，$v$ が $M$ 上に導くベクトル場と一致することは，運動量写像の定義そのものである．よって，$[i(v), i(w)]$ を底空間に射影すると，$i[v, w]$ である．

ファイバー方向の成分を調べる．$\theta$ を $S(\mathcal{L})$ の接触型式とする．定義より，$\theta(X_{f_v}) = \theta(X_{f_w}) = 0$ である．$\theta$ は接続型式であったから，$X_{f_v}, X_{f_w}$ は $v, w$ の水平方向の持ち上げ (horizontal lift) である．よって，曲率の定義より

$$2\pi\sqrt{-1}[X_{f_v}, X_{f_w}] = F_\nabla(v, w) \frac{\partial}{\partial t}$$

である．曲率 $F_\nabla$ は $2\pi\sqrt{-1}\omega_M$ に一致するから補題を得る． ∎

**例 4.95** $M = \mathbb{C}^2$, $G = U(2)$ とし，$G$ の $M$ 上の線型作用を考える．

$$v = \begin{pmatrix} 0 & 1 \\ -1 & 0 \end{pmatrix} \in u(2), \quad w = \begin{pmatrix} 0 & \sqrt{-1} \\ \sqrt{-1} & 0 \end{pmatrix} \in u(2)$$

とおくと，$\omega_{\mathbb{C}^2}(v, w)(1, 0) \neq 0$ である． □

**注意 4.96** 補題 4.94 は，$\mathfrak{g}$ の作用は $S(\mathcal{L})$ には持ち上がらず，$\mathfrak{g}$ の中心拡大 $\hat{\mathfrak{g}}$

の作用が持ち上がることを意味する.すなわち,完全系列
$$1 \to \mathbb{R} \to \hat{\mathfrak{g}} \to \mathfrak{g} \to 1$$
が存在し,$\mathbb{R}$ は $\hat{\mathfrak{g}}$ のすべての元と交換する.

古典的な系があるリー環 $\mathfrak{g}$ で表される対称性をもつとき,量子化された系の対称性は,中心拡大をとったリー環で表されることがしばしばある.補題 4.94 はその根拠の 1 つである.[148]参照.

**補題 4.97** $f(p) = 0$ ならば,$\omega_M(v, w)(p) = 0$ である.

[証明] 運動量写像の定義により $\omega_M(v, w)(p) = -(d_p f)(v)(w)$ であるが,$f^{-1}(0)$ は $G$ 不変であるから,$(d_p f)(v) = 0$ である. ∎

補題 4.97 より,$\mathfrak{g}$ の作用は,$(\pi \circ f)^{-1}(0) \subset S(\mathcal{L})$ へ持ち上がる.リー群の作用を持ち上げるには,もう 1 つ条件が必要である.簡単のため $M$ は連結とする.

**補題 4.98** $p \in f^{-1}(0)$ とし,$G \cdot p$ を $G$ の軌道とする.

(1) $\mathcal{L}$ の $G \cdot p$ への制限は,$G \sim G \cdot p$ 上の平坦ベクトル束 $\mathcal{L}|_G$ を定める.

(2) $\mathcal{L}|_G$ は $p$ のとり方によらない.

(3) $\mathcal{L}|_G$ が自明であることは,リー環 $\mathfrak{g}$ の $(\pi \circ f)^{-1}(0)$ への作用がリー群 $G$ の $f^{-1}(0)$ への作用を導くことと同値である.

[証明] (1)は,補題 4.94 と $\mathcal{L}$ の曲率が $2\pi\sqrt{-1}\omega_M$ であることからわかる.

$p, q \in f^{-1}(0)$ とする.$M$ は連結だから,定理 3.23 より,$f^{-1}(0)$ も連結である.$\ell : [0, 1] \to f^{-1}(0)$ を $p$ と $q$ を結ぶ,$f^{-1}(0)$ の道とする.$\ell^+ : [0, 1] \times G \to f^{-1}(0)$ を $(t, g) \mapsto g\ell(t)$ で定義する.$v \in \mathfrak{g}$ とすると,$df_{g\ell(t)}(d\ell^+/dt) = 0$ ゆえ
$$\omega_M(v, d\ell^+/dt)(g\ell^+(t)) = df_{g\ell(t)}(d\ell/dt)(v) = 0$$
である.よって,引き戻し $\ell^{+*}\mathcal{L}$ は平坦ベクトル束である.よって,$\mathcal{L}|_G$ は,$p$ によらない.

(3)は今までの議論と次の事実から明らかである:$\ell : [0, 1] \to G$, $x \in S(\mathcal{L})$ に対して,$t \mapsto \ell(t) \cdot x$ は,道 $t \mapsto \pi(\ell(t) \cdot x) = \bar{\ell}(t)$ に沿った,水平方向の持ち上げである. ∎

## §4.3 幾何学的量子化

**命題 4.99** $G$ の $f^{-1}(0)$ への作用が, $(\pi \circ f)^{-1}(0)$ への接触構造を保つ作用に持ち上がるとする. このとき, $(\pi \circ f)^{-1}(0)/G \to f^{-1}(0)/G$ は $M/\!/G = f^{-1}(0)/G$ の前量子化束である.

[証明] 接触型式 $\theta_M$ は $G$ の軌道上 $0$ で, また $G$ 不変である. よって, $(\pi \circ f)^{-1}(0)/G$ 上の微分 1 型式 $\overline{\theta}$ が定まる. $\overline{\theta}$ は $U(1)$ 束 $(\pi \circ f)^{-1}(0)/G \to f^{-1}(0)/G$ の接続型式である. $d\theta = \omega_M$ より, $d\overline{\theta} = \overline{\omega}_M$ が従う. ∎

幾何学的量子化の重要な例は, 第 3 章で何回か話題にした曲面 $\Sigma$ のベクトル束 $E$ 上の平坦接続のモジュライ空間 $R(\Sigma, E)$ である. 以下この場合を述べる. 以下に述べる事柄の中心的な部分, すなわち, $R(\Sigma, E)$ の幾何学的量子化とチャーン–サイモンズゲージ理論・共形場の理論・3 次元多様体や結び目の不変量の関係は, Witten が [393] で明らかにしたものである.

まず, $R(\Sigma, E)$ のラグランジュ部分多様体の構成法を述べる. $E$ は $\Sigma$ 上のコンパクトリー群 $G$ を構造群にもつベクトル束であった. 3 次元多様体 $M$ であって, $\partial M = \Sigma$ なるものを考える. さらに, $E$ が $M$ 上の $G$ を構造群にもつベクトル束の制限になっていると仮定する. $M$ 上の束も同じ記号 $E$ で表す.

**定義 4.100** $R(M, E)$ で $M$ 上の $E$ の平坦接続のゲージ同値類全体を現す. $\mathrm{res} : R(M, E) \to R(\Sigma, E)$ を接続の制限で得られる写像とする. ∎

$\Sigma$ の種数 (genus) を $g$ とする. $R(\Sigma, E)$ は $\dim G(2g-2)$ 次元であることが知られている. $R(\Sigma, E)$ はシンプレクティック「多様体」であった (定理 3.12). 前にも述べたように, $R(\Sigma, E)$ には一般には特異点がある. 特異点の外でだけシンプレクティック構造が存在する. (これが上で括弧を付けた理由である.)

**仮定 4.101** $R(M, E)$ は $\dim G(g-1)$ 次元の「多様体」で $\mathrm{res}$ は「はめ込み」である. ∎

**注意 4.102** ここでも, $R(M, E)$ に多少の特異点がある場合を許容している. 特異点の影響が重要になる段階に立ち入った議論は本書ではしないので, どの程度まで特異点を許すかなどはあいまいにしておく.

**補題 4.103** $\mathrm{res}: R(M, E) \to R(\Sigma, E)$ はラグランジュはめ込みである.

[証明] $[a] \in R(\Sigma, E)$ に対して,接空間 $T_{[a]}R(\Sigma, E)$ は局所係数コホモロジー群 $H^1(\Sigma; \mathrm{Ad}\, a)$ であった(ここで, $\mathrm{Ad}\, a$ は $G$ の $\mathfrak{g}$ への共役表現で,$a$ から誘導される平坦ベクトル束である).一方 $A \in R(M, E)$ とする.接空間 $T_A R(M, E)$ も $H^1(M; \mathrm{Ad}\, A)$ に一致する.res の微分は局所係数コホモロジー群の制限写像 $H^1(M; \mathrm{Ad}\, A) \to H^1(\Sigma; \mathrm{Ad}\, a)$ である.

$u, v \in H^1(M; \mathrm{Ad}\, A)$ をド・ラームコホモロジーで表す.つまり,$u, v$ は $\mathrm{Ad}\, A$ 値の微分 1 型式で $d_A u = d_A v = 0$ である(ここで,外微分 $d_A$ は平坦接続 $A$ を用いて定義する).さて,$R(\Sigma, E)$ 上のシンプレクティック構造の定義より,

$$\omega(\mathrm{res}[u], \mathrm{res}[v]) = -\frac{1}{8\pi^2} \int_\Sigma \mathrm{Tr}(u \wedge v)$$

である.よって,Stokes の定理より

$$\omega(\mathrm{res}[u], \mathrm{res}[v]) = -\frac{1}{8\pi^2} \int_M d\,\mathrm{Tr}(u \wedge v)$$
$$= -\frac{1}{8\pi^2} \int_M \mathrm{Tr}(d_A u \wedge v - u \wedge d_A v) = 0.$$

$\mathcal{L}$ を $R(\Sigma, E)$ 上の前量子化束とする(後で見るように存在する).$\pi: S(\mathcal{L}) \to R(\Sigma, E)$ を射影とする.Jeffrey–Weitsman [192] は補題 4.103 を次のように強めた.

**定理 4.104** ルジャンドルはめ込み $i: R(M, E) \to S(\mathcal{L})$ が存在し,$\pi \circ i = \mathrm{res}$ である. □

定理の証明のために,まず,$R(M, E)$ 上の前量子化束を構成しよう.命題 4.99 によれば,シンプレクティック商上の前量子化束を作るには,元のシンプレクティック多様体の前量子化束上へ,作用をハミルトン作用として持ち上げればよい.持ち上げ方は,運動量写像を引き戻せばよい.

例 3.11 の場合,つまり,$\mathcal{A}(\Sigma, E)$ へのゲージ変換群の作用の場合にこれを実行しよう.以下の議論は [212] の §2.5 と深くかかわる([214] も見よ).以後簡単のため $G = SU(2)$ とする.

まず，$\mathcal{A}(\Sigma, E)$ 上の前量子化束を構成する．自明な束 $\mathcal{A}(\Sigma, E) \times \mathbb{C}$ を考える．この上の接続とは，微分 1 型式のことである．$\mathcal{A}(\Sigma, E)$ はアファイン空間で，接ベクトル空間は $\Gamma(\Sigma; \operatorname{Ad} E \otimes \Lambda^1)$ である．よって，$\mathcal{A}(\Sigma, E) \to \Gamma(\Sigma; \operatorname{Ad} E \otimes \Lambda^1)^*$ なる写像が，$\mathcal{A}(\Sigma, E)$ の微分 1 型式である．$\mathfrak{B}$ を

$$\mathfrak{B}(a)(V) = -\frac{1}{8\pi^2} \int_\Sigma \operatorname{Tr}(a \wedge V)$$

で定義する．$\mathfrak{B}$ は $\mathcal{A}(\Sigma, E) \times \mathbb{C}$ の接続を定める．$d\mathfrak{B} = \omega_{\mathcal{A}(\Sigma, E)}$ が容易に確かめられる．よって，自明束に接続 $\mathfrak{B}$ を考えたものは，$\mathcal{A}(\Sigma, E)$ 上の前量子化束である．

単位球面束 $\mathcal{A}(\Sigma, E) \times S^1$ に $\mathfrak{B}$ が定める接続型式 $\Theta$ は $\Theta = dt - \mathfrak{B}$ である．ここで $t$ は $S^1 = \mathbb{R}/2\pi\mathbb{Z}$ のパラメータである．

さて，$\Theta$ を接触型式とし，$(a, t) \mapsto -F_a/8\pi^2$ を運動量写像とする．補題 4.98 の条件を調べよう．すなわち，ゲージ群 $\mathcal{G}(\Sigma, E)$ の軌道上の，前量子化束のホロノミーを計算する．

**定義 4.105** $M$ をコンパクト 3 次元多様体（境界があってもよい），$E$ を $M$ 上の $G$ 束とする．$E$ の $M$ 上での接続 $A$ に対して，**チャーン–サイモンズ汎関数**（Chern-Simons functional）を

$$\mathfrak{cs}(A) = \frac{1}{8\pi^2} \int_M \operatorname{Tr}\left(A \wedge dA + \frac{2}{3} A \wedge A \wedge A\right)$$

で定義する．また，

$$\frac{1}{8\pi^2} \operatorname{Tr}\left(A \wedge dA + \frac{2}{3} A \wedge A \wedge A\right)$$

のことを**チャーン–サイモンズ型式**といい $cs(A)$ と書く． □

$g: [0,1] \to \mathcal{G}(\Sigma, E)$, $a \in \mathcal{A}(\Sigma, E)$ とする．$g(t)^* a$ なる，$\mathcal{A}(\Sigma, E)$ の元の族が定まる．$g$ を $\Sigma \times [0,1]$ 上のゲージ変換とみなし，$\tilde{g}^* a$ と書く．

**補題 4.106** $t \mapsto g(t)^* a$ なる道に沿った，接続 $\mathfrak{B}$ のホロノミーは，$c \to \exp(2\pi\sqrt{-1}\, \mathfrak{cs}(\tilde{g}a))c$ である．ここで $a$ は $\Sigma \times [0,1]$ 上の接続とみなしている．

［証明］ $t \mapsto g(t)^* a$ の水平持ち上げを $t \mapsto (g(t)^* a, c \exp 2\pi\sqrt{-1}\, h(t))$ とおくと，$\mathfrak{B}$ の定義により，

$$\text{(4.22)} \qquad \frac{dh}{dt} = \frac{1}{8\pi^2} \int_\Sigma \text{Tr}\Big(g(t)^*a \wedge \frac{d}{dt}g(t)^*a\Big)$$

である．(4.22)の被積分関数が，$A=\tilde{g}^*a$ のチャーン–サイモンズ型式であることを確かめよう．$t=0$ で考えれば十分である（$t=t_0$ のところで確かめるには，$g(t_0)^*a$ を $a$ と改めておけばよい）．$g(0)=1$ であった．

$$g(t) = 1 + t\delta g + 2\text{ 次以上の項}$$

とおく．$\tilde{g}^*a$ は $t=0$ で $\delta g dt + a$ である．よって，$t=0$ で

$$cs(\tilde{g}^*a) = \frac{1}{8\pi^2}\text{Tr}\Big((\delta gdt+a)\wedge d(\delta gdt+a) + \frac{2}{3}(\delta gdt+a)^3\Big)$$
$$= \frac{1}{8\pi^2}\text{Tr}(a\wedge d\delta gdt + \delta gdt \wedge (da + a\wedge a)).$$

$a$ は平坦だから，第2項は0である．よって，$cs(\tilde{g}^*a)$ は(4.22)の被積分関数に等しい． ∎

**注意 4.107** 一般に行列値微分型式 $A, B$ に対して，
$$\text{Tr}(A\wedge B) = (-1)^{\deg A \deg B}\text{Tr}(B\wedge A)$$
である．この式は今後もよく用いる．

補題4.107を用いて，$\mathcal{G}(\Sigma, E)$ の閉曲線に沿ったホロノミーを計算しよう．

**補題 4.108** $\pi_1(\mathcal{G}(\Sigma, E)) \simeq \mathbb{Z}$.

［証明］$\mathcal{G}(\Sigma, E)$ は $\Sigma$ から $G=SU(2)\simeq S^3$ への写像全体である．よって，$\mathcal{G}(\Sigma, E)$ の閉曲線は $S^1\times\Sigma$ から，$S^3$ への写像である．$1\in S^1$ を $\mathcal{G}(\Sigma, E)$ の基点に移すという条件は，写像が $\{1\}\times\Sigma$ を $1\in SU(2)$ に移すという条件である．このような写像のホモトピー類は写像度で決まる． ∎

**補題 4.109** $X$ を4次元多様体とし，その境界を $M$ とする．$X$ 上の自明な $SU(2)$ 束 $E$ とその上の接続 $\mathfrak{A}$ を考える．$\mathfrak{A}$ の $M$ への制限を $A$ とする．このとき，次の式が成り立つ：

$$\int_X c^2(\mathfrak{A}) \equiv \mathfrak{cs}(A) \mod \mathbb{Z}.$$

［証明］微分2型式の等式 $dcs(A) = c^2(A)$ が成り立つから，Stokes の定

理より，補題が得られる。

**補題 4.110** $M$ を閉 3 次元多様体，$A$ をその上の $SU(2)$ 束の接続，$g: M \to SU(2)$ とする．このとき，$\mathfrak{cs}(g^*A) = \mathfrak{cs}(A) + \deg g$．

[証明] $M \times [0,1]$ 上の接続 $\mathfrak{A}$ で，$M \times \{0\}$ 上 $g^*A$，$M \times \{1\}$ 上 $A$ であるものをとる．補題 4.109 より，

$$(4.23) \qquad \mathfrak{cs}(g^*A) - \mathfrak{cs}(A) = \int_{M \times [0,1]} c^2(\mathfrak{A})$$

である．$g$ を使って，$M \times \{0\}$ と $M \times \{1\}$ を，その上の束や接続も含めて張り合わせると，$M \times S^1$ 上の $SU(2)$ 束と接続ができる．この接続の第2チャーン類の積分は (4.23) の右辺である．$M \times S^1$ は閉多様体であるから，第2チャーン類の積分は束の位相不変量である．容易にわかるように，これは，$\deg g$ である． ■

**系 4.111** $a$ を $\Sigma$ 上の平坦束，$[g(t)] \in \pi_1(\mathcal{G}(\Sigma, E))$ とし，$g(t)$ が決める $M \times S^1$ 上のゲージ変換を $\tilde{g}$ と書く．このとき，$\mathfrak{cs}(\tilde{g}^*a) = \deg g$ である．左辺で，$a$ は $M \times S^1$ 上の接続とみなした．

[証明] $\mathfrak{cs}(a) = 0$ ($dt$ 成分がない) ゆえ，補題 4.109 より明らか． ■

系 4.111 と補題 4.108 より，ゲージ群 $\mathcal{G}(\Sigma, E)$ の作用が補題 4.98 の仮定を満たすことがわかる．したがって，前量子化束 $\mathcal{L} \to R(\Sigma, E)$ ができる．補題 4.98 の証明を見ると，$\mathcal{L} \to R(\Sigma, E)$ は次のように書けることがわかる．

$g \in \mathcal{G}(\Sigma, E)$ とし，$g(t)$ を $g(0) = 1$, $g(1) = g$ なる $\mathcal{G}(\Sigma, E)$ の道とする．

$$(4.24) \qquad c(a; g) = \exp\left(\frac{\sqrt{-1}}{4\pi} \int_{t=0}^{1} \int_{\Sigma} \mathrm{Tr}\left(g_t^* a \wedge \frac{d}{dt} g_t^* a\right) dt\right)$$

とおく．$\tilde{R}(\Sigma, E)$ を $\Sigma$ 上の平坦接続全体とする．$\tilde{R}(\Sigma, E) \times \mathbb{C}$ を $\mathcal{G}(\Sigma, E)$ の作用 $g \cdot (a, v) = (g^*a, c(a; g)v)$ で割る．この商 $(\tilde{R}(\Sigma, E) \times \mathbb{C})/\mathcal{G}(\Sigma, E)$ が $R(\Sigma, E)$ 上の前量子化束を与える．

**注意 4.112** $c(a; g)$ は

$$(4.25) \qquad \exp\left(\frac{\sqrt{-1}}{4\pi} \int_{\Sigma} \mathrm{Tr}(gag^{-1} \wedge dg\, g^{-1}) + \int_{\Sigma \times [0,1]} \tilde{g}^* \Omega_{SU(2)}\right)$$

と表されることが知られている．ここで $\tilde{g}^*$ は $g(t)$ を $\Sigma \times [0,1] \to SU(2)$ とみなし

た写像で，$\Omega_{SU(2)}$ は $SU(2)$ の体積要素である．(4.25)は直接計算で(4.24)から得られる．

さて，以上で定理 4.104 の証明の準備が整った．

**補題 4.113** $\partial M = \Sigma$, $E$ を $M$ 上のベクトル束，$A$ をその接続で，$A$ の $\Sigma$ への制限 $a$ は平坦とする．$g_M$ を $M$ での $E$ のゲージ変換，その $\Sigma$ への制限を $g$ とする．このとき，次の式が成り立つ．
$$\exp(2\pi\sqrt{-1}\,\mathfrak{cs}(g_M^*A)) = c(a;g)\exp(2\pi\sqrt{-1}\,\mathfrak{cs}(A)).$$

[証明] $M$ は空でない境界をもつから，$M$ から $SU(2)$ への写像は 0 ホモトピックである．$g_M(t)$ を $g_M(0)=1$, $g_M(1)=g_M$ なるようにとる．$g_M(t)$ を $M\times[0,1]$ 上のゲージ変換とみなしたものを $\tilde{g}_M$ と書く．$\tilde{g}_M$ の $\Sigma\times[0,1]$ への制限を $\tilde{g}$ と書く．$A$ を $M\times[0,1]$ 上の接続とみなして $\tilde{g}_M^*A$ を考えると，曲率のゲージ変換不変性より，$c^2(\tilde{g}_M^*A) = \tilde{g}_M c^2(A)\tilde{g}_M^{-1}$ であるが，$A$ は $[0,1]$ 方向の成分をもたないから，微分 2 型式として $c^2(A)=0$ である．よって，$d\mathfrak{cs}(A) = c^2(A)$ と Stokes の定理により
$$\mathfrak{cs}(g_M^*A) - \mathfrak{cs}(A) - \int_{\Sigma\times[0,1]} cs(\tilde{g}^*a) = \int_{M\times[0,1]} c^2(\tilde{g}_M^*A) = 0$$

である．よって(4.24)より補題が得られる． ∎

補題 4.113 より，写像 $i: R(M,E) \to S(\mathcal{L})$ を
$$i([A]) = [\mathrm{res}(A), \exp(2\pi\sqrt{-1}\,\mathfrak{cs}(A))]$$
で定義できる．

**補題 4.114** $i$ はルジャンドルはめ込みである．

[証明] $M$ 上の平坦接続の族 $A(\tau) = A + \tau\delta A + 2$ 次以上の項 を考える．$A, \delta A$ の $\Sigma$ への制限を $a, \delta a$ と書く．$\Theta(da(\tau)/d\tau)$ を $\tau=0$ で計算する．
$$\mathfrak{B}\left(\frac{da(\tau)}{d\tau}\bigg|_{\tau=0}\right) = -\frac{1}{8\pi^2}\int_\Sigma \mathrm{Tr}(a\wedge\delta a) = -\frac{1}{8\pi^2}\int_M d\,\mathrm{Tr}(A\wedge\delta A)$$
$$= \frac{1}{8\pi^2}\int_M \mathrm{Tr}(A\wedge d\delta A - dA\wedge\delta A)$$

$$= -\frac{1}{8\pi^2} \int_M \mathrm{Tr}(A \wedge A \wedge \delta A)$$

(最後の等式を示すのに, $dA + A \wedge A = 0$, $d\delta A + A \wedge \delta A + \delta A \wedge A = 0$ を用いる.) 一方

$$\left.\frac{\mathsf{cs}(A(\tau))}{d\tau}\right|_{\tau=0} = \frac{1}{8\pi^2} \int_M \Big(A \wedge d\delta A + \delta A \wedge dA$$
$$+ \frac{2}{3}(\delta A \wedge A \wedge A + A \wedge \delta A \wedge A + A \wedge A \wedge \delta A)\Big)$$
$$= -\frac{1}{8\pi^2} \int_M \mathrm{Tr}(A \wedge A \wedge \delta A).$$

以上で定理 4.104 は証明された. ∎

**注意 4.115** 仮定 4.101 が満たされない場合でも, $R(M, E)$ を以下のように変形することで, ルジャンドルはめ込みを得ることができる: 平坦接続の定義方程式 $F_\nabla = 0$ を, 境界 $\partial M = \Sigma$ から離れたところで適当に摂動する. すると, 摂動された方程式の解のゲージ同値類全体 $R'(M, E)$ は滑らかな多様体になり, その元は, 境界の近くで平坦接続を定める. さらに, 接続の制限は完全ラグランジュはめ込み $R'(M, E) \to R(\Sigma, E)$, あるいは $S(\mathcal{L})$ のルジャンドル部分多様体を定める. このルジャンドル部分多様体の, ルジャンドル同境類(次の節で説明する)は, 摂動によらず, $M$ の不変量になる([177]).

定理 4.104 の証明の過程で, 前量子化束 $\mathcal{L} \to R(\Sigma, E)$ を構成した. $\Sigma$ に複素構造を決めると, $R(\Sigma, E)$ に複素構造が定まり, また, シンプレクティック型式がケーラー型式になる(§3.3). よって, $\mathcal{L}$ の接続が $\mathcal{L}$ の複素構造を決める. すなわち, $R(\Sigma, E)$ のケーラー偏極が定まる. ケーラー型式を自然数 $k$ 倍してもよい. すると, 前量子化束は $\mathcal{L}^{\otimes k}$ になる.

**定義 4.116** ケーラー偏極を用いた幾何学的量子化による, ヒルベルト空間 $H^0(R(\Sigma, E); \mathcal{L}^{\otimes k})$ のことを, **共形ブロック**(conformal block)という. ☐

共形ブロックは共形場の理論(conformal field theory)で中心的な役割を果たす.

$G = SU(2)$ の場合には, $R(\Sigma, E)$ の実偏極にあたるものが Goldman の定理 4.119 から構成できることが, Weitsman [389]によって指摘された. リー

マン面 $\Sigma$ の種数を $g$ とする．$\Sigma$ 上の $3g-3$ 本の閉曲線 $\gamma_1, \cdots, \gamma_{3g-3}$ を図 4.7 のように引く．すなわち，$\gamma_i$ たちはお互いに交わらず，$\Sigma - (\gamma_1 \cup \cdots \cup \gamma_{3g-3})$ の連結成分がパンツになっているようにとる（図 4.7）．このような $\gamma_i$ のとり方は，$\partial H_g = \Sigma$ なるハンドル体 $H_g$ のとり方と 1 対 1 に対応する．写像 $f = (f_1, \cdots, f_{3g-3}) : R(\Sigma, E) \to \mathbb{R}^{3g-3}$ を $f_i([a]) = \operatorname{Tr} \operatorname{hol}_a(\gamma_i)$ で定める．ここで，$\operatorname{hol}_a(\gamma_i)$ は接続 $a$ の道 $\gamma_i$ に沿ったホロノミーである．

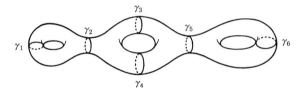

**図 4.7** パンツ分解 $(g=3)$

**定理 4.117** $f$ のファイバーはラグランジュ部分多様体である． □

**注意 4.118** $R(\Sigma, E)$ は一般には特異点をもつ．また，$f$ のファイバーも特異点をもつ場合がある．したがって，定理は特異点の外でだけ意味をもつ．

定理 4.117 は次の定理 4.119 の系である．$\gamma, \gamma' \in \pi_1(\Sigma)$ とし，$f_\gamma([a]) = \operatorname{Tr} \operatorname{hol}_a(\gamma)$，$f_{\gamma'}([a]) = \operatorname{Tr} \operatorname{hol}_a(\gamma')$ とおく．

**定理 4.119** (Goldman [151]，日本語の解説が [211] にある) $\{f_\gamma, f_{\gamma'}\} = \sum_{p \in \gamma \cap \gamma'} (f_{\gamma \sharp_p \gamma'} - f_{\gamma \sharp_p \gamma'^{-1}} - f_\gamma f_{\gamma'})$．ここで，$\gamma \sharp_p \gamma'$ は $\gamma$ と $\gamma'$ を $p$ でつないだ閉曲線を指す． □

定理 4.119 の証明は省略する．

[定理 4.117 の証明] 定理 4.119 より，$\{f_i, f_j\} = 0$ である．よって (4.13) より，どの $f_i$ も $f$ のファイバー上定数であるから，ハミルトンベクトル場 $V_{f_i}$ は $f$ のファイバーに接している．よって，ファイバー上の特異点でない点で，これらはファイバーの接空間を張る．一方 (4.13) と $\{f_i, f_j\} = 0$ より，$\omega(V_{f_i}, V_{f_j}) = 0$ である．ファイバーの次元は $\dim R(\Sigma, E)$ の半分であるから，ファイバーはラグランジュ部分多様体である． ■

定理 4.117 の実偏極は特異点をもっており，定理 4.87 はそのままでは適用できない．しかし，結論はそのまま成り立つことが，Jeffrey–Weitsman [191] によって証明された．

**定理 4.120**
$$\operatorname{rank} H^0(R(\Sigma, E); \mathcal{L}^{\otimes k}) = \sharp(kf(R(\Sigma, E)) \cap \mathbb{Z}^{3g-3}).$$ □

証明は省略する．(4.21) の類似がその系として得られる．

定理 4.117 の証明は，次元勘定を除いて任意のコンパクトリー群で成立する．しかし，$\dim G$ が 3 でないと，$f$ のファイバーの次元は $\dim R(\Sigma, E)$ の半分にはならず，したがって，$f$ は実偏極にはならない．高倉樹 [353] は実偏極でも複素偏極でもない**中間偏極**(intermediate polarization) という概念を考え，一般の $G$ に対する $\dim R(\Sigma, E)$ がそれをもつことを証明した．

定理 4.119 は Andersen–Mattes–Reshetikhin [6], [7] によって，$R(\Sigma, E)$ の変形量子化と結び付けられている．これらの研究は，チャーン–サイモンズ摂動理論 ([27], [28], [217]) を境界付き 3 次元多様体に拡張することを目的の 1 つとしているようであるが，進行中である．

## §4.4 マスロフ指数とラグランジュ同境

マスロフ指数は偏微分方程式の研究の中で Maslov によって発見され ([246])，超局所解析 (micro local analysis) で重要な役割を果たした．その後，ラグランジュ同境の研究との関係，概正則曲線との関係などが次々と見つかり，シンプレクティック幾何学での重要な概念であることが明らかになっている．

$\mathbb{C}^n = \mathbb{R}^{2n}$ に普通のシンプレクティック構造 $\omega_{\mathbb{C}^n}$ を入れる．$\operatorname{Gr}(n; \mathbb{R}^{2n})$ をその $n$ 次元線型部分空間全体とし，$\operatorname{Gr}'(n; \mathbb{R}^{2n})$ を $\omega_{\mathbb{C}^n}$ の向きの付いた $n$ 次元線型部分多様体全体する．これらは**グラスマン多様体**(Grassmannian manifold) と呼ばれる．2 重被覆写像，$\operatorname{Gr}'(n; \mathbb{R}^{2n}) \to \operatorname{Gr}(n; \mathbb{R}^{2n})$ が存在する．

**定義 4.121** $\operatorname{Lag}_n$ を $\operatorname{Gr}(n; \mathbb{R}^{2n})$ の元 $L$ であって，その上で $\omega_{\mathbb{C}^n}$ が消えるもの全体とし，$\operatorname{Lag}'_n$ を $\operatorname{Gr}'(n; \mathbb{R}^{2n})$ の元 $L$ であって，その上で $\omega_{\mathbb{C}^n}$ が消

えるもの全体とする．これらを**ラグランジュ・グラスマン多様体**(Lagrangian Grassmannian manifold)と呼ぶ． □

$\pi_1(\mathrm{Gr}(n;\mathbb{R}^{2n})) = \mathbb{Z}_2$ でその生成元は向き付けに対応した．いいかえると，第 1 スティーフェル–ホイットニー類(1st Stiefel-Whitney class)は同型 $w^1 : \pi_1(\mathrm{Gr}(n;\mathbb{R}^{2n})) \simeq \mathbb{Z}_2$ を与える($w^1$ による 2 重被覆が $\mathrm{Gr}'(n;\mathbb{R}^{2n})$ である)．

**定理 4.122**  $\pi_1(\mathrm{Lag}_n) = \mathbb{Z}$．また可換な図式(4.26)が存在する．

(4.26)
$$\begin{array}{ccc} \mathbb{Z} = \pi_1(\mathrm{Lag}'_n) & \longrightarrow & \pi_1(\mathrm{Gr}'(n;\mathbb{R}^{2n})) = 0 \\ \times 2 \downarrow & \circlearrowright & \downarrow \\ \mathbb{Z} = \pi_1(\mathrm{Lag}_n) & \longrightarrow & \pi_1(\mathrm{Gr}(n;\mathbb{R}^{2n})) = \mathbb{Z}_2 \end{array}$$
□

定理 4.122 から $\pi_1(\mathrm{Lag}'_n) = \mathbb{Z}$ であって，$\mathrm{Lag}'_n \to \mathrm{Lag}_n$ なる 2 重被覆写像が存在することもわかる．

**定義 4.123**  定理 4.122 の同型写像 $\in \mathrm{Hom}(\pi_1(\mathrm{Lag}_n), \mathbb{Z}) \simeq H^1(\mathrm{Lag}_n; \mathbb{Z})$ を**普遍マスロフ類**(universal Maslov class)と呼ぶ．

また，閉曲線 $\gamma : S^1 \to \mathrm{Lag}_n$ に対して，定理 4.122 の同型で対応する整数を $\gamma$ の**マスロフ指数**(Maslov index)という． □

[定理 4.122 の証明]  $Sp(n)$ で $\mathbb{R}^{2n}$ の $\omega_{\mathbb{C}^n}$ を保つ線型変換全体を表す(シンプレクティック群と呼ぶ)．シンプレクティック群は $\mathrm{Lag}_n, \mathrm{Lag}'_n$ に作用する．

$$Sp(n)_0 = \{g \in Sp(n) \mid g\mathbb{R}^n = \mathbb{R}^n\}$$
$$Sp(n)_{00} = \{g \in Sp(n) \mid g\mathbb{R}^n = \mathbb{R}^n, \ g \text{ の } \mathbb{R}^n \text{ への作用は向きを保つ}\}$$

とおく．

**補題 4.124**  $Sp(n)$ の $\mathrm{Lag}_n, \mathrm{Lag}'_n$ への作用は推移的である． □

証明は読者に任せる．補題より
$$\mathrm{Lag}_n = Sp(n)/Sp(n)_0, \quad \mathrm{Lag}'_n = Sp(n)/Sp(n)_{00}$$
である．$U(n)$ (ユニタリ群)が $Sp(n)$ の部分群であることに注意する．このとき

**補題 4.125**  $U(n) \subset Sp(n)$ はホモトピー同値写像である． □

証明は読者に任せる(行列の極分解)．ところで，

§4.4 マスロフ指数とラグランジュ同境 —— 165

$$U(n) \cap Sp(n)_0 = O(n), \quad U(n) \cap Sp(n)_{00} = SO(n)$$

である.よって次の命題を得る.

**命題 4.126** $\text{Lag}_n$ は $U(n)/O(n)$ とホモトピー同値である.$\text{Lag}'_n$ は $U(n)/SO(n)$ とホモトピー同値である. □

ホモトピー完全系列

$$\pi_1(O(n)) \to \pi_1(U(n)) \to \pi_1(U(n)/O(n)) \to \pi_0(O(n)) \to 1$$

および同型 $\pi_1(O(n)) = \mathbb{Z}_2$, $\pi_1(U(n)) = \mathbb{Z}$ より,$\pi_1(\text{Lag}_n) = \mathbb{Z}$ がわかる.また,$\pi_0(O(n)) = \mathbb{Z}_2$ の 0 でない元が $w^1$ を表しているから,全射 $\pi_1(\text{Lag}_n) = \pi_1(U(n)/O(n)) \to \pi_0(O(n))$ が存在し,図式(4.26)を可換にする.

命題 4.126 から,$\text{Lag}_n$, $\text{Lag}'_n$ の高次のコホモロジーも計算される.答えだけ書いておく(証明は[49], [369]参照).

**定理 4.127**

$$H^*(\text{Lag}_{2n}; \mathbb{Q}) \simeq H^*(\text{Lag}_{2n-1}; \mathbb{Q}) \simeq H^*(S^1 \times S^5 \times \cdots \times S^{4n-3}; \mathbb{Q})$$

$$H^*(\text{Lag}'_{2n-1}; \mathbb{Q}) \simeq H^*(S^1 \times S^5 \times \cdots \times S^{4n-3}; \mathbb{Q})$$

$$H^*(\text{Lag}'_{2n}; \mathbb{Q}) \simeq H^*(S^1 \times S^5 \times \cdots \times S^{4n-3} \times S^{2n}; \mathbb{Q})$$

□

マスロフ指数のもう少し具体的な計算法を述べよう.$\text{Lag}_{n,0}$, $\text{Lag}'_{n,0}$ を $\sqrt{-1}\mathbb{R}^n$ と横断的な $\text{Lag}_n, \text{Lag}_{n,0}$ の元全体とする.

**補題 4.128** $\text{Lag}_{n,0}, \text{Lag}'_{n,0}$ は可縮である.

[証明] $\text{Lag}_{n,0}$ の元 $L$ は $\mathbb{R}^n \to \sqrt{-1}\mathbb{R}^n$ なる線型写像 $\psi_L$ とみなすことができる.$t \in \mathbb{R}$ に対して $t\psi_L$ も再び $\text{Lag}_{n,0}$ の元に対応する.これを $f_t(L)$ と書く.$f_0(L) = \mathbb{R}^n$ だから,$f$ が $\text{Lag}_{n,0}$ を 1 点につぶすホモトピーである.$\text{Lag}'_{n,0}$ の場合も証明は同じである. ■

**命題 4.129** $\text{Lag}_n - \text{Lag}_{n,0}$, $\text{Lag}'_n - \text{Lag}'_{n,0}$ が普遍マスロフ類のポアンカレ双対を表すサイクルである.

[証明] $\text{Lag}_n - \text{Lag}_{n,0}$ が $\text{Lag}_n$ で余次元 1 であることが容易にわかる.よって,補題 4.128 より命題 4.129 が従う. ■

命題 4.129 より,閉曲線 $\gamma: S^1 \to \text{Lag}_n$ のマスロフ指数の計算法がわかる.すなわち,$\gamma$ を $\text{Lag}_n - \text{Lag}_{n,0}$ と横断的にして,$\text{Lag}_n - \text{Lag}_{n,0}$ を横切るた

びに ±1 を与えその和をとればよい.

符号 ± のとり方を説明しよう. $\mathbb{C}^n$ を $\mathbb{R}^n$ の余接束 $T^*\mathbb{R}^n$ とみなす. ただし, 首を横に傾けて, $\sqrt{-1}\mathbb{R}^n$ が 0 切断とする (つまり実数部分の方向をファイバーとする). $L \in \mathrm{Lag}_n$ とする. $L$ は $\mathbb{R}^n$ とは横断的であるとしても一般性を失わない. $L$ が $\sqrt{-1}\mathbb{R}^n$ と横断的でない場合を考える. $L \subset T^*\mathbb{R}^n$ とみなすと, $L$ は $\mathbb{R}^n$ 上のある閉微分 1 型式 $u$ のグラフとみなすことができる. $L$ が線型であるから, $u$ はある 2 次型式 $f$ に対する $df$ である. $f$ の固有値に 0 がある場合に, $L$ と $\sqrt{-1}\mathbb{R}^n$ が横断的でなくなる. さて, $L_t$ が $\mathrm{Lag}_n$ の元の族とし, $L_0$ が $\sqrt{-1}\mathbb{R}^n$ が横断的でないとする. $L_t$ が $df_t$ のグラフとする. このとき, $f_0$ の近くで $f_t$ の固有値が 1 つ符号を変える (これは, $L_t$ が $\mathrm{Lag}_n - \mathrm{Lag}_{n,0}$ と横断的である, ということのいいかえである). そこで, 符号を固有値が負から正に変わるとき $+1$, 正から負に変わるとき $-1$ と定める.

次にシンプレクティック多様体 $(M, \omega_M)$ のラグランジュ部分多様体 $L$ のマスロフ指数 $\mu : \pi_2(M, L) \to \mathbb{Z}$ を定義しよう. $u : (D^2, \partial D^2) \to (M, L)$ とする. $M$ に $\omega_M$ と整合的な概複素構造 $J_M$ をとる. $D^2$ 上の複素ベクトル束 $u^*TM$ には自明化が一意に存在する.

(4.27) $$u^*TM \simeq D^2 \times \mathbb{C}^n$$

と書く. $\partial D^2$ に制限すると, $z \in \partial D^2 \mapsto T_{u(z)}L$ は同型 (4.27) を用いて写像

(4.28) $$\partial D^2 \to \mathrm{Lag}_n$$

を引き起こす.

**定義 4.130** (4.28) のマスロフ指数を, $[u] \in \pi_2(M, L)$ の**マスロフ指数**といい $\mu(u)$ と書く. □

(4.28) のマスロフ指数が, 概複素構造, 自明化 (4.27) や $[u]$ の代表元のとり方によらないことは, 明らかである. (概複素構造のとり方によらないことは, シンプレクティック構造と整合的な概複素構造の集合が連結であること (命題 2.25) による.)

余接束の場合は $\mu : \pi_1(L) \to \mathbb{Z}$ が定まる. まず, 素朴に定義しよう. $i : L \to T^*N$ をラグランジュはめ込みとする. $i$ を動かして, 以下で必要な横断正則

性が成り立っているとしておく．$[\gamma] \in \pi_1(L)$ とする．$x \in T^*N$ に対して，ファイバー方向の接ベクトル全体のなす $T_x T^*N$ の部分空間 $F_x$ が定まる．$\epsilon_i = \pm 1$ をマスロフ指数の計算法のところで説明したのと同じように定義する．すなわち $\gamma(t_i)$ の近傍で，$T^*M$ を $T^*\mathbb{R}^n$ と同一視する．ただし，90度回転して，$T^*M$ のファイバー方向が $T^*\mathbb{R}^n$ の $\mathbb{R}^n$（0切断）の方向であるとする．$(di)(T_tL)$ を2次型式 $f_t$ のグラフとみなす．$f_t$ の固有値が $t_i$ の近くで，0を負から正に横切るか，正から負に横切るかで，$\epsilon_i = 1$ または $\epsilon_i = -1$ とする．

$$(4.29) \qquad \mu(\gamma) = \sum_{i=1}^{m} \epsilon_i$$

と定義する．例として，図4.8の場合（$\mathbb{C} = T^*\mathbb{R}^1$ のラグランジュ部分多様体）を計算してみよう（ここでは $y$ 軸の方向をファイバーとみなしている）．図4.8(a)では，ファイバー方向と $(di)(T_tL)$ が横断的でないのは2点で，どちらも，その点で $(di)(T_tL)$ は反時計回りに回転している．よって $\pi_1(S^1)$ の生成元のマスロフ指数は2である．一方，図4.8(b)では，一方（右側）では反時計回りに，もう一方では，時計回りに回転している．よって，$\pi_1(S^1)$ の生成元のマスロフ指数は0である．

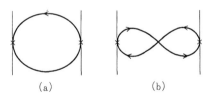

図 4.8 マスロフ指数の計算

定義をもう少し抽象的に見てみよう．（まだ，(4.29)が $\gamma$ のホモトピー類にしかよらないことも証明していない．）そのためにファイバー束の代数的位相幾何学を用いる．まず，命題4.126は次のようにいいかえられる．$\mathrm{Gr}(n; \mathbb{C}^m)$ を $\mathbb{C}^m$ のなかの $n$ 次元複素部分空間全体，$\mathrm{Gr}(n; \mathbb{R}^m)$ を $\mathbb{R}^m$ のなかの $n$ 次元実部分空間全体とする．その $m \to \infty$ での帰納的極限を $\mathrm{Gr}^{\mathbb{C}}(n; \infty)$，$\mathrm{Gr}^{\mathbb{R}}(n; \infty)$ とする．$\mathbb{R}^m$ のなかの $n$ 次元実部分空間は，$\mathbb{C}$ とのテンソル積を考えると $\mathbb{C}^m$ のなかの $n$ 次元複素部分空間を定めるから，写像 comp: $\mathrm{Gr}^{\mathbb{R}}(n; \infty) \to$

$\mathrm{Gr}^{\mathbb{C}}(n;\infty)$ が定まる.

**補題 4.131** comp のファイバーは $\mathrm{Lag}_n$ とホモトピー同値である.

[証明] $\mathrm{Gr}^{\mathbb{C}}(n;\infty)$, $\mathrm{Gr}^{\mathbb{R}}(n;\infty)$ は可縮な空間を $U(n)$, $O(n)$ で割ったものとホモトピー同値である. よってファイバーは $U(n)/O(n)$ とホモトピー同値である. よって命題 4.126 から補題 4.131 が得られる. ∎

2つの写像 $f_1:X \to \mathrm{Gr}^{\mathbb{R}}(n;\infty)$, $f_1:X \to \mathrm{Gr}^{\mathbb{R}}(n;\infty)$ で, comp $\circ f_1 \sim$ comp $\circ f_2$ ($\sim$ はホモトピックを意味する)なるものがあったとする. すると, その「差」$f_1 - f_2 \in [X \to \mathrm{Lag}_n]$ が定まる ($[X \to Y]$ は $X$ から $Y$ への写像のホモトピー類全体を表す). $f_1 - f_2$ は $f_1, f_2$ をホモトピックに変えても不変である.

上の事実が補題 4.131 から導かれるということは, ファイバー束(あるいはファイバー空間)についての基本的な事実である. 代数位相幾何学の教科書([175], [346]など)を見よ.

さて, ベクトル束の分類定理([175], [346]などを見よ)により, 接ベクトル束の分類写像 $\mathrm{cl}_{TN}: N \to \mathrm{Gr}^{\mathbb{R}}(n;\infty)$ が定まる. ところで, $T^*N$ には概複素構造が定まるから, 接ベクトル束の分類写像 $\mathrm{cl}_{T^*N}: T^*N \to \mathrm{Gr}^{\mathbb{C}}(n;\infty)$ が定まる. $T^*N$ の接ベクトル束は, $TN$ の $\pi: T^*N \to N$ による引き戻しの複素化に, 複素ベクトル束として同型である. よって

(4.30) $\qquad\qquad \mathrm{comp} \circ \mathrm{cl}_{TN} \circ \pi \sim \mathrm{cl}_{T^*N}$

一方, $i: L \to T^*N$ をラグランジュはめ込みとする. 線型空間 $(di)(T_{i(t)}L)$ と $J_{T^*N}((di)(T_{i(t)}L))$ は横断的だから, この2つで $T_{i(t)}T^*N$ を張る. よって, 同型 $i^*T(T^*N) \simeq TL \otimes \mathbb{C}$ が定まる. したがって,

(4.31) $\qquad\qquad \mathrm{cl}_{T^*N} \circ i \sim \mathrm{comp} \circ \mathrm{cl}_L$

が得られる ($\mathrm{cl}_L: L \to \mathrm{Gr}(n;\infty)$ は $L$ の接ベクトル束の分類写像). (4.30), (4.31) より, $\mathrm{comp} \circ \mathrm{cl}_{TN} \circ \pi \circ i \sim \mathrm{comp} \circ \mathrm{cl}_L$ すなわち, $\mathrm{cl}_{TN} \circ \pi \circ i$ と $\mathrm{cl}_L$ は同一の写像 $: L \to \mathrm{Gr}^{\mathbb{C}}(n;\infty)$ の異なる持ち上げである. よって

(4.32) $\qquad\qquad \mathrm{cl}_{TN} \circ \pi \circ i - \mathrm{cl}_L \in [L \to \mathrm{Lag}_n]$

が定まる. このホモトピー類を $\eta_L$ と書くことにしよう.

**定義 4.132** $\eta_{L*}: \pi_1(L) \to \pi_1(\mathrm{Lag}_n) = \mathbb{Z}$ のことを**マスロフ指数**という. ∎

次の2つの補題の証明は演習問題とする.

**補題 4.133** 定義 4.132 のマスロフ指数は (4.29) と一致する. □

**補題 4.134** 下の図式 (4.33) は可換である.ここで左側の写像は定義 4.130 のマスロフ指数,右側の写像は定義 4.132 のマスロフ指数である.

(4.33)
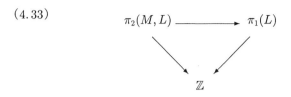

□

補題 4.134 は余接束の場合,定義 4.132 のマスロフ指数が $\pi_2(M) \to \pi_2(M, L)$ の像の上で 0 であることを意味する.このことは次の命題 4.135 の帰結でもある.シンプレクティック多様体 $(M, \omega)$ には,整合的な概複素構造が連続変形を除いて一意に定まる.よって,$TM$ 上に複素ベクトル束の構造が一意に定まる.よって,チャーン類 (Chern class) $c^k(TM)$ が定まる.これを単に $c^k(M)$ と書く.

**命題 4.135** $c^1 : \pi_2(M) \to \mathbb{Z}$ を $u \mapsto \int_{S^2} u^* c^1(M)$ で定めると,図式 (4.34) は可換である.

(4.34)
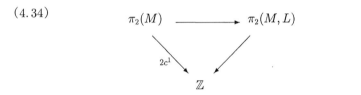

□

**注意 4.136** (4.29) の計算法は次のようにいいかえることもできる.$[\gamma] \in \pi_1(L)$ とし,$\pi \circ \gamma : S^1 \to N$ を考える.この合成写像が焦点集合 $\subset N$ とぶつかるたびに $\pm 1$ を与える.(正確には,考えている分枝と関係ない焦点集合にぶつかってもなにも与えない.図 4.9 の左側の焦点の場合) その和がマスロフ指数である.このとき,考える焦点集合は,余次元 1 の成分つまり折り目だけとしてよい.

$\eta_L$ から決まるより一般の写像 $\eta_{L*} : H_k(L) \to H_k(\mathrm{Lag}_n)$ を調べるには,より余次元が高いラグランジュ特異点を考える必要がある.ラグランジュ特異点とこのよ

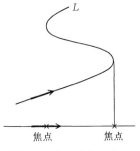

図 4.9 なにも与えない

うな「高次のマスロフ指数」との関係も研究されている(Vassilyev[*5][376]など参照).

チャーン類,ポントリャーギン類(Pontrjagin class),スティーフェル–ホイットニー類などの特性類は,同境理論(cobordism theory)で重要な役割を演ずる([1], [356]など参照).

マスロフ指数もラグランジュ部分多様体の同境理論と深くかかわる.その概略を述べておく.ラグランジュ同境の研究は,Arnold [12]に始まると思われる.本書のラグランジュ同境の議論は[376]などを参考にした([23]には同境群の計算などが書かれている).まず同境の概念の復習から始めよう.

**定義 4.137** 2 つの境界のない $n$ 次元コンパクト多様体 $M_1, M_2$ が**同境** (cobordant)であるとは,境界付き $n+1$ 次元コンパクト多様体 $W$ が存在し,$\partial W = M_1 \cup M_2$ となっていることを指す.

$M_1, M_2$ に向きが付いているとき,それらが**向き付き同境**(oriented cobordant)とは,向きの付いた境界付き $n+1$ 次元コンパクト多様体 $W$ が存在し,$\partial W = M_1 \cup -M_2$ となっていることを指す.ここで,$-M_2$ は $M_2$ の向きをひっくり返したものを指す. □

同境理論は,Pontrjagin, Rholin の先駆的な業績の後を受けて,Thom によって創始され,微分位相幾何学そのものの誕生の産婆役を果たした(日本

---

[*5] ヴァシリエフは結び目の不変量でも有名な Vassiliev と同一人物である.ここでの英語表記は[376]に従った.

§4.4 マスロフ指数とラグランジュ同境 —— 171

語で読める解説には[1], [356]などがある). 以下に述べる, ラグランジュ同境の理論でも, この Thom らのアイデアが使われる.

さて, $n$ 次元多様体の余接束 $T^*M_1$ と $T^*M_2$ を考える. $i_1: L_1 \to T^*M_1$, $i_2: L_2 \to T^*M_2$ をコンパクト多様体のラグランジュはめ込みとする. $M_1$ と $M_2$ は同境とし, $\partial W = M_1 \cup -M_2$ を定義 4.137 の通りとする.

**定義 4.138** $L_1$ と $L_2$ が $W$ で**ラグランジュ同境**(Lagrangian cobordant) とは, $n+1$ 次元コンパクト多様体 $\hat{L}$ とラグランジュはめ込み $i: \hat{L} \to T^*W$ であって, 次の条件を満たすことを指す.

(1) $\partial \hat{L} = L_1 \cup L_2$.

(2) $i^{-1}(M_1) = L_1$, $i^{-1}(M_2) = L_2$, かつ, $\hat{L}$ は境界 $M_1, M_2$ と横断的に交わる.

(3) $\pi \circ i|_{L_1} = i_1$, $\pi \circ i|_{L_2} = i_2$. ここで $\pi: T^*M|_{M_1} \to T^*M_1$ は自然に定まる写像である.

$L_1, L_2$ が向き付け可能なとき, $L_1$ と $L_2$ が $W$ で**向き付きラグランジュ同境** (oriented Lagrangian cobordant)とは, $L$ が向き付け可能で, (1)を $\partial L = L_1 \cup -L_2$ でおきかえた条件が満たされることを指す.

$M_1 = M_2 = M$ で $W = M \times [0,1]$ のとき, 単に $L_1$ と $L_2$ はラグランジュ同境, 向き付きラグランジュ同境という. ラグランジュ同境を $L_1 \sim_{\text{cob}} L_2$, 向き付きラグランジュ同境を $L_1 \sim_{\text{ocob}} L_2$ と書くことにしよう(本書だけの記号).
□

以後本書では, $M_1 = M_2 = M$, $W = M \times [0,1]$ の場合しか扱わない.

**補題 4.139** ラグランジュ同境, 向き付きラグランジュ同境は同値関係である.

[証明] $L_1 \sim_{\text{cob}} L_2 \Rightarrow L_2 \sim_{\text{cob}} L_1$ および $L \sim_{\text{cob}} L$ は自明である. 推移律 $L_1 \sim_{\text{cob}} L_2$, $L_2 \sim_{\text{cob}} L_3 \Rightarrow L_1 \sim_{\text{cob}} L_3$ を示そう.

$i_{12}: \partial \hat{L}_{12} \to T^*(M \times [0,1])$, $i_{23}: \partial \hat{L}_{23} \to T^*(M \times [0,1])$ を, $\partial L_{12} = L_1 \cup L_2$ など定義の条件を満たすようにとる.

$T^*(M \times [0,1]) = T^*M \times [0,1] \times \mathbb{R}$ である. この同一視のもとで, $x_{2;12} \in L_2 \subset L_{12}$, $x_{2;23} \in L_2 \subset L_{23}$ に対して $i_{12}(x_{2;12}) = (i_2(x), (1, g(x)))$, $i_{23}(x_{2;23}) = (i_2(x),$

$(0, h(x)))$ とおく（この式で $g, h$ を定義する）．$g \neq h$ であると，$i_{12}, i_{23}$ を，そのままでは，張り合わせることができない．

この点を解決するために，$\chi:[0,1]\to[0,1]$ なる滑らかな関数で

$$\chi(t)=\begin{cases} 0, & t<2/5 \text{ のとき,} \\ 1, & t>3/5 \text{ のとき,} \end{cases}$$

なるものをとる．$x=(y,t)\in T^*M\times[0,1]$ に対して，$\tau_1(x)=(y,t/3), \tau_2(x)=(y,(t+2)/3)$ と書く．$L=L_{12}\cup(L_2\times[0,1])\cup L_{23}$ とし，$I:L\to T^*M\times[0,1]$ を次の式で定義する．

$$i(x)=\begin{cases} \tau_1\circ i_{12}(x), & x\in L_{12} \text{ のとき,} \\ (i_2(y),(t+1)/3,(1-\chi(t))g(x)+\chi(t)h(y)), \\ \qquad x=(y,t)\in L_2\times[0,1] \text{ のとき,} \\ \tau_2\circ i_{23}(x), & x\in L_{23} \text{ のとき.} \end{cases}$$

$(L,i)$ が $L_1$ と $L_3$ のラグランジュ同境を与えることは明らかである．向き付きの場合も同様． ∎

次にルジャンドル部分多様体の場合を考えよう．その前に1つ大切な注意をする．

**注意 4.140** ルジャンドル部分多様体は，$2n+1$ 次元多様体のなかの $n$ 次元部分多様体である．Whitney の定理により，$2n+1$ 次元多様体 $M$ へ $n$ 次元多様体 $N$ から写像があるとき，それを少し動かして埋め込みにできる（[356]など参照）．もともとの写像が，ルジャンドルはめ込みだと，少し動かして，ルジャンドル埋め込みとできることも（補題 4.23 を用いて）そんなに難しくなく証明できる．したがって，同境理論などのためにはルジャンドルはめ込みは考えず，ルジャンドル部分多様体に限っても，何も失うものはない．

ラグランジュ部分多様体の場合には話が異なる．$2n$ 次元多様体への $n$ 次元多様体からの写像があったとき，これをはめ込みで近似することはいつもできる．しかし，埋め込みで近似することは不可能である（$\mathbb{R}^2$ のなかの $S^1$ を考えれば明らかであろう）．近似するのではなく，大きく（はめ込みであるという性質を保ちつつ）動かして，埋め込みにできるか，というのは，微分位相幾何学の基本的な問題

§4.4 マスロフ指数とラグランジュ同境 —— 173

で，$n > 2$ ならば，$\mathbb{R}^{2n}$ のなかの $n$ 次元多様体の場合には可能であるというのが，やはり Whitney の定理であった([390])．この定理の証明には，$2n+1$ の場合とは違って，大域的手法，すなわちホイットニートリック[*6]が使われる．ラグランジュ埋め込みとラグランジュはめ込みの違いは，したがって，重大である．§5.4 でラグランジュ部分多様体として埋め込めないが，はめ込める多様体の例を見る．

ラグランジュ同境は，ラグランジュ部分多様体の場合を考えることもできる．(その場合，$L_{12}$ をラグランジュ部分多様体としてもラグランジュはめ込みとしても，結果は，後に述べる補題 4.145 により同じである．) ラグランジュはめ込みの同境類全体は，ラグランジュ埋め込みの同境類全体とは異なると思われる．

さて，$T^*M \times \mathbb{R}$ なる接触多様体(補題 4.29)を考え，$L_1, L_2$ をそのコンパクトなルジャンドル部分多様体とする．余接束 $T^*(M \times [0,1])$ の $M \times \{0\}$ および $M \times \{1\}$ への制限を $T^*M \times \mathbb{R}$ と同一視する．

**定義 4.141** $L_1$ が $L_2$ にルジャンドル同境(Legendrian cobordant)であるとは，$L_{12}$ なる $T^*(M \times [0,1])$ のコンパクトなラグランジュ部分多様体が存在し，$L$ は境界 $\partial T^*(M \times [0,1])$ と横断的に交わり，上で述べた同一視で，$L_{12} \cap \partial T^*(M \times [0,1]) = L_1 \cup L_2$ となることをいう．

向き付きルジャンドル同境の定義も同様である． □

ルジャンドル同境が同値関係であることを見るのはやさしい．

ラグランジュ同境を余接束でない場合にどう考えるのか，筆者は不勉強で知らないのだが，ルジャンドル同境の定義は容易に一般化できる．$N$ を接触多様体とし，$N \times \mathbb{R}$ をそのシンプレクティック化(定義 4.43)とする．$L_1, L_2$ を $N$ の(コンパクトな)ルジャンドル部分多様体とする．

**定義 4.142** $L_1, L_2$ がルジャンドル同境とは，$N \times [0,1]$ の(コンパクトな)ラグランジュ部分多様体 $L$ が存在し，$L$ は $\partial(N \times [0,1])$ と横断的に交わり，$L \cap (N \times \{0\}) = L_1, L \cap (N \times \{1\}) = L_2$ を満たすことを指す．向き付きルジャンドル同境も同様． □

ルジャンドル同境も $L_1 \sim_{\text{cob}} L_2, L_1 \sim_{\text{ocob}} L_2$ などと本書では表す．

---

[*6] [258], [356]で解説されている．

シンプレクティック化上のシンプレクティック型式は $e^t(dt\wedge\theta+d\theta)$ だったから，ルジャンドル部分多様体 $L_1$ に対して $L=L_1\times\mathbb{R}$ はラグランジュ部分多様体である．また，$N\times\mathbb{R}\to N\times\mathbb{R}$, $(x,t)\mapsto(x,-t)$ はシンプレクティック同相写像ではないが，ラグランジュ部分多様体をラグランジュ部分多様体に移す．このことに注意すると，ルジャンドル同境が同値関係であることがわかる．

$N$ のルジャンドル部分多様体 $L,L'$ があったとき，少しずらして(ルジャンドル同境類を変えずに)，この2つがお互いに交わらないようにできる．

**補題 4.143** 和 $L\cup L'$ のルジャンドル同境類は，$L$ のルジャンドル同境類と $L'$ のルジャンドル同境類のみによる．

[証明] $L_1\sim_{\text{cob}}L_2$ とし，$L_{12}\subset N\times[0,1]$ をコボルディズムを与えるラグランジュ部分多様体とする．一般には $L_{12}$ と $L'\times[0,1]$ は交わるから，この2つの和をとると，ラグランジュはめ込みができる．しかし，以下で述べるラグランジュ部分多様体の手術を行うと，これを境界を変えずに，埋め込まれたラグランジュ部分多様体でおきかえることができる(補題 4.145)．よって，$L_1\cup L'\sim_{\text{cob}}L_2\cup L'$.  ∎

**ラグランジュ部分多様体の手術**(Lagrange surgery)について，少しだけ述べる．詳しくは[307]を見よ．局所的な操作なので，$\mathbb{C}^n$ のなかのラグランジュ部分多様体だけを考えて十分である．$\mathbb{C}^n$ の0で横断的に交わる2つのラグランジュ部分多様体があるとしよう．$L_a=\mathbb{R}^n$ と $L_b=\sqrt{-1}\mathbb{R}^n$ の場合を考えれば十分である．$\mathbb{C}^n=T^*\mathbb{R}^n$ とみなす($\sqrt{-1}\mathbb{R}^n$ がファイバー方向とする)．$f:\mathbb{R}^n\to\mathbb{R}$ を

$$f_\epsilon(x)=\begin{cases}0, & |x|>1 \text{ の場合}\\ \epsilon\log|x|, & |x|<1/2 \text{ の場合}\end{cases}$$

とおく．$df_\epsilon$ のグラフ $\text{Graph}(df_\epsilon)$ は $\mathbb{C}^n$ のラグランジュ多様体である．これは，$L_a$ からコンパクト集合を除いたものを含む．$\text{Graph}(df_\epsilon)$ を少し変えて，$L_b$ からコンパクト集合を除いたものも含むようにしよう．

$\tau:\mathbb{C}^n\to\mathbb{C}^n$ を $z\mapsto\text{Re}\,z+\sqrt{-1}\,\text{Im}\,z$ とする(つまり集合 $\text{Re}\,z=\text{Im}\,z$ に関

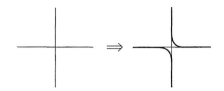

**図 4.10** ラグランジュ部分多様体の手術

する折り返しである).$\epsilon d\log|x|$ のグラフは $\tau$ に関して不変である.$V = \{z\in\mathbb{C}^n\mid|\mathrm{Im}\,z|\leq|\mathrm{Re}\,z|\}$ とおく.
$$L = (V \cap \mathrm{Graph}(df_\epsilon)) \cup \tau(V \cap \mathrm{Graph}(df_\epsilon))$$
とおく.次の性質は明らかである.

**補題 4.144** $L$ は滑らかなラグランジュ部分多様体である.$L$ からコンパクト集合を除いたものは,$L_a \cup L_b$ からコンパクト集合を除いたものと一致する. □

以上の操作を,自己交叉の各点で行うと,次の補題が示される.

**補題 4.145** $i: L \to M$ を境界付きのラグランジュはめ込みとし,$i$ は $\partial L$ 上は埋め込みとする.すると,$M$ の埋め込まれたラグランジュ部分多様体 $L'$ が存在し,$\partial L' = \partial L$ である.さらに,$i(L)$ のどんな小さな近傍に対しても,そこに含まれる $L'$ がとれ,また $L$ と $L'$ は $\partial L, \partial L'$ の近傍で一致する.

□

以上で和 ∪ が定まった.∪ は半群の構造を定義する.

**定義 4.146** 接触多様体 $N$ のルジャンドル部分多様体の同境類全体に,∪ で和を考えたものを $\mathfrak{L}_{\mathrm{uo}}(N)$ と書き,**非向き付きルジャンドルボルディズム半群**と呼ぶことにする.

$T^*M$ のラグランジュはめ込みの同境類全体も,同様にして半群をなす.$\mathfrak{L}_{\mathrm{uo}}(M)$ と書き,**非向き付きラグランジュボルディズム半群**と呼ぶ.

それぞれで,向きの付いたルジャンドル(ラグランジュ)部分多様体(はめ込み)を考え,向き付き同境類をとったものを,$\mathfrak{L}(N), \mathfrak{L}(M)$ と書く.これらを**ルジャンドルボルディズム半群**,**ラグランジュボルディズム半群**と呼ぶ.

□

群を得たいのであれば，グロタンディック群(K 群)を考えればよい．しかし，$T^*\mathbb{R}^n \times \mathbb{R}$ の場合は自動的に群になる．

**補題 4.147** $\mathfrak{L}(T^*\mathbb{R}^n \times \mathbb{R})$ は群である．

[証明] $T^*\mathbb{R}^n$ の座標を $x_i, y_i$, $i=1,\cdots,n$ とし，$\mathbb{R}$ の座標を $x_0$ とする．$T^*(\mathbb{R}^n \times \mathbb{R})$ の座標を $x_i, y_i, i=0,\cdots,n$ とする．これはダルブー座標である．$L$ が $T^*\mathbb{R}^n \times \mathbb{R}_+$ に入っているとしてよい．$r_\theta$ を $\mathbb{R}^2$ の角度 $\theta$ の回転とする．$\mathbb{R}^2$ を第 0 と第 1 座標とみなし $r_\theta$ を $\mathbb{R}^{n+1}$ の微分同相写像とする(同じ記号で書く)．すると，$r_\theta$ は $T^*(\mathbb{R}^n \times \mathbb{R})$ のシンプレクティック同相写像を導く．これも同じ記号で書く．$\hat{L} = \bigcup_{\theta \in [0,\pi]} r_\theta(L)$ とすると，これは，$T^*\mathbb{R}^n \times \mathbb{R}_+^2$ に含まれ $L \cup (-r_\pi(L))$ と空集合の間のルジャンドル同境を与える．よって，$-r_\pi(L)$ が $L$ の逆元である．実は $-r_\pi(L)$ は $-L$ とルジャンドル同境であるが，その証明は省略する([376]を見よ)． ∎

$\bigoplus_n \mathfrak{L}(T^*\mathbb{R}^n \times \mathbb{R}) = \mathfrak{L}$ と書く．$L_1 \subset T^*\mathbb{R}^{n_1} \times \mathbb{R}$, $L_2 \subset T^*\mathbb{R}^{n_2} \times \mathbb{R}$ をルジャンドル部分多様体とする．積 $L_1 \times L_2$ から $T^*\mathbb{R}^{n_1+n_2} \times \mathbb{R}$ への写像を $((x,t),(y,s)) \mapsto (x,y,t+s)$ で定める．これがルジャンドル埋め込みであることは定義から容易にわかる．この演算は $\mathfrak{L}$ に次数付き可換な環の構造を定める．

ラグランジュ同境とマスロフ指数の関係を述べる．そのために，まず，$\mathrm{Lag}_n \to \mathrm{Lag}_{n+1}$, $\mathrm{Lag}'_n \to \mathrm{Lag}'_{n+1}$ なる写像を定義しておく．$\mathbb{C}^n \oplus \mathbb{C} \simeq \mathbb{C}^{n+1}$ であるが，$L \in \mathrm{Lag}_n$ に対して，$i_{n,n+1}(L)$ を $L \oplus \mathbb{R} \subset \mathbb{C}^n \oplus \mathbb{C}$ とする．これが，$\mathrm{Lag}_n \to \mathrm{Lag}_{n+1}$, $\mathrm{Lag}'_n \to \mathrm{Lag}'_{n+1}$ を定義するのは明らかである．

$\mathbb{C}$ のラグランジュ同境とマスロフ指数の関係を述べる．$i: L \to T^*\mathbb{R}^1$ をラグランジュはめ込みとする．$L$ には向きが付いているとする．$L$ は 1 次元だから有限個の $S^1$ の和である．おのおのに向きが付いていたから，基本ホモロジー類が定まる．その基本ホモロジー類に対するマスロフ指数の和を $\mu(L)$ と書こう．

**補題 4.148** $\mu(L)$ はラグランジュ同境で不変である．

[証明] $\hat{L}$ を $L$ と $L'$ の間のラグランジュ同境とする．(4.32)が定める写

像たちを $\eta_L: L \to \mathrm{Lag}'_1$, $f_{L'}: L' \to \mathrm{Lag}'_1$, $\eta_{\hat L}: \hat L \to \mathrm{Lag}'_2$ とする. 定義より明らかに,

$$\eta_{\hat L}|_L \circ i_{1,2} \sim f_L, \quad \eta_{\hat L'}|_{L'} \circ i_{1,2} \sim f_{L'}$$

である. 一方 $i_{1,2*}: H_1(\mathrm{Lag}'_1) \to \mathrm{Lag}'_2$ は同型である. これから補題が従う. ∎

補題 4.148 からマスロフ指数が $\mathfrak{L}(T^*\mathbb{R}^1 \times \mathbb{R}) \to \mathbb{Z}$ なる準同型を定めることがわかる. Arnold [12] はこの写像が同型であることを示した.

ラグランジュ同境の場合には, もう 1 つ不変量がある. すなわち, $\theta = \sum y_i dx_i$ としたときの $\int_L \theta$ である. これが, ラグランジュ同境で不変なことも, 補題 4.148 と同様にして示される. この第 2 の不変量は $\mathbb{R}$ に値をとる. (ルジャンドル部分多様体では, 命題 4.51 より, この量はいつも 0 である.) $\mathbb{R}^2$ の向き付きラグランジュ同境の群は, この 2 つの不変量で決まり, $\mathbb{Z} \oplus \mathbb{R}$ と同型である (Arnold [12]).

同境環についての Thom の主定理は, 同境環の計算をホモトピー群の計算に帰着するものであった. ルジャンドル同境の場合にこれにあたる定理が Eliashberg [90] によって証明されている. 以下に解説する.

$\mathrm{Lag}'_n$ の上には普遍ベクトル束 $\xi_n$ がある. すなわち $\xi_n$ の全空間は $\{(L,v) \mid L \in \mathrm{Lag}'_n, v \in L\}$ である. $\xi_n$ の 1 点コンパクト化を $\mathfrak{T}\xi_n$ と書き, ベクトル束 $\xi_n$ のトム空間 (Thom space) と呼ぶ.

$L_1 \in \mathrm{Lag}'_{n_1}$, $L_2 \in \mathrm{Lag}'_{n_2}$ に対して, $L_1 \oplus L_2 \in \mathrm{Lag}'_{n_1+n_2}$ である. これから, 積 $\mathrm{Lag}'_{n_1} \times \mathrm{Lag}'_{n_2} \to \mathrm{Lag}'_{n_1+n_2}$ が得られる. これを用いて, トム空間の写像 $\mathfrak{T}\xi_{n_1} \times \mathfrak{T}\xi_{n_2} \to \mathfrak{T}\xi_{n_1+n_2}$ が得られる. よって, 次の定理の右辺は定義され環になる.

**定理 4.149** 環同型 $\mathfrak{L} \simeq \bigoplus_n \pi_{2n+1}(\mathfrak{T}\xi_{n+1})$ が存在する.

[証明] まず写像を構成する. $L \subset T^*\mathbb{R}^n \times \mathbb{R}$ をルジャンドル部分多様体とする. (4.32) が定める写像 $\eta_L$ を考える. $N = \mathbb{R}^n$ であるから, その接束は自明である. この自明化を使って, $L$ の点 $p$ に対して, $T_{\pi(p)}\pi(L) \subset T_{\pi(p)}T^*(\mathbb{R}^n)$ を考える. $T_{\pi(p)}T^*(\mathbb{R}^n)$ は $\mathbb{C}^n$ と同一視されていたから, この部分空間は $\mathrm{Lag}'_n$ の元を定める. これが $T^*(\mathbb{R}^n)$ の場合の $\eta_L: L \to \mathrm{Lag}'_n$ である.

定義から $\eta_L$ によるベクトル束 $\xi_n$ の引き戻しは, $L$ の接束と同型である.

$L \subset T^*\mathbb{R}^n$ と見ると，このはめ込みの法束と，$L$ の接束は同型である（複素構造と整合的な $J$ が同型を与える）．よって $L \subset T^*\mathbb{R}^n \times \mathbb{R}$ の法束は $\xi_n$ の引き戻しと自明な束の和である．$\mathrm{Lag}'_n \to \mathrm{Lag}'_{n+1}$ による $\xi_{n+1}$ の引き戻しは，$\xi_n$ と自明なベクトル束の和である．したがって，$L$ から，$\mathrm{Lag}'_{n+1}$ への写像 $f_L^+$ があり，$\xi_{n+1}$ の引き戻しが，$L \subset T^*\mathbb{R}^n \times \mathbb{R}$ の法ベクトル束と同型である．よって，底空間に $\eta_L^+$ を導くベクトル束の写像 $\tilde{\eta}_L^+ : N_L(T^*\mathbb{R}^n \times \mathbb{R}) \to \xi_{n+1}$ が定まる．さて，法束 $N_L(T^*\mathbb{R}^n \times \mathbb{R})$ は，管状近傍として，$T^*\mathbb{R}^n \times \mathbb{R}$ に含まれている．$T^*\mathbb{R}^n \times \mathbb{R}$ で $N_L T^*(\mathbb{R}^n \times \mathbb{R})$ の外側を1点につぶした空間を $N_L T^*(\mathbb{R}^n \times \mathbb{R})/\partial N_L T^*(\mathbb{R}^n \times \mathbb{R})$ と書こう．$\tilde{\eta}_L^+$ は写像

(4.35) $\qquad N_L T^*(\mathbb{R}^n \times \mathbb{R})/\partial N_L T^*(\mathbb{R}^n \times \mathbb{R}) \to \mathfrak{T}\xi_{n+1}$

を導く．一方，$T^*\mathbb{R}^n \times \mathbb{R}$ の1点コンパクト化は $S^{2n+1}$ であるから，写像

(4.36) $\qquad S^{2n+1} \to N_L T^*(\mathbb{R}^n \times \mathbb{R})/\partial N_L T^*(\mathbb{R}^n \times \mathbb{R})$

が定まる．(4.35)と(4.36)の合成を $h_L : S^{2n+1} \to \mathfrak{T}\xi_{n+1}$ とおく．以上の構成は，もともと Pontrjagin と Thom が同境理論で使ったもので，**Pontrjagin–Thom の構成**と呼ばれる．

**補題4.150** $h_L$ のホモトピー類は，$L$ のルジャンドル同境で不変である．

□

証明は，今の議論を次元を1つ上げて行えばできる．同境理論の解説（[1], [356]）を見ながら，自分で考えてみてほしい．

以上で定理4.149の写像 $\mathfrak{L} \to \bigoplus_n \pi_{2n+1}(\mathfrak{T}\xi_{n+1})$ ができた．

この写像が同型である理由を説明しよう．証明は大体同境理論の場合と同じように進むが，1ヵ所 Gromov の **h 原理**（h principle，$h$ はホモトピーの頭文字と思われる）という，深いアイデアを用いる．それを先に解説する．$L$ を $n$ 次元多様体，$M$ を $2n$ 次元シンプレクティック多様体，$N$ を $2n+1$ 次元の接触多様体とする．

$$\mathfrak{Lag}(L, M) = \{i : L \to M \mid i^*\omega_M = 0,\ i \text{ ははめ込み}\}$$
$$\mathfrak{Leg}(L, N) = \{i : L \to N \mid i^*\theta_N = 0,\ i \text{ ははめ込み}\}$$

とおく．$\mathfrak{Lag}(L, M), \mathfrak{Leg}(L, N)$ の位相，たとえばホモロジーやホモトピーを調べよ，というのが，ラグランジュはめ込みやルジャンドルはめ込みの研究

§4.4 マスロフ指数とラグランジュ同境

の中心問題であろう．この問題は次のようにして，代数的位相幾何学の問題に帰着する．

$$\mathfrak{HLag}(L,M) = \left\{ (i,\tilde{i}) \;\middle|\; \begin{array}{l} i:L\to M,\; \tilde{i}:TL\to TM,\; \pi\tilde{i}=i\pi,\; \tilde{i}^*\omega=0, \\ [i^*\omega]=0\in H^2(L;\mathbb{R}),\; \tilde{i} \text{ は各ファイバーで単射} \end{array} \right\}$$

$$\mathfrak{HLeg}(L,N) = \left\{ (i,\tilde{i}) \;\middle|\; \begin{array}{l} i:L\to N,\; \tilde{i}:TL\to TN,\; \pi\tilde{i}=i\pi, \\ \tilde{i}^*\theta=0,\; \tilde{i}^*d\theta_N=0,\; \tilde{i} \text{ は各ファイバーで単射} \end{array} \right\}$$

とおく．(条件 $[i^*\omega]=0$ は，$\tilde{i}$ についての条件ではなく，$i$ についての条件であることに注意しておく．)

埋め込み $\mathfrak{ILag}:\mathfrak{Lag}(L,M)\to\mathfrak{HLag}(L,M)$, $\mathfrak{ILeg}:\mathfrak{Leg}(L,N)\to\mathfrak{HLeg}(L,N)$ が，$\mathfrak{ILag}(i)=(i,di)$, $\mathfrak{ILeg}(i)=(i,di)$ で定まる．次の定理は Gromov–Lees による．

**定理 4.151** $\mathfrak{ILag}$, $\mathfrak{ILeg}$ は弱ホモトピー同値写像(weak homotopy equivalence)である． □

証明は [232] を見よ[*7]．定理 4.151 は Smale–Hirsch のはめ込みの分類定理 (immersion classification theorem, [179]参照) の一般化のなかから見出されたものである．はめ込みの分類定理は，$\mathfrak{HLeg}(L,N)$, $\mathfrak{Leg}(L,N)$ の定義から，条件 $i^*\theta_N=0$, $\tilde{i}^*\theta=0$, $\tilde{i}^*d\theta_N=0$ を除いたものを考え，その間の $\mathfrak{ILeg}$ と同様な写像が，弱ホモトピー同値であることを主張する定理である．(有名な球面裏返し，すなわち，「$S^2$ の $\mathbb{R}^3$ への埋め込みは，その向きを変えた埋め込みと，はめ込みの族でつなげる」などもその系である．) Gromov は定理 4.151 を含むはめ込みの分類定理のさまざまな拡張を考え，幾何学の多くの問題に応用した [160] はその集大成である．日本語の解説には(定理 4.151 そのものは載っていないが)[2]がある．

われわれの目的には，定理 4.151 の相対版(relative version)が必要なので述べておく(証明はやはり [232] にある)．

---

[*7] [232] には $\mathfrak{ILag}$ の場合しか書かれていないが，そこの証明は $\mathfrak{ILeg}$ の場合にも，ほとんど変更なく成立する．

**補題 4.152** $(i,\tilde{i})\in\mathfrak{HLag}(L,M)$ とする．$K$ を $L$ のコンパクト部分集合とし，$K$ のある近傍上 $di=\tilde{i}$ が成立すると仮定する．さらに，$[i^*\omega]\in H^2(L;K)$ は 0 であると仮定する.

このとき，$i'\in\mathfrak{Lag}(L,M)$ が存在し，$i'=i$ が $K$ 上成立し，また，$(i',di')$ と $(i,\tilde{i})$ は $K$ をとめてホモトピックである． □

定理 4.149 の証明を始める．すなわち，写像 $[L]\mapsto[h_L]$ が同型であることを証明しよう．まず全射性を示そう．$h:S^{2n+1}\to\mathfrak{T}\xi_{n+1}$ を考える．横断正則性定理[*8]により，$h$ は 0 切断と横断的としてよい．$h^{-1}(0)$ を $L$ と書く．

$L$ は $S^{2n+1}$ の無限遠点と交わらないとしてよい．よって $L\subset T^*\mathbb{R}^n\times\mathbb{R}$ である．$\pi|_L:L\to\mathbb{R}^n$ を $i'$ とする．$h$ を $L$ の近傍で考えると，$L$ の法束 $N_L$ と引き戻し $h^*\xi_{n+1}$ は同型である．

$L$ の近傍で $S^{2n+1}$ の接ベクトル束は自明であるから，$TL\oplus h^*\xi_{n+1}$ は自明である．さて，$\mathfrak{Leg}(L,T^*\mathbb{R}^n\times\mathbb{R})$ を少しいいかえておこう．

**補題 4.153** $\mathfrak{Leg}(L,T^*\mathbb{R}^n\times\mathbb{R})$ は，$TL$ の複素化 $TL\otimes\mathbb{C}$ の自明化全体のなす空間とホモトピー同値である． □

[証明] $\mathbb{R}^n\times\mathbb{R}$ は可縮だから，$\mathfrak{Leg}(L,T^*\mathbb{R}^n\times\mathbb{R})$ の元 $(i,\tilde{i})$ で $i(x)\equiv 0$ となるものだけをとっても，$\mathfrak{Leg}(L,T^*\mathbb{R}^n\times\mathbb{R})$ とホモトピー同値である．そのような，$\mathfrak{Leg}(L,T^*\mathbb{R}^n\times\mathbb{R})$ の元が与えられると，$\tilde{i}$ は $TL$ の $\operatorname{Ker}\theta\subset T_0(\mathbb{R}^n\times\mathbb{R})$ の部分空間への単射を与える．また，$\tilde{i}^*d\theta=0$ ゆえ $TL\otimes\mathbb{C}\simeq\operatorname{Ker}\theta$ である．よって，$TL\otimes\mathbb{C}$ の自明化が得られる．

逆に，$TL\otimes\mathbb{C}$ の自明化が与えられると，$TL\otimes\mathbb{C}$ 上に反対称 2 次型式が(ホモトピーを除いて一意に)決まる．これを保つ $TL\otimes\mathbb{C}$ と $\operatorname{Ker}\tilde{i}^*\theta$ との同型が定まる．この対応が逆を与える． ■

$\overline{\mathrm{cl}}_{TL}:L\to\mathrm{Gr}'_n$ を接束 $TL$ の分類写像とする．$TL$ の複素化 $TL\otimes\mathbb{C}$ の自明化を与えることは $\overline{\mathrm{cl}}_{TL}$ の $\mathrm{cl}_L:L\to\mathrm{Lag}'_n$ への持ち上げを与えることと同値である．ここで少し代数的位相幾何学が必要である．$\mathrm{Gr}'(n;\mathbb{R}^N)$ を $\mathbb{R}^N$ のなかの $n$ 次元実線型部分空間全体とし，$N\to\infty$ とした帰納的極限を $\mathrm{Gr}'^{\mathbb{R}}(n;\infty)$

---

[*8] 普通の同境理論の場合のこの議論が，Thom 自身が横断正則性定理を最初に応用したものの 1 つである．

§4.4 マスロフ指数とラグランジュ同境 —— 181

と書く．ファイバー束
$$S^n \to \mathrm{Gr}^{\mathbb{R}}(n;\infty) \to \mathrm{Gr}^{\mathbb{R}}(n+1;\infty)$$
が存在する．$\pi_k(S^n)$ は $k<n$ で $0$ であるから，次の補題が成り立つ．

**補題 4.154** $m$ 次元多様体 $X$ に対して，$X$ 上の階数 $n$ ($m<n$) のベクトル束と階数 $n+1$ のベクトル束は $\zeta \mapsto \zeta \oplus \mathbb{R}$ で $1$ 対 $1$ に対応する． □

$\mathrm{Gr}^{\mathbb{C}}(n;\infty)$ は $\mathbb{C}^N$ のなかの $n$ 次元複素線型部分空間全体 $\mathrm{Gr}(n;\mathbb{C}^N)$ の帰納的極限であった．複素ベクトル束の場合は
$$S^{2n} \to \mathrm{Gr}^{\mathbb{C}}(n;\infty) \to \mathrm{Gr}^{\mathbb{C}}(n+1;s\infty)$$
がファイバー束であるから，$m$ 次元多様体 $X$ 上の任意の階数 $n+1$ の複素ベクトル束 $\zeta^+$ に対して，階数 $n$ のベクトル束 $\zeta$ が一意に存在して，$\zeta^+ \simeq \zeta \oplus \mathbb{C}$ が成り立つ．さらに，$\zeta$ の自明化と $\zeta^+$ の自明化は，ホモトピーを除いて $1$ 対 $1$ に対応する．

さて，$TL \oplus h^*\xi_{n+1}$ は自明である．一方 $\xi_{n+1} \otimes \mathbb{C}$ は自明であるから，実ベクトル束として $\xi_{n+1} \oplus \xi_{n+1}$ は自明である．よって

(4.37) $\quad TL \oplus \mathbb{R}^{2n+2} \simeq TL \oplus h^*\xi_{n+1} \oplus h^*\xi_{n+1} \simeq \mathbb{R}^{2n+1} \oplus h^*\xi_{n+1}.$

(4.37)，補題 4.154 より，$TL \oplus \mathbb{R}$ と $h^*\xi_{n+1}$ は同型である．これから，$(TL \otimes \mathbb{C}) \oplus \mathbb{C}$ の自明化が定まる．これから，$TL \otimes \mathbb{C}$ の自明化が決まる．よって，補題 4.153 より，$\mathfrak{Leg}(L, T^*\mathbb{R}^n \times \mathbb{R})$ の元ができる．すると，定理 4.151 によってルジャンドルはめ込みができる．このルジャンドルはめ込みからできる $\pi_{2n+1}(\mathfrak{T}\xi_{n+1})$ の元が出発点の $h$ であることは，構成から容易にチェックできる．

次に単射性を示す．$h_{L_1}$ と $h_{L_2}$ のホモトピックとし，$h: S^{2n+1} \times [0,1] \to \mathfrak{T}\xi_{n+1}$ をホモトピーとする．$L = h^{-1}(0)$ から上と同様に，$\mathfrak{HLag}(L, \mathbb{C}^{n+1})$ の元が得られる．補題の条件 $[i^*\omega] = 0 \in H^2(L;K)$ は $L_1, L_2$ がルジャンドルはめ込みであることを使うと，示すことができる．補題 4.145 により，ラグランジュはめ込みは境界を変えずに，ラグランジュ埋め込みに変えられる．すなわち，$L_1 \sim_{\mathrm{cob}} L_2$．これで単射性が示された． ■

**注意 4.155** 定理 4.149 はルジャンドルはめ込みについてのものである．ラグランジュはめ込みについても，同様の定理がある．$1$ つの違いは，ラグランジュ

はめ込みの定理 4.151 には $[i^*\omega_M] = 0 \in H^2(L;\mathbb{R})$ という条件が余分に付いている点である．このことが理由で，ラグランジュはめ込みの同境群は，有限生成ではなくなる．実際 $\mathbb{R}^2$ へのラグランジュはめ込みの同境群は $\mathbb{Z} \oplus \mathbb{R}$ であった．第 2 成分 $\mathbb{R}$ が $[\omega_M] = 0 \in H^2(L;\mathbb{R})$ という条件とかかわることは，定義から明らかである．しかし，違いはこの点だけで，後は同様に進む．

**注意 4.156** 定理 4.149 や 4.151 はラグランジュはめ込みやルジャンドルはめ込みの問題が，代数的位相幾何学の問題に帰着できることを示している．代数的位相幾何学の問題に帰着する，ということの意味をもう少し述べておく．普通の同境理論で扱われるのは，多様体に位相的な構造を加えたものの同境である．たとえば，複素同境(complex cobordism)群という概念が，Milnor らによって定義・計算されているが([256]を見よ)，複素同境は概複素多様体(あるいは安定概複素多様体(stable almost complex manifold)，つまり接束 $TM$ にいくつか自明束を足すと複素ベクトル束になるような多様体)の同境理論である．いいかえると，概複素構造が積分可能かという，微分幾何学的問題は捨てている．計算は，代数的位相幾何学の言葉でなされる．ここで考えている同境理論は，ラグランジュ部分多様体の同境理論である，すなわち $i^*\omega_M = 0$ という微分幾何学的な条件が入っている．それにもかかわらず，結果はホモトピー群の言葉で表すことができる．この根拠が $h$ 原理であり，位相的な問題に，$i^*\omega_M = 0$ なる微分方程式($i$ に対する 1 階偏微分方程式)の問題を帰着する．

Gromov は開多様体の幾何学的な問題の多くが，同様のプロセスで位相的な問題に還元されることを示した．(ラグランジュ部分多様体の場合は，閉じた多様体でもよかった．)

**注意 4.157** 注意 4.156 で述べたような，位相幾何学に帰着するような問題のことを，Gromov は[161]でソフトと呼んだ．§2.2 で述べた Darboux の定理や Moser の定理も，シンプレクティック幾何学のソフトな側面を代表する典型的な定理である．

これに対して，たとえば，ラグランジュはめ込みではなく，ラグランジュ埋め込みを考えると，位相幾何学に帰着できない障害が現れる．第 5 章で述べる定理 5.99 はその代表的なものである．また，§2.7 で述べた圧縮不能性定理や，$C^0$ 完備性定理(定理 2.113)も位相幾何学的な問題に帰着できないシンプレクティック幾何学の側面を表す，代表的な定理である．このような問題を，Gromov はハー

## §4.4 マスロフ指数とラグランジュ同境 ――― 183

ドと呼んだ．

概複素構造の存在問題は基本的にはすべて「ソフト」な問題であると考えられる．一方，複素構造の存在問題は，「ハード」な問題である．この差は，$C^\infty$ 級関数のような切ったり張ったりしやすい関数と，正則関数のような「硬い」切り張りのきかない関数との差といってもよい．

シンプレクティック幾何学のハードな面を調べるために考え出された道具が概正則曲線であった．

われわれは次の章で，ソフトからハードに立場を変え，再び概正則曲線を論じる．その準備もかねて，概正則曲線とマスロフ指数の関係を論じよう．一言で述べると，マスロフ指数は概正則円盤のモジュライ空間の次元を決定する．これを正確に述べよう．

$L \subset M$ を $2n$ 次元シンプレクティック多様体の $n$ 次元部分多様体とする．$M$ にシンプレクティック構造と整合的な概複素構造 $J_M$ を 1 つ固定する．

$u: D^2 \to M$ を滑らかな写像とし，$u(\partial D^2)$ は $L \subset M$ に含まれるとする．引き戻し $u^*TM$ は複素ベクトル束である．$D^2$ は可縮だから，自明化 $u^*TM \simeq D^2 \times \mathbb{C}^n$ が唯ひとつ存在する．$u$ の制限 $u|_L$ による $TL$ の引き戻しは，部分束 $u^*TL \subset u^*TM|_{\partial D^2}$ を定める．

$L^{1,p}(D^2; u^*TM)$ で，$u^*TM$ の 1 階微分が $L^p$ 級である切断全体を表す．$p > 2$ ととれば，$L^{1,p}(D^2; u^*TM)$ の元は連続である（たとえば [292] を見よ）．したがって，$L^{1,p}(D^2; u^*TM)$ の元の，$\partial D^2$ への制限が意味をもつ．

**定義 4.158** $L^{1,p}((D^2, \partial D^2); (u^*TM, u^*TL))$ を $L^{1,p}(D^2; u^*TM)$ の元 $V$ で，$\partial D^2$ への制限が $u^*TL$ の切断であるもの全体とする． □

$L^{0,p}(D^2; u^*TM \otimes \Lambda^{0,1})$ をベクトル束 $u^*TM \otimes \Lambda^{0,1} D^2$ の $L^p$ 級の切断全体とする．$\overline{\partial}: L^{1,p}(D^2; u^*TM) \to L^{0,p}(D^2; u^*TM \otimes \Lambda^{0,1})$ を

$$(4.38) \qquad \overline{\partial} V = \frac{\partial V}{\partial \overline{z}} V \otimes d\overline{z}$$

と定義する．(4.38) では自明化を用いて $V \in L^{1,p}(D^2; u^*TM)$ は複素数値関数の $n$ 個の組とみなす．

**定義 4.159**　$L$ が総実(totally real)とは，$TL \cap J_M TL = 0$ であることを指す.　□

**注意 4.160**　総実という条件は概複素構造で決まる条件である．いいかえると(整合的な)概複素構造 $J_M$ を変えると変わってしまう．しかし，ラグランジュ部分多様体は，整合的なすべての概複素構造に関して総実である．

**定理 4.161**　$L$ が総実ならば，(4.39)で定義される写像

(4.39)　　$\bar{\partial} : L^{1,p}((D^2, \partial D^2); (u^*TM, u^*TL)) \to L^{0,p}(D^2; u^*TM \otimes \Lambda^{0,1})$

はフレドホルム作用素である．　□

定理 4.161 の証明は省略する([102], [290]を見よ)．(4.39)の指数は，概正則円盤 $(D^2, \partial D^2) \to (M, L)$ のモジュライ空間の仮想次元である．

さて，$L$ をラグランジュ部分多様体とし，(4.39)の指数を計算しよう．

**定理 4.162**　(4.39)の指数は $\mu(u) + n$ である．ここで $\mu(u)$ は $[u] \in \pi_2(M, L)$ のマスロフ指数を指す．

[証明]　$\gamma : S^1 \to L_n$ をラグランジュ・グラスマン多様体の閉曲線とする．$u^*TM \simeq D^2 \times \mathbb{C}^n$ なる自明化を用いて，$\gamma(z) \subseteq T_{u(z)}M$ とみなす．$L^{1,p}(D^2; u^*TM)$ の元 $V$ で $z \in \partial D^2$ に対して，$V(z) \in \gamma(z)$ となるもの全体を，$L^{1,p}(D^2; u^*TM; \gamma)$ と書く．

(4.40)　　$\bar{\partial} : L^{1,p}(D^2; u^*TM; \gamma) \to L^{0,p}(D^2; u^*TM \otimes \Lambda^{0,1})$

もフレドホルム作用素であることがわかる．したがって，フレドホルム作用素の指数の，連続変形不変性([135]などを見よ)によって，(4.40)の指数は $[\gamma] \in \pi_1(L_n)$ のみによって決まる．$\pi_1(L_n) \simeq \mathbb{Z}$ であった．

$z \in D^2$ に対して，$\mathbb{R}z^{k/2} \oplus \mathbb{R}^{n-1} \subset \mathbb{C} \oplus \mathbb{C}^n$ を考える．これは $L_n$ の元である．($k$ が奇数だと $z^{k/2}$ は符号の分だけ定まらないが，その生成する 1 次元線型空間 $\mathbb{R}z^{k/2}$ は定まる．) この元を $\gamma_k(z)$ で表し，$\gamma_k : \partial D^2 \to L_n$ を定義する．$\gamma_k$ は $k \in \mathbb{Z} \simeq \pi_1(L_n)$ であるから，$\gamma_k$ に対して(4.40)の指数を計算すればよい．

まず，$n = 1$ としてよいことに注意する．なぜなら，定義より，$\gamma_k = \gamma_k \oplus \gamma_0 \oplus \cdots \oplus \gamma_0$ である(ここで左辺の $\gamma_k$ は $n$ が一般の場合のもの，右辺の $\gamma_k, \gamma_0$ は $n = 1$ のときのもの)．作用素の直和の指数は，指数の和であるから，$n = $

§4.4 マスロフ指数とラグランジュ同境——185

1 の場合にだけ証明すれば十分である.

さて，$n=1$ の場合の，(4.40)の核を計算しよう．$\mathbb{CP}^1 = \mathbb{C} \cup \mathbb{C}$ とし，座標変換を $w = 1/z$ とする．$\mathbb{CP}^1$ 上の複素直線束 $\mathcal{L}_k$ を，$\mathbb{C} \cup \mathbb{C} = U_1 \cup U_2$ のそれぞれの上で自明で，座標変換が $g_{21} = z^k$ であるものとする．$\mathcal{L}_k$ のチャーン数は $k$ である．$\mathcal{L}_k$ の切断 $(s_1(z), s_2(w))$ に対して，$\tau(s_1(z), s_2(w)) = (\overline{s}_2(\overline{z}), \overline{s}_1(\overline{w}))$ とおく．（ここで $s_1, s_2$ は $\mathbb{C}$ 上の複素数値関数とみなしている．$s_2(w) = (1/w)^k s_1(1/w)$ である．）$z^k \overline{s}_2(\overline{z}) = z^k z^{-k} s_1(\overline{w}) = s_1(\overline{w})$ ゆえ $\tau(s_1(z), s_2(w))$ は $\mathcal{L}_k$ の切断である．

$\tau \tau = 1$ で，また定義をじっと眺めると，$L^{1,p}(D^2; \mathbb{C}; \gamma_k)$ は $\tau$ の $L^{1,p}(\mathbb{CP}^1; \mathcal{L}_k)$ への作用の不動点に一致し，$L^{0,p}(D^2; \mathbb{C}; \gamma_k \otimes \Lambda^{0,1})$ は $\tau$ の $L^{0,p}(\mathbb{CP}^1; \mathcal{L}_k \otimes \Lambda^{0,1})$ への作用の不動点に一致する．一方 $\tau \circ \overline{\partial} = \overline{\partial} \circ \tau$ である．また $\overline{\partial}$ の $\tau$ の不動点への制限は (4.40) に一致する.

$\tau$ は $\overline{\partial}: \mathcal{L}_k \otimes \to \mathcal{L}_k \otimes \Lambda^{0,1}$ の核 $H^0(\mathbb{CP}^1; \mathcal{L}_k)$ および余核 $H^1(\mathbb{CP}^1; \mathcal{L}_k)$ に作用する．$\tau\tau = 1$ かつ $\tau$ は反複素線型だから，核 $H^0(\mathbb{CP}^1; \mathcal{L}_k)$ および余核 $H^1(\mathbb{CP}^1; \mathcal{L}_k)$ での $\tau$ の不動点の実次元は，それぞれの複素次元に等しい.

以上より求める指数は

(4.41) $\qquad \dim_{\mathbb{C}} H^0(\mathbb{CP}^1; \mathcal{L}_k) - \dim_{\mathbb{C}} H^1(\mathbb{CP}^1; \mathcal{L}_k)$

である．Riemann–Roch の定理より (4.41) は $k+1$ である． ∎

**注意 4.163** 定理 4.162 ではマスロフ指数だけが登場したが，高次のマスロフ指数，すなわち $L_n, L'_n$ のほかのコホモロジー類は (4.40) で $u$ を動かし族の指数を考えると現れる．特に，$u$ が 1 つのパラメータに沿って動く場合を考えることが，概正則円盤のモジュライ空間の向き付けを調べるのに重要である．これらについては，[122], [337] 参照．前者では概正則円盤のモジュライ空間の向き付けが，後者ではより高い次元の族の指数も含めて論じられている.

ここで命題 4.135 の証明をしておこう．定理 4.162 の証明の中の構成を一般化する．$\gamma: S^1 \to L_n$ とする．$S^1 \times \mathbb{C}^{2n}$ に自己同型 $\tau$ を $\tau(x, a + \sqrt{-1}b) = \tau(x, a - \sqrt{-1}b)$ で定義する．ただし，$a, b \in \gamma(x)$ である．$D^2 \cup D^2 = \mathbb{CP}^1$ と見る ($D^2 \cap D^2 = S^1$ である). $D^2 \times \mathbb{C}^n$ を 2 つとり，境界のところで $\tau$ で張り

合わせる．得られたベクトル束を $E(\gamma)$ とする．$c^1(E(\gamma)) = \mu(\gamma)$ が容易にわかる．

さて，命題 4.135 の状況を考える．円盤 $D^2$ の内部に $S^2$ とその上のチャーン数 $k$ の束を張り付けたあと，上の構成をすると，$E(\gamma)$ のチャーン数が $2k$ 増える．よって，この張り付ける操作でマスロフ指数は $2k$ 増える． ∎

**注意 4.164** 以上述べたのは，マスロフ指数と概正則曲線の方程式の線型化の関係であった．双方を非線型化すると，一方はラグランジュ同境になり，もう一方は概正則曲線のモジュライ空間(あるいはそれから定義されるラグランジュ部分多様体のフレアーホモロジー(§5.4, §6.6 で述べる))の研究になる．この2つの関係はあって当然であるが，まだ深くは研究されていないようである．

# 5

# フレアーホモロジー

## §5.1 周期ハミルトン系とアーノルド予想

Floer は §2.5 で述べたモース理論と概正則曲線の関係にもとづき,「∞/2 次元のホモロジー論」すなわちフレアーホモロジー(Floer homology)を創始し,その周期ハミルトン系やラグランジュ部分多様体の交叉への応用を与えた([102], [103], [105] 〜 [109]). その後(Taubes [358]のアイデアを用いて)Floer 自身により,3次元多様体のゲージ理論にもとづく別のフレアーホモロジー,3次元多様体のフレアーホモロジーが発見された([104]). その4次元多様体のゲージ理論による不変量との関係は,Donaldson などによって明らかにされた[*1].

フレアーホモロジーは,真に無限次元的な不変量であって,数学的に厳密に確立されている「無限次元幾何学」のなかで最も深い理論であり,その可能性は計り知れない. 本書では,周期ハミルトン力学系およびラグランジュ部分多様体のフレアーホモロジーの概略を述べる.

まず周期ハミルトン系と §2.5 のモース理論との関係を述べよう. $(M, \omega_M)$ をシンプレクティック多様体とする. §1.3, §2.2 で関数 $h\colon M \to \mathbb{R}$ に対し

---

[*1] ゲージ理論のフレアーホモロジーについては[126]参照.

て，その生成するハミルトンベクトル場 $X_h$ を定義した．もう一度書いておくと，ダルブー座標で

$$X_h = \sum_i \left( \frac{\partial h}{\partial p_i} \frac{\partial}{\partial q_i} - \frac{\partial h}{\partial q_i} \frac{\partial}{\partial p_i} \right)$$

である．以下では $h$ が時間 $t$ により，かつ $t$ に関して周期的な場合を考える．すなわち，$h: M \times S^1 \to \mathbb{R}$ である．$h_t(x) = h(x, t)$ とおく．$X_{h_t}$ は時間 $t \in S^1$ によって変わるベクトル場である．常微分方程式

$$(5.1) \qquad \frac{d\ell}{dt} = X_{h_t}$$

のことを**周期ハミルトン系**(periodic Hamiltonian system)と呼ぶ．(5.1)の 1 周期解(1 periodic solution)，すなわち $\ell: S^1 \to M$ で (5.1) を満たすものを調べるのがこの章の主目的である．

その前に，完全シンプレクティック同相写像について述べておく．$h: M \times [0,1] \to \mathbb{R}$ を滑らかな関数とする ($h(x,0) = h(x,1)$ とは仮定しない)．$X_{h_t}$ をハミルトンベクトル場とする．任意の点 $p$ に対して，常微分方程式 (5.1) の初期条件 $\ell_p(0) = p$ を満たす解 $\ell_p$ が唯ひとつ存在する．

**定義 5.1** シンプレクティック同相写像 $\phi$ が**完全シンプレクティック同相写像**(exact symplectic diffeomorphism)であるとは，ある $h: M \times [0,1] \to \mathbb{R}$ に対して，$\phi(p) = \ell_p(1)$ が成り立つことを指す． □

次の補題は定理 2.18 から明らかである．

**補題 5.2** $H_1(M; \mathbb{R}) = 0$ ならば，完全シンプレクティック同相写像全体と，シンプレクティック同相写像全体の群の連結成分は一致する． □

周期ハミルトン系との関係は次の通りである．

**補題 5.3** 任意の完全シンプレクティック同相写像 $\phi: M \to M$ に対して，周期ハミルトン関数 $h: M \times S^1 \to \mathbb{R}$ が存在して，$\phi$ の不動点 $\{x \in M \mid \phi(x) = x\}$ と，$h$ が生成するハミルトン系の 1 周期解とは，1 対 1 に対応する． □

証明は容易なので省略する．補題 5.3 より，完全シンプレクティック同相写像の不動点集合を調べることは，周期ハミルトン系の 1 周期解の集合を調べることと等価である．本書では後者を調べる．

## §5.1 周期ハミルトン系とアーノルド予想——189

シンプレクティック同相写像がいつ完全であるかは，キャラビ不変量（Calabi invariant [55]）などを用いて調べることができる．キャラビ不変量は[31]，[254]などに詳しい．（§6.6で触れるフラックス予想は，キャラビ不変量と深くかかわる．）

さて，周期ハミルトン系の研究に戻る．われわれの方法は変分法である．§2.5で考えた汎関数 $\mathcal{A}$ を少し変形する．

**定義5.4**
$$\mathcal{A}_h(\ell) = \mathcal{A}(\ell) + \int_{S^1} h(\ell(t)) dt.$$
□

次の定理は，Hamilton 自身によるもので，シンプレクティック幾何学そのものの起源にまでさかのぼる．

**定理5.5** $\ell$ が汎関数 $\mathcal{A}_h$ の臨界点であることと，$\ell$ が(5.1)の周期解であることは同値である．

[証明] $V$ を $\ell^*TM$ の切断とし，$\ell_\tau(t) = \exp_{\ell(t)}(\tau V(t))$ とおく．

$$\left.\frac{\partial \mathcal{A}_h(\ell_\tau)}{\partial \tau}\right|_{\tau=0} = \int_{S^1} \omega\left(V, \frac{\partial \ell}{\partial t}\right) dt + \int_{S^1} (Vh_t)(\ell) dt$$
$$= \int_{S^1} \omega\left(V, \frac{\partial \ell}{\partial t}\right) dt - \int_{S^1} \omega(V, X_{h_t}) dt.$$

この式が任意の $V$ に対して 0 であることと，(5.1)は同値である． ■

常微分方程式(5.1)の1周期解を求めるには，汎関数 $\mathcal{A}_h$ の臨界点を探せばよいことになる．

汎関数 $\mathcal{A}_h$ はループ空間 $\Omega_0(M)$ 上の(多価)関数である．§2.6では曲面からの写像の作る空間上の汎関数，すなわちエネルギーの臨界点である調和写像を論じた．そこでも，有限次元では起きない現象，すなわちバブルが起きた．汎関数 $\mathcal{A}_h$ は，実は，エネルギーより一段と無限次元的である．どこがそうなのかを説明しよう．

具体的に計算ができるように，$M = T^{2n} = \mathbb{C}^n/\mathbb{Z}^{2n}$ つまりトーラスとする．（シンプレクティック構造 $\omega_{T^{2n}}$ は，$\mathbb{C}^n$ 上の普通の複素構造から定まるものをとる．）$\ell: S^1 \to T^{2n}$ はフーリエ級数展開されて

(5.2) $$\ell(t) = \sum_k a_k \exp(2\pi\sqrt{-1}\,kt)$$

と表される.ここで $a_k \in \mathbb{C}^n$ であるが,$a_0$ だけは $a_0 \in \mathbb{C}^n/\mathbb{Z}^{2n}$ である.いいかえると,(5.2)は

(5.3) $$\Omega_0(T^{2n}) \simeq T^{2n} \times \prod_{k \in \mathbb{Z}-\{0\}} \mathbb{C}^n$$

なる「同型」を与えている.無論本当は位相を入れて考えないといけないから,この「同型」はあまり厳密なものではない.(5.3)の座標で汎関数 $\mathcal{A}$ を計算すると:

**補題 5.6** (5.2)の $\ell$ に対して $\mathcal{A}(\ell) = \sum 2\pi k |a_k|^2$.

[証明]
$$u(re^{2\pi\sqrt{-1}\,t}) = a_0 + \sum_{k \neq 0} a_k r \exp(2\pi\sqrt{-1}\,kt)$$

とおこう.$u : D^2 \to T^2$ は $S^1$ 上 $\ell$ に一致する.

$$\int_{D^2} u^* \omega_{T^{2n}} = \sum 2\pi k |a_k|^2$$

が容易にわかる.∎

**注意 5.7** $u$ のエネルギーは $\sum 2\pi^3 k^2 |a_k|^2$ である.補題 5.6 とは係数が大体 2 乗になっているだけの差であるが,この差は大変大きい.

補題 5.6 により,$\mathcal{A}$ の臨界点は $a_k = 0$,$k \neq 0$ で与えられる.つまり,定数ループ全体である.さらに,$\mathcal{A}$ はボット-モース関数であり,ヘッセ行列の固有値は $2\pi k$ で,それぞれの重複度は $2n$ である.

注目すべきなのは,$k$ はすべての整数をわたることで,特に,負の固有値の重複度の和,すなわちモース指数は無限大である.同時に正の固有値の重複度の和も無限大である.したがって,調べなければならない汎関数は,モース指数が無限大のボット-モース関数である.

**注意 5.8** モース指数が無限大のモース理論が登場するのは,奇数次元多様体(からの写像の空間)の場合である.今考察しているのは $S^1$ からの写像の空間で

あった．ゲージ理論の場合も，4次元多様体の上のゲージ理論は，モース指数有限のモース関数，すなわちヤン–ミルズ汎関数になり，ドナルドソン不変量を生むのに対して，3次元多様体の上のゲージ理論は，チャーン–サイモンズ汎関数（§4.3）のような，モース指数が無限大のモース理論になり，ゲージ理論のフレアーホモロジーに至る．

奇数次元と偶数次元のこの差は，指数定理にすでに現れている．Atiyah–Singer の指数定理(数としての指数についてのもの)は奇数次元ではあまり多くの情報を含まない．かわりに奇数次元で重要なのは，エータ不変量(eta invariant)の理論([22])であり，やはり $\infty/2$ 次元的な量を(エータ不変量の場合は線型理論だが)取り出すものである．

さて，周期ハミルトン系に応用するには，$\mathcal{A}$ でなく $\mathcal{A}_h$ を調べなければならない．トーラスの場合でも $\mathcal{A}_h$ を直接計算するのは厄介である．

しかし，注目すべきなのは，$\mathcal{A}_h - \mathcal{A}$ が積分 $\int_{S^1} h(\ell(t))dt$ であることである．積分で書けるこのような量は，$\ell$ の微分を含んでいる $\mathcal{A}$ に比べて，はるかにおとなしい量である．

線型の場合のたとえでいうと，$\mathcal{A}$ にあたるのが，作用素のシンボルを与える主要部(微分を含む部分)で，$\mathcal{A}_h - \mathcal{A}$ の部分は微分を含まないコンパクト作用素の部分である．指数理論で大事な事実は，指数のような位相的な(連続変形で不変な)量は，主要部あるいはシンボルで決まってしまう，という点であった．

そのアナロジーが非線型のわれわれの場合に成立するとしよう．すると，$\mathcal{A}$ から何か「位相的」なものを取り出す処方箋があれば，それは，同じ処方箋で $\mathcal{A}_h$ から取り出しても，同じものが得られるはずである．フレアーホモロジーの考え方は次の通りである．

**処方箋 5.9**

（1） 汎関数の臨界点の情報と，もう1つの別の情報(あとで説明する)をもとに，ホモロジー群を作る．

（2） 得られたホモロジー群は，汎関数に「コンパクトな摂動」を加えても不変である．

(3) 汎関数が $\mathcal{A}$ の場合を考えて，(1)のホモロジー群についての情報を得る．

(4) 汎関数が $\mathcal{A}_h$ の場合を考えて，(3)と(2)でわかったホモロジー群の情報を用いて，$\mathcal{A}_h$ の臨界点についての情報を得る． □

このようにして得られるのが，アーノルド予想([9], [10])にかかわる諸結果である．もともとの Arnold の予想は次のものである．

**予想 5.10** $c_M$ を $M$ 上のすべての関数にわたる臨界点の数の下限とする．このとき，任意の $M$ 上の任意の周期ハミルトン系(5.1)は $c_M$ 個以上の 0 ホモトピックな 1 周期解をもつ． □

ハミルトン関数 $h$ が $t$ によらない場合には，$h$ の臨界点 $p$ に対して，周期解 $\ell(t) \equiv p$ がある．したがって，予想5.10 はこの場合は明らかである．

モース理論を用いると，数 $c_M$ についてのいろいろな情報を得ることができる．典型的なのは Morse の不等式で，$h$ がモース関数であるとき，$h$ の臨界点の個数は $M$ のベッチ数の和以上である，というものであった．ホモロジー群に捩れ(torsion)があると，ベッチ数による評価より精密なことが成り立つ(系 5.19)．

汎関数がモース関数であるという性質を，周期ハミルトン系の場合にいいかえてみよう．$h: M \times S^1 \to \mathbb{R}$ をハミルトン関数とする．$h: M \times [0,1] \to \mathbb{R}$ とみなし，それから定義5.1で決まる $\phi$ をとる．$\phi$ の不動点が $h$ の決める周期ハミルトン系の1周期解に対応する．$\phi$ の不動点は $\phi$ のグラフ $\mathrm{Graph}(\phi)$ と対角線集合 $M = \Delta_M \subseteq M \times M$ の交点に対応する．

**定義 5.11** 1周期解が非退化(nondegenerate)とは，対応する交点 $\in \Delta_M \cap \mathrm{Graph}(\phi)$ で $\Delta_M$ と $\mathrm{Graph}(\phi)$ が横断的に交わることをいう． □

次数付き[*2]可換群 $H_*$ が与えられたとき，$c(H)$ を次のように定義する．

次数付き自由 $\mathbb{Z}$ 加群 $C_*$ と $\partial: C_* \to C_{*-1}$ で，$\mathrm{Ker}\,\partial/\mathrm{Im}\,\partial \simeq H_*$ であるものを考える．$c(H)$ は，このような $(C, \partial)$ 全体にわたる，$\mathrm{rank}\,C$ の最小値である．

---

[*2] ここでは，次数は $\mathbb{Z}_2$ 上の次数を考える．つまり，$H_*$ は $H_0 \oplus H_1$ のように，2つに分かれているとする．

**予想 5.12** $M$ 上のすべての 0 ホモトピックな 1 周期解が非退化であるような周期ハミルトン系に対して，0 ホモトピックな 1 周期解の数は $c(\oplus H_*(M;\mathbb{Z}))$ 以上である． □

退化した 1 周期解があるときの 1 周期解の数の評価は，モース関数とは限らない一般の関数の臨界点の個数を評価する問題の，ループ空間での類似である．

Lyusternik–Snirel'man によるカテゴリー(category)の理論は，臨界点の個数をカップ積の長さ(cup length)などで評価するものである[*3]．さらに高次のカップ積(マッセイ積(Massey product)など)や，コホモロジー作用素(cohomology operation [349][*4])も同様な評価に使える．

これらは，基本群の非可換性をあまり使っていないが，基本群の非可換性を積極的に使った評価もある([96])．

こういった諸問題まで視野に入れなければならないので，予想 5.10 は解決からはほど遠いが，部分解の数は多い．そのいくつかを述べる．

最初の重要な突破口[*5]は Conley–Zehnder [61] によるもので，後の Chaperon [59] の結果とあわせると，$T^{2n}$ の場合に予想 5.10, 5.12 を完全に解決したことになる．($C_{T^{2n}}=2n+1$, $c(\oplus H_*(T^{2n};\mathbb{Z}))=2^{2n}$ である．) 次に解かれたのが $\mathbb{C}P^n$ およびリーマン面の場合である．(Floer [101], Sikorav [334] などによる．$C_{\mathbb{C}P^n}=c(\oplus H_*(\mathbb{C}P^n;\mathbb{Z}))=n+1$ である．)

そして大きな進展が Floer によるフレアーホモロジーの発見である．Floer 自身は，これを応用して，予想 5.12 を単調シンプレクティック多様体の場合に証明した．Floer の方法は Hofer–Salamon [183] と Ono [293] によって進歩し，半正のシンプレクティック多様体の場合に予想 5.10 が解かれた(定理 5.14)．その後，Fukaya–Ono [124], Liu–Tian [237], Ruan [317] により，一般のシンプレクティック多様体の場合に，予想 5.10 より弱い有理数体上のベッチ数による評価(定理 5.15)が示された．

---
[*3] [239]．日本語の解説は [368] にある．
[*4] 日本語の解説は [282] にある．
[*5] ワインシュタイン予想に対する Rabinowitz や Weinstein の結果がこれに先行する．

上で使った用語を説明し,定理を正確に述べる.以下コンパクトなシンプレクティック多様体だけを考える.$\beta \in \pi_2(M)$ に対して,チャーン数 $c^1(\beta)$, エネルギー $\mathcal{E}(\beta)$ を次の式で定義する.

$$c^1(\beta) = \int_{S^2} \beta^* c^1(M), \quad \mathcal{E}(\beta) = \int_{S^2} \beta^* \omega_M.$$

**定義 5.13** $2n$ 次元シンプレクティック多様体 $M$ が**単調**(monotone)とは, $c^1(\beta) = \lambda \mathcal{E}(\beta)$ なる正の数 $\lambda$ が存在することをいう.

$M$ が**半正**(semipositive)とは,$\mathcal{A}(\beta) > 0$ かつ $0 > c^1(\beta) \geqq 6 - 2n$ なる $\beta \in \pi_2(M)$ が存在しないことをいう. □

単調なら半正である.

**定理 5.14** $M$ が半正とすると,$M$ 上のすべての 0 ホモトピックな 1 周期解が非退化であるような周期ハミルトン系に対して,0 ホモトピックな 1 周期解の数は $c(\oplus H_*(M;\mathbb{Z}))$ 以上である. □

**定理 5.15** 任意のシンプレクティック多様体上の,すべての 0 ホモトピックな 1 周期解が非退化であるような周期ハミルトン系に対して,0 ホモトピックな 1 周期解の数は $\sum_k \mathrm{rank}\, H_k(M;\mathbb{Q})$ 以上である[*6]. □

退化した周期解を許した場合の議論はより微妙である.本書では扱わない.

## §5.2 フレアーホモロジー

さて,前に述べた処方箋 5.9 に戻り,定理 5.14, 5.15 の証明の主要なアイデアを解説する.

モース関数から多様体のホモロジーを復元する方法は,すでに第3章の定理 3.17 の証明で出てきた.第3章では安定多様体や不安定多様体を用いた.$\mathcal{A}$ の場合にはその存在はデリケートな問題である.最大の困難は $\mathrm{grad}\,\mathcal{A}$, $\mathrm{grad}\,\mathcal{A}_h$ の生成する 1 径数変換群が存在しないことである.実際,

---

[*6] 最近(1999年6月)筆者と小野薫氏は定理 5.15 の仮定のもとで,整数係数のフレアーホモロジーを定義し,定理 5.15 の結論を定理 5.14 と同じものに強めた.詳細は近い将来発表するが,本書では述べないので,本書では定理 5.15 は有理数係数で書いておく.

§5.2 フレアーホモロジー —— 195

$\ell_0(t) = \sum a_k \exp(2\pi\sqrt{-1}\,kt)$ を初期値とする積分曲線は

(5.4) $\quad\quad\quad \tau \mapsto \ell_\tau(t) = \sum_{k>0} a_k \exp(k\tau + 2\pi\sqrt{-1}\,kt)$

になる．(5.4)は，$a_k$ が有限個以外すべて 0 でない限り，有限時間で発散する (1 変数関数論の Liouville の定理からわかる)．しかも，発散は $a_k$ のとり方により，いくらでも 0 に近い場所で起こりコントロールできない．

こうして，安定多様体などを使ったやり方で，モース関数からホモロジー論を作ることは，$\mathcal{A}$ に対してはきわめて困難であることがわかった．これは，前に述べた $\mathcal{A}$ の特徴，すなわち，モース指数が無限大であることに起因する．多分この事実を見て，$\mathcal{A}$ はモース理論を展開するのに使う汎関数としては不適当である，と考えた人が，Floer の登場前には，多くいたと思われる．

これを解決する次の 2 つのアイデアは，もともとは Conley–Zehnder [61] に萌芽的な形であったもので，Floer によって実現された．

**アイデア 5.16** モース関数からホモロジーを復元するのに，安定多様体や不安定多様体，すなわち，1 点から出ていく (入っていく) 軌道全体を知る必要はない．2 つの臨界点に対してそれを結ぶ軌道の全体がわかればよい． □

**アイデア 5.17** 汎関数 $\mathcal{A}_h$ の 2 つの臨界点に対して，それを結ぶ軌道で，ある決まったホモトピー類に属するもの全体を考えると，その仮想次元は有限である． □

この 2 つの観察により，処方箋 5.9(1) を実現し $\mathcal{A}_h$ の臨界点からホモロジー論を作る道が開けてくるのである．より正確に述べよう．

まずモース–ウィッテン複体という概念を説明する．定理 3.17 を思い出そう．ハミルトン関数 $h$ と区別するために，モース関数は $f$ で表す．また，$\Omega(M)$ 上の関数 $\mathcal{A}_h$ を考えるのが目的であるから，$f$ が定義されている多様体は ($M$ でなく) $X$ と書く．

定理 3.17 ではボット–モース関数を考えたが，モース関数の場合に定理 3.17 を当てはめてみよう．以後はホモロジーでなくコホモロジーで考える．すなわち余次元 $k$ の鎖を $k$ 次元の余鎖とみなす．$E_2^k = \bigoplus_i H^k(N_i^+, N_i^+ - R_i; \mathbb{Z})$ であった．$f$ がモース関数である場合には，$R_i$ は 1 点 $p_i$ で，また，$N_i^+ \simeq$

$\mathbb{R}^{n-\mu(p_i)}$ である($\mu(p_i)$ はモース指数).したがって,$E_2^k$ はモース指数が $n-k$ の臨界点を生成元とする自由可換群である.$E_2^k = CF^k(X, f)$ と書く.すなわち

(5.5) $$CF^k(X, f) = \bigoplus_{p \in \mathrm{Cr}(h), \mu(p) = n-k} \mathbb{Z}[p]$$

である.$E_2^k$ の元は,何回かの微分で打ち消し合って $E_\infty^k$ に至る.次数を考えると,これらの微分は $CF^*(X, h)$ の上の境界作用素

$$\delta : CF^k(X, f) \to CF^{k+1}(X, f)$$

にまとめられることがわかる.(このことはあとで別のやり方で,正確に証明するので,ここでは少々粗い説明をする.)結局次の定理が示されたことになる.

**定理 5.18** $(CF^*(X, f), \delta)$ なる余鎖複体(cochain complex)で,次の性質をもつものが存在する.

(1) $\mathrm{rank}\, CF^k(X, f)$ は $f$ のモース指数 $n-k$ の臨界点の数に等しい.

(2) $(CF^*(X, f), \delta)$ のコホモロジーは $X$ のコホモロジーに一致する.  □

**系 5.19** $M$ 上の任意のモース関数の臨界点の数は $c(H_*(M; \mathbb{Z}))$ 以上である.  □

さて定理 5.18 の複体を,$f = \mathcal{A}_h$ の場合に構成したい.次数付き[*7]可換群 $CF^k(\Omega M, \mathcal{A}_h)$ は,(モース指数の定義に問題が残るが)そのまま定義できる.問題は境界作用素である.有限次元の場合は,これは,連結準同型

$$\partial : H_{\mu(p_i)}(\mathfrak{X}_i, \mathfrak{X}_{i-1}; \mathbb{Z}) \to H_{\mu(p_i)-1}(\mathfrak{X}_{i-1}; \mathbb{Z})$$

である(定理 3.17 の証明を見よ).すでに説明したように,$\mathfrak{X}_i$ にあたるものを,われわれの無限次元の状況で定義するのは不可能である.したがって,連結準同型とは別の $\partial$ の記述が必要である.2つの臨界点を結ぶ勾配ベクトル場の積分曲線のモジュライ空間を使って記述が可能である,というのがアイデア 5.17 である.

あとでフレアーホモロジーの計算にも使えるように,定義 5.20,補題 5.22

---

*7 ここでは次数は $\mathbb{Z}$ 次数である.

§5.2 フレアーホモロジー ── 197

にはボット–モース関数の場合を含めておく．$f$ をボット–モース関数とする．リーマン計量を決め $f$ の勾配ベクトル場を $\operatorname{grad} f$ と書く．$R_i, R_j$ を $f$ の臨界点集合の連結成分とする．

**定義 5.20**

$$\tilde{\mathcal{M}}(R_i, R_j; f) = \left\{ \gamma : \mathbb{R} \to X \;\middle|\; \begin{array}{l} \dfrac{d\gamma}{dt} = \operatorname{grad} f, \\ \lim_{\tau \to +\infty} \gamma(\tau) \in R_j, \; \lim_{\tau \to -\infty} \gamma(\tau) \in R_i \end{array} \right\}$$

と定義する．ここで $\lim_{\tau \to +\infty} \gamma(\tau) \in R_j$ とは，極限 $\lim_{\tau \to +\infty} \gamma(\tau)$ が存在し $R_j$ に属するという意味である． □

以後簡単のため，$\lim_{\tau \to \infty} \gamma(\tau) \in R_j$ を $\gamma(\infty) \in R_j$ と書く．

**注意 5.21** 以後混乱を避けるため，$\Omega_M$（あるいは $X$）の中の道とそのパラメータには $\gamma, \tau$ を，$M$ の中の道とそのパラメータには $\ell, t$ を用いる．

$\operatorname{grad} f$ が生成する 1 径数変換群 $\varphi_\tau$ が存在すれば，補題 3.22 の直前に導入した記号 $\varphi_\infty(x)$ を用いて

(5.6) $\tilde{\mathcal{M}}(R_i, R_j; f) = \{ x \in X \mid \varphi_{-\infty}(x) \in R_i, \varphi_\infty(x) \in R_j \}$

である．しかし，$f = \mathcal{A}_h$ の場合には，前にも注意したように $\varphi_\tau$ は定義されないので，(5.6)のような書き方はできるだけ避け，積分曲線 $\gamma$ の言葉で記述する．

$\tilde{\mathcal{M}}(R_i, R_j; f)$ には群 $\mathbb{R}$ が $(s \cdot \gamma)(\tau) = \gamma(s + \tau)$ で作用する．$i \neq j$ ならば，作用は自由である．商空間を $\mathcal{M}(R_i, R_j; f)$ と書く．

しばらく有限次元の場合を議論する．以後しばらくの補題の証明は，$f = \mathcal{A}_h$ の場合には使えないが，補題の結論そのものは，$f = \mathcal{A}_h$ の場合にも適当な修正を施せば成立する．

**補題 5.22** ボット–モース関数 $f$ を $\operatorname{Cr}(f)$ の外で小さく動かし，次の性質が満たされるようにできる．

$\tilde{\mathcal{M}}(R_i, R_j; f)$ は多様体で，その次元は $\dim R_j + \mu(R_j) - \mu(R_i)$ である．

[証明] $\gamma \mapsto \gamma(0)$ で $\tilde{\mathcal{M}}(R_i, R_j; f)$ は $U(R_i) \cap S(R_j)$ と同相である．$U(R_i)$ と $S(R_j)$ が横断的に交わるように，$f$ を動かすことができる．すると，

$\tilde{\mathcal{M}}(R_i, R_j; f) = U(R_i) \cap S(R_j)$ は多様体で次元は $\dim U(R_i) + \dim S(R_j) - n$ である. $\dim U(R_i) = n - \mu(R_i)$, $\dim S(R_j) = \dim R_j + \mu(R_j)$ であるから, 補題が成立する. ∎

以後 $f$ は補題 5.22 の条件を満たすようにとっておく. 簡単のため $R_i$ とベクトル束 $N_i^- \to R_i$ は向き付け可能とする[*8].

**補題 5.23** $\tilde{\mathcal{M}}(R_i, R_j; f)$ には向きが付く. 向きは $R_i, R_j$ の安定多様体の向きから決まる.

[証明] 簡単のため $X$ は向き付け可能とする. すると, $X$ の向きと $U(R_i)$ の向きから, $S(R_i)$ に向きが入る. よって, $\tilde{\mathcal{M}}(R_i, R_j; f) \simeq U(R_i) \cap S(R_j)$ から補題が従う. ($X$ に向きが付いていなくても, 補題 5.23 は成り立つ. [124] Remark 22.5 参照.) ∎

境界作用素の記述を完成させよう.

$f$ はモース関数とする. $p, q \in \mathrm{Cr}(h)$, $\mu(p) = \mu(q) + 1$ とする. 補題 5.22, 5.23 から, $\tilde{\mathcal{M}}(p, q; f)$ は 1 次元の向きの付いた多様体である. $\mathbb{R}$ の自由な作用が存在するから, 連結成分は $\mathbb{R}$ と同相である. ここで次の補題が必要である.

**補題 5.24** $\mu(p) + 1 = \mu(q)$ ならば, $\mathcal{M}(p, q; f)$ はコンパクトである. ∎

証明はもう少しあとで述べる. $\mathcal{M}(p, q; f)$ の元 $[\gamma]$ は $\tilde{\mathcal{M}}(p, q; f)$ の連結成分に対応する. 対応する連結成分の向きと $\mathbb{R}$ の作用が整合的なとき $\epsilon(\gamma) = +1$, そうでないとき $\epsilon(\gamma) = -1$ とおく.

**定義 5.25**

$$\langle \delta p, q \rangle = \sum_{[\gamma] \in \mathcal{M}(p,q;h)} \epsilon(\gamma),$$

$$\delta[p] = \sum_{\substack{q \in \mathrm{Cr}(f) \\ \mu(q) = \mu(p) + 1}} \langle \delta p, q \rangle [q].$$

$(CF(M, f), \delta)$ をモース–ウィッテン複体(Morse-Witten complex)と呼ぶ. ∎

**定理 5.26** $\delta \delta = 0$ でかつ $(CF(X, f), \delta)$ のコホモロジーは $X$ のコホモロジーに一致する. ∎

---

[*8] この条件をはずすことも可能であるが, その場合は向き付けの議論はもっと微妙になる. なお筆者の論文[117]はこの点にミスがある.

**注意 5.27** 定義 5.25 の構成は古く，Morse 自身にさかのぼる．Thom [362] も重要な寄与であり，また Smale の高次元ポアンカレ予想の証明も定理 5.26 と深くかかわる．また Milnor の有名な教科書[258]の記述は定理 5.26 に非常に近い．Witten は[391]で定理 5.26 に近い構成を述べ，超対称的場の理論との関係を明らかにした[*9]．$\mathcal{M}(p,q;f)$ を使えば，安定多様体などを使わなくてもホモロジーが表せることを見抜いたのは，Conley–Zehnder であろう．定理 5.26 の形の定理そのものを，整数係数の場合も含めて，明確に述べたのは Floer である．(Witten は実数係数で考えている．)

定理 5.26 の証明のあらましを述べる．まず $\delta\delta = 0$ を示そう．それには，$\mu(p)+2=\mu(q)$ の場合のモジュライ空間 $\mathcal{M}(p,q;f)$ を用いる．$\mathcal{M}(p,q;f)$ は向きの付いた 1 次元多様体である．

**補題 5.28** $\mu(p)+2=\mu(q)$ とすると，$\mathcal{M}(p,q;f)$ のコンパクト化 $\mathcal{CM}(p,q;f)$ が存在し

$$\partial\mathcal{CM}(p,q;f) = \bigcup_{r\in\mathrm{Cr}(f),\ \mu(p)+1=\mu(r)} \mathcal{M}(p,r;f)\times\mathcal{M}(r,q;f)$$

なる向きの付いた 0 次元多様体の同相写像が存在する． □

補題 5.28 を認めると，1 次元多様体の境界になっている 0 次元多様体の「符号付きの位数」は 0 であるから，

$$\sum_{r\in\mathrm{Cr}(f),\ \mu(p)+1=\mu(r)} \langle\delta p, r\rangle\langle\delta r, q\rangle = 0$$

が成り立つ．よって $\delta\delta = 0$ である．

次に補題 5.24, 5.28 の証明の概略を述べる．$\gamma_i \in \tilde{\mathcal{M}}(p,q;f)$ とし，$[\gamma_i]$ は $\mathcal{M}(p,q;f)$ で発散するとしよう．

$f(p) < s < f(q)$ とする．$\tau \mapsto f(\gamma_i(\tau))$ は単調増加だから，$m_i(s) \in \mathbb{R}$ が唯ひとつ存在し $f(\gamma_i(m_i(s))) = s$ が成り立つ．

$\mathrm{Cr}(f)$ は有限集合である．$\{f(r) \mid r\in\mathrm{Cr}(f)\}$ と閉区間 $[f(p), f(q)]$ の交わりを $\{r_1, \cdots, r_J\}$，$r_1 < r_2 < \cdots < r_J$ とする．$r_1 = f(p)$, $r_J = f(q)$ である．

---

[*9] [135]を見よ．

$$1 = \frac{dm_i}{ds}\frac{df \circ \gamma_i}{d\tau}(m_i(s))$$

ゆえ，$s \notin \{r_1, \cdots, r_J\}$ ならば，$\frac{dm_i}{ds}(s)$ は $i$ によらずに一様に有界である．よって，部分列に移って，$\tau_{ij} \in \mathbb{R}$ が存在し，$s \mapsto m_i(s) + \tau_{ij}$ は区間 $(r_j, r_{j+1})$ で広義一様に収束するとしてよい．

$\frac{dm_i}{ds}(r_j) \ (1 < j < J)$ が発散するときは，部分列をとれば $\gamma_i(m_i(r_j))$ は $\mathrm{Cr}(f)$ の点に収束する．

$\frac{dm_i}{ds}(r_j)$ が収束するときは，$s \mapsto m_i(s) + \tau_{ij}$ は $r_j$ でも収束する．そこで区間 $(r_{j-1}, r_j)$ と $(r_j, r_{j+1})$ をつなげて $(r_{j-1}, r_{j+1})$ とする．

結局，有限個の $r'_j \ (j=1, \cdots, J')$ と列 $\tau'_{ij}$ があり，$\gamma_i(m_i(r'_j))$ は $\mathrm{Cr}(f)$ の点 $x_j$ に収束し，$s \mapsto m_i(s) + \tau'_{ij}$ は区間 $(r'_j, r'_{j+1})$ で広義一様に収束する(図5.1)．

すると，部分列をとって，$t \mapsto \gamma_i(\tau + \tau'_{ij})$ は $\tilde{\mathcal{M}}(x_j, x_{j+1}; f)$ の元に収束する．特に，$\mathcal{M}(x_j, x_{j+1}; f)$ は空でない．よって補題5.22より，次の不等式が成立する．

(5.7) $$\mu(x_j) < \mu(x_{j+1})$$

さて，$\mu(p) + 1 = \mu(q)$ とする．(5.7)と $x_1 = p$, $x_{J'} = q$ より，$J' = 2$ でなければならない．これは $[\gamma_i]$ が発散列であることに反する．すなわち $\mathcal{M}(p, q; f)$ はコンパクトである．これで補題5.24が示された．

次に，$\mu(p) + 2 = \mu(q)$ とする．すると，$J' = 3$ で列 $[\gamma_i]$ の極限として，$\mathcal{M}(p, x_2; f)$ の元と $\mathcal{M}(x_2, q; f)$ の元の組が得られたことになる．すなわち，補題5.28の右辺を付け加えれば $\mathcal{M}(p, q; f)$ はコンパクト化される．

**注意 5.29** 以上の証明のなかの，モース関数の値を使って，パラメータをとり直すトリックは，古田幹雄氏に教えてもらったものである．

補題5.28の証明のために，あと示すべきなのは，$\mathcal{M}(p, r; f) \times \mathcal{M}(r, q; f)$ の任意の点の「近く」に，$(T, \infty)$ と同相な $\mathcal{M}(p, q; f)$ の一部分が存在すること($T$ は大きい正の数)，および向き付けである．前者の証明には，有限次元のモース理論の場合でも，Taubes が[357]でゲージ理論の場合にしたのと

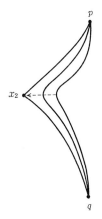

**図 5.1** $\mathcal{M}(p,q;f)$ のコンパクト化

同じ張り合わせの議論をする必要がある[*10]. この部分は省略する.

定理 5.26 の証明を完成させるには, $(CF(M,f),\delta)$ のコホモロジーが $M$ のコホモロジーに一致することを示さなければならない. この点は §5.3 で説明することにして, 無限次元の場合 ($f = \mathcal{A}_h$ の場合) に話を移そう.

まず, $\gamma : \mathbb{R} \to \Omega_0(M)$ が $\operatorname{grad} \mathcal{A}_h$ の積分曲線である, という条件を書きかえよう. $\gamma(\tau) = \ell_\tau : S^1 \to M$ とする. $\tilde{\gamma}(\tau, t) = \ell_\tau(t)$ とおく. $\tilde{\gamma} : \mathbb{R} \times S^1 \to M$ である.

**補題 5.30** $\gamma$ が $\operatorname{grad} \mathcal{A}_h$ の積分曲線であることは, 次の式と同値である.

$$(5.8) \qquad \frac{\partial \tilde{\gamma}}{\partial \tau} + J_M \left( \frac{\partial \tilde{\gamma}}{\partial t} - X_{h_t} \right) = 0.$$

[証明] 定理 5.5 の証明中の記号を使うと,

$$\left. \frac{\partial \mathcal{A}_h(\ell)}{\partial \tau} \right|_{\tau=0} = -\int_{S^1} \omega \left( \frac{\partial \ell}{\partial t}, V \right) dt - \int_{S^1} \omega(X_{h_t}, V) dt$$

$$= -\int_{S^1} g_M \left( J_M \left( \frac{\partial \tilde{\gamma}}{\partial t} - X_{h_t} \right), V \right) dt$$

---

[*10] [328] に証明があるが, 有限次元の場合のためだけに, この証明を詳細に学ぶのでは, 得られるものがかかる労力に引き合わない気がする. 一方, [176] には定理 5.26 のすぐれた解説があるが, この点の説明は省略されている.

である．$\tilde{g}_M(V, W) = \int_{S^1} g_M(V, W)dt$ が $\Omega_0 M$ のリーマン計量であるから，補題が従う． ∎

$h = 0$ の場合には，§2.5 で述べたように，方程式(5.8)は概正則曲線の方程式になる．$h$ によって生じた項 $X_{h_t}$ は $\gamma$ の微分を含まない 0 階の項である．このことから，§2.5, §2.6 の議論は，方程式(5.8)に対しても概正則曲線の方程式とまったく同様に適用できる．

次に $\mathcal{A}_h$ がボット–モース関数であるという条件をいいかえておく．

**定義 5.31** $M$ の 2 つの部分多様体 $N_1, N_2$ が，$p \in N_1 \cap N_2$ で**斉交叉**(clean intersection)であるとは，$N_1 \cap N_2$ が $p$ の近傍で滑らかな部分多様体で，$T_p N_1 \cap T_p N_2 = T_p(N_1 \cap N_2)$ が成り立つことを指す． ∎

$h : M \times S^1 \to \mathbb{R}$ とする．$h$ を $h : M \times [0, 1] \to \mathbb{R}$ とみなし，定義 5.1 で定まる $\phi$ をとる．

**定義 5.32** $X_h$ の 1 周期解が**半非退化**であるとは，対応する点で $\mathrm{Graph}(\phi)$ が $\Delta_M$ と斉交叉することを指す． ∎

$\phi(p) = p$ なる各点の近傍 $U_p$ で，関数 $h_p : U_p \to \mathbb{R}$ が存在して，$\phi$ は（時間によらない）ハミルトンベクトル場 $X_{h_p}$ を使って $\phi = \exp(X_{h_p})$ と表せる．このとき，$p$ に対応する 1 周期解が半非退化であることと，$h_p$ が $p$ でボット–モース関数であることは同値である．このことの証明は練習問題とする．

$h \equiv 0$ であれば，$\mathrm{Graph}(\phi) = \Delta_M$ で，1 周期解とは定値写像 $\ell : S^1 \to M$ のことである．よって，この場合はすべての 1 周期解が半非退化である．$h \equiv 0$ の場合を含めたかったので，1 周期解が非退化という条件を半非退化まで一般化した．以後 $X_h$ のすべての 1 周期解は半非退化と仮定する．

$\mathrm{Graph}(\phi) \cap \Delta_M$ は(5.1)の 1 周期解全体と一致する．0 ホモトピックな 1 周期解全体を $\mathrm{orb}(h)$ と書く．$\mathrm{orb}(h)$ は $\mathrm{Graph}(\phi) \cap \Delta_M$ の連結成分の和であるから，仮定により $\mathrm{orb}(h)$ は滑らかな多様体である．連結成分に分けて $\mathrm{orb}(h) = \bigcup_i R_i$ とする．以下 $R_i$ の元は 1 周期解とみなす．次の定義は定義 5.20 のループ空間でのアナロジーである．

**定義 5.33** $\widetilde{\mathcal{M}}(R_i, R_j ; h)$ を，次の条件を満たす写像 $\tilde{\gamma} : \mathbb{R} \times S^1 \to M$ の全体とする．

（1） $\tilde{\gamma}$ は方程式(5.8)を満たす．
（2） $\ell_{-\infty} \in R_i$, $\ell_{+\infty} \in R_j$ が存在し
$$\lim_{\tau \to -\infty} \tilde{\gamma}(\tau, t) = \ell_{-\infty}(t), \quad \lim_{\tau \to +\infty} \tilde{\gamma}(\tau, t) = \ell_{+\infty}(t)$$
が成り立つ．ここで収束は $C^\infty$ 収束とする．$\mathbb{R}$ の作用による商空間を $\mathcal{M}(R_i, R_j; h)$ とする． □

さて，この $\mathcal{M}(R_i, R_j; h)$ を用いて，有限次元の場合と同様の構成を試みると，直ちに次の 2 つの深刻な困難に突き当たる．

**困難 5.34**

（1） $\mathcal{M}(R_i, R_j; h)$ の次元(正確には仮想次元)は，連結成分によって異なる．

（2） $\mathcal{M}(R_i, R_j; h)$ はコンパクトでない．またよいコンパクト化をもたない． □

**例 5.35** $M = \mathbb{CP}^n$, $h \equiv 0$ とする．$orb(h) = M$ である．$\tilde{\mathcal{M}}(M, M; 0)$ の元は，(概)正則写像 $\tilde{\gamma}: S^1 \times \mathbb{R} \to M$ であって，$\tau \to \pm\infty$ で $M$ のある点 $p_{\pm\infty}$ に収束するもの全体である．$S^1 \times \mathbb{R}$ は $S^2 - \{2 \text{点}\}$ と共形的である．定理 2.105 (あるいは，この場合は，Riemann の除去可能定理)により，$\tilde{\mathcal{M}}(M, M; 0)$ の元は $S^2$ からの概正則写像全体に一意に拡張される．結局 $\tilde{\mathcal{M}}(M, M; 0)$ は $S^2 \to \mathbb{CP}^n$ なる(概)正則写像全体に一致する．$S^2 \to \mathbb{CP}^n$ なる(概)正則写像で，そのホモロジー類が $\beta \in H_2(\mathbb{CP}^n; \mathbb{Z})$ であるもの全体を，$\mathcal{M}_{0,3}(\mathbb{CP}^n; \beta)$ と表す[*11]．定理 2.57 により，$\mathcal{M}_{0,3}(\mathbb{CP}^n; \beta)$ の仮想次元は $2n + 2c^1(\beta)$ である．

これは $\beta$ によって異なる．すなわち，仮想次元は連結成分によって異なる．また，$\mathcal{M}_{0,3}(\mathbb{CP}^n; \beta)$ は $c^1(\beta)$ が正であれば，空ではない．すなわち，$\tilde{\mathcal{M}}(M, M; 0)$ は無限個の連結成分をもつ．したがって，そのよいコンパクト化は存在しない． □

例 5.35 だけを見ていると，困難 5.34 の(1), (2)は同じ理由から起こるように見えるが，実はそうではない．(1)がかかわるのはチャーン類 $c^1$ で，(2)がかかわるのはエネルギー $\mathcal{A}$ である．($\mathbb{CP}^n$ は単調だったから，2 つがたま

---

[*11] この記号は §6.2 の定義 6.44 の特別な場合である．添え字の 0,3 の意味などはそこでわかる．

たま一致したのである．）

まず(2)を解説する．（こちらを先にするのは，(2)は有限次元でも起こる現象だからである．）(2)は Novikov [287] による閉微分1型式のモース理論，すなわち，ノビコフホモロジー (Novikov homology) にかかわる．（ノビコフホモロジーとフレアーホモロジーの関係に着目したのは，Sikorav [335], Hofer–Salamon [183], Ono [293] である．）第2章で述べた，次の2つの事実を思い出そう．

（あ）　$\mathcal{A}, \mathcal{A}_h$ は多価関数である．

（い）　概正則曲線の列の収束を証明するには，エネルギーの有界性が必要である．

（あ）から，$\mathcal{A}_h$ の勾配ベクトル場の積分曲線として得られる写像 $\tilde{\gamma}: \mathbb{R} \times S^1 \to M$ のエネルギーが，そのホモトピー類によって異なり，したがって，（い）から，コンパクト性の証明に困難が生じるのである．

もう少し正確に述べよう．$\tilde{\gamma}: \mathbb{R} \times S^1 \to M$ を (5.8) の解とする．（$\gamma: \mathbb{R} \to \Omega_0 M$ と $\tilde{\gamma}: \mathbb{R} \times S^1 \to M$ が対応していた．この2つは以後しばしば区別しない．）$T > 0$ に対して $\mathcal{E}_h^T(\gamma)$ を次の式で定義する．

$$\mathcal{E}_h^T(\gamma) = \frac{1}{2} \int_{S^1 \times [-T,T]} \left( \left|\frac{\partial \tilde{\gamma}}{\partial \tau}\right|^2 + \left|\frac{\partial \tilde{\gamma}}{\partial t}\right|^2 \right) dt d\tau$$
$$+ \int_{S^1} h(\tilde{\gamma}(T,t)) dt - \int_{S^1} h(\tilde{\gamma}(-T,t)) dt.$$

**補題 5.36**　$\mathcal{E}_h^T(\gamma)$ は $T$ が増えると単調増大である．

[証明]　補題 2.68 により，$\mathcal{E}_h^T(\gamma) = \int_{-T}^T \gamma^* d\mathcal{A}_h$ である．（$\mathcal{A}$ は多価だが，$d\mathcal{A}$ は微分1型式としてきちんと定まったことに注意．）$\gamma$ が $\mathcal{A}_h$ の勾配ベクトル場だから補題が成立する．∎

**定義 5.37**　$\mathcal{E}_h(\tilde{\gamma}) = \lim_{T \to \infty} \mathcal{E}_h^T(\tilde{\gamma}) \in \mathbb{R}_{\geq 0} \cup \{\infty\}$． □

Novikov が考えた有限次元の状況を書いておこう．有限次元リーマン多様体 $X$ 上の閉微分1型式 $\rho$ を考える．各点 $p$ の近傍で $\rho = df_p$ となる関数 $f_p$ がとれる．

**定義 5.38**　$\rho$ が**モース型式**であるとは，$f_p$ が，任意の $p$ に対して，モー

ス関数であることを指す.  $\rho$ がボット–モース型式であることも同様に定義する.  □

以後 $\rho$ はボット–モース型式とする. リーマン計量を使った同型 $T^*X \simeq TX$ を考え, $\rho$ に対応するベクトル場を $\operatorname{grad}\rho$ と書く. $\operatorname{Cr}(\rho)$ を $\rho$ が消える点の全体とし, $\operatorname{Cr}(\rho) = \sum_i R_i$ と連結成分に分ける. $p \in R_i$ に対して, $p$ での $f_p$ のモース指数を $\mu(R_i)$ と書く(仮定からこれは $f_p$ によらない).

$$\tilde{\mathcal{M}}(R_i, R_j; \rho) = \left\{ \gamma : \mathbb{R} \to X \;\middle|\; \begin{array}{l} \dfrac{d\gamma}{d\tau} = \operatorname{grad}\rho, \\ \lim_{\tau \to +\infty} \gamma(\tau) \in R_j, \; \lim_{\tau \to -\infty} \gamma(\tau) \in R_i \end{array} \right\}$$

とおく. $\gamma : \mathbb{R} \to X$ が $\operatorname{grad}\rho$ の積分曲線ならば, $\mathcal{E}_\rho(\gamma) = \lim_{T\to\infty}\int_{-T}^{T}\gamma^*\rho$ は単調増大で, 有限の正の数または $+\infty$ に収束する. この事実が補題 5.36 の類似である($X = \Omega_0(M)$, $\rho = d\mathcal{A}_h$ と読みかえる). 以後有限次元の類似がなにかが明らかと思われるときは, いちいち断らない.

次の定理は補題 3.19 の類似である.

**定理 5.39** $\mathcal{E}_h(\gamma)$ が有限ならば, $i, j$ が存在して, $\gamma \in \tilde{\mathcal{M}}(R_i, R_j; h)$ である.  □

定理 5.39 の証明は省略する. [117] Lemma 7.23 を見よ. 定理 5.39 が, $h = 0$ の場合には, 第2章で証明を省略した定理 2.105 とかかわりが深いことに注意しておく. すなわち, 定理 5.39 は, $D^2 - \{0\}$ から $M$ へのエネルギー有限な概正則曲線が 0 に連続に伸びることを意味する[*12].

さて, 困難 5.34 の(2)に立ち返る. エネルギー $\mathcal{E}_h(\tilde{\gamma})$ が $\tilde{\gamma} \in \tilde{\mathcal{M}}(R_i, R_j; h)$ によって変わり, いくらでも大きくなりうる, というのが問題点であった. $\pi_1(\Omega_0(M); R_i, R_j)$ を $R_i$ と $R_j$ を結ぶ $\Omega_0(M)$ の道のホモトピー類全体とする. $\tilde{\mathcal{M}}(R_i, R_j; h)$ の元 $\gamma$ は, $\pi_1(\Omega_0(M); R_i, R_j)$ の元 $[\gamma]$ を定める.

**補題 5.40** $\mathcal{E}_h(\gamma)$ はホモトピー類 $[\gamma] \in \pi_1(\Omega_0(M); R_i, R_j)$ のみによる.

[証明] $\mathcal{E}_h(\gamma) = \int_\gamma d\mathcal{A}_h$ と $d\mathcal{A}_h$ が閉微分型式であることから明らか. ■

---

[*12] というと多少不正確である. というのは, 定理 5.39 では $\gamma : \mathbb{R} \to \Omega_0(M)$ で $D^2 - \{0\}$ から $M$ への写像に対応するのは, $\gamma : [0, \infty) \to \Omega_0(M)$ であるから. しかし, $\gamma : [0, \infty) \to \Omega_0(M)$ に対して, 定理 5.39 の類似がやはり成り立つ.

エネルギーが有界な部分に限れば，コンパクト性が成り立つ，というのが §2.5, §2.6 の結論であった．そこで，$E$ に対して $\mathcal{M}(R_i, R_j; h; E)$ を次の式で定義する．

$$\mathcal{M}(R_i, R_j; h; E) = \{\gamma \in \mathcal{M}(R_i, R_j; h) \mid \mathcal{E}_h(\tilde{\gamma}) \leqq E\}$$

**注意 5.41** $\pi_1(\Omega_0(M); R_i, R_j)$ は可算集合であるから，$E$ を少し動かせば，ぴったり $\mathcal{E}_h(\tilde{\gamma}) = E$ となる $\gamma$ が存在しないようにできる．以後いつもそうとっておく．

$\mathcal{M}(R_i, R_j; h; E)$ に対しては，何らかのコンパクト性定理が証明できると考えられる．しかし，一般にはバブルが起きるから，コンパクト性を正確に述べるのはかなり厄介である．ここでは，困難 5.34(2) に対する Novikov のアイデアを説明するために，ほかの問題が起きない有限次元の場合を先に述べる．

まず，補題 5.22 と同様に，$\tilde{\mathcal{M}}(R_i, R_j; \rho)$ は多様体で次元が $\dim R_j + \mu(R_j) - \mu(R_i)$ であるとしてよいことに注意する．$\mathcal{M}(R_i, R_j; \rho; E)$ を無限次元の場合と同様に定義する．

以後しばらくは，$\rho$ はモース型式とする．$R_i$ は 1 点であるから，$p_i$ などと書く．次の 2 つの補題は補題 5.24, 5.28 の類似物である．

**補題 5.42** $\mu(p) + 1 = \mu(q)$ ならば，$\mathcal{M}(p, q; \rho; E)$ はコンパクトである． □

**補題 5.43** $\mu(p) + 2 = \mu(q)$ ならば，$\mathcal{M}(p, q; \rho; E)$ のコンパクト化 $\mathcal{CM}(p, q; \rho; E)$ が存在して，その境界 $\partial \mathcal{CM}(p, q; \rho; E)$ は

$$\bigcup_{E_1 + E_2 \leqq E} \bigcup_{r \in \mathrm{Cr}(\rho), \ \mu(p) + 1 = \mu(r)} \mathcal{M}(p, r; \rho; E_1) \times \mathcal{M}(r, q; \rho; E_2)$$

である．また，$\lim_{i \to \infty} \gamma_i = (\gamma, \gamma')$ ならば，$\mathcal{E}_\rho(\gamma_i) = \mathcal{E}_\rho(\gamma) + \mathcal{E}_\rho(\gamma')$ である． □

証明は補題 5.24, 5.28 と同じである．

さて，補題 5.42, 5.43 を用いてノビコフホモロジーを構成しよう．Novikov はノビコフ環(Novikov ring)と呼ばれる環上の鎖複体を構成した．ここでは，次の章で使う都合もあって，筆者らが [122] で導入した普遍ノビコフ環なる

ものを用いる．$F$ を可換環とする．

**定義 5.44** $T$ を形式的なパラメータとする．$\sum_i c_i T^{\lambda_i}$ なる形式的な可算和であって，$c \in F$, $\lambda_i \in \mathbb{R}$, $\lim_{i \to \infty} \lambda_i = \infty$ なる条件を満たすもの全体を $\Lambda'_{\mathrm{nov},+,F}$ と書き，**普遍ノビコフ環**(universal Novikov ring)と呼ぶ．さらに，条件 $\lambda_i \geqq 0$ なる条件を課したものを，$\Lambda'_{\mathrm{nov},F}$ と書く． □

$\Lambda'_{\mathrm{nov},+,F}$, $\Lambda'_{\mathrm{nov},F}$ は環の構造をもつ．$\Lambda'_{\mathrm{nov},+,\mathbb{Z}}$, $\Lambda'_{\mathrm{nov},\mathbb{Z}}$ はユークリッド環(Euclidean ring)であり([335]参照)，したがって，単項イデアル環である．

さて，$p, q \in \mathrm{Cr}(\rho)$, $\mu(p)+1 = \mu(q)$ とする．$\mathcal{M}(p,q;\rho)$ の元 $[\gamma]$ に対して，$\mathcal{M}(p,q;f)$ の場合と同じようにして符号 $\epsilon(\gamma) = \pm 1$ が定まる．

**定義 5.45**
$$CN^k(X;\rho) = \bigoplus_{p \in \mathrm{Cr}(\rho),\ \mu(p)=k} \Lambda'_{\mathrm{nov},\mathbb{Z}}[p],$$
$$\langle \delta p, q \rangle = \sum_{[\gamma] \in \mathcal{M}(p,q;\rho)} \epsilon(\gamma) T^{\mathcal{E}_\rho(\gamma)},$$
$$\delta[p] = \sum_{q \in \mathrm{Cr}(f),\ \mu(q)=\mu(p)+1} \langle \delta p, q \rangle [q].$$
□

補題 5.42 より，$\langle \delta p, q \rangle \in \Lambda'_{\mathrm{nov},\mathbb{Z}}$ であり，よって，$\delta$ は
$$CN^k(X;\rho) \to CN^{k+1}(X;\rho)$$
なる写像を定める．

**定理 5.46** (Novikov) $\delta\delta = 0$ である．余鎖複体 $(CN^k(X;\rho), \delta)$ のコホモロジーは，$\rho$ のド・ラームコホモロジー類にのみより，$\rho$ の代表元のとり方，および，$X$ のリーマン計量にはよらない． □

$\delta\delta = 0$ は補題 5.43 から従う．後半の不変性は，§5.3 で示す．

**定義 5.47** $(CN^k(X;\rho), \delta)$ のコホモロジーをノビコフコホモロジーと呼び $HN^*(X;[\rho])$ と表す． □

**注意 5.48** Pazhitnov [300], [301]は最近，$\rho$ を少し動かせば，$\langle \partial p, q \rangle$ を決める形式的べき級数が収束べき級数にできること，さらに，有理関数にできることを示した．

一方 Hutchings [185], Hutchings–Lee [186]は，$\mathrm{grad}\,\rho$ の閉軌道の母関数であるζ関数と，ノビコフホモロジーの境界作用素の行列式(のようなもの)を組み合

わせて，ライデマイスターの捩れ[*13]（Reidemeister torsion）のノビコフホモロジー版である**ハッチングス–リー不変量**（Hutchings-Lee invariant）を定義した．3次元多様体 $X$ のハッチングス–リー不変量は，$X$ のサイバーグ–ウィッテン不変量と「一致する」と予想されている．

ハッチングス不変量は形式的べき級数であるが，Pazhitnov の方法（と本質的には似ている方法）を使うと，収束べき級数であることが証明できる．この正則関数（$T$ の関数）を虚軸まで解析接続すると，$X$ の上の $U(1)$ 束の解析的捩れ（analytic torsion）になると考えられる．これらの考察は，1 ループミラー対称性のおもちゃ（toy model）であると思われる（[125]参照）．

$X$ が 3 次元多様体の場合には，2 ループ以上のミラー対称性のおもちゃ[*14]が同様に存在する．すなわち，チャーン–サイモンズ摂動理論[*15]である[*16]．

以上述べたことは，$D$ ブレーン（$D$ brain，今の文脈ではラグランジュ部分多様体，§6.6 を見よ）$L$ による探査（probing）で $L$ 上のゲージ理論が生じる，という弦理論の双対性（string duality）の 1 つの帰結の数学的表現である．

以上で困難 5.34(2) にかかわる議論はひとまず打ち切り，(1) にかかわる議論に移る．(1) は仮想次元にかかわる問題である．仮想次元を論じるには，方程式(5.8)の線型化方程式を調べる必要がある．線型化方程式の導出は §2.4 での (2.25) の導出と同様である．

§2.4 では関数空間の設定をすっかりサボっていたので，線型化方程式の導出を論じる前に，関数空間を設定しておこう．$\mathbb{R} \times S^1$ はコンパクトでないので，関数空間の設定にはかなりの注意が必要である．$R_i$ が次元をもつ場合は，[117]を見よ．ここではすべての 1 周期解は非退化と仮定する（すなわち $\mathcal{A}_h$ はモース関数であると仮定する）．したがって $R_i$ のかわりに $\ell_i$ と書く．

関数空間として，$L^{1,p}$ 級の写像の集合をとる．写像が局所 $L^{k,p}$ 級とは各点の近傍で（超関数の意味の）$k$ 階までの微分が $L^p$ 級であることを指した（[141]，[292]など参照）．ただし，行き先が多様体であると，連続でない写像が局

---

[*13] [259]などを見よ．
[*14] おもちゃというには高級過ぎるだろうか．
[*15] [27], [28], [217]などを見よ．
[*16] この点については[395], [116]を参照せよ．

所 $L^{k,p}$ 級ということの意味は曖昧である．したがって，2 次元空間から多様体 $M$ への写像が局所 $L^{k,p}$ 級というときは，$1/2+1/p<1/k$ が必要である．(Sobolev の補題．[141], [292] を見よ．) 以下 $p>2$ とする．

**注意 5.49** $L^2$ 空間の方が使い慣れているから，$p=2$ としたいのだが，すると，$k>1$ としないといけない．コーシー–リーマン方程式は，1 階微分方程式だから，$k=1$ とする方が自然である．それで概正則曲線の場合は $L^{1,p}$ で論じるのが習慣である．ゲージ理論では $L^{2,2}$ で論じるのが普通である気がする．余談であるが，Floer の論文 [104] はゲージ理論に関するものだが，$L^{1,p}$ で論じてある．筆者は最初に読んだとき戸惑った記憶がある．

**定義 5.50** $L^{1,p}(\mathbb{R}\times S^1, M; \ell_i, \ell_j)$ は，$\tilde{\gamma}:\mathbb{R}\times S^1 \to M$ なる局所 $L^{1,p}$ 級の写像であって，次の条件を満たすもの全体を指す．

$T$ と，$\hat{\gamma}_+(\tau,t), \hat{\gamma}_-(\tau,t)$ なる $(-\infty,-T]\times \ell_i^*TM$, $[T,\infty)\times \ell_j^*TM$ の切断が存在して，
$$\exp_{\ell_i(t)}(\hat{\gamma}_-(\tau,t)) = \tilde{\gamma}(\tau,t), \quad \exp_{\ell_j(t)}(\hat{\gamma}_+(\tau,t)) = \tilde{\gamma}(\tau,t)$$
が成り立ち，かつ $\hat{\gamma}_+(\tau,t), \hat{\gamma}_-(\tau,t)$ は $L^{1,p}$ 級である． □

**補題 5.51** $L^{1,p}(\mathbb{R}\times S^1, M; \ell_i, \ell_j)$ はバナッハ多様体で，その $\tilde{\gamma}$ での接空間は $L^{1,p}(\mathbb{R}\times S^1; \tilde{\gamma}^*TM)$ である． □

証明は読者に任せる．次に，$\mathfrak{E}(\mathbb{R}\times S^1, M; \ell_i, \ell_j) \to L^{1,p}(\mathbb{R}\times S^1, M; \ell_i, \ell_j)$ を，$\tilde{\gamma}$ でのファイバーが $L^{0,p}(\mathbb{R}\times S^1; \tilde{\gamma}^*TM\otimes \Lambda^{0,1})$ であるような，(無限次元) ベクトル束とする．

**定義 5.52** $\mathfrak{E}(\mathbb{R}\times S^1, M; \ell_i, \ell_j)$ の切断 $\mathfrak{s}_h$ を
$$\mathfrak{s}_h(\tilde{\gamma}) = \Big(\frac{\partial \tilde{\gamma}}{\partial \tau} - J_M\Big(\frac{\partial \tilde{\gamma}}{\partial t}\Big) + J_M(X_{h_t})\Big)d\overline{z}$$
と定義する ($z=\tau+\sqrt{-1}\,t$)． □

$\mathfrak{s}_h(\tilde{\gamma})=0$ が方程式 (5.8) である．線型化方程式を計算しよう．第 1 項と第 2 項の線型化の計算はすでに，§2.4 で済んでいる．すなわち，

(5.9) $$d_{\tilde{\gamma}}\mathfrak{s}_0(V) = \overline{\partial}V + \mathcal{N}'V$$

である．$\mathcal{N}'$ は (2.19) で定義される 0 階の作用素である．次のことに注意し

**補題 5.53** $\mathcal{N}'$ の係数の $L^{0,p}$ ノルムは有限である. □

証明は (2.19) から直ちにわかる. 補題 5.53 より, $\tau \to \pm\infty$ で (5.9) の第 2 項の寄与は 0 に近づく. ($L^{0,p} \times L^{1,p} \to L^{0,p}$ なる掛け算で得られる写像は, Sobolev の補題により有界である.)

次に $\mathfrak{s}_h$ の第 3 項の微分を考えよう. $J_M(X_{h_t})$ は実は勾配ベクトル場 $\operatorname{grad} h_t$ である. よって, 第 3 項は, $\operatorname{grad} h_t(\tilde{\gamma})$ で $\tilde{\gamma}$ を $V \in L^{1,p}(\mathbb{R} \times S^1, M; p_i, p_j)$ 方向に動かした微分である. これは, ヘッセ行列 $\operatorname{Hess}_{\tilde{\gamma}(\tau,t)} h_t(V)$ である. ($\operatorname{Hess}_{\tilde{\gamma}(\tau,t)} h_t$ は $T_{\tilde{\gamma}(\tau,t)} TM \to T_{\tilde{\gamma}(\tau,t)} TM$ なる写像とみなしている.) 結局, 次の補題が得られた.

**補題 5.54**

(5.10) $$d_{\tilde{\gamma}} \mathfrak{s}_h(V) = \bar{\partial} V + \mathcal{N}' V + \operatorname{Hess}_{\tilde{\gamma}(\tau,t)} h_t(V).$$ □

$\tilde{M}(\ell_i, \ell_j; f)$ が有限次元であること, すなわち Floer のアイデアの核心であるアイデア 5.17 は次の定理 5.55 である. すべての 1 周期解が非退化と仮定していたことをもう一度思い出しておく. (この仮定がないと定理 5.55 は成立しない.)

**定理 5.55** $\tilde{\gamma} \in \mathcal{M}(\ell_i, \ell_j; h)$ に対して,
$$d_{\tilde{\gamma}} \mathfrak{s}_h : L^{1,p}(\mathbb{R} \times S^1; \tilde{\gamma}^* TM) \to L^{0,p}(\mathbb{R} \times S^1; \tilde{\gamma}^* TM \otimes \Lambda^{0,1})$$
はフレドホルム作用素である.

［証明］ $d_{\tilde{\gamma}} \mathfrak{s}_h$ は楕円型作用素であるから, 考えている空間がコンパクトであれば, フレドホルム作用素になる. $\mathbb{R} \times S^1$ はコンパクトでないが, 無限遠方で直積型である. この場合, フレドホルム性は, 作用素が無限遠方で非退化ならば成立する. $d_{\tilde{\gamma}} \mathfrak{s}_h$ が無限遠方で非退化とは, 次の補題 5.56 を指す.

$$d_{\tilde{\gamma}} \mathfrak{s}_h = \frac{\partial}{\partial \tau} + J_M \left( \frac{\partial}{\partial t} - J_M \mathcal{N}'_\tau - J_M \operatorname{Hess}_{\tilde{\gamma}(\tau,t)} h_t \right)$$

と表せる.

$$D_\tau = \frac{\partial}{\partial t} - J_M \mathcal{N}'_\tau - J_M \operatorname{Hess}_{\tilde{\gamma}(\tau,t)} h_t$$

とおく. 第 2, 3 項は 0 階の作用素である. $D_\tau : L^{1,p}(S^1; \gamma(\tau)^* TM) \to L^{0,p}(S^1;$

$\gamma(\tau)^*TM)$ である．$D_\tau$ は閉多様体 $S^1$ 上の楕円型作用素であるから，フレドホルム作用素である．

**補題 5.56** $D_\tau$ は可逆である．

[証明] $\mathcal{N}'_\tau$ は $\tau \to \infty$ で 0 に近づく（補題 5.53）．よって，$\tau \to \infty$ で $D_\tau$ は

$$(5.11) \qquad \frac{\partial}{\partial t} - J_M \operatorname{Hess}_{\ell_j(t)} h$$

に近づくが，(5.11)=0 は実は(5.8)の線型化方程式である．よって(5.8)の解がすべて非退化という仮定により，(5.11)は可逆である． ■

**注意 5.57** $\lim_{\tau\to\infty}\mathcal{N}'_\tau = 0$ が補題 5.53 から出ると書いたが，補題 5.53 から出るのは，かなり弱い収束である．しかし，$\tilde{\gamma} \in \mathcal{M}(p_i, p_j; h)$ と仮定しているので，$\gamma(\tau)$ は $\ell_j$ に $\tau \to \infty$ で $C^\infty$ 収束することが示せる（(5.8) が楕円型であることを使う）．よって，$\lim_{\tau\to\infty}\mathcal{N}'_\tau = 0$ も $C^\infty$ 収束の意味で成り立つ．

補題 5.56 と次に述べる命題 5.58 により定理 5.55 が証明される． ■

**命題 5.58** $M$ 上のエルミート的なフレドホルム微分作用素の $\tau \in \mathbb{R}$ をパラメータとする族 $P_\tau$ で，$|\tau|>T$ で $P_\tau$ が可逆なものが与えられたとき，$M \times \mathbb{R}$ 上の作用素 $\frac{d}{d\tau} + P_\tau$ はフレドホルム作用素である． □

$D_\tau$ は反エルミート作用素，つまり，$(D_\tau V, W) = -(V, D_\tau W)$ だから，$P_\tau = J_M D_\tau$ はエルミート作用素である．

命題 5.58 の証明は省略する．[126] の §4.4，または [135] の定理 3.17 を

$$\left(\frac{d}{d\tau} + P_\tau\right)^* \circ \left(\frac{d}{d\tau} + P_\tau\right) = -\frac{d^2}{d\tau^2} + P_\tau^2$$

に適用すればよい．

$d_{\tilde{\gamma}}\mathfrak{s}_h$ の指数がモジュライ空間の仮想次元である．$L^{1,p}(\mathbb{R}\times S^1, M; \ell_i, \ell_j)$ の連結成分は $\pi_1(\Omega_0(M); \ell_i, \ell_j)$ の元を決める．$\alpha \in \pi_1(\Omega_0(M); \ell_i, \ell_j)$ に対して，対応する連結成分を $L^{1,p}(\mathbb{R}\times S^1, M; \ell_i, \ell_j; \alpha)$ と書く．$\mathcal{M}(\ell_i, \ell_j; h; \alpha)$ も同様に定義する．

**補題 5.59** $[\gamma] \in \mathcal{M}(\ell_i, \ell_j; h; \alpha)$ に対して，$d_\gamma \mathfrak{s}_h$ の指数は $\alpha$ のみにより，$\gamma$

によらない.

[証明] フレドホルム作用素の指数の連続変形不変性から明らか. ∎

**定義 5.60** $\tilde{\gamma} \in \mathcal{M}(\ell_i, \ell_j; h; \alpha)$ のときの, $d_{\tilde{\gamma}}\mathfrak{s}_h$ の指数を, $\alpha$ のコンレイ–ゼーンダー指数 (Conley-Zehnder index) と呼び, $\mu(\alpha)$ と書く. □

**注意 5.61** $D_\tau$ は汎関数 $\mathcal{A}_h$ の $\gamma(\tau)$ でのヘッセ行列とみなすことができる. 有限次元の場合には, モース関数のヘッセ行列の負の固有値の数 (より正確には重複度の和) が, モース指数であり, $\gamma(+\infty)$ でのヘッセ行列の負の固有値の重複度の和から, $\gamma(-\infty)$ でのヘッセ行列の負の固有値の重複度の和を引いたものが, モジュライ空間の仮想次元であった (補題 5.22). 繰り返し注意しているように, われわれの状況では「モース指数」は無限大である. しかし,「モース指数の差」を考えることができ, それが, コンレイ–ゼーンダー指数である. $\frac{d}{d\tau}+D_\tau$ なる形の作用素の指数は, スペクトル流という考え方を使って, $D_\tau$ の固有値から求めることができる ([126] §4.7 を見よ). スペクトル流による求め方をよく考えてみると, それが,「モース指数の差」すなわち「無限大 − 無限大」を意味付けるものであることがわかる.

コンレイ–ゼーンダー指数はマスロフ指数の親戚である. 次の補題 5.62 を命題 4.135 と比べればそれがわかるであろう. $\alpha_1, \alpha_2 \in \pi_1(\Omega(M); \ell_i, \ell_j)$, $\tilde{\gamma}_k \in L^{1,p}(\mathbb{R} \times S^1, M; \ell_i, \ell_j; \alpha_k)$ とする. $\tilde{\gamma}_1$ と $\tilde{\gamma}_2$ の向きをひっくり返したものを, $\ell_i$ と $\ell_j$ に沿って張り合わせると, $\tilde{\gamma}_1 \sharp \tilde{\gamma}_2 : T^2 \to M$ ができる.

**補題 5.62** $\mu(\alpha_1) - \mu(\alpha_2) = 2([T^2] \cap (\tilde{\gamma}_1 \sharp \tilde{\gamma}_2)^* c^1(M))$. □

証明は省略する. 補題 5.62 が困難 5.34 (2) を現している.

**注意 5.63** $\ell_i$ は 0 ホモトピックだから, $(\tilde{\gamma}_1 \sharp \tilde{\gamma}_2)_*([T^2])$ は, ある球面からの写像 $u: S^2 \to M$ による $u_*[S^2]$ に一致する.

有限次元多様体上のモース型式 $\rho$ の場合には $\dim \tilde{\mathcal{M}}(p,q;\rho) = \mu(p) - \mu(q)$ であるから,

(5.12) $\qquad \dim \tilde{\mathcal{M}}(p,r;\rho) + \dim \tilde{\mathcal{M}}(r,q;\rho) = \dim \tilde{\mathcal{M}}(p,q;\rho)$

が成り立つ. (5.12) は補題 5.42, 5.43 の証明で重要であった. (5.12) は無限次元の場合に次のように一般化される. $+ : \pi_1(\Omega(M); \ell_i, \ell_k) \times \pi_1(\Omega(M); \ell_k, \ell_j)$

$\to \pi_1(\Omega(M); \ell_i, \ell_j)$ を道の和で定義される写像とする.また,$\alpha \in \pi_1(\Omega(M); \ell_i, \ell_j)$ に対して,$-\alpha \in \pi_1(\Omega(M); \ell_j, \ell_i)$ を向きをひっくり返した道のホモトピー類とする.

**補題 5.64** $\mu(\alpha_1 + \alpha_2) = \mu(\alpha_1) + \mu(\alpha_2)$, $\mu(-\alpha) = -\mu(\alpha)$. □

証明は [126] §4.7 を見よ.

困難 5.34(2) に対する処方箋は,$\mu(\alpha)$ が 0 になる連結成分だけを用いて,境界作用素を定義せよ,である.有限次元のときのまねをしながら,順にそれを実行していこう.次の補題は補題 5.22 の類似である.

**補題 5.65** $h$ を小さく動かして,$\tilde{\mathcal{M}}(\ell_i, \ell_j; h; \alpha)$ が $\mu(\alpha)$ 次元の多様体になるようにできる. □

補題 5.22 の証明はここでは通用しないが,定理 5.55 と補題 2.42, 2.43 を使って,§2.4 と同様に議論すればよい.細部は省略する.

$h$ の生成する周期ハミルトン系の 1 周期解はすべて非退化と仮定していた.したがって,$h$ を小さく動かしても,1 周期解の数は変わらない.よって,定理 5.14, 5.15 の証明には,$h$ が補題 5.65 の結論を満たすとしても一般性を失わない.

**定義 5.66** 概複素多様体 $M$ の最小チャーン数 (minimal Chern number) を次の式で定義する.

$$\inf\{[\beta] \cap c^1(M) \mid \beta \in \pi_2(M),\ [\beta] \cap c^1(M) > 0\}.$$ □

**命題 5.67** $M$ を最小チャーン数 $N$ のシンプレクティック多様体で,$h: M \times S^1 \to \mathbb{R}$ とする.$orb(h)$ の元はすべて非退化と仮定する.このとき,$\mu: orb(h) \to \mathbb{Z}/2N$ が存在して,$\mu(\alpha) \equiv \mu(\ell_j) - \mu(\ell_i) \mod 2N$ が $\alpha \in \pi_1(\Omega_0(M); \ell_i, \ell_j)$ に対して成立する.

[証明] $\ell_0$ を 1 つ固定し,おのおのの $\ell \in orb(f)$ に対して,$\alpha_\ell \in \pi_1(\Omega_0(M); \ell_0, \ell)$ を固定する.$\mu(\ell) \equiv \mu(\alpha_\ell) \mod 2N$ とおく.$\alpha \in \pi_1(\Omega_0(M); \ell_i, \ell_j)$ とすると,補題 5.64 と最小チャーン数についての仮定により,$\mu(\alpha) + \mu(\ell_i) = \mu(\ell_i \sharp \alpha)$ である.一方補題 5.62, 注意 5.63 より,$\mu(\ell_i \sharp \alpha) \equiv \mu(\ell_j) \mod 2N$ である. ■

**注意 5.68** 命題 5.67 の $\mu$ は,証明中の $\alpha_\ell$ のとり方にはよらないが,$\ell_0$ のと

り方にはよる．$\mu$ を標準的(canonical)に選ぶやり方は次の節の注意 5.91 で説明する．

今までの議論では，シンプレクティック多様体 $M$ は一般でよい．問題が生じるのは，補題 5.42, 5.43 の無限次元への一般化においてなのである．

補題 5.42, 5.43 の一般化，すなわちモジュライ空間 $\mathcal{M}(\ell_i, \ell_j; h; \alpha)$ のコンパクト化には，§2.6 で述べた問題，すなわちバブルの考察が必要である．命題 2.38 すなわち $\mathbb{CP}^2$ の $H^2(\mathbb{CP}^2; \mathbb{Z})$ の生成元 $\beta_0$ を表す概正則曲線のモジュライ空間の場合，§2.6 の最後に述べたように，結局バブルは起きなかった．これは $\beta_0 \cap \omega_{\mathbb{CP}^2}$ より真にエネルギーの小さい非自明な概正則曲線が存在しないことの帰結であった(§2.6 の最後の部分の議論がこれである)．補題 5.42, 5.43 の一般化には，仮想次元が 0 または 1 と仮定してよいが，この条件とエネルギーとはとりあえず関係がない．したがって，たとえば，仮想次元が最小であることから，エネルギーが最小であることは一般には導かれない．

仮想次元とエネルギーに関係がつくのが，Floer によって考察された，シンプレクティック多様体が単調である場合である．この場合は，§2.6 の議論の「拡張で」，コンパクト化を論じることができる．

さらに，単調シンプレクティック多様体の場合は，仮想次元が一定なら，エネルギーは一定である．したがって，困難 5.34(2) は存在しない．その結果，ノビコフ環を導入することなく，整数係数のフレアーホモロジーが定義される．ただし，困難 5.34(1) は残る．これは，フレアーホモロジーの元の次数が確定せず，最小チャーン数の 2 倍を法としてしか定まらない，という効果をもたらす．単調シンプレクティック多様体の場合の詳しい議論は原論文[106]に譲り，結果だけを述べておく．命題 5.67 の仮定のもとで $CF^k(M; h)$ を次の式で定義する．

$$CF^k(M; h) = \bigoplus_{\ell \in orb(h), \ \mu(\ell) \equiv k \bmod 2N} \mathbb{Z}[\ell]$$

**定理 5.69** (Floer [106])  境界作用素 $\delta: CF^k(M; h) \to CF^{k+1}(M; h)$ が定まり，次の性質を満たす．

$\delta\delta = 0$ で，かつ，$(CF^*(M;h), \delta)$ のコホモロジー群を $HF^k(M;h)$ と書くと，

$$HF^k(M;h) \simeq \bigoplus_{j \equiv k \bmod 2N} H^j(M;\mathbb{Z}).$$

□

**注意 5.70** ヤン-ミルズ方程式にもとづく，3 次元多様体のフレアーホモロジーでは，8 を法とした次数が決まり，整数係数のフレアーホモロジーが定義される．これは単調シンプレクティック多様体の場合に近い．(曲面の平坦束のモジュライ空間 $R(\Sigma, E)$ が単調シンプレクティック多様体であることとかかわっている．) モノポール方程式にもとづく，3 次元多様体のフレアーホモロジー ([382] などを見よ) では，ノビコフ環が必要になる状況があるかもしれない．

次に半正の場合について述べる．結論をいうと，半正の場合には補題 5.42, 5.43 はそのまま $\mathcal{A}_h$ の場合に成り立つ．念のため書いておく．

**補題 5.71** $\alpha \in \pi_1(\Omega_0; \ell_i, \ell_j)$, $\mu(\alpha) = 1$ ならば，$h, J_M$ を小さく動かして $\mathcal{M}(\ell_i, \ell_j; h; \alpha)$ はコンパクトにできる． □

**補題 5.72** $\alpha \in \pi_1(\Omega_0; \ell_i, \ell_j)$, $\mu(\alpha) = 2$ ならば，$h, J_M$ を小さく動かすと $\mathcal{M}(\ell_i, \ell_j; h; \alpha)$ のコンパクト化 $\mathcal{CM}(\ell_i, \ell_j; h; \alpha)$ が存在する．さらにコンパクト化の境界 $\partial\mathcal{CM}(\ell_i, \ell_j; h; \alpha)$ が和集合

$$\bigcup \mathcal{CM}(\ell_i, \ell_k; h; \alpha_1) \times \mathcal{CM}(\ell_k, \ell_j; h; \alpha_2)$$

になるようにできる．和は，$\ell_k \in orb(h)$, $\alpha_1 \in \pi_1(\Omega_0; \ell_i, \ell_k)$, $\alpha_2 \in \pi_1(\Omega_0; \ell_k, \ell_j)$ で $\alpha_1 + \alpha_2 = \alpha$, $\mu(\alpha_1) = \mu(\alpha_2) = 1$ なるもの全体にわたる． □

結論は同じなのだが，証明は補題 5.42, 5.43 の単純な類似ではない．すなわちバブルの解析が不可欠である．それを述べないと，シンプレクティック多様体が半正という仮定の意味を説明できないのだが，本書ではこの点には触れない．[183], [293] を見よ．

補題 5.71, 5.72 は，そのままでは，半正ではないシンプレクティック多様体では成立しないように思われる (しかし，反例は知られていないと思われる)．それが，定理 5.15 が有理係数でしか証明されていない理由である．修正を施した形で，補題 5.71, 5.72 が成立するのだが，その正確な定式化はい

ささか面倒である．[124] §20 を見よ．

この節の残りでは，補題 5.71, 5.72 を前提にして，半正の場合のフレアーホモロジーの構成を完成させよう．

まず，ノビコフ環をもう少し大きくしておく．$\mathbb{Z}[u, u^{-1}]$ を有限和 $\sum_{i=-k}^{\ell} a_i u^i$ 全体とする．$\deg u = 2$ とおき，次数付き環 $\mathbb{Z}[u, u^{-1}]$ を考え，
$$\Lambda_{\mathrm{nov}, \mathbb{Z}} = \Lambda'_{\mathrm{nov}, \mathbb{Z}} \otimes \mathbb{Z}[u, u^{-1}]$$
とおく．$\Lambda_{\mathrm{nov}, \mathbb{Z}}$ も普遍ノビコフ環と呼ぶ．$\Lambda_{\mathrm{nov}, \mathbb{Z}}$ をフレアーホモロジーの係数環として用いる．

さて，$(M, \omega)$ を半正シンプレクティック多様体とし，$h$ を $X_h$ の 0 ホモトピックな 1 周期解がすべて非退化であるような，ハミルトン関数とする．$\ell_0 \in orb(h)$ を 1 つ選び固定する．集合
$$\{u^k(\ell, \alpha) \mid \ell \in orb(h), \ \alpha \in \pi_1(\Omega_0(M); \ell_0, \ell)\}$$
を考え，その上に同値関係 $\sim$ を，$u^k(\ell, \alpha) \sim u^{k'}(\ell', \alpha')$ が成り立つのは $\ell = \ell'$ かつ $\mu(\alpha) + 2k = \mu(\alpha') + 2k'$ が成り立つことである，と定義する．同値関係による商空間を $\widetilde{orb}(h)$ と書く．$\mu[u^k(\ell, \alpha)] = \mu(\alpha) + 2k$ で，写像 $\mu : \widetilde{orb}(h) \to \mathbb{Z}$ が定まる．

**定義 5.73**

$$CF^m(M; h) = \bigcup_{[u^k(\ell, \alpha)] \in \widetilde{orb}(h), \ \mu[u^k(\ell, \alpha)] = m} \Lambda'_{\mathrm{nov}, \mathbb{Z}}[u^k(\ell, \alpha)]$$

とおく．$u$ の明らかな作用を考えれば，$\bigoplus_k CF^k(M; f)$ は $orb(h)$ を生成元とした自由 $\Lambda_{\mathrm{nov}, \mathbb{Z}}$ 加群になる．

$\mu[u^{k_1}(\ell_1, \alpha_1)] - \mu[u^{k_2}(\ell_2, \alpha_2)] = 1$ のとき，
$$\langle \delta[u^{k_1}(\ell_1, \alpha_1)], [u^{k_2}(\ell_2, \alpha_2)] \rangle = \sum_{\alpha} \sum_{\gamma \in \mathcal{M}(\ell_1, \ell_2; h; \alpha)} \epsilon(\gamma) T^{\mathcal{E}_h(\gamma)}$$

とおく．ここで $\alpha$ は $u^{k_1}(\ell_1, \alpha_1 \sharp \alpha) \sim u^{k_2}(\ell_2, \alpha_2)$ なる $\pi_1(\Omega_0(M); \ell_1, \ell_2)$ の元全体を動く．また $\epsilon(\gamma)$ は向き付けから決まる符号 $\pm 1$ である．補題 5.71 より，右辺は $CF^k(M; h)$ の元である．

最後に
$$\delta[u^{k_1}(\ell_1, \alpha_1)] = \sum \langle \delta[u^{k_1}(\ell_1, \alpha_1)], [u^{k_2}(\ell_2, \alpha_2)] \rangle [u^{k_2}(\ell_2, \alpha_2)]$$

と定義する．ここで和は $[u^{k_2}(\ell_2,\alpha_2)] \in \widetilde{orb}(h)$ で $\mu[u^{k_1}(\ell_1,\alpha_1)] - \mu[u^{k_2}(\ell_2,\alpha_2)] = 1$ を満たすもの全体でとる． □

$M$ を半正とする．

**定理 5.74**（Hofer–Salamon, 小野） $\delta\delta = 0$ である．$HF(M;h)$ を $(CF_k(M;f), \delta)$ のホモロジーとすると，
$$(5.13) \qquad HF(M;h) \simeq H(M;\mathbb{Z}) \otimes \Lambda_{\mathrm{nov},\mathbb{Z}}. \qquad \square$$

$\delta\delta = 0$ は補題 5.72 から得られる．(5.13) の証明は次の節で説明する．一般の $M$ に対しては，定理 5.74 の類似が $\mathbb{Q}$ 係数で成立する（[124], [237]）．

**定義 5.75** $HF(M;h)$ を周期ハミルトン系のフレアーコホモロジーと呼ぶ． □

## §5.3 ボット–モース理論再説

この節では，$M$ 上の周期ハミルトン系のフレアーホモロジーが，$M$ のホモロジーと一致することの証明の概略を述べる．大まかにいって 2 つのやり方が知られている．

方針 1
（1） フレアーホモロジーがハミルトン関数 $h$ によらないことを示す．
（2） 次に，$h$ が時間（$S^1$ 方向）によらない，すなわち $h: M \to \mathbb{R}$ の場合で，さらに $h$ が十分小さい場合に，フレアーホモロジーを定義する鎖複体が，$h$ のモース–ウィッテン複体と同じであることを示す．

方針 2
（1） フレアーホモロジーがハミルトン関数 $h$ によらないことを示す．この場合，$h$ の 1 周期解が半非退化である場合にまで仮定を緩め，その範囲でフレアーホモロジーの定義と不変性を証明しておく．
（2） $h = 0$ の場合に，フレアーホモロジーを計算する．

多くの文献の証明，たとえば[103], [106], [124], [183], [293]では，方針 1 によっている．[117]ではゲージ理論のフレアーホモロジーの場合に，方針 2 にあたる構成を実行した．これとは独立に，Piunikihin は方針 2 でフレア

ーホモロジーを計算するアイデアを提案した[*17]．方針2にもとづく証明は，[302]，[318]に予告されているが，未だに出版されていない．以下では，方針2により，[117]の方法にもとづいて証明の概略を述べる．

方針2の(1)は，有限次元の場合には，定理3.17であり，(2)は定理3.23である($A$ は運動量写像であった)．そこでこの節では無限次元にかかわる諸問題(前の節でいくつか述べた)についての議論は省略し，定理3.17と定理3.23の証明を述べることにする．ただし，この節の証明は第3章の証明とは違って，無限次元の場合へ一般化することが可能である．

$f: X \to \mathbb{R}$ を有限次元多様体 $X$ 上のボット–モース関数とする．定義5.20の記号を使う．定理3.17，すなわちスペクトル系列，

$$E_2^k \simeq \bigoplus_{\mu(R_i)+j=k} H^j(R_i; \mathbb{Z}) \implies H^k(X; \mathbb{Z})$$

の構成を行おう．第3章の定理3.17の証明と違うのは，モジュライ空間 $\mathcal{M}(R_i, R_j; f)$ の言葉だけを使い，安定多様体などを使わずに構成をすることである．

**定義 5.76** $\mathrm{ev}_{-;i,j}: \mathcal{M}(R_i, R_j; f) \to R_i$, $\mathrm{ev}_{+;i,j}: \mathcal{M}(R_i, R_j; f) \to R_j$ を，$\mathrm{ev}_{\pm;i,j}([\gamma]) = \gamma(\pm\infty)$ で定義する． □

**補題 5.77** $f$ を臨界点の外で小さく動かして，$\mathrm{ev}_{\pm}$ が滑らかな写像になるようにすることができる． □

証明は[117]を見よ．

(5.14)
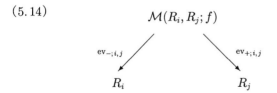

図式(5.14)のような対応(correspondence)から，スペクトル系列の微分が構成できる，というのが主要なアイデアである．不正確ないい方をすると，ス

---

[*17] 方針2で証明すると，積構造に関する定理，すなわち，量子カップ性とフレアーホモロジーの積の一致が，副産物として得られる．

ペクトル系列の微分は，$R_i$ のサイクル $P$ に対して次の式(5.15)で表される．
(5.15) $$d_{j-i}(P) = (\mathrm{ev}_{+;i,j})_*(\mathrm{ev}_{-;i,j}^{-1}(P)).$$

**例 5.78** $X = T^2$ とし，図 5.2 のようなボット–モース関数を考える．臨界点集合は 2 つの $S^1$ の和であり，モース指数はそれぞれ 0 と 1 である．これを $R_1, R_2$ とおくと，$\mathcal{M}(R_1, R_2; f) \simeq S^1 \cup S^1$ である．$\mathrm{ev}_{\pm;1,2}$ はそれぞれの成分で微分同相写像であるが，向きが逆である．よって，(5.15)は 0 になり，スペクトル系列は退化する．すなわち，$H^k(T^2; \mathbb{Z}) \simeq H^{k-1}(S^1; \mathbb{Z}) \oplus H^k(S^1; \mathbb{Z})$ である． □

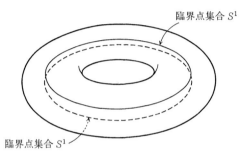

図 5.2  ボット–モース関数 I

一般には(5.15)はそのままでは問題がある．なぜならば，$\mathcal{M}(R_1, R_2; f)$ には一般には境界があり，境界付き多様体による対応は，ホモロジーの元の間の写像としては定義されないからである．

**例 5.79** 図 5.3 のボット–モース関数を考える．臨界点集合は 5 つの連結成分をもつ．4 つは 1 点で 1 つは $S^1$ である．1 点からなる連結成分のうち，2 つはモース指数 2 である．$p_1, p_2$ とする．残りの 2 つはモース指数 1 である．$q_1, q_2$ とする．$\mathcal{M}(p_i, q_j; f)$ は 1 点からなり，$\mathcal{M}(q_i, S^1; f)$ は 2 点からなる．後者の 2 つの積分曲線が $S^1$ と交わる点を $r_{j,1}, r_{j,2}$ とする．すると，$\mathcal{M}(p_1, S^1; f)$ は 2 本の線分の和で，$\mathrm{ev}_+$ の像は $\overline{r_{1,1} r_{2,1}}$ と $\overline{r_{1,2} r_{2,2}}$ である．よって，$p_1$ から出発して，(5.15)を考えると，$S^1$ のサイクルでない鎖が現れる． □

今述べた問題点を解決するには，構成をホモロジーをとる前の鎖複体に対

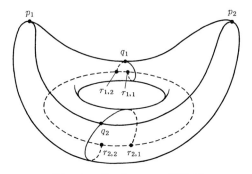

図 5.3 ボット–モース関数 II

して直接行う必要がある.

**注意 5.80** Austin–Braam [26] は, 同変コホモロジーをボット–モース理論を用いて考察したが, 微分形式(ド・ラームコホモロジー)を用いた. ド・ラームコホモロジーで(5.15)にあたるのは, 微分形式の引き戻しとファイバー積分の合成

$$u \mapsto \mathrm{ev}_{+;i,j}! \circ \mathrm{ev}_{-;i,j}^{*}(u) \tag{5.16}$$

である($u$ は $R_i$ 上の微分形式). ファイバー積分 $\mathrm{ev}_{+;i,j}!$ を扱うために, Austin–Braam は, $\mathrm{ev}_{+;i,j}$ がファイバー束であるという仮定をおいた. この仮定は同変コホモロジーにかかわる状況では成り立つが, 一般には成り立たない(例 5.79). また, 得られたスペクトル系列が, ボット–モース関数によらないことを示すには, やはりこの仮定をはずさなければならない. 同変コホモロジーの, この節と同様な立場からの議論が, [382] に述べられている.

$\mathrm{ev}_{+;i,j}$ がファイバー束という仮定をはずすと, 滑らかな微分形式 $u$ から出発しても, (5.16)はカレント(current)になり, 滑らかにはならない. カレントの写像による引き戻しは一般には存在しないので, カレントを用いて(5.16)を正当化するには, どのようなカレントまで広げるか, 注意深い選択が必要である. 以下幾何学的鎖なるものを用いて, この困難を回避するが, 幾何学的鎖の横断正則性の議論が,「考えるカレントを適当なところまで広げる」という, 上記の問題と等価である.

**定義 5.81** $(P,\psi)$ が多様体 $X$ の, $k$ 次元の**幾何学的鎖**[*18](geometric chain)

---

[*18] 幾何学的鎖という概念は, Gromov により [158] でこことは異なった目的で導入された.

であるとは，以下の条件が満たされることを指す．
 (1) $P$ は $k$ 次元の単体複体である．$P_i$ でその $i$ 骨格 ($i$-skelton, $i$ 次元以下の単体の和)を表す．
 (2) $P$ の $k-1$ 次元の部分複体 $\partial P$ が存在する．
 (3) $P-P_{k-2}$ は(境界付き)組合せ多様体である．
 (4) $\partial P - P_{k-3}$ は $P - P_{k-2}$ の境界である．
 (5) $\psi : P \to X$ は連続で，$P-P_{k-2}$ への制限は区分的に滑らかである．
$\partial(P,\psi) = (\partial P, \psi)$ とおく．$\partial\partial = 0$ である． □

**定義 5.82** $(P_{\pm,i}, \psi_{\pm,i})$ が，次数 $k$ の幾何学的鎖であるとき，
$$(P_{+,1}, \psi_{+,1}) - (P_{-,1}, \psi_{-,1}) \sim (P_{+,2}, \psi_{+,2}) - (P_{-,2}, \psi_{-,2})$$
を
$$\int_{P_{+,1}} \psi_{+,1}^* u - \int_{P_{-,1}} \psi_{-,1}^* u = \int_{P_{+,2}} \psi_{+,2}^* u - \int_{P_{-,2}} \psi_{-,2}^* u$$
が任意の微分 $k$ 型式 $u$ に対して成立することであると定義する．

$(P_+, \psi_+) - (P_-, \psi_-)$ なる形式的な差全体を同値関係 $\sim$ で割ったものを $S_*(X; \mathbb{Z})$ と書く．$S_*(X; \mathbb{Z})$ は明らかに鎖複体になる． □

次の補題は明らかであろう．

**補題 5.83** $S_*(X; \mathbb{Z})$ のホモロジーは $X$ のホモロジーに一致する． □

ここではコホモロジーの言葉を用いているので，余次元 $k$ の幾何学的鎖を $k$ 次元の余鎖(cochain)とみなす．また，$S_k(X; \mathbb{Z})$ のことを，$S^{\dim X - k}(X; \mathbb{Z})$ と書く．

さて，対応 $\mathrm{ev}_- : \mathcal{M}(R_i, R_j; f) \to R_i$, $\mathrm{ev}_+ : \mathcal{M}(R_i, R_j; f) \to R_j$ を考える．$R_i$ の幾何学的鎖 $(P, \psi)$ に対して，$R_j$ の幾何学的鎖 $\delta_{j-i}(P, \psi)$ が，ファイバー積を用いて，

(5.17) $\qquad \delta_{j-i}(P, \psi) = (P_\psi \times_{\mathrm{ev}_{-;i,j}} \mathcal{M}(R_i, R_j; f), \mathrm{ev}_{+;i,j})$

で定まる．もちろん，(5.17)が定義されるためには，$P$ と $\mathcal{M}(R_i, R_j; f)$ が $R_i$ で横断的でなければならない．(5.17)が(5.15)の鎖複体の場合にあたる．

必要な横断正則性についての補題は，次の通りである．

**補題 5.84** $f$ を臨界点の外で小さく動かすと，$R_i$ の幾何学的鎖の可算集

合 $\mathcal{X}_i$ が存在して，次の性質が成り立つようにできる．

（1） 任意の $(P,\psi)\in\mathcal{X}_i$ に対して，$\psi:P\to R_i$ は $\mathrm{ev}_{-;i,j}:\mathcal{M}(R_i,R_j;f)\to R_i$ と横断的である（特に，(5.17)は定義される）．

（2） $(P,\psi)\in\mathcal{X}_i$ に対して，$\delta_{j-i}(P,\psi)$ は $\mathcal{X}_j$ の元と定義 5.82 の意味で同値である．

（3） $\mathcal{X}_i$ の元から生成される，$S^*(R_i;\mathbb{Z})$ の部分複体 $S_0^*(R_i;\mathbb{Z})$ のコホモロジーは，$R_i$ のコホモロジーである． □

補題 5.84 の証明は，横断正則性定理と Bair のカテゴリー定理(category theorem)の標準的な応用である．本書では省略する．

**定義 5.85** $CF^k(X;f)=\bigoplus_i S_0^{k-\mu(i)}(R_i;\mathbb{Z})$ とおく．普通の境界作用素 $\delta_0$ と (5.17) の $\delta_{j-i}(P,\psi)$ と合わせて，$\hat{\delta}=\sum_i \delta_i$ と定義する． □

**注意 5.86** 本当は符号に気をつけないといけない．符号を合わせるには，ファイバー積の向き付けにかかわる議論が多少必要である．本書では符号の議論は省略する．[117]を見よ．

**定理 5.87** $\hat{\delta}\hat{\delta}=0$． □

証明には，$\mathcal{M}(R_i,R_j;f)$ のコンパクト化に関する議論が必要である．すなわち，次の補題が必要になる．

**補題 5.88** $\mathcal{M}(R_i,R_j;f)$ は角付き多様体 $\mathcal{CM}(R_i,R_j;f)$ にコンパクト化され，その境界 $\partial\mathcal{CM}(R_i,R_j;f)$ は次の式のファイバー積の和である．

(5.18) $\qquad \bigcup_{i<k<j} \mathcal{M}(R_i,R_k;f)_{\mathrm{ev}_{+;i,k}}\times_{\mathrm{ev}_{-;k,j}} \mathcal{M}(R_k,R_j;f)$ .

[証明] 証明は補題 5.24, 5.28 と似ている．$\gamma_a\in\mathcal{M}(R_i,R_j;f)$ を発散列とする．$f(\gamma_a(m_a(s)))=s$ で $m_a$ を定義する．補題 5.24, 5.28 と同様にして，$f(R_i)=r_0<\cdots<r_B=f(R_j)$ と $\tau_{a,b}$ があって，$s\mapsto m_a(s)+\tau_{a,b}$ は $(r_b,r_{b+1})$ で広義一様に収束することがわかる．また，$s=r_b,r_{b+1}$ で $s\mapsto m_a(s)+\tau_{a,b}$ は $-\infty,+\infty$ に発散するとしてよい．$\gamma_{a,b}(t)=\gamma_a(t-\tau_{a,b})$ とおく．$\gamma_{a,b}$ は広義一様に収束するとしてよい．その極限を $\gamma_{\infty,b}$ とおく．

補題 3.19 より，$\gamma_{\infty,b}\in\mathcal{M}(R_{k_{b,-}},R_{k_{b,+}};f)$ なる $k_{b,-},k_{b,+}$ がある．

$$\lim_{t\to\infty} f(\gamma_{\infty,b}(t)) = r_{b+1}, \quad \lim_{t\to-\infty} f(\gamma_{\infty,b}(t)) = r_b$$

ゆえ，補題 3.19 の証明より，

$$\text{dist}(\gamma_{\infty,b}(\infty), \gamma_{\infty,b+1}(-\infty))$$
$$\leq C\Big(\lim_{t\to-\infty}\sqrt{f(\gamma_{\infty,b+1}(t))} - \lim_{t\to\infty}\sqrt{f(\gamma_{\infty,b}(t))}\Big) \leq 0$$

である．よって，$\gamma_{\infty,b}(\infty) = \gamma_{\infty,b+1}(-\infty)$. したがって，$k_{b,+} = k_{b+1,-}$ であり，これをあらためて $k_b$ とおくと，$\gamma_{\infty,b}$ たちはファイバー積

$$\mathcal{M}(R_{k_i}, R_{k_1}; f)_{\text{ev}_{+;i,k_1}} \times_{\text{ev}_{-;k_1,k_2}} \cdots \text{ev}_{+;k_{B-2},k_{B-1}} \times_{\text{ev}_{-;k_{B-1},k_j}} \mathcal{M}(R_{k_{B-1}}, R_j; f)$$

の元を与える(図 5.4)．よって，$\partial\mathcal{CM}(R_i, R_j; f)$ は (5.17) に含まれる．逆に (5.17) の元が $\partial\mathcal{CM}(R_i, R_j; f)$ の元に対応していることを示すのは，張り合わせの議論である．

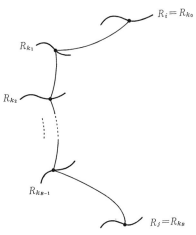

図 5.4  たくさんの軌道への分裂

定理 5.87 の証明を完成させよう．補題 5.88 より

$$\delta(P_\psi \times_{\text{ev}_{-;i,j}} \mathcal{M}(R_i, R_j; f))$$
$$= \pm(\delta P)_\psi \times_{\text{ev}_{-;i,j}} \mathcal{M}(R_i, R_j; f)$$
$$+ \sum_{i<k<j} \pm P_\psi \times_{\text{ev}_{-;i,k}} \mathcal{M}(R_i, R_k; f)_{\text{ev}_{+;i,k}} \times_{\text{ev}_{-;k,j}} \mathcal{M}(R_k, R_j; f)$$

である．これは

## 第5章　フレアーホモロジー

$$\delta \delta_{j-i} = \pm \delta_{j-i} \delta + \sum_{k<j-i} \pm \delta_k \delta_{j-i-k}$$

を意味する．すなわち $\hat{\delta}\hat{\delta} = 0$．　∎

**定義5.89** $CF^k(X;f)$ のフィルター付けを

$$\mathcal{F}_m CF^k(X;f) = \bigoplus_{i \geq m} S_0^{k-\mu(i)}(R_i; \mathbb{Z})$$

で定義する．$\hat{\delta}\mathcal{F}_m CF^*(X;f) \subset \mathcal{F}_m CF^*(X;f)$ は定義より明らかである．

このフィルター付けから定まるスペクトル系列を，$E^*_*(X;f)$ と書く．　□

次の式が定義から直ちに従う．

(5.19) $$E_2^k(X;f) \simeq \bigoplus_j H^{k-\mu(R_j)}(R_j; \mathbb{Z})$$

ところで，$f=0$ はボット–モース関数である．$f=0$ に対するスペクトル系列が退化し，$H^*(X;\mathbb{Z})$ を与えることは明らかである．よって，定理3.17を証明するには，次の定理5.90を証明すれば十分である．

**定理5.90** $(CF^*(X;f), \hat{\delta})$ のホモロジーは，ボット–モース関数 $f$ によらない．

［証明］$f_{\pm\infty}$ を2つのボット–モース関数とする．関数の族 $f_\tau$ を

$$f_\tau = \begin{cases} f_{-\infty}, & \tau < -1 \text{ のとき} \\ f_{+\infty}, & \tau > +1 \text{ のとき} \end{cases}$$

と定める．$f_{\pm\infty}$ の臨界部分多様体を $R_{i,\pm}$ とおく．$\gamma: \mathbb{R} \to X$ に対して常微分方程式

(5.20) $$\frac{\partial \gamma}{\partial \tau} = \mathrm{grad}_{\gamma(\tau)} f_\tau$$

を考える．(5.20)の解で，$\gamma(-\infty) \in R_{i,-}$，$\gamma(+\infty) \in R_{j,+}$ なるもの全体を $\mathcal{M}(R_{i,-}, R_{j,+}; f_\tau)$ と書く．（方程式(5.20)は $\tau$ のずらしに関して不変でないから，$\mathcal{M}(R_{i,-}, R_{j,+}; f_\tau)$ は $\mathbb{R}$ の作用をもたない.）

$f_\tau$ をうまくとると，$\mathcal{M}(R_{i,-}, R_{j,+}; f_\tau)$ は $\dim R_{j,+} + \mu(R_{j,+}) - \mu(R_{i,-})$ 次元の多様体にできる．また，$\mathrm{ev}_{-;(i,-),(j,+)}: \mathcal{M}(R_{i,-}, R_{j,+}; f_\tau) \to R_{i,-}$, $\gamma \mapsto \gamma(-\infty)$，

および,$\mathrm{ev}_{+;(i,-),(j,+)}:\mathcal{M}(R_{i,-},R_{j,+};f_\tau)\to R_{j,+}$, $\gamma\mapsto\gamma(\infty)$ は滑らかな写像になる.

**注意 5.91** $\mu$ の決め方には,全体を定数だけずらすぶんの不定性があった.以下のようにすると,この不定性をなくせる.まず,$f\equiv 0$ の場合は,$\mathrm{Cr}(f)=X$ であった.$\mu(M)=0$ ととる.一般の場合には $f_{-\infty}=0$, $f_\infty=f$ なる $f_\tau$ をとり,$\mathcal{M}(X,R_j;f_\tau)$ の次元が $\dim R_j+\mu(R_j)$ となるように,$\mu(R_j)$ を決めればよい.

次の補題は補題 5.88 と同様にして示される.

**補題 5.92** $\mathcal{M}(R_{i,-},R_{j,+};f_\tau)$ はコンパクト化 $\mathcal{CM}(R_{i,-},R_{j,+};f_\tau)$ をもち,その境界は次の 2 つの集合の和になる.

$$\bigcup_{i<i'}\mathcal{M}(R_{i,-},R_{i',-};f_{-\infty})\,{}_{\mathrm{ev}_{+;i,i'}}\!\times_{\mathrm{ev}_{-;(i',-),(j,+)}}\mathcal{M}(R_{i',-},R_{j,+};f_\tau),$$

$$\bigcup_{j'<j}\mathcal{M}(R_{i,-},R_{j',+};f_\tau)\,{}_{\mathrm{ev}_{+;(i,-),(j',+)}}\!\times_{\mathrm{ev}_{-;j',j}}\mathcal{M}(R_{j',+},R_{j,+};f_{+\infty}).\qquad\square$$

$\Phi^{f_\tau}:C^*(X;f_{-\infty})\to C^*(X;f_\infty)$ を定義する.$(P,\psi)\in S_{k,0}(R_{i,-})$ に対して,

$$(5.21)\qquad \Phi^{f_\tau}_{j-i}(P,\psi)=(P_\psi\times_{\mathrm{ev}_{-;(i',-),(j,+)}}\mathcal{M}(R_{i,-},R_{j,+};f_\tau),\mathrm{ev}_{+;j})$$

と定義し,$\Phi^{f_\tau}=\sum_k \Phi^{f_\tau}_k$ とおく.

**注意 5.93** (5.21)の右辺がどこの元であるか気になるかもしれない.この点を明らかにするには,次のように議論する.まず,$(C^*(X;f),\hat\delta)$ のホモロジーが,補題 5.84 の $\mathcal{X}_i$ を大きくしても,補題 5.84 の結論を満たしている限り,変わらないことを示す.実際,自然な埋め込みから鎖写像ができるが,スペクトル系列を考えると,$E_2$ で同型である.よって,$E_\infty$ でも同型である.(スペクトル系列の比較定理.[367]などを見よ.)

このことに注意すると,(5.21)の左辺が含まれるように,$CF^*(X;f_{+\infty})$ を大きくできることがわかり,$\Phi^{f_\tau}$ の定義が正当化される.これらの議論を全部書いていると大変なので,以下ではごまかす.

**補題 5.94** $\Phi^{f_\tau}$ は鎖写像である.$\qquad\square$

証明は補題 5.92 を使って,定理 5.87 と同じにできる.

定理 5.90 の証明を完成させるには，合成 $\Phi^{f_{-\tau}} \circ \Phi^{f_\tau}$ が恒等写像に鎖ホモトピー同値であることを示せばよい．$f_{\tau,T}$ を

$$f_{\tau,T} = \begin{cases} f_{-\infty}, & |\tau| > T \text{ のとき}, \\ f_{+\infty}, & |\tau| < T-2 \text{ のとき}, \\ f_{+\tau-1+T}, & -T < \tau < 2-T \text{ のとき}, \\ f_{-\tau-1+T}, & T > \tau > T-2 \text{ のとき} \end{cases}$$

とおく．($f_{\tau,T}$ は $\tau \mapsto f_{+\tau}$ を $-T+1$ ずらしたものと，$\tau \mapsto f_{-\tau}$ を $T-1$ ずらしたものを合わせたものである.) (5.20) と同様な常微分方程式

$$\frac{d\gamma}{d\tau} = \mathrm{grad}_{\gamma(\tau)} f_{\tau,T}$$

を考え，その解 $\gamma$ で，$\gamma(-\infty) \in R_{i,-}$，$\gamma(\infty) \in R_{j,-}$ なる境界条件を満たすもの全体を $\mathcal{M}(R_{i,-}, R_{j,-}; f_{\tau,T})$ と書く（やはり，$\mathbb{R}$ 作用はない）．$f_\tau$ を少しずらすことで，$\mathcal{M}(R_{i,-}, R_{j,-}; f_{\tau,T})$ が $\dim R_{j,-} + \mu(R_{j,-}) - \mu(R_{i,-})$ 次元の多様体であると仮定してよい．さらに，補題 5.88 の証明と同様にして，次の補題が得られる．

**補題 5.95** $T$ が十分大きければ，$\mathcal{M}(R_{i,-}, R_{j,-}; f_{\tau,T})$ は，次の和集合に同相である．

$$\bigcup_k \mathcal{M}(R_{i,-}, R_{k,+}; f_\tau)_{\mathrm{ev}_{+;k}} \times_{\mathrm{ev}_{-;k}} \mathcal{M}(R_{k,+}, R_{j,-}; f_{-\tau}).$$

□

補題 5.95 より，合成 $\Phi^{f_{-\tau}} \circ \Phi^{f_\tau}$ は，対応

(5.22) $\quad (P, \psi) \mapsto (P_\psi \times_{\mathrm{ev}_{-;i}} \mathcal{M}(R_{i,-}, R_{j,-}; f_{\tau,T}), \mathrm{ev}_{-;j})$

で与えられることになる．(5.22) が恒等写像に鎖ホモトピックであることを示したい．十分大きい $T$ をとり固定する．$\rho \in [0,1]$ に対して，$f_{\tau,\rho} : M \times S^1 \to \mathbb{R}$ を

(5.23) $\quad f_{\tau,\rho} = \begin{cases} f_{-\infty}, & \rho = 0 \text{ のとき}, \\ f_{\tau,T}, & \rho = 1 \text{ のとき}, \\ f_{-\infty}, & |\tau| > 2T \text{ のとき} \end{cases}$

なるようにとる．常微分方程式
$$\frac{\partial \gamma}{\partial \tau} = \mathrm{grad}_{\gamma(\tau)} f_{\tau,\rho}$$
を考え，その解 $\gamma$ で，$\gamma(-\infty) \in R_{i,-}$, $\gamma(\infty) \in R_{j,-}$ なる境界条件を満たすもの全体を $\mathcal{M}(R_{i,-}, R_{j,-}; f_{\tau,\rho})$ と書く．
$$\mathcal{M}(R_{i,-}, R_{j,-}; f_{\tau,\mathrm{para}}) = \bigcup_\rho \mathcal{M}(R_{i,-}, R_{j,-}; f_{\tau,\rho})$$
とおく．$f_{\tau,\rho}$ を少しずらすことで，$\mathcal{M}(R_{i,-}, R_{j,-}; f_{\tau,\mathrm{para}})$ が $\dim R_{j,-} + \mu(R_{j,-}) - \mu(R_{i,-}) + 1$ 次元の多様体であると仮定してよい．さらに，

**補題 5.96** $\mathcal{M}(R_{i,-}, R_{j,-}; f_{\tau,\mathrm{para}})$ は，$\mathcal{CM}(R_{i,-}, R_{j,-}; f_{\tau,\mathrm{para}})$ にコンパクト化され，その境界は次の和集合である．
$$\mathcal{M}(R_{i,-}, R_{j,-}; f_{\tau,1}) \cup -\mathcal{M}(R_{i,-}, R_{j,-}; f_{\tau,0})$$
$$\cup \bigcup_\rho \bigcup_k \mathcal{M}(R_{i,-}, R_{k,-}; f_{-\infty})_{\mathrm{ev}_{+;k}} \times_{\mathrm{ev}_{-;k}} \mathcal{M}(R_{k,-}, R_{j,-}; f_{\tau,\rho})$$
$$\cup \bigcup_\rho \bigcup_k \mathcal{M}(R_{i,-}, R_{k,-}; f_{\tau,\rho})_{\mathrm{ev}_{+;k}} \times_{\mathrm{ev}_{-;k}} \mathcal{M}(R_{k,-}, R_{i,-}; f_{-\infty}).$$
□

証明は補題 5.88 の証明と同じである．

補題 5.96 に現れた $\mathcal{M}(R_{i,-}, R_{j,-}; f_{\tau,0})$ を考察する．(5.23) より，$f_{\tau,0} \equiv f_{-\infty}$ である．したがって，
$$\mathcal{M}(R_{i,-}, R_{j,-}; f_{\tau,0}) = \tilde{\mathcal{M}}(R_{i,-}, R_{j,-}; f_{-\infty})$$
である (右辺は定義 5.20 で定義されている)．すなわち，$f_{\tau,0}$ は $\mathbb{R}$ 方向の平行移動で不変であり，したがって，$\mathbb{R}$ 作用をもつ．この作用は，$i \neq j$ なら，効果的である．さらに，写像 $\mathrm{ev}_{-;i}, \mathrm{ev}_{+;j}$ は $\mathbb{R}$ 作用で不変である．このことから，次の補題が示される．

**補題 5.97** $i \neq j$, $(P, \psi) \in S_0^*(R_{i,-}; \mathbb{Z})$ とする．このとき
$$(P_\psi \times_{\mathrm{ev}_{-;i}} \mathcal{M}(R_{i,-}, R_{j,-}; f_{\tau,0}), \mathrm{ev}_{+;j})$$
は 0 に定義 5.82 の意味で同値である．

［証明］ ファイバー積 $P_\psi \times_{\mathrm{ev}_{-;i}} \mathcal{M}(R_{i,-}, R_{j,-}; f_{\tau,0})$ 上には $\mathbb{R}$ の不動点をもたない作用が存在し，$\mathrm{ev}_{+;j}$ はその作用で不変である．したがって，$\mathrm{ev}_{+;j}$ による，$P_\psi \times_{\mathrm{ev}_{-;i}} \mathcal{M}(R_{i,-}, R_{j,-}; f_{\tau,0})$ の像は，本来の次元

$$\dim P - \dim R_{i,-} + \dim R_{j,-} + \mu(R_{j,-}) - \mu(R_{i,-})$$

より1小さい．補題はこれから得られる． □

$i=j$ のときは $\mathcal{M}(R_{i,-}, R_{i,-}; f_{\tau,0}) \simeq R_{i,-}$ である．結局，補題5.95の第2項で対応を作ると恒等写像が得られる．

一方補題5.96の第1項の $\mathcal{M}(R_{i,-}, R_{j,-}; f_{\tau,1})$ は $\mathcal{M}(R_{i,-}, R_{j,-}; f_{\tau,T})$ である．したがって，補題5.96より，次の補題が得られる．

$$\Phi_{j-i}(P, \psi) = \left( \bigcup_\rho P_\psi \times_{\mathrm{ev}_{-;i}} \mathcal{M}(R_{i,-}, R_{j,-}; f_{\tau,\rho}), \mathrm{ev}_{+;j} \right)$$

とおき，$\Phi = \sum \Phi_i$ とおく．

**補題5.98** $\Phi^{f_{-\tau}} \circ \Phi^{f_\tau} - 1 = \hat{\delta} \circ \Phi \pm \Phi \circ \hat{\delta}$． □

補題5.98より，合成 $\Phi^{f_{-\tau}} \circ \Phi^{f_\tau}$ は恒等写像に鎖ホモトープである．以上で定理5.90の証明が完成した． □

次に定理3.23の証明をする．すなわち，$f$ は $S^1$ 作用の運動量写像とし，スペクトル系列が退化することを示す．$i \neq j$ とし，モジュライ空間 $\mathcal{M}(R_i, R_j; f)$ を考えよう．（このモジュライ空間はすでに $\mathbb{R}$ 作用で割ったものである．定義5.33．）$R_i, R_j$ は運動量写像の臨界点集合であるから，$S^1$ の不動点である．また，$f$ は $S^1$ 不変である．よって，$\mathcal{M}(R_i, R_j; f)$ には，$S^1$ の作用が存在する．この作用は，$i \neq j$ であるから，効果的である．

さらに，定義より，$\mathrm{ev}_{-;i}: \mathcal{M}(R_i, R_j; f) \to R_i$, $\mathrm{ev}_{+;j}: \mathcal{M}(R_i, R_j; f) \to R_j$ は $S^1$ 作用で不変である．よって，補題5.97と同様にして，$\delta_{j-i}$ が 0 であることがわかる．すなわち，$\hat{\delta} = \delta$ である．これから，定理3.23が得られる． □

最後に定理5.74の証明について述べる．定理5.90の証明を，無限次元の場合に遂行することにより，$HF(M;h) \simeq HF(M;0)$ がわかる．$h=0$ のとき，$\mathcal{A}_h = \mathcal{A}$ はボット–モース関数で，臨界点集合は（$\mathcal{A}$ を1価にするために $\Omega_0(M)$ の被覆空間に上げて考えると）$M$ のいくつかの和である．しかも，$h=0$ は $S^1$ 方向に定数であるから，$S^1$ 不変である．（あるいは $S^1$ の $\Omega_0(M)$ への作用の運動量写像である．）よって，定理3.23の証明を無限次元で遂行すると，スペクトル系列は退化し，$HF(M;0)$ は $M$ のホモロジーの直和で

ある．これは，定理5.74を意味する．

この節では，有限次元の場合にのみ，厳密な証明を与えた．方針2にもとづいて，定理5.74(およびその任意のシンプレクティック多様体への一般化)の証明の詳細を与えた文献は存在しない．しかし，この節で述べたモジュライ空間のコンパクト化などにかかわる諸結果は，[117] Part II の議論をゲージ理論から概正則曲線に書きかえることで証明できる．(実は，ゲージ理論の場合の方が，ゲージ変換の自由度があるぶん証明は難しい．)そうすれば，この節の議論はすべて正当化される．また，[122]には，より一般であるラグランジュ部分多様体のフレアーホモロジーの場合に，方針2によるフレアーホモロジーの計算が述べられている．

## §5.4 概正則円盤の応用

$\mathbb{C}^n = T^*\mathbb{R}^n$ とみなし，$\mathbb{C}^n$ の完全ラグランジュ埋め込みを，注意4.50のように定義する．

**定理 5.99**（Gromov [159]）　$\mathbb{C}^n$ には埋め込まれた[*19]コンパクトな完全ラグランジュ部分多様体は存在しない． □

$z_i = x_i + \sqrt{-1} y_i$ を $\mathbb{C}^n$ の複素座標とし，$\omega = \sum dx_i \wedge dy_i$ をそのシンプレクティック型式，$\theta = \sum y_i dx_i$ とする．$\omega = -d\theta$ ゆえ，$\theta$ のラグランジュ部分多様体への制限は，閉微分型式になりド・ラームコホモロジー類を定める．$L$ が完全ラグランジュ部分多様体であることは，$[\theta] = 0 \in H^1(L; \mathbb{R})$ と同値であった(命題4.51)．

定理5.99は定理4.151と合わせて，$\mathbb{C}^n$ へのラグランジュはめ込みは存在するが，ラグランジュ埋め込みは存在しない多様体の例を数多く与える．(たとえば単連結な多様体は，$\mathbb{C}^n$ へのラグランジュ埋め込みをもたないことがわかる．)

---

[*19] 部分多様体と書いてあるのだから「埋め込まれた」といちいち書く必要はなさそうだが，ラグランジュはめ込みはあるが，埋め込みはない，というのが主要な主張であるので，「埋め込まれた」とわざわざ書いて強調した．

定理 5.99 の証明にはラグランジュ部分多様体のフレアーコホモロジーを用いる[20]. ラグランジュ部分多様体のフレアーコホモロジーの一般論は §6.6 で概説する. この節では困難が比較的少ない場合を述べる.

はじめに多少一般化する. $M$ をシンプレクティック多様体, $L$ をその(埋め込まれた)ラグランジュ部分多様体とし, 次の仮定をする.

**仮定 5.100** $\varphi: D^2 \to M$, $\varphi(\partial D^2) \subset L$ なる任意の写像 $\varphi$ に対して, $\int_{D^2} \varphi^* \omega = 0$. □

$L \subset \mathbb{C}^n$ で $[\theta] = 0 \in H^2(L; \mathbb{R})$ とすると, Stokes の定理により, 仮定 5.100 が満たされる.

仮定 5.100 が満たされていると, 任意の $\varphi: S^2 \to M$ に対して $\varphi_*[S^2] \cap \omega = 0$ であることもわかる. すなわち, $\pi_2(M) \to H_2(M)$ の像の上で $[\omega]$ は 0 である. このことからもわかるように, 仮定 5.100 はかなり強い制限を与える.

**補題 5.101** 仮定 5.100 を満たす $L$ に対して, $\varphi: D^2 \to M$, $\varphi(\partial D^2) \subset L$ なる概正則写像 $\varphi$ は定値写像に限る. また, $\varphi: S^2 \to M$ なる概正則写像も定値写像に限る.

[証明] 概正則写像 $\varphi$ に対しては, $\int_{D^2} \varphi^* \omega$ はエネルギーに等しい. よって $\varphi$ のエネルギーは 0 になり, $\varphi$ は定値写像である. $\varphi: S^2 \to M$ についても, エネルギーが 0 であるから同様に概正則ならば定値写像である. ■

$L_1, L_2$ を仮定 5.100 を満たす $M$ のラグランジュ部分多様体とする. $M$ はとりあえずコンパクトとしておく. $\mathbb{C}^n$ はコンパクトではないが, この点は後に説明する. $L_1$ と $L_2$ は横断的と仮定する. 以下この場合のラグランジュ部分多様体のフレアーコホモロジーの構成を説明する. $\Lambda'_{\text{nov}, \mathbb{Z}_2}$ を $\mathbb{Z}_2$ 係数の普遍ノビコフ環とする. $CF(L_1, L_2)$ を次の式で定義する.

$$CF(L_1, L_2) = \sum_{p \in L_1 \cap L_2} \Lambda'_{\text{nov}, \mathbb{Z}_2}[p]$$

**定理 5.102** (Floer [103])　$\delta: CF(L_1, L_2) \to CF(L_1, L_2)$ が存在して次を

---

[20] Gromov の証明は, 概正則円盤を用いるが, 以下のものとは異なっている. ラグランジュ部分多様体のフレアーコホモロジーを用いて定理 5.99 を証明するアイデアを, 筆者は Oh から聞いた.

満たす.

(1) $\delta^2 = 0$.

(2) $\delta$ のコホモロジーを $HF(L_1, L_2)$ と書くと,完全シンプレクティック同相写像 $\phi_i$ に対して,$HF(L_1, L_2) \simeq HF(\phi_1(L_1), \phi_2(L_2))$.

(3) 完全シンプレクティック同相写像 $\phi$ に対して,$HF(L, \phi(L)) \simeq H(L; \mathbb{Z}_2) \otimes \Lambda'_{\text{nov},\mathbb{Z}_2}$. □

**定義 5.103** $HF(L_1, L_2)$ をラグランジュ部分多様体のフレアーコホモロジーと呼ぶ. □

Floer が[103]で仮定したのは $\pi_2(M; L) = 0$ で,この条件から仮定 5.100 は従う.定理 5.99 が導かれるように,少しだけ仮定を弱くした.仮定 5.100 だけだと,フレアーコホモロジーの次数がまったく定まらない.($L$ を向き付け可能と仮定すると 2 を法とした次数が定まる.)

定理 5.102 が $M = \mathbb{C}^n$ の場合に成立すれば,定理 5.99 が導かれることを示す.$L \subset \mathbb{C}^n$ を埋め込まれたコンパクトな完全ラグランジュ部分多様体とする.$L$ がコンパクトであることを用いると,完全シンプレクティック同相 $\phi$ で $\phi(L) \cap L = \emptyset$ なるものが存在する.よって,$HF(L, \phi(L)) = 0$.一方 (3) より,$HF(L, \phi(L)) \simeq H(L; \mathbb{Z}_2) \otimes \Lambda'_{\text{nov},\mathbb{Z}_2} \neq 0$.これは矛盾である. ■

以下定理 5.102 の証明について述べる.多くの部分は周期ハミルトン系の場合と共通であるので,要点のみを述べる.計算に $L_0 = L_1$ の場合も用いるので,以下 $L_0$ と $L_1$ は(横断的より一般的な)斉交叉と仮定する[*21].

ループ空間 $\Omega_0 M$ に対応するのは次の空間である.

$$\Omega(L_0, L_1) = \{\ell : [0,1] \to M \mid \ell(0) \in L_0, \ell(1) \in L_1\}.$$

次に,汎関数 $\mathcal{A}_h$ の類似物を考える.$\Omega(L_0, L_1)$ のおのおのの連結成分に,基点 $\ell_0$ を選んでおく.以後記号の簡単のため,$\Omega(L_0, L_1)$ は連結で $\ell_0$ が 1 つだけ決まっているかのように記すが,一般の場合には連結成分ごとに考えればまったく同じである.$\gamma \in \Omega(L_0, L_1)$ とし,$\ell_0$ と $\ell$ を結ぶ道 $\gamma$ をとる($\gamma(0) = \ell_0$,$\gamma(1) = \ell$ である).$\tilde{\gamma}(\tau, t) = \gamma_\tau(t)$ で $\tilde{\gamma} : [0,1] \times [0,1] \to M$ が定ま

---

[*21] 斉交叉の場合のラグランジュ部分多様体のフレアーホモロジーは[309]で調べられている.

り，$\tilde{\gamma}(\tau,i) \in L_i$, $i=0,1$ が成り立つ．多価関数 $\mathcal{A}$ を次の式で定義する．

$$(5.24) \qquad \mathcal{A}(\ell) = \int_{[0,1]^2} \tilde{\gamma}^* \omega .$$

**補題 5.104** (5.24)の右辺は $\tau \mapsto \gamma(\tau)$ のホモトピー類で決まる．$d\mathcal{A}$ は $\Omega(L_0,L_1)$ 上の(1価な)微分1型式として定まる． □

証明は Stokes の定理を用いてできる．

$M$ にリーマン計量を決めれば，$\Omega(L_0,L_1)$ に計量が決まる．この計量による $\mathcal{A}$ の勾配ベクトル場を考え，その積分曲線を調べる，というのが周期ハミルトン系の場合の，次のステップであった．ラグランジュ部分多様体の場合も，おおらかに計算すると，積分曲線の方程式はやはり，

$$(5.25) \qquad \frac{\partial \tilde{\gamma}}{\partial \tau} + J_M\left(\frac{\partial \tilde{\gamma}}{\partial t}\right) = 0$$

である．しかし，「$J_M(\partial \ell/\partial t)$ が勾配ベクトル場である」と主張するのは，問題が残る．なぜなら，普通に考えると $\Omega(L_0,L_1)$ の $\ell$ での接空間は，$\ell^*TM$ の切断であって，0 で $T_{\ell(0)}L_0$ に，1 で $T_{\ell(1)}L_1$ に属するもの全体であるはずで，$-J_M(\partial \ell/\partial t)$ は一般にはこの境界条件を満たさないからである．この点を無限次元のモース理論の立場で考えようとすると，難しくなりよくわからなくなる．ここでは，この困難を考えるのはやめて，すなわち「勾配ベクトル場」を考えるのはやめて，いきなり「勾配ベクトル場の積分曲線のモジュライ空間」を方程式(5.25)の解のモジュライ空間として定義してしまう[*22]．

その前に，「$\mathcal{A}$ の臨界点」を定義する必要がある．「$-J_M(\partial \ell/\partial t)$ が勾配ベクトル場である」という(上で述べたような問題がある)主張を認めてしまうと，勾配ベクトル場が 0 になるのは，$\partial \ell/\partial t$ が 0，つまり $\ell(t) \equiv p \in L_0 \cap L_1$ の場合である．これも，深く考えるのはとりあえずやめて，定義にしてしまう．すなわち，

---

[*22] 今述べたように，定義の段階で無限次元空間のモース理論としての考察からは，直ちには正当化しづらい構成をしている．定義の正当性は，無限次元モース理論の議論から直接は確かめられず，有限次元空間上の偏微分方程式についての以下に述べる考察がその根拠である．

§5.4 概正則円盤の応用 —— 233

**定義 5.105** $\mathrm{Cr}(L_0, L_1) = L_0 \cap L_1 \subset \Omega(L_0, L_1)$. □

$L_0 \cap L_1 = \bigcup R_i$ を連結成分への分解とする．$p \in L_0 \cap L_1$ のとき，対応する $\mathrm{Cr}(L_0, L_1) \subset \Omega(L_0, L_1)$ の元を $\ell_p$ と書く．

**定義 5.106** 写像 $\tilde{\gamma}: \mathbb{R} \times [0,1] \to M$ であって，次の条件を満たすもの全体を $\tilde{\mathcal{M}}(L_0, L_1; R_i, R_j)$ で表す．

(1) $\tilde{\gamma}$ は方程式(5.25)を満たす．

(2) $\tilde{\gamma}(\tau, 0) \in L_0$, $\tilde{\gamma}(\tau, 1) \in L_1$.

(3) $p \in R_i$, $q \in R_j$ が存在し $\lim_{\tau \to -\infty} \tilde{\gamma}(\tau, t) = p$, $\lim_{\tau \to +\infty} \tilde{\gamma}(\tau, t) = q$ が成り立つ．

$\mathbb{R}$ が $\tilde{\mathcal{M}}(L_0, L_1; R_i, R_j)$ に $s \cdot \tilde{\gamma}(\tau, t) = \tilde{\gamma}(s + \tau, t)$ で作用する．商空間を $\mathcal{M}(L_0, L_1; R_i, R_j)$ とおく． □

モジュライ空間 $\mathcal{M}(L_0, L_1; R_i, R_j)$ を使って，§5.2, §5.3 の構成をなぞり，フレアーコホモロジーを定義したいのだが，困難 5.34(1), (2)はこの場合も残る．しかし，仮定 5.100 のおかげで，困難は大きくなく，すでに述べた議論だけで十分に対応できる．また，補題 5.101 のためにバブルの解析が必要なくなり，議論が簡略になる．

横断正則性についての主張を述べるために，線型化方程式を定義する．$R_i$ が次元をもつと，$\tau \to \pm\infty$ での境界条件の設定に注意を要する．その部分は [117], [122] を見てほしい．ここでは $R_i = \{p\}$, $R_j = \{q\}$ の場合，すなわち $L_0$ と $L_1$ が横断的に交わる場合についてのみ述べる．$\tilde{\gamma} \in \tilde{\mathcal{M}}(L_0, L_1; p, q)$ とする．$\tilde{\gamma}^* TM$ の $L^{1,p}$ 級の切断 $V$ であって，境界条件

$$V(\tau, 1) \in T_{\tilde{\gamma}(\tau, 1)} L_1, \quad V(\tau, 0) \in T_{\tilde{\gamma}(\tau, 0)} L_0$$

を満たすもの全体を $L^{1,p}(\mathbb{R} \times [0,1]; \tilde{\gamma}^* TM; L_0, L_1)$ と書く．($L^{1,p}$ 級の切断は連続であるから，境界条件は意味をもつ．) また，$L^{0,p}(\mathbb{R} \times [0,1]; \tilde{\gamma}^* TM \otimes \Lambda^{0,1})$ を $\tilde{\gamma}^* TM \otimes \Lambda^{0,1}$ の $\mathbb{R} \times [0,1]$ 上の $L^{0,p}$ 級の切断全体とする．

$$D_{\tilde{\gamma}} \bar{\partial}: L^{1,p}(\mathbb{R} \times [0,1]; \tilde{\gamma}^* TM; L_0, L_1) \to L^{0,p}(\mathbb{R} \times [0,1]; \tilde{\gamma}^* TM \otimes \Lambda^{0,1})$$

を

$$D_{\tilde{\gamma}} \bar{\partial}(V) = \bar{\partial}(V) + \mathcal{N}'(V)$$

で定義する．$D_{\tilde{\gamma}} \bar{\partial}$ はフレドホルム作用素でその指数は $\tilde{\gamma}$ のホモトピー類にし

かよらない．次の補題が横断正則性である．証明は周期ハミルトン系の場合よりやさしい．

**補題 5.107** $J_M$ を少し動かすと，任意の $\tilde{\gamma} \in \tilde{\mathcal{M}}(L_0, L_1; p, q)$ に対して，$D_{\tilde{\gamma}}\bar{\partial}$ が全射であるようにできる． □

$\tilde{\mathcal{M}}(L_0, L_1; p, q)$ で，$D_{\tilde{\gamma}}\bar{\partial}$ の指数が $k+1$ のもの全体を $\tilde{\mathcal{M}}(L_0, L_1; p, q)_k$ と書き，その $\mathbb{R}$ 作用による商を $\mathcal{M}(L_0, L_1; p, q)_k$ と書く．補題 5.107 と陰関数定理より $\mathcal{M}(L_0, L_1; p, q)_k$ は $k$ 次元の多様体である．

$[\tilde{\gamma}] \in \mathcal{M}(L_0, L_1; p, q)_k$ に対して，
$$\mathcal{E}(\tilde{\gamma}) = \int_{\mathbb{R} \times [0,1]} \tilde{\gamma}^* \omega$$

とおき，$\mathcal{E}(\tilde{\gamma}) \leqq E$ なる $\tilde{\gamma}$ の同値類全体を $\mathcal{M}(L_0, L_1; p, q; E)_k$ とおく．次の2つの補題はそれぞれ補題 5.42, 補題 5.43 の類似である．（もうしばらく $L_0$ と $L_1$ は横断的であると仮定しておく．）

**補題 5.108** 仮定 5.100 が成り立っているとする．このとき，$J_M$ を少し動かせば，$\mathcal{M}(L_0, L_1; p, q; E)_0$ はコンパクトになる． □

**補題 5.109** 仮定 5.100 が成り立っているとする．このとき，$J_M$ を少し動かせば，次のことが成り立つ．

$\mathcal{M}(L_0, L_1; p, q; E)_1$ は，1次元多様体 $\mathcal{CM}(L_0, L_1; p, q; E)_1$ をコンパクト化にもち，その境界 $\partial\mathcal{CM}(L_0, L_1; p, q; E)_1$ は次の式で与えられる．

$\partial\mathcal{CM}(L_0, L_1; p, q; E)_1 =$
$\displaystyle\bigcup_{r \in L_0 \cap L_1} \bigcup_{E_1 + E_2 = E} \partial\mathcal{CM}(L_0, L_1; p, r; E_1)_0 \times \partial\mathcal{CM}(L_0, L_1; r, q; E_2)_0$ □

$L_0$ と $L_1$ が横断的である場合に，定理 5.102 の $\delta$ を次の式で定義する．

$$(5.26) \qquad \delta[p] = \sum_{q, \tilde{\gamma} \in \mathcal{M}(L_0, L_1; p, q)_0} T^{\mathcal{E}(\tilde{\gamma})}[q].$$

補題 5.108 より，右辺は $CF(L_1, L_2)$ に属する．定理 5.102 の(1)は補題 5.109 から従う．(2)の証明は周期ハミルトン系の場合と同様であるので，省略する．(3)を証明する前に，補題 5.108, 5.109 の証明について述べる．多くの部分が補題 5.42, 5.43 と同様であるので，詳しくは述べないが，仮定

§5.4 概正則円盤の応用 ——— *235*

5.100 をどう使うのかだけ説明する.

まず，次の補題は §2.6 の定理 2.101 と同様にして証明される．（境界の近くで定理 2.97 にあたることを示さなければならない．これは省略する．[25] などを見よ．)

**補題 5.110** $\tilde{\gamma}_i \in \tilde{\mathcal{M}}(L_0, L_1; p, q; E)$ に対して，$\mathbb{R} \times [0,1]$ の有限部分集合 $\{p_1, \cdots, p_N\}$ があって，$\tilde{\gamma}_i$ の部分列は $\{p_1, \cdots, p_N\}$ の外でコンパクト一様収束する. □

補題 5.110 には，仮定 5.100 を必要としない．仮定 5.100 を用いると，より強く次のことが成り立つ.

**補題 5.111** 仮定 5.100 のもとで，任意の列 $\tilde{\gamma}_i \in \tilde{\mathcal{M}}(L_0, L_1; p, q; E)$ に対して，($\mathbb{R} \times [0,1]$ 全体で) コンパクト一様収束する部分列が存在する.

[証明] 補題 5.110 により，$|d\tilde{\gamma}_i|$ が一様に有界であることを示せば十分である．$\sup|d\tilde{\gamma}_i| = C_i$ が発散するとし，$(\tau_i, t_i)$ で $|d\tilde{\gamma}_i|$ が最大になるとする．$d_i = \min\{1-t_i, t_i\}$ とし，場合を 2 つに分ける.

（1） $C_i d_i$ が発散する場合.

（2） $C_i d_i$ が有界である場合.

場合(1)を考える．$R_i = C_i d_i$，$B(R_i)$ を $\mathbb{C}$ の原点を中心とした半径 $R_i$ の球として，$\varphi_i : B(R_i) \to \mathbb{R} \times [0,1]$ を

$$(5.27) \qquad \varphi_i(x + \sqrt{-1}y) = \frac{1}{C_i}(x + \tau_i, y + t_i)$$

で定義する．$\psi_i = \tilde{\gamma}_i \circ \varphi_i$ とおく．$\psi_i$ は概正則で $C^1$ ノルムは有界である．よって，楕円型方程式の標準的な評価式を用いて，広義一様収束部分列をもつことが示される．仮定した(1)より，$\lim R_i = \infty$ であるから，$\psi_i$ の定義域は $\mathbb{C}$ 全体になっていく．よって，極限をとると $\psi : \mathbb{C} \to M$ なる概正則曲線が得られる．また，

$$(5.28) \qquad \int_\mathbb{C} \psi^* \omega \leqq \limsup \int_{B(R_i)} \psi_i^* \omega \leqq E$$

ゆえ，定理 2.105 より，$\psi$ は $S^2$ からの概正則写像に拡張される．ところが，$\psi$ は原点での微分の大きさが 1 であるから，定値写像ではない．これは矛盾

である.

次に(2)を仮定する. $t_i \leqq 1-t_i$ ($t_i=d_i$) として一般性を失わない. 部分列に移って $\lim t_i$ は収束するとし, 極限を $D$ とおく.

$$D_i = \{(x,y) \mid x^2+y^2 \leqq C_i^2(1-d_i)^2,\ y \geqq -C_i d_i\}$$

とおく. (5.27)は $D_i \to \mathbb{R}\times[0,1]$ を定義する. $\psi_i = \tilde{\gamma}_i \circ \varphi_i : D_i \to M$ は概正則で $C^1$ ノルムは有界である. よって広義一様収束部分列をもつ. 極限 $\psi$ は $\{(x,y)\mid y\geqq -D\}$ を定義域にもつ. また, $\psi(x,-D) \subset L_0$ である. さらに, 原点での微分の大きさが 1 であるから, $\psi$ は定値写像ではない. $\{(x,y)\mid y\geqq -D\}$ は $D^2$ に双正則写像 $u$ で移される. $u(1)=\infty$ と仮定してよい. $\psi\circ u = \phi$ とすると, $\phi:D^2-\{1\} \to M$ は概正則で, $\phi(\partial D^2-\{1\})\subset L_0$ である. また, (5.28)と同様にして,

$$(5.29) \qquad \int_{D^2} \phi^*\omega \leqq E < \infty$$

が示される. よって次の定理 5.112 により, $\phi$ は $D^2\to M$ なる概正則写像に拡張される. これは補題 5.101 に反する. ∎

**定理 5.112** $L$ を $M$ のラグランジュ部分多様体, $p\in\partial D^2$ とし, $\phi: D^2-\{p\}\to M$ は概正則で(5.29)を仮定する. このとき, $\phi$ は $D^2$ からの概正則写像に拡張される. □

定理 5.112 の証明は省略する([289]を見よ). (定理 5.112 には仮定 5.100 は必要ない.)

補題 5.101 から補題 5.108, 補題 5.109 を証明する部分は, すでに述べた周期ハミルトン系の場合と同様なので省略する.

定理 5.102(3)の証明に移る. 方針は §5.3 と同様で, §5.3 冒頭に述べた方針 2 による. その第 1 段, つまり $L_0, L_1$ が斉交叉の場合への定義の拡張と, その場合の定理 5.102(2)の証明は, §5.3 と同様である. (補題 5.111 が成り立つから, コンパクト性の議論はより容易である.) 違いが現れるのは第 2 段である. つまり, $L_0=L_1=L$ の場合の計算である. §5.3 の対応する部分, つまり, ハミルトン関数 $h$ が 0 の場合のフレアーホモロジーの計算 (§5.3 の最後に与えた定理 5.74 の証明)は, モジュライ空間 $\mathcal{M}(M,M;0)$ の

$S^1$ 対称性を用いていた.（$\mathcal{M}(M,M;0)$ は $\mathbb{R} \times S^1 \to M$ なるエネルギー有限の概正則写像全体を $\mathbb{R}$ 作用で割ったものである.この場合の $S^1$ 作用は定義域 $\mathbb{R} \times S^1$ の $S^1$ 方向の回転から導かれる.）

この節で調べているラグランジュ部分多様体の場合には，$\mathbb{R} \times [0,1]$ からの写像のモジュライ空間を考えているから，自然な $S^1$ 作用は存在しない.実際に，仮定 5.100 がない一般の状況では，フレアーホモロジー $HF(L,L)$ が $L$ のホモロジーと異なる状況が現れる（この事実は Oh によって見出された. §6.6 の命題 6.247 の直後を見よ).

以下，仮定 5.100 を用いて $HF(L,L)$ が $L$ のコホモロジーと一致することを示そう.$L_0 = L_1 = L$ とすると，$L \cap L = L$ であるから，$\mathrm{Cr}(L) = L$ で，$R_i$ は唯ひとつ $L$ だけである.

**補題 5.113** 仮定 5.100 のもとで，$\tilde{\mathcal{M}}(L,L;L,L)$ は定値写像からなる.

[証明] $\tilde{\mathcal{M}}(L,L;L,L)$ の元 $\mathbb{R} \times [0,1] \to M$ を考える.定義域を同型で移すと，$D^2 \to M$ なる概正則写像で $\partial D$ を $L$ に移すものが得られる.補題 5.101 よりこれは定値写像である. ∎

補題 5.113 が定理 5.102(3) を導くことを示そう.$\mathcal{A}$ の多価性による被覆空間に持ち上げると，$\mathcal{A}$ の臨界点集合は $L$ の和とみなせる.（$T$ がこの連結成分の違いを表す.）フレアーコホモロジーを定義する微分は $\hat{\delta} = \delta_0 + \delta_1 + \cdots$ と表され，$\delta_0$ は普通の境界作用素で，$\delta_1$ 以後は $\tilde{\mathcal{M}}(L,L;L,L)$ を用いた対応である（定義 5.85).また $\delta_1$ 以後は，ある $L$ 上の鎖を，異なる連結成分の $L$ 上の鎖に移す写像に対応する（§5.3 を見よ).補題 5.113 より $\tilde{\mathcal{M}}(L,L;L,L)$ は定値写像からなるが，これらは $L$ たちのうちで同じ連結成分の間の対応であり，異なる連結成分の対応ではない.つまり，$\delta_1$ 以後には寄与しない.よって，$\hat{\delta} = \delta_0$.これから，$HF(L,L) \simeq H(L) \otimes \Lambda'_{\mathrm{nov},\mathbb{Z}_?}$ が従う. ∎

以上で定理 5.102 の証明を終わる.

前に保留した点，つまり，$\mathbb{C}^n$ という非コンパクト多様体で概正則曲線のモジュライが同様に考察できることに注意する.

**定義 5.114**(Eliashberg–Gromov [95])[*23]  シンプレクティック多様体 $(M,\omega_M)$ と整合的な概複素構造 $J_M$ があったとき,$(M,\omega_M,J_M)$ が無限遠方で凸とは,$M_i \subset M$ があって,次の条件を満たすことを指す.

(1) $M_i$ はコンパクトで,$M_i \subset M_{i+1}$, $\bigcup M_i = M$.

(2) $\partial M_i$ は滑らかな部分多様体で,擬凸である.  □

$\mathbb{C}^n$ は明らかに無限遠方で凸である.一方シンプレクティック化 $N \times \mathbb{R}$ は $\mathbb{R}$ の $-\infty$ へ向かう側で定義 5.114 を満たすようにはできず,無限遠方で凸ではない.

$M$ を無限遠方で凸とし,定義のような $M_i$ をとる.$M_i^0$ を $M_i$ の内点全体とする.

**補題 5.115**  $\varphi:D^2 \to M$ を概正則とし,$L_0,L_1 \subset M_i^0$ とする.$p,q \in L_0 \cap L_1$ とし,
$$\tilde{\mathcal{M}}'(L_0,L_1;p,q) = \{\tilde{\gamma} \in \tilde{\mathcal{M}}(L_0,L_1;p,q) \mid \tilde{\gamma}(\mathbb{R}\times[0,1]) \subset M_i^0\}$$
とおくと,$\tilde{\mathcal{M}}'(L_0,L_1;p,q)$ は $\tilde{\mathcal{M}}(L_0,L_1;p,q)$ の閉部分集合である.(位相は一様収束位相にする.)

[証明] 結論が成り立たないとし,$\tilde{\gamma}$ が $\tilde{\mathcal{M}}'(L_0,L_1;p,q)$ の閉包に含まれるが,$\tilde{\mathcal{M}}'(L_0,L_1;p,q)$ には含まれないとする.$\tilde{\gamma}$ の像は $M_i$ に含まれる.$\mathbb{R} \times [0,1]$ の内点 $p$ で,$\varphi(p) \subset \partial M_i$ であるものが存在する.$\tilde{\gamma}(p)$ の近くで $M_i$ を $g(x) \leqq 0$ で表す.$g \circ \tilde{\gamma}$ は劣調和(subharmonic)関数である(補題 4.37).よって $g(x) \leqq 0$ かつ,$g(p) = 0$ より,$g$ は定数 $0$ である.つまり,$\tilde{\gamma}$ による $p$ の近傍の像は $\partial M_i$ に含まれる.一方,$\tilde{\gamma}$ は概正則である.よって $\tilde{\gamma}$ は定数でなければならない.これは,$\tilde{\gamma}(0,\tau) \subset L_0$ に反する.  ■

補題 5.115 により,$\tilde{\mathcal{M}}(L_0,L_1;p,q)$ のかわりに $\tilde{\mathcal{M}}'(L_0,L_1;p,q)$ を用いて議論することができる.すると,$M_i$ はコンパクトであるから,$M$ がコンパクトである場合の議論がそのまま通用する[*24].以上で定理 5.99, 5.102 の証明

---

[*23] [95]では他にもさまざまな種類の凸性が調べられているが,ここで用いる $\mathbb{C}^n$ の場合はこの定義で十分である.

[*24] このように無限遠方で凸であるシンプレクティック多様体に対しては,コンパクトな場合と同じ結論が成り立つことが多い.

を終わる.

定理 5.102 は定理 5.99 以外にも,ラグランジュ部分多様体の交叉などに関する応用がある. この節の残りで,フレアーホモロジーのラグランジュ部分多様体に関する応用のいくつかを証明なしで述べておく. 次の定理は定理 5.102 から直ちに得られる.

**定理 5.116** (Floer) $L \subset M$ が仮定 5.100 を満たし, $\psi: M \to M$ を完全シンプレクティック同相写像とする. $L$ は $\psi(L)$ と横断的とする. このとき

$$\sharp(L \cap \psi(L)) \geqq \sum_k \operatorname{rank} H_k(L; \mathbb{Z}_2).$$

□

定理 5.116 と同じ評価が,どんな $L$ に対しても成り立つわけではない.

**例 5.117** $\mathbb{C} \subset \mathbb{CP}^1$ とし,$L \subset \mathbb{C}$ を十分半径の小さい円とする. $\psi(L) \cap L = \emptyset$ なる完全シンプレクティック同相写像 $\psi$ が存在するが,$H(S^1; \mathbb{Z}_2) \neq 0$ である.

□

この例は,ラグランジュ部分多様体のフレアーホモロジーの定義がかなり微妙な問題であることを意味する.

ラグランジュ部分多様体に対する以下の条件は,定義 5.13 の類似物である.

**定義 5.118** $L \subset M$ を $n$ 次元のラグランジュ部分多様体, $\mu: \pi_2(M, L) \to \mathbb{Z}$ をマスロフ指数とする.

$L$ が**単調**とは,正の数 $\lambda$ が存在して,$\mu(\beta) = \lambda [\beta] \cap [\omega]$ が任意の $\beta \in \pi_2(M, L)$ に対して成立することを指す.

$L$ が**半正**とは,$\beta \cap [\omega] > 0$ かつ $0 > \mu(\beta) \geqq 3 - n$ なる $\beta \in \pi_2(M, L)$ が存在しないことを指す.

$L$ の**最小マスロフ数**とは,正の $\mu(\beta)$ の最小値を指す. $\mu(\beta)$ がいつでも 0 のときは,最小マスロフ数は無限大とする.

□

Oh [290] はラグランジュ部分多様体のフレアーホモロジーを Floer の条件より弱い仮定,すなわちラグランジュ部分多様体が単調で,最小マスロフ数が 3 以上のもとで構成した. $L_1, L_2$ がこの仮定を満たすとき,Oh は定理 5.102 の (1), (2) を満たすフレアーホモロジーを構成した. ただし (3) は一般

には成り立たない(注意 6.207 参照).[122]ではフレアーホモロジーが定義されるための障害理論を展開した.その一部を§6.6 で述べる.

ラグランジュ部分多様体の交点の数の評価については,次の仮定を満たす場合がまず調べられている.

**仮定 5.119** $\omega_M$ と整合的な概複素構造と,$\phi: M \to M$ なる写像があって,次の条件を満たす.

(1) $J_M \circ d\phi = -d\phi \circ J_M$.

(2) $\phi \circ \phi = 1$.

(3) $L$ は $\{x \in M \mid \phi(x) = x\}$ の連結成分である. □

実代数多様体(補題 4.9)が仮定 5.119 を満たす $L$ の代表例である.

**予想 5.120**(Arnold–Givental の予想) $L \subset M$ が仮定 5.119 を満たし,$\psi: M \to M$ を完全シンプレクティック同相写像とする.$L$ は $\psi(L)$ と横断的とする.このとき

$$\sharp(L \cap \psi(L)) \geqq \sum_k \operatorname{rank} H_k(L; \mathbb{Z}_2).$$

□

$(N, \omega_N)$ をシンプレクティック多様体とし,$M = N \times N$,$\omega_M = \pi_1^* \omega_N - \pi_2^* \omega_N$ とおく.$L = N$ を対角集合とし,$\phi(x, y) = (y, x)$ とすると,仮定 5.119 が満たされる.$\overline{\psi}: N \to N$ を完全シンプレクティック同相写像とすると,$\psi(x, y) = (x, \overline{\psi}(x))$ も完全シンプレクティック同相写像である.また $L \cap \psi(L)$ は $\psi$ の不動点に一致する.こうして,アーノルド予想の $\mathbb{Z}_2$ 係数コホモロジーにかかわる部分は,予想 5.120 に一般化される.予想 5.12 や予想 5.10 も同様に一般化できる.(Givental の結果[144]はこの方向に対する部分解である.)

次の結果は予想 5.120 に対する部分解で,先行する Oh らの結果を一般化したものである.

**定理 5.121**([122]) 半正なラグランジュ部分多様体に対して,予想 5.120 が成立する. □

次の 2 つの予想も,定理 5.99 とかかわりが深い.(筆者はこの 2 つの予想を Oh から聞いた.)

**予想 5.122** $L$ を $\mathbb{C}^n$ のラグランジュ部分多様体とすると,マスロフ指数

が決める写像 $\mu:\pi_1(L)\to \mathbb{Z}$ の像は $\{0\}$ でない. □

**予想 5.123**　$\phi:L\to \mathbb{C}^n$ を完全ラグランジュはめ込みとし，$\phi(L)$ の自己交叉はすべて横断的とする．自己交叉の数を $m$ とすると，

$$2m \geq \sum_k \mathrm{rank}\, H_k(L;\mathbb{Z}_2).$$

□

$\mathbb{C}^n$ のラグランジュ部分多様体のマスロフ指数については，Polterovich [308]，Oh [291]，Viterbo [379] による結果がある．

**定理 5.124**（Polterovich [308]）　$L$ が $\mathbb{C}^n$ のラグランジュ部分多様体とすると，$3-n\leq \mu(\beta)\leq n+1$ なる $\beta\in \pi_1(L)$ が存在する． □

**定理 5.125**（Polterovich [308], Oh [291]）　$L$ が $\mathbb{C}^n$ の単調ラグランジュ部分多様体とすると，$1\leq \mu(\beta)\leq n$ なる $\beta\in \pi_2(M)$ が存在する[*25]． □

**定理 5.126**（Viterbo [379]）　$L$ が $\mathbb{C}^n$ のラグランジュ部分多様体でトーラスと微分同相とすると，$1\leq \mu(\beta)\leq n+1$ なる $\beta\in \pi_1(L)$ が存在する[*26]． □

**定理 5.127**（[122]）　$L$ が $\mathbb{C}^n$ のラグランジュ部分多様体とし，$L$ はスピンかつ $H^2(L;\mathbb{Q})=0$ とすると，$1\leq \mu(\beta)\leq n+1$ なる $\beta\in \pi_2(M)$ が存在する． □

概正則円盤のシンプレクティック幾何への応用は，ほかにも多くある．[330]，[381] をあげておく．

また，Eliashberg [92] は，次の定理の概正則円盤を使う別証明を与えた．

**定理 5.128**（Bennequin [42]）　$S^3$ には互いに同型でない接触構造の組 $\xi_1,\xi_2$ で，部分ベクトル束 $\xi_i\subset TS^3$ としてはホモトピックなものが存在する． □

定理 5.128 は 3 次元多様体の接触幾何学のシンプレクティックトポロジー的研究の出発点となるものである．その方面の発展については，[93]，[97]，[226]，[364] などを参照せよ．

---

[*25] $1\leq \mu(\beta)\leq n+1$ が Polterovich の結果で，これを Oh が改良した．
[*26] この定理の証明にはフレアーホモロジーは使われていない．

# 6

# グロモフ–ウィッテン
# 不変量とミラー対称性

## §6.1 ミラー対称性序説

この章ではミラー対称性(mirror symmetry)について述べる．ミラー対称性および弦理論の双対性(string duality)の，数学の立場からも理論物理学の立場からも大変重要な特徴は，それが空間という概念の変革を迫る点にある．まずこの点について述べよう[*1]．

ミラー対称性の発見以前から，弦理論にはキャラビ–ヤウ多様体(定義6.4)がよく現れた．キャラビ–ヤウ多様体は，内部空間として出てきた．普通に経験する時空は4次元であるが，内部空間を考えるときは，小さいスケールで考えると時空の次元はもっと高いと見る．ただし，4つ以外の方向には，時空は非常に狭い範囲にしか広がっていないので，われわれには4次元に見えると解釈する．いいかえると，本当の時空は $\mathbb{R}^4 \times M$ で[*2]，$M$ は直径が小さいコンパクト多様体である，とみなすのである．

$M$ は直接は見えないが，$M$ の性質は観測される世界の様子に次のように反映する．われわれの住んでいる空間には，さまざまな種類の粒子がある．

---

[*1] 以下物理っぽい言葉遣いもするが，数学的な概念の背景を説明するのだけが目的であり，そのままで物理として意味があるかは素人の筆者にはわからない．

[*2] 直積である必要はない．

どのような種類の粒子があり，それらの間にどんな相互作用があるか，あるいはそれらの間にどういう力が働くかが，$M$ の幾何学的性質から導かれるとする．すなわち，$M$ を決めると，内積空間 $\mathfrak{H}(M)$ が定まり，その次元が観測される粒子の種類で，相互作用は写像 $\mathfrak{m}_k: \mathfrak{H}(M)^{\otimes k} \to \mathfrak{H}(M)$ で定まるとする．本当は，$\mathfrak{H}(M), \mathfrak{m}_k$ だけでなく，より多様な構造が登場するであろうが，とりあえずは話を簡単にするためこの2つに限る．(もう少し正確にいうと，$\mathfrak{H}(M)$ などは，多様体 $M$ だけでなくその上の構造にもよる.)

「$M$ と $M$ 上の構造」からベクトル空間 $\mathfrak{H}(M)$ と写像 $\mathfrak{m}_k$ を決めるやり方は何通りもある．これらに名前をつけて，$X$ 型，$Y$ 型などと呼ぼう（弦理論には5つの型があるというのは，粗くいって，この決め方が5種類あることを意味する）．ミラー対称性あるいは弦双対性は，簡略化して述べると，次のようにまとめられる．

**定義もどき 6.1** $M$ から $X$ 型の手続きで決まった内積空間 $\mathfrak{H}_X(M)$ と，$N$ から $Y$ 型の手続きで決まった内積空間 $\mathfrak{H}_Y(N)$ が，$\mathfrak{m}_k$ も含めて同型であるとき，$M$ でコンパクト化[*3](compactified by $X$)された $X$ 型の弦理論と，$N$ でコンパクト化された $Y$ 型の弦理論は等価であるという． □

定義もどき 6.1 の意味で等価な組は，ミラー対称性の場合に 1980 年代に発見された[56]．弦双対性の発見あるいは弦理論の第2革命は，等価な組の著しく豊富なリストを生んだ．リストはいまだに増殖し続けている．

このような対称性の驚くべき帰結は，以下のことである．

> 定義もどき 6.1 のような対称性があったとき，われわれの住んでいる空間が，$\mathbb{R}^4 \times M$ であるのか，$\mathbb{R}^4 \times N$ であるのかは，実験・観測では区別できず調べる方法がない．

このことは，多様体とか位相空間という，われわれのもっている空間概念の変革が必要であることの，強い理由づけを与える．筆者はこれが，弦理論が 21 世紀の幾何学に与えた大きな課題であると考える．

背景の説明はこのぐらいにして数学の話に移ろう．空間 $M$（とその上の構

---

[*3] ここのコンパクト化は数学で普通に意味するのと，まったく違った意味である．

造)から，$\mathfrak{H}(M)$ と $\mathfrak{m}_k$ を作る処方箋を以下で 2 つ解説する．これらは Witten [397]によって，$A$ 模型($A$ model)と $B$ 模型($B$ model)と呼ばれた[*4]．$A$ 模型では $M$ にシンプレクティック構造を，$B$ 模型では $M$ に複素構造を与える．

**定義もどき 6.2** $M^\dagger$ が $M$ のミラー(mirror)であるとは，$M$ でコンパクト化した $A$ 模型が $M^\dagger$ でコンパクト化した $B$ 模型と等価なことを指す． □

本書はシンプレクティック幾何学の書物であるので，主題は $A$ 模型の方であるが，$B$ 模型の登場人物の方がより古典的である．そこで，まず $B$ 模型の方を解説する．

$M$ を複素多様体とする[*5]．$TM$ を $M$ の接束とする．第 2 章の記号を使うと，$TM \simeq T^{1,0}M$ なる複素ベクトル束の同型が存在する．$T^{1,0}M$ は正則ベクトル束である．$T^{1,0}M$ の $m$ 次の $\mathbb{C}$ 上の外積 $\Lambda^m T^{1,0}M$ を $\Omega_{\mathbb{C}}^m M$ と書く．$\Omega_{\mathbb{C}}^m M$ も正則ベクトル束である．$m,0$ 型式のなす正則ベクトル束 $\Lambda^{m,0}M$ はその双対である．

**定義 6.3** $\mathcal{H}_B^{m,\ell}(M) = H^\ell(M; \Omega_{\mathbb{C}}^m M)$. □

右辺は層係数コホモロジーである．あるいは，ドルボー作用素
$$\bar{\partial}: \Omega_{\mathbb{C}}^m M \otimes \Lambda^{0,\ell}M \to \Omega_{\mathbb{C}}^m M \otimes \Lambda^{0,\ell+1}M$$
のコホモロジー，すなわちドルボーコホモロジーである．$\mathcal{H}_B^{m,\ell}(M)$ が $B$ 模型で $M$ が定めるベクトル空間である．次に $\mathfrak{m}_2^B$ を定義する．外積代数の積は

$$(6.1) \quad \wedge: (\Lambda^{0,\ell_1}M \otimes \Omega_{\mathbb{C}}^{m_1}M) \otimes (\Lambda^{0,\ell_2}M \otimes \Omega_{\mathbb{C}}^{m_2}M) \\ \to \Lambda^{0,\ell_1+\ell_2}M \otimes \Omega_{\mathbb{C}}^{m_1+m_2}M$$

を定める．ドルボー作用素と外積は $\bar{\partial}(u \wedge v) = \bar{\partial}u \wedge v + (-1)^{\deg u} u \wedge \bar{\partial}v$ を満たすから，(6.1)は積

$$(6.2) \quad \mathfrak{m}_2^B: \mathcal{H}_B^{m_1,\ell_1}(M) \otimes \mathcal{H}_B^{m_2,\ell_2}(M) \to \mathcal{H}_B^{m_1+m_2,\ell_1+\ell_2}(M)$$

---

[*4] 弦理論の 5 種類のなかに IIA 型，IIB 型がある．この A と B は $A$ 模型と $B$ 模型の A, B と関係がある場合もあるが，正確に一致するのか筆者は知らない．

[*5] $B$ 模型では，概複素構造ではなく，複素構造が必要である．

を導く．(6.2)は結合的である．最後に内積を定義する．内積の定義には余分な条件が必要である．

**定義 6.4** $n$ 次元複素多様体 $M$ が，弱い意味で**キャラビ–ヤウ多様体**(Calabi-Yau manifold)であるとは，$\Omega^n_{\mathbb{C}}M$ が複素直線束として自明であることを指す． □

キャラビ–ヤウ多様体には，リッチ曲率が 0 であるケーラー計量が存在する．これが有名なキャラビ予想で Yau [400] によって解かれた ([281] に解説されている)．

**注意 6.5** $M$ が単にキャラビ–ヤウ多様体という場合は，$M$ がケーラー多様体で，さらに，$H^1(M; \mathbb{C}) = 0$ であることを要請する場合が多い．キャラビ–ヤウ多様体という言葉の定義は，人によって異なるようである．

以後本書では，簡単のため，弱い意味のキャラビ–ヤウ多様体のことを，単にキャラビ–ヤウ多様体と呼ぶ．$M$ がキャラビ–ヤウ多様体であると，正則ベクトル束の同型，$\Omega^n_{\mathbb{C}}M \simeq \mathbb{C} \simeq \Lambda^{n,0}M$ が成り立つ．同型の決め方は，定数倍を除いて一意である．定数の選び方は微妙な問題である．本書では論じない．[64] などを見よ．$\Lambda^{0,n}$ とのテンソル積をとると，同型 $\Omega^n_{\mathbb{C}}M \otimes \Lambda^{0,n} \simeq \Lambda^{n,n}M$ が導かれる．$u \mapsto \int_M u$ なる写像 $\Gamma(M; \Lambda^{n,n}M) \to \mathbb{C}$ を合成したものを $\text{int}_M : \Gamma(M; \Omega^n_{\mathbb{C}}M \otimes \Lambda^{0,n}) \to \mathbb{C}$ と書く．

**定義 6.6** $[u] \in \mathcal{H}_B^{m_1, \ell_1}(M)$，$[v] \in \mathcal{H}_B^{m_2, \ell_2}(M)$ に対して，その内積を次の式で定義する．

$$\langle u, v \rangle_B = \begin{cases} \text{int}_M(\mathfrak{m}_2(u, v)), & m_1 + m_2 = \ell_1 + \ell_2 = n \text{ のとき,} \\ 0, & \text{そうでないとき.} \end{cases}$$

□

**定義 6.7** $(\mathcal{H}^*, \mathfrak{m}_2, \langle \cdot, \cdot \rangle)$ が**フロベニウス代数**(Frobenius algebra)であるとは，

(1) $\mathcal{H}^*$ は $* \in \mathbb{Z}_2$ で次数が付いた，$\mathbb{C}$ 上のベクトル空間である．

(2) $\mathfrak{m}_2 : \mathcal{H}^i \otimes \mathcal{H}^j \to \mathcal{H}^{i+j}$ は双線型写像で，結合的である．

(3) $\mathfrak{m}_2$ は次数付き可換である．すなわち，$\mathfrak{m}_2(u, v) = (-1)^{\deg u \deg v} \mathfrak{m}_2(v, u)$.

（4） $\langle \cdot, \cdot \rangle$ は複素双線型写像 $\mathcal{H}^i \otimes \mathcal{H}^j \to \mathbb{C}$ で，その次数は 0 である．すなわち，$\deg u + \deg v \equiv 1 \mod 2$ ならば，$\langle u, v \rangle = 0$ である．

（5） $\langle u, v \rangle = (-1)^{\deg u \deg v} \langle v, u \rangle$ が成り立つ．

（6） $\langle \cdot, \cdot \rangle$ は非退化である．

（7） 次の式が成り立つ．

(6.3) $$\langle \mathfrak{m}_2(u, v), w \rangle = (-1)^{\deg w (\deg u + \deg v)} \langle \mathfrak{m}_2(w, u), v \rangle.$$ □

複素多様体 $M$ に対して $\mathcal{H}_B^*(M) = \bigoplus_{m+\ell=*} \mathcal{H}_B^{m,\ell}(M)$ とおく．次の補題はほとんど明らかである．

**補題 6.8** $M$ がカラビ–ヤウ多様体ならば，$(\mathcal{H}_B^*(M), \mathfrak{m}_2^B, \langle \cdot, \cdot \rangle_B)$ はフロベニウス代数である． □

**注意 6.9** カラビ–ヤウ多様体の場合，複素ベクトル束の同型 $\Omega_\mathbb{C}^m M \simeq \Lambda^{n-m,0} M$ が成り立つ．したがって，次の同型が成り立つ．

(6.4) $$\mathcal{H}_B^{m,\ell}(M) \simeq H_{\bar{\partial}}^{n-m,\ell}(M).$$

**例 6.10** $M$ は複素 3 次元としよう．$u, v, w \in \mathcal{H}_B^{1,1}(M) \simeq H_{\bar{\partial}}^{2,1}(M)$ とする．このとき $Y(u, v, w) = \langle \mathfrak{m}_2^B(u, v), w \rangle_B$ とおくと，$Y$ は $u, v, w$ の置換で不変で，$u, v, w$ のどれについても 1 次である．すなわち，$Y$ は $\mathcal{H}_B^{1,1}(M)$ 上の 3 次式を定める．$Y$ を**湯川結合**(Yukawa coupling)と呼ぶ．複素 3 次元で $H^1(M; \mathbb{Q}) = 0$ の場合は $\mathfrak{m}_2^B$ は湯川結合で決まる． □

以上で B 模型の話をひとまず終わり，A 模型に話を移す．今度は $M$ をシンプレクティック多様体とする．

**定義 6.11** $\mathcal{H}_A^k(M) = H^k(M; \mathbb{C})$, $\mathcal{H}_A^*(M) = \bigoplus_{k \equiv * \mod 2} \mathcal{H}_A^k(M)$ とし，その上の内積 $\langle \cdot, \cdot \rangle_A$ を $\langle u, v \rangle_A = \int_M u \cup v$ で定義する ($\cup$ はカップ積)．$\mathfrak{m}_2^{A,0}(u, v) = u \cup v$ とおく． □

**補題 6.12** $(\mathcal{H}_A^*(M), \mathfrak{m}_2^{A,0}, \langle \cdot, \cdot \rangle_A)$ はフロベニウス代数である． □

補題 6.12 の証明は容易である．($\langle \cdot, \cdot \rangle_A$ の非退化性はポアンカレの双対定理である．) 定義 6.11, 補題 6.12 にはシンプレクティック構造は必要なく，任意の向きの付くコンパクト多様体に対して可能である．しかし，定義もど

き 6.2 の意味での，ミラー対称性を成立させるには，普通のカップ積 $m_2^{A,0}$ ではなく，それに量子補正が加わった量子カップ積を考えなければならない．

**注意 6.13** $B$ 模型の構成は普通の複素幾何学そのもので，量子補正はなかった．このことの弦理論での説明は次の通りである．

量子補正はあるパラメータ $\epsilon$（結合定数(coupling constant)と呼ばれる）のべき級数で表すことができ，$\epsilon$ について 0 次である項が普通の幾何学の量である．弦理論では結合定数はディラトン(dilaton)と呼ばれる粒子の真空期待値で決まる．変換性を考えると，ディラトンは $\mathcal{H}_A^*(M)$ で記述される粒子とは相互作用するが，$\mathcal{H}_B^*(M)$ で記述される粒子とは相互作用しない．すなわち，後者の粒子どうしの間の相互作用の強さは $\epsilon$ によらない．これは，$m_2^B$ に量子補正がないことを意味する．

$m_2^B$ に量子補正がないという事実は，ミラー対称性の数学的応用で，大変重要である．なぜなら，このことは，$m_2^B$ が普通の複素幾何学で計算可能であることを意味する．一方 $m_2^{A,0}$ の量子補正は，そのままでは計算が難しい．この難しい計算を，ミラー対称性を使って，$m_2^B$ の計算に帰着させるというのが，ミラー対称性の数学的応用で重要な点の 1 つである．

$m_2^{A,0}$ の量子補正を定義しよう．$M$ のシンプレクティック構造 $\omega_M$ と整合的な，概複素構造 $J_M$ をとる[*6]．$\beta \in H_*(M;\mathbb{Z})$ とする．$\mathcal{M}_{0,3}(M,J_M;\beta)$ で，ホモトピー類が $\beta \in \pi_2(M)$ である概正則写像 $\varphi: S^2 \to M$ 全体を表した．ev $= (\mathrm{ev}_1, \mathrm{ev}_2, \mathrm{ev}_3): \mathcal{M}_{0,3}(M,J_M;\beta) \to M^3$ を $\mathrm{ev}(\varphi) = (\varphi(0), \varphi(1), \varphi(\infty))$ で定義する．

**定理もどき 6.14** $\mathcal{M}_{0,3}(M,J_M;\beta)$ のコンパクト化の基本ホモロジー類が，$\mathbb{Q}$ 係数ホモロジーの元として定義され，$\mathrm{ev}_*[\mathcal{CM}_{0,3}(M,J_M;\beta)] \in H_k(M^3;\mathbb{Q})$ が定まる．次数 $k$ は $2(n+c^1(\beta))$ である．$\mathrm{ev}_*[\mathcal{CM}_{0,3}(M,J_M;\beta)]$ はシンプレクティック構造で決まり，概複素構造によらない． □

定理もどき 6.14 の，正確な主張と証明のあらましは次の節で述べる．

---

[*6] 今度は概複素構造でよい．$B$ 模型が層係数コホモロジーを用いるのに対して，$A$ 模型は概正則曲線を用いる．後者は概複素構造でも意味をもち，前者は概複素構造では扱いづらい．このことは，第 2 章で詳しく説明した．

定理もどき 6.14 を用いて，写像 $\mathfrak{m}_{2,\beta}^A : H^*(M;\mathbb{Q})^{\otimes 2} \to H^*(M;\mathbb{Q})$ を
$$\mathfrak{m}_{2,\beta}^A(P \times Q) = (P \times Q)/\mathrm{ev}_*[\mathcal{CM}_{0,3}(M, J_M; \beta)]$$
で定義する．ここで / は**スラント積** (slant product)
$$H^{m_1}(M;\mathbb{Q}) \otimes H^{m_2}(M;\mathbb{Q}) \otimes H_m(M^3;\mathbb{Q}) \to H^{m_1+m_2-m}(M;\mathbb{Q})$$
である．より直接的には，§5.3 で導入した幾何学的鎖を用いて，次のように定義する．ポアンカレ双対で，$H^m(M;\mathbb{Q}) \simeq H_{2n-m}(M;\mathbb{Q})$ とみなし，コホモロジーの元を幾何学的鎖で表す．

**定義 6.15**
$$\mathfrak{m}_{2,\beta}^A((P,\psi),(Q,\psi')) = ((P \times Q)_{\psi,\psi'} \times_{\mathrm{ev}_1,\mathrm{ev}_2} \mathcal{CM}_{0,3}(M, J_M; \beta), \mathrm{ev}_3). \qquad \square$$
$\mathfrak{m}_2^A$ を定義するには，これらに重さを付けて足し合わせる．

(6.5) $\quad \mathfrak{m}_2^A((P,\psi),(Q,\psi')) = \sum_\beta \exp(-\beta \cap \omega_M) \mathfrak{m}_{2,\beta}((P,\psi),(Q,\psi')).$

**注意 6.16** $\mathcal{CM}_{0,3}(M, J_M; 0) = M$ である．（ホモロジー類が 0 である概正則曲線は定値写像である．）よって，$\mathfrak{m}_{2,0}$ は $P, Q \mapsto P \cap Q$ で与えられる．これをポアンカレ双対で移すと，カップ積になる．したがって，(6.5) で $\omega$ を $C\omega$ でおきかえ，$C$ が無限大になる極限を考えるとカップ積になる．

**予想 6.17** 任意のシンプレクティック多様体 $(M, \omega_M)$ に対して，必要ならば $\omega_M$ をその定数倍でおきかえれば，(6.5) の右辺は絶対収束する． $\qquad \square$

予想 6.17 は，$\mathfrak{m}_2^A$ が具体的に計算されている場合には常に成立している．しかし，直接計算しないで収束が証明されている場合はまだない．（注意 5.48 で述べたように，ノビコフコホモロジーに現れた母関数に対しては，収束が証明されている．予想 6.17 は，そのループ空間に対する類似である．）

予想 6.17 を回避するには，収束べき級数で考えず，形式的べき級数[*7]の範囲で議論すればよい．すなわち，ノビコフ環を導入する．ここでは，第 5 章で導入した普遍ノビコフ環 $\Lambda_{\mathrm{nov},\mathbb{Q}}$ を用いる．（以後 $\Lambda_{\mathrm{nov},\mathbb{Q}}$ のかわりに単に

---

*7 (6.6) の $T$ の肩には整数とは限らない実数が乗っている．この点で形式的べき級数ではなく，漸近展開などと呼ぶべきかもしれない．用語の混乱により，以後も形式的べき級数と呼ぶ．

$\Lambda_{\text{nov}}$ と書く．）すなわち，$T$ を次数が 0，$u$ を次数が 2 の形式的変数として，$\mathfrak{m}_2^{A,\text{fm}}$ を次の式で定義する．

$$(6.6) \qquad \mathfrak{m}_2^{A,\text{fm}}(P \times Q) = \sum_\beta \mathfrak{m}_{2,\beta}^A(P \times Q) T^{\beta \cap \omega_M} \otimes u^{\beta \cap c^1(M)}$$

**補題 6.18** $\mathfrak{m}_2^{A,\text{fm}}$ は，
$$\mathfrak{m}_2^{A,\text{fm}} : H^{m_1}(M;\Lambda_{\text{nov}}) \otimes H^{m_2}(M;\Lambda_{\text{nov}}) \to H^{m_1+m_2}(M;\Lambda_{\text{nov}})$$
なる写像を引き起こす． □

証明は，Gromov による概正則曲線のモジュライ空間のコンパクト性定理にもとづく．次の節で述べる．

$\mathcal{H}_{A,\text{fm}}^*(M) = \bigoplus_{m \equiv * \bmod 2} H^m(M;\Lambda_{\text{nov}})$ とおく．また，$\langle \cdot, \cdot \rangle_{A,\text{formal}}$ を $\Lambda_{\text{nov}}$ 係数のポアンカレ双対とする．フロベニウス代数の定義で，係数環に $\mathbb{C}$ 以外のもの，たとえば普遍ノビコフ環 $\Lambda_{\text{nov}}$ を考えることができる．その意味で：

**定理 6.19** $(\mathcal{H}_{A,\text{fm}}^*(M), \mathfrak{m}_2^{A,\text{fm}}, \langle \cdot, \cdot \rangle_{A,\text{formal}})$ はフロベニウス代数である． □

証明は次の節で述べる．もし，予想 6.17 が正しければ，(6.6) で $T$ に十分小さい正の数を代入したのが (6.5) であるから，定理 6.19 から $\mathbb{C}$ 係数のフロベニウス代数が得られる．これを $(\mathcal{H}_A^*(M), \mathfrak{m}_2^A, \langle \cdot, \cdot \rangle_A)$ とおく．定義もどき 6.2 をもう少し数学的に厳密にしたのが，次の予想である．

**予想 6.20** 強い意味のキャラビ–ヤウ多様体 $M$ に対して，そのミラー $M^\dagger$ が存在して，次のフロベニウス代数の同型が成り立つ．

$$(\mathcal{H}_A^*(M), \mathfrak{m}_2^A, \langle \cdot, \cdot \rangle_A) \simeq (\mathcal{H}_B^*(M^\dagger), \mathfrak{m}_2^B, \langle \cdot, \cdot \rangle_B)$$
$$(\mathcal{H}_A^*(M^\dagger), \mathfrak{m}_2^A, \langle \cdot, \cdot \rangle_A) \simeq (\mathcal{H}_B^*(M), \mathfrak{m}_2^B, \langle \cdot, \cdot \rangle_B)$$

□

**注意 6.21** 「強い意味のキャラビ–ヤウ多様体」というとき，どのくらいの条件を付加したらいいかあまりはっきりしない．また，特異点をもつものも含めて考えないと，予想は成立しそうにないことも知られている．これらの点はいまだに曖昧である．

**注意 6.22** 式 (6.4) より，$\mathcal{H}_B^*(M^\dagger) = \bigoplus_{\ell+m=*} H_{\bar\partial}^{n-m,\ell}(M^\dagger)$ である．一方 $\mathcal{H}_A^*(M) = \bigoplus_{\ell+m=*} H_{\bar\partial}^{m,\ell}(M)$ が成り立つ（ホッジ分解 (Hodge decomposition)）．ミラー対称性では，同型 $\mathcal{H}_A^*(M) \simeq \mathcal{H}_B^*(M^\dagger)$ より強く

(6.7) $$H_{\bar{\partial}}^{n-m,\ell}(M^\dagger) \simeq H_{\bar{\partial}}^{m,\ell}(M)$$

が予想される．ホッジ数(Hodge number) $h^{m,\ell}(M) = \text{rank}\, H_{\bar{\partial}}^{m,\ell}(M)$ を，図 6.1 のように並べたものを，**ホッジダイアモンド**(Hodge diamond)と呼ぶ．ミラー対称性はホッジダイアモンドを $m = n/2$ に沿って折り返す．

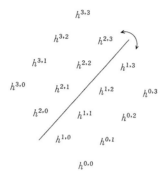

**図 6.1** ホッジダイアモンド

$n = 3$ で $H^1(M; \mathbb{Q}) = 0$ の場合には，$h^{1,1}(M)$ と $h^{2,1}(M)$ でホッジ数はすべて決まるが，(6.7)はこの場合は，$h^{1,1}(M) = h^{2,1}(M^\dagger)$ を意味する．

## §6.2 グロモフ–ウィッテン不変量

この節の目的は，前の節で概説した $A$ 模型での $\mathfrak{m}_2^A$，すなわち量子カップ積の定義をもう少し正確に述べ，さらにそれを一般化することである．前節の定義 6.15 からもわかる通り，$\mathfrak{m}_2^A$ は概正則曲線のモジュライ空間を用いた対応である．より一般のリーマン面を考えると，さらに多くの写像が得られる．

点付きリーマン面のモジュライ空間についての考察から始める．$\Sigma_g$ を種数 $g$ の向きの付いた 2 次元多様体とする．$\Sigma_g$ には複素構造を固定せず，単に微分多様体とみなす．

$$\mathfrak{J}(\Sigma_g) = \{J_{\Sigma_g} \mid \Sigma_g \text{ 上の滑らかな複素構造}\}$$

とおく．$k$ を 0 以上の整数とし，$z_1,\cdots,z_k$ を $\Sigma_g$ 上の相異なる $k$ 個の点とする．まとめて $\vec{z}$ と書く．

$$\mathrm{Diff}(\Sigma_g,\vec{z}) = \{\psi : \Sigma_g \to \Sigma_g \mid \psi(z_i) = z_i,\ \psi\ \text{は微分同相写像}\}$$

とおく．$\mathrm{Diff}(\Sigma_g,\vec{z})$ は $\mathfrak{J}(\Sigma_g)$ に作用する．この作用の商空間を，$\mathcal{M}_{g,k} = \mathfrak{J}(\Sigma_g)/\mathrm{Diff}(\Sigma_g,\vec{z})$ と書く（$g$ は種数，$k$ はとった点の数であった）．$\mathfrak{J}(\Sigma_g)$ には，$C^\infty$ 収束の位相を与え，$\mathcal{M}_{g,k}$ の位相はその商位相とする．以後 $\Sigma$ の添え字 $g$ は省略する．

種数が $g$ のリーマン面 $\Sigma$ と，その上の相異なる $k$ 個の点の組 $\vec{z}$ を与えると，$\mathcal{M}_{g,k}$ の元が決まる．（リーマン面と書いたら，その上の複素構造が決まっているとする．）$(\Sigma,\vec{z})$ と $(\Sigma',\vec{z}')$ が同じ元を与えるのは，正則同型 $\psi : \Sigma \to \Sigma'$ で $\psi(z_i) = z_i'$ なるものが存在するときである．このような $\psi$ を正則同型 $(\Sigma,\vec{z}) \to (\Sigma',\vec{z}')$ と呼ぶ．

$(\Sigma,\vec{z})$ のことを，**$k$ 点付き種数 $g$ のリーマン面**(Rieman surface of genus $g$ with $k$ marked points) と呼ぶ．$\mathcal{M}_{g,k}$ は $k$ 点付き種数 $g$ のリーマン面の正則同型類全体である．$(\Sigma,\vec{z}) \in \mathcal{M}_{g,k}$ とも書く．

**定理 6.23** $2g+k \geq 3$ ならば，$\mathcal{M}_{g,k}$ は（実）$6g-6+2k$ 次元の軌道体である． □

$6g-6$ という次元を見つけたのは Riemann である．定理 6.23 は複素構造の変形理論の最も基本的な例である．[371]で解説されるであろうから，ここでの説明は簡単にする．軌道体[*8]という言葉を使ったので説明する．

**定義 6.24** 位相空間 $X$ 上の**軌道体**(orbifold) の構造とは，$\bigcup U_i = X$ という開被覆，$\Gamma_i \subset GL(n;\mathbb{R})$ なる有限群，$V_i \subset \mathbb{R}^n$ という $\Gamma_i$ の線型作用で不変な開集合，同相写像 $\varphi_i : V_i/\Gamma_i \to U_i$ であって，座標変換が微分同相写像であるものを指す．

$n=2n'$ が偶数，$\Gamma_i \subset GL(n';\mathbb{C}) \subset GL(n;\mathbb{R})$ で，座標変換が正則写像であ

---

[*8] 軌道体を導入したのは Satake [323]で，佐武は V 多様体(V-manifold) と呼んだ．orbifold というのは，だいぶ後になってから Thurston が使った用語であるが，今ではそちらの方が一般的なようだ．代数曲線のモジュライ空間の研究に最初に軌道体を使ったのは，Mumford [272]である．

るとき，**複素軌道体**と呼ぶ． □

本当は座標変換が微分同相写像であるという言葉を定義すべきであるが，容易であるので省略する．

次に，$2g+k \geq 3$ という条件の意味を説明する．$(\Sigma, \vec{z}) \in \mathcal{M}_{g,k}$ に対して，自己同型群 $\mathrm{Aut}(\Sigma, \vec{z})$ を次の式で定義する．

(6.8) $\quad \mathrm{Aut}(\Sigma, \vec{z}) = \{\psi : \Sigma \to \Sigma \mid \psi$ は双正則，$\psi(z_i) = z_i\}$．

**補題 6.25** $2g+k \geq 3$ と $\mathrm{Aut}(\Sigma, \vec{z})$ が有限群であることは同値である． □

$g=0,\ k=0,1,2$ ならば，$\mathrm{Aut}(\Sigma, \vec{z})$ は $PSL(2; \mathbb{C})$，$z \mapsto az+b$ なる変換全体 $\mathbb{C}^*$ である．また $g=1,\ k=0$ ならば，$\mathrm{Aut}(\Sigma, \vec{z})$ はトーラスである．これらはすべて無限群である．$2g+k \geq 3$ のとき $\mathrm{Aut}(\Sigma, \vec{z})$ が有限群であることの証明は省略する．

コンパクトリー群 $G$ が多様体 $X$ に作用しているとき，任意の $p \in X$ に対して $p$ を固定する $G$ の元全体 $G_p$ が有限群であれば，商空間 $X/G$ は軌道体である．

$\mathfrak{J}(\Sigma_g)$，$\mathrm{Diff}(\Sigma_g, \vec{z})$ は無限次元であるから，補題 6.25 と上の注意から，定理 6.23 の前半，すなわち $\mathcal{M}_{g,k}$ が軌道体であることが直ちに示されるわけではないが，ここではこれ以上は説明しない．定理 6.23 の次元の計算は Riemann–Roch の定理を用いてできる．

**注意 6.26** $g=1,\ k=0$ の場合は，楕円曲線のモジュライ空間の場合であり，基本的かつ重要であるが，定理 6.23 では除外されている．$\mathrm{Aut}(T^2)$ は有限群ではないが，その連結成分は $T^2$ 自身で特にコンパクトである．また，$\mathrm{Aut}(T^2)$ の次元は $T^2$ 上の複素構造によらない．このことから，$\mathcal{M}_{1,0}$ はやはり軌道体になる．ただし次元は 2 で $6 \cdot 1 - 6 = 0$ ではない．

$\mathcal{M}_{g,k}$ のコンパクト化 $\mathcal{CM}_{g,k}$ が大切であるが，ここではこの記号だけ導入し説明はもう少し後にする．

次に，$M$ をシンプレクティック多様体とし，$\omega_M$ と整合的な概複素構造 $J_M$ を選んでおく．$\beta \in H_2(M; \mathbb{Z})$ とする．

(6.9)
$$\tilde{\mathcal{M}}_{g,k}(M, J_M; \beta) = \{(J_\Sigma, \varphi) \mid \varphi : \Sigma \to M \text{ は概正則 } (J_M \circ d\varphi = d\varphi \circ J_\Sigma),$$
$$J_\Sigma \in \mathfrak{J}(\Sigma), \varphi_*[\Sigma] = \beta\}$$

とおく．$\tilde{\mathcal{M}}_{g,k}(M, J_M)$ には群 $\mathrm{Diff}(\Sigma_g, \vec{z})$ が $\psi \cdot (J_\Sigma, \varphi) = (\psi^* J_\Sigma, \varphi \circ \psi^{-1})$ で作用する．商空間を $\mathcal{M}_{g,k}(M, J_M; \beta)$ とおく．位相は $C^\infty$ 位相の商位相である．

$k$ 点付き種数 $g$ のリーマン面 $(\Sigma, \vec{z})$ と概正則写像 $\varphi : \Sigma \to M$ が与えられると，$\mathcal{M}_{g,k}(M, J_M; \beta)$ の元が定まる ($\beta = \varphi_*[\Sigma]$ である)．$(\Sigma, \vec{z}, \varphi)$ と $(\Sigma', \vec{z}', \varphi')$ が $\mathcal{M}_{g,k}(M, J_M; \beta)$ の同じ元を定めることと，$\psi : (\Sigma, \vec{z}) \to (\Sigma', \vec{z}')$ なる双正則同型で，$\varphi' \circ \psi = \varphi$ なるものが存在することは同値である．以後 $(\Sigma, \vec{z}, \varphi) \in \mathcal{M}_{g,k}(M, J_M; \beta)$ と書く．

**定理 6.27** $\mathcal{M}_{g,k}(M, J_M; \beta)$ の仮想次元は $2(n + c^1(\beta) + 3g + k - 3)$ である．

[略証] 第 2 章の議論により，仮想次元を計算するには，モジュライ空間 $\mathcal{M}_{g,k}(M, J_M; \beta)$ の定義方程式の線型化と，群 $\mathrm{Diff}(\Sigma, \vec{z})$ の作用から決まる楕円型複体が必要である．(第 2 章では群のことを書かなかった，[126] などを見よ．) $k = 0$ のとき，求める楕円型複体は (6.10) である．

(6.10) $\quad T\Sigma \to (T^{1,0}\Sigma \otimes \Lambda^{0,1}\Sigma) \oplus \varphi^* TM \to \varphi^* TM \otimes \Lambda^{0,1}\Sigma$.

簡単に説明する．$T\Sigma$ の切断全体は，$\mathrm{Diff}(\Sigma)$ のリー環である．$T^{1,0}\Sigma \otimes \Lambda^{0,1}\Sigma$ は $\mathfrak{J}(\Sigma)$ の接空間で，$\varphi^* TM$ は $\Sigma$ から $M$ への写像全体の空間の接空間である．$\varphi^* TM \otimes \Lambda^{0,1}\Sigma$ は，$d\varphi \circ J_\Sigma - J_M \circ d\varphi = 0$ という定義方程式の左辺が値をとる場所である．

(6.10) の写像を定義しその指数を計算するのは，読者に任せる．$\mathcal{M}_{g,k}(M, J_M; \beta)$ の仮想次元は，(6.10) の指数の符号を変えたものに，点の動く自由度 $2k$ を足したものである． ∎

$[\Sigma, \vec{z}, \varphi] \in \mathcal{M}_{g,k}(M, J_M; \beta)$ に対して，$\mathrm{ev}([\Sigma, \vec{z}, \varphi]) = (\varphi(z_1), \cdots, \varphi(z_k)) \in M^k$ とおき**代入写像**(evaluation map) と呼ぶ．ev の第 $i$ 番目の成分を $\mathrm{ev}_i$ と書く．

**嘘定理 6.28** $\mathcal{M}_{g,k}(M, J_M; \beta)$ は滑らかな閉多様体 $\mathcal{CM}_{g,k}(M, J_M; \beta)$ にコンパクト化され，ev は $\mathcal{CM}_{g,k}(M, J_M; \beta)$ からの滑らかな写像に拡張される． ∎

この「定理」は嘘である.この節の後の方でもう少し説明する(正確な定理は[124] Chapter 4 を見よ).とりあえずは 6.28 を認めて先に進む.

$[\Sigma, \vec{z}, \varphi] \in \mathcal{M}_{g,k}(M, J_M; \beta)$ に対して,$[\Sigma, \vec{z}'] \in \mathcal{M}_{g,k}$ が定まる.この写像を $\mathfrak{fg} : \mathcal{M}_{g,k}(M, J_M; \beta) \to \mathcal{M}_{g,k}$ と書き,**忘却写像**(forgetting map)と呼ぶ.$\mathfrak{fg}$ は $\mathfrak{fg} : \mathcal{CM}_{g,k}(M, J_M; \beta) \to \mathcal{CM}_{g,k}$ に拡張される(注意 6.60 を見よ).

**定義 6.29**

$$(\mathrm{ev}, \mathfrak{fg})_*[\mathcal{CM}_{g,k}(M, J_M; \beta)] \in H_{2(n+c^1(\beta)+3g+k-3)}(M^k \times \mathcal{CM}_{g,k}; \mathbb{Q})$$

を**グロモフ–ウィッテン不変量**(Gromov-Witten invariant)と呼び,$GW_{g,k}(M, \omega_M; \beta)$ と書く. □

**定理 6.30** グロモフ–ウィッテン不変量は $M$ のシンプレクティック構造で決まり,整合的な概複素構造によらない. □

**注意 6.31** 定義 6.29 だけ見ると,グロモフ–ウィッテン不変量は整数係数のホモロジー類であるように見える.この点が 6.28 が嘘であることとかかわるのであるが,その説明は本書では省略する.結論だけ書いておくと,次の 2 つのどちらかが成り立つ場合には,$GW_{0,k}(M, \omega_M; \beta)$ は整数係数ホモロジー類である.
 (1) $(M, \omega_M)$ は半正で,$\beta = d\beta'$, $\beta' \in H_*(M; \mathbb{Z})$, $d$ は 2 以上の自然数,なる $d, \beta'$ は存在しない[*9].
 (2) $\beta' \cap \omega_M > 0$ なる任意の $\beta' \in H_*(M; \mathbb{Z})$ に対して,$c^1(\beta') > 0$ である.(この条件を**強正**(strongly positive)と呼ぶことにする.単調ならば強正である.)
キャラビ–ヤウ多様体の場合には(2)は成り立たず,したがって,グロモフ–ウィッテン不変量は $\beta = d\beta'$ に対しては整数係数のホモロジー類ではない.一方,キャラビ–ヤウ多様体は半正であり,フレアーホモロジーは整数係数で定義される.さらに後で述べる量子コホモロジー環も整数係数で定義される.

**注意 6.32** 定理 6.30,定義 6.29 では,$2g + k \geq 3$ を仮定していない.

容易に分るように,$\mathcal{M}_{0,3} = \mathcal{CM}_{0,3}$ は 1 点である.したがって,$GW_{0,3}(M, \omega_M; \beta)$ は $H_{2(n+c^1(\beta))}(M^3; \mathbb{Q})$ の元である.この元とスラント積を用いて,§6.1 の $\mathfrak{m}_{2,\beta}^A$ は次のように表せる.

---

[*9] $k \geq 3$ のときは,$(M, \omega_M)$ が半正ならば,$GW_{0,k}(M, \omega_M; \beta)$ は整数係数のホモロジー類である([319]).

$$\mathrm{m}_{2,\beta}^A(P,Q) = (P \times Q)/GW_{0,3}(M, \omega_M; \beta)$$

ここで前に戻って，モジュライ空間のコンパクト化の説明をする．

最初に $\mathcal{CM}_{g,k}$ の説明をする．与えられた条件を満たす幾何構造の同型類全体，すなわちモジュライ空間をコンパクト化するには，退化の結果できる特異点をもつ構造まで含めて考える，というのが一般原理である．点付きリーマン面のモジュライ空間のコンパクト化の場合にも，特異点をもつ代数曲線[*10]を付け加えて，コンパクト化をする．代数曲線の特異点にも，いろいろなものがあるが，一番単純な特異点だけを許せば十分であることがわかっている．すなわち，$\mathbb{C}^2$ のなかの，$\mathbb{C} \times \{0\} \cup \{0\} \times \mathbb{C}$ と局所的に同型な特異点である．これを，**通常 2 重点**(ordinary double point)という．本書では代数幾何学の知識を用いるのを避け，次のように定義する．

**定義 6.33** コンパクトハウスドルフ空間 $\Sigma$ 上の**半安定曲線**(semistable curve)の構造とは，$\bigcup \Sigma_i$ なるリーマン面の有限個の互いに交わらない和から，$\Sigma$ への連続写像 $\pi: \bigcup \Sigma_i \to \Sigma$ であって，次の条件を満たすものを指す．

（1） 有限集合 $S(\Sigma) \subset \Sigma$ が存在して，$\pi$ の制限 $\bigcup \Sigma_i - \pi^{-1}(S(\Sigma)) \to \Sigma - S(\Sigma)$ は同相写像である．

（2） $p \in S(\Sigma)$ に対して，$\pi^{-1}(p)$ はちょうど 2 点からなる．

$S$ の点を**特異点**(singular point)と呼び，$\Sigma - S(\Sigma)$ の点を**正則点**(regular point)と呼ぶ．$\Sigma - S(\Sigma)$ の連結成分の閉包を，$\Sigma$ の**既約成分**(irreducible component)と呼ぶ．$\bigcup \Sigma_i$ のことを，$\Sigma$ の**正規化**(normalization)と呼ぶ．□

下の図 6.2 の(a), (b)は半安定曲線であるが，(c), (d)は半安定曲線ではない．以後言葉の乱用で，$\Sigma$ が半安定曲線であるなどという．

$z_1, \cdots, z_k$ が $\Sigma$ の互いに相異なる正則点とするとき，$(\Sigma, \vec{z})$ を **$k$ 点付き半安定曲線**($k$ pointed semistable curve)という．

$\Sigma_i$ たちと $\Sigma$ の既約成分たちは同型であることもあるが，図 6.2 の(b)のように $\Sigma$ の既約成分に自己交叉があると，この 2 つは異なる．本書だけの用語であるが，$\Sigma_i$ たちのことを，**非特異既約成分**と呼ぶことにする．

---

[*10] 特異点があるときはリーマン面とは呼ばない．

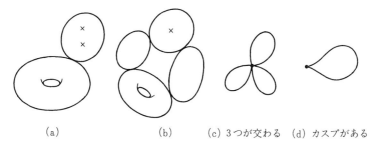

(a)　　　　　　(b)　　　(c) 3つが交わる　(d) カスプがある

**図 6.2**　半安定曲線(a), (b)とそうでないもの(c), (d)

**定義 6.34**　$\Sigma, \Sigma'$ を半安定曲線とする．同相写像 $\psi: \Sigma \to \Sigma'$ が**正則同型**(biholomorphic map)であるとは，正規化 $\bigcup \Sigma_i$ と $\bigcup \Sigma_i'$ の間の正則同型 $\tilde{\psi}: \bigcup \Sigma_i \to \bigcup \Sigma_i'$ が存在し，$\psi$ を導くことを指す．

$\psi(z_i) = z_i'$ のとき，$\psi$ は点付き半安定曲線 $(\Sigma, \vec{z}), (\Sigma', \vec{z}')$ の間の正則同型であるという．$(\Sigma, \vec{z})$ から自分自身への正則同型全体は群をなす．$\mathrm{Aut}(\Sigma, \vec{z})$ と書く． □

半安定曲線 $\Sigma$ に対して，特異点を変形して(非特異な)リーマン面を得ることができる．$\Sigma$ の種数とは，得られたリーマン面の種数のことである．図 6.2 の(a), (b)の種数はそれぞれ 1, 2 である．種数を正確に定義する．半安定曲線に対して，グラフ $\Gamma_\Sigma$ を次のように対応させる．$\Sigma$ の既約成分のそれぞれに対して，$\Gamma_\Sigma$ の頂点(vertex)が対応する．また特異点に対して，$\Gamma_\Sigma$ の辺(edge)が対応する．$p$ に対応する辺の両端は，$\pi^{-1}(p)$ を含む 2 つの既約成分が対応する $\Gamma_\Sigma$ の頂点につなぐ．($\pi^{-1}(p)$ の 2 点がどちらも $\Sigma_i$ に含まれていたら，$\Sigma_i$ に対応する頂点には，両端がその頂点である辺があることになる．) $\Gamma_\Sigma$ の頂点には，対応する既約成分の種数 $g_i$ を書いておく．

点付き半安定曲線の場合には，点の数 $k$ 個の辺をとり，その一方の端を，それぞれの点が属している既約成分に対応する頂点につなげる．もう一方の端はつながず，新しい頂点にする．$k$ 点付き半安定曲線で，既約成分の数が $m$ のときは，頂点の数は $k+m$ になる．新しく付け加えた頂点のところには，何番目の点に対応しているかの番号を書いておく．

図 6.2 の(a), (b)の点付き半安定曲線には図 6.3 のグラフ(a), (b)が対応

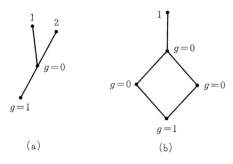

図 6.3　グラフ

する.

**定義 6.35** $\sum g_i + \mathrm{rank}\, H_1(\Gamma_\Sigma; \mathbb{Q})$ を半安定曲線 $\Sigma$ の**種数**(genus)と呼ぶ. □

$\mathcal{M}_{g,k}$ をコンパクト化するのに，半安定曲線の正則同型類全体を付け加えてしまうと，できる空間はハウスドルフ空間にならず，正しいコンパクト化は得られない．

**例 6.36** 図 6.4(a)の半安定曲線 $\Sigma$ を考えよう．$\Sigma$ を特異点の近くで変形すると，図 6.4(b)の $\Sigma'$ になるが，図 6.4(b)は張り合わせた首のところをいくら細くしても，同じ半安定曲線を表す．すなわち，$\lim_{i\to\infty} \Sigma' = \Sigma$ である[*11]．ここで左辺はどの $i \in \mathbb{Z}$ に対しても $\Sigma'$ である列の極限を指す．一方 $\lim_{i\to\infty} \Sigma' = \Sigma'$ であるから，モジュライ空間はハウスドルフ空間でない．この現象の原因は，$\Sigma$ の自己同型群 $\mathrm{Aut}(\Sigma')$ がコンパクトでないことにある．$\mathrm{Aut}(\Sigma')$ は左端の既約成分の自己同型($z \mapsto az+b$ の形の写像 $\mathbb{CP}^1 \to \mathbb{CP}^1$ 全体)を含んでいる．この群の作用が，首をだんだん細くしていく自由度を殺し，$\lim_{i\to\infty} \Sigma' = \Sigma$ のようなことが起きる． □

われわれは同様の現象に，すでに第3章で出会った．すなわち，非コンパクト群である複素リー群による商 $X/G_\mathbb{C}$ を考えるとき，$X$ 全体ではなく，安定な元だけをとらないと，商空間がハウスドルフ空間にならない．

---

*11　極限の意味をはっきりさせないと，この式は意味をもたない．位相の定義は[124] §10 を見よ．

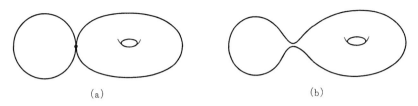

図 **6.4** ハウスドルフでない

われわれの状況では，商空間 $\mathfrak{J}(\Sigma_g)/\operatorname{Diff}(\Sigma_g, \vec{z})$ そのものはハウスドルフ空間である．すなわち，ハウスドルフ性は無限遠方でだけ崩れている．その点で少し状況が異なるが，本質的には同じアイデアが必要とされる．安定性を定義しよう．

**定義 6.37** 点付き半安定曲線 $(\Sigma, \vec{z})$ が**安定**(stable)であるとは，自己同型群 $\operatorname{Aut}(\Sigma, \vec{z})$ が有限群であることを指す． □

補題 6.25 を用いて，安定性の判定ができる．$(\Sigma, \vec{z})$ の非特異既約成分 $\Sigma_i$ に対して，$\pi^{-1}(S) \cap \Sigma_i$ の元のことをその**特異点**(singular point)，$\pi^{-1}\{z_1, \cdots, z_k\} \cap S$ の点のことを，**名前付きの点**(marked point)と呼ぶ．特異または名前付きである点のことを，**特殊点**(special point)と呼ぶ．

**補題 6.38** $(\Sigma, \vec{z})$ が安定であることは，次の条件と同値である．非特異既約成分 $\Sigma_i$ の種数を $g_i$，特殊点の数を $k_i$ とすると，$2g_i + k_i \geq 3$ が任意の $i$ に対して成り立つ． □

証明は補題 6.25 から明らかである．さて，$2g + k \geq 3$ を仮定する．種数 $g$ の $k$ 点付き安定曲線の正則同型類全体を $\mathcal{CM}_{g,k}$ とおく．

**定理 6.39** (Deligne–Mumford [69]) $\mathcal{CM}_{g,k}$ には複素軌道体の構造が定まる． □

$\mathcal{CM}_{g,k}$ への複素軌道体の構造の入れ方は，[124] §9，[371] §4.1 を見よ．

**例 6.40** $\mathcal{M}_{0,4}$ は $\mathbb{CP}^1$ 上の相異なる 4 点 $(z_1, z_2, z_3, z_4)$ の組全体の集合の，$\mathbb{CP}^1$ の自己同型すなわち $PSL(2;\mathbb{C})$ の作用による商空間である．よく知られているように，$\mathbb{CP}^1$ 上の相異なる 3 点に対して，それを $0, 1, \infty$ に移す $PSL(2;\mathbb{C})$ の元が唯ひとつ存在する．よって，$\mathcal{M}_{0,4}$ は $\mathbb{CP}^1 - \{0, 1, \infty\}$ である．これをコンパクト化するには，$\{0, 1, \infty\}$ を付け加えればよい．付け加え

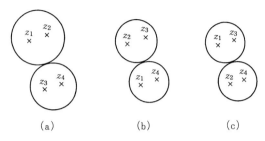

図 6.5 $\mathcal{M}_{0,4}$ の無限遠点

た $\mathcal{CM}_{0,4} - \mathcal{M}_{0,4}$ の元は，それぞれ，図 6.5 の半安定曲線に対応する． □

**例 6.41** $\mathcal{M}_{0,5}$ は実 4 次元である．コンパクト化するとき付け加えるのは，まず，図 6.6 のような半安定曲線の族 $C_{i,j} \subset \mathcal{CM}_{0,5}$ である．このとり方は，5 つの数から 2 つを選ぶ選び方であるから 10 種類ある．それぞれは，$\mathcal{M}_{0,4}$，すなわち $\mathbb{CP}^1 - \{0, 1, \infty\}$ と複素同型である．

$C_{i,j}$ の $\mathcal{CM}_{0,5}$ での閉包を $\overline{C}_{i,j}$ とする．$\overline{C}_{i,j}$ は $\mathbb{CP}^1$ と同型である．$\overline{C}_{i,j} - C_{i,j}$ は 3 点である．それらを全部合わせると，$3 \times 10/2 = 15$ 個の点になる．これら 15 個の点の表す半安定曲線 $\Sigma$ は，対応するグラフ $\Gamma_\Sigma$ と 1 対 1 に対応する． □

$\mathcal{CM}_{g,k}(M, J_M; \beta)$ に話を移そう．コンパクト化を構成するやり方は，基本

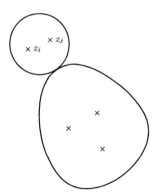

図 6.6 $\mathcal{M}_{0,5}$ の無限遠点

的には $\mathcal{CM}_{g,k}$ の場合と同じで，適切な安定性の定義が要点の1つである．

**定義 6.42** $\Sigma$ を半安定曲線とする．連続写像 $\varphi: \Sigma \to M$ が**概正則**（pseudoholomorphic）であるとは，$\varphi$ が正規化 $\bigcup \Sigma_i$ に導く写像 $\tilde{\varphi}: \bigcup \Sigma_i \to M$ が概正則であることを指す．

$\varphi: \Sigma \to M$, $\varphi': \Sigma' \to M$ を概正則写像とする．正則同型 $\psi: (\Sigma, \vec{z}) \to (\Sigma', \vec{z}')$ で $\varphi' \circ \psi = \varphi$ なるもののことを，$(\Sigma, \vec{z}, \varphi)$ と $(\Sigma', \vec{z}', \varphi')$ の間の同型と呼ぶ．$(\Sigma, \vec{z}, \varphi)$ と $(\Sigma, \vec{z}, \varphi)$ 自身の間の同型全体は群をなす．$\mathrm{Aut}(\Sigma, \vec{z}, \varphi)$ と書く．

$(\Sigma, \vec{z}, \varphi)$ が**安定写像**（stable map）であるとは，$\mathrm{Aut}(\Sigma, \vec{z}, \varphi)$ が有限群であることを指す． □

$(\Sigma, \vec{z})$ が安定であれば，$(\Sigma, \vec{z}, \varphi)$ も安定であるが，逆は一般には成り立たない．

**補題 6.43** $(\Sigma, \vec{z}, \varphi)$ が安定であることは，任意の非特異既約成分 $\Sigma_i$ に対して，次の条件(1), (2)のどちらかが成り立つことと同値である．

（1）$\Sigma_i$ の種数を $g_i$，特殊点の数を $k_i$ とすると，$2g_i + k_i \geq 3$ が成り立つ．

（2）$\varphi$ が $\Sigma_i$ に誘導する写像は，定値写像ではない．

［証明］(1), (2)を満たさない非特異既約成分 $\Sigma_i$ が存在するとする．すると，$\Sigma_i$ の自己同型で特殊点を動かさないものが無限個存在する．これを $\Sigma_i$ の外では恒等写像で拡張して，$(\Sigma, \vec{z})$ の自己同型 $\psi$ が得られる．$\Sigma_i$ の像の上で，$\varphi$ は定値写像であるから，$\psi$ は $(\Sigma, \vec{z}, \varphi)$ の自己同型である．すなわち，$\mathrm{Aut}(\Sigma, \vec{z}, \varphi)$ は無限群である．

逆を証明しよう．既約成分は有限個しかないから，$\mathrm{Aut}(\Sigma, \vec{z}, \varphi)$ の元で，既約成分を入れ替えないもの全体 $\mathrm{Aut}_0(\Sigma, \vec{z}, \varphi)$ は，指数有限である．したがって，$\mathrm{Aut}_0(\Sigma, \vec{z}, \varphi)$ の有限性を示せばよい．$\mathrm{Aut}_0(\Sigma, \vec{z}, \varphi)$ は，非特異既約成分 $\Sigma_i$ の特殊点をとめ $\varphi$ を保つ自己同型全体 $\mathrm{Aut}(\Sigma_i)$ の直積 $\prod \mathrm{Aut}(\Sigma_i)$ である．既約成分ごとに考える．(1)が成り立っていたら，非特異既約成分 $\Sigma_i$ の自己同型で特殊点を保つものは有限個である．

(2)が成り立つとする．非特異既約成分の $\varphi$ を保つ自己同型が無限個存在

すれば，これらは正の次元のリー群 $G$ をなす[*12]．$\varphi_i$ の $\Sigma_i$ への引き戻しの各点での微分は $G$ の軌道方向で 0 である．概正則性より，微分がある方向で 0 ならば，他の方向でも 0 である．したがって，$\varphi_i$ の $\Sigma_i$ への引き戻しが定数になり矛盾する． ∎

安定写像 $(\Sigma, \vec{z}, \varphi)$ のホモロジー類を $\sum_i \varphi_{i*}[\Sigma_i] \in H_2(M; \mathbb{Z})$ で定義する．ここで，$\varphi_i$ は $\varphi$ が $\Sigma_i$ に誘導する概正則写像である．

**定義 6.44** ホモロジー類が $\beta$ である種数 $g$ の $k$ 点付き安定写像全体を $\mathcal{CM}_{g,k}(M, J_M; \beta)$ と書く． ∎

**定理 6.45** $\mathcal{CM}_{g,k}(M, J_M; \beta)$ はコンパクトかつハウスドルフである． ∎

**注意 6.46** 本当は位相を決めないと定理 6.45 は意味をなさない．

定理 6.45 の証明の本質的な部分は，Sacks–Uhlenbeck のアイデアを用いた Gromov の議論で，すでに第 2 章で説明した．Gromov のほかの多くの論文と同じように，[159] にも証明の細部の省略が多かった[*13]．コンパクト性については，それは Pansu の解説 [298] で補われた．後に [299], [404] などの文献が現れ，[184], [253] などにも解説されている．

**注意 6.47** ハウスドルフ性については長い間曖昧であった．安定曲線という概念は，Kontsevich による（[218], [222]）．Gromov はカスプ曲線（cusp curve）という用語を用いた．カスプ曲線と安定曲線が同じものを指すのかどうか，筆者にはいまだにはっきりしない．カスプ曲線という用語は，今となっては，使わない方が安全であろう．

すでに説明したように，安定性はハウスドルフ性と深くかかわる．Pansu [298] には，位相のとり方によっては，得られるコンパクト化がハウスドルフ空間にならないことが明言されている．この点は，ほかの文献ではより曖昧で，ハウスドルフにならない位相が，そのことを断らずに使われていたりする．安定曲線のモジュライ空間がハウスドルフ空間であることを明確に述べたのは，Kontsevich の論文 [218] が最初であろう．ハウスドルフ性の厳密な証明が書かれている文献は，

---

[*12] 証明略．関数論のよい演習問題である．

[*13] しかし，わかってみると結局，大事な点は実はすべて書かれている．これも Gromov のほかの多くの論文と同じである．

Fukaya–Ono [124] §10, §11 と Siebert [333]である.

キャラビ–ヤウ多様体の場合に，$\mathcal{CM}_{g,k}(M, J_M; \beta)$ がすべての $\beta$ に対して，正しい次元，すなわち $2(c^1(\beta)+n+3g-3+k)$ 次元の，滑らかな多様体になることは，実は決してない．しかし，この点を正確に述べると話が複雑になるので，とりあえず目をつぶってすなわち 6.28 を認めて先に進む.

6.28 を認めてしまうと，グロモフ–ウィッテン不変量の定義はすでに説明した．そこで保留した定理の証明を説明しよう.

まず，定理 6.30 について述べる．定理 6.30 の証明のアイデアは，すでに第 2 章で説明した．すなわち，2 つの概複素構造 $J_1$ と $J_2$ があるとき，それをつなぐ概複素構造の道 $J_\tau$ をとり，$\tau$ を動かして $J_\tau$ についての安定曲線のモジュライ空間の和 $\bigcup_\tau \mathcal{CM}_{g,k}(M, J_\tau; \beta)$ を考えれば，$\mathcal{CM}_{g,k}(M, J_1; \beta)$ と $\mathcal{CM}_{g,k}(M, J_2; \beta)$ の間の同境ができる．これから，定理 6.30 が従う.

**注意 6.48** シンプレクティック構造を固定しないで，連続に動かしても $GW_{g,k}(M, J_M; \beta)$ は不変である．証明も定理 6.30 と同じである.

次に補題 6.18 の証明を述べる．定理 6.45 を強くした次の補題を用いる.

**補題 6.49** 任意の $E$ に対して，和集合 $\bigcup_{\beta \cap \omega_M \leq E} \mathcal{CM}_{g,k}(M, J_1; \beta)$ はコンパクトである． □

第 2 章で説明したように，概正則曲線の列に収束部分列が存在するために重要な条件は，エネルギーの有界性である．したがって，定理 6.45 のコンパクト性の証明では，実は補題 6.49 を証明している.

補題 6.49 より，$\mathcal{CM}_{g,m}(M, J_1; \beta) \neq \emptyset$ かつ $\beta \cap \omega_M < E$ なる $\beta$ は有限個である．よって列 $\beta_0 = 0, \beta_1, \cdots$ があって，次の条件 6.50 が満たされる.

**条件 6.50**
(1) $\omega_M \cap \beta_i \leq \omega_M \cap \beta_{i+1}$.
(2) $\lim_{i \to \infty} \omega_M \cap \beta_i = \infty$.
(3) $\mathcal{CM}_{g,m}(M, J_1; \beta) \neq \emptyset$ ならば，$\beta = \beta_i$ なる $i$ が存在する． □

よって，
$$\mathfrak{m}_2^A(P,Q) = \sum_i \mathfrak{m}_2^{A,\beta_i}(P,Q) T^{\omega_M \cap \beta_i} \otimes u^{c^1(M) \cap \beta_i}$$

と書ける．右辺が $H^*(M; \Lambda_{\mathrm{nov}})$ に属することは，ノビコフ環の定義と(2)より明らかである．(次数を勘定すると，$-2n \leqq c^1(M) \cap \beta_i \leqq 2n$ なる $\beta_i$ 以外は $\mathfrak{m}_2^{A,\beta_i}$ が 0 になることがわかるから，$u$ の肩には有界な範囲の整数しか現れない．) こうして補題 6.18 が証明された．

定理 6.19 の証明に移ろう．まず式 (6.3) を証明する．幾何学的鎖 $(P_1, \psi_1)$, $(P_2, \psi_2), (P_3, \psi_3)$ に対して，

(6.11)
$$\langle \mathfrak{m}_2((P_1,\psi_1),(P_2,\psi_2)),(P_3,\psi_3)\rangle_A$$
$$= \sum_\beta \sharp((P_1 \times P_2 \times P_3)_{\psi_1,\psi_2,\psi_3} \times_{\mathrm{ev}} \mathcal{CM}_{0,3}(M,J_1;\beta)) \otimes T^{\omega_M \cap \beta} \otimes u^{c^1(M) \cap \beta}$$

であった ($\sharp$ は符号も含めて数えた位数を表す)．和は $\operatorname{codim} P_1 + \operatorname{codim} P_2 + \operatorname{codim} P_3 = \dim \mathcal{CM}_{0,3}(M,J_1;\beta)$ なる $\beta$ 全体でとる．(6.11) は，符号を除いて，$P_1, P_2, P_3$ の巡回置換で不変であるから，式 (6.3) が示された．(符号の議論は本書では一切省略する．)

結合律は次の定理から従う．

**定理 6.51**
$$\sum_{\beta_1+\beta_2=\beta} \mathfrak{m}_{2,\beta_1}^A(\mathfrak{m}_{2,\beta_2}^A(P_1,P_2),P_3) = \sum_{\beta_1+\beta_2=\beta} \mathfrak{m}_{2,\beta_1}^A(P_1, \mathfrak{m}_{2,\beta_2}^A(P_2,P_3)). \qquad \square$$

**注意 6.52** 結合律は弦理論での交叉対称性 (exchange symmetry) にあたる (注意 6.54 を見よ)．交叉対称性は弦理論の始まりから知られており，弦理論が考えられた動機の1つであった ([155] の Chapter 1 を見よ)．位相的弦理論あるいは $A$ 模型の場合，すなわちここで論じている場合に，結合律を明確に述べたのは，Vafa [373] が最初である．

数学の論文で結合律を証明したのは，半正の場合に証明した，Ruan-Tian [319] と McDuff-Salamon [253] が最初である．Kontsevich-Manin [222] は，結合律を含むグロモフ-ウィッテン不変量の満たすべき性質を，公理の形にまとめ

た．一般の場合のグロモフ–ウィッテン不変量の定義と Kontsevich–Manin の公理の証明は，射影代数多様体の場合に [234], [39], [40] で，シンプレクティック多様体の場合に [124], [235], [333], [317] でなされた．

グロモフ–ウィッテン不変量の発見は，それ以前にさかのぼる．グロモフ–ウィッテン不変量の定義の考え方，つまり概正則曲線のモジュライ空間の基本ホモロジー類を考えるというアイデアは，Gromov の論文 [159] にすでにあり，McDuff らのこれに続く論文 [251], [252] でも有効に使われていた．Ruan は [315], [316] でこのアイデアを顕示化させ，不変量を明示的に定義し，その応用を与えた．

一方で，概複素構造を用いて，位相的シグマ模型 (topological sigma model) を作ることは，Witten の論文 [392] でなされた．もう少し正確に述べると，Witten は概複素多様体に対して，エネルギー（定義 2.69）にフェルミオンの部分を付け加えて超対称にし，さらに位相的ひねり (topological twist) を加えたラグランジュ汎関数を考えた．そのファインマン経路積分 (Feynman path integral) を考えると，位相的ひねりがあるために，超対称性による相殺で，ファインマン経路積分の値が，概複素構造などの変形で不変になる．（この議論は，楕円型作用素の指数の位相不変性の物理流の「証明」の非線型化である．）こうして得られる不変量が，グロモフ–ウィッテン不変量に一致する．

以上の議論は形式的な議論であり，概正則構造の連続変形での不変性が成り立つためには，概複素構造があるシンプレクティック構造 $\omega$ に対して，$\omega$ 穏やかでなければならない[*14]．この点は，[392] では認識されていなかったと思われる．超対称性と経路積分にもとづく物理流の議論で，シンプレクティック構造が必要であることが説明できるのかどうか，筆者は知らない．

[定理 6.51 の証明] ここでは，6.28 を認めて証明する．$(P_1, \psi_1)$, $(P_2, \psi_2)$, $(P_3, \psi_3)$ を $M$ の幾何学的鎖とする．ファイバー積
$$(P_1 \times P_2 \times P_3)_{\psi_1, \psi_2, \psi_3} \times_{ev_1, ev_2, ev_3} \mathcal{CM}_{0,4}(M, J_M; \beta)$$
を $\mathcal{X}$ とおく．代入写像 $ev_4 : \mathcal{X} \to M$ と忘却写像 $\mathfrak{fg} : \mathcal{X} \to \mathcal{CM}_{0,4}$ を考える．例 6.40 で述べたように，$\mathcal{CM}_{0,4} \simeq \mathbb{CP}^1$ で，また，そのうち 3 点が $\mathcal{CM}_{0,4} - \mathcal{M}_{0,4}$ の点すなわち特異な半安定曲線に対応する．図 6.5 の (a), (b) に対応する $\mathcal{CM}_{0,4}$ の点をそれぞれ $a, b$ とおく．

---

[*14] この点については，§2.5 で詳しく説明した．

**補題 6.53** $(\mathfrak{fg}^{-1}(a), \mathrm{ev}_4)$ は，定理 6.51 の左辺を表す幾何学的鎖で，$(\mathfrak{fg}^{-1}(b), \mathrm{ev}_4)$ は，定理 6.51 の右辺を表す幾何学的鎖である．

[証明] 前半だけ証明する．半安定曲線を $(\Sigma, \vec{z})$ と書く．$\mathfrak{fg}^{-1}(a)$ は $\varphi: \Sigma \to M$ なる概正則写像で，そのホモロジー類が $\beta$ であるもの全体と一致する．$\Sigma = \Sigma_1 \cup \Sigma_2$ である ($z_1, z_2$ を含む方を $\Sigma_1$ とする)．$\varphi$ のホモロジー類は，$\varphi_*[\Sigma_1]$ と $\varphi_*[\Sigma_2]$ の和である．$\varphi_*[\Sigma_1] = \beta_1$, $\varphi_*[\Sigma_2] = \beta_2$ であるような $\varphi$ たちに対応する部分を，$\mathcal{X}(\beta_1, \beta_2)$ とおく．幾何学的鎖
$$((P_1 \times P_2)_{\psi_1, \psi_2} \times_{\mathrm{ev}_1, \mathrm{ev}_2} \mathcal{CM}_{0,3}(M, J_M; \beta_1), \mathrm{ev}_3)$$
は，定義により $\mathfrak{m}_{2,\beta_1}^A(P_1, P_2)$ である．これを $(Q, \mathrm{ev}_3)$ と書くと，

$$(6.12) \quad (Q \times P_3)_{\mathrm{ev}_3, \psi_3} \times_{\mathrm{ev}_1, \mathrm{ev}_2} \mathcal{CM}_{0,3}(M, J_M; \beta_2)$$
$$= (P_1 \times P_2 \times P_3)_{\psi_1, \psi_2, \psi_3} \times_{\mathrm{ev}_1, \mathrm{ev}_2, \mathrm{ev}_3} \mathcal{X}(\beta_1, \beta_2)$$

である．(6.12) の左辺は，$\mathfrak{m}_{2,\beta_2}^A(\mathfrak{m}_{2,\beta_1}^A(P_1, P_2), P_3)$ である．これから，補題 6.53 が得られる． ∎

定理 6.51 の証明を完成させよう．$a$ と $b$ を結ぶ道 $\gamma: [0,1] \to \mathcal{CM}_{0,4}$ を考える．ファイバー積 $\mathcal{Y} = [0,1]_\gamma \times_{\mathfrak{fg}} \mathcal{CM}_{0,4}(M, J_M; \beta)$ を用いて，幾何学的鎖 $((P_1 \times P_2 \times P_3)_{\psi_1, \psi_2, \psi_3} \times_{\mathrm{ev}_1, \mathrm{ev}_2, \mathrm{ev}_3} \mathcal{Y}, \mathrm{ev}_4)$ を得る．その境界は $(\mathfrak{fg}^{-1}(b), \mathrm{ev}_4) - (\mathfrak{fg}^{-1}(a), \mathrm{ev}_4)$ である．よって，補題 6.53 より定理 6.51 の右辺と左辺は同じホモロジー類を表す． ∎

**注意 6.54** 図 6.5 の (a), (b) の半安定曲線に対応するグラフ $\Gamma_\Sigma$ は，それぞれ図 6.7 で与えられる．図 6.7 の 2 つのファインマン図 (Feynman diagram) に対応する摂動展開の項の値が一致するというのが，交叉対称性であった．定理 6.51 の証明の議論は，その位相的な類似物といえる．

以上でグロモフ–ウィッテン不変量からノビコフ環を係数とするコホモロジー環の変形が得られた．**量子コホモロジー環** (quantum cohomology ring) と呼ぶ．

**例 6.55** $M = \mathbb{CP}^n$ とする．$\mathbb{CP}^{n-1}$ の基本ホモロジー類のポアンカレ双対を $x$ とおくと，$H^*(\mathbb{CP}^n; \mathbb{Z}) \sim \mathbb{Z}[x]/(x^{n+1})$ である．シンプレクティック型式

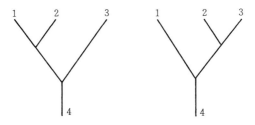

図 6.7　交叉対称性

のコホモロジー類は $x$ である．$H_2(\mathbb{CP}^n;\mathbb{Z})=\mathbb{Z}$ であり，生成元は $\mathbb{CP}^1$ である．

$$T^{\omega\cap[\mathbb{CP}^1]}\otimes u^{c^1(\mathbb{CP}^n)\cap[\mathbb{CP}^1]}=T\otimes u^{n+1}=q\in\Lambda_{\mathrm{nov}}$$

とおく．$\mathbb{CP}^n$ は強正であるので，グロモフ–ウィッテン不変量は整数係数ホモロジー類である．また，定義を見てみると，量子コホモロジー環の係数は，普遍ノビコフ環の部分環 $\mathbb{Z}[q]$ でよいことがわかる．（強正の場合には，次数の勘定により，(6.6) が有限和であることがわかる．)

$$(6.13)\quad \mathfrak{m}_2^A(x^a,x^b)=\begin{cases} x^{a+b}, & a+b<n+1\ \text{のとき}, \\ x^{a+b-n-1}\otimes q, & a+b\geqq n+1\ \text{のとき} \end{cases}$$

である．(6.13) を証明しよう．$x^a$ のポアンカレ双対は $\mathbb{CP}^{n-a}$ である．$a+b<n+1$ のとき，$\mathbb{CP}^{n-a}$ と $\mathbb{CP}^{n-b}$ は線型同値で動かして横断的にでき，交叉は $\mathbb{CP}^{n-a-b}$ である（もちろんこれはカップ積の計算にすぎない）．ほかの項は次数の勘定で 0 であることがわかる．これで (6.13) の第 1 式が示された．

$a+b\geqq n+1$ のときは，$\mathbb{CP}^{n-a}$ と $\mathbb{CP}^{n-b}$ を横断的にすると，交わらない．$\mathbb{CP}^{n-a}$ と $\mathbb{CP}^{n-b}$ の両方と交わる 1 次曲線（$\mathbb{CP}^1$）全体の和集合は，$\mathbb{CP}^{2n+1-a-b}$ になる．実際それは，$\mathbb{CP}^{n-a}$ に対応する $\mathbb{C}^{n+1}$ の部分ベクトル空間（$n-a+1$ 次元）と，$\mathbb{CP}^{n-b}$ に対応する $\mathbb{C}^{n+1}$ の部分ベクトル空間の和空間に対応する，$\mathbb{CP}^{2n+1-a-b}$ である．これから (6.13) の第 2 式が示される． □

量子コホモロジー環の他の計算例は [64] などを見よ．いままでなされた計算は，シンプレクティック幾何というより代数幾何の手法によっているので，ここでは述べない．

グロモフ–ウィッテン不変量は，量子コホモロジー環より多くの情報をもっている．たとえば，$y \in H_m(\mathcal{CM}_{g,k+1})$ であると，$\mathfrak{fg}^{-1}(y) \in H_m(\mathcal{CM}_{g,k+1}(M, J_M; \beta))$ を用いた対応

(6.14)
$$(P_1, \cdots, P_k) \mapsto ((P_1 \times \cdots \times P_k) \times_{\mathrm{ev}_1, \cdots, \mathrm{ev}_k} \mathfrak{fg}^{-1}(y), \mathrm{ev}_k) T^{\beta \cap \omega_M} \otimes u^{c^1(M) \cap \beta}$$

により，$H(M; \Lambda_{\mathrm{nov}})^{\otimes k} \to H(M; \Lambda_{\mathrm{nov}})$ なる次数 $-m$ の写像ができる．

注意 6.52 で述べたように，グロモフ–ウィッテン不変量の満たすべき性質の公理化は，Kontsevich–Manin [222] によってなされている．ここでは，公理を述べチェックすることはしない（[124] §23 を見よ）．

グロモフ–ウィッテン不変量のすべての種数にわたる構造を調べるには，曲面のモジュライ空間のホモロジー $H_*(\mathcal{CM}_{g,k}; \mathbb{Q})$ の構造も決定しなければならない．$H_*(\mathcal{CM}_{g,k}; \mathbb{Q})$ の研究は，多くの人の努力により進展しているが，まだ難しいところが多い，深い問題である．（[264] で詳しく解説がなされている．）

ここでは，$g=0$ の場合について，もう少し述べておく．特に，§6.3, §6.4 で重要になる $Comm_\infty$ 代数の関係式（定理 6.59）を説明する*15．

(6.14) で $y$ が基本ホモロジー類 $[\mathcal{CM}_{0,k+1}] \in H_{2k-4}(\mathcal{CM}_{0,k+1}; \mathbb{Z})$ である場合を考える．すなわち幾何学的鎖 $(P_i, \psi_i)$ に対して：

**定義 6.56** $\mathfrak{m}_{k,\beta}^A$ を次の式で定義する．
$$\mathfrak{m}_{k,\beta}^A(P_1, \cdots, P_k) = ((P_1 \times \cdots \times P_k) \times_{\mathrm{ev}_1, \cdots, \mathrm{ev}_k} \mathcal{CM}_{0,k+1}(M, J_M; \beta), \mathrm{ev}_{k+1}).$$
以後幾何学的鎖 $(P, \psi)$ で $\psi$ を使ってファイバー積を作るときは，$\psi$ は書かない． □

定義 6.56 は
$$\mathfrak{m}_{k,\beta}^A : H^{m_1}(M; \mathbb{Q}) \otimes \cdots \otimes H^{m_k}(M; \mathbb{Q}) \to H^{m_1 + \cdots + m_k - 2(c^1(M) \cap \beta) - 2k + 4}(M; \mathbb{Q})$$
なる写像を与える．（ポアンカレ双対でホモロジーとコホモロジーを同一視していた．）

---

*15 以下の記述では Manin の講義録 [242] を参考にした．

**注意 6.57** $k \leqq 2$ では,$\mathcal{M}_{0,k} = \varnothing$ であるので,そのホモロジー類は意味をもたないが,定義 6.56 は意味をもつ.$\beta = 0$,$k \leqq 2$ だと $\mathcal{M}_{0,k}(M, J_M; \beta) = \varnothing$ だから,$k \leqq 2$ では $\mathfrak{m}_{k,0} = 0$ である.

$H(M; \Lambda_{\mathrm{nov}})^{\otimes k} \to H(M; \Lambda_{\mathrm{nov}})$ なる,次数 $-2k+4$ の写像 $\mathfrak{m}_k^A$ を次の式で定義する.

$$(6.15) \quad \mathfrak{m}_k^{A,\mathrm{fm}}(P_1, \cdots, P_k) = \sum_{\beta} \mathfrak{m}_{k,\beta}^{A,\mathrm{fm}}(P_1, \cdots, P_k) T^{\beta \cap \omega_M} \otimes u^{c^1(M) \cap \beta}.$$

**補題 6.58** $P_i$ の次数を $m_i$ とすると,次の式が成り立つ.

$$\mathfrak{m}_k^{A,\mathrm{fm}}(P_1, \cdots, P_k) = (-1)^{m_i m_{i+1}} \mathfrak{m}_k^{A,\mathrm{fm}}(P_1, \cdots, P_{i+1}, P_i, \cdots, P_k),$$

$$\langle \mathfrak{m}_k^A(P_1, \cdots, P_k), P_{k+1} \rangle_{A, \mathrm{formal}} = (-1)^{m_{k+1}(m_1 + \cdots + m_k)}$$
$$\langle \mathfrak{m}_k^{A,\mathrm{fm}}(P_{k+1}, P_1, \cdots, P_{k-1}), P_k \rangle_{A, \mathrm{formal}}. \qquad \square$$

証明は,定理 6.19 の証明中の定義 6.7 の(5),(7)の証明と同様であるので,省略する.

結合律の一般化が次の定理である.$I = \{4, \cdots, m\}$ とおく.$J \subseteq I$ のとき,$J$ の元を小さい方から並べて,$j_1, \cdots, j_{\sharp J}$ とおく.$P_J = (P_{j_1}, \cdots, P_{j_{\sharp J}})$ とおく.また $J_1 \cap J_2 = \varnothing$,$J_1 \cup J_2 = I$ のとき,$J_1 + J_2 = I$ と書く.

**定理 6.59**

$$\sum_{J_1 + J_2 = I} \pm \mathfrak{m}_{2+\sharp J_2}^{A,\mathrm{fm}}(\mathfrak{m}_{2+\sharp J_1}^{A,\mathrm{fm}}(P_1, P_2, P_{J_1}), P_3, P_{J_2})$$
$$= \sum_{J_1 + J_2 = I} \pm \mathfrak{m}_{2+\sharp J_2}^{A,\mathrm{fm}}(P_1, P_{J_1}, \mathfrak{m}_{2+\sharp J_1}^{A,\mathrm{fm}}(P_2, P_3, P_{J_2})).$$

ここで符号 $\pm$ は,$\pm \mathfrak{m}_*(P_{J_2}, P_{J_1}) = \pm \mathfrak{m}_*(P_{J_1}, P_{J_2})$ が成り立つようにとる.

[証明] 証明はおおむね結合律の証明と同様に進む.

まず,忘却写像を定義する.すなわち,$m+1 \geqq 3$,単射 $h: \{1, \cdots, m+1\} \to \{1, \cdots, k+1\}$ に対して $\mathrm{forget}_h: \mathcal{CM}_{0,k+1} \to \mathcal{CM}_{0,m+1}$ を定義する.forget は番号が $h$ の像に含まれない名前付きの点を忘れる,すなわち名前付きの点とみなすのはやめることによって定まる.正確に述べると,以下のようになる.$(\Sigma, \vec{z}) \in \mathcal{CM}_{0,k+1}$ とする.$\vec{z}'$ を $\vec{z}' = (z_{h(1)}, \cdots, z_{h(m+1)})$ とおく.$(\Sigma, \vec{z}')$

が $\mathcal{CM}_{0,m+1}$ の元ならば, $(\Sigma, \vec{z}') = \text{forget}_h(\Sigma, \vec{z})$ である.

しかし,一般には,安定曲線から名前付きの点いくつかを除くと,安定ではなくなることがあるので,注意を要する. $\Sigma_i$ を $\Sigma$ の既約成分とする. $\Sigma_i$ にあった,番号が $h$ の像に含まれない名前付きの点を忘れると, $\Sigma_i$ には 2 つ以下の特殊点しか残らないとしよう.このときは $\Sigma_i$ は 1 点につぶさなければならない.つぶし方を記述する.

$\Sigma_i$ には特異点が 2 ないし 1 ある. $\Sigma_i$ に特異点が 2 点あったときは,特異点でつながっている別の既約成分が 2 つある.そこで, $\Sigma_i$ をつぶし,この 2 つをつなげる(図 6.8(a)).( $\Sigma_i$ につながっている 2 つの既約成分がたまたま一致しているときは, $\Sigma_i$ をつぶすとその既約成分に自己交叉が生まれる.) $\Sigma_i$ は安定でなくなる,つまり特殊点が 2 点以下しか残らないから,特異点が 2 あると,名前付きの点は残らない.

$\Sigma_i$ に特異点が 1 点あったとき, $\Sigma_i$ を単に除く.このとき, $\Sigma_i$ には残る名前付きの点のうち,1 つが乗っている可能性がある.そのときは, $\Sigma_i$ がつながっている既約成分の $\Sigma_i$ と交わっていた特異点を(この点は $\Sigma_i$ を除くと特異点ではなくなる),名前付きの点にする(図 6.8(b)).

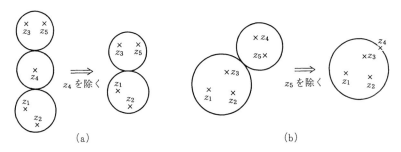

図 6.8 不安定になった成分を除く

以上の操作を,特殊点が 2 点以下しか残らないすべての既約成分に対して順に行うと,安定曲線が得られる.これが, $\text{forget}_h(\Sigma, \vec{z})$ である.

**注意 6.60** $\mathfrak{fg}: \mathcal{CM}_{g,k}(M, J_M; \beta) \to \mathcal{CM}_{g,k}$ の定義も,forget の定義と同様である.すなわち,写像を忘れた後,安定でなくなった成分をつぶしていく.

定理 6.59 の証明を続ける．$h_0 : \{1,2,3,4\} \to \{1,2,\cdots,k+4\}$ を $h_0(1)=1$, $h_0(2)=2$, $h_0(3)=3$, $h_0(4)=k+4$ で定義する．この場合の $\text{forget}_{h_0}$ を単に forget と書く．定理 6.51 の証明中と同じように，図 6.5 の (1), (2) に対応する $\mathcal{CM}_{0,4}$ の点を $a, b$ とする．$\text{forget}^{-1}(a)$ を考えると，これは，4 番目から $k+3$ 番目までの $k$ 個の名前付きの点が，2 つの既約成分 $\Sigma_1$ と $\Sigma_2$ のどちら側にあるかによって，多くの成分に分かれる．$J_1 + J_2 = \{4, \cdots, k+3\}$ とする．$i \in J_1$ なる $i$ に対しては，$i$ 番目の名前付きの点が $\Sigma_1$ に乗っていて，$i \in J_2$ なる $i$ に対しては，$i$ 番目の名前付きの点が $\Sigma_2$ に乗っているような，$\text{forget}^{-1}(a)$ の元全体のことを，$\text{forget}^{-1}(a)_{J_1,J_2}$ と書く．$\text{forget}^{-1}(b)_{J_1,J_2}$ も同様に定める．

(6.16) $\qquad \mathfrak{fg}^{-1}(\text{forget}^{-1}(a)_{J_1,J_2}) = \mathcal{M}_{0,k+1}(M, J_M; \beta)_{a; J_1, J_2}$

とおく．ここで $\mathfrak{fg} : \mathcal{M}_{0,k+1}(M, J_M; \beta) \to \mathcal{M}_{0,k+1}$ である．

$\mathcal{M}_{0,k+1}(M, J_M; \beta)_{b; J_1, J_2}$ を，(6.16) で $a$ を $b$ におきかえて定義する．

**補題 6.61** $\mathfrak{m}_{2+\sharp J_2}^{A, \text{fm}}(\mathfrak{m}_{2+\sharp J_1}^{A, \text{fm}}(P_1, P_2, P_{J_1}), P_3, P_{J_2}))$ は $\mathcal{M}_{0,k+1}(M, J_M; \beta)_{a; J_1, J_2}$ による対応 $(\Pi P_i \times_{\text{ev}_1, \cdots, \text{ev}_k} \mathcal{M}_{0,k+1}(M, J_M; \beta)_{a; J_1, J_2}, \text{ev}_{k+1})$ に一致する．$\mathfrak{m}_{2+\sharp J_1}^{A, \text{fm}}(P_1, P_{J_1}, \mathfrak{m}_{2+\sharp J_2}^{A, \text{fm}}(P_2, P_3, P_{J_2}))$ は $\mathcal{M}_{0,m+1}(M, J_M; \beta)_{b; J_1, J_2}$ による対応に一致する． □

補題 6.61 の証明は，補題 6.53 の証明と同じである．

補題 6.61 を補題 6.53 のかわりに使って，定理 6.30 の証明と同じ議論をすると，定理 6.59 が得られる． ∎

写像 $\mathfrak{m}_k^A$ たちは，種数 0 のグロモフ–ウィッテン不変量の情報をすべて含む．これは次の定理 6.63 の帰結である．

単連結かつ連結な，コンパクト 1 次元単体複体のことを **樹木**(tree) と呼ぶ．種数が 0 の安定曲線 $\Sigma$ に対して，$\Gamma_\Sigma$ は樹木である．

**定義 6.62** 樹木 $\Gamma$ に出ている辺が 2 本であるような頂点はなく，1 本だけ辺が出ている頂点の数はちょうど $k+1$ だとする．1 本だけ辺が出ている頂点には，$1, \cdots, k+1$ の番号を決めておく．以上のような樹木全体(と頂点にある番号の組)を，$\mathfrak{TR}_{k+1}$ と書く．$\Gamma \in \mathfrak{TR}_{k+1}$ に対して，$\Gamma_\Sigma = \Gamma$ となる安定曲線 $\Sigma$ 全体を $\mathcal{CM}(\Gamma)$ と書く． □

## 定理 6.63 (Knudsen [202], Keel [197])
ホモロジー群 $H_*(\mathcal{CM}_{0,k+1};\mathbb{Q})$ は $\mathcal{CM}(\Gamma)$ の基本ホモロジー類たちで生成される. □

どうして定理 6.63 から, 写像 $\mathfrak{m}_k^A$ たちが, 種数 0 のグロモフ–ウィッテン不変量の情報をすべて含むことがわかるのかを説明する. $\Gamma \in \mathfrak{TR}_{k+1}$ とすると, $H^*(M; \Lambda_{\text{nov}})$ の元の間の, $\mathfrak{m}_k$ たちの合成の作り方が決まる. これは, 一般的な言葉で説明するより, 例の方がわかりやすいであろう. 図 6.9(a), (b), (c) はそれぞれ,

$$\mathfrak{m}_2(x_1, \mathfrak{m}_2(x_2, x_3)), \quad \mathfrak{m}_3(x_1, x_2, x_3),$$
$$\mathfrak{m}_4(\mathfrak{m}_2(\mathfrak{m}_3(x_1, x_2, x_3), x_4), \mathfrak{m}_2(x_5, x_6), x_7, x_8)$$

である. この合成のことを $\mathfrak{m}_\Gamma^{A, \text{fm}} : H^*(M; \Lambda_{\text{nov}})^{\otimes k} \to H^*(M; \Lambda_{\text{nov}})$ と書く. これは (6.15) と同様に $\mathfrak{m}_{\Gamma, \beta}^A$ たちに分解される. 定理 6.59 の証明と同様にして, 次の補題が示される.

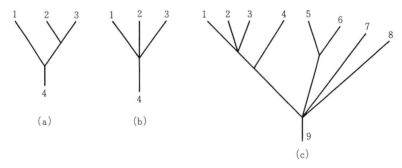

図 6.9　$\Gamma$ と $\mathfrak{m}$ の対応

### 補題 6.64

$$\mathfrak{m}_{\Gamma, \beta}^A(P_1, \cdots, P_k)$$
$$= \sum_\beta (\prod P_i \times_{\text{ev}_1, \cdots, \text{ev}_k} \mathcal{CM}_\Gamma(M, J_M; \beta), \text{ev}_{k+1}) T^{\beta \cap \omega_M} \otimes u^{c^1(M) \cap \beta}.$$
□

補題 6.64 と定理 6.63 は, 種数 0 のグロモフ–ウィッテン不変量がすべて $\mathfrak{m}_k$ たちの合成の 1 次結合で表されることを示している.

同様に, $\mathfrak{m}_k$ たちの合成が満たすべき関係式も, 定理 6.59 で尽きる. これは, 次の定理 6.65 の帰結である. $h : \{1, \cdots, m+1\} \to \{1, \cdots, k+1\}$ を

単射とする．$\mathfrak{sh}_h : \mathfrak{TR}_{k+1} \to \mathfrak{TR}_{m+1}$ を定義する．$\Gamma \in \mathfrak{TR}_{m+1}$ とする．$\Gamma$ の $h(1), \cdots, h(m+1)$ 番目の番号が付いている頂点と，そこから出る外線をすべて取り除く．すると，いくつかの頂点からは，辺が 1 本または 2 本しか出なくなる．これらは，$h(1), \cdots, h(k+1)$ 番目の番号が付いている頂点以外は取り除く．辺が 1 本出ている頂点を取り除いたら，そこから出ている辺も取り除く．辺が 2 本出ている頂点を取り除いたら，出ていた辺はつないで 1 本の辺にする．この操作を繰り返すと，$\mathfrak{TR}_{m+1}$ の元が得られる．

$h_0 : \{1, 2, 3, 4\} \to \{1, \cdots, k+1\}$ を，$h_0(1) = 1$, $h_0(2) = 2$, $h_0(3) = 3$, $h_0(4) = k+1$ で定める．$\mathfrak{sh}_{h_0}$ を単に $\mathfrak{sh}$ と書く．定義から，

$$(6.17) \qquad \mathfrak{fg}^{-1}(\mathcal{CM}_{0,4}(\overline{\Gamma})) = \sum_{\Gamma,\ \mathfrak{sh}(\Gamma) = \overline{\Gamma}} \mathcal{CM}_{0,k+1}(\Gamma)$$

が成り立つ．((6.17) は $\mathrm{forget}_h : \mathcal{CM}_{0,k+1}(\Gamma) \to \mathcal{CM}_{0,m+1}(\Gamma)$ と $\mathfrak{sh}_h$ の間の同様な関係に一般化される．) $\Gamma_1, \Gamma_2 \in \mathfrak{TR}_4$ を図 6.5(a), (b) のグラフとする．(6.17) から

$$(6.18) \qquad \sum_{\Gamma \in \mathfrak{TR}_{m+1},\ \mathfrak{sh}(\Gamma) = \Gamma_1} [\mathcal{CM}_{0,k+1}(\Gamma)] = \sum_{\Gamma \in \mathfrak{TR}_{m+1},\ \mathfrak{sh}(\Gamma) = \Gamma_2} [\mathcal{CM}_{0,k+1}(\Gamma)]$$

なる，$H_*(\mathcal{CM}_{0,k+1}; \mathbb{Q})$ での等式が得られる．

**定理 6.65** (Knudsen [202], Keel [197])　式 (6.18) は，$[\mathcal{CM}_{0,m+1}(\Gamma)]$ が満たす関係式のすべてである．つまり，$H_*(\mathcal{CM}_{0,k+1}; \mathbb{Q})$ は $[\mathcal{CM}_{0,m+1}(\Gamma)]$ で生成され，(6.18) を基本関係式とするベクトル空間である．　□

定理 6.59 の関係式の背景を説明するために，オペラッドについて述べる．

**定義 6.66**　おのおのの自然数 $k$ に対して空間 $\mathfrak{P}(k)$ があり，その上の $k$ 次の置換群 $\mathfrak{S}_k$ が作用し，さらに，連続写像

$$\mathrm{Comp} : \mathfrak{P}(k) \times \prod_{i=1}^{k} \mathfrak{P}(m_i) \to \mathfrak{P}(m_1 + \cdots + m_k)$$

が存在し，次の公理を満たすとき，これらをオペラッド (operad)（あるいは位相空間のオペラッド）と呼ぶ．

(1)　$\sigma \in \mathfrak{S}_k$, $f \in \mathfrak{P}(k)$, $g_i \in \mathfrak{P}(m_i)$ に対して，次の式が成り立つ．

$$\mathrm{Comp}(\sigma f; g_{\sigma 1}, \cdots, g_{\sigma k}) = \mathrm{Comp}(f; g_1, \cdots, g_k).$$

（2） $f \in \mathfrak{P}(k)$, $g_i \in \mathfrak{P}(m_i)$, $h_{i,j} \in \mathfrak{P}(m_{i,j})$ に対して，次の式が成り立つ．
$$\mathrm{Comp}(f; \mathrm{Comp}(g_1; h_{1,1}, \cdots, h_{1,m_1}), \cdots, \mathrm{Comp}(g_k; h_{k,1}, \cdots, h_{k,m_k}))$$
$$= \mathrm{Comp}(\mathrm{Comp}(f; g_1, \cdots, g_k); h_{1,m_1}, \cdots, h_{k,m_k}). \qquad \square$$

$\mathfrak{P}(k)$ がベクトル空間，Comp がテンソル積からの線型写像である場合も，上の定義の(1), (2)を満たすとき，オペラッド(あるいはベクトル空間のオペラッド)と呼ぶ．

次に定義するオペラッド上の加群とは，大体，$\mathfrak{P}(k)$ でパラメータ付けられた積の構造 $H^{\otimes k} \to H$ があると考えればよい．

**定義 6.67** $H$ を次数付きベクトル空間としたとき，$\mathfrak{m}: \mathfrak{P}(k) \times H^{\otimes k} \to H$ なる写像が与えられ，$\mathfrak{P}(k)$ の元を固定すると $H^{\otimes k} \to H$ なる準同型を導き，さらに，次の性質を満たすとき，$H$ は**オペラッド** $(\mathfrak{P}(k), \mathrm{Comp})$ **上の加群**であるという．

（1） $\sigma \in \mathfrak{S}_k$, $f \in \mathfrak{P}(k)$, $x_i \in H$ に対して，次の式が成り立つ．
$$\mathfrak{m}(\sigma f; x_{\sigma 1}, \cdots, x_{\sigma k}) = \pm \mathfrak{m}(f; x_1, \cdots, x_k).$$

ここで，± は $x_1, \cdots, x_k$ を $x_{\sigma 1}, \cdots, x_{\sigma k}$ に入れ替えるとき出る符号である．

（2） $f \in \mathfrak{P}(k)$, $g_i \in \mathfrak{P}(m_i)$, $x_{i,j} \in H$ に対して，次の等式が成り立つ．
$$\mathfrak{m}(f; \mathfrak{m}(g_1; x_{1,1}, \cdots, x_{1,m_1}), \cdots, \mathfrak{m}(g_k; x_{k,1}, \cdots, x_{k,m_k}))$$
$$= \mathfrak{m}(\mathrm{Comp}(f; g_1, \cdots, g_k); x_{1,1}, \cdots, x_{k,m_k}). \qquad \square$$

**例 6.68** $\mathfrak{P}(k) = \mathcal{M}_{0,k+1}$ とし，$\mathfrak{S}_k$ の作用は $1, \cdots, k$ 番目の名前付きの点の順番の入れ替えとする．Comp を次のように定義する．$(\Sigma, \vec{z}) \in \mathcal{M}_{0,k+1}$, $(\Sigma_i, \vec{z}^i) \in \mathcal{M}_{0,m_i+1}$ とする ($\vec{z} = (z_1, \cdots, z_k)$, $\vec{z}^i = (z_1^i, \cdots, z_{m_i}^i)$ とおく)．$\mathrm{Comp}((\Sigma, \vec{z}); (\Sigma_1, \vec{z}^1), \cdots, (\Sigma_k, \vec{z}^k))$ を $\Sigma, \Sigma_i$ が非特異既約成分で，$z_i \in \Sigma = z_{m_i+1}^i \in \Sigma_i$ が特異点，$z_1^1, \cdots, z_{m_1}^1, \cdots, z_1^k, \cdots, z_{m_k}^k$ が名前付きの点であるような，半安定曲線とする．いいかえると，$\Sigma_i$ と $\Sigma$ を $z_i$ と $z_{m_i+1}^i$ のところで張り合わせた，半安定曲線である (図 6.10)．Comp が $\mathcal{CM}_{0,k+1} \times \prod \mathcal{CM}_{0,m_i+1}$ に拡張され，オペラッドを定めることが容易にわかる． $\qquad \square$

**例 6.69** $\mathfrak{P}(k) = H_*(\mathcal{CM}_{0,k+1})$ として，Comp を例 6.68 の写像がホモロジーに導く写像とすると，ベクトル空間のオペラッドができる． $\qquad \square$

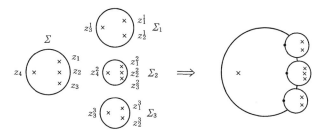

図 **6.10** オペラッドと $\mathcal{M}_{0,n}$

**例 6.70** $(M, J_M, \omega)$ をシンプレクティック多様体とし，$H$ を $M$ のコホモロジー群とする．$y \in H_*(\mathcal{CM}_{0,k+1})$, $x_1, \cdots, x_{k+1} \in H$ とする．$y$ のポアンカレ双対を $y^*$ とする．グロモフ-ウィッテン不変量とスラント積を用いて

$$\mathfrak{m}(y; x_1, \cdots, x_k) = GW_{0,k+1}(M, J_M, \omega) \backslash (y^* \times x_1 \times \cdots \times x_k) \in H^*(M)$$

と定義する．$\mathfrak{m}$ が例 6.69 のオペラッド上の加群の構造を定めることは容易にわかる． □

次の定理 6.72 は先ほど説明したこと，つまり，(種数 0 の) グロモフ-ウィッテン不変量の基本関係式が，定理 6.59 の $Comm_\infty$ 関係式である，ということのいいかえである．その前に $Comm_\infty$ 代数を定義しておこう．

**定義 6.71** ベクトル空間 $H$ 上の $Comm_\infty$ 代数の構造とは，$\mathfrak{m}_k : H^{\otimes k} \to H$ なる線型写像の族であって，

$$\mathfrak{m}(\cdots, x_i, x_{i+1}, \cdots) = (-1)^{\deg x_i \deg x_{i+1}} \mathfrak{m}(\cdots, x_{i+1}, x_i, \cdots)$$

および定理 6.59 の結論の式が成り立つことをいう． □

**定理 6.72**(Ginzburg–Kapranov [142]) $Comm_\infty$ 代数の構造と例 6.69 のオペラッド上の加群の構造とは 1 対 1 に対応する． □

証明は定理 6.63 と 6.65 をよく考えれば，明らかである．

オペラッドの概念は May [249] による．(前後して Boardman–Vogt [45]，Stasheff [347] などにより，類似の概念が研究されていた[*16]．) これらについ

---

[*16] さらに古く，Kolmogorov–Arnold による，Hilbert の第 13 問題(n 変数の任意の関数がそれより少ない変数の合成で表されるか)の研究[213], [8]において，同様の考え方が萌芽的に見られるという．

ては，[3]が優れた教科書である．

　オペラッドを弦理論で用いるのは比較的新しい．[198]，[238]などを見よ．共形場の理論で用いられる頂点作用素代数(vertex operator algebra*17)などもオペラッドとかかわりが深い．§6.4，§6.5，§6.6で用いる $L^\infty$ 代数，$A^\infty$ 代数とも深くかかわっている．

## §6.3　フロベニウス多様体

　§6.1の $\mathfrak{H}(M)$ の説明で抜けていた重要な点を述べる．

　**観察 6.73**　$X$ 型の理論の場合の $\mathfrak{H}(M)$ は，$X$ 型の理論を作るのに $M$ に与える幾何構造の拡大モジュライ空間の，$M$ での接空間である．　□

　すなわち，$A$ 模型のときはシンプレクティック構造の**拡大モジュライ空間**（extended moduli space）の接空間が $\mathfrak{H}^A(M)$ で，$B$ 模型のときは複素構造の拡大モジュライ空間の接空間が $\mathfrak{H}^B(M)$ である．拡大モジュライ空間という言葉を使ったが，「拡大」という言葉の意味は，この章のなかで段々わかってくるであろう．（複素構造の拡大変形空間という考え方は，Ran [312]に始まると思われる．）

　観察 6.73 の物理での説明はおおむね次の通りである．

　場の理論を作るには，ラグランジュ汎関数 $\mathfrak{L}: X \to \mathbb{R}$ を考え，その極小値のまわりの「量子的なゆらぎ」を調べる．$\mathfrak{L}$ は臨界点 $p$ の近傍で，2 次関数すなわちヘッセ行列 $\mathrm{Hess}_p \mathfrak{L}$ で近似される．この 2 次のラグランジュ汎関数を使って考えると，相互作用(=非線型項)のない理論すなわち自由場ができる．自由場にある粒子を表す線型空間(ヒルベルト空間)は，$p$ での接空間 $T_p X$ である．それぞれの粒子の重さは，$\mathrm{Hess}_p \mathfrak{L}$ の固有値である．

　さて，$\mathfrak{H}(M)$ などと書いたのは，上に述べたヒルベルト空間 $T_p X$ のことではない．$\mathfrak{H}(M)$ などが定める場の理論とは，$T_p X$ の表す粒子のうち重い粒子の効果を「積分」して，軽い粒子とその間の相互作用にかかわる部分だけ

---

*17　[171]などを見よ．

を残した，低エネルギー有効場の理論(low energy effective field theory)である*18．したがって，$\mathfrak{H}(M)$ は $\text{Hess}_p \mathcal{L}$ の 0 固有空間である．($T_pX$ は無限次元，$\mathfrak{H}(M)$ は有限次元.)

一方で，真空は(とりあえずは)$\mathcal{L}$ の臨界点 $p$ を決めると定まる．このような $p$ は一意ではない．特に，ヘッセ行列が可逆でないと，$\mathcal{L}$ の極小値を与える点の集合は正の次元をもつ．$\mathcal{L}$ の臨界点全体のことを**真空のモジュライ空間**(moduli space of vacuum)と呼ぶ．以上述べたことより，$\mathfrak{H}(M)$ が真空のモジュライ空間の接空間であることは明らかである．

**注意 6.74** 以上の説明にはいくつかの不正確な点がある．まず，ほとんどすべての重要な場合には，$\mathcal{L}$ は無限次元の群(ゲージ変換群)について対称であり，真空のモジュライ空間は，$\mathcal{L}$ の臨界点の集合を，無限次元の群(ゲージ変換群)で割った商空間である．$\mathfrak{H}(M)$ についても同じで，ゲージ変換群の軌道の方向で割る必要がある．

この補足も 2 つの点で不正確である．第 1 に，量子化した系の対称性ともとの $\mathcal{L}$ の対称性とは一般には異なる．(注意 4.96 では中心拡大が必要であることを説明した．対称性が崩れる機構は量子異常(アノーマリー，anomaly)など，他にもある．)

第 2 に，$\mathcal{L}$ の臨界点の集合をゲージ変換群で割った商空間は，**古典的なモジュライ空間**(classical moduli space)であり，量子化された場の理論の真空のモジュライ空間そのものではない．すなわち，古典的なモジュライ空間は，さまざまな量子効果によって量子変形される．「古典的なモジュライ空間が量子変形される」とは何かについては，この章のなかで 2 つの場合を述べる．数学的な一般論はまだない．「古典的なモジュライ空間の量子変形」が現れ見事に計算されたのが，サイバーグ–ウィッテン理論[329]であり，そこでは，$u$ 平面 $\mathbb{C}/\{\pm 1\}$ が量子変形さ

---

*18 少しだけこの点を説明する．$\mathfrak{m}_k : \mathfrak{H}^{\otimes k}(M) \to \mathfrak{H}(M)$ は，$\mathfrak{H}(M)$ で表される $k$ 個の粒子 $p_1, \cdots, p_k$ が相互作用して，$k+1$ 番目の粒子 $p_{k+1}$ になる確率 $\langle \mathfrak{m}_k(p_1, \cdots, p_k), p_{k+1} \rangle$ を決める．この反応は，直接起こることもあるが，途中で何回かの反応が起こり，いったんより「重い」粒子 $q_i$ を生じ，それが再び別の反応を起こして続き，最終的に $p_{k+1}$ が残るものも含む．これらはたとえば，($k=3$ として) $\sum_i \langle \mathfrak{m}'_2(p_1, p_2), q_i \rangle \langle \mathfrak{m}'_2(q_i, p_3), p_4 \rangle$ などと表される項たちの(無限)和である．ここで $\mathfrak{m}'_k$ は $T_pX^{\otimes k} \to T_pX$ なる写像で，$q_i$ は $\mathfrak{H}(X)$ の $TX$ での直交補空間の基底である．この和をとる操作を「積分」と表した．(以上の操作は繰り込み(renormalization)と呼ばれる操作の一種である.)

れた.

以上の説明は不十分であるが,物理的な背景をきちんと説明するのは,筆者の手に余る.以後の構成の背景の理解に必要な最小限だけを述べた.

$A$ 模型の場合に観察 6.73 に数学的な内容を与える.

まず以後の話が滑らかに進むように,いくつかの注意をする.第 1 に,$\mathrm{m}_k^{A,\mathrm{fm}}$ の定義 (6.15) では,形式的な変数 $T$ を導入しその形式的べき級数を考えた.すなわち,$\mathrm{m}_k^{A,\mathrm{fm}}$ は $T=0$ の近傍での $T$ の「関数」とみなしていた.$\omega$ を $C\omega$ でおきかえ,$T$ を $T^{-C}$ でおきかえても (6.15) は不変である.そこで,$\omega$ も同時に動かして考えるときは,$T$ は変数ではなく,定数とみなしてよい[*19].後に命題 6.84 からわかるように,$T=e^{-1}$ ととるのが自然である.このとき,$\mathrm{m}_k^{A,\mathrm{fm}}$ は $\omega$ のコホモロジー類 $\in H^2(M;\mathbb{R})$ の関数とみなす.本来はそうあるべきなのだが,収束べき級数でなく形式的べき級数で考えるときは,$\omega$ を変数にすると取り扱いが(まったく本質的でない理由で)面倒である.そこで,以後も形式的べき級数の範囲で論じるときは $T$ を残しておく.

第 2 に,今「$[\omega] \in H^2(M;\mathbb{R})$ の関数」と書いたばかりだが,この点を変更・訂正する.すなわち,閉微分 2 型式 $B$ を考え,$\tilde{\omega}=\omega+2\pi\sqrt{-1}B$ のコホモロジー類 $\in H^2(M;\mathbb{C})$ が変数であるとする.もちろん,このときは式 (6.15) では,$T^{\beta\cap\omega}$ のかわりに,$T^{\beta\cap\tilde{\omega}}$ とするべきである.$T=e^{-1}$ であったから,

$$(6.19) \qquad \mathrm{m}_k^{A,\mathrm{fm}} = \sum_\beta \mathrm{m}_{k,\beta}^A e^{-2\pi\sqrt{-1}B\cap\beta} T^{\beta\cap\omega_M} \otimes u^{\beta\cap c_1(M)}$$

とする.(6.19) の右辺は $\Lambda_{\mathrm{nov},\mathbb{C}} = \Lambda_{\mathrm{nov}}\otimes\mathbb{C}$ 係数のコホモロジーの元である.$\beta$ は整数係数のホモロジー類であるから,(6.19) は $[B]$ を $H^2(M;\mathbb{Z})$ の元だけずらしても不変である.すなわち変数(コホモロジー類)$[\omega+2\pi\sqrt{-1}B]$ は $H^2(M;\mathbb{C})/2\pi\sqrt{-1}H^2(M;\mathbb{Z})$ を動くとする.$B$ を **$B$ 場**($B$ field) と呼ぶ.

**注意 6.75** $B$ 場を考えなければならない,1 つの理由は次の点である.注意

---

[*19] このことは注意 6.13 で述べた事実,すなわち弦理論では結合定数はディラトンの期待値である,にかかわると思われる.

6.22 ではごまかしていたが，本当は $\mathcal{H}_A^*(M) \otimes \mathbb{C} = \bigoplus_{m+\ell=*} H_{\bar{\partial}}^{m,\ell}(M)$ である．すなわち $\mathcal{H}_A^*(M)$ の複素化をとらないと $\mathcal{H}_B^*(M)$ とは一致しない．

さて，A 模型の場合の観察 6.73 に戻ろう．その 1 つの数学的表現は，コホモロジー群 $H^*(M;\mathbb{C})$ を接空間とするモジュライ空間にパラメータをもつ，フロベニウス代数の族があることである．定理 2.15 は，局所的にはシンプレクティック多様体のモジュライ空間が $H^2(M;\mathbb{R})$ と等しいことを意味する．$\mathcal{H}_A^*(M)$ は 2 次とは限らないさまざまな次数の，ホモロジー群の和である．したがって，$H^2(M;\mathbb{R})$ ではない方向への変形も，何らかの意味の「シンプレクティック構造の変形」とみなさなければならない．拡大モジュライ空間というのは，まずはこれが 1 つの例である．

さて，$\mathcal{H}_A^*(M)$ をパラメータとするフロベニウス構造の族を作るには，グロモフ–ウィッテンポテンシャルを用いる．形式的べき級数の範囲で話をするので，多少言葉の準備が必要である．あとでも使えるように，少し一般化して記号を導入しておく．$R$ を単位元をもつ可換環とする．

**定義 6.76** 次数付き $R$ 加群 $C_*$ に対して，$BC = \sum_{k=0}^{\infty} C^{\otimes k}$ とおく．$BC$ は $C_{i_1} \otimes \cdots \otimes C_{i_k}$ の元の次数を $i_1 + \cdots + i_k$ とおくことで，次数付き加群になる．積を次の式で定義すると，$BC$ は $R$ 代数になる．

$$(x_1 \otimes \cdots \otimes x_k) \cdot (y_1 \otimes \cdots \otimes y_\ell) = x_1 \otimes \cdots \otimes x_k \otimes y_1 \otimes \cdots \otimes y_\ell.$$

$x \otimes y - (-1)^{\deg x \deg y} y \otimes x$ で生成されるイデアルによる $BC$ の商を，$EC$ と書く．$EC$ は次数付き可換な $R$ 代数である． □

$C$ の偶数次部分と奇数次の部分をそれぞれ $C_{\mathrm{even}}, C_{\mathrm{odd}}$ と書くと，$EC$ は $C_{\mathrm{even}}$ 上の対称代数(多項式環)と $C_{\mathrm{odd}}$ 上の外積代数のテンソル積である．

$R$ がノビコフ環の場合には，$BC, EC$ を完備化する．$\Lambda_{\mathrm{nov}}$ の元 $x = \sum x_i T^{\lambda_i} \otimes u^{k_i}$ を考える．ここで，$i \neq j$ ならば $(\lambda_i, k_i) \neq (\lambda_j, k_j)$ と仮定し，$x_i$ はどれも 0 でないとする．$|x| = \inf \lambda_i$ とおく．

**補題 6.77** $\exp(-|\cdot|)$ に関して，$\Lambda_{\mathrm{nov}}$ は完備付値環である．

[証明] $|\cdot|$ が付値であるという条件，すなわち $|xy| \geq |x||y|$, $|v+w| \geq \max\{|x|,|y|\}$ は $|\cdot|$ の定義よりわかる．距離 $\mathrm{dist}(x,y) = \exp(-|y-x|)$ の完備

性はノビコフ環の定義より明らかである.

**定義 6.78** フィルター付き $\Lambda_{\text{nov}}$ 加群 (filtered $\Lambda_{\text{nov}}$ module) とは，次数付き $\Lambda_{\text{nov}}$ 加群 $C_*$ であって，$|\cdot|:C_* \to \mathbb{R}_{\geq 0}$ が存在し，$v, w \in C_*$, $x \in \Lambda_{\text{nov}}$ が次の性質をもつことを指す．
（1）　$|xv| \geq |x||v|$.
（2）　$|v+w| \geq \max\{|v|, |w|\}$.
（3）　$\text{dist}(v, w) = \exp(-|w-v|)$ は $C_*$ 上の完備な距離を与える． □

**注意 6.79** フィルター付き $\Lambda_{\text{nov}}$ 加群には，次数のほかに，フィルター付けが定まっている．すなわち $\mathcal{F}_\lambda C_* = \{x \in C_* \mid |x| \geq \lambda\}$ とおくと，$\mathcal{F}_\lambda C_*$ は $C_*$ の部分 $\Lambda_{\text{nov}}$ 加群で，$\lambda < \lambda'$ ならば，$\mathcal{F}_\lambda C_* \supset \mathcal{F}_{\lambda'} C_*$ である．第5章と同じように，次数はチャーン類に，フィルター付けはエネルギーにかかわり，一般のシンプレクティック多様体ではこの2つは無関係である．

**定義 6.80** フィルター付き $\Lambda_{\text{nov}}$ 加群に対して，定義 6.76 の $BC, EC$ を考える．$|x_1 \otimes \cdots \otimes x_k| = |x_1| + \cdots + |x_k|$ と定めると，定義 6.78 の (1), (2) が満たされる．$\text{dist}(x, y) = \exp(-|y-x|)$ についての $BC, EC$ の完備化を $\widehat{BC}, \widehat{EC}$ と書く．$\widehat{BC}, \widehat{EC}$ は完備付値環である． □

言葉の準備が終わったので，グロモフ–ウィッテンポテンシャルの定義に入る．グロモフ–ウィッテンポテンシャルはコホモロジー群 $H^*(M;\mathbb{C})$ 上の「関数[20]」である．ベクトル空間 $V$ 上の多項式は $V$ 上の関数であるが，一方では $E(V^*)$ の元である．ここで $V$ の元はすべて次数 0 とみなした．$E(V^*)$ を完備化したのが形式的べき級数環であるから，定義 6.80 の $\widehat{EC}$ は $C$ の双対上の型式べき級数とみなせる．われわれが定義したいのは $H^*(M;\mathbb{C})$ 上の「関数」であるから，$H^*(M;\Lambda_{\text{nov},\mathbb{C}})$ の双対 $C = H^*(M;\Lambda_{\text{nov},\mathbb{C}})^*$ 上の $\widehat{EC}$ である．これを $\mathfrak{m}_k^A$ から定義する．

$H_{n-*}(M;\mathbb{Z})/(\text{Torsion})$ の基底を表す幾何学的鎖を $(P_j, \psi_j)$, $j=1,\cdots,k$ とする．（以後 $\psi_j$ を書くのを省略することがある．）ポアンカレ双対 $H_{n-*}(M;\mathbb{Z})/$

---
[20] 括弧が付いている理由は少し後で説明する．

(Torsion)$\simeq H^*(M;\mathbb{Z})/$(Torsion) で $P_j$ を移した基底を考え，同じ記号で表す．コホモロジー群の元は $\sum z^j P_j$ なる和で表される．$z^j : H^*(M;\mathbb{C}) \to \mathbb{C}$ を，$P_j$ の係数を与える関数，すなわち座標関数とする．$z^j \in H^*(M;\mathbb{C})^*$ である．

$J = (j_1, \cdots, j_{k+1}) \in \{1, \cdots, b\}^{k+1}$ なる多重添え字に対して，$P_{J-} = P_{j_1}, \cdots, P_{j_k}$，$z^J = z^{j_1} \otimes \cdots \otimes z^{j_{k+1}} \in \hat{E} H^*(M;\mathbb{C})^*$ とおく．また，$\beta_i, i=0,1,2,\cdots$ を，条件 6.50 を満たすようにとる．

**定義 6.81**

$$\Phi_{(M,\tilde{\omega}_M)} = \sum_i \sum_{k\geq 0}^{\infty} \frac{1}{(k+1)!} \sum_{J \in \{1,\cdots,b\}^{k+1}} \langle \mathfrak{m}^A_{k,\beta_i}(P_{J-}), P_{j_{k+1}} \rangle T^{\beta_i \cap \tilde{\omega}_M} \otimes z^J$$

とおく．ここで，$\langle \cdot, \cdot \rangle$ は交叉型式 $H_k(M;\mathbb{Q}) \otimes H_{2n-k}(M;\mathbb{Q}) \to \mathbb{Q}$ で，$i$ についての和は，$\deg \mathfrak{m}_{k,\beta_i}(P_{J-}) + \deg P_{j_{k+1}} = 2n$ となる範囲でとる． □

定義と補題 6.58 より，$\Phi_{(M,\tilde{\omega}_M)}$ は $\hat{E} H^*(M;\Lambda)^*$ の元である．$\Phi_{(M,\omega_M)}$ の定義には $T$ が入っているが，前に説明した通りこれは技術的な理由で，$\Phi_{(M,\tilde{\omega}_M)}$ は $z \in H^*(M;\mathbb{C})$ の関数(形式的べき級数)である．$\Phi_{(M,\tilde{\omega}_M)}$ が，コホモロジー群上の関数と見ると，$\tilde{\omega}_M$ によらないことを見よう．収束べき級数で考えた方が結論が見やすい．そこで，以後収束べき級数で考える．定義域を明確化しよう．以後しばらく，$\Phi_{(M,\tilde{\omega}_M)}$ では $z^J$ で $z^j$ たちの次数が偶数の部分しか考えない．これを $\Phi^{\text{even}}_{(M,\tilde{\omega}_M)}$ と書く．すると，$z^j$ たちは交換可能だから，$z^J$ は $H^{\text{even}}(M;\mathbb{C})$ 上の多項式である．

$\omega_0$ を $M$ 上のシンプレクティック構造とし，$M$ 上のシンプレクティック構造全体の集合[*21]の，$\omega_0$ を含む連結成分を $\text{Sym}(M)$ と書こう．以下では連結成分 $\text{Sym}(M)$ を固定し，シンプレクティック構造はそのなかを動かす．シンプレクティック型式にそのコホモロジー類を対応させると，$\text{homo}: \text{Sym}(M) \to H^2(M;\mathbb{R})$ なる写像ができる．この像は正の定数を掛ける操作で不変である．$H^2(M;\mathbb{R})$ にノルムを入れておき

$$S(M) = \{[\omega] \in \text{homo}(\text{Sym}(M)) \subset H^2(M;\mathbb{R}) \mid ||[\omega]|| = 1\}$$

とおくと homo の像は $S(M)$ の錐である．

---

[*21] シンプレクティック型式の集合のことで，シンプレクティック同相による同値類の集合ではない．

**定義 6.82** $\Phi^{\mathrm{even}}_{(M,\tilde{\omega}_M)}$ の各項に $T=e^{-1}$ を代入したものが, $z \in H^{\mathrm{even}}(M;\mathbb{C})$ で絶対収束するとき, $\Phi^{\mathrm{even}}_{(M,\tilde{\omega}_M)}(z)$ と書く. □

$K$ を $S(M)$ のコンパクト部分集合とし, $K_{2i}$, $i=0,2,3,\cdots$ を $H^{2i}(M;\mathbb{C})$ のコンパクト部分集合とする. $S$ なる正の数に対して, $C_{\geqq S}K = \{s[\omega] \mid s \geqq S, [\omega] \in K\}$ とおく.

**予想 6.83** 任意の $K$ に対して, $S$, $K_i$, $i=0,2,3,\cdots$ が存在して, 次のことが成り立つ. $z \in H^{\mathrm{even}}(M;\mathbb{C})$ とし

$$z \in C_{\geqq S}K \times H^2(M;\sqrt{-1}\mathbb{R}) \times K_0 \times K_4 \times \cdots \times K_{2n}$$

ならば, $\Phi^{\mathrm{even}}_{(M,\tilde{\omega}_M)}([\tilde{\omega}_M]+z)$ は絶対収束する. □

以後予想 6.83 を仮定する. これから出てくる命題を, 形式的べき級数に対する命題に書きかえることが可能で, そうすれば予想 6.83 を仮定しなくても, 結果が述べられる. 書き換えは面倒なだけで本質的な困難はないので, 読者に任せる. 以下で代入は予想 6.83 の主張する収束域で行うが, いちいち断らない.

**命題 6.84** $\omega_1$ と $\omega_2$ が $M$ のシンプレクティック構造の集合の同じ連結成分にあれば,

$$\Phi^{\mathrm{even}}_{(M,\tilde{\omega}_1)}(\tilde{\omega}_1+z) = \Phi^{\mathrm{even}}_{(M,\tilde{\omega}_2)}(\tilde{\omega}_2+z)$$

が成り立つ. □

証明には, 注意 6.48 および以下述べる補題 6.85 が重要である. $(P,\psi)$ を余次元 2 の幾何学的鎖とする. $P_1, \cdots, P_k$ は任意とする.

**補題 6.85**
$$\mathfrak{m}^A_{k+1,\beta}(P,P_1,\cdots,P_k) = (\beta \cap [P])\,\mathfrak{m}^A_{k,\beta}(P_1,\cdots,P_k).$$

[証明] 一番最初の名前付き点を捨てる忘却写像

(6.20) $\quad \mathrm{forget}_h : \mathcal{CM}_{0,k+1}(M,J_M;\beta) \to \mathcal{CM}_{0,k}(M,J_M;\beta)$

を考える(定理 6.59 の証明中に定義した. $h(i)=i+1$ である). $(\Sigma,\vec{z},\varphi) \in \mathcal{CM}_{0,k+1}(M,J_M;\beta)$ とすると, $\varphi(\Sigma)$ のホモロジー類は $\beta$ であるから, 横断正則性が成り立っていれば, $\varphi(\Sigma)$ は $\psi(P)$ と $\beta \cap [P]$ ヵ所で交わる. (正確にいえば, 符号も含めた交点の位数は, $\beta \cap [P]$ である.) すなわち (6.20) が導

く写像 $P_\psi \times_{\mathrm{ev}_1} \mathcal{CM}_{0,k+1}(M, J_M; \beta) \to \mathcal{CM}_{0,k+1}(M, J_M; \beta)$ の写像度(degree)は $\beta \cap [P]$ である．$P_1 \times \cdots \times P_k$ とのファイバー積をとれば，補題 6.85 が得られる．∎

補題 6.85 と同様にして，$\dim \mathcal{CM}_{0,1}(M, J_M; \beta) = 2$ のとき
$$(6.21) \qquad \langle \mathfrak{m}_{0,\beta}^A(1), P_{j_0} \rangle = (\beta \cap P_{j_0}) \times \sharp \mathcal{CM}_{0,0}(M, J_M; \beta)$$
が示される($\sharp$ は符号を含めて数えた位数である)．命題 6.84 の証明を始める．$H^{\mathrm{even}}(M; \mathbb{C})$ のうち，$H^2(M; \mathbb{C})$ 成分だけ特別に扱い $w$ と書く．つまり $z' \in \bigoplus_{n \neq 1} H^{2n}(M; \mathbb{C})$, $z = w + z' \in H^{\mathrm{even}}(M; \mathbb{C})$ である．$Q_1, \cdots, Q_{b_2}$ を $H^2(M; \mathbb{C})$ の基底とする．$b = b_2 + b'$ である．$J = J_2 + J'$ とおく．ここで $J_2$ は $H^2(M; \mathbb{C})$ 成分に対応する部分で，$J'$ は残りである．$P_J = Q_{J_2} P_{J'}$ である．$J_2 = j_{2,1} \cdots j_{2,|J_2|}$ とすると，補題 6.85, (6.21)より，
$$(6.22) \qquad \langle \mathfrak{m}_{k,\beta_i}^A(P_{J-}), P_{j_{k+1}} \rangle = \prod_{\ell=1}^{|J_2|} \beta_i(Q_{j_{2,\ell}}) \langle \mathfrak{m}_{k,\beta_i}^A(P_{J'-}), P_{j_{k+1}} \rangle$$
である．ただし，$J' = \varnothing$ のときは
$$\langle \mathfrak{m}_{k,\beta_i}^A(P_{J'-}), P_{j_{k+1}} \rangle = \sharp \mathcal{CM}_{0,0}(M, J_M; \beta)$$
と解釈する．(6.22)を定義 6.81 に代入すると

$\Phi_{(M,\tilde{\omega})}^{\mathrm{even}}(\tilde{\omega} + (z' + w))$

$= \sum_i \sum_{\ell=0}^{\infty} \sum_{k=-1}^{\infty} \frac{1}{\ell!(k+1)!} \sum_{J' \in \{1, \cdots, b'\}^{k+1}} \sum_{J_2 \in \{1, \cdots, b_2\}^{\ell}}$
$\langle \mathfrak{m}_{k+\ell-1, \beta_i}^A(Q_{J_2} P_{J'-}), P_{j_{k+1}} \rangle e^{-\beta_i \tilde{\omega}} (\tilde{\omega} + w)^{J_2} z'^{J'}$

$= \sum_i \sum_{\ell=0}^{\infty} \sum_{k=-1}^{\infty} \frac{1}{\ell!(k+1)!} \sum_{J' \in \{1, \cdots, b'\}^{k+1}} \sum_{J_2 \in \{1, \cdots, b_2\}^{\ell}}$
$\prod_{\ell=1}^{|J_2|} \beta_i(Q_{j_{2,\ell}}) \langle \mathfrak{m}_{k,\beta_i}^A(P_{J'-}), P_{j_{k+1}} \rangle e^{-\beta_i \tilde{\omega}} (\tilde{\omega} + w)^{J_2} z'^{J'}$

$= \sum_i \sum_{k=-1}^{\infty} \frac{e^{\beta_i \cap w}}{(k+1)!} \sum_{J' \in \{1, \cdots, b'\}^{k+1}} \langle \mathfrak{m}_{k,\beta_i}^A(P_{J'-}), P_{j_{k+1}} \rangle z'^{J'}$

最後の式は明らかに $\tilde{\omega}$ によらない．∎

命題 6.84 より，$\Phi_{(M,\tilde{\omega})}^{\mathrm{even}}(\tilde{\omega} + z)$ は $\omega$ の実部が含まれるシンプレクティック構造の連結成分のみによる．次の定義では，$M$ でシンプレクティック構造

の連結成分まで含めて表すことにする．

**定義 6.86** $z = w + z'$ を $H^2(M;\mathbb{C})$ 成分とそれ以外への分解とする．
$$\Phi_M^{\text{even}}(z) = \Phi_{(M,\tilde{\omega})}^{\text{even}}(\tilde{\omega} + z)$$
$$= \sum_i \sum_{k=-1}^{\infty} \frac{e^{\beta_i \cap w}}{(k+1)!} \sum_{J' \in \{1,\cdots,b'\}^{k+1}} \langle \mathfrak{m}_{k,\beta_i}^A(P_{J'-}), P_{j_{k+1}} \rangle z'^{J'}$$

をグロモフ–ウィッテンポテンシャル(Gromov-Witten potential)と呼ぶ．　□

先に進む前に，超多様体(super manifold)に簡単に触れる．しばらく，偶数次のコホモロジー類に対応する部分のグロモフ–ウィッテン不変量だけを論じてきたが，奇数次の部分ももちろん重要である．重要な違いは，$\deg z_{j_1}$, $\deg z_{j_2}$ がともに奇数だと，$z_{j_1} \otimes z_{j_2} = -z_{j_2} \otimes z_{j_1}$ で，したがって，奇数次の $z_j$ たちが生成する $EH^*(M;\mathbb{C})^*$ の部分は，$H^*(M;\mathbb{C})$ 上の多項式あるいは関数とみなすことができない点である．超多様体という概念を用いると，この部分も「関数」とみなすことができる．超多様体をできるだけ一般の場合に定義することはここでは試みず，必要な場合だけを考える[*22]．$V \to M$ なるベクトル束を考える．この全空間上の関数は，ファイバー方向でべき級数展開するとベクトル束 $E(V^*)$ の切断全体と大体みなせる．ここで $E(V^*)$ は，$V$ の双対 $V^*$ に，ファイバーごとに $E(\cdot)$ をとるという操作を行ったもの(対称テンソル代数)である．(ただし，$V^*$ の元はすべて次数 0 とみなす．)

さてここで，偶奇性の変更(parity change)を $E$ のファイバー方向に対して行い $\Pi E$ とする．すなわち，$\Pi E$ はその上の関数全体が $E(\Pi V^*)$ の切断全体であるような「空間」である．$\Pi V^*$ は $V^*$ の元の次数を 1 ずらしたものである．もっと平たくいうと，$E(\Pi V^*)$ は $V^*$ の外積代数束である．$E(\Pi V^*)$ の切断全体には，外積により積の構造が入るが，これは可換ではなく，次数付き可換である．したがって，その上の関数全体が $E(\Pi V^*)$ の切断全体であるような空間は，普通の空間としては存在しない．その上の関数の全体が次数付き可換であるような空間を，超多様体と呼ぶ．$\Pi E$ は超多様体の例であ

---

[*22] 超多様体についての数学者による解説には，[67], [110], [149]がある．

る*23.

数学らしく定式化するには層を用いる.すなわち,$M$ の上の層 $\mathfrak{F}$ を $\mathfrak{F}(U) = \Gamma(U; E(\Pi V^*))$ で定義し,$(M, \mathfrak{F})$ なる環付き空間(ringed space)*24 を超多様体とみなすのである.こうみなすと,超多様体の間の写像とはなにかが理解される.すなわち,$(M, \mathfrak{F})$ から $(N, \mathfrak{G})$ への射とは,$M$ から $N$ への微分可能写像 $\varphi$ と $\varphi^* \mathfrak{G}$ から $\mathfrak{F}$ への環の層の準同型の組のことである.

$H^*(M; \mathbb{C})$ は $H^*(M; \mathbb{C}) \to H^{\text{even}}(M; \mathbb{C})$ なる直交射影をベクトル束の射影だと思えば,ベクトル束の全空間とみなせる.ここで偶奇を変え,ファイバー方向,すなわち $H^{\text{odd}}(M; \mathbb{C})$ の方向は,フェルミオン(fermion)あるいは奇とみなす.このとき,グロモフ–ウィッテンポテンシャルは,この超多様体の上の,上で述べた意味での関数である.

以後,再び偶数部分に話を限るが,これから用いる諸概念,たとえば接空間とかその上の内積だとかを,超多様体に対して定式化すれば,以下に述べることは奇数次の部分にもほとんどがそのまま拡張される.ただし,符号には注意を要する.

さて,グロモフ–ウィッテンポテンシャルを使って,$H^{\text{even}}(M; \mathbb{C})$ の開集合でパラメータ付けされた,フロベニウス代数の族を構成しよう.$g^{jj'} = P_j \cap P_{j'} \in \mathbb{Z}$ とおく.次数が合わないときは,$g^{jj'}$ は 0 とする.$g^{jj'}$ は可逆対称 $b \times b$ 行列である($b$ は偶数次のベッティ数の和を指す).

**定理 6.87** $j_1, j_2, j_3, j_4 \in \{1, \cdots, m\}$ に対して,次の微分方程式が成り立つ.
(6.23)
$$\sum_{j,j'} g^{jj'} \frac{\partial^3 \Phi_M^{\text{even}}}{\partial z_{j_1} \partial z_{j_2} \partial z_j} \frac{\partial^3 \Phi_M^{\text{even}}}{\partial z_{j'} \partial z_{j_3} \partial z_{j_4}} = \sum_{j,j'} g^{jj'} \frac{\partial^3 \Phi_M^{\text{even}}}{\partial z_{j_2} \partial z_{j_3} \partial z_j} \frac{\partial^3 \Phi_M^{\text{even}}}{\partial z_{j'} \partial z_{j_1} \partial z_{j_4}}.$$

[証明] 定理 6.59 の系である.すなわち,左辺の $[\omega] + z$ での値の $z^J$ の係

---

*23 $\Pi E$ では奇の方向,あるいは,フェルミオンの方向は,$E$ のファイバーの方向であるから,ベクトル空間である.(正確には,偶奇を変えてしまったから,奇のベクトル空間と呼ぶべきであろうか.)奇の方向がベクトル空間でなく,曲がっている超多様体が重要な役割を果たす例を筆者は知らない.

*24 定義はスキーム(scheme)の教科書,たとえば[370]を見よ.

数は

$$\sum_{J_1+J_2=J} \sum_{j,j'} g^{jj'} \langle \mathfrak{m}_{2+\sharp J_1}(P_{j_1}, P_{j_2}, P_{J_1}), P_j \rangle \langle \mathfrak{m}_{2+\sharp J_2}(P_{j'}, P_{j_3}, P_{J_2}), P_{j_4} \rangle$$

$$= \sum_{J_1+J_2=J} \langle \mathfrak{m}_{2+\sharp J_2}(\mathfrak{m}_{2+\sharp J_1}(P_{j_1} P_{j_2}, P_{J_1}), P_{j_3}, P_{J_2}), P_{j_4} \rangle$$

である.同様にして右辺は

$$\sum_{J_1+J_2=J} \langle \mathfrak{m}_{2+\sharp J_2}(\mathfrak{m}_{2+\sharp J_1}(P_{j_2} P_{j_3}, P_{J_1}), P_{j_1}, P_{J_2}), P_{j_4} \rangle$$

である.この 2 つは定理 6.59 より等しい. ∎

(6.23) を **WDVV 方程式**(Witten-Dijkgraaf-Verlinde-Verlinde equation)と呼ぶ.

$z_0 \in H^{\text{even}}(M;\mathbb{C})$ を $\Phi_M^{\text{even}}$ の収束域上の点とする. $T_{z_0}H^{\text{even}}(M;\mathbb{C}) = H^{\text{even}}(M;\mathbb{C})$ と同一視する. $g^{jj'}$ すなわちポアンカレ双対は $T_{z_0}H^{\text{even}}(M;\mathbb{C})$ 上に複素双線型非退化内積 $\langle \cdot, \cdot \rangle$ を定める.

**定義 6.88** $T_{z_0}H^{\text{even}}(M;\mathbb{C})$ 上の積 ∘ を $\langle V_1 \circ V_2, V_3 \rangle = V_1 V_2 V_3(\Phi_M^{\text{even}})$ で定義する.右辺では,$V_i$ をベクトル空間 $H^{\text{even}}(M;\mathbb{C})$ 上の定数係数のベクトル場とみなしている. ∎

定義 6.88 を座標で書くと次の式 (6.24) である.

(6.24) $$\frac{\partial}{\partial z_{j_1}} \circ \frac{\partial}{\partial z_{j_2}} = \sum_{j,j'} g^{jj'} \frac{\partial^3 \Phi_M^{\text{even}}}{\partial z_{j_1} \partial z_{j_2} \partial z_j} \frac{\partial}{\partial z_{j'}}.$$

**補題 6.89** $(T_{v_0}H^{\text{even}}(M;\mathbb{C}), \circ, \langle \cdot, \cdot \rangle)$ はフロベニウス代数である.

[証明] ∘ の結合性は,定理 6.87 の帰結である.定義 6.7 の(7)は補題 6.58 から出てくる.他の条件は自明である. ∎

**注意 6.90** ここでは述べなかったが,奇数次の部分を含めることもできる.[222]を見よ.

以上で,$H^{\text{even}}(M;\mathbb{C})$ をパラメータとしたフロベニウス代数の族が構成された.このような構造は Dubrovin [81] によってフロベニウス多様体として研究されていたものに一致する.

**注意 6.91** フロベニウス多様体は,グロモフ-ウィッテンポテンシャルの性質

を抽象化して発見されたのではなく，無限可積分系にその起源をもつ．無限可積分系とフロベニウス多様体の関係は，今後のグロモフ–ウィッテンポテンシャルの研究で中心的な役割を果たすと思われるが，筆者の能力の不足により，本書では述べることができなかった．興味のある読者は[83], [286]あたりから入って，[81], [82], [84], [242], [243]などを読めばよいのではないかと思う．

**定義 6.92** フロベニウス多様体(Frobenius manifold)とは，複素多様体 $M$ と，$T^{1,0}M$ 上の複素双線型非退化内積[*25] $\langle \cdot, \cdot \rangle$，および複素双線型写像 $\circ : T_p^{1,0}M \otimes T_p^{1,0}M \to T_p^{1,0}M$ で次の性質をもつものを指す．

（1） 各点の近傍で複素座標系 $z_i$ が存在して，

$$\left\langle \frac{\partial}{\partial z_i}, \frac{\partial}{\partial z_j} \right\rangle = \begin{cases} 0, & i \neq j \text{ のとき}, \\ 1, & i = j \text{ のとき} \end{cases}$$

を満たす．この座標 $z_i$ を**平坦座標**(flat coordinate)と呼ぶ．

（2） $\circ$ はおのおのの接空間 $T_p^{1,0}M$ 上に，結合的な $\mathbb{C}$ 代数の構造を与える．

（3） $T^{1,0}M$ の切断 $V_1, V_2, V_3$ に対して，$\langle V_1 \circ V_2, V_3 \rangle = \langle V_1, V_2 \circ V_3 \rangle$ が成り立つ．

（4） 任意の点に対して，その近傍で定義された関数 $\Phi$ が存在して，平坦座標 $z_i$ に対して，次の式が成り立つ．

$$\left\langle \frac{\partial}{\partial z_i} \circ \frac{\partial}{\partial z_j}, \frac{\partial}{\partial z_k} \right\rangle = \frac{\partial^3 \Phi}{\partial z_i \partial z_j \partial z_k}.$$

$\Phi$ を**プレポテンシャル**(prepotential)と呼ぶ． □

5番目の条件を書くには，補題が必要である．

**補題 6.93** $TM^{0,1} \simeq TM$ と同一視すると，次の条件を満たす接続 $\nabla$ が一意に存在する．

（1） $V_1 \langle V_2, V_3 \rangle = \langle \nabla_{V_1} V_2, V_3 \rangle + \langle V_2, \nabla_{V_1} V_3 \rangle$.

---

[*25] $\langle \cdot, \cdot \rangle$ はエルミート計量ではなく，複素双線型である．

(2) $\nabla_{V_1}V_2 - \nabla_{V_2}V_1 - [V_1, V_2] = 0$. □

証明は，リーマン幾何学のレビ・チビタ接続(Levi-Civita connection)の存在と一意性の証明と同様にしてできる．さらに，条件(1)から $\nabla$ の曲率 $[\nabla_{V_1}, \nabla_{V_2}] - \nabla_{[V_1, V_2]}$ は 0 である．

(5) 単位元 $e \in \Gamma(M; T^{1,0}M)$ が存在して，次の式が成り立つ． $e \circ x = x \circ e = x$, $\nabla e = 0$.

条件(5)より，$e = \partial/\partial_1$ ととることができる．このとき

$$\frac{\partial^3 \Phi}{\partial x_1 \partial x_i \partial x_j} = 0$$

が成り立つ．（証明は読者に任せる．）

**定理 6.94** シンプレクティック多様体 $(M, \omega_M)$ に対して，$\langle \cdot, \cdot \rangle$ をポアンカレ双対，$\circ$ を定義 6.88 の積，$\Phi$ を定義 6.86 のグロモフ–ウィッテンポテンシャルとすると，グロモフ–ウィッテンポテンシャルの収束域上のフロベニウス多様体の構造が定まる． □

(1)〜(4)の証明は今まで述べたことから明らかであろう．$e$ としては $H^0(M; \mathbb{C}) \simeq H_0(M; \mathbb{C})$ の生成元をとる．(5)は次の補題から得られる．

**補題 6.95** $P_0 \in H^0(M; \mathbb{Q})$ とすると，任意の $P_i$, $i = 1, \cdots$ と $\beta \neq 0$ に対して，$\mathfrak{m}_{k+1, \beta}(P_0, P_1, \cdots, P_k) = 0$ が成り立つ．

[証明] $P_0$ を表す幾何学的鎖は $M$ 自身である（ポアンカレ双対でホモロジーとコホモロジーを同一視していた）．したがって，

$$\mathrm{ev}_{k+2}: (P_0 \times \cdots \times P_k) \times_{\mathrm{ev}_1, \cdots, \mathrm{ev}_{k+1}} \mathcal{M}_{g, k+2}(M, J_M; \beta) \to M$$

は忘却写像(6.25)を経由する．

(6.25) $(P_0 \times \cdots \times P_k) \times_{\mathrm{ev}_1, \cdots, \mathrm{ev}_{k+1}} \mathcal{M}_{g, k+2}(M, J_M; \beta)$
$\to (P_1 \times \cdots \times P_k) \times_{\mathrm{ev}_1, \cdots, \mathrm{ev}_k} \mathcal{M}_{g, k+1}(M, J_M; \beta)$

(6.25)のファイバーは，$S^2$ で正の次元をもつ．よって，$(P_0 \times \cdots \times P_k) \times_{\mathrm{ev}_1, \cdots, \mathrm{ev}_{k+1}} \mathcal{M}_{g, k+2}(M, J_M; \beta)$ の $\mathrm{ev}_{k+2}$ による像の次元は仮想次元より 2 少ない．これから補題 6.95 が従う． ■

一般論はここまでにして，具体例を挙げる．まず $\mathbb{CP}^2$ の場合に計算する．

$P_i \in H^{2i}(\mathbb{CP}^2; \mathbb{Z})$, $i = 0, 1, 2$ を生成元とする.
$$\text{(6.26)} \qquad N(k) = \langle \mathfrak{m}_{3k-2, kP_2}(\underbrace{P_1, \cdots, P_1}_{3k-2 \text{個}}), P_1 \rangle$$

とおく.（右辺の次数が合っているのを確認せよ.）

**注意 6.96** $N(k)$ は一般の位置にある $3k-1$ 個の $\mathbb{CP}^2$ の点を通る, $k$ 次曲線の数である. このような数を計算する問題を, **数え上げ幾何学**(enumerative geometry)の問題という.

補題 6.85 より
$$\langle \mathfrak{m}_{3k-2+\ell, kP_2}(\underbrace{P_2, \cdots, P_2}_{\ell \text{個}}, \underbrace{P_1, \cdots, P_1}_{3k-2 \text{個}}), P_1 \rangle = k^\ell N(k)$$

である. 補題 6.95 により, これらおよび $\beta = 0$ の場合以外は, $\mathfrak{m}_{m, \beta}$ は消える. よって,

**補題 6.97** $v = xP_0 + yP_1 + zP_2$ とおくと次の式が成り立つ.
$$\Phi^{\text{even}}_{\mathbb{CP}^2}(v) = \frac{1}{2}(xy^2 + x^2 z) + \sum_{k, \ell} \frac{1}{(3k-1)!} \frac{1}{\ell!} z^{3k-1} (ky)^\ell N(k)$$
$$= \frac{1}{2}(xy^2 + x^2 z) + \sum_k \frac{1}{(3k-1)!} z^{3k-1} e^{ky} N(k). \qquad \square$$

$f(y, z) = \sum_k \dfrac{1}{(3k-1)!} z^{3k-1} e^{ky} N(k)$ とおく. WDVV 方程式は次の方程式に帰着する.
$$\text{(6.27)} \qquad f_{zzz} + f_{yyy} f_{yzz} = f_{yyz}^2$$

(6.27)は(6.23)で, $j_1, j_2, j_3, j_4$ を $1, 1, 2, 2$ とおいたものである（$g^{20} = g^{02} = g^{11} = 1$ で他は $0$ であることに注意せよ）. 方程式(6.27)は $N(k)$ に関する漸化式を導く. すなわち

**定理 6.98** $k \geq 2$ に対して
$$N(k) = \sum_{a+b=k} N(a) N(b) (a^2 b^2 \, {}_{3k-4}C_{3a-2} - a^3 b \, {}_{3k-4}C_{3a-1})$$

が成り立つ. $\qquad \square$

一方で，$N(1) = 1$ である．（これが，例 6.55 すなわち量子コホモロジー環の計算であった．）したがって，$N(k)$ は定理 6.98 によって，完全に決定される．定理 6.98 は Kontsevich [222] で，グロモフ-ウィッテン不変量の存在を前提にして示された．$\mathbb{CP}^2$ の場合のグロモフ-ウィッテン不変量の存在は Ruan-Tian [319] らによって確かめられた．

次に $M$ が 3 次元で $c^1(M) = 0$ の場合を考える．この場合は $\mathcal{M}_{0,0}(M, J_M; \beta)$ の（仮想）次元は $\beta$ によらずいつも 0 である．すなわち，粗くいって，「おのおのの $\beta$ に対して有限個の概正則写像 $\varphi : S^2 \to M$ でホモロジー類が $\beta$ である．」（この主張は $\beta = d\beta'$ なる 2 以上の自然数 $d$ があるときは正しくない．後述する．）この数を $N(\beta)$ とする．$H^2(M; \mathbb{Z})$ の基底を $Q_1, \cdots, Q_b$ とし，$H^4(M; \mathbb{Z})$ の基底 $P_1, \cdots, P_b$ を $P_i \cap Q_j = \delta_{ij}$ なるように選ぶ．$P, Q$ をそれぞれ，$H^0(M; \mathbb{Z}), H^6(M; \mathbb{Z})$ の基底とする．次数の計算と，補題 6.95 により，$P_i$ 以外のものが変数に含まれると，$\beta \neq 0$ に対して $\mathfrak{m}_{k,\beta}$ は 0 になる．

さらに，補題 6.85，(6.22) を使うと，次の補題が得られる．

**補題 6.99** $\mathfrak{m}_{k,\beta}(Q_1, \cdots, Q_k) = \prod_i (\beta \cap Q_i) \, N(\beta)[\beta]$． □

補題 6.99 より，グロモフ-ウィッテンポテンシャルは $N(\beta)$ で表されることになる．すなわち，$\vec{z} = xP + \sum z_i P_i + \sum w_i Q_i + yQ$ とおき，$\beta = \sum \beta_i P_i$ と書くと

**補題 6.100** $Q_i \cap Q_j = \sum c^{ijk} P_k$ とおくと，

$$\Phi_M^{\mathrm{even}}(\vec{z}) = \left( \frac{x^2 y}{2} + \sum x v_i w_i + \frac{1}{6} \sum c^{ijk} w_i w_j w_k \right) + \sum_\beta N(\beta) \exp(\sum \beta_i w_i).$$

□

$\Phi_M^{\mathrm{even}}(\vec{z})$ の第 2 項は，$w_i$ について微分すると，各項が $\beta_i$ 倍になる．このことを用いると，$\Phi_M^{\mathrm{even}}(\vec{z})$ に対しては，WDVV 方程式が自動的に成立することが確かめられる．すなわち，WDVV 方程式は 3 次元キャラビ-ヤウ多様体のグロモフ-ウィッテン不変量に何ら新しい情報をもたらさない．

ここで $N(\beta)$ について注意しておく．キャラビ-ヤウ多様体が半正であることを用いると，次のことが証明できる．（補題 6.101 は [64] pp. 208–209 で

予想として述べられているが，本質的には[253]の議論で証明できる．)

**補題 6.101** $J_M$ を少し動かすと，次のことが成り立つ．
$$\mathcal{M}_{0,0}(M, J_M; \beta) = \mathcal{M}_{0,0}(M, J_M; \beta)_{\text{simple}} \cup \mathcal{M}_{0,0}(M, J_M; \beta)_{\text{multi}}$$
と分かれ，$\mathcal{M}_{0,0}(M, J_M; \beta)_{\text{simple}}$ は向きの付いた 0 次元多様体で，$\mathcal{M}_{0,0}(M, J_M; \beta)_{\text{multi}}$ の元 $\varphi$ は $\pi: S^2 \to S^2$ なる写像度 $d$ が 2 以上の写像と $\mathcal{M}_{0,0}(M, J_M; \beta')_{\text{simple}}$ の元 $\overline{\varphi}: S^2 \to M$ の合成である．ここで $\beta = d\beta'$ ． □

$\mathcal{M}_{0,0}(M, J_M; \beta)_{\text{simple}}$ の元の(符号を含めて数えた)位数を $N_0(\beta)$ と書く．$\mathcal{M}_{0,0}(M, J_M; \beta)_{\text{multi}}$ の部分の寄与の数え方は微妙である．$S^2 \to S^2$ なる写像度 $d$ が 2 以上の写像の全体は次元をもつから，$\mathcal{M}_{0,0}(M, J_M; \beta)_{\text{multi}}$ の次元は 0 でない．したがって，$\mathcal{M}_{0,0}(M, J_M; \beta)_{\text{multi}}$ の次元は仮想次元と一致しない．この分をいくつと数えるかの答えは，次のように与えられる．

**定理 6.102** 補題 6.101 の結論が，積分可能な $J_M$ に対して成り立っていて，さらに，$d\beta' = \beta$ なる任意の $\beta'$ に対して $\mathcal{M}_{0,0}(M, J_M; \beta')_{\text{simple}}$ の元がはめ込まれた有理曲線であれば[*26]，$N(\beta) = \sum_{d\beta' = \beta} d^{-3} N_0(\beta')$ である． □

$d^{-3}$ という係数を導く数学的な議論については，[233]，[241] などを見よ．[64]にも解説されている(Theorem 9.2.3)．

補題 6.100 に代入する．$\sum_d d^{-3} e^x = g(x)$ とおく．
$$\frac{d^3}{dx^3} g = \frac{e^x}{1 - e^x}$$
である．この $g$ を用いて：

**定理 6.103** 定理 6.102 と同じ仮定をする．$Q_i \cap Q_j = \sum c^{ijk} P_k$ とおくと，
$$\Phi_M^{\text{even}}(\vec{z}) = \left( \frac{x^2 y}{2} + \sum x v_i w_i + \frac{1}{6} \sum c^{ijk} w_i w_j w_k \right) + \sum_\beta N_0(\beta) g(\sum \beta_l w_l).$$
□

この節の最後に，「モジュライ空間の量子変形」について少し述べる．定義

---

[*26] この 2 番目の仮定の必要性は，Tian に教えてもらった．$\mathbb{P}^4$ の 5 次曲面の場合でも，$\beta$ の次数が高いと成り立たないであろうことも Tian から聞いた．

6.86 の $\Phi_M^{\text{even}}(z)$ を考える. $z$ の $H^2(M;\mathbb{C})$ 成分の実部がシンプレクティック型式 $\omega$ であった. $N(\beta)$ が 0 でないと, $\beta$ を実現する概正則曲線がある. よって, $\sum \beta_i v_i$ の実部 $\beta \cap \omega$ は正である. すなわち, 定義 6.86 の右辺は $\omega$ を $C\omega$ でおきかえて, $C \to -\infty$ とすると, どんどん収束しやすくなる. このような極限を**巨大体積極限**(large volume limit)という. 予想 6.83 はグロモフ–ウィッテンポテンシャルが巨大体積極限の近傍で収束する, という予想である. そこから離れた場所, すなわち, $\omega$ が 0 に近い場所では, グロモフ–ウィッテンポテンシャルが収束するとは考えられず, どこかで発散する. このことが「モジュライ空間の量子変形」を与えると思われる. すなわち, グロモフ–ウィッテンポテンシャルの定義域は, コホモロジー群の複素化, すなわち $\mathbb{C}^b$ の開集合ではなく, 巨大体積極限から内側に解析接続すると, 曲がった空間の上の関数に解析接続されると考えられる. 物理の言葉を使うと, 巨大体積極限は量子効果すなわち定理 6.103 の右辺の 2 行目が小さい領域であり, 摂動論で物事が理解できる領域である. ここを離れて, 摂動論では物事が理解できない領域(強結合領域)に差し掛かると, たとえばモジュライ空間が量子効果で位相まで変わったりする.

今述べたのは, $\omega$ が 0 に近づく場合であるが, 他にも $\omega$ を動かしていって, どこかでそれが退化する, すなわちシンプレクティック構造でなくなる場合がある. $H^{1,1}(M;\mathbb{C}) \subset H^2(M;\mathbb{C})$ の範囲で動かす場合を考えよう. ケーラー型式で実現できる $H^{1,1}(M;\mathbb{C})$ の元全体を**ケーラー錐**(Kähler cone)という.

まずケーラー錐の内点で $\omega$ が特異になる場合について述べる. たとえば K3 曲面のケーラー錐の内点には, 特異点をもつ K3 曲面に対応する点があることが知られている(Kobayashi–Todorov [203]). Nakajima [277], Bando–Kasue–Nakajima [29]は(複素 2 次元)ケーラー–アインシュタイン多様体の場合に, 直径が有界な範囲での極限は, 軌道体であることを示した. すなわち, 局所的には $\mathbb{C}^2/\Gamma$, $\Gamma \subset SU(2)$ と表される. この場合に $\omega$ が退化している場所は, $M$ のなかで, $\mathbb{CP}^1$ が $A, D, E$ 型のディンキン図形に沿って配置された図形である. いいかえると, 有限個の有理曲線 $S^2 \to M$ に沿って, 退化が起こっている. 複素 3 次元以上では, 軌道体とは限らない退化が生じるが,

§6.3 フロベニウス多様体——293

$\omega$ が退化する場所には，やはり有理曲線が存在しているように思われる[*27]．

次にケーラー錐の境界の近くでの，グロモフ–ウィッテンポテンシャルの振舞いを考えよう．錐定理(cone theorem, [263]第 3 章を見よ)によれば，やはり多くの場合に，$\beta \in H_2(M; \mathbb{Z})$ で有理曲線すなわち正則写像 $S^2 \to M$ で実現できるものが存在し，$\beta \cap \omega = 0$ となる．

以上のように $\omega$ が退化する場所に有理曲線が存在している場合には，定理 6.103 の右辺の 2 行目は発散する(分母が 0 になる)．すなわち，グロモフ–ウィッテンポテンシャルは発散する．

このことの物理での解釈は次の通りである．グロモフ–ウィッテンポテンシャルは重さの大きい状態の効果を積分して得られる低エネルギー有効場の理論の相関関数であるが，退化した $\omega$ に対応した点では，重さが 0 の状態が突然生じる．この新しく生じた重さ 0 の状態の効果を，それが重さの大きい状態であるかのようにして積分してしまうと発散が起きる．

キャラビ–ヤウ多様体から作られるフロベニウス多様体は，退化した $\omega$ に対応した点のところで，別のキャラビ–ヤウ多様体から作られるフロベニウス多様体(あるいは別のやり方で作られるフロベニウス多様体)につながっていると考えられる[*28]．キャラビ–ヤウ多様体のモジュライ空間をすべてつなぐと連結になるのではないか，というリードの空想(Reid fantasy)は，このような描像にかかわっていると考えられている．

**注意 6.104** 本書では，グロモフ–ウィッテン不変量については，種数 0 以外の場合は定義にしか触れなかった．種数が 1 以上の場合のグロモフ–ウィッテン不変量の研究には，キャラビ–ヤウ多様体の場合の Bershadsky–Ceccoti–Ooguri–Vafa [43]による量子小平–スペンサー理論(quantum Kodaira-Spencer theory)や，ファノ多様体(Fano manifold，$c^1(M)$ が正を意味する)の場合に Eguchi–Hori–Xiong [87], Eguchi–Xiong [88]が見出したヴィラソロ代数(Vlrasoro algebra)の作用などがある．(ともに物理学者による研究である．) 両方とも，きわめて興味深いのだが，筆者の能力不足で述べられない．前者については，数学の立場での研究は

---

[*27] 筆者は 3 次元代数多様体論については素人なので，これがどのくらいもっともらしいかはよくわからない．以下のこの節の終りまでの記述についても同様．

[*28] [396]などを見よ．

まだあまりなされていないように思われる．後者についての数学的な研究は，盛んになりつつある．[84], [139], [147], [237]などを見よ．

## §6.4 ホモトピー代数と変形理論

この節と次の節では，$B$ 模型の場合に観察 6.73 に数学的内容を与える．その基礎となるのが，複素構造の変形理論である．その要約から始める．詳しくは[209], [210], [371]を見よ．まず，話が多少単純になるベクトル束の複素構造の変形を考える．$E \to M$ を複素多様体 $M$ 上のベクトル束とする．$E$ には正則ベクトル束の構造が与えられているとしよう[*29]．出発点となるこの構造を $\bar{\partial}: E \to E \otimes \Lambda^{0,1}M$ とおく．$\bar{\partial}$ を変形して得られる，$E$ 上の正則ベクトル束の構造を調べる．$\bar{\partial}_\epsilon$ を $\bar{\partial}$ を変形して得られる正則ベクトル束の構造の族とする．補題 2.51 より $\bar{\partial}_\epsilon - \bar{\partial}$ は 0 階の微分作用素である．そこで，

(6.28) $$\bar{\partial}_\epsilon = \bar{\partial} + \epsilon B_1 + \epsilon^2 B_2 + \cdots$$

と展開しよう．$B_i$ はベクトル束 $\mathrm{Hom}(E, \Lambda^{0,1} \otimes E)$ の切断である．$\bar{\partial}_\epsilon$ が正則ベクトル束の構造を与えるための必要十分条件は，定理 2.49 で説明した．すなわち積分可能条件 $\bar{\partial}_\epsilon \bar{\partial}_\epsilon = 0$ である．(6.28)を代入し，$\epsilon$ の各べきの係数を見ると，次の一連の方程式を得る．

(6.29) $$\bar{\partial}\bar{\partial} = 0,$$

(6.30) $$\bar{\partial} B_1 = 0,$$

(6.31) $$\bar{\partial} B_2 + B_1 \wedge B_1 = 0,$$

(6.32) $$\bar{\partial} B_3 + B_1 \wedge B_2 + B_2 \wedge B_1 = 0,$$
$$\cdots$$

この方程式系を調べる前に，2 つの変形 $\bar{\partial} + B_\epsilon$ と $\bar{\partial} + B'_\epsilon$ が同じであるという条件を見ておこう．

**定義 6.105** $\varphi_\epsilon: E \to E$ なる複素ベクトル束としての自己同型の族が存在

---

[*29] 複素ベクトル束とは，単にファイバーが複素ベクトル空間であることを指し，正則ベクトル束とは，変換系が正則(holomorphic)であることを指す．

§6.4 ホモトピー代数と変形理論 —— 295

(6.33) $$\varphi_\epsilon \circ (\overline{\partial} + B_\epsilon) = (\overline{\partial} + B'_\epsilon) \circ \varphi_\epsilon$$

が成り立つとき，2つの変形は同型であるという． □

$\varphi_\epsilon = 1 + \epsilon g_1 + \epsilon^2 g_2 + \cdots$ とべき級数展開する．$g_i$ は $\mathrm{Hom}(E, E)$ の切断である．(6.33)に代入すると，$\overline{\partial}(g_1) = B_1 - B'_1$ などが得られる．

さて，方程式系(6.29)～(6.32)に戻ろう．(6.29)は $\overline{\partial}$ の積分可能性であるから，仮定により成り立っている．(6.30)からドルボーコホモロジー $[B_1] \in H^1_{\overline{\partial}}(M; \mathrm{Hom}(E, E))$ の元が定まる．$\overline{\partial}(g_1) = B_1 - B'_1$ から，コホモロジー類 $[B_1]$ は変形の同型類だけから決まることがわかる．すなわち，$H^1_{\overline{\partial}}(M; \mathrm{Hom}(E, E))$ が方程式 $\overline{\partial}_\epsilon \overline{\partial}_\epsilon = 0$ の線型化方程式の解の空間である．次の定理が知られている．

**定理 6.106** $H^2_{\overline{\partial}}(M; \mathrm{Hom}(E, E)) = 0$ であれば，$H^1_{\overline{\partial}}(M; \mathrm{Hom}(E, E)) = 0$ の 0 の近傍でパラメータ付けられた，$E$ の正則ベクトル束の構造の族が存在する． □

さて次に(6.31)を考える．この条件は積 $[B_1] \wedge [B_1] \in H^2_{\overline{\partial}}(M; \mathrm{Hom}(E, E))$ が 0 であることを意味する．記号を思い出しておくと，(6.31)の $B_1 \wedge B_1$ は微分型式としては外積を，$\mathrm{Hom}(E, E)$ の元としては合成をとる．この定義は 3 つの正則ベクトル束 $E_1, E_2, E_3$ があるときの写像

$$H^{k_1}_{\overline{\partial}}(M; \mathrm{Hom}(E_1, E_2)) \otimes H^{k_2}_{\overline{\partial}}(M; \mathrm{Hom}(E_2, E_3))$$
$$\to H^{k_1+k_2}_{\overline{\partial}}(M; \mathrm{Hom}(E_1, E_3))$$

に一般化される．これを**米田積**(Yoneda product)という[*30]．$E$ が直線束だと，$\mathrm{Hom}(E, E)$ での合成は可換だから，外積の次数付き可換性より $B_1 \wedge B_1 = -B_1 \wedge B_1 = 0$ である．$E$ の階数が 2 以上だと，$\mathrm{Hom}(E, E)$ は非可換だから，$[B_1] \wedge [B_1]$ が 0 でない可能性が出てくる．

(6.31)はこの積が 0 であることを意味する．すなわち，$H^1(M; \mathrm{Hom}(E, E)) \to H^2(M; \mathrm{Hom}(E, E))$，$[B_1] \mapsto [B_1 \wedge B_1]$ という写像が変形の障害を与える．

---

[*30] 米田積は $E_i$ が正則ベクトル束とは限らない解析的連接層の場合に一般化される．その場合は $H^{k_1}_{\overline{\partial}}(M; \mathrm{Hom}(E_1, E_2))$ のかわりに $\mathrm{Ext}^{k_1}(E_1, E_2)$ を考える．

この写像の意味を述べるために定理 6.106 の一般化を書いておく.

**定理 6.107** $s: H^1_{\bar{\partial}}(M; \mathrm{Hom}(E, E)) \to H^2_{\bar{\partial}}(M; \mathrm{Hom}(E, E))$ なる原点の近傍で定義された正則写像が存在し, $s^{-1}(0)$ は $E$ の正則構造のモジュライ空間の $\bar{\partial}$ の近傍と(複素解析空間あるいはスキームとして)同型である. □

$s$ を**倉西写像**(Kuranishi map)という. 写像 $[B_1] \mapsto [B_1 \wedge B_1]$ は倉西写像の 2 次近似である. (倉西写像の 0 での値および 0 での 1 階微分は 0 である.)

方程式(6.32)を考えよう. (6.32)は $[B_1 \wedge B_2 + B_2 \wedge B_1] \in H^2(M; \mathrm{Hom}(E, E))$ が 0 であることを意味する.

一般に $[a_i] \in H^{k_i}(M; \mathrm{Hom}(E_i, E_{i+1}))$ があって $[a_1 \wedge a_2] = 0$, $[a_2 \wedge a_3] = 0$ であるとする. このとき $\bar{\partial} b_1 = a_1 \wedge a_2$, $\bar{\partial} b_2 = a_2 \wedge a_3$ なる $b_1, b_2$ をとり, $b_1 \wedge a_3 + (-1)^{k_1} a_1 \wedge b_2$ を考えると, $\bar{\partial}(b_1 \wedge a_3 + (-1)^{k_1} a_1 \wedge b_2) = 0$ が確かめられ, $H^{k_1 + k_2 + k_3 - 1}(M; \mathrm{Hom}(E_1, E_3))$ の元 $[b_1 \wedge a_3 + (-1)^{k_1} a_1 \wedge b_2]$ が得られる. これを**マッセイ–米田 3 重積**(Massey-Yoneda triple product)という. ただし, マッセイ–米田 3 重積は, $b_1, b_2$ のとり方によって変わってしまい, $H^{k_1 - 1}(M; \mathrm{Hom}(E_1, E_2)) \oplus H^{k_2 - 1}(M; \mathrm{Hom}(E_2, E_3))$ から $H^{k_1 + k_2 + k_3 - 1}(M; \mathrm{Hom}(E_1, E_3))$ への写像 $x_1 \oplus x_2 \mapsto x_1 \wedge a_3 + a_1 \wedge x_2$ の像のぶん値が決まらない.

以上述べたことにより, 定理 6.107 の倉西写像の 3 次の項はマッセイ–米田 3 重積で与えられる. 4 次以降の項については述べないが, 高次マッセイ–米田積である.

以上の話は $M$ の複素構造(その上のベクトル束ではなく)のモジュライ空間の場合もほぼ平行して行える[*31].

$$b = \sum b_{i,\bar{j}} \frac{\partial}{\partial z_i} \otimes d\bar{z}_j \in \Gamma(M; TM^{1,0} \otimes \Lambda^{0,1} M)$$

を考える. $\bar{\partial}: C^\infty(M) \to \Gamma(M; \Lambda^{0,1} M)$ がもともとの複素構造を表すとして, $\bar{\partial} + b: C^\infty(M) \to \Gamma(M; \Lambda^{0,1} M)$ を次の式で定義する.

(6.34) $\qquad (\bar{\partial} + b)(f) = \bar{\partial}(f) + \sum b_{i,\bar{j}} \frac{\partial f}{\partial z_i} \otimes d\bar{z}_j.$

---

[*31] 複素構造の変形の場合の方が先になされた.

§6.4 ホモトピー代数と変形理論 —— 297

**注意 6.108** ベクトル束の変形の場合には，$B$ が入っている項は 0 階の微分作用素で，つまり，$\overline{\partial}_\epsilon - \overline{\partial}$ は微分を含まなかった．(6.34) の $b$ を含む項は 1 階の微分作用素である．これが大きな違いである．

$\overline{\partial}+b$ が複素構造を定めるという式 $(\overline{\partial}+b)(\overline{\partial}+b)=0$ を計算しよう．

**定義 6.109** $[b,b']\in\Gamma(M;TM^{1,0}\otimes\Lambda^{0,2}M)$ を次の式で定義する．

$$[b,b'] = \sum\left(b_{i,\bar{j}}\frac{\partial b'_{i',\bar{j}'}}{\partial z_i} - b'_{i',\bar{j}'}\frac{\partial b_{i,\bar{j}}}{\partial z_i}\right)\otimes d\overline{z}_j \wedge d\overline{z}_{j'}.$$
□

**補題 6.110** $(\overline{\partial}+b)(\overline{\partial}+b)=0$ は $\overline{\partial}b+\dfrac{1}{2}[b,b]=0$ と同値である． □

証明は直接計算でできる．[371] を見よ．$b_\epsilon = \epsilon b_1 + \epsilon^2 b_2 + \cdots$ とおいて $\overline{\partial}b+\dfrac{1}{2}[b,b]=0$ を計算すると

(6.35)
$$\begin{cases} \overline{\partial}\,\overline{\partial} = 0, \\ \overline{\partial}b_1 = 0, \\ \overline{\partial}b_2 + \dfrac{1}{2}[b_1,b_1] = 0, \\ \cdots \end{cases}$$

が得られる．これからベクトル束の変形と同様な考察ができる．定理 6.106 にあたる定理が Kodaira–Nirenberg–Spencer [208] により，定理 6.107 にあたる定理が Kuranishi [229] により示されている．

ベクトル束の変形の場合には，結合的で一般には非可換な多元環 (algebra) $\mathrm{Hom}(E,E)$ が現れた．複素構造の変形の場合には，リー環 (Lie algebra) $\Gamma(M;TM^{0,1})$ がその役割を果たす．(定義 6.109 はベクトル場の括弧積と微分型式の外積の組み合わせである.)

この節の主目的はホモロジー代数(ホモトピー代数)の言葉で変形理論を論じることである．抽象的なホモロジー代数の枠組みで論じておくことで，§6.5 で論じる 2 つの場合，$B$ 模型と変形量子化，さらに，§6.6 で論じるラグランジュ部分多様体のモジュライ空間の量子変形の 3 つを，統一的な枠組

みで扱うことができる*32. ホモトピー代数による変形理論には，リー環版と多元環版があり，複素構造の変形およびベクトル束の変形に対応する．以下まず微分リー環，微分多元環の双方を強ホモトピーリー環(strong homotopy Lie algebra)別名 $L^\infty$ 代数($L^\infty$ algebra)，および強ホモトピー多元環($A^\infty$ 代数)に一般化する．こうする利点は2つある．1つは，後述の定理6.123である．すなわち，微分リー環，微分多元環を扱う場合でも，写像は微分リー環の写像，微分多元環の写像だけではなく，$L^\infty$ 写像，$A^\infty$ 写像に広げておいた方が都合がよい．もう1つは，量子効果により，微分多元環や微分リー環が $A^\infty$ 代数や $L^\infty$ 代数に変わる例があることである．前者の例が§6.6で論じるラグランジュ部分多様体のフレアーホモロジーで，後者の例は(本書では扱わないが) Eliashberg–Hofer らによる接触ホモロジー(contact homology)である(論文はまだ出ていないが，予告が[94]である).

以下の記述は，Schechtman [324]*33, Schlessinger [325], Schlessinger-Stasheff [326], Goldman–Millson [152], [153], Kontsevich [221], Manin [243] などを参考にした．障害類を含める扱いは，[122]が最初ではないかと思う.

$R$ を $\mathbb{C}$ 上の可換環，$C$ を次数付き $R$ 加群とし，前の節の記号を使う．$\Pi C$ で $C$ の次数をずらしたもの，すなわち $(\Pi C)^k = C^{k+1}$ とおく．(コホモロジーで考えるので，次数は上に書く．) 定義6.66で導入した $B\Pi C, E\Pi C$ の，テンソル積が $k$ 個の部分を $B_k \Pi C, E_k \Pi C$ と書く.

$$\mathfrak{m}_k : B_k \Pi C \to \Pi C, \quad \mathfrak{l}_k : E_k \Pi C \to \Pi C$$

なる次数 +1 の写像の列を考える.

**注意 6.111** ずらす前の元の次数で考えると，$\mathfrak{m}_k, \mathfrak{l}_k$ は $2-k$ 次である．$\mathfrak{m}_1$ は余境界，$\mathfrak{m}_2$ はカップ積のようなものだと考えればよい．$\mathfrak{m}_1$ は1次，$\mathfrak{m}_2$ は0次だから話が合う．わざわざ次数をずらすのは，符号を組織的に決めるのが目的の1つである.

---

*32 この3つの類似は偶然ではなく，融合して大きな理論が形作られていくと思われるが，現在その途上にある.

*33 Drinfeld からの1988年の私信と，Kontsevich の講演に触発されたものだという.

$B$ の場合は(6.36)で,$E$ の場合には(6.37)で $B\Pi C \to B\Pi C$, $E\Pi C \to E\Pi C$ に拡張する.

(6.36)
$$\hat{d}_k(x_1 \cdots x_n) = \sum_{i=1}^{n-k+1} \pm x_1 \otimes \cdots \otimes \mathfrak{m}_k(x_i \cdots x_{i+k-1}) \otimes \cdots \otimes x_n$$

(6.37)
$$\hat{d}_k(x_1 \cdots x_n) = \sum_k \sum_{\sigma \in \mathfrak{S}_n} \pm \frac{1}{k!(n-k)!} \mathfrak{l}_k(x_{\sigma(1)} \cdots x_{\sigma(k)}) \otimes x_{\sigma(k+1)} \otimes \cdots \otimes x_{\sigma(n)}$$

ここで符号は(6.36)では $(-1)^{\deg x_1 + \cdots + \deg x_{k-1}}$ ( deg はずらした後の符号)で,(6.37)では $x_1 \cdots x_n = \pm x_{\sigma(1)} \cdots x_{\sigma(n)}$ で決める.また,$\mathfrak{S}_n$ は $\{1, \cdots, n\}$ の間の置換全体を表す.$k$ は 0 以上の整数を動く場合と,1 以上の整数を動く場合を両方考える.$\hat{d} = \sum \hat{d}_k$ とおく.

$BC, EC$ には余積(coproduct) $\Delta: BC \to BC \otimes BC$, $\Delta: EC \to EC \otimes EC$ が定まる.すなわち

(6.38) $$\Delta(x_1 \cdots x_n) = \sum_{k=0}^{n} (x_1 \cdots x_k) \otimes (x_{k+1} \cdots x_n)$$

(6.39) $$\Delta(x_1 \cdots x_n) = \sum_{\sigma \in \mathfrak{S}_n} \sum_{k=0}^{n} \pm \frac{1}{k!(n-k)!} (x_{\sigma(1)} \cdots x_{\sigma(k)}) \otimes (x_{\sigma(k+1)} \cdots x_{\sigma(n)})$$

である((6.39)の符号は(6.37)と同じ).($k=0$ のときは $x_1 \cdots x_k = 1$ とみなす.)

$\Delta$ は余結合的(coassociative)である.すなわち,$(\Delta \otimes 1)\Delta = (1 \otimes \Delta)\Delta$ である.また,$(EC, \Delta)$ は余可換(cocommutative)である.つまり,$T: EC \otimes EC \to EC \otimes EC$ を $T(x \otimes y) = (-1)^{xy} y \otimes x$ で定義すると,$T\Delta = \Delta$ である.(今後,$(-1)$ の肩にあるとき $x$ は $\deg x$ を意味する.) $BC, EC$ はそれぞれ,自由余結合的余代数(free coassociative coalgebra),および,自由余可換余結合的余代数(free coassociative cocommutative coalgebra)である.

また,$\hat{d}$ は余微分(coderivative)である.すなわち,$\Delta \hat{d} = (\hat{d} \otimes 1 + 1 \otimes \hat{d})\Delta$

が成り立つ．$((1\otimes \hat{d})(x\otimes y) = (-1)^x x\otimes \hat{d}(y)$ とおく．)

**定義 6.112** $(B\Pi C, \mathfrak{m}_k)$ $(k>0)$ が $\boldsymbol{A}^\infty$ **代数**であるとは $\hat{d}\hat{d}=0$ であることを指す．$(E\Pi C, \mathfrak{l}_k)$ $(k>0)$ が $\boldsymbol{L}^\infty$ **代数**であるとは $\hat{d}\hat{d}=0$ であることを指す．$k\geqq 0$ で考えた場合を**弱 $\boldsymbol{A}^\infty$ 代数**(weak $A^\infty$ algebra)，**弱 $\boldsymbol{L}^\infty$ 代数**(weak $L^\infty$ algebra)と呼ぶ[*34]． □

**注意 6.113** $A^\infty$ 代数の概念は Stasheff [347] による．

$\mathfrak{m}_0=0$ の場合に，$\hat{d}\hat{d}=0$ なる関係式を具体的に見てみよう．$\mathfrak{m}_0=0$ を仮定すると，$B\Pi C, E\Pi C$ のフィルター付けが決まる[*35]．すなわち

$$(6.40)\qquad \mathfrak{G}_k B\Pi C = \sum_{\ell\leqq k} B_\ell \Pi C, \quad \mathfrak{G}_k E\Pi C = \sum_{\ell\leqq k} E_\ell \Pi C$$

とおく．このフィルター付けを**個数フィルター**(number filter)と呼ぶことにする．$\hat{d}(\mathfrak{G}_k B\Pi C) \subset \mathfrak{G}_k B\Pi C$, $\hat{d}(\mathfrak{G}_k E\Pi C) \subset \mathfrak{G}_k E\Pi C$ が成り立つ．($\mathfrak{m}_0, \mathfrak{l}_0$ が 0 でないと，$\hat{d}$ は個数フィルターを保たない．) $\hat{d}^2=0$ を $\mathfrak{G}_k B\Pi C$ で考えると，関係式が次々と得られる．すなわち

$$(6.41)\qquad 0 = \mathfrak{m}_1 \mathfrak{m}_1,$$

$$(6.42)\qquad 0 = \mathfrak{m}_1 \mathfrak{m}_2(xy) + \mathfrak{m}_2(\mathfrak{m}_1(x)y) + (-1)^x \mathfrak{m}_2(x\mathfrak{m}_1(y)),$$

$$\begin{aligned}(6.43)\qquad 0 =\ & \mathfrak{m}_1 \mathfrak{m}_3(xyz) + \mathfrak{m}_3(\mathfrak{m}_1(x)yz) \\ & + (-1)^x \mathfrak{m}_3(x\mathfrak{m}_1(y)z) + (-1)^{x+y} \mathfrak{m}_3(xy\mathfrak{m}_1(z)) \\ & + \mathfrak{m}_2(\mathfrak{m}_2(xy)z) + (-1)^x \mathfrak{m}_2(x\mathfrak{m}_2(yz))\end{aligned}$$

である．(6.41)は $\mathfrak{m}_1$ が微分であることを表し，(6.42)は積 $\mathfrak{m}_2$ が積の微分法の公式を満たすことを示す．(6.43)は結合律であるが，符号に注意を要する．すなわち，$x\cdot y = (-1)^{x-1}\mathfrak{m}_2(xy)$ とする[*36]．($\deg x - 1$ は，$x$ のもともと

---

[*34] このあたりの用語はまだ標準的なものが定まっておらず，$k\geqq 0$ とする場合と $k>0$ とする場合が文献によって両方ある．

[*35] このフィルター付けは，次に述べるノビコフ環のエネルギーフィルターによるものとは異なるから注意を要する．

[*36] Getzler–Jones [140] による．

の次数である.)すると,たとえば $\mathfrak{m}_3 = 0$ のとき,(6.43)は結合律 $(x \cdot y) \cdot z = x \cdot (y \cdot z)$ になる.

同様に計算すると,$L^\infty$ 代数の関係式は 3 番目がヤコビ律になる.すなわち $\mathfrak{l}_2$ 以外はすべて 0 とすると:

$\mathfrak{l}_2(xy) = (-1)^{xy} \mathfrak{l}_2(yx),$

$\mathfrak{l}_2(\mathfrak{l}_2(xy), z) + (-1)^{(x+y)z} \mathfrak{l}_2(\mathfrak{l}_2(zx), y) + (-1)^{(y+z)x} \mathfrak{l}_2(\mathfrak{l}_2(yz), x) = 0$

が $L^\infty$ 関係式であるが,$[x, y] = (-1)^{x-1} \mathfrak{l}_2(xy)$ とおくと,

$[x, y] + (-1)^{(x+1)(y+1)}[y, x] = 0,$

$[[x, y], z] + (-1)^{(x+y)(z+1)}[[z, x], y] + (-1)^{(y+z)(x+1)}[[y, z], x] = 0$

になる.これは,1 ずらす前のもともとの次数についての,次数付きリー環の関係式である.

個数フィルターにより,次のスペクトル系列が得られる.

(6.44) $\qquad E_2 \simeq BH^*(\Pi C, \mathfrak{m}_1) \implies H^*(B\Pi C, \hat{d})$

(6.45) $\qquad E_2 \simeq EH^*(\Pi C, \mathfrak{m}_1) \implies H^*(E\Pi C, \hat{d})$

$L^\infty$ 代数,$A^\infty$ 代数の形式的変形理論(すなわち形式的べき級数の範囲での変形理論)には,$R$ のかわりにノビコフ環またはその部分環である形式的べき級数環 $\mathbb{C}[[T]][u, u^{-1}]$ で考える.$\Lambda$ をこのどちらかの環とする.$\Lambda_{\mathrm{nov}, 0}$ をノビコフ環のイデアルで,$\sum T^{\lambda_i} \otimes u^{n_i}$, $\lambda_i > 0$ なるもの全体を表す.$\Lambda_0 = \Lambda \cap \Lambda_{\mathrm{nov}, 0}$ とおく.$\Lambda / \Lambda_0$ は $\mathbb{C}[u, u^{-1}]$ に同型である.

$\Lambda$ 加群 $C$ の**付値**(valuation)とは,$|\cdot| : C \to \mathbb{R}$ であって,$|ax| \geqq |a| + |x|$ が $a \in \Lambda$, $x \in C$ に対して成立するものを指す.ここで $|a|$ は補題 6.77 の直前に定義したエネルギーである.$|\cdot|$ によるフィルター付けを,**エネルギーフィルター**(energy filter)と呼ぶ.($\Lambda$ が形式的べき級数環のときは $|\cdot|$ は整数値をとるとする.)

次数付き $R = \mathbb{C}$ 加群 $\overline{C}$ と $L^\infty$ 代数,$A^\infty$ 代数 $(E\Pi \overline{C}, \overline{\mathfrak{m}}_k)$, $(B\Pi \overline{C}, \overline{\mathfrak{m}}_k)$ で

$$\frac{C}{\Lambda_0 C} \simeq \overline{C} \otimes \mathbb{C}[u, u^{-1}]$$

なるものを考える．以後 $C$ は $|x|=0$ なる元 $x$ で $\Lambda_{\text{nov}}$ 上生成されると仮定する．

$\mathfrak{m}_k:\widehat{B\Pi C}\to C$，または $\mathfrak{m}_k:\widehat{E\Pi C}\to C$ が与えられているとする．$\mathfrak{m}_k$ はエネルギーフィルターを保つとする．この場合は完備化して $\hat{d}:\widehat{B\Pi C}\to\widehat{B\Pi C}$, $\hat{d}:\widehat{E\Pi C}\to\widehat{E\Pi C}$ を考えるが，式(6.36), (6.37)は同じである．$\mathfrak{m}_k$ がフィルターを保つことから，$\hat{d}$ が完備化まで拡張される．

**定義6.114** $(\widehat{B\Pi C},\mathfrak{m}_k)$ が，$(B\Pi\overline{C},\overline{\mathfrak{m}}_k)$ の変形であるフィルター付き $A^\infty$ 代数(filtered $A^\infty$ algebra)であるとは，$\hat{d}\hat{d}=0$ でかつ，$\mathfrak{m}_k$ を $\Lambda_{\text{nov},0}$ を法として考えると，$\overline{\mathfrak{m}}_k$ を $\mathbb{C}[u,u^{-1}]$ に係数拡大したものと一致することを指す．

フィルター付き $L^\infty$ 代数(filtered $L^\infty$ algebra)も同様に定義する．$m_0,\mathfrak{l}_0$ も含めて考えた場合を，**フィルター付き弱 $A^\infty$ 代数**(filtered weak $A^\infty$ algebra)，**フィルター付き弱 $L^\infty$ 代数**(filtered weak $L^\infty$ algebra)と呼ぶ． □

**注意6.115** $A^\infty$ 代数や $L^\infty$ 代数を変形理論で使うのは，[326]あたりから始まる．フィルター付き $A^\infty$ 代数は，[122]で導入された．

$x_i$ を $C$ の生成元で $|x_i|=0$ なるものとする．$x_i$ は $\overline{C}$ の $\mathbb{C}$ 上の基底とも同一視できる．

$$(6.46) \qquad \mathfrak{m}_k(x_{i_1}\cdots x_{i_k})=\sum_j \mathfrak{m}_{k,\lambda_j}(x_{i_1}\cdots x_{i_k})T^{\lambda_j}\otimes u^{n_j}$$

と表せる($\mathfrak{l}_{k,\lambda_i}$ も同様に定める)．$u$ が登場しない場合すなわち $n_j=0$ の場合は，$T$ に数を代入して得られる $\mathfrak{m}_k$ たちが収束すれば，$\overline{C}$ 上の $A^\infty$ 代数，$L^\infty$ 代数の構造が得られる．仮定より，これは $T=0$ で変形前の $A^\infty$ 代数，$L^\infty$ 代数と一致する．

フィルター付き弱 $A^\infty$ 代数，弱 $L^\infty$ 代数が与えられると，それから，フィルター付き $A^\infty$ 代数，$L^\infty$ 代数のモジュライ空間が構成できる．その構成を説明する．$b\in(\Pi C)^0=C^1$, $b\equiv 0 \mod \Lambda_0$ に対して

$$(6.47)\ e^b=1+b+b\otimes b+b\otimes b\otimes b+\cdots \qquad A^\infty \text{ 代数の場合}$$

$$(6.48)\ e^b=1+b+\frac{1}{2}b\otimes b+\frac{1}{3!}b\otimes b\otimes b+\cdots \qquad L^\infty \text{ 代数の場合}$$

とおく．$b \equiv 0 \mod \Lambda_0$ と完備性より右辺は収束する．$\Delta e^b = e^b \otimes e^b$ が成り立つ．

(6.49) $\qquad \mathfrak{m}_k^b(x_1 \cdots x_k) = \mathfrak{m}_*(e^b x_1 e^b \cdots e^b x_k e^b)$
(6.50) $\qquad \mathfrak{l}_k^b(x_1 \cdots x_k) = \mathfrak{l}_*(e^b x_1 \cdots x_k)$

と定義する ($k \geq 0$)．(式(6.49), (6.50)では，括弧の中の項を展開して，各項の $*$ に括弧の中の変数と数が合うように $k' \geq k$ を代入する.)

**命題 6.116** $\mathfrak{m}_k^b, \mathfrak{l}_k^b$ はフィルター付き弱 $A^\infty$ 代数またはフィルター付き弱 $L^\infty$ 代数の構造を定める．$\qquad \square$

証明は素直に代入して計算すればよい．読者に任せる([122]を見よ).

**命題 6.117** $\mathfrak{m}_k^b$ がフィルター付き $A^\infty$ 代数，$\mathfrak{l}_k^b$ がフィルター付き $L^\infty$ 代数になるための必要十分条件は $\mathfrak{m}_*(e^b) = 0$, $\mathfrak{l}_*(e^b) = 0$ である．$\qquad \square$

証明は定義より明らかである．

$\hat{d}(e^b) = e^b \mathfrak{m}_*(e^b) e^b$ より，命題 6.117 の条件は $\hat{d}(e^b) = 0$ と書いてもよい．

条件式 $\mathfrak{m}_*(e^b) = 0$ を書きかえると，たとえば $A^\infty$ 代数の場合

(6.51) $\qquad \mathfrak{m}_0(1) + \mathfrak{m}_1(b) + \mathfrak{m}_2(b,b) + \mathfrak{m}_3(b,b,b) + \cdots = 0$

になる．もともとは $\mathfrak{m}_0(1) = 0$ だったとすると，$\mathfrak{m}_1 = d$, $\mathfrak{m}_2 = \wedge$ と書いて (6.51) は $db + b \wedge b + \cdots = 0$ となる．これは $A^\infty$ 代数の場合は $(\overline{\partial} + B)^2 = 0$ というベクトル束の変形の方程式の類似で，$L^\infty$ 代数の場合は複素構造の変形の方程式の類似になる．

(6.51)(とその $L^\infty$ 代数の場合の類似物)をモーラー–カルタン方程式 (Maurer-Cartan equation)，または，**Batalin–Vilkovsky のマスター方程式** (Batalin-Vilkovsky master equation) と呼ぶ．

**注意 6.118** 前者は対称空間やリー群の研究から出てきたもので，後者は**拘束系のハミルトン力学**[*37] から出てきたものである．これらは第 3 章の最後で名前だけ出した，**BRST コホモロジー** などともかかわっている．また，外微分方程式やハミルトン系の対称性にかかわる諸理論[53]や A. Vinogradov の $C$ スペクト

---

[*37] 日本語で読める解説には[273]などがある．ただし物理学者によるもので，数学が専門の人間には読みにくい．数学者による文献には[348]などがある．

ル系列[377]などとも関係が深い.

**定義 6.119** $\hat{\mathcal{M}}(C)$ で $\hat{d}e^b = 0$ なる $b$ 全体を表す. □

次に, $A^\infty$ および $L^\infty$ 代数のホモトピー同値を定義する. $\varphi_k : B_k \Pi C \to \Pi C'$ (または, $\varphi_k : E_k \Pi C \to \Pi C'$) なる $R$ 準同型の族があるとする.

**補題 6.120** $\hat{\varphi} : B\Pi C \to B\Pi C'$ なる余準同型で, $\hat{\varphi}$ の $B_k \Pi C$ への制限と, $B\Pi C' \to \Pi C'$ なる射影の合成が $\varphi_k$ に一致するものが, 唯ひとつ存在する. $\hat{\varphi} : E\Pi C \to E\Pi C'$ についても同様.

[証明]
$$\hat{\varphi}(x_1 \cdots x_n) = \sum_{0 = k_1 \leq \cdots \leq k_\ell = n} \varphi_{k_2 - k_1}(x_1 \cdots x_{k_2}) \cdots \varphi_{k_\ell - k_{\ell-1}}(x_{k_{\ell-1}+1} \cdots x_n)$$

とおけばよい. 余準同型であること, すなわち $\Delta \hat{\varphi} = (\hat{\varphi} \otimes \hat{\varphi})\Delta$ は容易にわかる. 一意性は余準同型の定義を見直せばわかる. $E$ についても同様. ∎

($\varphi_0$ がない場合) $\hat{\varphi}$ は個数フィルターを保つことに注意する.

**定義 6.121** $\varphi_k, k \geq 1$ が $A^\infty$ 準同型写像($A^\infty$ homomorphism)であるとは, $\hat{\varphi}\hat{d} = \hat{d}\hat{\varphi}$ であることを指す. $L^\infty$ 準同型写像($L^\infty$ homomorphism)であることの定義も同様.

$k \geq 0$ の範囲で考えたときを, 弱 $A^\infty$ 準同型写像(weak $A^\infty$ homomorphism), 弱 $L^\infty$ 準同型写像(weak $L^\infty$ homomorphism)と呼ぶ. □

**定義 6.122** $A^\infty$ 写像がホモトピー同値写像であるとは, $\hat{d}$ のホモロジーに同型を導くことを指す. $L^\infty$ 写像の場合も同様. □

ホモロジーに同型を導くというのは, ホモトピー同値の定義には弱いような気がするかもしれないが, トポロジーの場合は Whitehead の定理すなわち「ホモロジーに同型を導くような(単連結な多様体の間の)連続な写像はホモトピー同値」がある. われわれの場合も次の定理が成り立つ.

**定理 6.123** $A^\infty$ 写像 $\hat{\varphi} : B\Pi C \to B\Pi C'$ に対して, $\varphi_1 : (\Pi C, \mathfrak{m}_1) \to (\Pi C', \mathfrak{m}'_1)$ がホモロジーに同型を導けば, $A^\infty$ 写像 $\hat{\varphi}' : B\Pi C' \to B\Pi C$ が存在し, $\varphi'_1$ はホモロジーに逆写像を与える. $L^\infty$ 写像の場合も同様. □

**系 6.124** $A^\infty, L^\infty$ 代数のホモトピー同値は同値関係である. □

§6.4 ホモトピー代数と変形理論 —— 305

**注意 6.125** 定理 6.123 は $A^\infty$, $L^\infty$ 構造を考えることの重要な利点である．微分多元環あるいは微分リー環の範囲で考える場合でも，定理 6.123 を成り立たせるためには，$A^\infty$, $L^\infty$ 写像まで考えなければならない．

導来圏(derived category)の構成のためには，圏の局所化(localization)を行って，ホモロジーに同型を導く写像をすべて可逆にする（[136]，[173] など参照）．$A^\infty$, $L^\infty$ 写像を考えると，この操作が必要ない．

**注意 6.126** スペクトル系列(6.44)，(6.45)により，$\varphi_1$ がホモロジーに同型を導けば，$\hat{\varphi}$ もホモロジーに同型を導く．さらに，$\hat{\varphi}$ の $\mathfrak{G}_k C$ への制限もホモロジーに同型を導く．

[定理 6.123 の証明] $A^\infty$ 代数の場合を示すが，$L^\infty$ 代数の場合も，ほとんど同じである．$k$ に関する帰納法で $\varphi'_k$ を構成する．鎖複体の同型を導く鎖写像 $\varphi_1$ に対して，ホモロジーに逆を導く $\varphi'_1$ を構成するのは容易である．$\varphi'_{k-1}$ まで構成されたとする．$\hat{\varphi}'_{k-1} : \mathfrak{G}_{k-1} B \Pi C' \to \mathfrak{G}_{k-1} B \Pi C$ および，$\overline{\varphi}': \mathfrak{G}_k B \Pi C' / \mathfrak{G}_1 B \Pi C' \to \mathfrak{G}_k B \Pi C / \mathfrak{G}_1 B \Pi C$ が $\varphi'_1, \cdots, \varphi'_{k-1}$ から定まる．注意 6.126 より，$\hat{\varphi}'_{k-1}$, $\overline{\varphi}'$ はホモロジーに同型を導く．$\hat{\varphi}'^0 : \mathfrak{G}_k B \Pi C' \to \mathfrak{G}_k B \Pi C$ を，$\mathfrak{G}_{k-1} B \Pi C'$ 上 $\overline{\varphi}'$，$B_k \Pi C'$ 上

$$\hat{\varphi}'^0(x_1 \cdots x_k) = \sum_{\ell \geq 2} \sum_{1 = i_1 < \cdots < i_\ell = k+1} \varphi_{i_2 - i_1}(x_{i_1} \cdots x_{i_2 - 1}) \cdots \varphi_{i_\ell - i_{\ell-1}}(x_{i_{\ell-1}-1} \cdots x_{i_\ell})$$

で定義する．（$\varphi'_k$ はまだ定義されていないが，これが定義されれば，$\hat{\varphi}' = \varphi'_k + \hat{\varphi}'^0$ である．）また

$$K = \{\boldsymbol{x} \in B_k \Pi C \mid \hat{d}\boldsymbol{x} \in \hat{d}(\mathfrak{G}_{k-1} \Pi C')\}, \quad B = \{\mathfrak{m}_1 \boldsymbol{x} \mid \boldsymbol{x} \in B_k \Pi C\}$$

とおく．$B$ の基底を $v_1, \cdots, v_a$，$K$ の基底を $v_1, \cdots, v_a, v_{a+1}, \cdots, v_b$ とおく．$v_i = \mathfrak{m}_1 w_i$，$i = 1, \cdots, a$ とし，$v_i + v'_i = \hat{d} w_i$，$i = 1, \cdots, a$ とおく．$v_1, \cdots, v_b, w_1, \cdots, w_a$ は $B_k \Pi C$ の基底になる．$v'_i$，$i = a+1, \cdots, b$ を $\hat{d}(v_i + v'_i) = 0$ なるように定める．$\hat{v}_i = v_i + v'_i$ とおく ($i = 1, \cdots, b$)．

$\overline{\varphi} \hat{d} = \hat{d} \overline{\varphi}$, $\hat{\varphi}'^0 \equiv \overline{\varphi} \mod \mathfrak{G}_1 B \Pi C$ ゆえ，$\hat{d} \hat{\varphi}'^0(\hat{v}_i) \in \mathfrak{G}_1 B \Pi C = \Pi C$ である．よって $\mathfrak{m}_1 \hat{d} \hat{\varphi}'^0(\hat{v}_i) = \hat{d} \hat{d} \hat{\varphi}'^0(\hat{v}_i) = 0$ が成り立つ．さらに強く次のことが成立する．

**補題 6.127** $\hat{d} \hat{\varphi}'^0(\hat{v}_i) \in \mathrm{Im}\, \mathfrak{m}_1$.

[証明] $\overline{\hat{\varphi}}\overline{\hat{\varphi}}'$ はコホモロジーに恒等写像を導くから，$\hat{\varphi}\varphi'^0(\hat{v}_i)-\hat{v}_i-z_i \in \text{Im}\,\hat{d}$ なる $z_i \in \Pi C$ が存在する．よって $\hat{\varphi}\hat{d}\varphi'^0(\hat{v}_i)=\hat{d}\hat{\varphi}\hat{\varphi}'^0(v_i)=\mathfrak{m}_1\hat{z}_i$．$\hat{\varphi}$ は $\mathfrak{m}_1$ のコホモロジーに同型を導くから，補題が得られる． ∎

補題 6.127 より

(6.52) $$\hat{d}\hat{\varphi}'^0(v_i+v'_i)+\mathfrak{m}_1 y_i = 0$$

なる $y_i \in \Pi C$ が存在する．$\varphi'_k(v_i)=y_i$ とおく．すると，$\mathfrak{G}_{k-1}B\Pi C+K$ 上に $\hat{\varphi}'$ が拡張され，そこで $\hat{d}\hat{\varphi}'=\hat{\varphi}'\hat{d}$ が成り立つ．$y_i$ のとり方には，$\text{Ker}\,\mathfrak{m}_1$ のぶんの自由度がある．この自由度は次の段で用いる．

$\varphi'_k(w_i)$ を定義する．$\hat{d}\overline{\hat{\varphi}}=\overline{\hat{\varphi}}\hat{d}$ および $\hat{d}w_i \equiv v_i \mod \mathfrak{G}_{k-1}B\Pi C$ より，
$$\hat{d}\varphi'^0(w_i)-y_i-\hat{\varphi}'(\hat{d}w_i) = \hat{d}\varphi'^0(w_i)-\hat{\varphi}'\hat{d}(w_i) \in \Pi C$$
である．一方，$\hat{d}(w_i) \in \mathfrak{G}_{k-1}B\Pi C+K$ ゆえ，$\hat{d}(\hat{d}\varphi'^0(w_i)-\hat{\varphi}'\hat{d}(w_i))=0$ である．これから $\mathfrak{m}_1(\hat{d}\varphi'^0(w_i)-\hat{\varphi}'\hat{d}(w_i))=0$ が従う．よって $y_i$ を $\text{Ker}\,\mathfrak{m}_1$ のぶん取り替えて，$\hat{d}\varphi'^0(w_i)-\hat{\varphi}'\hat{d}(w_i)=0$ としてよい．すると，$\varphi'_k(w_i)=0$ とおいて $\hat{\varphi}'$ を $\mathfrak{G}_k B\Pi C$ へ拡張すると，$\hat{d}\hat{\varphi}'=\hat{\varphi}'\hat{d}$ が成り立つ．これで帰納法が完成した． ∎

$A^\infty, L^\infty$ 構造の変形理論への応用で大切なのは，変形のモジュライ空間のホモトピー不変性である．変形のモジュライ空間は次のように定義される．

**定義 6.128** $b, b' \in \hat{\mathcal{M}}(C)$ とする．$b$ が $b'$ にゲージ同値（gauge equivalent）であるとは，$t$ について微分可能な $b(t) \in \hat{\mathcal{M}}(C)$ と $c(t) \in (\Pi C)_1$ が存在して，
$$\frac{\partial b(t)}{\partial t} = \mathfrak{m}_{1,b(t)}c(t)$$
を満たすことを指す（$L^\infty$ 代数のときは $\mathfrak{m}_1$ のかわりに $\mathfrak{l}_1$）．ゲージ同値類全体を $\mathcal{M}(C)$ と表す． □

「**定理 6.129**」 $C$ が $C'$ にホモトピー同値ならば，$\mathcal{M}(C)$ と $\mathcal{M}(C')$ の間に双射が存在する． □

本来は $\mathcal{M}(C)$ に構造を定め，その構造について同型であると主張するべきであろうが，入れるべき正しい構造[*38]の正確な定義が筆者にはいまだ不明

---
[*38] 形式的超スキーム（formal super scheme）とでも呼ぶべきものであろうが．

§6.4 ホモトピー代数と変形理論 —— 307

であるので，上のような定理を述べた．「定理 6.129」の証明は，次の手順で行えるであろう．

**方針 6.130**

（1）$A^\infty$ 写像 $\hat{\varphi}: B\Pi C \to B\Pi C'$（または $L^\infty$ 写像 $\hat{\varphi}: E\Pi C \to E\Pi C'$）に対して，写像 $\hat{\mathcal{M}}(C) \to \hat{\mathcal{M}}(C')$ を構成する（定義 6.131）．それが，写像 $\mathcal{M}(C) \to \mathcal{M}(C')$ を導くことを示す．

（2）2 つの $A^\infty$ 写像（$L^\infty$ 写像）がホモトピックであることを定義し，$\mathcal{M}(C)$ に導かれる写像がホモトピー類にしかよらないことを示す．

（3）定理 6.123 の $\hat{\varphi}'$ に対して，$\hat{\varphi}'\hat{\varphi}$, $\hat{\varphi}\hat{\varphi}'$ が恒等写像 $1_C, 1_{C'}$ とホモトピックであることを示す．ここで $1_C$ とは $1_{C,1}: \Pi C \to \Pi C$ が恒等写像で $1_{C,k} = 0$, $k \geq 2$ なる $A^\infty$, $L^\infty$ 写像を指す． □

定理 6.123 を用いると，方針 6.130 の (1), (2), (3) から「定理 6.129」が得られる．方針 6.130 を実行するには，かなり面倒なホモロジー代数が必要である．本書では残念ながらこれを一般の場合に実行するのは断念し，§6.5 で必要な定理 6.136 だけを示す．§6.6 ではより一般の場合が必要になるが，そこで必要になる場合については，[122] で述べられている．困ったことに，「定理 6.129」が $A^\infty, L^\infty$ 代数のホモロジー代数の範疇で詳細に証明されている文献は，存在しないようである．概略が [221] にある．$L^\infty$ 代数ではなく，微分リー代数の範囲での証明は [152], [153] などにある．[119], [243], [324], [326] にも関連する話題が述べられている．

**定義 6.131** $\hat{\varphi}: B\Pi C \to B\Pi C'$（$\hat{\varphi}: E\Pi C \to E\Pi C'$）を $A^\infty$（$L^\infty$）写像とする．$\varphi_*(b) = \sum_{k \geq 1} \varphi_k(b^k)$ $(\varphi_*(b) = \sum_{k \geq 1} \frac{1}{k!} \varphi_k(b^k))$ で $\varphi_*: \hat{\mathcal{M}}(C) \to \hat{\mathcal{M}}(C')$ が定まる．

$\hat{\varphi}$ が弱 $A^\infty$（$E^\infty$）写像のときも，$\varphi_*(b) = \sum_{k \geq 0} \varphi_k(b^k)$ $(\varphi_*(b) = \sum_{k \geq 0} \frac{1}{k!} \varphi_k(b^k))$ で $\varphi_*: \hat{\mathcal{M}}(C) \to \hat{\mathcal{M}}(C')$ が定まる． □

**定義 6.132** $A^\infty$（$L^\infty$）代数が，$\mathfrak{m}_k \equiv 0$ $(k = 0, 1, 2, \cdots)$ なる $A^\infty$（$L^\infty$）代数とホモトピー同値なとき，**形式的**(formal) と呼ぶ．

弱 $A^\infty$（$L^\infty$）代数が $\mathcal{M}(C) \neq \varnothing$ を満たすとき，**非障害的**(unobstructed) と

呼ぶ。　□

　次の定義では $\Lambda=\mathbb{C}[[T]]\otimes\mathbb{C}[u,u^{-1}]$ とする．$C$ を $\Lambda$ 係数のフィルター付き $A^\infty, L^\infty$ 代数，$b\in\hat{\mathcal{M}}(C)$ とする．$b=\sum_{k\geq 1}b_k T^k$ とおく．$\hat{d}e^b$ の $T$ の係数を見ると，$\mathfrak{m}_1(b_1)=0$ がわかる．

**定義 6.133**　$b\mapsto [b_1]$ なる $\hat{\mathcal{M}}(C)\to H^0(\Pi\overline{C}\otimes\mathbb{C}[u,u^{-1}],\mathfrak{m}_1)$ なる写像を小平–スペンサー写像 (Kodaira-Spencer map) と呼ぶ．　□

**注意 6.134**　$b\mapsto [b_1]$ が $\mathcal{M}(C)\to H^0(\Pi\overline{C}\otimes\mathbb{C}[u,u^{-1}],\mathfrak{m}_1)$ なる写像を導くことも，ゲージ同値の定義から容易にわかる．

**注意 6.135**　$\mathcal{M}(M)$ をコンパクト多様体 $M$ 上の複素構造のモジュライ空間，$[\bar\partial]\in\mathcal{M}(M)$ とし，(6.34) の記号で $\bar\partial+\epsilon b_1+\epsilon^2 b_2+\cdots\mapsto [b_1]\in H^1_{\bar\partial}(M;TM)$ を考えると，$T_{[\bar\partial]}\mathcal{M}(M)\to H^1_{\bar\partial}(M;TM)$ なる写像が得られる．これが本来の意味の，小平–スペンサー写像である．

**定理 6.136**　$C$ が形式的ならば，小平–スペンサー写像 $\hat{\mathcal{M}}(C)\to H_0(\Pi\overline{C}\otimes\mathbb{C}[u,u^{-1}],\mathfrak{m}_1)$ は全射である．　□

**注意 6.137**　定理 6.107 は障害を与える群（定理 6.136 の状況では $H^1(\Pi\overline{C}\otimes\mathbb{C}[u,u^{-1}],\mathfrak{m}_1)$) が 0 であれば，小平–スペンサー写像が全射であることを意味する．定理 6.136 ではこの条件は仮定されていない．この節のはじめでした計算は，倉西写像が $H^0(\Pi\overline{C}\otimes\mathbb{C}[u,u^{-1}],\mathfrak{m}_1)$ の元の積や（高次）マッセイ積でべき級数展開されることを示している．$C$ が形式的という条件は，積や（高次）マッセイ積がすべて 0 であることを意味する．したがって，この条件下で倉西写像は消える．これが定理 6.136 である．

[定理 6.136 の証明]　$\hat\varphi:B\Pi C'\to B\Pi C$ をホモトピー同値とし，$B\Pi C'$ では $\mathfrak{m}_k$ はすべて 0 とする．このとき任意の $[x]\in H^0(\Pi\overline{C}'\otimes\mathbb{C}[u,u^{-1}],\overline{\mathfrak{m}}_1)\simeq H^1(\overline{C}'\otimes\mathbb{C}[u,u^{-1}],\mathfrak{m}_1)$ に対して，$T[x]=b^0\in B\Pi C'$ とおくと，$\hat{d}e^{b^0}=0$ である．したがって，$b=\hat\varphi(e^{b^0})=\sum T^k\varphi_k(x^k)\in B\Pi C$ とおくと，$\hat{d}e^b=0$ で $[b_1]=[\varphi_1(x)]=[x]$ である．　∎

## §6.5 $B$ 模型と変形量子化

この節では§6.4で述べた理論の応用を2つ述べる．1つは $B$ 模型でのフロベニウス構造の構成で，もう1つは任意のポアッソン構造に対する変形量子化の存在の証明である．

$TM$ を $M$ の接束とし $\Omega^k M$ を $TM$ の $k$ 次外積代数とする．$M$ が複素多様体のときは $TM^{1,0} \simeq TM$ の $\mathbb{C}$ 上の $k$ 次外積を $\Omega_\mathbb{C}^k M$ と書く．$\Omega M = \sum \Omega^k M$, $\Omega_\mathbb{C} M = \sum \Omega_\mathbb{C}^k M$ とおく．$\Omega M, \Omega_\mathbb{C} M$ の元を**多重ベクトル場**(polyvector field)と呼ぶ．$\Omega M, \Omega_\mathbb{C} M$ に次数付きリー環の構造を定義する．以後 $\partial/\partial x_i$, $\partial/\partial z_i$ のことを $\partial_{x_i}, \partial_{z_i}$ と書く．

**定義 6.138** $\mathfrak{l}_2$ を基底上

$$\mathfrak{l}_2(f\partial_{x_{i_1}} \wedge \cdots \wedge \partial_{x_{i_k}}, g\partial_{x_{j_1}} \wedge \cdots \wedge \partial_{x_{j_\ell}})$$
$$= \sum_m (-1)^{m-1} f \frac{\partial g}{\partial x_{i_m}} (\partial_{x_{i_1}} \wedge \cdots \wedge \hat{\partial}_{x_{i_m}} \wedge \cdots \wedge \partial_{x_{j_\ell}})$$
$$+ \sum_m (-1)^{k+m-1} g \frac{\partial f}{\partial x_{j_m}} (\partial_{x_{i_1}} \wedge \cdots \wedge \hat{\partial}_{x_{j_m}} \wedge \cdots \wedge \partial_{x_{j_\ell}})$$

で定義し[*39]，$\mathbb{R}$ 線型に拡張する．$[\xi_1, \xi_2] = (-1)^{\xi_1+1} \mathfrak{l}_2(\xi_1, \xi_2)$ を**スカウテン括弧**(Schouten bracket)と呼ぶ．(前と同様 $-1$ の肩に乗っているとき，$\xi_1$ などは $\deg \xi_1$ などを表す．)

複素座標 $z_i$ をとり，上の式で $\partial_{x_i}$ を $\partial_{z_i}$ におきかえることにより，$\Omega_\mathbb{C} M$ の元に対するスカウテン括弧が定義される． □

スカウテン括弧の性質は次のようにまとめられる．

**命題 6.139** $\mathfrak{l}_2$, スカウテン括弧は座標によらずに定まる．$\xi_i \in \Omega^{k_i} M$ または $\xi_i \in \Omega_\mathbb{C}^{k_i} M$ とすると，次の性質が成り立つ．

(1) $\mathfrak{l}_2(\xi_1, \xi_2) \in \Omega^{k_1+k_2-1} M$.

(2) $\mathfrak{l}_2(\xi_1, \xi_2) = (-1)^{k_1 k_2} \mathfrak{l}_2(\xi_2, \xi_1)$.

(3) $\mathfrak{l}_2(\mathfrak{l}_2(\xi_1, \xi_2), \xi_3) + (-1)^{(k_1+k_2)k_3} \mathfrak{l}_2(\mathfrak{l}_2(\xi_3, \xi_1), \xi_2)$

---

[*39] 習慣どおり，$\hat{\partial}_{x_{i_j}}$ などのハットは，この項を除くことを意味する．

$$+(-1)^{(k_2+k_3)k_1}\mathfrak{l}_2(\mathfrak{l}_2(\xi_2,\xi_3),\xi_1)=0.$$

（4） $\mathfrak{l}_2(\xi_1,\xi_2\wedge\xi_3)=(-1)^{k_1k_2}\xi_2\wedge\mathfrak{l}_2(\xi_1,\xi_3)+\mathfrak{l}_2(\xi_1,\xi_2)\wedge\xi_3.$

（5） $k_1=k_2=1$ ならば，$\mathfrak{l}_2(\xi_1,\xi_2)$ は普通のベクトル場の括弧積に一致する．

（6） $k_1=1$，$k_2=0$ ならば，$\mathfrak{l}_2(\xi_1,\xi_2)$ は関数 $\xi_2$ のベクトル場 $\xi_1$ による微分に一致する．

また(1)〜(6)が成り立つような $\mathfrak{l}_2$ はスカウテン括弧の $(-1)^{\xi_1+1}$ 倍に限る．□
命題の証明は容易であるので読者に任せる．

**注意 6.140** スカウテン括弧を次数付きリー環の括弧積と見ると，すでに次数のずらしが行われていることに注意する．普通の次数付きリー環 $\mathfrak{g}_{k_i}$ の定義では，$X_i\in\mathfrak{g}_{k_i}$ に対して，$[X_1,X_2]\in\mathfrak{g}_{k_1+k_2}$ であり，命題 6.139 の(1)とは異なる．したがって，$[\xi_1,\xi_2]=(-1)^{\xi_1+1}\mathfrak{l}_2(\xi_1,\xi_2)$ という式の符号は，前の節で説明した $\mathfrak{l}_2$ と(微分)リー環の括弧積の関係に一致する．いいかえると，スカウテン括弧は $\Omega M$ に(1 つずれた次数についての)次数付きリー環の構造を与える．

一方 $\Omega M$ には外積による環構造があり，これは，(ずれていないもとの)次数について次数付き可換である．スカウテン括弧は，外積に対して微分として振舞うが，次数はスカウテン括弧はずらすのが自然で，外積の方はずらさないのが自然である．

しかしよく見てみると，(1)は $\mathfrak{l}_2$ が次数 $-1$ であることを意味するから，§6.4 とは逆方向に次数をずらしたことになる．§6.4 の記号にあわせるため，以後 $\Pi C=\Pi^2\Gamma(M;\Omega M)$ を考える．($\Pi^2$ は符号には影響を与えない．$\mathfrak{l}_k$ の次数のみにかかわる．)

$B$ 模型でのフロベニウス構造の構成を始める．$M$ を複素多様体とし，

$$(6.53)\qquad (\Pi C)^*=\bigoplus_{k+\ell=*+2}\Gamma(M;\Omega_{\mathbb{C}}^k M\otimes\Lambda^{0,\ell}M)$$

とおく．$\xi_i\in\Gamma(M;\Omega_{\mathbb{C}}^{k_i}M)$, $v\in\Gamma(M;\Lambda^{0,\ell_i}M)$ のとき

$$(6.54)\qquad \mathfrak{l}_1(\xi\otimes v)=(-1)^\xi \xi\otimes\overline{\partial}v,$$

$$(6.55)\qquad \mathfrak{l}_2(\xi_1\otimes v_1,\xi_2\otimes v_2)=(-1)^{v_1\xi_2}[\xi_1,\xi_2]\otimes(v\wedge v')$$

とおく．

**補題 6.141** $\mathfrak{l}_k = 0$, $k = 3, \cdots$ とおくと，$(\Pi C, \mathfrak{l})$ は $L^\infty$ 代数である． □

証明は命題 6.139 より明らか．次の定理 6.142 は Bogomolov [46], Tian [365], Todorov [367] および Barannikov–Kontsevich [33] による．

**定理 6.142** $M$ がキャラビ–ヤウ多様体ならば，$(\Pi C, \mathfrak{l})$ は形式的である．

[証明] §6.1 で考えた同型 $\Omega_\mathbb{C}^\ell M \otimes \Lambda^{0,m} M \simeq \Lambda^{n-\ell,m} M$ を $I$ と書く．すなわち，$\Omega$ を $\Lambda^{n,0} M$ の正則な切断つまり正則 $n,0$ 型式とすると，$I(\xi \otimes u) = \pm i_\xi \Omega \wedge u$ である．

$\partial : \Lambda^{\ell,m} M \to \Lambda^{\ell+1,m} M$ を考え，$\Delta = I^{-1} \partial I$ とおく．

$\overline{\partial}$ の方は $I\overline{\partial} = \overline{\partial} I$ であるから，$\overline{\partial}$ は $\wedge$ に関して微分である，つまり $\overline{\partial}(u \wedge v) = \overline{\partial} u \wedge v + (-1)^u u \wedge \overline{\partial} v$ である．一方，$\Delta$ と $\wedge$ の関係はより複雑であり，次の関係式によって与えられる．

**補題 6.143（Tian–Todorov の恒等式）**

(6.56) $\mathfrak{l}_2(u_1, u_2) = -(\Delta(u_1 \wedge u_2) - \Delta u_1 \wedge u_2 - (-1)^{u_1} u_1 \wedge \Delta u_2).$ □

[証明] $\Lambda^{0,\ell}$ 成分については $I, \partial$ の振舞いは見やすいので，以後記号の節約のため，$u_1 \in \Omega_\mathbb{C}^{k_1}$, $u_2 \in \Omega_\mathbb{C}^{k_2}$ とする．

$\Omega = h \partial_{z_1} \cdots \partial_{z_n}$ と書くと $h$ は正則関数である．座標をとりかえて，考えている点で $h = 1$, $dh = 0$ としてよい．$f$ を関数とすると

$$\mathfrak{l}_2(f, \partial_{z_{i_1}} \cdots \partial_{z_{i_k}}) = \sum_j (-1)^{j-1} \partial_{z_{i_j}}(f) \partial_{z_{i_1}} \cdots \hat{\partial}_{z_{i_j}} \cdots \partial_{z_{i_k}}$$

かつ

$$\big(\Delta(f \partial_{z_{i_1}} \cdots \partial_{z_{i_k}}) - \Delta f \wedge \partial_{z_{i_1}} \cdots \partial_{z_{i_k}} - f \wedge \Delta(\partial_{z_{i_1}} \cdots \partial_{z_{i_k}})\big)$$
$$= I^{-1} \partial(\pm f h \partial_{z_1} \cdots \hat{\partial}_{z_{i_1}} \cdots \hat{\partial}_{z_{i_k}} \cdots \partial_{z_n})$$

であるから，$u_1 = f$, $u_2 = \partial_{z_{i_1}} \cdots \partial_{z_{i_k}}$ に対して (6.56) が成立する．

一般の場合は，$u_1 = f \partial_{z_{i_1}} \cdots \partial_{z_{i_k}}$, $u_2 = g \partial_{z_{j_1}} \cdots \partial_{z_{j_m}}$ とおくと

$$\mathfrak{l}_2(u_1, u_2) = f \mathfrak{l}_2(\partial_{z_{i_1}} \cdots \partial_{z_{i_k}}, g) \wedge \partial_{z_{j_1}} \cdots \partial_{z_{j_m}}$$
$$+ (-1)^k g \partial_{z_{i_1}} \cdots \partial_{z_{i_k}} \wedge \mathfrak{l}_2(\partial_{z_{j_1}} \cdots \partial_{z_{j_m}}, f)$$

である．一方
$$-(\Delta(u_1\wedge u_2)-\Delta u_1\wedge u_2-(-1)^{u_1}u_1\wedge \Delta u_2)$$
$$=-(\Delta(fg\partial_{z_{i_1}}\cdots\partial_{z_{j_m}})-\Delta(f\partial_{z_{i_1}}\cdots\partial_{z_{i_k}})\wedge g\partial_{z_{j_1}}\cdots\partial_{z_{j_m}}$$
$$-(-1)^k f\partial_{z_{i_1}}\cdots\partial_{z_{i_k}}\wedge\Delta(g\partial_{z_{j_1}}\cdots\partial_{z_{j_m}}))$$

である．しばらくにらむと，この2つが一致することがわかる．

定理 6.142 の証明に戻る．

調和積分論を思い出そう．$\triangle_d, \triangle_\partial, \triangle_{\bar\partial}$ をそれぞれ $d, \partial, \bar\partial$ についてのラプラス作用素とする．すなわち，$\triangle_d = -d^*d - d^*d$ などとおいた．（$\Delta$ と記号が似ているがまったくの別物である．）このとき $\triangle_d = 2\triangle_\partial = 2\triangle_{\bar\partial}$ である．$\bigoplus \Gamma(M; \Lambda^{k,\ell})$ 上の $\partial, \bar\partial, d$ についてのコホモロジーはすべて一致し，$\triangle_d = 2\triangle_\partial = 2\triangle_{\bar\partial}$ で 0 になる微分型式すなわち調和型式で一意に表される．また，グリーン作用素 $G_d, G_\partial, G_{\bar\partial}$ が存在し，$u - \triangle_d G_d$ は調和である（$G_\partial, G_{\bar\partial}$ についても同様）．グリーン作用素 $G_d, G_\partial, G_{\bar\partial}$ は $d, \partial, \bar\partial$ のどれとも交換する．さらに，$\partial^*$ と $\bar\partial$ は交換し，$\bar\partial^*$ と $\partial$ は交換する．（以上の証明は[156]など参照．）

$$K = \mathrm{Ker}\,\partial \subset \bigoplus_{k,\ell}\Gamma(M;\Lambda^{k,\ell})$$

とおく．$I: \bigoplus \Gamma(M; \Lambda^{k,\ell}) \to \Pi C$ なる同型で $\Pi C$ 上の $\mathfrak{l}_1, \mathfrak{l}_2$ を移して，$\bigoplus \Gamma(M; \Lambda^{k,\ell})$（およびその部分集合 $K$）上に $\mathfrak{l}_1, \mathfrak{l}_2$ を定義する．$\mathfrak{l}_3 = \cdots = 0$ とおく．$\phi_1 : K \to \bigoplus \Gamma(M; \Lambda^{k,\ell}) \to \Pi C$ を包含写像と $I^{-1}$ の合成とする．$\phi_2, \cdots$ は 0 とおく．

**補題 6.144** $(K, \mathfrak{l})$ は $L^\infty$ 代数である．また $\phi$ は $K \to \Pi C$ なる $L^\infty$ 写像である．　□

証明は明らかである．

**補題 6.145** $\phi_1 : K \to \Pi C$ は $(\bar\partial = \mathfrak{l}_1$ についての$)$ホモロジーに同型を導く．

[証明] 調和型式は $K$ に含まれるから，$\phi_1$ はホモロジーに全射を導く．単射性を示そう．$I$ により，$\Pi C$ の元と微分型式を同一視する．$u = \bar\partial v$，$u, v \in \Pi C$，$\partial u = 0$ とする．次の補題 6.146 により，$u = \bar\partial \partial w$ と書ける．よって $u$ は $K$ の $\bar\partial$ コホモロジーの元として 0 である．

§6.5 B模型と変形量子化 —— 313

**補題 6.146** ($\partial\overline{\partial}$ 補題([68]))　$u \in \Gamma(M; \Lambda^{k,\ell})$ が $\partial u = \overline{\partial} u = 0$ を満たし，$\partial$, $\overline{\partial}$ のどちらかの像に入っていると仮定する．すると，$u = \partial\overline{\partial} w$ と表せる．

[証明]　$u = \overline{\partial} v$ とする．$u - \partial\partial^* G_\partial u - \partial^*\partial G_\partial u$ は調和である(調和であるという性質は，$\partial, \overline{\partial}$ のどちらで考えても同値であった)．$u \in \mathrm{Im}\,\overline{\partial}$ で，$\partial$ の像，$\partial^*$ の像，調和型式，の 3 つは直交するから，$\partial^*\partial G_\partial u$ および $u - \partial\partial^* G_\partial u - \partial^*\partial G_\partial u$ は 0 である．すなわち，$u = \partial\partial^* G_\partial u$.

同様にして，$u = \overline{\partial}\,\overline{\partial}^* G_{\overline{\partial}} u$ も得られる．よって，上で述べた交換可能性も用いて
$$u = \partial\partial^* G_\partial \overline{\partial}\,\overline{\partial}^* G_{\overline{\partial}} u = \partial\overline{\partial}(\partial^* G_\partial \overline{\partial}^* G_{\overline{\partial}} u)$$
が成り立つ．$w = \partial^* G_\partial \overline{\partial}^* G_{\overline{\partial}} u$ とおけばよい．∎

**注意 6.147**　Deligne–Griffiths–Morgan–Sullivan [68]は，ケーラー多様体の微分型式の作る微分多元環 $(\Gamma(M; \Lambda^* M), d, \wedge)$ が形式的であることを示した．その証明は定理 6.142 の証明に近い．補題 6.146 はそのために用いられた．シンプレクティック多様体に対しては，$(\Gamma(M; \Lambda^* M), d, \wedge)$ は一般には形式的ではない．

定理 6.142 の証明に戻る．$H = K/\mathrm{Im}\,\partial$ とおく．$H$ 上にすべての $\mathfrak{l}_k$ が 0 であるような $L^\infty$ 代数の構造を入れる．

**補題 6.148**　射影 $K \to H$ は $L^\infty$ 写像である．

[証明]　補題 6.143 より，$u_1, u_2 \in K$ ならば，$\mathfrak{l}_2(u_1, u_2) \in \mathrm{Im}\,\partial$ である．また，補題 6.146 より，$\mathrm{Im}\,\overline{\partial} \cap K \subset \mathrm{Im}\,\partial$. すなわち，$K$ 上の $\mathfrak{l}_k$ の像はすべて $\mathrm{Im}\,\partial$ に含まれる．よって補題が成立する．∎

再び補題 6.146 により，射影 $K \to H$ はホモロジーに同型を導く．以上で定理 6.142 が証明された．∎

定理 6.142 と定理 6.136 より，キャラビ–ヤウ多様体の小平–スペンサー写像は全射である．このことは次のようにいいかえられる．
$$x = \sum x(m), \quad x(m) \in \bigoplus_{k+\ell=2m} H^{n-k,\ell}_{\overline{\partial}}(M)$$
に対して，$\sum x(m) \otimes u^m = b_1 \in H_0(C_* \otimes \mathbb{C}[u, u^{-1}], \mathfrak{l}_1)$ とおくと，$b_k(x)$, $k = 2, \ldots$ が存在して，$b'(x) = \sum T^k b_k(x)$ は

$$\mathfrak{l}(e^{b'(x)}) = \sum T^m \left( \overline{\partial} b_m(x) + \frac{1}{2} \sum_{k+\ell=m} \mathfrak{l}_2(b_k(x), b_\ell(x)) \right) = 0$$

を満たす．次の定理の証明は Itagaki [187] による．

**定理 6.149** $T$ に十分絶対値の小さい複素数を代入すると，$b(x) = \sum T^k b_k(x)$ は $C^\infty$ 収束する． □

$b(Tx) = \sum T^k b_k(x)$ とおくと，$b$ は $\mathcal{H}_B^{\text{even}}(M)$ の $0$ の近傍から $\bigoplus_{k+\ell:\text{even}} H_{\overline{\partial}}^\ell(M; \Omega_C^k M)$ への滑らかな写像である．

$\mathfrak{l}_{1,b(x)} : \Pi C \to \Pi C$ を
$$\mathfrak{l}_{1,b(x)}(y) = \mathfrak{l}(e^{b(x)} y) = \mathfrak{l}_1(y) + \mathfrak{l}_2(b(x), y)$$
で定める．$\mathfrak{l}_{1,b(x)} \mathfrak{l}_{1,b(x)} = 0$ が成り立つ．

定理 6.123 を $L^\infty$ 写像である射影 $K \to H$ に適用すると，ホモロジーに逆写像を与える $L^\infty$ 写像 $\hat{\varphi}$ が定まる．$\varphi_k(x^k) = b_k(x)$ であった．
$$\psi_x(y) = \sum_{k+1} \frac{1}{k!} \varphi_{k+1}(x^k y)$$
とおく．簡略化して書けば，$\psi_x(y) = \varphi(e^x y)$ である．

**補題 6.150** $\psi_x$ は $H$ から $\mathfrak{l}_{1,b(x)}$ のコホモロジーへの同型を導く．

[証明] $\hat{\varphi}(e^{b(x)} y) = e^{b(x)} \varphi(e^{b(x)} y)$ であるから，$\hat{d}\hat{\varphi}(e^{b(x)} y) = \hat{\varphi}\hat{d}(e^{b(x)} y) = 0$ より $\mathfrak{l}_{1,b(x)} \psi_x(y) = \mathfrak{l}_{1,b(x)} \varphi(e^{b(x)} y) = 0$ が成り立つ．すなわち，$\psi_x(y)$ はサイクルである．コホモロジーに導かれる写像が同型であることの証明はもう少し先で行う． ∎

**注意 6.151** 方針 6.130 に従うと，$L^\infty$ 代数のホモトピー同値 $\hat{\varphi}$ から導かれる写像 $\varphi_* : \mathcal{M}(C) \to \mathcal{M}(C')$ に対して，$\mathfrak{l}_{1,b}$ のコホモロジーと $\mathfrak{l}_{1,\varphi_*(b)}$ のコホモロジーが同型であることが示され，補題 6.150 はその特別な場合である（[122] を見よ）．

$\mathfrak{l}_{1,b(x)}$ のコホモロジーは拡大変形空間 $\mathcal{M}(M)$ の接空間であった．したがって，補題 6.150 は $\mathcal{M}(M)$ の接ベクトル束の自明化を与えている．この自明化は座標 $x \mapsto b(x)$ で $TH$ の標準的な自明化を移したものである．このことは

$$\frac{\partial}{\partial t_i}\varphi(\exp(\sum x_i t_i)) = \varphi(x_i \exp(\sum x_i t_i))$$

からわかる．

次に $\mathcal{M}(M)$ に計量を定める．$\mathfrak{l}_{1,b(x)}$ のコホモロジー上に内積を定めればよい．$\Pi C$ 上の内積を次の式で定める．

(6.57) $\qquad \langle u_1, u_2 \rangle = \int_M I(u_1 \wedge u_2) \wedge \Omega.$

**補題 6.152**

(6.58) $\qquad \langle \overline{\partial} u_1, u_2 \rangle + (-1)^{u_1} \langle u_1, \overline{\partial} u_2 \rangle = 0,$

(6.59) $\qquad \langle \Delta u_1, u_2 \rangle + (-1)^{u_1+1} \langle u_1, \Delta u_2 \rangle = 0.$

[証明] (6.58)は $\overline{\partial}$ が $I$ と可換だから，Stokes の定理より明らか．(6.59)を示す．両辺は $u_1, u_2$ について双線型だから，1の分解を用いて1つの座標近傍のなかで考えてよい．$A = a_1, \cdots, a_k$ などの多重添え字に対して $\partial_{z_A} = \partial_{z_{a_1}} \cdots \partial_{z_{a_k}}$，$d\overline{z}_A = d\overline{z}_{a_1} \cdots d\overline{z}_{a_k}$ などと表す．$\underline{n} = 1, \cdots, n$ と書く．$\Omega = h dz_{\underline{n}}$ なる $h$ が存在する．$u_1 = f \partial_{z_A} \wedge d\overline{z}_{A'}$，$u_2 = g \partial_{z_B} \wedge d\overline{z}_{B'}$ について示せば十分である．さらに $A \cup A' = \underline{n}$，$B \cup B' = \underline{n}$，$A \cap A' = \{a_i\} = \{a'_j\}$，$B \cap B' = \emptyset$ としてよい．このとき

$$(\Delta u_1 \wedge u_2 + (-1)^{u_1+1} u_1 \wedge \Delta u_2) \wedge \Omega = \pm \partial_{a_i}(hfg) \partial_{z_{\underline{n}}} \wedge d\overline{z}_{\underline{n}}$$

ゆえ，(6.59)が成り立つ． ∎

**命題 6.153** $\langle \mathfrak{l}_{1,b(x)} u_1, u_2 \rangle + (-1)^{u_1} \langle u_1, \mathfrak{l}_{1,b(x)} u_2 \rangle = 0.$ □

命題 6.153 から(6.57)が $H(\Pi C; \mathfrak{l}_{1,b(x)})$ 上に内積を定めることがわかる．さらに次のことが成り立つ．

**命題 6.154** $\langle \psi_x(y_1), \psi_x(y_2) \rangle$ は $x$ によらない． □

命題 6.154 より，$\langle \cdot, \cdot \rangle$ が平坦なリーマン計量を定めることがわかる．さらに，$\langle \cdot, \cdot \rangle$ は非退化であるから，命題 6.153 より，$\psi_y$ がコホモロジーに単射を導くことがわかる．これが，保留していた補題 6.150 の証明の半分である．残り半分すなわち全射性は，コホモロジーの次元の半連続性の帰結である．（必要なら $x \mapsto b(x)$ の定義域を小さくとり直す．）

命題 6.153, 6.154 の証明には補題 6.155 を用いる.

**補題 6.155** $\varphi_k$ を $\mathrm{Im}\,\varphi_1$ が調和型式からなり,$k \geqq 2$ に対して,$\mathrm{Im}\,\varphi_k \in \mathrm{Im}\,\partial$ となるようにとれる.

[証明] 定理 6.123 の証明に戻り $\varphi_k$ の定義を見直す.$\mathrm{Im}\,\varphi_1$ が調和型式からなるようにとれることは明らかである.$H$ 上では $\mathfrak{l}_1 = 0$ であるから,$\varphi_k$ は次の式で帰納的に定義される.

$$\sum_{\sigma \in \mathfrak{S}_k} \sum_{k_1+k_2=k} \frac{1}{k_1!\,k_2!}\mathfrak{l}_2(\varphi_{k_1}(x_{\sigma(1)}\cdots x_{\sigma(k_1)}),\varphi_{k_2}(x_{\sigma(k_1+1)}\cdots x_{\sigma(k)}))$$
$$+\mathfrak{l}_1\varphi_k(x_1\cdots x_k)=0.$$

第1項を $y$ と書くと,$\mathfrak{l}_1(y)=0$ と $y \in \mathrm{Im}\,\mathfrak{l}_1 = \mathrm{Im}\,\overline{\partial}$ はすでに定理 6.123 の証明中に示されている.また,$y \in K$ ゆえ,$\partial y = 0$ である.よって,補題 6.146 により,$y = \mathfrak{l}_1\partial w$ なる $w$ が存在する.$\varphi_k(x_1\cdots x_k) = -\mathfrak{l}_1(w)$ とおけばよい. ∎

[命題 6.153 の証明] $\langle \overline{\partial}u_1, u_2\rangle + (-1)^{u_1}\langle u_1, \overline{\partial}u_2\rangle = 0$ は (6.58) である.一方,命題 6.139 と補題 6.143 より

$$\mathfrak{l}_2(b(x),u_1) \wedge u_2 + (-1)^{u_1} u_1 \wedge \mathfrak{l}_2(b(x),u_2) = \mathfrak{l}_2(b(x), u_1 \wedge u_2)$$
$$= -\Delta(b(x) \wedge u_1 \wedge u_2) + b(x) \wedge \Delta(u_1 \wedge u_2)$$

である.よって

$$\langle [b(x),u_1],u_2\rangle + (-1)^{u_1}\langle u_1,[b(x),u_2]\rangle$$
$$= \pm \int_M \partial I(b(x) \wedge u_1 \wedge u_2) \wedge \Omega \pm \langle b(x), \Delta(u_1 \wedge u_2)\rangle$$

である.($I$ は定理 6.142 の証明中に定義した.)第1項は Stokes の定理より 0.第2項は $\Delta b(x) = 0$ と (6.59) により 0 である. ∎

[命題 6.154 の証明] 補題 6.155 より

$$\langle \psi_x(y_1), \psi_x(y_2)\rangle = \langle y_1 + \Delta w_1, y_2 + \Delta w_2\rangle$$

である.よって,$\Delta(y_i)=0$ と (6.59) より命題が従う. ∎

$u_1, u_2 \in T_x(H) = H$ とする.$u_1 \circ u_2 = \psi_x(u_1) \wedge \psi_x(u_2)$ とおく.ただし左辺では $\mathfrak{l}_{1,b(x)}$ のコホモロジー群を $H$ と同一視する.すると

**補題 6.156** $\langle u_1 \circ u_2, u_3\rangle = \langle u_1, u_2 \circ u_3\rangle$.

[証明] 両辺はともに,次の式に一致する.

$$\int_M I(\psi_x(u_1) \wedge \psi_x(u_2) \wedge \psi_x(u_3)) \wedge \Omega.$$

[33]の主定理は次の通りである.

**定理 6.157** $\langle \cdot, \cdot \rangle, \circ$ は $H$ の原点の近傍にフロベニウス多様体の構造を定める. □

証明で残されているのは定義 6.92 の (4) であるが[*40], この部分の証明は省略する. [33], [243]を見よ.

$x \in H^1(M; \Lambda^{0,1})$ とする. このとき, $\mathfrak{l}_{1,b(x)} = \overline{\partial} + [b(x), \cdot]$ は普通の意味の複素構造の変形を与える. この複素構造を $J_x$ とおこう. このとき, $(\Pi C, \mathfrak{l}_{1,b(x)})$ が, 複素構造 $J_x$ から得られる $(\Omega M \otimes \Lambda^{0,*}, \overline{\partial}_{J_x})$ と, 積を保って同型である. ($\Pi C \subset TM \otimes \Lambda^{0,*} \otimes \mathbb{C}$, $\Omega(M, J_M) \otimes \Lambda^{0,*} \subset TM \otimes \Lambda^{0,*} \otimes \mathbb{C}$ であるが, この像は一致しない.) よって, $\langle \cdot, \cdot \rangle, \circ$ は §6.1 補題 6.8 で構成したフロベニウス代数と定数倍を除いて一致する. $\mathrm{int}_M : H^n(M; \Omega_{\mathbb{C}}^n M) \to \mathbb{C}$ は定数倍だけとり方の任意性があり, 正則 $n, 0$ 型式 $\Omega$ のとり方に対応する.

ミラー対称性の重要な応用は次の通りであった. $B$ 模型のフロベニウス構造の積を計算する. ミラー対称性は $A$ 模型での積に一致することを主張する. これを用いて, $A$ 模型での積 (量子カップ積) の量子効果の部分すなわち「概正則曲線の数」を決定する. この原理がうまく適用された典型は, [56]で予想され[145], [218]を経て, [146], [233], [44]で最終的に証明された, $\mathbb{CP}^4$ の 5 次超曲面の場合である. $B$ 模型のフロベニウス構造の積を計算するには, 周期 (period) の言葉に書きかえる必要がある. それは, ホッジ構造の変形の理論 (variation of Hodge structure) である. また, §6.3 で述べた, 巨大体積極限にミラー対称性で対応する点すなわち**巨大複素構造極限**(large complex structure limit) を考え, その近傍でフロベニウス構造 $\circ, \langle \cdot, \cdot \rangle$ を計算しなければならない. 巨大複素構造極限がどのような (特異な) 複素構造にあたるのか, どのような座標が平坦座標であるのかなど, キャラビ–ヤウ多様体のホッジ構造の変形の理論の中心をなすべき重要な問題である. ホッジ構造の変形

---

[*40] (5) の証明はやさしい.

の理論は[371]で詳細に述べられている. その $B$ 模型のフロベニウス構造の積との関係は, 普通の複素構造の変形にかかわる部分は[64]の第5章に解説されている. 拡大された部分については, 最近 Barannikov の論文[32]が現れた.

次に変形量子化の問題 1.10 の肯定的な解決について述べる. ここでも $L^\infty$ 写像とスカウテン括弧が重要な役割を演ずる.

まずスカウテン括弧とポアッソン構造の関係を述べる. $\{\cdot,\cdot\}$ を $M$ 上のポアッソン構造とする. 局所座標で表して,

$$(6.60) \qquad \{f,g\} = \sum \omega^{ij} \frac{\partial f}{\partial x_i} \frac{\partial f}{\partial x_j}$$

と表す. $\sum \omega^{ij} \partial_i \wedge \partial_j$ は多重ベクトル場である. つまり, $\sum \omega^{ij} \partial_i \wedge \partial_j \in \Gamma(M; \Omega^2 TM)$ である.

**補題 6.158** (6.60)がポアッソン構造を定めることと, スカウテン括弧 $[\sum \omega^{ij} \partial_i \wedge \partial_j, \sum \omega^{ij} \partial_i \wedge \partial_j]$ が 0 であることは同値である.

[証明]

$$\{\{x_i,x_j\},x_k\} + \{\{x_j,x_k\},x_i\} + \{\{x_k,x_i\},x_j\}$$
$$= \sum_\ell (\partial_\ell(\omega^{ij})\omega^{\ell k} + \partial_\ell(\omega^{jk})\omega^{\ell i} + \partial_\ell(\omega^{ki})\omega^{\ell j})$$

であるが, 右辺は $[\sum \omega^{ij} \partial_i \wedge \partial_j, \sum \omega^{ij} \partial_i \wedge \partial_j]$ の $\partial_i \wedge \partial_j \wedge \partial_k$ の係数に定数倍を除いて一致する. ∎

次に, 多元環の変形についての, Gerstenhaber [138]らの結果について, 必要な程度に(少しだけ)述べる. $R$ を単位元をもつ可換環とし, $A$ を $R$ 上の多元環とする. ホッホシルト複体(Hochschild complex) $(C^*(A,A), d)$ をまず定義する. $C^k(A,A) = \mathrm{Hom}_R(A^{\otimes k}, A)$ とおき[*41], その上に微分 $d$ を

---

[*41] この定義は普通の定義と次数が 1 つずれている. $\Pi C$ の次数が普通のものと一致する.

$$(d\Psi)(a_0\otimes\cdots\otimes a_k) = a_0\Psi(a_1\otimes\cdots\otimes a_k) - \sum_{i=0}^{k-1}\Psi(a_0\otimes\cdots\otimes a_i a_{i+1}\otimes\cdots\otimes a_k)$$
$$-(-1)^{k-1}\Psi(a_0\otimes\cdots\otimes a_{k-1})a_k$$

で定義する. $dd=0$ の証明は読者に任せる. Gerstenhaber は, $(\varPi C^*(A,A), d)$ の上に微分リー環の構造を定めた. $\varPi$ を §6.3 で導入した次数のずらしとする. つまり, $(\varPi C)^k(A,A) = \mathrm{Hom}_R(A^{k+1}, A)$ である.

$\Psi_i \in (\varPi C)^{k_i}(A,A) = \mathrm{Hom}_R(A^{\otimes(k_i+1)}, A) \sim \mathrm{Hom}_R(B_{k_i+1}\varPi A, \varPi A)$ とする. $\Psi_i$ を $B_*\varPi^{-1}A \to B_*\varPi A$ なる, 余微分 $\hat{\Psi}_i$ に次の式で拡張する.

$$\hat{\Psi}_i(a_1\otimes\cdots\otimes a_n)$$
$$= \sum_{i=1}^{n}(-1)^{(i-1)k_i} a_1\otimes\cdots\otimes a_{i-1}\otimes\Psi_i(a_i\otimes\cdots\otimes a_{i+k_i})\otimes a_{i+k_i+1}\otimes\cdots\otimes a_n.$$

(式の符号は, $A$ の元はすべて次数 1 と考えていることにあたる.)

**定義 6.159** $[\Psi_1,\Psi_2] = \Psi_1\circ\hat{\Psi}_2 - (-1)^{k_1 k_2}\Psi_2\circ\hat{\Psi}_1 \in (\varPi C)^{k_1+k_2}(A,A)$ をゲルステンハーバー括弧(Gerstenhaber bracket)と呼ぶ. □

$\mathfrak{l}_1 = d$ とし, $\Psi_i \in (\varPi C)^{k_i}(A,A)$ に対して
$$\mathfrak{l}_2(\Psi_1,\Psi_2) = (-1)^{k_1+1}[\Psi_1,\Psi_2],$$
$\mathfrak{l}_3 = \cdots = 0$ とおく.

**補題 6.160** $(\varPi^2 C(A,A), \mathfrak{l})$ は $L^\infty$ 代数である.

[証明] $[\cdot,\cdot]$ がヤコビの恒等式を満たすことをまず確かめる. 定義から

$$\hat{\Psi}_1\circ\hat{\Psi}_2 - \widehat{\Psi_1\circ\Psi_2}$$
$$= \sum_{1\leq i\leq i+k_1\leq j\leq n}(-1)^{(i-1)k_1+(j-k_1-1)k_2} a_1\otimes\cdots$$
$$\otimes\Psi_1(a_i\otimes\cdots\otimes a_{i+k_1})\otimes\cdots\otimes\Psi_2(a_j\otimes\cdots\otimes a_{j+k_2})\otimes\cdots\otimes a_n$$
$$+ \sum_{1\leq j\leq j+k_2\leq i\leq n}(-1)^{(i-1)k_1+(j-1)k_2} a_1\otimes\cdots$$
$$\otimes\Psi_2(a_j\otimes\cdots\otimes a_{j+k_2})\otimes\cdots\otimes\Psi_1(a_i\otimes\cdots\otimes a_{i+k_1})\otimes\cdots\otimes a_n.$$

よって,
$$\hat{\Psi}_1\circ\hat{\Psi}_2 - \widehat{\Psi_1\circ\Psi_2} = (-1)^{k_1 k_2}(\hat{\Psi}_2\circ\hat{\Psi}_1 - \widehat{\Psi_2\circ\Psi_1}).$$

これから, ヤコビ律は容易に得られる. ($\hat{\Psi}_1\circ\hat{\Psi}_2 \neq \widehat{\Psi_1\circ\Psi_2}$ なので, ∘ は結合

的でないことに注意.)

次に $d[f,g] = [df,g] + (-1)^f[f,dg]$ を示そう. $h(a_1, a_2) = a_1 \cdot a_2$ ($\cdot$ は $A$ の積) とすると, $df = [h,f]$ である. よって $d[f,g] = [df,g] + (-1)^f[f,dg]$ も (ゲルステンハーバー括弧の) ヤコビ律である.

**補題 6.161** $\Psi \in \Pi^2 C^0(A,A) = \mathrm{Hom}(A^{\otimes 2}, A)$ とする. $f \star g = fg + \Psi(f,g)$ が結合的であるための必要十分条件は, 次の式で表される.

(6.61) $$d\Psi + \frac{1}{2}[\Psi, \Psi] = 0.$$

[証明]

$$f \star (g \star h) - (f \star g) \star h$$
$$= fgh + \Psi(f,g)h + \Psi(fg,h) + \Psi(\Psi(f,g),h)$$
$$\quad - fgh - f\Psi(g,h) - f\Psi(g,h) - \Psi(f,gh) - \Psi(f,\Psi(g,h))$$
$$= (d\Psi)(f,g,h) + \frac{1}{2}[\Psi,\Psi](f,g,h).$$

(6.61) は §6.4 で論じたモーラー–カルタン方程式の一種である.
$A = C^\infty(M) \otimes \mathbb{R}[[T]]$ とする.

**定義 6.162** 多重線型微分作用素の, $T$ についての形式的べき級数である $C^k(A,A)$ の元全体を $CD^k(A,A)$ で表す. すなわち, $\Psi \in CD^k(A,A)$ は

$$\Psi(f_0, \cdots, f_k) = \sum_{I_0, \cdots, I_k} \alpha_m^{I_1, \cdots, I_k} \partial_{I_0} f_1 \cdots \partial_{I_k} f_k \, T^m$$

と表される. ここで, $I_j = (i_1^j, \cdots, i_{|I_j|}^j)$ は多重添え字で $\partial_{I_j} f$ は次の式で定義する.

$$\partial_{I_j} f = \frac{\partial^{|I_j|} f}{\partial x_{i_1^j} \cdots x_{i_{|I_j|}^j}}.$$

次の補題の証明は容易である.

**補題 6.163** $CD^*(A,A)$ は $d$ およびゲルステンハーバー括弧で閉じている.

以後 $\Pi^2 CD(A,A)$ を調べる. 証明すべきことは, 方程式 (6.61) が十分多

くの解をもつことである．(6.61) はゲルステンハーバー括弧についてのものである．一方でポアッソン構造は，補題 6.158 によりスカウテン括弧に結び付いている．ゲルステンハーバー括弧が定める微分リー環とスカウテン括弧が定める微分リー環の関係を調べるのが，Kontsevich の問題 1.10 の肯定的な解決の方法である．まず，この 2 つの間の写像を作る．ただしこの写像は微分リー環の準同型写像ではない．

**定義 6.164** $\alpha = \sum \alpha^I \partial_{i_1} \wedge \cdots \wedge \partial_{i_{|I|}} \in \Gamma(M; \Omega^k(M))$ に対して，$\varphi_1(\alpha) \in CD^k(A,A)$ を次の式で定義する．

$$\varphi_1(\alpha)(f_1 \cdots f_k) = \frac{1}{k!} \sum_{\sigma \in \mathfrak{S}_k} \sum_I \mathrm{sign}(\sigma) \alpha^I \partial_{i_1} f_{\sigma 1} \wedge \cdots \wedge \partial_{i_k} f_{\sigma k}.$$

□

**補題 6.165** $\mathfrak{l}_1 \varphi_1 = 0$. □

$\Gamma(M; \Omega M)$ には微分がなかったから，補題 6.165 は $\varphi_1$ が鎖写像であることを意味する．補題 6.165 の証明は，定義に代入すればすぐできるので省略する．

次の定理が [221] の主定理で，[220] で**形式性予想** (formality conjecture) と呼ばれていたものである．

**定理 6.166** (Kontsevich)　$\varphi_k : E_k \Pi^2(\Gamma(M; \Omega(M))) \to \Pi^2 CD(A,A)$, $k = 2, \cdots$ が存在して，$\hat{\varphi}$ は $L^\infty$ 写像である． □

**注意 6.167**　$\varphi_1$ がホモロジーに同型を導くことが比較的容易に示される ([221])．よって，定理 6.166 の $L^\infty$ 写像はホモトピー同値である．

定理 6.166 から，任意のポアッソン構造に対する，変形量子化の存在が導かれる．

**定理 6.168**　$\{\cdot,\cdot\}$ を $M$ 上のポアッソン構造とすると，$\star : C^\infty(M)[[T]]^2 \to C^\infty(M)[[T]]$ なる，結合的な積が存在して，$f \star g = fg + \{f,g\}T \mod T^2$ が成り立つ．□

[定理 6.166 ⇒ 定理 6.168 の証明]　$\{f,g\} = \sum \omega^{ij} \partial_i f \partial_j g$ とする．$\alpha = \sum \omega^{ij} \partial_i \wedge \partial_j \in \Gamma(M; \Omega^k(M))$ であるが，補題 6.158 より，$\mathfrak{l}_2(\alpha,\alpha) = 0$ である．いいかえると，$\hat{d} e^\alpha = 0$ である．

$$\Psi = \sum_{k=1}^{\infty} \frac{1}{k!} \varphi_k(\alpha, \cdots, \alpha) T^k \in CD^2(A,A)[[T]]$$

とおく．いいかえると，$\hat{\varphi}(e^\alpha) = e^\Psi$ である．よって，$\hat{d}(e^\Psi) = \hat{\varphi}(\hat{d}e^\alpha) = 0$．すなわち，(6.61)が成り立つ．よって補題 6.161 より，$f \star g = fg + \Psi(f,g)$ は結合的な積である．$\Psi$ の $T$ について 1 次の部分は $\varphi_1(\alpha)$ であるが，これは定義により，ポアッソン括弧である． ∎

この節の残りで，定理 6.166 の証明の概略を述べる．$M$ が $\mathbb{R}^n$ の場合のみ説明する．一般の場合は原論文[221]を見ていただきたい．

$\alpha_i \in \Gamma(M; \Omega^{m_i}(M))$ とする．$\alpha_i$ の次数はずらした後は，$m_i - 2$ で $\varphi_k$ の次数は 0 である．よって，$\varphi_k(\alpha_1, \cdots, \alpha_k) \in \Pi^2 CD(A,A)$ の（ずらす前の）次数は $m = \sum m_i - 2k + 2$ である．そこで $m$ 個の関数 $f_1, \cdots, f_m$ をとり，

(6.62) $$\varphi_k(\alpha_1, \cdots, \alpha_k)(f_1, \cdots, f_m)$$

を定義したい．(6.62)は以下の条件を満たすグラフ $\Gamma$ たちに関する和で定義される．$\Gamma$ は辺と頂点に番号が付き，辺には向きの付いたグラフである．

(1) $\Gamma$ には $k+m$ 個の頂点 $p_1, \cdots, p_k$ と $q_1, \cdots, q_m$ がある．

(2) $p_i$ を始点とする辺は，ちょうど $m_i$ 本である．これらに，$e_1^i, \cdots, e_{m_i}^i$ という名前を付ける．$q_i$ を始点とする辺はない．

(3) $e_1^i, \cdots, e_{m_i}^i$ の終点はすべて互いに異なる．また $p_i$ はどの $e_1^i, \cdots, e_{m_i}^i$ の終点にもならない．

(1), (2), (3)を満たすグラフ全体を $\mathfrak{T}(k; m_1, \cdots, m_k; m)$ と書く．（ここではグラフといった場合に，辺の向き付け，辺頂点の番号付けまで含めている．）

$\mathfrak{T}(k; m_1, \cdots, m_k; m)$ の元 $\Gamma$ が与えられたとする．おのおのの $e_j^i$ に対して，1 から $n$ までのどれかの添え字 $\ell_j^i$ を割り振る．これらをまとめて，$\vec{\ell}$ と書く．$\Gamma \in \mathfrak{T}(k; m_1, \cdots, m_k; m)$ に対して，関数 $\mathcal{U}_\Gamma(\vec{\ell})(\alpha_1, \cdots, \alpha_k)(f_1, \cdots, f_m)$ を次のルールで定義する．$\alpha_i = \sum \alpha_i^{a(1), \cdots, a(m_i)} \partial_{a(1)} \wedge \cdots \wedge \partial_{a(m_i)}$ とおき，$\alpha_i(\vec{\ell}) = \alpha_i^{\ell_1^i, \cdots, \ell_{m_i}^i}$ とおく．$\alpha_i(\vec{\ell})$, $i = 1, \cdots, k$ と $f_1, \cdots, f_m$ をとり，次の操作を施す．

(1) $e_j^i$ の終点が，$p_{i'}$ ならば，$\alpha_{i'}(\vec{\ell})$ に $\partial_{\ell_j^i}$ を作用させる．

(2) $e_j^i$ の終点が，$q_{i'}$ ならば，$f_{i'}$ に $\partial_{\ell_j^i}$ を作用させる．

こうして得られた $\alpha_i(\vec{\ell})$ の微分と $f_i$ の微分をすべて掛け合わせたのが，

$\mathcal{U}_\Gamma(\vec{\ell})(\alpha_1,\cdots,\alpha_k)(f_1,\cdots,f_m)$ である. そして
$$\mathcal{U}_\Gamma(\alpha_1,\cdots,\alpha_k)(f_1,\cdots,f_m) = \frac{1}{m!}\sum_{\vec{\ell}}\mathcal{U}_\Gamma(\vec{\ell})(\alpha_1,\cdots,\alpha_k)(f_1,\cdots,f_m)$$
と定義する. たとえば, 図 6.11(a) の場合は
$$\mathcal{U}_\Gamma(\alpha_1,\alpha_2,\alpha_3,\alpha_4)(f_1,f_2,f_3)$$
$$= \frac{1}{6}\sum \frac{\partial\alpha_1^{\ell_1^1\ell_2^1}}{\partial x_{\ell_2^4}}\frac{\partial\alpha_2^{\ell_1^2\ell_2^2}}{\partial x_{\ell_2^1}}\frac{\partial\alpha_3^{\ell_1^3\ell_2^3}}{\partial x_{\ell_1^1}}\frac{\partial\alpha_4^{\ell_1^4\ell_2^4}}{\partial x_{\ell_2^2}}\frac{\partial f_1}{\partial x_{\ell_1^1}}\frac{\partial^2 f}{\partial x_{\ell_1^4}\partial x_{\ell_2^3}}\frac{\partial f_3}{\partial x_{\ell_1^3}}$$
である. また図 6.11(b) の場合は $\varphi_1(\alpha)(f_1,\cdots,f_m)$ である.

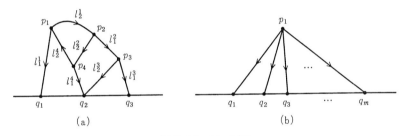

図 **6.11** $\mathcal{U}_\Gamma$ の例

次に重み $W(\Gamma)\in\mathbb{R}$ を定義する. $m=\sum m_i-2k+2$ とする. まず, $\hat{C}(k,m)$ を次のように定義する. 上半平面 $\mathfrak{h}=\{z\in\mathbb{C}\,|\,\mathrm{Im}\,z\geqq 0\}$ とその境界 $\mathbb{R}$ を考える. 頂点 $p_i$ に対して, $\mathfrak{h}$ の元 $z_i$ をとり, $q_i$ に対して $\mathbb{R}$ の点 $w_i$ を考える. ただし, $z_i$ たちおよび $w_i$ たちはすべて異なるとする. $\hat{C}(k,m)$ をこのような点の組 $(z_1,\cdots,z_k,w_1,\cdots,w_m)$ 全体とする. $\dim\hat{C}(k,m)=2k+m$ である. 仮定より $2k+m=\sum m_i+2$. つまり, $\dim\hat{C}(k,m)$ は辺の数+2 である. $z\mapsto cz+d$ $(c\in\mathbb{R}_+,d\in\mathbb{R})$ なる変換全体 $G$ を考える. $G$ の元は $\mathfrak{h}$ の元を $\mathfrak{h}$ に移す. よって, $G$ は $\hat{C}(k,m)$ に作用する. その商空間を $C(k,m)$ と書く. $\dim C(k,m)=\sum m_i$ である.

$[\vec{z},\vec{w}]$ を $C(k,m)$ の点とし, $e_j^i$ を $\Gamma$ の辺とする. $p_i$ が $e_j^i$ の始点である. $e_j^i$ の終点を $p_{i'}$ とする. このとき $z_i$ と $z_{i'}$ を結ぶ $\mathfrak{h}$ の測地線(双曲計量についての)を考え, それと $z_i$ と $\infty$ を結ぶ $\mathfrak{h}$ の測地線との(符号付きの)角を

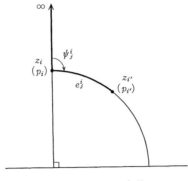

図 6.12 $\psi_j^i$ の定義

$\psi_j^i([\vec{z}, \vec{w}]) \in \mathbb{R}/2\pi\mathbb{Z}$ とおく（図 6.12）. $e_j^i$ の終点が $q_{i'}$ のときは，$z_i$ と $w_{i'}$ を結ぶ $\mathfrak{h}$ の測地線を考えて，$\psi_j^i([\vec{z}, \vec{w}])$ が同様に定義される.

$d\psi_j^i$ は $C(k, m)$ 上の微分 1 型式である.

$$(6.63) \qquad W(\Gamma) = \frac{(2\pi)^{-(2k+m-2)}}{m_1! \cdots m_k!} \int_{C(k,m)} \prod_{i,j} d\psi_j^i$$

とおく.（積分記号の中は微分 $\sum m_i$ 型式で，$\dim C(k, m) = \sum m_i$ であるから，積分の次数は合っている. $C(k, m)$ はコンパクトではないが，次の補題が成り立つ.

**補題 6.169** (6.63)の積分は収束する. □

証明はすぐ後で述べる.

**注意 6.170** (6.63)では微分 1 型式の積をとっているので，符号を慎重に考える必要があるが，符号についての議論はここでは省略する.

**定義 6.171** $\mathbb{R}^n$ 上の関数 $\varphi_k(\alpha_1, \cdots, \alpha_k)(f_1, \cdots, f_m)$ を次の式で定義する.

$$\sum_{\Gamma \in \mathfrak{T}(k; m_1, \cdots, m_k; m)} W(\Gamma) \mathcal{U}_\Gamma(\alpha_1, \cdots, \alpha_k)(f_1, \cdots, f_m).$$

□

$\varphi_k$ は $E\Pi^2(\Gamma(M; \Omega^k(M))) \to \Pi^2 CD(A, A)$ なる写像を定める.

図 6.11(b) が $\varphi_1$ を表すから，$k = 1$ の場合の定義 6.171 は $\varphi_1$ である.（図 6.11(b) のグラフ $\Gamma_m$ に対しては，$W(\Gamma_m) = 1$ である.）

定義 6.171 が $L^\infty$ 写像を与えることが定理 6.166 の主張である．証明は Stokes の定理を使ってなされる．証明のために，$C(k,m)$ のコンパクト化を構成する．

**補題 6.172** $C(k,m)$ のコンパクト化である，角付き多様体 $\overline{C}(k,m)$ が存在し，$d\psi_j^i$ は $\overline{C}(k,m)$ 上の滑らかな微分 1 型式の制限になる． □

補題 6.169 は補題 6.172 から直ちに従う．

[証明] まず，$(z_1, \cdots, z_k, w_1, \cdots, w_m) \in C(k,m)$ に $\mathcal{M}_{0,k+m+1}$ の点 $(z_1, \cdots, z_k, w_1, \cdots, w_m, \infty)$ を対応させる．この写像が $C(k,m)$ からの単射を定めることに注意する．($\mathfrak{h}$ の自己同型で無限遠点を止めるのは，$z \mapsto az+b$ の形のものに限る．) そこで，$C(k,m)$ の像の $\mathcal{CM}_{0,k+m+1}$ での閉包を考えると，とりあえずコンパクト化ができる．

しかし，これは補題の結論「$d\psi_j^i$ が滑らかに拡張する」を満たさない．

補題の条件が満たされるようにするには，次のように $\mathcal{CM}_{0,k+m+1}$ をとりかえる．$\mathcal{CM}_{0,k+m+1}$ には層化(stratification)があり，特異点の数で決まる．$\mathcal{CM}_{0,k+m+1,\ell}$ を特異点が $\ell$ 個ある成分とする．$(\Sigma, \vec{z}) \in \mathcal{CM}_{0,k+m+1,\ell}$ とする．この点の近傍で，$\mathcal{CM}_{0,k+m+1}$ は $\mathbb{C}^{k+m-2-\ell} \times \mathbb{C}^\ell$ の開集合と同型で，$\mathbb{C}^{k+m-2-\ell} \times \{0\}$ が $\mathcal{CM}_{0,k+m+1,\ell}$ に対応する．また，$(a_1, \cdots, a_{k+m-2-\ell}, b_1, \cdots, b_\ell) \in \mathbb{C}^{k+m-2-\ell} \times \mathbb{C}^\ell$ として，$b$ たちのうちで $\ell'$ 個が 0 であるとき，$(a_1, \cdots, a_{k+m-2-\ell}, b_1, \cdots, b_\ell)$ は $\mathcal{CM}_{0,k+m+1,\ell'}$ の点に対応する．

さて，ここで，$\mathbb{C}^\ell$ を $(\mathbb{C}-B(\epsilon))^\ell$ でおきかえる($B(\epsilon)$ は半径 $\epsilon$ の十分小さな円盤である)．すると，角付き多様体が得られる(図 6.13)．

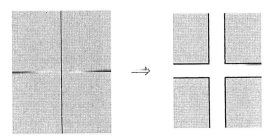

図 **6.13** 角付き多様体にする

これらをあわせたものを $\widehat{\mathcal{CM}}_{0,k+m+1}$ とする. $\pi:\widehat{\mathcal{CM}}_{0,k+m+1}\to \mathcal{CM}_{0,k+m+1}$ なる写像が存在して, $\mathcal{CM}_{0,k+m+1,\ell}$ の点の $\pi$ による逆像は $(S^1)^\ell$ である. $\mathcal{M}_{0,k+m+1}$ では $\pi$ は同相である. $C(k,m)$ の像の $\widehat{\mathcal{CM}}_{0,k+m+1}$ での閉包を $\overline{C}(k,m)$ とする.

$d\psi_j^i$ が $\overline{C}(k,m)$ まで滑らかに拡張されることを確かめよう. まず, $k=2$, $m=2$ の場合, すなわち $C(2,2)$ を考える. $C(2,2)$ は $[z_1,z_2,w_1,w_2]$ の集合である. $z\mapsto za+b$ による代表元を $w_1=0$, $w_2=1$ となるようにとることができる. そのようなとり方は一意である. よって, $C(2,2)$ の点は $(z_1,z_2)$ で表される. 無限遠点は $|z_1-z_2|\to 0$ となっていく場合, および, $z_i\to 0$, $z_i\to 1$ あるいは $z_i\to\infty$ となっていく場合に対応する. (その組合せもある.)

第 1 の場合つまり $z_1=z_2$ に対応する無限遠点は, $z=z_1=z_2$ の座標と $S^1$ の元で決まる. この $S^1$ が $z_1$ がどの方向から $z_2$ に近づいたかを決める(覚えている)(図 6.14(a)). よって, $e_j^1$ が $p_1$ と $p_2$ を結ぶ辺とすると, $d\psi_j^1$ はこの無限遠点に拡張される.

図 **6.14** $d\psi_j^i$ の拡張

次に $z_1=w_1$ なる場合を考える. この場合に対応するのは $z_1$ がどの方向から $w_1=0$ に近づいたかを決めるパラメータで半円周に対応する. (この半円周の端の 2 点は $z_1\in\mathbb{R}-\{0,1\}$ の場合に対応する境界につながっている. 図 6.14(b).) よって, $e_j^1$ が $p_1$ と $q_1$ を結ぶ辺とすると, $d\psi_j^1$ はこの無限遠点に拡張される.

以上で(多少省略したが) $k=2$, $m=2$ の場合は $d\psi_j^i$ がコンパクト化まで拡張されることが示された.

$k,m$ が一般の場合は次のようにする. $d\psi_j^i$ が拡張することを示す. $e_j^i$ の終

点が $p_{i'}$ とする ($q_{i'}$ の場合も同様). このとき $C(k,m) \to C(2,2)$ を $(\vec{z}, \vec{w}) \mapsto (z_i, z_{i'}; w_1, w_2)$ で定義する. この写像はコンパクト化まで滑らかに拡張される. また, $d\psi_j^i$ は $C(2,2)$ 上の微分 1 型式の引き戻しである. よってすでに述べた $k=2$, $m=2$ の場合から, $d\psi_j^i$ はコンパクト化まで滑らかに拡張されることがわかる. ∎

**注意 6.173** 補題 6.172 のコンパクト化は, Axelrod–Singer [28], Kontsevich [217] がチャーン–サイモンズ摂動理論で用いたコンパクト化の, 2 次元の場合の類似物である. このコンパクト化は実の範疇で構成されているが, 複素多様体に対する同様な構成が [134] にある.

**注意 6.174** コンパクト化 $\mathcal{CM}_{0,g}$ は $Comm_\infty$ 構造にかかわっていた. $\widehat{\mathcal{CM}}_{0,g}$ なるここで用いたコンパクト化との差は, 名前付きの点や特異点を考えるか, 境界を考えるかである (図 6.15). この差が $Comm_\infty$ 構造と $L^\infty$ 構造の差を生むことは, たとえば [142] などでも, 注意されている. 接触ホモロジーでも, 境界の $S^1$ にあたるパラメータが, モジュライ空間で生き残るので, $L^\infty$ 構造が生じる.

図 6.15 $\widehat{\mathcal{CM}}_{0,g}$

さて, $\varphi_k$ が $L^\infty$ 写像になることの証明を始める. 証明すべき $L^\infty$ 写像の定義式は次のようになる.

(6.64)
$$0 = d\varphi_k(\alpha_1, \cdots, \alpha_k)$$
$$+ \sum_{k_1 + k_2 = k} \sum_{\sigma \in \mathfrak{S}_k} \frac{\pm 1}{k!} \mathfrak{l}_2(\varphi_{k_1}(\alpha_{\sigma(1)}, \cdots, \alpha_{\sigma(k_1)}), \varphi_{k_2}(\alpha_{\sigma(k_1+1)}, \cdots, \alpha_{\sigma(k_1+k_2)}))$$
$$+ \sum_{\sigma \in \mathfrak{S}_k} \frac{\pm 1}{k!} \varphi_{k-1}(\mathfrak{l}_2(\alpha_{\sigma(1)}, \alpha_{\sigma(2)}), \alpha_{\sigma(3)}, \cdots, \alpha_{\sigma(k)})$$

である. ($L^\infty$ 代数などを調べるとき, 符号は超対称性にかかわる本質的で非

自明な部分なのだが，その説明は長くなるので，本書では割愛し±などとごまかす．)

(6.64)の右辺に $f_1, \cdots, f_m$ を代入したものを調べよう．ここで，$m = \sum m_i + 3$, $\deg \alpha_i = m_i$ である．$\Gamma \in \mathfrak{T}(k; m_1, \cdots, m_k; m)$ とする．Stokes の定理により

$$(6.65) \qquad \int_{\partial \overline{C}(k,m)} \prod_{i,j} d\psi_j^i = 0$$

である．(6.65)から(6.64)が従うことを見たい．$\partial \overline{C}(k,m)$ はいくつかの成分に分かれる．それらは，図6.16 の2つのタイプに分かれる．つまり $(\vec{z}, \vec{w}) \in C(k,m)$ としたとき，$z_i$ たちの2つ以上が $\mathfrak{h}$ の点に集まってくる場合(図6.16 の(A))と，$z_i, w_j$ の2つ以上(または1つの $z_i$)が $\mathbb{R}$ の点に集まってくる場合(図6.16 の(B))である．前者が(6.64)の第3項に，後者が(6.64)の第1項と第2項に対応することを見る．

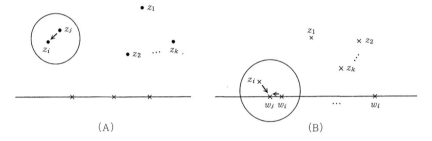

図6.16 $\overline{C}(k,m)$ の無限遠点

(A)で，集まってくる $z_i$ たちの数が2の場合を考える．記号の簡単のため $z_1, z_2$ とする．$\partial \overline{C}(k,m)$ の該当成分を $\partial_{z_1 = z_2} \overline{C}(k,m)$ と書く．$\Gamma$ にある $p_1$ と $p_2$ を結ぶ辺の数がちょうど1でないと，次元の関係から，(6.65)の対応する項は0である．

$e_1^1$ を $p_1$ を始点，$p_2$ を終点とする辺とする．$\Gamma$ で $e_1^1$ をつぶし $p_1$ と $p_2$ を同じ点にしたグラフを $\Gamma'$ とする．(6.65)の $\partial_{z_1 = z_2} \overline{C}(k,m)$ 上の積分の部分を考える．$\partial_{z_1 = z_2} \overline{C}(k,m)$ は $\overline{C}(k-1,m) \times S^1$ で，$S^1$ 上 $d\psi_1^1$ は $dt$ である($t \in [0, 2\pi]$ は $S^1$ の座標)．よって，次の式(6.66)が成り立つ．

$$(6.66) \qquad \int_{\partial_{z_1=z_2}\overline{C}(k,m)} \prod_{i,j} d\psi_j^i = 2\pi \int_{\overline{C}(k-1,m)} \prod_{(i,j)\neq(1,1)} d\psi_j^i.$$

$\mathcal{U}(\Gamma')$ を調べよう．$p_1$ と $p_2$ があわさってできる $\Gamma'$ の頂点を $p_0$ とする．$p_1$ から出る辺を $e_1^1, \cdots, e_{m_1}^1$，$p_2$ から出る辺を $e_1^2, \cdots, e_{m_2}^2$ とすると，$p_0$ から出る辺は $m_1+m_2-1$ 本で，$e_2^1, \cdots, e_{m_1}^1, e_1^2, \cdots, e_{m_2}^2$ である．

$$\alpha_0^{a(1;2),\cdots,a(1;m_1),a(2;1),\cdots,a(2;m_2)} = \sum_{\ell} \alpha_1^{\ell,a(1;2),\cdots,a(1;m_1)} \partial_\ell \alpha_2^{a(2;1),\cdots,a(2;m_2)}$$

とおこう．定義から次の等式が得られる．

$$\mathcal{U}(\Gamma')(\alpha_0, \alpha_3, \cdots, \alpha_k)(f_1, \cdots, f_m) = \pm \mathcal{U}(\Gamma)(\alpha_1, \cdots, \alpha_k)(f_1, \cdots, f_m)$$

$\alpha_0$ と $p_2$ から出る辺 $e_1^2$ の終点が $p_1$ である場合の同様な項をあわせると，スカウテン括弧 $\mathfrak{l}_2(\alpha_1, \alpha_2)$ になる．よって，次の補題が得られる．

**補題 6.175**

$$\sum_{\gamma} \pm \frac{(2\pi)^{-2k+m-1}}{m_1!\cdots m_k!} \int_{\partial_{z_1=z_2}\overline{C}(k,m)} \prod_{i,j} d\psi_j^i \times \mathcal{U}(\Gamma)(\alpha_1, \cdots, \alpha_k)(f_1, \cdots, f_m)$$

は，(6.64) の第 3 項で $\sigma = \mathrm{id}$ の場合である． $\square$

場合 (A) で集まってくる $z_i$ たちの数が 3 以上の場合を考えよう．$\partial \overline{C}(k,m)$ の，この場合に対応する成分を $\partial_{A,\geq 3}\overline{C}(k,m)$ と書く．すると次の補題が成り立つ．

**補題 6.176** $\displaystyle\int_{\partial_{A,\geq 3}\overline{C}(k,m)} \prod_{i,j} d\psi_j^i = 0.$ $\square$

補題 6.176 の証明は，定理 6.166 の証明の要点の 1 つなのだが，省略する．[221] §6.6 を見よ．

場合 (B) に移る．境界上の 1 点 $w_\infty$ に集まる点たちが $p_1, \cdots, p_{k(1)}, q_1, \cdots, q_{m(1)}$ である場合を考える．$k(1)+k(2)=k$，$m(1)+m(2)=m$ とおく．

$\partial \overline{C}(k,m)$ の該当部分を $\partial_{1,\cdots,k(1);1,\cdots,m(1)}\overline{C}(k,m)$ と書く．

$\partial_{1,\cdots,k(1);1,\cdots,m(1)}\overline{C}(k,m)$ は直積 $\overline{C}(k(1),m(1)) \times \overline{C}(k(2),m(2)+1)$ と同型である．実際，第 2 成分は，$(z_{k(1)+1}, \cdots, z_k; w_\infty, w_{m(1)+1}, \cdots, w_m)$ で決まり，第 1 成分は，バブルの部分 ($p_1, \cdots, p_{k(1)}, q_1, \cdots, q_{m(1)}$ を含んでいる $S^2$ の部分，図

6.16(B)では円で囲まれた点 $z_*, w_*$ たちに当たる)の様子から定まる[*42].

よって，次元を数えると，$m_1 + \cdots + m_{k(1)} = 2k(1) + m(1) - 2$ である場合以外は，(6.65) の $\partial_{1,\cdots,k(1);1,\cdots,m(1)} \overline{C}(k,m)$ 上の積分の部分は 0 である.

さらに次のことがわかる.

**補題 6.177** $p_1, \cdots, p_{k(1)}$ のどれかから出る辺で，終点が $p_1, \cdots, p_{k(1)}, q_1, \cdots, q_{m(1)}$ 以外の点であるものがあれば(図 6.17)，(6.65) の $\partial_{1,\cdots,k(1);1,\cdots,m(1)} \overline{C}(k,m)$ 上の積分の部分は 0 である.

[証明] $e_j^i$ の始点が $p_i$ $(i \leq k(1))$，終点が $p_{i'}$ $(i' > m(1))$ であるとする．すると，$\partial_{1,\cdots,k(1);1,\cdots,m(1)} \overline{C}(k,m)$ 上，$z_i$ は実数で，また $z_{i'} \neq z_i$ であるから，$\psi_j^i$ はいつも $-\pi/2$ と $\pi/2$ の間にある(図 6.17)．特に，$\psi_j^i$ は 1 価にとれる．よって，そこで，$d\psi_j^i$ は完全型式である．これから，結論が従う．■

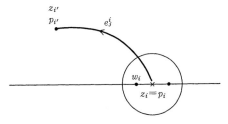

**図 6.17** $\psi_j^i$ が 1 価になる

さて，$m_1 + \cdots + m_{k(1)} = 2k(1) + m(1) - 2$ とする．$\Gamma$ で $p_1, \cdots, p_{k(1)}, q_1, \cdots, q_{m(1)}$ および，それらの間の辺をすべて 1 点につぶしたものを $\Gamma_2$ とする．一方，$p_1, \cdots, p_{k(1)}, q_1, \cdots, q_{m(1)}$ を頂点とし，これらの頂点どうしを結ぶ $\Gamma$ の辺を辺とするグラフを $\Gamma_1$ とする．

補題 6.177 の仮定が満たされないとしてよい．すなわち，$\Gamma_2$ の辺で $\omega_\infty$ を始点とするものはないとしてよい．すると，$\Gamma_2 \in \mathfrak{T}(k(2), m(2)+1)$, $\Gamma_1 \in \mathfrak{T}(k(1), m(1))$ である．次の補題は定義より明らかである.

---

[*42] 特異点が $\infty$ になるように，上半平面に等角写像すればよい.

**補題 6.178**
$$(2\pi)^{-(2k+m-1)} \int_{\partial_{1,\cdots,k(1);1,\cdots,m(1)}\overline{C}(k,m)} \prod_{i,j} d\psi_j^i = W(\Gamma_1)W(\Gamma_2).$$
☐

次に，$\mathcal{U}(\Gamma)$ の方を考える．まず $k(1)=k$, $m(1)=m-1$ の場合を考えよう（図 6.18(a)）．このときは明らかに
$$\mathcal{U}(\Gamma)(\alpha_1,\cdots,\alpha_k)(f_1,\cdots,f_m) = \mathcal{U}(\Gamma_1)(\alpha_1,\cdots,\alpha_k)(f_1,\cdots,f_{m-1})f_m$$
である．同様に，$k(1)=0$, $m(1)=2$ の場合を考えると（図 6.18(b)），
$$\mathcal{U}(\Gamma)(\alpha_1,\cdots,\alpha_k)(f_1,\cdots,f_m) = \mathcal{U}(\Gamma_1)(\alpha_1,\cdots,\alpha_k)(f_1f_2,f_3,\cdots,f_m)$$
である．これらは，ホッホシルトコホモロジーの境界作用素の定義に出てきたものである．

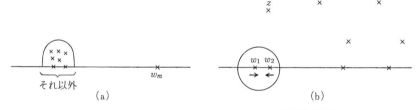

**図 6.18** ホッホシルトコホモロジーの境界作用素

よって，次の補題 6.179 が得られる．

**補題 6.179** $k(1)=0$, $m(1)=2$ または，$k(2)=0$, $m(2)=1$ であるような，(6.65) の (B) 型の境界成分に対応する項の和と，$\mathcal{U}(\Gamma)(\alpha_1,\cdots,\alpha_k)(f_1,\cdots,f_m)$ の積は，(6.64) の第 1 項を与える． ☐

補題 6.179 に出てきた場合以外の $\Gamma_1, \Gamma_2$ を考えよう．このとき
$$g = \mathcal{U}(\Gamma_1)(\alpha_1,\cdots,\alpha_{k(1)})(f_1,\cdots,f_{m(1)})$$
とおくと，
$$\mathcal{U}(\Gamma)(\alpha_1,\cdots,\alpha_k)(f_1,\cdots,f_m) = \mathcal{U}(\Gamma_2)(\alpha_{k(1)+1},\cdots,\alpha_k)(g, f_{m(1)+1},\cdots,f_m)$$
である．したがって，これに，$W(\Gamma_1)W(\Gamma_2)$ を掛けたものは，合成
$$\mathcal{U}(\Gamma_2)(\alpha_{k(1)+1},\cdots,\alpha_k) \circ \mathcal{U}(\Gamma_1)(\alpha_1,\cdots,\alpha_{k(1)})(f_1,\cdots,f_m)$$
の 1 つの項を与える．よって，補題 6.178 とゲルステンハーバー括弧の定義より，次の補題 6.180 が得られる．

**補題 6.180** (6.65)の(B)型の境界成分に対応する項で，補題 6.177 の仮定を満たさないものの和と，$\mathcal{U}(\Gamma)(\alpha_1,\cdots,\alpha_k)(f_1,\cdots,f_m)$ の積は，(6.64)の第2項を与える． □

補題 6.175, 6.176, 6.177, 6.179, 6.180 と式(6.65)により，(6.64)が成立する．すなわち，$\varphi_k$ は $L^\infty$ 写像を定める．符号などいくつかの部分を省略したが，以上が定理 6.166 の($\mathbb{R}^n$ の場合の)証明の概略である． ∎

定理 6.166 は定理 6.157 と組み合わさって，ミラー対称性に応用されることが[221]に予告されているが，[32]にある数行の記述以外まだ発表されていないようである．[216]を読めば，この2つの定理の関係が多少は見えてくるであろう．

定義 6.171 のファインマン経路積分を用いた表示が[58]で与えられている．

変形量子化の具体的な表示が詳しく調べられている例は多くはない．$\mathbb{C}^n$ 上のシンプレクティック構造が定数係数の微分2型式で与えられる場合は，**モーヤル積**(Moyal product)と呼ばれる具体的な表示がある．すなわち

$$\{f,g\} = \sum_{i,j} \omega^{ij} \partial_{x_i} f \partial_{x_j} f$$

とおくと，次の式(6.67)である．

$$(6.67) \qquad f \star_T g = \sum_k \frac{T^k}{k!} (\omega^{ij}\partial_{x_i}\partial_{y_j})^k f(x)g(y)\Big|_{x=y}$$

変形量子化を，$T$ の形式的べき級数でなく，$T$ に値を代入した収束べき級数として論じることは，まだ研究途上にある[*43]．(6.67)はたとえば[34]などの書き方とは $2\sqrt{-1}T = \hbar$ の関係にある．($\hbar$ はプランク定数であるが，とりあえずは不定元と見る．) 形式的べき級数の範囲で考えている限り，$\sqrt{-1}$ があってもなくてもあまり変わらないが，収束べき級数で考えるときは大きな違いを生む．(1.8)を見ると $\sqrt{-1}$ がある方が自然であろう．$\Omega(u,v) = \sum \omega^{ij} u_i v_j$ とおくと，(6.67)は

---

[*43] 1つの問題点は，$T$ に値を代入すると $f \star g$ は $f,g$ について無限階の微分作用素になり，有限階の微分作用素と違い局所性をもたないことである．(局所性とは，$f \star g$ の $p$ での値が，$f,g$ およびその微分の $p$ での値のみで決まることを指す．)

$$(6.68) \quad f \star_\hbar g(z) = \int \exp(\sqrt{-1}\,\hbar\Omega(z-x, z-y)) f(x) g(y) dx dy$$

になる([34]を見よ).ただし,この右辺の意味は微妙で,$\hbar = 0$ を代入すると定数になってしまう.いいかえると,(6.67)は普通の絶対収束で(6.68)になるわけではない.もう少し正確にいうと,(6.68)を漸近展開したものが(6.67)である.幾何学的量子化や超局所解析とのつながりが期待されているのであろうが,最近どこまで進んでいるのか,筆者はまだ勉強中なのでよく知らない.これまであげたもの以外に,[36],[336],[388]などが変形量子化の基本文献である.

Weinstein は[387]でトーラスの場合を論じ,(6.68)から $f \star_T g$ が積分作用素として表され,その積分核が $T$ の関数として非線型シュレーディンガー方程式を満たすことを見出した.トーラスの場合の変形量子化は,非可換幾何学への作用素環論からのアプローチ([62]を見よ)において重要であった,非可換トーラスと深くかかわることが知られている([313],[314],[386]などを見よ).[63]などは非可換トーラスと M(atrix)理論と呼ばれる試み[*44](昨今の弦双対性の研究の重要なテーマの1つ)との関係を論じている.

変形量子化の研究では,シンプレクティック擬群(symplectic groupoid)が盛んに論じられているが,筆者は解説できるほどわかっていないので述べない([65],[336]などを見よ).

## §6.6 フレアーホモロジーとミラー対称性

この節ではホモロジー的ミラー対称性について述べる.まず物理的背景を若干説明する.§6.3で $A$ 模型と $B$ 模型の真空のモジュライ空間がそれぞれシンプレクティック構造および複素構造の(拡大)モジュライ空間に対応することを述べた.

1994〜5年頃始まった超弦理論の第2革命によって,この描像は修正され

---

[*44] [30]などを見よ.

た.すなわち,これらは $A$ 模型と $B$ 模型の真空のすべてではなく,「摂動論的な真空」だけであるということになった.「摂動論的でない真空」の発見は,弦双対性の研究の主要な成果の 1 つであった.

さらに,その後のブレーン[*45]の理論により,「摂動論的でない真空」は,ブレーンがある状態に対応する,ということが明らかにされた.ブレーンとは,素朴には,弦が 1 次元のひもが時間に沿って動いた跡である 2 次元多様体で表されるのに対して,一般には 2 より次元が高い部分多様体のことである[*46].理論の型によってどの次元のどのような部分多様体がブレーンとして現れるかが定まる.その機構は数学的には明確になっていない[*47].ここでは次のことを説明なしに認める.

**定義もどき 6.181** 複素多様体 $(M, J_M)$ でコンパクト化された $B$ 模型における**ブレーン**(brane)とは,$M$ 上の解析的連接層のなす圏の導来圏の対象を指す[*48].

シンプレクティック多様体 $(M, \omega_M)$ でコンパクト化された $A$ 模型におけるブレーンとは,$M$ 上のラグランジュ部分多様体 $L$ とその上の平坦 $U(1)$ 束 $\mathfrak{L}$ の組 $(L, \mathfrak{L})$ である. □

$A$ 模型の場合の定義もどき 6.181 は不完全である.できるだけ正確なものに近づけるのが,以下の目標の 1 つである.定義もどき 6.181 より,$A, B$ 模型双方において,ブレーンのモジュライ空間とはなにかがおおよそ決まる.すなわち,$B$ 模型においては $(M, J_M)$ 上の解析的連接層のなす圏の導来圏の対象のモジュライ空間であり,$A$ 模型においては組 $(L, \mathfrak{L})$ のモジュライ空間である.

**予想もどき 6.182** $(M^\dagger, J_{M^\dagger})$ が $(M, \omega_M)$ のミラーであるとき,$(M^\dagger, J_{M^\dagger})$

---

[*45] ブレーンの訳語はまだないようである.筆者は専門家ではないので訳語を考えるのはその任でないと思う.だれか専門家に考えてもらいたい.

[*46] ブレーンの理論については,[303], [304] などを参照せよ.

[*47] 物理での理解は進んでいるようであるが.

[*48] 導来圏の定義はしないが([173], [136] などを見よ),この節ではそれが必要な部分までは立ち入らない.複素部分多様体,正則ベクトル束,解析的連接層などは解析的連接層のなす圏の導来圏の対象を与える.

上のブレーンのモジュライ空間と $(M, \omega_M)$ 上のブレーンのモジュライ空間は一致する. □

これが，Kontsevich [215], [219]による**ホモロジー的ミラー対称性**(homological mirror symmetry)予想の1つの形である*[49]. より詳しく説明しよう.

まず $B$ 模型を考える. 導来圏の対象を考えると話が複雑になるので，$(M^\dagger, J_{M^\dagger})$ 上の正則ベクトル束 $E$ を考える. すでに§6.4で述べたように，正則ベクトル束のモジュライ空間の $E$ での近傍は，倉西写像 $H^1_{\bar\partial}(M; \text{Hom}(E, E)) \to H^2_{\bar\partial}(M; \text{Hom}(E, E))$ の0点で与えられる. 拡大モジュライ空間を考え，また，モジュライ空間を超多様体とみなすと，拡大モジュライ空間の「接空間」は $H^*_{\bar\partial}(M; \text{Hom}(E, E)) = \text{Ext}^*(E, E)$ である.（後者の記号を使うと，解析的連接層やその作る圏の導来圏の対象に対しても同じことが成り立つ.）ブレーンがない場合，つまり複素多様体のモジュライ空間を考えていたときは，複素構造の拡大モジュライ空間の接空間は $H^*_{\bar\partial}(M; \Omega_\mathbb{C})$ であった. §6.5で行った構成は，複素構造の拡大モジュライ空間の上にフロベニウス多様体の構造を定義することであった. その類似をブレーンのモジュライ空間に対して行いたい. すなわち，モジュライ空間の接空間にフロベニウス代数の構造を定義する.

$M$ をカラビ–ヤウ複素多様体，$E$ をその上の階数 $m$ の正則ベクトル束とする. $\Omega$ を $M$ 上の正則 $n, 0$ 型式とする. $\mathfrak{H}^*_B(M; E) = \text{Ext}^*(E, E)$ とおく. 積 $\mathfrak{m}^B_2 : \mathfrak{H}^{k_1}_B(M; E) \otimes \mathfrak{H}^{k_2}_B(M; E) \to \mathfrak{H}^{k_1+k_2}_B(M; E)$ を米田積とする. ベクトル束の写像 $\text{Tr} : \text{Hom}(E, E) \to \mathbb{C}$ を各点でトレースをとることにより定義する. $\text{int}_M : \mathfrak{H}^n_B(M; E) \to \mathbb{C}$ を

$$\text{int}_M(\varphi \wedge u) = \int_M \text{Tr}(\varphi) u \wedge \Omega$$

で定義する ($\varphi \in \Gamma(M; \text{Hom}(E, E))$, $u \in \Gamma(M; \Lambda^{0,*}M)$). 内積 $\langle \cdot, \cdot \rangle_B$ を次の

---

*[49] Kontsevich がホモロジー的ミラー対称性を述べたのは 1993 年頃で，超弦理論の第2革命が始まるより早い. Vafa [373]が現れて，物理側でもホモロジー的ミラー対称性が研究され始めているようである.

式で定義する.
$$\langle u_1, u_2 \rangle_B = \mathrm{int}_M(\mathfrak{m}_2^B(u_1, u_2)).$$

**補題 6.183** $(\mathfrak{H}_B^*(M; E), \mathfrak{m}_2^B, \langle \cdot, \cdot \rangle_B)$ はフロベニウス代数である. □

証明は容易である.

**注意 6.184** $M$ がキャラビ–ヤウ多様体であると仮定しても,その上のベクトル束のモジュライ空間に対する倉西写像は 0 とは限らない.すなわち,定理 6.142 の類似は成立しない.したがって,ブレーンのモジュライ空間は一般にはフロベニウス多様体ではない.

さらに(高次)マッセイ–米田積も定まる.積が倉西写像の 2 次の項を,マッセイ–米田積が 3 次の項を決める.(高次)マッセイ–米田積はあわさって $A^\infty$ 構造を定める.この節の主目的は,この $A^\infty$ 構造のミラーを $A$ 模型の場合に構成することである.

**注意 6.185** $A$ 模型の話に移る前に,$B$ 模型でのブレーンのモジュライ空間について,もう少しだけ述べておく.

正則ベクトル束や解析的連接層のモジュライ空間は,代数幾何で多くの人によって研究されている.また,ドナルドソン不変量を用いた 4 次元微分多様体の研究に応用された.最近になって,この節の内容とかかわるような,以下に略述する発展がおこっている.

Donaldson–Thomas [80], Thomas [364] は,複素 3 次元のキャラビ–ヤウ多様体とその上の複素ベクトル束 $E$ に対して,$E$ 上の正則ベクトル束の構造の数が,キャラビ–ヤウ多様体の不変量になることを予想した[*50].(このモジュライ空間の仮想次元は 0 なので,その位数を数えることが意味をもつ.) Donaldson–Thomas が提案した不変量を,**複素キャッソン不変量**(holomorphic Casson invariant)と呼ぶ[*51].

---

[*50] Minahan–Nemeschansky–Vafa–Warner による論文[260]はこの予想とかかわると思われる.

[*51] キャッソン不変量は,3 次元多様体の上のベクトル束に対して,その「平坦接続の数」を対応させる不変量であった.平坦接続を自己双対接続で読みかえ,実 3 次元を複素 3 次元と読みかえると,普通のキャッソン不変量が複素キャッソン不変量になる.キャッソン不変量については,[5]を見よ.

さらに Donaldson–Thomas は，退化する極限を見ることで，複素キャッソン不変量が計算できる例を見出した．この計算法はキャッソン不変量をヘーガード分解(Heegard splitting)を使って計算する方法の類似物である．

複素キャッソン不変量が不変量であることを証明するには，モジュライ空間のコンパクト化の研究が不可欠である．このためには，グロモフ–ウィッテン不変量の定義に用いられた方法が有力であると考えられており，Thomas らによって，完成に向かいつつある．

一方，Tian [366]は，正則ベクトル束のモジュライ空間・4次元多様体上の自己共役接続のモジュライ空間[*52]を含む，より一般化された「自己共役接続」の場合の，モジュライ空間のコンパクト化を研究している[*53]．接続の空間のコンパクト化には，曲率が無限大に発散する(爆発する)点の集合の様子を調べることが不可欠である．Nakajima [275], [276]は，Uhlenbeck の方法を使って，一般の次元のヤン–ミルズ接続の列について，曲率が爆発する点の集合の余次元が，ハウスドルフ次元(Hausdorff dimension)の意味で4であることを示していた．Tian は曲率が爆発する点の集合がレクティファイアブル[*54](rectifiable)であることを示し，さらに，注意 2.84 の意味でキャリブレートされた「部分多様体」[*55]であることを示した．

以上述べた研究は，高次元ゲージ理論というべきものの一部である．ゲージ理論の数学的研究は，長い間ほとんど4次元の場合に限られていたが，高次元の場合の研究も盛んになりつつある．

複素多様体上の正則ベクトル束のモジュライ空間は，$B$ 模型におけるブレーンのモジュライ空間の重要な一部であるが，別の重要な一部が，複素部分多様体のモジュライ空間，すなわち**ヒルベルト概型**(Hilbert scheme)である．0次元の複素部分多様体のモジュライ空間，すなわち，点のヒルベルト概型の場合を中心に，中島らによって研究が進んでいる([280]参照)．

---

[*52]　Donaldson 理論で用いられたもの．

[*53]　例外的なホロノミーをもつリーマン多様体，すなわち7次元で $G_2$ をホロノミー群にもつ場合，8次元で $Spin(7)$ をホロノミー群にもつ場合が他の重要な例である．これらは**ジョイス多様体**(Joyce manifold)と呼ばれている．ジョイス多様体は[52], [193], [194]で構成され，その上のゲージ理論については[57]などがある．

[*54]　ほとんどすべての点で，接空間が存在することを意味する．**幾何学的測度論**(geometric measure theory)の解説書[98], [172], [339]を見よ．

[*55]　一般には特異点がある．

後に述べる予想 6.193 を考え合わせると，(特異)トーラスファイバー空間になる複素多様体上の，正則ベクトル束のモジュライ空間の研究が重要である．[111]，[112]，[113]，[71]などで，その研究がなされている[*56]．

Simpson [340] は $n$ 圏($n$ category) などを用いて，非可換群に係数をもつ高次のコホモロジーのホッジ理論を展開しているが，この章で述べた構成に何らかのかかわりをもつかもしれない．

$A$ 模型においては，ラグランジュ部分多様体 $L$ とその上の複素 $U(1)$ 束 $\mathfrak{L}$ の組 $(L, \mathfrak{L})$ のモジュライ空間 $\mathcal{LAG}_{\mathrm{class}}(M)$ が，正則ベクトル束・解析的連接層などのモジュライ空間に対応する，というのが，予想もどき 6.182 である．($\mathcal{LAG}_{\mathrm{class}}(M)$ の完全に厳密な定義はまだなされていない．後に説明する．)

注意 6.13 で述べたように，複素多様体から始まる $B$ 模型においては，量子補正は存在しない．このことの 1 つの帰結は，正則ベクトル束・解析的連接層などのモジュライ空間そのものが，$B$ 模型においてはブレーンの(量子化された)モジュライ空間になることである．

一方 $A$ 模型では量子補正が存在する．すなわち，$A$ 模型のブレーンの(量子化された)モジュライ空間は，$\mathcal{LAG}_{\mathrm{class}}(M)$ そのものではなく，それが量子変形されたもの $\mathcal{LAG}_{\mathrm{qm}}(M)$ である．したがって，シンプレクティック多様体 $M$ のミラーが複素多様体 $M^{\dagger}$ であるとき，$\mathcal{LAG}_{\mathrm{qm}}(M)$ が $M^{\dagger}$ 上の正則ベクトル束，解析的連接層などのモジュライに一致するであろう，というのが，ホモロジー的ミラー対称性予想の 1 つの形である．

これを調べることで，モジュライ空間の量子変形という，神秘的な現象を厳密な数学として調べることができるのが，その魅力の 1 つである．

さてまず $\mathcal{LAG}_{\mathrm{class}}(M)$ を記述する．シンプレクティック多様体 $M$ の中の，ラグランジュ部分多様体全体は無限次元の族をなす．したがって，有限次元のモジュライ空間を得るには，何らかの条件を課すか，あるいは同値関係を

---

[*56] ただし研究されているのは，ファイバーが複素トーラスである場合のようである．ホモロジー的ミラー対称性にかかわるのは，実のラグランジュ部分多様体がファイバーになる場合である．[111]，[112]，[113]，[71]などで使われている代数幾何学的手法が，ファイバーが実のトーラスの場合にも有効なのかどうかは，筆者にはよくわからない．

考えなければならない．Becker–Becker–Strominger [38] は，ブレーンが超対称性と $\kappa$ 対称性(kappa symmetry)を保つという条件を調べ[*57]，特殊ラグランジュ部分多様体という条件を見出した．$M$ を複素 $n$ 次元キャラビ–ヤウ多様体とする．(以後しばらく $B$ 場は考えない．すなわち，(実の)シンプレクティック型式 $\omega$ (ケーラー型式)を考える．) $M$ には正則 $n$ 型式 $\Omega$ がある．$\Omega$ を各点でのノルムが1であるように正規化しておく．($\Omega \wedge \overline{\Omega}$ は調和 $2n$ 型式であるから，$\Omega$ のノルムは点によらない．)

**定義 6.186** $n$ 次元部分多様体 $L \subset M$ が，**特殊ラグランジュ部分多様体** (special Lagrangian submanifold)であるとは，$\Omega$ の $L$ への制限が，$L$ の(誘導されたリーマン計量についての)体積要素であることを指す． □

**補題 6.187** 特殊ラグランジュ部分多様体は，ラグランジュ部分多様体である．

[証明] $e_1, \cdots, e_n$ を $T_pL$ の正規直交基とする．$\Omega$ が $L$ の体積要素であるから，
$$(\Omega \wedge \overline{\Omega})(e_1 \wedge Je_1 \wedge \cdots \wedge e_n \wedge Je_n) = \pm 1$$
である．一方 $\Omega \wedge \overline{\Omega}$ は $M$ の体積要素である．よって，$Je_i$ は $T_pL$ に直交する．すなわち $\omega(e_i, e_j) = \pm g_M(e_i, Je_j) = 0$． ■

$\Omega$ はキャリブレーション(注意 2.84)であり，特殊ラグランジュ部分多様体はキャリブレートされた部分多様体である．特に，極小部分多様体である．

**定義 6.188** $\mathcal{LAG}_{\mathrm{sp}}(M)$ を $M$ の特殊ラグランジュ部分多様体 $L$ とその上の平坦複素直線束 $\mathfrak{L}$ の組 $(L, \mathfrak{L})$ の全体とする． □

Strominger–Yau–Zaslow [350] は $\mathcal{LAG}_{\mathrm{sp}}(M)$ が $M$ のミラー $M^\dagger$ の上の連接層のモジュライ空間になるのだとすると，$M^\dagger$ を $M$ から構成する方法が得られることを見出した．彼らのアイデアは，次の通りである．$M^\dagger$ を複素多様体とする．$p \in M^\dagger$ は次のようにして $M^\dagger$ 上の層 $\mathfrak{F}_p$ を定める．

---

[*57] これらは後では用いないので説明しない．

$$\mathfrak{F}_p(U) = \begin{cases} \mathbb{C}, & p \in U \text{ の場合}, \\ 0, & p \notin U \text{ の場合}. \end{cases}$$

$\mathfrak{F}_p$ を**点層**(スカイスクレーパー層,skyscraper sheaf)と呼ぶ.点層のモジュライ空間が,$M^\dagger$ そのものであることは明らかである.よって,もし予想もどき 6.182 が成り立っているとすると,$\mathcal{LAG}_{\text{sp}}(M)$ は $M^\dagger$ を含まなければならない.Strominger–Yau–Zaslow はより正確に,以下に述べるような構成を提案した.

**定義 6.189** $\pi : M \to N$ が**特殊ラグランジュファイバー束**(special Lagrangian fiber bundle)であるとは,余次元 2 の部分多様体 $S(N) \subset N$ が存在して,$p \in N - S(N)$ に対して $\pi^{-1}(p)$ は特殊ラグランジュ部分多様体で,$\pi^{-1}(N - S(N)) \to N - S(N)$ がファイバー束であることを指す. □

**注意 6.190** この定義は暫定的な定義で,本当は,$S(N)$ でなにが起こっているかについての条件が必要であろう.

**注意 6.191** 定理 4.63 により,$p \in N - S(N)$ に対して $\pi^{-1}(p)$ はトーラスである.

**例 6.192** 例 4.70,すなわち楕円型 K3 曲面で複素構造をファイバーがラグランジュ部分多様体になるようにとったものは,特殊ラグランジュファイバー束である. □

残念ながら,特殊ラグランジュファイバー束の例は,まだあまり多くは構成されていない.例 6.192 とトーラス以外は,Gross–Wilson [162] による例(Voisin–Borcea 多様体[48])があるだけである.(これは K3 曲面をファイバーにするファイバー束になっている複素 3 次元多様体である.)しかし,これは例があまり多く存在しないというのではおそらくなく,存在がまだ証明されていないだけであろうと思われている.

さて,定義 6.189 で $\pi^{-1}(p) = L_p$ とおく.$(L_p, \mathfrak{L}_p)$ なる組で,$p \in N - S(N)$,$\mathfrak{L}_p$ は $L_p$ 上の複素平坦直線束,なるもの全体を $M_0^\dagger$ とおく.

**予想 6.193** (**幾何学的ミラー対称性**(geometric mirror symmetry),Strominger–Yau–Zaslow) $M$ のミラーは $M_0^\dagger$ のコンパクト化と微分同相である.  □

特異ファイバー($S(N)$ の元の逆像)のところで,その上の複素平坦直線束のモジュライ空間をどうするのか,微妙な問題であるので[*58],単にコンパクト化と書いた.また,微分同相のみを予想としたが,複素構造がどうなるかも微妙な問題である[*59].

なぜ,点層に対応するのが,ラグランジュトーラスでなければならないかは,ホモロジー的ミラー対称性をもう少し記述するとわかってくるので,そこで説明する.

特殊ラグランジュ部分多様体のモジュライ空間については,次の McLean [255] の定理が基本的である.

**定理 6.194** $\mathcal{LAG}_{\mathrm{sp}}(M)$ の $(L, \mathfrak{L})$ の近傍は,$2\,\mathrm{rank}\,H^1(L;\mathbb{Q})$ 次元の多様体である. □

次に,ラグランジュ部分多様体のモジュライ空間を構成するのに,同値関係による商空間を考える立場を説明する.

**定義 6.195** $(L_1, \mathfrak{L}_1)$, $(L_2, \mathfrak{L}_2)$ を $M$ のラグランジュ部分多様体とその上の平坦 $U(1)$ 束の組とする.$(L_1, \mathfrak{L}_1) \sim (L_2, \mathfrak{L}_2)$ とは,$\psi: M \to M$ なる完全シンプレクティック同相写像で $\psi(L_1) = L_2$ なるものが存在し,かつ,$\psi^* \mathfrak{L}_2$ が $\mathfrak{L}_1$ と同型であることを指す.

$L_1 \sim L_2$ は $\psi(L_1) = L_2$ なる完全シンプレクティック同相写像の存在を意味する. □

この同値関係で商空間を作りたいのであるが,正則ベクトル束のモジュライ空間や,概正則曲線のモジュライ空間の場合のように,なんらかの安定性を課さないと,ハウスドルフ空間にならないと思われる.安定性の定義として,とりあえず次のものを提案する.

$L$ を $M$ のラグランジュ部分多様体とする.定理 4.5 により,$L$ の $M$ での近傍は $T^*L$ の $0$ 切断の近傍とシンプレクティック同相写像である.よって,$L$ に($C^1$ の意味で)十分近いラグランジュ部分多様体は,$L$ 上の微分 $1$ 型式 $u$

---

[*58] この点については Gross の論文 [163], [164] を見よ.

[*59] [125] で述べる予定.[164] では別の立場から論じられている.

のグラフ $L_u$ とみなせる．補題 4.2 より，$du = 0$ である．$u = df$ なる関数 $f$ が存在すれば，$L \sim L_u$ であることが容易にわかる．

**定義 6.196** $L$ が**安定**(stable)であるとは，$\sup|u_1|, \sup|u_2|$ が十分小さい $L$ 上の微分 1 型式 $u_1, u_2$ に対して，($L_{u_i} \subset M$ とみなしたとき）$L_{u_1} \sim L_{u_2}$ であれば，$u_1 - u_2 = df$ なる $f$ が存在することを指す． □

**問題 6.197** ラグランジュ部分多様体が安定であることと，その $\sim$ 同値類に特殊ラグランジュ部分多様体が存在することの関係を明らかにせよ． □

**注意 6.198** ゲージ理論においては，安定ベクトル束であることと，その上にヤン–ミルズ接続が存在することが同値であることが知られている（小林–ヒッチン予想．Donaldson らによって解かれた．[75], [372].）

**注意 6.199** 与えられたラグランジュ部分多様体と $\sim$ で同値な特殊ラグランジュ部分多様体の存在については，Schoen–Wolfson による論文[327]がある．この方面の研究は始まったばかりである．


定義 6.196 の意味での安定性は，シンプレクティック幾何学におけるフラックス予想(flux conjecture)と深くかかわる．フラックス予想を述べておく．$(M, \omega)$ をシンプレクティック多様体とし，$\mathrm{Ham}(M, \omega)$ をその完全シンプレクティック同相写像の作る群の連結成分とする．フラックス準同型 $\mathrm{Flux}: \pi_1(\mathrm{Ham}(M, \omega)) \to \mathbb{R}$ を次のように定義する．$\gamma(t)$ を $\mathrm{Ham}(M, \omega)$ の道とする．定理 2.18 より，$d\gamma/dt$ は $M$ 上の閉微分型式 $u_t$ から定まる $X_{u_t}$ に一致する．

**定義 6.200** $\mathrm{Flux}([\gamma]) = \int_0^1 [u_t]dt \in H^1(M; \mathbb{R})$．ここで $[u_t]$ は $M$ のド・ラームホモロジー類を表す． □

定義の右辺が $[\gamma] \in \pi_1(\mathrm{Aut}_0(M, \omega))$ のみから決まることは，容易にわかる．

**予想 6.201（フラックス予想）** フラックス準同型の像は，$H^1(M; \mathbb{R})$ で離散的である． □

**補題 6.202** フラックス予想が正しいことと，完全シンプレクティック同相写像全体が，シンプレクティック変換群の中で $C^1$ 位相で閉であることは同値である． □

補題 6.202 の証明などフラックス予想については，Lalonde–McDuff–

Polterovich [231] を見よ．また Banyaga の最近の書物[31]にも，これにかかわることがいろいろ述べられている[*60]．補題 6.202 から，対角線集合 $M \subset M \times M$ をラグランジュ部分多様体と見たとき，$M$ が定義 6.196 の意味で安定であれば，フラックス予想が成立することがわかる．問題 6.197 はフラックス予想のラグランジュ部分多様体に対する類似物である．

元に戻って，次のように定義する．

**定義 6.203** $\mathcal{LAG}_{\mathrm{st}}(M)$ で安定ラグランジュ部分多様体 $L$ とその上の平坦複素直線束 $\mathfrak{L}$ の組 $(L, \mathfrak{L})$ の $\sim$ 同値類全体を表す． □

$\mathcal{LAG}_{\mathrm{st}}(M)$ は $M$ がキャラビ–ヤウ多様体と仮定しなくても，シンプレクティック多様体であれば定義されることに注意しておく．

$L$ を安定なラグランジュ部分多様体とすると，$L$ に近いラグランジュ部分多様体の $\sim$ 同値類の集合は，$H^1(L; \mathbb{R})$ の $0$ の近傍に対応する．一方，与えられた平坦ベクトル束 $\mathfrak{L} \to L$ の近くの，平坦 $U(1)$ 束の同型類の集合は，$H^1(L; \sqrt{-1}\mathbb{R})$ の $0$ の近傍に対応する．よって，$\mathcal{LAG}_{\mathrm{st}}(M)$ の $[L, \mathfrak{L}]$ の近傍は $H^1(L; \mathbb{C})$ の $0$ の近傍に対応する．これから，$\mathcal{LAG}_{\mathrm{st}}(M)$ の連結成分が，有限次元の複素多様体であることがわかる．この複素構造を**古典的複素構造** (classical complex structure) と呼ぶ．$\mathcal{LAG}_{\mathrm{sp}}(M)$ の古典的複素構造も（定理 6.194 を用いて）同様にして定義される．

正しいモジュライ空間を得るには，$\mathcal{LAG}_{\mathrm{st}}(M)$, $\mathcal{LAG}_{\mathrm{sp}}(M)$ をコンパクト化しなければならない．これは難しい問題で，研究はまだ進んでいない[*61]．

古典的モジュライ空間の説明の最後に，$B$ 場がある場合について，簡単に述べておく．$\tilde{\omega} = \omega + 2\pi\sqrt{-1}B$ とする．このときも，ラグランジュ部分多様体を定義するのには，実部 $\omega$ だけを用いる．しかし，その上の複素直線束は少し違ったものをとる．すなわち，複素直線束 $\mathfrak{L} \to L$ とその上の $U(1)$ 接続 $\nabla$ の組 $(\mathfrak{L}, \nabla)$ であって，$\nabla$ の曲率 $F_\nabla$ が

(6.69) $$F_\nabla = 2\pi\sqrt{-1}B$$

---

[*60] この辺はシンプレクティック幾何学の力学系的側面がミラー対称性にかかわる重要な部分であろう．

[*61] $\mathcal{LAG}_{\mathrm{sp}}(M)$ で考えると，幾何学的測度論が有力な手段であろう．

を満たすものを考える．($[B] \in H^2(L;\mathbb{Z})$ がそのような接続が存在するための，必要十分条件であった．）

同値関係 $(L_0, \mathfrak{L}_0, \nabla_0) \sim (L_1, \mathfrak{L}_1, \nabla_1)$ は次のように定義する．$\phi: (M, \omega) \to (M, \omega)$ を完全シンプレクティック同相とする．ハミルトン関数 $h: M \times [0,1] \to \mathbb{R}$ が存在して，$t$ に依存したベクトル場(5.1)の積分で $\phi$ が得られる（定義 5.1）．$\ell_p(0) = p$ なる(5.1)の解 $\ell_p$ をとり，$\phi_t(p) = \ell_p(t)$ とおく．$\tilde{\phi}(x, t) = \phi_t(x)$ で $\tilde{\phi}: M \times [0,1] \to M$ を定義する．

**定義 6.204** 次の条件が成り立つとき，$(L_0, \mathfrak{L}_0, \nabla_0) \sim (L_1, \mathfrak{L}_1, \nabla_1)$ と書く．

（1） $L_2 = \phi(L_1)$．

（2） $L \times [0,1]$ 上の複素直線束 $\tilde{\mathfrak{L}}$ とその上の $U(1)$ 接続 $\tilde{\nabla}$ が存在し，曲率が $F_{\tilde{\nabla}} = 2\pi\sqrt{-1}\tilde{\phi}^*B$ を満たす．

（3） $(\tilde{\mathfrak{L}}, \tilde{\nabla})$ の $L \times \{0\}$, $L \times \{1\}$ への制限は，$(L_0, \nabla_0)$, $(L_1, \nabla_1)$ に同型である． □

$B$ 場がある場合には，安定ラグランジュ部分多様体 $L$ と(6.69)を満たす $(\mathfrak{L}, \nabla)$ の組全体を，定義 6.204 の同値関係で割った商空間を $\mathcal{LAG}_{\mathrm{st}}(M, \tilde{\omega})$ と書く．$\mathcal{LAG}_{\mathrm{st}}(M, \tilde{\omega})$ 上の古典的複素構造は次のように定める（定理 4.63，補題 4.81 の証明に似ている．）$L_1$ を $L$ と $C^1$ 位相で近いラグランジュ部分多様体とする．$L$ の近傍を $T^*L$ の 0 切断の近傍と同一視すると，$L_1 = L_u$ なる閉微分 1 型式 $u$ が存在する．したがって $L \simeq L_1$ なる標準的な微分同相写像が存在する．

$\gamma_1, \cdots, \gamma_b$ を $H_1(L; \mathbb{Q})$ の基底を与えるような閉曲線 $S^1 \to L$ とする．これらは，$L_1$ 上の閉曲線 $\gamma'_i$ を定める．$\mathrm{hol}_i(\mathfrak{L}_1, \nabla_1)$ を $\gamma'_i$ に沿った接続 $(\mathfrak{L}_1, \nabla_1)$ のホロノミーとする．

一方，$\tilde{\gamma}_i: S^1 \times [0,1] \to T^*L$ を $\tilde{\gamma}_i(t, \tau) = \tau \gamma_i(t)$ とおき

$$A_i(L_1) = \int_{S^1 \times [0,1]} \tilde{\gamma}_i^* \tilde{\omega}$$

と定義する．($L' \subset T^*L$ を 0 切断の近傍 $\subseteq M$ とみなしている．）これらを用いて $h_i$ を次の式で定義する．

$$h_i(L_1, \mathfrak{L}_1, \nabla_1) = \exp(A_i(L_1)) \times \mathrm{Tr}\,\mathrm{hol}_i(\mathfrak{L}_1, \nabla_1) \in \mathbb{C}$$

**補題 6.205**  $(h_1, \cdots, h_b)$ は $(L, \mathfrak{L}, \nabla)$ の近くの $\mathcal{LAG}_{\mathrm{st}}(M, \tilde{\omega})$ の座標を与える. □

補題の証明は容易なので省略する.補題 6.205 の座標を複素座標とする,$\mathcal{LAG}_{\mathrm{st}}(M, \tilde{\omega})$ の複素構造が,$B$ 場がある場合の古典的複素構造である.

古典的モジュライ空間の量子変形は,ラグランジュ部分多様体のフレアーホモロジーにかかわる.この点を説明する.以下の説明は [122] のミラー対称性にかかわる部分の概略である[*62].われわれはすでに,§5.4 でラグランジュ部分多様体のフレアーホモロジーを論じた.§5.4 では仮定 5.100 という,比較的強い制限のもとで,フレアーホモロジーを構成した (定理 5.102).§5.4 の構成をより一般のラグランジュ部分多様体の組 $L_0, L_1$ に対して試みると,次のような現象が起こる.

**観察 6.206**

(1) (5.26) で $\delta : CF(L_0, L_1) \to CF(L_0, L_1)$ を定義すると,一般には $\delta^2 \neq 0$ である.

(2) $L_0 = L_1 \neq L$ とする.$\delta^2 = 0$ となる場合でも,そのコホモロジーは $L$ のコホモロジーとは異なる. □

観察 6.206 は Oh [290], [291] による.この節で用いてきた用語を用いると,(1) はラグランジュ部分多様体のモジュライ空間が,量子変形によって小さくなることを意味し,(2) はフレアーコホモロジーが量子変形によって,普通のコホモロジーから変化することを意味する.

**注意 6.207**  グロモフ-ウィッテン不変量の場合には,量子コホモロジーは群としては普通のコホモロジーと同一で,環構造のみ変わった.また,$A$ 模型における「シンプレクティック構造の拡大モジュライ空間」は,巨大体積極限の近傍においては,(偶数次の) コホモロジーの和に一致し,また,そこから離れた部分を勘定に入れると,(数学的に完全な理解はまだなされていないが)「グロモフ-ウィッテンポテンシャルの最大接続領域」のようなものであろう.したがって,「シンプレクティック構造の拡大モジュライ空間」は,量子変形によって曲がるが,次元は変わらないと考えられる.

---

[*62] 省略した部分は [122] を見ていただきたい.

ここで論じている A 模型におけるブレーンの拡大モジュライ空間では,量子変形によって,次元まで変化していると思われる.また,その接空間であるフレアー(コ)ホモロジーは,群としてすでに古典的な(コ)ホモロジーと異なっている.

$L$ を $M$ のラグランジュ部分多様体とする.また $M$ に $\omega_M$ と整合的な概正則構造 $J_M$ を固定する.$\beta \in \pi_2(M; L)$ とする.

**定義 6.208** 自然数 $k$ に対して,$\tilde{\mathcal{M}}_k(M, J_M; L; \beta)$ を写像 $\varphi: D^2 \to M$ と,点たち $\vec{z} = (z_1, \cdots, z_k) \in \partial D^2$ であって,次の条件を満たすものの組 $(\varphi, \vec{z})$ 全体とする.

（1） $\varphi$ は概正則である.
（2） $\varphi(\partial D^2) \subset L$.
（3） $\varphi$ のホモトピー類は $\beta$ である.
（4） $z_1, \cdots, z_k$ は $\partial D^2$ 上,時計回りに並んでいる.

$D^2$ の複素構造を保つ自己同型の作る群 $PSL(2; \mathbb{R})$ の $\tilde{\mathcal{M}}_k(M, J_M; L; \beta)$ への作用が,

$$\phi \cdot (\varphi, z_1, \cdots, z_k) = (\varphi \circ \phi^{-1}, \phi(z_1), \cdots, \phi(z_k))$$

で定まる.この作用の商空間を $\mathcal{M}_k(M, J_M; L; \beta)$ で表す.

代入写像 $\mathrm{ev}: \mathcal{M}_k(M, J_M; L; \beta) \to L^k$ を次の式で定義する.

$$\mathrm{ev}([\varphi, z_1, \cdots, z_k]) = (\varphi(z_1), \cdots, \varphi(z_k)).$$ □

定義 6.208 が §6.2 で述べたモジュライ空間 $\mathcal{M}_{g,k}(M, J_M; \beta)$ の,ラグランジュ部分多様体がある場合への自然な一般化であることは容易に見てとれる

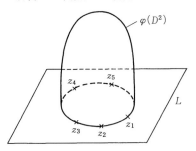

図 **6.19** $\mathcal{M}_k(M, J_M; L; \beta)$ の元

であろう.

$\mathcal{M}_{0,k}(M, J_M; L; \beta)$ のコンパクト化 $\mathcal{CM}_{0,k}(M, J_M; L; \beta)$ を $\mathcal{CM}_{g,k}(M, J_M; \beta)$ と同様に構成できる. $\mathcal{CM}_{0,k}(M, J_M; L; \beta)$ の元は, たとえば図 6.20 で表される. コンパクト化の正確な定義は省略する.

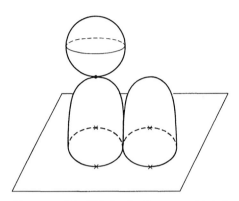

**図 6.20** $\mathcal{M}_{0,k}(M, J_M; L; \beta)$ のコンパクト化

$\mu(\beta)$ を $\beta$ のマスロフ指数とする. $L$ が向き付け可能であると, $\mu(\beta)$ はいつも偶数である(図式(4.34)の可換性による).

**嘘定理 6.209** $\mathcal{CM}_{0,k}(M, J_M; L; \beta)$ は $\mu(\beta)+n+k-3$ 次元のコンパクトで滑らかな境界付き多様体である. ev は $\mathcal{CM}_{0,k}(M, J_M; L; \beta)$ からの滑らかな写像に拡張される. □

嘘定理 6.28 と同様に, 嘘定理 6.209 もそのままでは正しくない. 正しい定式化は 6.28 の場合([124]を見よ)と同様である. 次元の勘定は, 定理 4.162 である. すなわち, 定理 4.162 は $\widetilde{\mathcal{M}}_{0,0}(M, J_M; L; \beta)$ の仮想次元が, $\mu(\beta)+n$ であることを示している. $k$ 個の $\partial D^2$ 上の点があることで, 次元は $k$ 個増え, $PSL(2;\mathbb{R})$ の作用により 3 減るから, $\mu(\beta)+n+k-3$ になる.

**注意 6.210** 嘘定理 6.209 の主張で, $\mathcal{CM}_{0,k}(M, J_M; L; \beta)$ は '角付き' 多様体と述べたことに注意せよ. これが, グロモフ–ウィッテン不変量の場合との大きな差である. 角付き多様体には基本ホモロジー類は定まらない. これが, 観察 6.206 (1)の理由である. 例 6.211 が示すように, 角や境界は実際に現れる.

**例 6.211** $M$ を 1 点とし，$\mathcal{CM}_{0,4}(M, J_M; L; 0)$ を考える．（つまり，写像は考えず，$(z_1, z_2, z_3, z_4) \in \partial D^2$ たちだけを考える．）この空間は明らかに閉区間と同相で，2 つの境界は次の図 6.21 に対応する． □

図 6.21 境界にあたる元

**仮定 6.212** $\tilde{w}_2 \in H^2(M; \mathbb{Z}_2)$ が存在して，$\tilde{w}^2$ の $H^2(L; \mathbb{Z}_2)$ への引き戻しは，$L$ の第 2 スティーフェル–ホイットニー類に一致する．また，$L$ には向きを決める． □

**定理 6.213** 仮定 6.212 が満たされるとし，$\tilde{w}^2$ と $L$ の向きを決める．すると，$\mathcal{CM}_{0,k}(M, J_M; L; \beta)$ の向き付けが定まる． □

§4.4 の終わりで注意したように，定理 6.213 は定理 4.162 の族の指数版を用いて証明される．証明は省略する．以後 $\tilde{w}^2 \in H^2(M; \mathbb{Z}_2)$ を固定し，仮定 6.212 を満たす向きの付いたラグランジュ部分多様体だけを考える．2 つ以上のラグランジュ多様体 $L_i$ を同時に考える場合には，$w^2(L_i)$ は同じ $\tilde{w}^2$ の制限であるとする．

さて，$x_i = (P_i, \psi_i)$, $i = 1, \cdots, k$ を $L$ の幾何学的鎖とする．

**定義 6.214** $k = 0, 1, \cdots$, $\beta \neq 0$ に対して，
$$\mathfrak{m}_{k,\beta}(x_1, \cdots, x_k) = ((P_1 \times \cdots \times P_k) \times_{\mathrm{ev}_1, \cdots, \mathrm{ev}_k} \mathcal{CM}_{0,k+1}(M, J_M; L; \beta), \mathrm{ev}_{k+1})$$
とおく．また，$\beta = 0$ のとき，$\mathfrak{m}_{k,0}(P, \psi) = (\partial P, \psi)$ （普通の境界作用素），$\mathfrak{m}_{k,0} = 0$, $k \neq 1$ とする．これらを足しあわせて，$\mathfrak{m}_k$ を次の式で定義する．

(6.70) $$\mathfrak{m}_k = \sum \mathfrak{m}_{k,\beta} T^{\beta \cap [\omega]} \otimes u^{\mu(\beta)/2}.$$ □

定義 6.214 では，ファイバー積を定義するために必要な横断正則性の仮定を幾何学的鎖におかなければならない．この点については省略する．(6.70) の右辺が $\Lambda_{\mathrm{nov}, \mathbb{Q}}$ 係数の幾何学的鎖になることは，グロモフ–ウィッテン不変

量の場合と同様にして，コンパクト性定理(補題 6.49 の類似)を使って証明できる．

次の定理が [122] の主定理である．$C_*(L;\mathbb{Z})$ を $L$ の幾何学的鎖の作る鎖複体の可算部分複体とする．$C^*(L;\mathbb{Z}) = C_{n-*}(L;\mathbb{Z})$ で余鎖複体に直す．$C^*(L;\Lambda_{\text{nov},\mathbb{Q}}) = C^*(L;\mathbb{Z}) \otimes \Lambda_{\text{nov},\mathbb{Q}}$ とおく．

**定理 6.215** $\mathfrak{m}$ たちは，$\Pi C^*(L;\Lambda_{\text{nov},\mathbb{Q}})$ 上にフィルター付き弱 $A^\infty$ 代数の構造を定める．このフィルター付き弱 $A^\infty$ 代数は，$L$ の有理ホモトピー型を決める $A^\infty$ 代数の変形である．

弱 $A^\infty$ 代数のホモトピー型は，概複素構造 $J_M$ などによらず，シンプレクティック多様体 $M$ とラグランジュ部分多様体 $L$ で決まる．

$\psi$ が完全シンプレクティック同相写像であるとき，$L$ が決める弱 $A^\infty$ 代数と，$\psi(L)$ が決める弱 $A^\infty$ 代数はホモトピー同値である．                                 □

証明のアイデアは，グロモフ–ウィッテン不変量の構成と結合性の証明によく似ている．すなわち，点付きリーマン面の退化を調べる．違うのは，$\mathcal{CM}_{0,k+1}(M,J_M;L;\beta)$ が境界をもつことである．証明の詳細を述べることはできないが，概略を説明する．示すべき弱 $A^\infty$ 構造の関係式は

$$(6.71) \quad \sum_{k_1+k_2=k+1} \sum_{\beta_1+\beta_2=\beta} \pm \mathfrak{m}_{k_1,\beta_1}(x_1,\cdots,x_i,\mathfrak{m}_{k_2,\beta_2}(x_{i+1},\cdots,x_{i+m_2}),x_{i+m_2+1},\cdots,x_k) = 0$$

である．(符号に関する考察は微妙で重要なのだが省略する．) $\beta_1 = 0$, $k_1 = 1$ の場合の (6.71) の項は

$$(6.72) \quad \partial \mathfrak{m}_{k,\beta}(x_1,\cdots,x_k)$$

と表せる．$x_i = (P_i,\psi_i)$ とすると，(6.72) は定義 6.214 の幾何学的鎖の境界である．定義 6.214 の幾何学的鎖の境界は，円盤が 2 つにちぎれたものからの概正則写像のモジュライ空間に一致する．ちぎれた 2 つの円盤を $D_1$ と $D_2$ とし，$\varphi_1:(D_1,\partial D_1) \to M$, $\varphi_2:(D_2,\partial D_2) \to M$ を概正則写像とする．名前付きの点 $z_i$ は $\partial D_1, \partial D_2$ のどちらかに乗っている．$z_i,\cdots,z_{i+m_1} \in \partial D_2$ で残りが $\partial D_1$ に乗っており，$\varphi_1,\varphi_2$ のホモロジー類が $\beta_1,\beta_2$ である場合に対応するのが，(6.71) のこの $k_1,k_2,\beta_1,\beta_2$ に対応する項である (図 6.22)．式で書くと，

次の通りである.

$$\partial((P_1 \times \cdots \times P_k) \times_{\text{ev}_1,\cdots,\text{ev}_k} \mathcal{CM}_{0,k+1}(M,J_M;L;\beta))$$
$$= \sum_i \pm (P_1 \times \cdots \partial P_i \cdots \times P_k) \times_{\text{ev}_1,\cdots,\text{ev}_k} \mathcal{CM}_{0,k+1}(M,J_M;L;\beta)$$
$$+ \sum_{\beta_1+\beta_2=\beta} \sum_{1 \leq i \leq j \leq k} \pm (P_1 \times \cdots \times P_{i-1} \times$$
$$((P_i \times \cdots \times P_j) \times_{\text{ev}} \mathcal{CM}_{0,j-i}(M,J_M;L;\beta_1))$$
$$\times (P_{j+1} \times \cdots \times P_k) \times_{\text{ev}} \mathcal{CM}_{0,k-j+i}(M,J_M;L;\beta_2)).$$

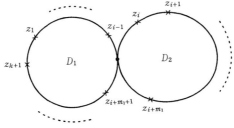

図 6.22　ちぎれた円盤

**注意 6.216**　$C^*(L;\mathbb{Z})$ 上には,$\mathfrak{m}_2(P,Q) = P \cap Q$ を積とする微分多元環の構造がほぼ定まる.ほぼといったのは,$P \cap P$ に対して横断正則性が決して成立しないためである.このことは有理ホモトピー論([310], [351])[*63]において重大な問題であった.Sullivan はこの困難を,ある種の微分型式の作る有限生成微分多元環を用いて解決した.微分型式ではなく,特異ホモロジー(幾何学的鎖のホモロジーは本質的には特異ホモロジーの一種)の立場で,この困難を解決するには,$A^\infty$ 代数の範囲まで広げて考える必要がある.定理 6.215 の中で,有理ホモトピー型を決める $A^\infty$ 代数と述べたのは,このようにして得られる(量子補正前の)$A^\infty$ 代数を指す.

**注意 6.217**　フレアーホモロジーに $A^\infty$ 構造を考えるのは [114] に始まる.そのミラー対称性との関係は [215], [219] で見出された.ルジャンドル結び目に対して,Chekanov [60] が見出した $A^\infty$ 代数も,定理 6.215 の $A^\infty$ 代数と深い関係がある.

---

*63　読みやすい解説書は [157].ただし [157] には重要な側面である,変形理論との関係が,まったく述べられていない.

§6.6 フレアーホモロジーとミラー対称性——351

定理 6.215 で得られるのは，弱 $A^\infty$ 代数であって，$A^\infty$ 代数ではない．よって，$\mathfrak{m}_1\mathfrak{m}_1 = 0$ は一般には成り立たない．弱 $A^\infty$ 代数の場合には，(6.41) のかわりに次の式が得られる．

$$\mathfrak{m}_1\mathfrak{m}_1(x) + \mathfrak{m}_2(c, x) + \mathfrak{m}_2(x, c) = 0$$

ここで，$c = \mathfrak{m}_0(1)$ とおいた．これが観察 6.206(1) の説明である[*64]．この問題点を解決するための処方箋は，すでに §6.4 で説明した．すなわち，方程式 (6.51) を満たす $b \in (\Pi C)^0(L; \Lambda_{\text{nov}, \mathbb{Q}}) = C^1(L; \Lambda_{\text{nov}, \mathbb{Q}})$ を考え，$A^\infty$ 構造を (6.49) で変形する．$b$ は $\mathcal{M}(L) = \mathcal{M}(C^*(L; \Lambda_{\text{nov}, \mathbb{Q}}))$ の元である．ここで右辺は定義 6.119 と 6.128 で定める．(ただし，定義 6.128 のゲージ同値の定義は多少変える必要がある．) すると，命題 6.117 により次の系が成り立つ．

**系 6.218** $\mathcal{M}(L)$ の元 $[b]$ に対して $A^\infty$ 代数が定まる． □

これで 6.182 を正確な予想として述べることができる．

**予想 6.219** $M$ をシンプレクティック多様体，$M^\dagger$ をそのミラーである複素多様体とする．定理 6.215 の弱 $A^\infty$ 代数が非障害的であるような $M$ のラグランジュ部分多様体 $L$ に対して，$M^\dagger$ の解析的連接層の圏の導来圏の対象 $\mathfrak{F}_L$ が存在し，$\mathfrak{F}_L$ の無限小変形の (拡大) モジュライ空間は $\mathcal{M}(L)$ に一致する． □

**注意 6.220** $\mathcal{M}(L)$ の元 $b$ は，$b = \sum b_i u^{-i}$ ($i = 0, 1, 2 \cdots$) と表される．$\deg u = 2$ ゆえ，$b_i$ は $2i+1$ 次の鎖である．$b_0$ は 1 次のコホモロジーにかかわるから，ラグランジュ部分多様体の変形のパラメタとして自然に現れる．$b_i, i = 1, \cdots$ は直接は幾何学的意味をもたない．よって，$\mathcal{M}(L)$ は拡大モジュライ空間とみなすべきである．

系 6.218 により，おのおのの $[b] \in \mathcal{M}(L)$ は鎖複体の境界写像 $\mathfrak{m}_1^b$ を決める．

**定義 6.221** $\mathfrak{m}_1^b$ のコホモロジーを**フレアーコホモロジー**と呼び，$HF((L, b), (L, b))$ 書く． □

**定理 6.222** スペクトル系列 $E_*^*$ が存在して，$E_2^* \simeq H^*(L; \Lambda_{\text{nov}, \mathbb{Q}})$ で，$HF((L, b), (L, b))$ に収束する．

---

[*64] ここでの説明は抽象的であるが，より具体的な説明は [122], [290] などを見よ．

[証明] エネルギーフィルターを考えて，そのフィルター付けについてのスペクトル系列をとればよい． ∎

**注意 6.223** 定理 6.222 のスペクトル系列は，ラグランジュ部分多様体が単調である場合に Oh [291] によって構成され，[122] で一般化された．

**注意 6.224** ラグランジュ部分多様体の研究に応用するには，スペクトル系列の微分のより詳しい性質が必要である．ここでは述べないが，たとえば，$L \to M$ がホモロジーに単射を導けば，スペクトル系列は $E_2$ 項で退化する．

系 6.218 を用いて，$\mathcal{M}(L)$ の元 $b$ に対して，フロベニウス代数を構成しよう．$\langle \cdot, \cdot \rangle : C_*(L; \Lambda_{\text{nov},\mathbb{Q}}) \otimes C_*(L; \Lambda_{\text{nov},\mathbb{Q}}) \to \Lambda_{\text{nov},\mathbb{Q}}$ をポアンカレ双対とする．すなわち，

$$\langle P_1, P_2 \rangle = \begin{cases} P_1 \cap P_2 \in H_0(L; \mathbb{Q}) \simeq \mathbb{Q}, & \deg P_1 + \deg P_2 = n \text{ のとき,} \\ 0, & \deg P_1 + \deg P_2 \neq 0 \text{ のとき,} \end{cases}$$

とおき，$\langle P_1, P_2 \rangle$ を $\Lambda_{\text{nov},\mathbb{Q}}$ 線型に拡張する．

**補題 6.225**
$$\langle \mathfrak{m}_k(x_1 \cdots x_k), x_{k+1} \rangle = (-1)^{x_{k+1}(x_1 + \cdots + x_k)} \langle \mathfrak{m}_k(x_{k+1} x_1 \cdots x_{k-1}), x_k \rangle.$$
ここで $-1$ の肩はずらした後の次数を表す．

[証明] $x_i = (P_i, \psi_i)$ のとき，両辺は（符号を除いて）次の幾何学的鎖で表される．

$$\sum_\beta (P_1 \times \cdots \times P_{k+1}) \cap \text{ev}_*(\mathcal{CM}_{0,k+1}(M, J_M; L; \beta)) T^{\beta \cap [\omega]} \otimes u^{\mu(\beta)/2}$$

ここで，$\cap$ は $L^{k+1}$ での交叉型式である．上の式で，$\sum (n - \dim P_i) = \dim \mathcal{CM}_{0,k+1}(M, J_M; L; \beta)$ でない項は 0 とみなす． ∎

補題 6.225 と系 6.218 により，$HF((L,b),(L,b))$ にフロベニウス代数の構造 $\langle \cdot, \cdot \rangle$, $\mathfrak{m}_2^b$ が定まる．

定義 6.221 では，同じラグランジュ部分多様体の間のフレアーホモロジーのみ定義したが，2 つの異なるラグランジュ部分多様体の間のフレアーホモロジーも定義できる．それには，普遍ノビコフ環を少し大きくして，

$\Lambda_{\mathrm{nov},+,\mathbb{Q}} = \Lambda'_{\mathrm{nov},+,\mathbb{Q}} \otimes \mathbb{Q}[u, u^{-1}]$ の方を考える必要がある．（$\Lambda'_{\mathrm{nov},+,\mathbb{Q}}$ は 5.44 で定義した．）$\psi$ を完全シンプレクティック同相写像とすると，定理 6.215 と「定理 6.129」により，双射 $\psi_* : \mathcal{M}(L) \to \mathcal{M}(\psi(L))$ が定まる．また，横断的なラグランジュ部分多様体の組 $L_1, L_2$ と $p \in L_1 \cap L_2$ に対して，マスロフ–ビテルボ指数（Maslov index）$\mu(p)$ が定まる（[290] を見よ）．

**定理 6.226** $L_1, L_2$ をラグランジュ部分多様体とし，$b_i \in \mathcal{M}(L_i)$ とする．フレアーホモロジー $HF((L_1, b_1), (L_2, b_2))$ が有限生成 $\Lambda_{\mathrm{nov},+,\mathbb{Q}}$ 加群として決まり，次の性質をもつ．

（1）$L_1 = L_2 = L$, $b_1 = b_2 = b$ のとき，定義 6.221 の $HF((L, b), (L, b))$ を $\Lambda_{\mathrm{nov},+,\mathbb{Q}}$ に係数拡大したものと一致する．

（2）$L_1$ と $L_2$ が横断的で，$L_1 \cap L_2 = \{p_1, \cdots, p_N\}$ とする．$[p_i]$ を次数 $\mu(p_i)$ の生成元とする自由 $\Lambda_{\mathrm{nov},+,\mathbb{Q}}$ 加群上に，境界作用素が定まり，$HF((L_1, b_1), (L_2, b_2))$ はそのコホモロジーと一致する．

（3）$\psi_i$ を完全シンプレクティック同相とすると，$HF((L_1, b_1), (L_2, b_2))$ と $HF((\psi_1(L_1), \psi_{1*}(b_1)), (\psi_2(L_2), \psi_{2*}(b_2)))$ の間の標準的な同型が存在する． □

**注意 6.227** 定理 6.226 のフレアーホモロジーは，$b_1, b_2$ のとり方によって変わり，ラグランジュ部分多様体だけからは決まらない．このようなことが起こる理由は，モジュライ空間 $\mathcal{CM}_{0,k}(M, J_M; L; \beta)$ が境界をもつことである．これは，$b_2^+ = 1$ [*65] である 4 次元多様体のドナルドソン不変量に対して，Donaldson が [74] で発見した，**壁越え**（wall crossing）と呼ばれる現象と，本質的に同じ理由である．これをフレアーホモロジーの壁越えと呼ぶ．$b_2^+ = 1$ である 4 次元多様体のドナルドソン不変量は（不定値 2 次型式の）テータ関数で表された（Göttsche–Zagier [170], Borcherds [47], Moore–Witten [261]）．後に見るように，ラグランジュ部分多様体のフレアーホモロジーにも，（不定値 2 次型式の）テータ関数が現れる．（不定値 2 次型式の）テータ関数が現れる理由は，どちらも壁越えである．

ミラー対称性との関係の説明に戻る．次の予想は 6.83 の類似である．

**予想 6.228** 幾何学的鎖をカレント（current）とみなす．(6.70) は十分 0

---

[*65] $H^2(M; \mathbb{Q})$ の交叉型式の正の固有値が 1 であることを指す．

に近い正の数 $T$ に対して，カレントとして収束する． □

**注意 6.229** (6.70)では無限和をとっているので，$T$ に数を代入してしまうと，幾何学的鎖の範疇で議論を完結することはできない．カレントまで広げると可能であるが，カレントの引き戻しにかかわる困難が生じる(注意 5.80 参照)．形式的べき級数と幾何学的鎖で議論し，最後の瞬間に $T$ に数を代入することでこの困難は回避できる．[121]で $M$ がシンプレクティックトーラスの場合に，いくつかのラグランジュ部分多様体に対して予想 6.228 を示し，カレントを用いた構成を実行したが，そこではこの方法を用いた．

以後しばらく，予想 6.228 を仮定する．予想 6.83 と同様，形式的べき級数の言葉に書きかえることで，予想を回避できる部分もあると思われるが，ホモロジーをとる前の鎖のレベルで議論しなければならないので，書きかえは予想 6.83 の場合より困難である[*66]．$T$ を $T^C$ でおきかえることは，$\omega$ を $C\omega$ でおきかえることにあたる．したがって，巨大体積極限を考えることで，§6.3 と同様に $T = e^{-1}$ としてもよい．

今までしばらくラグランジュ部分多様体だけを考えてきて，その上の複素直線束は無視してきた．この点について簡単に説明する．$B$ 場がある場合も同様にできるが，簡単のためここでは $B$ 場は 0 とする．

$\mathfrak{L} \to L$ を平坦 $U(1)$ 束とする．$\beta \in \pi_2(M)$ とすると，$\partial\beta \in \pi_1(L)$ が定まる．$\mathrm{hol}_\mathfrak{L}(\beta)$ を $\partial\beta$ に沿った $\mathfrak{L}$ のホロノミー($\in U(1)$)とする．すると，(6.70)を次の式でおきかえることで，$\mathfrak{L}$ を考えた場合の弱 $A^\infty$ 代数が定義される．

(6.73) $$\mathfrak{m}_k = \sum \mathfrak{m}_{k,\beta} \, \mathrm{hol}(\beta) \exp(-\beta \cap \omega) u^{\mu(\beta)/2}.$$

右辺は $\mathbb{C}[u, u^{-1}]$ 係数のカレントとみなす．予想 6.228 を仮定すれば，(6.73)が弱 $A^\infty$ 代数を定義する．すると変形のモジュライ空間 $\mathcal{M}(L; \mathfrak{L})$ が複素解析空間(complex variety)として定まる．一方 $\mathcal{M}(L; \mathfrak{L})$ のおのおのの元 $b$ に対して，(収束べき級数版の)$A^\infty$ 代数 $(\varPi C(L, \mathfrak{L}; \mathbb{C}[u, u^{-1}]), \mathfrak{m}_*^b)$ が定まる．

$B$ 模型を考える．$\mathfrak{F}$ を解析的連接層とする．

---

[*66] 筆者は，予想 6.228 の証明が，ホモロジー的ミラー対称性の証明で残された最も困難な点の 1 つではないかと思っている．

$$(6.74) \qquad \mathfrak{F} \to \mathfrak{F}_1 \to \cdots$$

を単射的分解(injective resolution)とする．($\mathfrak{F}$ が正則ベクトル束のときは，$\mathfrak{F}$ 係数のドルボー複体でもよい．)

$$C(\mathfrak{F},\mathfrak{F}) = \bigoplus_{i,j} \mathrm{Hom}(\mathfrak{F}_i,\mathfrak{F}_j)$$

とおき，$C(\mathfrak{F},\mathfrak{F})$ 上の作用素 $\mathfrak{m}_1$ を(6.71)から定まる微分，$\mathfrak{m}_2$ を合成から決まる積とする．

$(C(\mathfrak{F},\mathfrak{F}),\mathfrak{m}_1,\mathfrak{m}_2)$ は微分多元環であるから，$\mathfrak{m}_3 = \cdots = 0$ とおき，符号を(6.34)の後で述べたようにずらすと，$A^\infty$ 代数 $(\Pi C(\mathfrak{F},\mathfrak{F}),\mathfrak{m}_1,\mathfrak{m}_2)$ が定まる．

**予想 6.230** $b\in \mathcal{M}(L;\mathfrak{L})$ に対して，$\mathfrak{F}_{L,\mathfrak{L},b}$ が決まり，$A^\infty$ 代数 $(\Pi C(L,\mathfrak{L};\mathbb{C}[u,u^{-1}]),\mathfrak{m}_*^b)$ は，$(C(\mathfrak{F}_{L,\mathfrak{L},b},\mathfrak{F}_{L,\mathfrak{L},b}),\mathfrak{m}_1,\mathfrak{m}_2)\otimes\mathbb{C}[u,u^{-1}]$ とホモトピー同値である． □

予想 6.230 はフロベニウス代数の一致を含む，より精密なホモロジー的ミラー対称性予想の表現である．さらに，定理 6.226 のフレアーホモロジーの収束べき級数版を使って，

$$(6.75) \qquad \mathrm{Ext}(\mathfrak{F}_{L_1,\mathfrak{L}_1,b_1},\mathfrak{F}_{L_2,\mathfrak{L}_2,b_2}) \simeq HF((L_1,\mathfrak{L}_1,b_1),(L_2,\mathfrak{L}_2,b_2))$$

が予想される[*67][*68]．(6.75)の同型は積構造と整合的であるというのが，その次の予想である．すなわち，下の図式(6.76)が可換であるという予想である．

ここで第 1 行目に入る積構造はマッセイ–米田積で，第 2 行目の写像は筆者が[114]で(Donaldson のアイデア[76]を一般化して)導入した，フレアーホモロジーを用いた $A^\infty$ 圏における射の合成である．

---

[*67] 平坦束がある場合のフレアーホモロジーの定義はたとえば[116], [121]を見よ．

[*68] 収束べき級数で考えたフレアーホモロジーは，1 ループの寄与(すなわち注意 5.48 で触れた，ハッチングス不変量の量子効果を含んだ類似物)を考えに入れないと，正しい定義にならない．この点については，[125]で述べる予定である．

(6.76)
$$\begin{array}{ccc} \mathrm{Ext}(\mathfrak{F}_{L_1,\mathfrak{L}_1,b_1},\mathfrak{F}_{L_2,\mathfrak{L}_2,b_2}) & & \\ \otimes & \longrightarrow & \mathrm{Ext}(\mathfrak{F}_{L_1,\mathfrak{L}_1,b_1},\mathfrak{F}_{L_3,\mathfrak{L}_3,b_3}) \\ \mathrm{Ext}(\mathfrak{F}_{L_2,\mathfrak{L}_2,b_2},\mathfrak{F}_{L_3,\mathfrak{L}_3,b_3}) & & \\ \wr\!\Vert & \circlearrowleft & \wr\!\Vert \\ HF((L_1,\mathfrak{L}_1,b_1),(L_2,\mathfrak{L}_2,b_2)) & & \\ \otimes & \longrightarrow & HF((L_1,\mathfrak{L}_1,b_1),(L_3,\mathfrak{L}_3,b_3)) \\ HF((L_2,\mathfrak{L}_2,b_2),(L_3,\mathfrak{L}_3,b_3)) & & \end{array}$$

**注意 6.231** 筆者の論文[114]には，観察 6.206(1)にかかわる誤りがある．この点は単調ラグランジュ部分多様体でマスロフ指数 3 以上の場合に，[119]で訂正した．(Oh [290]が観察 6.206(1)が起こらないことを示したのがこの場合である．) 定理 6.215, 定理 6.226 でこの問題点の理解が十分になされたので，一般のシンプレクティック多様体に対して，$A^\infty$ 圏の構成を行う準備が整っているのであるが，その詳細はまだ書かれていない．それで本書ではラグランジュ部分多様体の作る $A^\infty$ 圏については，これ以上は述べない．

**注意 6.232** 予想 6.230((6.75)の $(L_1,\mathfrak{L}_1,b_1)=(L_2,\mathfrak{L}_2,b_2)$ の場合)から，前に説明を保留した，点層のミラーがラグランジュトーラスであるべきであることが次のように説明される．すなわち，点層 $\mathfrak{F}_p$ に対して，環同型
$$\mathrm{Ext}^*(\mathfrak{F}_p,\mathfrak{F}_p) \simeq H^*(T^n;\mathbb{C})$$
が成り立つ([280]などを見よ)．よって，$\mathfrak{F}_p$ のミラーであるラグランジュ部分多様体 $L$ は $HF(L,L) \simeq H^*(T^3;\mathbb{C})$ を満たさなければならない．これは $L \simeq T^3$ を示唆する．

ところで，3 次元キャラビ–ヤウ多様体 $M^\dagger$ が $H^1(M^\dagger;\mathbb{Q})=0$ を満たすと，構造層 $\mathcal{O}_{M^\dagger}$ は $\mathrm{Ext}^*(\mathcal{O}_{M^\dagger},\mathcal{O}_{M^\dagger}) \simeq H^{0,*}(M^\dagger;\mathbb{C})$ を満たすから，そのミラーであるラグランジュ部分多様体は，有理ホモロジー 3 球面であるべきであろう．(しかし，$L$ のフレアーコホモロジーと $L$ の普通のコホモロジーは必ずしも一致しないから，$H^*(L;\mathbb{Q}) \simeq H^*(S^3;\mathbb{Q})$ でなくても，$HF^*(L,L) \simeq H^*(S^3;\mathbb{Q})$ であればよい．)

**注意 6.233** (6.74)で，$\mathfrak{F}_{L_1,\mathfrak{L}_1,b_1}=\mathfrak{F}_{L(p),\mathfrak{L}(p),b(p)}$ が点層 $\mathfrak{F}_p$ で，$\mathfrak{F}_{L_2,\mathfrak{L}_2,b_2}=\mathfrak{F}_{L,\mathfrak{L},b}$ が正則ベクトル束 $\mathfrak{E}$ である場合を考える．
$$HF^n((L(p),\mathfrak{L}(p),b(p)),(L,\mathfrak{L},b)) \simeq \mathrm{Ext}^n(\mathfrak{F}_p,\mathfrak{E}) \simeq \mathfrak{E}_p$$
($\mathfrak{E}_p$ は $\mathfrak{E}$ の $p$ でのファイバー)である．よって，$\mathfrak{E}$ を「ラグランジュ部分多様体を動かしたときのフレアーホモロジーの族」として，構成できる可能性がある．

(このアイデアは Kontsevich との議論(1997年夏)にもとづく.)[121]では,シンプレクティックトーラス上のアファインラグランジュ部分多様体の場合に,これを実行した(実例を少し先で述べる). より一般の場合に実行するには,いくつかの困難がある. 予想6.228の証明, $\mathcal{LAG}_{\mathrm{st}}(M)$ のコンパクト化などが,その最も困難な点である.

ホモロジー的ミラー対称性予想は,予想の内容自身が驚くほど多い. ミラー対称性で,シンプレクティック多様体 $M$ のもっているすべての性質が,複素多様体 $M^\dagger$ の性質でいいかえられる,と予想されているといってもよいであろう. この章のはじめに述べた,ミラー対称性の考え方,すなわち「われわれが住んでいる空間の「内部空間」が $M$ であるのか $M^\dagger$ であるのか区別する方法がない」,に従えばそうあるべきである. シンプレクティック多様体でも複素多様体でもない,何か新しい「空間」の概念があって,そこからその表現の方法としてシンプレクティック多様体も複素多様体も見えてくるというのが望ましい形で,超弦理論はそれを目指しているようである.

ホモロジー的ミラー対称性予想が意味することはまだまだあるが,ここではこれ以上述べることはしない.

次に,この節で述べた構成およびラグランジュ部分多様体のフレアーコホモロジーの例を述べる. 以下の例は[121]と[122]をあわせると得られる. これらの例では,予想6.228が確かめられるので,収束べき級数で論じる. 複素トーラス $T^4 = \mathbb{C}^2/(\mathbb{Z}[\sqrt{-1}])^2$ を考える. $z_i = x_i + \sqrt{-1} y_i$ を $\mathbb{C}^2$ の座標とする. $(z_1, z_2) \mapsto (x_1, x_2, y_1, y_2)$ で $\mathbb{C}^2 \simeq \mathbb{R}^4$ とみなす. $A = (a^{ij} : i, j = 1, 2)$, $(b^{ij} : i, j = 1, 2)$ を実 $2 \times 2$ 行列とし,$A + A^t$ は正定値とする.
$$\omega_A = \sum a^{ij} dx_i \wedge dy_j, \quad B = \sum b^{ij} dx_i \wedge dy_j$$
とおくと, $\omega_A$ は $T^4$ および $\mathbb{C}^2$ 上のシンプレクティック型式になり, $T^4$ および $\mathbb{C}^2$ 上の複素構造は $\omega_A$ 穏やかである. $\tilde{\omega}_{A,B} = \omega_A + 2\pi\sqrt{-1} B$ とおく.

$\mathbb{C}^2$ の線型部分空間 $\tilde{L}_{\mathrm{pt}}, \tilde{L}_{\mathrm{st}}, \tilde{L}_{\mathrm{pol}}$ を順に $x_1 = x_2 = 0$, $y_1 = y_2 = 0$, $x_1 - y_1 = x_2 - y_2 = 0$ で定義する. $\tilde{L}_{\mathrm{pt}}, \tilde{L}_{\mathrm{st}}$ 上 $\omega_A = 0$ であることが容易にわかる. $A$ が

対称行列ならば，$\tilde{L}_{\text{pol}}$ 上も $\omega_A=0$ になり，また $\omega_A$ はケーラー型式になる．

$v \in \mathbb{C}^2/\tilde{L}_{\text{pt}}$ に対して，$\tilde{L}_{\text{pt}}(v) \subset \mathbb{C}^2$ で $\tilde{L}_{\text{pt}}$ を $v$ だけ平行移動した，アファインラグランジュ部分多様体を表す．$\tilde{L}_{\text{pt}}(v)$ が，$T^4$ に定めるラグランジュ部分多様体(トーラス)を $L_{\text{pt}}(v)$ とおく．$\tilde{L}_{\text{st}}, \tilde{L}_{\text{pol}}$ が，$T^4$ に定めるラグランジュ部分多様体を $L_{\text{st}}, L_{\text{pol}}$ と書く．

$\alpha \in \tilde{L}_{\text{pt}}^*$ とする($*$ は $\mathbb{R}$ ベクトル空間としての双対を表す)．$\alpha$ は $\tilde{L}_{\text{pt}}$ 上の閉微分 1 型式とみなせる．これから，$L_{\text{pt}}(v)$ 上の(自明束の)平坦 $U(1)$ 接続 $\nabla^\alpha$ が定まる．

$$\mathcal{LAG}_{\text{pt}} = \{(L_{\text{pt}}(v), \nabla^\alpha) \mid v \in \mathbb{C}^2/\tilde{L}_{\text{pt}}, \alpha \in \tilde{L}_{\text{st}}^*\}$$

は $\mathcal{LAG}_{\text{st}}(T^4, \tilde{\omega}_{A,B})$ の連結成分である($\mathcal{LAG}_{\text{sp}}(T^4, \tilde{\omega}_{A,B})$ の連結成分でもある)．$\mathcal{LAG}_{\text{pt}}$ 上の古典的複素構造をまず計算する．$\alpha = \xi_1 dy_1 + \xi_2 dy_2$, $v = (v_1, v_2)$ とする．$(L_{\text{pt}}(v), \nabla^\alpha) \mapsto (v_1, v_2, \xi_1, \xi_2)$ は，$\mathcal{LAG}_{\text{pt}}$ の普遍被覆空間から $\mathbb{R}^4$ への微分同相写像である．$(v_1, v_2, \xi_1, \xi_2)$ を $\mathcal{LAG}_{\text{pt}}$ の座標とみなす．

**補題 6.234** $\tilde{\omega}_{A,B}$ から定まる $\mathcal{LAG}_{\text{pt}}$ 上の複素構造について

$$h(v_1, v_2, \xi_1, \xi_2) = ((a^{11}v_1 + a^{12}v_2) + 2\pi\sqrt{-1}(\xi_1 + b^{11}v_1 + b^{12}v_2),$$
$$(a^{21}v_1 + a^{22}v_2) + 2\pi\sqrt{-1}(\xi_2 + b^{21}v_1 + b^{22}v_2))$$

は双正則写像である． □

証明は簡単な計算であるので省略する．補題 6.234 によって $\mathcal{LAG}_{\text{pt}}$ 上の複素構造が計算された．

予想 6.193 を定義にしてしまう．つまり，

**定義 6.235** $\mathcal{LAG}_{\text{pt}}$ に補題 6.234 の複素構造を入れた複素トーラスを，シンプレクティックトーラス $(T^4, \tilde{\omega}_{A,B})$ のミラーであると定義し，$(T^4, J_{A,B})$ と書く． □

**注意 6.236** $\mathcal{LAG}_{\text{pt}}$ には古典的な複素構造を与えたが，この場合は量子補正は存在しない．$\pi_2(T^4; L_{\text{pt}}) = 0$ ゆえ，$L_{\text{pt}}(v)$ を境界にもつ概正則円盤は存在しないが，このことが量子補正が存在しない理由である．

**注意 6.237** 定義 6.235 でミラーを決めるときに，どのホモロジー類に属するラグランジュ部分多様体が，ミラーで点層になるかを先に指定した．このとり

方を変えると，(たとえば $\tilde{L}_{\mathrm{st}}$ と $\tilde{L}_{\mathrm{pt}}$ を入れかえると)，違ったミラーが得られる．このようにミラーは一意ではない．$T^4$ の2種類のミラーを $T^4_1$, $T^4_2$ とすると，$T^4_1$ と $T^4_2$ の上の解析的連接層の圏の導来圏は，互いに同型である．同型は，フーリエ–向井変換([266], [267])で与えられる．シンプレクティックトーラス側で考えると，点層のミラーになるべきラグランジュトーラスの入れかえは，シンプレクティック同相写像から導かれる「古典的」な同型である．一方，複素トーラスの側では，導来圏の同型は，正則同型からは導かれない．このように，違った種類の自己同型が双対性(この場合にはミラー対称性)で移り合う現象のことを，**双対性の双対性**(duality of duality)と呼ぶ．

**注意 6.238** 定義 6.235 がすべての $T^4$ 上のアファインなシンプレクティック構造に対して，そのミラーを決めているわけではない．$T^4$ のシンプレクティック構造($+B$ 場)のモジュライ空間の次元は，rank $H^2(T^4;\mathbb{C}) = 6$ であるが，$(A,B)$ は複素4次元の族をなす．rank $H^{1,1}(T^4;\mathbb{C}) = 4$ である．つまり，$\tilde{\omega}_{A,B}$ のモジュライ空間は(複素化)ケーラー型式のモジュライ空間になる．($\omega_A$ は，$A$ が対称ではないと，$T^4$ の標準的な複素構造についてのケーラー型式ではないが，複素構造をとりかえればケーラー型式になる．)残りの2つの次元，すなわち，$H^{2,0}(T^4) \oplus H^{0,2}(T^4)$ の方向に，シンプレクティック型式を動かすと，$L_{\mathrm{pt}}$ または $L_{\mathrm{st}}$ と同じホモロジー類を表すラグランジュトーラスはなくなる．いいかえると，ほとんどすべての場合に，$T^4$ はラグランジュファイバー束にならない．この場合には，かわりにエルゴート的なラグランジュ葉層構造(Lagrange foliation)が存在する．$\mathcal{LAG}_{\mathrm{pt}}$ のかわりに，ラグランジュ葉層構造の葉の空間($+$接続のモジュライ空間の対応する部分)である非可換トーラスをとると，この非可換トーラスがミラーであると考えられる．[120]ではこれを非可換ミラー対称性(noncommutative mirror symmetry)と呼んだ．

$B$ 模型で考えると，$H^{1,1}(M)$ 以外の方向への，シンプレクティック型式($+B$ 場)の変形は，$H^1_{\bar{\partial}}(M^\dagger; T^{1,0}M)$ 以外の方向への，$M^\dagger$ の複素構造の変形，すなわち，§0.5で述べた，カラビ–ヤウ多様体の拡大変形空間の元に対応するはずである．トーラスの場合には，上記のように，拡大変形空間の元のあるものに対して，非可換幾何学にもとづく意味づけを与えることができた．このような，ラグランジュ葉層構造による記述が可能な場合が，他にもあるかどうかはわからない．以上については[120]を見よ．

**補題 6.239** $A, B$ が対称行列であると，ミラー $(T^4, J_{A,B})$ はアーベル多様体である． □

補題の証明は，今の時点で直接計算してもできるが，後に明らかになるので，ここではしない．複素 2 次元のアーベル多様体のモジュライ空間の複素次元は 3 であった．これは，対称実行列の組 $A, B$ の集合の次元と一致する．

以後 $A, B$ を対称と仮定する．このとき，$T^4$ には $L_{pt}(v)$ 以外に 2 つのラグランジュ部分多様体 $L_{st}, L_{pol}$ がある．$L_{st}$ はホモロジー的ミラー対称性で，構造層に対応する．$L_{pol}$ は $(T^4, J_{A,B})$ 上の豊富(ample)な直線束になり偏極(polarization)を定める[*69]．（より正確には，そうなるように $(T^4, \omega_A)$ のラグランジュ部分多様体 $\mapsto$ 解析的連接層なる関手を定義する．その構成は本書では述べない．[121]を見よ．）

$L_{st}$ と $L_{pol}$ は 1 点で交わる．この点でラグランジュ手術(補題 4.145)を行って得られるラグランジュ部分多様体を $L$ と書く．以後しばらくの目標は，$HF(L, L_{pt}(v, \nabla^\alpha))$ の計算である．

その前に，1 つ注意が必要である．すなわち，ラグランジュ手術は一意ではない．以下で調べる $L$ の場合のとり方を次に述べる．3 次元以上では，ラグランジュ手術は 2 通りで，補題 4.144 の直前の関数 $f_\epsilon$ を決めるときに出てくる数 $\epsilon$ の符号に対応する．複素 2 次元の場合だけ事情が異なる．（2 次元の場合だけ，ラグランジュ手術で $H^1(L; \mathbb{Q})$ の階数が増え，それに対応するパラメータが生じる．）2 次元ではラグランジュ手術の仕方は，定義 6.195 の同値類の意味で，$S^1$ の元と対応する[*70]．$L$ は種数 2 の曲面である．また，$\pi_2(T^4; L) \simeq \mathbb{Z}$ で，生成元は手術を行った首のところにあるループを張る小円盤である(図 6.23)．これを **消滅サイクル**(vanishing cycle)と呼び，$\beta$ と書く．

まず

---

[*69] これら代数幾何学の用語は，以後の構成では必ずしも必要ではないので解説しない．知らなければ読み飛ばせばよい．

[*70] 楕円曲面(elliptic surface)の理論を知っている人のために書いておくと，これは，I 型の特異ファイバーの近くの非特異ファイバーの複素構造のモジュライ空間にかかわる．

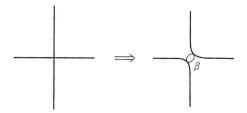

図 6.23　消滅サイクル

(6.77) $$\int_\beta \omega_A = 0$$

なる条件を課す．(6.77)を満たすラグランジュ手術は，補題 4.145 の証明と同様のやり方で構成され，そこで出てきた関数 $f_\epsilon$ の $\epsilon$ の符号の正・負の 2 通りである．どちらをとるかを次に述べる．

まず $A$ が単位行列の場合を考える．このときは，$L_{\mathrm{pt}}, L_{\mathrm{st}}, L_{\mathrm{pol}}$ も含めて，$T^4 = \mathbb{C}^2/\mathbb{Z}[\sqrt{-1}]^2$ は下の図 6.24 の図形 2 つの複製の直積である．このとき，2 つの選び方は，実部 $L \cap \mathbb{R}^2/\mathbb{Z}^2$ が図 6.25 の (a), (b) のどちらになるかで決まる．ここでは，(a) になる方を選ぶ．

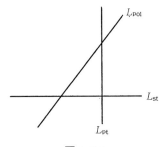

図 6.24

一般の場合は，$A$ を連続に変形し，それにしたがって，(6.77) を満たすように，ラグランジュ部分多様体を動かしていって，$A$ が単位行列になる場合に帰着することで，選び方を決める．

(6.77) により，仮定 5.100 が成立し，したがって，定理 5.102 により，フレアーコホモロジーが定義される．

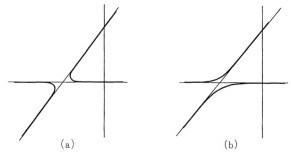

(a)　　　　　　　　　　(b)

図 6.25　実部との交わり

フレアーコホモロジーの計算を始める．$L \cap L_{\mathrm{pt}}(v)$ は 2 点 $p, q$ からなる．この 2 つのマスロフ–ビテルボ指数の差は 1 である．よって，境界作用素 $\delta$ の行列要素 $\langle \delta[p], [q] \rangle$ を決めることが要点である．($\langle \delta[q], [p] \rangle$ は 0 である．)

**定理 6.240**　$\langle \delta[p], [q] \rangle$ は $(v, \alpha)$ でのテータ関数の値である．　□

どのテータ関数なのかは，後に述べる．($\nabla^\alpha$ がある場合の境界作用素の定義も，後述する．)

[証明]　$\mathfrak{h}$ で上半平面を表す．$\varphi : \mathfrak{h} \to T^4$ なる概正則写像で,

(6.78)　　$\varphi(0) = p, \quad \varphi(\infty) = q, \quad \varphi(\mathbb{R}_+) \subset L_{\mathrm{pt}}(v), \quad \varphi(\mathbb{R}_-) \subset L$

なるものを数えなければならない．(正確には $\mathfrak{h}$ の自己同型 $z \mapsto rz$, $r \in \mathbb{R}_+$ で同一視した同値類の数を数える．) この問題を概正則 3 角形の問題に帰着するのが第 1 段階である．概正則写像 $\varphi : \mathfrak{h} \to T^4$ で

(6.79)　　$\varphi(0) = p, \quad \varphi(\infty) = q, \quad \varphi(-1) = 0,$
　　　　　$\varphi(\mathbb{R}_+) \subset L_{\mathrm{pt}}(v), \quad \varphi([-1, 0]) \subset L_{\mathrm{st}}, \quad \varphi((-\infty, -1]) \in L_{\mathrm{pol}}$

なるものを考える．($\{0\} = L_{\mathrm{st}} \cap L_{\mathrm{pol}}$ である．)

**命題 6.241**　(6.78) を満たす概正則円盤の $\mathbb{R}_+$ 作用の同値類と，(6.79) を満たす概正則 3 角形は 1 対 1 に対応する．　□

証明は本書では省略する ([122] にある)．正しそうであることは，下の図 6.27 から見てとれる．

次に，(6.79) を満たす概正則 3 角形を調べよう．

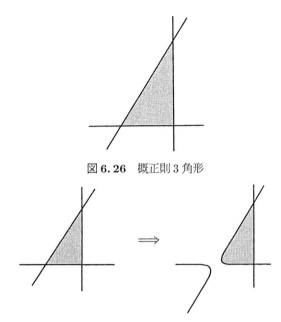

図 6.26　概正則 3 角形

図 6.27　ラグランジュ手術と概正則円盤

**補題 6.242**　(6.79)を満たす写像 $\varphi$ のホモトピー類は，$\pi_1(T^4)/\pi_1(L_{\mathrm{pt}}(v))$ $\simeq \mathbb{Z}^2$ に 1 対 1 に対応する．

[証明]　普遍被覆空間 $\mathbb{C}^2$ で考える．0 を通るように $L_{\mathrm{st}}, L_{\mathrm{pol}}$ を持ち上げ $\tilde{L}_{\mathrm{st}}, \tilde{L}_{\mathrm{pol}}$ とする．(6.79)を満たす $\varphi$ に対して，その持ち上げ $\tilde{\varphi}: \mathfrak{h} \to \mathbb{C}^2$ を $\tilde{\varphi}([-1,0]) \subset L_{\mathrm{st}}, \tilde{\varphi}((-\infty,-1]) \in L_{\mathrm{pol}}$ なるようにとる．すると，$\tilde{\varphi}((0,\infty])$ は $L_{\mathrm{pt}}(v)$ の逆像のどれかの連結成分に含まれる．$L_{\mathrm{pt}}(v)$ の $\mathbb{C}^2$ での逆像は，$\pi_1(T^4)/\pi_1(L_{\mathrm{pt}}(v)) \simeq \mathbb{Z}^2$ の元の作用で互いに移り合うから，補題が得られる．∎

**補題 6.243**　(6.79)を満たす概正則円盤は，各々のホモロジー類にちょうど 1 つ存在する．

[証明]　シンプレクティック構造を忘れて，複素構造だけ考えると，$T^4$ と $L_{\mathrm{pt}}(v), L_{\mathrm{st}}, L_{\mathrm{pol}}$ は図 6.24 の図形の直積である．（シンプレクティック構造は，概正則写像のモジュライ空間の定義には関係がなかった．）図 6.24 の図

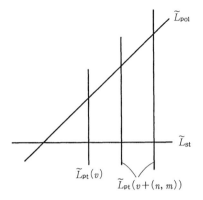

図 6.28 円盤からの写像の持ち上げ

形を境界値としてもつ概正則円盤の数は明らかに 1 である．これから補題が得られる． ∎

これで，概正則円盤の数がわかった．おのおののホモロジー類 $\in \mathbb{Z}^2$ に対して，重みが定まる．まず $\alpha = 0$ とする．この場合は，重みは，概正則円盤上の $\tilde{\omega}_{A,B}$ の積分から定まる．これは容易に計算でき，足しあげると次の関数になる．

(6.80)
$$\vartheta(v, 0) = \sum_{n,m} \exp\left(-\frac{1}{2}\langle (v+(n,m)), (A+2\pi\sqrt{-1}B)(v+(n,m))\rangle\right)$$

($\langle \cdot, \cdot \rangle$ は普通のユークリッド内積を指す．)

$\alpha$ がある場合の，境界作用素 $\delta$ の定義を説明する．このとき，$\delta$ は $\delta_{p,q} : \mathfrak{L}_p^\alpha \to \mathfrak{L}_q^\alpha$ なる写像とみなす．($\mathfrak{L}^\alpha$ は $L_{\mathrm{pt}}(v)$ 上の平坦束でその接続が $\alpha$ で与えられる．$L$ 上には自明な接続を考えている．$L$ 上に自明でない接続をもつ束 $\mathfrak{L}'$ を考えるときは $\delta_{p,q} : \mathrm{Hom}(\mathfrak{L}'_p, \mathfrak{L}_p^\alpha) \to \mathrm{Hom}(\mathfrak{L}'_q, \mathfrak{L}_q^\alpha)$ である．) $\delta_{p,q}$ は次のように定義される．$\varphi : \mathbb{R} \times [0,1] \to T^4$ を概正則写像で

(6.81)  $\varphi(\mathbb{R} \times \{0\}) \subset L_{\mathrm{pt}}(v), \quad \varphi(\mathbb{R} \times \{1\}) \subset L,$
$$\lim_{\tau \to -\infty} \varphi(\tau, t) = p, \quad \lim_{\tau \to +\infty} \varphi(\tau, t) = q$$

## §6.6 フレアーホモロジーとミラー対称性 —— 365

とする.($\mathfrak{h} \simeq \mathbb{R} \times [0,1]$ で移すと,(6.78)と(6.81)は同値である.)$Pal_\gamma^\alpha$ で接続 $\alpha$ に関する,道 $\gamma$ に沿っての平行移動を表し,

$$W(\varphi) = \exp\left(-\int_{\mathbb{R} \times [0,1]} \varphi^* \tilde{\omega}_{A,B}\right) Pal^\alpha_{\varphi|_{\mathbb{R} \times \{0\}}}$$

とおく($W(\varphi) : \mathfrak{L}_p^\alpha \to \mathfrak{L}_q^\alpha$).$W(\varphi)$ を用いて,$\partial_{p,q} : \mathfrak{L}_p^\alpha \to \mathfrak{L}_q^\alpha$ を

(6.82) $$\delta_{p,q} = \sum_{\varphi \text{ は}(6.81)\text{を満たす概正則写像}} W(\varphi)$$

と定義する.(ただし,総和は $\mathbb{R}$ 方向のずらしから定まる $\mathbb{R}$ の作用に関する,$\varphi$ たちの $\mathbb{R}$ 同値類にわたってとる.)

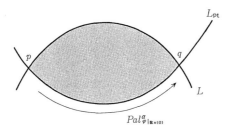

図 6.29 平坦束がある場合の境界作用素

$\mathfrak{L}^\alpha$ が自明な接続をもつ自明束の場合は,$W(\varphi)$ の定義から $Pal^\alpha_{\varphi|_{\mathbb{R} \times \{0\}}}$ を除いて(6.82)の総和をとったものが,§5.4 の境界作用素の定義であり,われわれの場合は(6.80)になった.$\alpha$ がある場合には,(6.82)は次の式で表される.

(6.83)
$$\vartheta(v,\alpha) = \sum_{n,m} \exp\left(-\frac{1}{2}\langle v+(n,m), (A+2\pi\sqrt{-1}B)(v+(n,m))\rangle \right.$$
$$\left. + 2\pi\sqrt{-1}\langle (v+(n,m)), \alpha\rangle\right)$$

(6.83)が $\langle \delta[p], [q]\rangle$ でテータ関数である. ∎

**注意 6.244** $\alpha$ と $\alpha+2\pi(n,m)$ $(n,m \in \mathbb{Z})$ は同じ平坦接続を表す.しかし,この 2 つを同一視するにはゲージ変換が必要である.ゲージ変換により,

$\mathrm{Hom}(\mathfrak{L}_p, \mathfrak{L}_q)$ と $\mathbb{C}$ の同一視の仕方が変わり，したがって，(6.83) は $\alpha \mapsto \alpha + 2\pi\sqrt{-1}(n,m)$ で変化する．この変化の式が，テータ関数の関数等式

$$\vartheta(v, \alpha+(n,m)) = \exp(2\pi\sqrt{-1}(v_1 n + v_2 m))\vartheta(v,\alpha)$$

に一致する．($\vartheta(v,\alpha)$ は $v$ については周期的である．)

**注意 6.245** テータ関数とフレアーホモロジー，ホモロジー的ミラー対称性の関係を見出したのは，Kontsevich [219] である．[219] では，楕円曲線の場合に，図式 (6.76) の第 2 行の写像がテータ関数であることが示された．

Polishchuk–Zaslow [305], Polishchuk [306] は楕円曲線の場合をより詳しく調べ，図式 (6.76) の可換性あたりまで，楕円曲線のホモロジー的ミラー対称性を証明した．

定理 6.240 のホモロジー的ミラー対称性での意味を述べる．(6.82) の $\vartheta(v,\alpha)$ は，定義 6.235 の複素構造に関して正則で，$(T^4, J_{AB})$ 上の正則直線束 $\mathfrak{L}_{\mathrm{pol}}$ の切断を与える．$\Sigma$ を $\vartheta(v,\alpha)$ が 0 になる $(T^4, J_{AB})$ の点全体の集合，テータ因子 (theta divisor) とする．よく知られているように，$\Sigma$ は種数 2 のリーマン面で，$(T^4, J_{AB})$ はそのヤコビ多様体 (Jacobi variety) である．(補題 6.239 はこのことから従う．) $\mathfrak{F}_\Sigma = i_* \mathcal{O}_\Sigma$ とおく．$i: \Sigma \to T^4$ は埋め込みで $\mathcal{O}_\Sigma$ は $\Sigma$ の構造層である．$(v,\alpha)$ を $(T^4, J_{AB})$ の点とみなし，対応する点層を $\mathfrak{F}_{p(v,\alpha)}$ と書く．定理 6.240 より次の同型が成り立つ：

$$\mathrm{Ext}(\mathfrak{F}_{p(v,\alpha)}, \mathfrak{F}_\Sigma) \simeq HF((L_v, \mathfrak{L}^\alpha), (L, \mathbb{C})).$$

注意 6.233 に述べたアイデアによれば，ホモロジー的ミラー対称性による $(L, \mathbb{C})$ のミラーは $\mathfrak{F}_\Sigma$ である．すなわち，ラグランジュ部分多様体 $L$ はテータ因子の構造層に，ホモロジー的ミラー対称性で移る．よって，たとえば，次の同型が成立するはずである．

(6.84) $$\mathrm{Ext}(\mathfrak{F}_\Sigma, \mathfrak{F}_\Sigma) \simeq HF((L, \mathbb{C}), (L, \mathbb{C})).$$

$L$ に境界が含まれる概正則円盤がないので，フレアーホモロジーに量子補正はなく，したがって，$HF((L,\mathbb{C}),(L,\mathbb{C}))$ は $L$ すなわち種数 2 の曲面の，普通のコホモロジーになる．これが，$\mathrm{Ext}(\mathfrak{F}_\Sigma, \mathfrak{F}_\Sigma)$ に一致することは，容易に

確かめられる[*71].

同様なやり方で，モジュライ空間に実際に量子変形が起こっている（倉西写像が 0 でない）例や，フレアーホモロジーの壁越えの例などが構成できるので，以下で解説する．

まず，前者の例を構成する．今度は，$T^6 = \mathbb{C}^3/(\mathbb{Z}[\sqrt{-1}])^3$ を考える．$z_1 = x_1 + \sqrt{-1}\,y_1$, $z_2 = x_2 + \sqrt{-1}\,y_2$, $z_3 = x_3 + \sqrt{-1}\,y_3$ を座標にとる．$A = (a^{ij})$, $B = (b^{ij})$ を対称 $3 \times 3$ 行列とし，$\tilde{\omega} = \sum a^{ij} dx_i \wedge dy_j + 2\pi\sqrt{-1} \sum b^{ij} dx_i \wedge dy_j$ とおく．$L_{\mathrm{pt}}(v)$ は $x_1 = y_1$, $x_2 = y_2$, $x_3 = y_3$, $L_{\mathrm{st}}$ は $y_1 = y_2 = y_3 = 0$, $L_{\mathrm{pol}}$ は $x_1 = y_1$, $x_2 = y_2$, $x_3 = y_3$ で決める．3 つのラグランジュ部分多様体のうち，どの 2 つも 1 点で交わる．この 3 点でラグランジュ手術して得られるラグランジュ部分多様体を $L(v)$ とする．3 次元であるから，ラグランジュ手術の仕方は，$2^3 = 8$ 通りである．$L(v)$ と $x_2 = y_2$, $x_3 = y_4$ で定まる $T^2$ の交わりが，図 6.30 になるように選ぶ[*72]．$L(v)$ の $\mathbb{C}^3$ での逆像の連結成分を $\tilde{L}(v)$ と書く．$\pi_2(\mathbb{C}^3; \tilde{L}(v)) \to H_2(\mathbb{C}^3; \tilde{L}(v))$ の像は $\mathbb{Z}^4$ で，3 ヵ所のラグランジュ手術に対応する消滅サイクル $\beta_1, \beta_2, \beta_3$ と，図 6.31 の $\beta$ の 4 つで生成される．$\int_{\beta_i} \tilde{\omega}_{A,B} = 0$, $i = 1, 2, 3$ であるので，$\beta$ の係数で重さは決まる．命題 6.241, 補題 6.243 と同様にして議論すると，$(L(v), \alpha)$ に対する，$\mathfrak{m}_0(1)$ が次のように求まる．

**定理 6.246**

$$\mathfrak{m}_0(1) = \sum_{\vec{n} \in \mathbb{Z}^3} \exp\left(-\frac{1}{2}\langle v+\vec{n}, (A+2\pi\sqrt{-1}B)(v+\vec{n})\rangle \right.$$
$$\left. + 2\pi\sqrt{-1}\langle (v+\vec{n}), \alpha\rangle\right)[\ell]$$

ここで $[\ell]$ は $\partial \beta$ が定める $H_1(L(v); \mathbb{Z})$ の元である． □

定理 6.246 では，$L_{\mathrm{st}}$, $L_{\mathrm{pol}}$ を動かさなかったが，$\mathcal{LAG}_{\mathrm{st}}(T^6, \tilde{\omega}_{A,B})$ の連結成分を得るには，これらも平行移動で動かす．すると，$T^6 \times T^6 \times T^6$ なる

---

[*71] 注意 6.233 は「アイデア」であるから，(6.83) の厳密な証明は，注意 6.233 からは直ちには得られず，別に確かめる必要があったわけである．

[*72] $L(v)$ は向き付け可能であるが，複素 2 次元の場合に，3 つのアファインラグランジュ部分多様体を同様に手術すると，向き付け不能なラグランジュ部分多様体になる．

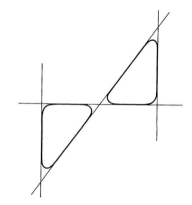

図 6.30　$L(v)$ のとり方

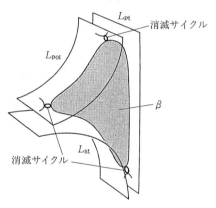

図 6.31　$\pi_2(\mathbb{C}^3, \tilde{L}(v))$

$\mathcal{LAG}_{\mathrm{st}}(T^6, \widetilde{\omega}_{A,B})$ の連結成分が得られる．(3 つの成分は $L_{\mathrm{st}}, L_{\mathrm{pol}}, L_{\mathrm{pt}}$ のそれぞれに平行なラグランジュ部分多様体のモジュライ空間である．複素構造は直積で，それぞれの成分上補題 6.234 と同様にして計算できる．)
$((v^1, \alpha^1), (v^2, \alpha^2), (v^3, \alpha^3)) \in T^6 \times T^6 \times T^6$ を動かして得られるラグランジュ部分多様体の族に対して，$\mathfrak{m}_0(1)$ を考えると，やはりテータ関数で，これを $(v^1, \alpha^1) = (v^2, \alpha^2) = 0$ に制限したのが定理 6.246 の右辺である．(以後 $\vartheta_{A,B}(v, \alpha)$ と書く．) したがって，$\mathcal{LAG}_{\mathrm{qm}}(T^6, \widetilde{\omega}_{A,B}) \subset \mathcal{LAG}_{\mathrm{st}}(T^6, \widetilde{\omega}_{A,B})$ の，$\{(\vec{0}, \vec{0})\} \times T^6$ との交わりは，テータ因子 $\vartheta_{A,B}^{-1}(0)$ である．

§6.6 フレアーホモロジーとミラー対称性 —— 369

$\vartheta_{A,B}^{-1}(0)$ のミラーである,$(T^6,J_{A,B})$ の連接層を記述する.$L_{\mathrm{st}}, L_{\mathrm{pol}}, (L_{\mathrm{pt}}(v), \alpha)$ に対応する層は,順に構造層 $\mathcal{O}$,偏極 $\mathcal{P}$,点層 $\mathfrak{F}_{p(v,\alpha)}$ である.少しだけ説明すると,$\mathcal{P}$ は $\vartheta_{A,B}$ が切断になるような,正則直線束で,$p(v,\alpha)$ は $(v,\alpha)$ が定めるミラーの点である.次の層の間の準同型の列を考える.

(6.85) $$0 \to \mathcal{O} \to \mathcal{P} \to \mathfrak{F}_{p(v,\alpha)} \to 0$$

ここで $\mathcal{O} \to \mathcal{P}$ は $\vartheta_{A,B}$ で与えられ,$\mathcal{P} \to \mathfrak{F}_{p(v,\alpha)}$ は $\mathcal{P}$ の $p(v,\alpha)$ でのファイバーと $\mathbb{C}$ の同型を決めると定まる.

(6.85) が層の複体を定めるのは,$p(v,\alpha)$ がテータ因子 $\vartheta_{A,B}^{-1}(0)$ 上にあるときである.いいかえると,テータ因子 $\vartheta_{A,B}^{-1}(0)$ は層の複体のモジュライ空間をなす.($\mathcal{O},\mathcal{P}$ も $T^6$ の双対アーベル多様体上を動かした全体が,$\mathcal{LAG}_{\mathrm{qm}}(T^6,\widetilde{\omega}_{A,B})$ の連結成分になる.)$p(v,\alpha) \in \vartheta_{A,B}^{-1}(0)$ に対応する連接層は,(6.85) のコホモロジー層をとると得られる.すなわち:

**命題 6.247** $(L_{\mathrm{pt}}(v),\alpha)$ のミラーは $i_*\mathfrak{I}_{p(v,\alpha)}$ である.ここで,$i:\vartheta_{A,B}^{-1}(0) \to T^6$ は埋め込み,$\mathfrak{I}_{p(v,\alpha)}$ は $p(v,\alpha) \in \vartheta_{A,B}^{-1}(0)$ のイデアル層[*73]である. □

命題の $i_*\mathfrak{I}_{p(v,\alpha)}$ は 3 ブレーン (実 4 次元複素部分多様体) と $-1$ ブレーン (0 次元部分多様体) が組み合わさって配置されたものに見えるであろう.

命題 6.247 で出てきた層は,それ自身興味深いものではないが,この節の構成の多くの諸側面が現れる具体例としては面白い.

命題 6.247 の対応で,フレアーコホモロジーと層係数コホモロジーが対応すること(予想 6.230)も確かめることができる.この場合フレアーコホモロジー $HF(L(v,\alpha),L(v,\alpha))$ は $H(L(v);\mathbb{C})$ に一致しない.

最後にフレアーホモロジーの壁越えの例を挙げる.概正則円盤のモジュライ空間の壁越えの一番見やすい例は,Polishchuk が [306] で指摘した次の例であろう.$\mathbb{C}$ 上の実 1 次元部分多様体 $\widetilde{L}_1, \cdots, \widetilde{L}_4$ を考え,$L_3$ と $L_4$ を $v \in \mathbb{R} \simeq \mathbb{C}/L_3$,$w \in \mathbb{R} \simeq \mathbb{C}/L_4$ だけ平行移動したものを $L_3(v), L_4(w)$ と書く(図 6.32).$\varphi : D^2 \to \mathbb{C}$ と $(z_1, \cdots, z_4) \in \partial D^2$ の組で,次の条件を満たすもの全体 $\mathcal{M}_{0,4}(\mathbb{C}; L_1, L_2, L_3(v), L_4(w))$ を考える.

---

[*73] 点層ではない.

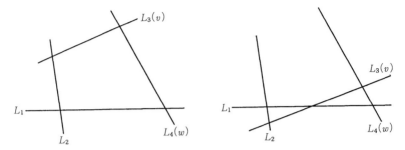

**図 6.32** 4 枚のアファインラグランジュ部分多様体

**条件 6.248**

（1） $\varphi$ は概正則.
（2） $\varphi(z_i) \in L_i \cap L_{i+1}$. （ただし, $L_5 = L_1$ とみなす.）
（3） $z_1, \cdots, z_4$ は円周 $\partial D^2$ 上で時計回りに並んでいる.
（4） $\widehat{z_i z_{i+1}}$ を $\partial D^2$ の $z_i$ と $z_{i+1}$ の間の部分とすると, $\varphi(\widehat{z_i z_{i+1}}) \in L_i$. □

図 6.33 から容易にわかるように, $\mathcal{M}_{0,4}(\mathbb{C}; L_1, L_2, L_3(v), L_4(w))$ は空集合または 1 点で, $\mathcal{M}_{0,4}(\mathbb{C}; L_1, L_2, L_3(v), L_4(w))$ が空でないような, $v, w$ の集合は図 6.33 のような図形になる*74. 注目すべきことは, 図 6.33 の境界の点で集合 $\mathcal{M}_{0,4}(\mathbb{C}; L_1, L_2, L_3(v), L_4(w))$ の位数が不連続に変化することである.

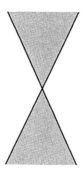

**図 6.33** $\mathcal{M}_{0,4}(\mathbb{C}; L_1, L_2, L_3(v), L_4(w))$ はいつ空か

---

*74 Riamann の写像定理から明らか.

§6.6 フレアーホモロジーとミラー対称性 —— 371

この例は高次元化することができる.

すなわち，4枚のアファインラグランジュ部分多様体を $\mathbb{C}^n$ 上を動かして，$\mathcal{M}_{0,4}(\mathbb{C}^n; L_1, L_2, L_3(v), L_4(w))$ を同様に定義する．$v, w \in \mathbb{R}^n$ をとめたモジュライ空間 $\mathcal{M}_{0,4}(\mathbb{C}^n; L_1, L_2, L_3(v), L_4(w))$ の仮想次元が 0 である場合を考える.

$v, w \in \mathbb{R}^n$ をとめると，$\mathcal{M}_{0,4}(\mathbb{C}^n; L_1, L_2, L_3(v), L_4(w))$ は1点または空である．そして，$\mathcal{M}_{0,4}(\mathbb{C}^n; L_1, L_2, L_3(v), L_4(w))$ は空でないような $(v, w) \in \mathbb{R}^{2n}$ の全体は，2枚の超平面で囲まれた，図6.33と同様の図形になる.

**注意 6.249** このことの証明は，1次元の場合と異なり，初等的ではない．(Riemann の写像定理だけでは示されない．) 証明は[121]と[122]をあわせると得られる．要点は2次関数のモース理論への帰着[123]である.

4枚以上のアファインラグランジュ部分多様体に対しても，類似の結果が示される．アファインラグランジュ部分多様体の数が増えると，図6.33にあたる領域にはさまざまなものが現れる.

4枚の $\mathbb{C}^2$ のラグランジュ平面を考え，$T^4$ のラグランジュトーラスとみなす．2枚ずつラグランジュ手術でつなぐと，種数2の曲面であるラグランジュ部分多様体が2つできる．この間のフレアーホモロジーの境界作用素は，3枚の場合と同様に，$\mathcal{M}_{0,4}(\mathbb{C}^n; L_1, L_2, L_3(v), L_4(w))$ を調べることで計算できる．答えは，図6.33の4次元版のカゲをつけた部分の領域を $D$ と書いて

$$(6.86) \quad \sum_{(v,w)+\vec{n} \in D} \exp\left(-\frac{1}{2}\langle((v,w)+\vec{n}), (Q+2\pi\sqrt{-1}R)((v,w)+\vec{n})\rangle\right)$$

である．ただし，$Q$ は正の固有値の数が3，負の固有値の数が1である2次型式で，$(v, w)+D$ では正の値をとる.

(6.86)は不定値2次型式のテータ関数である．Polishchuk が[306]で注意したように，1次元の場合の(6.86)の類似の特別な場合（$L_1$ と $L_3$，$L_2$ と $L_4$ が平行な場合）には，Kronecker の2重テータ級数（double theta series, [383]を見よ）が得られる．高次元に一般化すると，ほとんどいたるところ不連続なテータ関数の一般化（**多重テータ関数**（multi theta function））が得られる．これらは，アーベル多様体の上のベクトル束のコホモロジーの高次マッセイ

積を記述する．以上述べた事柄が，ラグランジュトーラスの中の，アファインラグランジュ多様体とそのラグランジュ手術の場合の，ホモロジー的ミラー対称性予想で，[121]で証明されている．

# あとがき

　冒頭に述べたように，シンプレクティック幾何学の全貌はまだその姿を見せ始めたばかりである．本書は現時点で現れた部分の，筆者が目にした部分の，そのまた一部に過ぎず，多くを語り残している．

　力学系の研究とのつながりが十分に述べられていないのが，特に残念である．

　本書で力点が置かれていることの1つである量子化についても，筆者がまだ勉強中で知識に偏りがあり，それが本書に反映している．

　特異点論，超局所解析，表現論，可積分系など，それぞれ極めて重要な話題で，シンプレクティック幾何学との関係も深いが，本書ではあまり述べることができなかった．

　シンプレクティックトポロジーについては，昨今さまざまな機会に，多くのことが語られているので，その重要性に比べて本書での扱いは軽くした．

　本文中に多すぎるくらいの注意を設けて，文献を引きながら，できるだけたくさんの分野に触れたのは，以上のような欠陥を少しでも補いたいと思ったからである．

　シンプレクティック幾何学は未完とはいえ，すでに巨大な分野に成長しており，一人がその全貌を語るのは不可能である．多くの人が，それぞれの考えのもとに，さまざまな側面を語り，研究していくことが大切であると思い，講座の1冊という正統性を要求される書物の性格にもかかわらず，筆者の好みと偏見を隠さなかった．読者の批判を待ち，ここで筆を置く．

# 単行本化にあたっての追記

本書出版(1999年)以後見つけた誤り，不十分な点などについて記す．それ以外では，本書で直接述べた予想などが現在では証明されているなどの場合についてのみ，言及している．1999年以後のシンプレクティック幾何学の発展の重要部分について述べる，などということは試みていないことをお断りしておきたい．

## A. 補題5.83への訂正

本書の補題5.83は，実は正しくない．問題点は，かなり大きな同値関係5.82による商空間をとってしまった点である．Gromov[158]には，geometric cycle という概念が現れるが，geometric chain(幾何学的鎖)という概念はない．幾何学的鎖という概念はホモロジー論の定義および基礎と深く関わっていて，ここで書いたやり方は不正確であった．

以下に述べるのと同様の問題が，§6.6の，たとえば定理6.215でも起こる．一方，§6.1–§6.3で使われている「幾何学的鎖」は問題を引き起こさない．なぜならそこではサイクルになる場合だけが扱われているからである．一言でいうと，幾何学的サイクルという概念をpseudo manifoldを利用して導入し，その間のホモロガスという概念を，コボルディズムと同様に(ただし余次元2の特異点を許して)定義すると，幾何学的サイクルの間のホモロガスなものを同一視した商空間はホモロジー群を実現する．このようにして，ホモロジー群を捉えることはできるが，鎖複体を「幾何学的鎖」を利用して構成することはより困難で，単に定義5.82の同値関係5.82で割るというのはうまくいかない．

幸い，補題5.83から補題5.98までの議論は多少の修正によって訂正することができる．§6.6 たとえば定理6.215の修正も同様に可能である．その概

略を以下に説明する．要点は，幾何学的鎖を使うのではなく，特異鎖複体そのものを用いることである．なお，以下の記述は[122]の改訂版([FOOO])に基づくものである．

まず，次の仮定をおく．

**条件 A.1** $i > j$ ならば，$\mathcal{M}(R_i, R_j)$ は空である． □

これは臨界値 $f(R_i)$ に従って番号を付け替えることで，いつでも実現できる．

$\mathcal{M}(R_i, R_j)$ のコンパクト化 $\mathcal{CM}(R_i, R_j)$ は角付き多様体である．（補題 5.88 参照．補題 5.88 の証明には補題 5.83 は使われていない．）$S_m \mathcal{CM}(R_i, R_j)$ で $\mathcal{CM}(R_i, R_j)$ の余次元 $m$ の角上の点全体を表す．補題 5.88 の証明では，コンパクト化 $\mathcal{CM}(R_i, R_j)$ の点はさまざまな $k, l$ に対する $\mathcal{M}(R_k, R_l)$ のファイバー積で層化(stratify)されたが，$m+1$ 個以上のファイバー積上の点の全体が $S_m \mathcal{CM}(R_i, R_j)$ である．ここで，次の補題を証明する．（この補題は補題 5.84 と，幾何学的鎖ではなく，特異鎖を使っている点が異なる．）

**補題 A.2** $R_i$ の滑らかな特異鎖(smooth singular chain)からなる可算集合 $\mathcal{X}(R_i)$ で次の条件を満たすものが存在する．$C(R_i; \mathbb{Z})$ で $\mathcal{X}(R_i)$ が特異鎖複体 $S(R_i; \mathbb{Z})$ で生成する部分複体を表す．

（1） $C(R_i; \mathbb{Z})$ から $S(R_i; \mathbb{Z})$ への自然な埋め込みはホモロジー群の同型を導く．

（2） $\mathcal{X}(R_i)$ の任意の元 $(P, \psi)$（ここで $P$ は単体で $\psi : P \to R_i$ は $C^\infty$ 級の写像）に対して，$\psi : P \to R_i$ は，どの $j, m = 0, 1, 2, \cdots$ に対する

$$\mathrm{ev}_{-;i,j} : S_m \mathcal{CM}(R_i, R_j) \to R_i$$

とも横断的である．

（3） $\mathcal{X}(R_i)$ の任意の元 $(P, \psi)$ に対して，ファイバー積

$$P_\psi \times_{\mathrm{ev}_{-;i,j}} S_m \mathcal{CM}(R_i, R_j)$$

を考える．このとき，多様体 $P_\psi \times_{\mathrm{ev}_{-;i,j}} S_m \mathcal{CM}(R_i, R_j)$ の滑らかな 3 角形分割を選ぶことで，その各単体と写像 $\mathrm{ev}_{+;i,j}$ は特異単体を定める．この特異単体が $\mathcal{X}(R_j)$ の元になるように，3 角形分割を選ぶことができる．

□

ここで「$\psi: P \to R_i$ は $\text{ev}_{-;i,j}$ と横断的」とは, $P$ のどの面 $P_a$（余次元は任意）に対しても，制限 $\psi|_{P_a}: P_a \to R_i$ が $\text{ev}_{-;i,j}$ と横断的であることを指す.

[証明] $i$ についての帰納法で $\mathcal{X}(R_i)$ を構成する. (1), (2) を満たす $\mathcal{X}(R_1)$ が存在することは横断正則性定理の帰結である.

帰納法の仮定として，次のことを仮定する. 「$i \leq i_0$ なる $i$ に対して $\mathcal{X}(R_i)$ が選ばれ，それは(1)を満たす. また，$i \leq i_0$ なる $i$ と任意の $j$ に対して(2)が満たされる. さらに $i, j \leq i_0$ なる $i, j$ に対して(3)が満たされる.」

以上の仮定のもとで，$\mathcal{X}(R_{i_0+1})$ を構成する.

まず，$(P, \psi) \in \mathcal{X}(R_i), i \leq i_0$ に対して，ファイバー積

(A.1) $\qquad P_\psi \times_{\text{ev}_{-;i,i_0+1}} S_m \mathcal{CM}(R_i, R_{i_0+1})$

を考える. 帰納法の仮定と条件 A.1 より，このファイバー積は横断的でしたがって多様体を定める. さらに写像

(A.2) $\quad \text{ev}_{+;i,i_0+1}: P_\psi \times_{\text{ev}_{-;i,i_0+1}} S_m \mathcal{CM}(R_i, R_{i_0+1}) \to R_{i_0+1}$

は，任意の $j$ と $m = 0, 1, 2, \cdots$ に対して，

(A.3) $\qquad \text{ev}_{-;i_0+1,j}: S_m \mathcal{CM}(R_{i_0+1}, R_j) \to R_{i_0+1}$

と横断的である. このことは

$$S_m \mathcal{CM}(R_i, R_{i_0+1}) \times_{R_{i_0+1}} S_{m'} \mathcal{CM}(R_{i_0+1}, R_j)$$

が $S_{m+m'+1} \mathcal{CM}(R_i, R_j)$ のある成分であることと帰納法の仮定より従う.

(A.1) の単体分割を，各単体への $\text{ev}_{+;i,i_0+1}$ の制限が，(A.3) と横断的であるように選ぶことができる. さらにそのような単体分割が，(A.1) の境界上ではすでに選ばれている 3 角形分割と一致するように選ぶことができる. (A.1) の各単体を写像 $\text{ev}_{+;i,i_0+1}$ により $R_{i_0+1}$ の特異単体とみなす. $\mathcal{X}_0(R_{i_0+1})$ をそのようにして得られる特異単体全体とする.

次に $\mathcal{X}_0(R_{i_0+1})$ を含む $\mathcal{X}(R_{i_0+1})$ を以下のようにして構成する.

定理の(2), (3)を満たすような滑らかな特異単体 $(P, \psi)$ 全体の集合を $\mathcal{X}_{\text{trans}}(R_{i_0+1})$ とする. その元の 1 次結合からなる特異鎖複体の部分複体を $S_{\text{trans}}(R_{i_0+1}; \mathbb{Z})$ と書く. 横断正則性定理を用いて，埋め込み $S_{\text{trans}}(R_{i_0+1}; \mathbb{Z}) \to S(R_{i_0+1}; \mathbb{Z})$ がホモロジーに同型を導くことを証明できる.

まず，$\mathcal{X}_1(R_{i_0+1})$ を

$$\mathcal{X}_1(R_{i_0+1}) \supset \mathcal{X}_0(R_{i_0+1}), \quad \mathcal{X}_1(R_{i_0+1}) \subset \mathcal{X}_{\mathrm{trans}}(R_{i_0+1})$$

かつ，$\mathcal{X}_1(R_{i_0+1})$ がは部分複体 $C_1(R_{i_0+1})$ を生成し，さらに埋め込みが導く写像 $H(C_1(R_{i_0+1}); \mathbb{Z}) \to H(R_{i_0+1}; \mathbb{Z})$ が全射であるようにとることができる．
$H(C_1(R_{i_0+1}); \mathbb{Z}) \to H(R_{i_0+1}; \mathbb{Z})$ は単射とは限らない．

そこで，$\mathcal{X}_2(R_{i_0+1})$ を
$$\mathcal{X}_2(R_{i_0+1}) \supset \mathcal{X}_1(R_{i_0+1}), \quad \mathcal{X}_2(R_{i_0+1}) \subset \mathcal{X}_{\mathrm{trans}}(R_{i_0+1})$$

かつ，$\mathcal{X}_2(R_{i_0+1})$ は部分複体 $C_2(R_{i_0+1})$ を生成し，さらに，埋め込みが導く写像 $H(C_1(R_{i_0+1}); \mathbb{Z}) \to H(R_{i_0+1}; \mathbb{Z})$ の核 (kernel) が，埋め込みが導く写像 $H(R_{i_0+1}; \mathbb{Z}) \to H(C_2(R_{i_0+1}); \mathbb{Z})$ によって 0 に移されるようにとる．

もし $H(C_2(R_{i_0+1}); \mathbb{Z}) \to H(R_{i_0+1}; \mathbb{Z})$ の核が 0 でなければ，$\mathcal{X}_3(R_{i_0+1})$ を同様に選ぶ．これを繰り返すと，

$$\mathcal{X}(R_{i_0+1}) = \bigcup_k \mathcal{X}_k(R_{i_0+1})$$

が補題が主張する性質をもっている． ∎

**注意 A.3** 角付き多様体(A.1)の単体分割をとると，(A.2)を用いて $R_i$ の特異鎖が得られると述べた．これは多少不正確である．すなわち，(A.1)の一番高い次元の単体のおのおのに対して，それと標準単体との同型を決めると，(A.2)を用いて $R_i$ の特異鎖が得られる．おのおのの単体と標準単体との同型は，単体の頂点の順序を決めると一意に定まる．頂点の順序を選んでいって，おのおのの単体と標準単体との同型を決めることにより，$R_i$ の特異鎖が定まる．頂点の順序のとり方は，境界から順番に決めていく．すなわち，(A.1)の境界に属する頂点ではすでに順序が選ばれているとして，それを，内部に拡張していく．

補題で得られた，鎖複体 $C_*(R_i; \mathbb{Z})$ を用いて，
$$S_0^k(R_i; \mathbb{Z}) = C_{\dim R_i - k}(R_i; \mathbb{Z})$$
とおき，これを用いて定義 5.85 を次のように置き換える．

**定義 A.4**
$$CF^k(X; f) = \bigoplus_i S_0^{k-\mu(u)}(R_i; \mathbb{Z}).$$
∎

境界作用素(5.17)の定義は $CF^k(X; f)$ の鎖 $(P, \psi)$ に対して可能である．

これは補題 A.2 の (2), (3) の帰結である．これによって，(5.19) を満たすスペクトル系列が構成される．

定理 5.90 を証明するには，やはり幾何学的鎖でなく，特異鎖を用いる．注意 5.83 も含めて議論はほぼ同じに進む．ただし補題 5.97 の証明では注意が必要である．すなわち，像の次元が本来の次元（特異鎖としての次元）より 1 小さいことからは，特異鎖として 0 であることは導かれない（定義 5.82 ではカレントとして同じものは同じとしていたので，この同値関係をいれると 0 になった．しかしいまの我々のやり方ではこれは許されない）．ここは次のようにする．補題 5.98 で使われる $\Phi = \sum_i \Phi_i$ を考える．これは，$\rho = 0$ のときの $f_{\tau,\rho}$ から得られる鎖写像

(A.4) $\qquad (f_{\tau,0})_* : CF(X; f_{-\infty}) \to CF(X; f_{-\infty})$

と $\rho = 1$ のときの $f_{\tau,\rho}$ から得られる鎖写像

(A.5) $\qquad (f_{\tau,1})_* : CF(X; f_{-\infty}) \to CF(X; f_{-\infty})$

の間の鎖ホモトピーを作るのに使われた．補題 5.97 は $(f_{\tau,0})_*$ が恒等写像であることを意味するが，これには上述の問題がある．

そこで $\Phi_i$ を少し取り替える．すなわち定義に使われる空間

(A.6) $\qquad \bigcup_\rho P_\psi \times_{\mathrm{ev}_{-;i}} \mathcal{M}(R_{i,-}, R_{j,-}; f_{\tau,\rho})$

を $i \neq j$ の場合に，$\rho = 0$ のところだけつぶす．すなわち，そこでは $\mathbb{R}$ の作用があるからその作用でつぶす．つぶした空間が 3 角形分割をもつことがわかると，$\rho = 0$ のところには，本来あるべき次元の単体がないことから，$i \neq j$, $\rho = 0$ に対応する部分が特異複体として，0 になる．（この点は後でより正確に述べる．）

以下では，$R_{i,-}$ のかわりに $R_i$ とかく．方程式 ((5.23) の直後の常微分方程式，p. 227) をながめると，$i = j$ の場合には，

(A.7) $\qquad \mathcal{M}(R_i, R_i; f_{\tau,\rho})$

は $\rho = 0$ に近づくと，$R_i$ そのものに近づき，また $\mathrm{ev}_{-;i,i}$, $\mathrm{ev}_{+;i,i}$ は恒等写像 $R_i \to R_i$ に近づくことがわかる（実際，$i = j$ の場合，(5.23) の直後の常微分方程式の解は，$\rho$ が 0 に十分近いといたるところ $R_i$ の近くにある．よって，

(A.7)は $R_i$ の安定多様体の少摂動と不安定多様体の交わりになり，上記主張を得る）．

こうして，$\Phi$ が(A.5)と恒等写像との鎖ホモトピーを与えていることがわかり，定理5.90が証明される．

最後に(A.6)を $\mathbb{R}$ 作用でつぶすという構成についてもう少し述べる．$\mathbb{R}$ 作用でつぶすというのは危なそうな構成で，$\mathbb{R}$ はコンパクトでないから，いかにもハウスドルフ空間でなくなりそうで心配であろう．

簡単のため，$\mathcal{M}(R_i, R_j; f_{-\infty})$ が境界をもたない場合，つまり，臨界値 $f_{-\infty}(R_i)$ と臨界値 $f_{-\infty}(R_j)$ の間に $f_{-\infty}$ の臨界値がない場合を考えよう．
$$\mathcal{M}(R_i, R_j; f_{\tau,0}) = \tilde{\mathcal{M}}(R_i, R_j; f_{-\infty})$$
でかつ
$$(A.8) \qquad \tilde{\mathcal{M}}(R_i, R_j; f_{-\infty}) = \mathcal{M}(R_i, R_j; f_{-\infty}) \times \mathbb{R}$$
である．この同型を記述する．
$$f_{-\infty}(R_i) = c_i, \quad f_{-\infty}(R_j) = c_j$$
とおき
$$c_i < c < c_j$$
なる $c$ をとる．$\gamma \in \mathcal{M}(R_i, R_j; f_{\tau,0})$ に対して，$r(\gamma) \in \mathbb{R}$ を，
$$f_{-\infty}(\gamma(r(\gamma))) = c$$
で定義する．すると，同型(A.8)の第2成分はこの $r$ で与えられる．

同様に
$$r : \mathcal{M}(R_i, R_j; f_{\tau,\rho}) \to \mathbb{R}$$
を
$$f_{\tau,\rho}(\gamma(r(\gamma))) = c$$
で定義する．十分小さい $\rho$ に対して $r$ は定義される．これを用いると
$$(A.9) \qquad \mathfrak{I} : \mathcal{M}(R_i, R_j; f_{-\infty}) \times [0, \rho_0) \times \mathbb{R} \to \bigcup_{\rho \in [0, \rho_0)} \mathcal{M}(R_i, R_j; f_{\tau,\rho})$$
なる微分同相写像が定義され，第2成分 $\rho$ は右辺と左辺で保たれ，さらに
$$r(\mathfrak{I}(\gamma, \rho, s)) = s$$
になる．第3成分(すなわち $s$)が $\pm\infty$ となる極限で，何が起こるかをみよ

う. $\rho > 0$ で

(A.10)
$$\begin{aligned}&\partial \mathcal{M}(R_i, R_j; f_{\tau,\rho}) \\ &= \mathcal{M}(R_i, R_i; f_{\tau,\rho})\ {}_{\mathrm{ev}_{+;i}}\!\times_{\mathrm{ev}_{-;i,j}} \mathcal{M}(R_i, R_j; f_{-\infty}) \\ &\cup \mathcal{M}(R_i, R_j; f_{-\infty})\ {}_{\mathrm{ev}_{+;i,j}}\!\times_{\mathrm{ev}_{-;j}} \mathcal{M}(R_j, R_j; f_{\tau,\rho})\end{aligned}$$

が成立する.右辺の第 1 項,第 2 項はそれぞれ,$s \to \infty$,$s \to -\infty$ の極限に対応する.ただし,(A.10) は $\rho = 0$ では意味をもたない.

しかし,(A.10) を用いて,(A.9) と共通部分で一致する微分同相写像

$$\mathfrak{I}' : \mathcal{M}(R_i, R_j; f_{-\infty}) \times (0, \rho_0) \times (\mathbb{R} \cup \{\pm\infty\}) \to \bigcup_{\rho \in (0, \rho_0)} \mathcal{CM}(R_i, R_j; f_{\tau,\rho})$$

を得る.

$\mathcal{M}(R_i, R_j; f_{\tau,0})$ と $\mathcal{M}(R_i, R_j; f_{-\infty}) \times \mathbb{R}$ を $\mathfrak{I}$ で同一視すると,$\mathrm{ev}_{-;i}$,$\mathrm{ev}_{+;j}$ は第 2 成分 $s \in \mathbb{R}$ によらない.

さて,

(A.11)
$$\bigcup_{\rho \in [0, \rho_0)} \mathcal{CM}(R_i, R_j; f_{\tau,\rho})$$

で,$\rho = 0$ のとき,$s$ 座標だけ異なる 2 点を同一視したものを考える.これは

(A.12)
$$\mathcal{M}(R_i, R_j; f_{-\infty}) \times [0, \epsilon)^2$$

と同一視できる.(A.11) の $\rho = 0$ の部分は,(A.12) の第 2 成分が $(0,0)$ の部分に対応する.$\rho = 0$ で $\mathrm{ev}_{-;i}$,$\mathrm{ev}_{+;j}$ は第 2 成分 $s \in \mathbb{R}$ によらないことを使うと,$\mathrm{ev}_{-;i}$,$\mathrm{ev}_{+;j}$ は (A.12) からの写像とみなすことができる(頂点でこの写像が微分可能になる微分構造を見つけるのは少し議論がいる.[FOOO] の付録と同様の議論でできる).

(A.12) と $(P, \psi)$ とのファイバー積をとれば,(A.6) をつぶした空間で求める性質をもつものが得られる.

## B. より細かい点の訂正補足

1) ワインシュタイン予想 4.25 について

この予想には仮定 $H^1(M;\mathbb{R})=0$ をつけていたが，これは不要である．$M$ が 3 次元の場合にこの予想は Taubes [Tau] によって最近証明された．

2) 定理 5.121 について

この定理の仮定は，半正と書いていたが，[122] の証明には 1 点ギャップがあり，現在の修正版 ([FOOO]) では，仮定は次のようになっている．$M$ は次のどれかを満たす $M_i$ らの直積．

（1） $\dim_{\mathbb{C}} M_i \leqq 2$．

（2） $M_i$ は単調．

（3） $M_i$ は Fano 多様体．

ただし，予想 5.120 は依然として正しいと信じられている．

3) $\mathbb{C}^n$ のラグランジュ部分多様体について

定理 5.126 は現在では改良されており，たとえば，$L$ はスピン多様体で，$\pi_k(L)=0 (k \geqq 2)$ ならば，$\mu(\beta)=2$ なる $\beta \in \pi_1(L)$ が存在することがわかっている．([Fuk2] 参照．)

4) 「定理 6.129」について

この定理の方針 6.130 に基づく詳しい証明は現在では完成しており，[FOOO] の 4 章にある．

5) 特殊ラグランジュファイバー束について

現在では，(余次元 2 の特異点だけを許した) 特殊ラグランジュファイバー束が (複素 3 次元以上で) 存在するとは信じられていない．以下の意味で「漸近的に存在する」と考えられている．

$M_\tau$ で $\tau \to 0$ で巨大複素構造極限に近づく族を考えると，$S(N)$ の $o(\tau)$ 近傍の外では，特殊ラグランジュファイバー束が存在する．

ラグランジュファイバー束は種々の場合に構成されている．

6) フラックス予想について

予想 6.201 は (この形で) 小野薫 [Ono] によって証明された．

7) 相対スピン構造について

定理 6.213 では $\tilde{w}_2$ と $L$ の向きから，概正則円板のモジュライ空間の向きが決まると書いたが，これは多少不正確である．正確には，$L$ の相対スピン

構造という概念を定義でき，$L$ の向きと $L$ の相対スピン構造が概正則円板のモジュライ空間の向きを決める．

$\tilde{w}_2$ が存在すれば，$L$ は相対スピン構造をもつが，$\tilde{w}_2$ のとり方と $L$ は相対スピン構造は 1 対 1 には対応しない．

たとえば，$w_2(L)=0$ のとき，$\tilde{w}_2=0$ に対応する $L$ の相対スピン構造は，$L$ のスピン構造と 1 対 1 に対応する．

詳しくは[FOOO]をみよ．

8) 定義 6.214 について

この追記 A で述べた理由で，この定義には問題がある．すなわち，幾何学的鎖の作る鎖複体を使って $A^\infty$ 代数を作るというのは，正しいやり方ではない．(正しいホモロジー群を与えない．) 正しいやり方は，特異鎖複体のしかるべき可算部分複体を使うことで，これは[FOOO]の§30 に詳しく述べられている．

ドラームコホモロジーを使うこともできる([Fuk3])．Joyce による倉西ホモロジーの理論[Joy]を使うやり方もある．

9) 補題 6.225 (巡回対称性) について

[FOOO]の§30 を使って，$A^\infty$ 構造を実現すると，対称性が崩れ，この補題 6.225 は[FOOO]では証明されていない．

特異ホモロジーの代わりに，ドラームコホモロジーを使うことでこの証明が可能になると思われるが([Fuk3]など参照)，まだ詳細は書かれていない．Joyce によれば，倉西ホモロジーを用いれば，巡回対称性が実現できるという．

10) $A_\infty$ 圏の構成について

注意 6.231 でふれた $A_\infty$ 圏の構成については，[Fuk1]を執筆した．[Fuk1]では多くの証明が省略されているが，それらは[FOOO]のやり方を多少変更することですべて証明できる．

11) 概正則曲線という名称について

筆者は本書(1999 年版)で概正則曲線という訳語を pseudo-holomorphic curve の訳語としてあてた．概複素構造の概との整合性のためであるが，他

の多くの人は「擬正則曲線」という訳語を用いている．pseudo の訳語としては確かに擬の方が自然であるので，筆者も今後は擬正則曲線を使うことにしたい．(数学辞典第 4 版でも「擬正則曲線」と訳されている．)

最後に追加文献を付す．追加する文献はこの追記でふれたことに限っている．1999 年以後多くの進展があったが，それらを盛り込むことは試みていない．

[Fuk1] K. Fukaya, Floer homology and mirror symmetry. II. Minimal surfaces, geometric analysis and symplectic geometry (Baltimore, MD, 1999), Adv. Stud. Pure Math. **34**, pp. 31–127, Math. Soc. Japan, Tokyo, 2002.

[Fuk2] K. Fukaya, Application of Floer homology of Langrangian submanifolds to symplectic topology. *in Morse theoretic methods in nonlinear analysis and in symplectic topology.* NATO Sci. Ser. II, Math. Phys. Chem. **217**, pp. 231–276, Springer, Dordrecht, 2006

[Fuk3] K. Fukaya, Differentiable operad, Kuranishi correspondence,and Foundation of topological field theories based on pseudo-holomorphic curve, preprint.

[FOOO] K. Fukaya, Y.-G. Oh, K. Ono and H. Ohta, Lagrangian intersection Floer theory: anomaly and obstruction. (2006 年版および 2008 年版．一部は http://www.math.kyoto-u.ac.jp/~fukaya/におかれている．原稿は現時点(2008 年 9 月)で完成している．)

[Joy] D. Joyce, Kuranishi homology and Kuranishi cohomology, preprint, arXiv:0707.3572.

[Ono] K. Ono, Floer-Novikov cohomology and the flux conjecture, *Geom. Funct. Anal.* **5**(2006), pp. 981–1020.

[Tau] C. Taubes, The Seiberg-Witten equations and the Weinstein conjecture, *Geom. Topol.* **11**(2007), pp. 2117–2202.

# 参考文献

(原則として本文中引用したものに限った．シンプレクティック幾何学の重要な文献を網羅することは意図していない．)
(文献の末尾に，hep-th/…，math/…，などとあるのはインターネット上の論文サーバー eprint の参照番号である．これらの文献は，京都大学基礎物理学研究所にあるミラーサーバー http://www.yukawa.kyoto-u.ac.jp/ からダウンロードできる．)

[ 1 ] 足立正久,『微分位相幾何学』(現代の数学14), 共立出版, 1976.
[ 2 ] 足立正久,『埋め込みとはめ込み』(数学選書), 岩波書店, 1984.
[ 3 ] Adams, J., *Infinite Loop Spaces*, Annals of Math. Studies 90, Princeton Univ. Press, 1978.
[ 4 ] Agrachev, A., "Method of control theory in nonholonomic geometry" in *International Congress of Mathematics*, Birkhäuser, Zürich, 1995.
[ 5 ] Akbult, S. and McCarthy, J., *Casson Invariant for Oriented Homology 3-Spheres, an Exposition*, Mathematical Notes 36, Princeton Univ. Press, 1990.
[ 6 ] Andersen, J., Mattes, J. and Reshetikhin, N., The Poisson structure on the moduli space of flat connections and chord diagrams, *Topology* **35**(1998), pp. 1069–1083.
[ 7 ] Andersen, J., Mattes, J. and Reshetikhin, N., Quantization of the algebra of chord diagrams, *Math. Proc. Cambridge Philos. Soc.* **124**(1998), pp. 451–463.
[ 8 ] Arnold, V., On the representation of a continuous function of three variables by superpositions of functions of two variables, *Math. Sbornik* **48**(1959), pp. 3–74. (in Russian)
[ 9 ] Arnold, V., Sur une propriétés des application globalement canoniques de la mécanique classique, *C. R. Acad. Sci. Paris* **261**(1965), pp. 3719–3722.
[10] Arnold, V., "Mathematical developments arising from Hilbert problems" in *Proc. Sympos. Pure Math.*, 1966, p. 66.
[11] Arnold, V., Normal forms for functions near degenerate critical points, the Weyl group $A_k$, $D_k$, $E_k$ and Lagrangian singularities, *Functional Anal. Appl.* **6**(1972), pp. 254–272.
[12] Arnold, V., Lagrange and Legendrian cobordism I, II, *Functional Anal. Appl.* **14**(1980), pp. 167–177, 252–260.
[13] Arnold, V., *Mathematical Methods of Classical Mechanics*, Graduate Texts in Math. 60, Springer, Berlin, 1989. (邦訳)『古典力学の数学的方法』, 安藤韶一・蟹江幸博・丹羽敏雄 訳, 岩波書店, 1980.
[14] Arnold, V., *Singularity of Caustics and Wave Fronts: Mathematics and its applications*, Kulwer Academic Publishers, 1990.
[15] Arnold, V. and Givental, A., "Symplectic geometry" in *Encyclopaedia of Mathematical Sciences, Dynamical system IV*, Arnold, V. and Novikov, S.(eds.), Springer,

Berlin, 1980, pp. 4–136.

[16] Arnold, V., Guestein, S. and Varchenko, A., *Singularities of Differential Maps I, II*, Monographs in Mathematics 82, 83, Birkhäuser, Basel, 1985, 1988.

[17] Arnold, V. and Khesin, B., *Topological Methods in Hydrodynamics*, Applied Mathematical Sciences 125, Springer, Berlin, 1998.

[18] Atiyah, M., Convexity and commuting Hamiltonians, *Bulletin of the London Math. Soc.* **14**(1982), pp. 1–15.

[19] Atiyah, M. and Bott, R., The Yang-Mills equations over Riemann surfaces, *Philosophical Trans. of the Royal Soc. of London Ser. A*, **308**(1982), pp. 523–615.

[20] Atiyah, M. and Bott, R., The moment map and equivariant cohomology, *Topology* **23**(1982), pp. 1–28.

[21] Atiyah, M. and Hitchin, N., *The Geometry and Dynamics of Magnetic Monopoles*, Princeton Mathematical Series 36, Princeton Univ. Press, 1989.

[22] Atiyah, M., Patodi, V. and Singer, I., Spectral asymmetry and Riemannian geometry I, II, III, *Math. Proc. Cambridge Philos. Soc.* **77**, **78**, **79**(1975), pp. 43–69, 405–432, 71–99.

[23] Audin, M., Quelques calculs en cobordisme lagrangien, *Ann. Inst. Fourier* **35**(1985), pp. 159–194.

[24] Audin, M., *The Topology of Torus Actions on Symplectic Manifolds*, Progress in Math. 93, Birkhäuser, Basel, 1991.

[25] Audin, M. and Lafontaine, J.(eds.), *Holomorphic Curves in Symplectic Geometry*, Progress in Math. 117, Birkhäuser, Basel, 1994.

[26] Austin, D. and Braam, P., "Morse-Bott theory and equivariant cohomology" in *The Floer Memorial Volume*, Hofer, H. et al.(eds.), Birkhäuser, 1995, pp. 123–184.

[27] Axelrod, S. and Singer, I., "Chern-Simons perturbation theory I" in *Proc. XXth International Conference on Differential Geometric Method in Theoretical Physics*, Catto, S. and Rocha, A.(eds.), World Scientific, Singapore, 1991, pp. 3–45.

[28] Axelrod, S. and Singer, I., Chern-Simons perturbation theory II, *J. Diff. Geom.* **39**(1991), pp. 173–213.

[29] Bando, S., Kasue, A. and Nakajima, H., On a construction of coordinates at infinity on manifolds with fast curvature decay and maximal volume growth, *Invent. Math.* **97**(1989), pp. 313–349.

[30] Banks, T., Matrix theory, *Nucl. Phys. Proc. Suppl.* **67**(1998), pp. 180–224. hep-th/9710231.

[31] Banyaga, A., *The Structure of Classical Diffeomorphism Groups*, Mathematics and its Applications 400, Kluwer Academic Publishers, 1997.

[32] Barannikov, S., Generalized periods and mirror symmetry in dimension $n > 3$. math/9903124.

[33] Barannikov, S. and Kontsevich, M., Frobenius manifolds and formality of Lie algebras of polyvector fields, *Internat. Math. Res. Notices* **4**(1998), pp. 201–215.

[34] Bates, S. and Weinstein, A., *Lectures on the Geometry of Quantization*, Berkeley

Mathematics Lecture Notes 8, Amer. Math. Soc., 1991.
[35] Bauendi, M., Ebenfelt, P. and Rothschild, L., *Real Submanifolds in Complex Space and their Mappings*, Princeton Mathematical Series 47, Princeton Univ. Press, 1999.
[36] Bayen, F., Flato, M., Fronsdal, C., Lichnerowicz, A. and Sternheimer, D., Deformation theory and quantization I, II, *Ann. of Phys.* **111**(1978), pp. 61–110, 111–151.
[37] Becchi, C., Rouet, A. and Stora, R., Renormalization of gauge theories, *Ann. of Phys.* **98**(1974), p. 287.
[38] Becker, K., Becker, M. and Strominger, A., Fivebranes, membranes and nonperturbative string theory, *Nucl. Phys.* **B456**(1995), pp. 130–152. hep-th/9507158.
[39] Behrend, K., Gromov-Witten invariants in algebraic geometry, *Invent. Math.* **127**(1997), pp. 604–617.
[40] Behrend, K. and Fantechi, B., The intrinsic normal cone, *Invent. Math.* **128**(1997), pp. 45–88.
[41] Bellaïche, A. and Risler, J.(eds.), *Sub-Riemannian Geometry*, Progress in Math. 144, Birkhäuser, Basel, 1991.
[42] Bennequin, D., *Entracements et Équation de Pfaff*, Astérisque 107–108, 1983, pp. 87–161.
[43] Bershadsky, M., Ceccoti, S., Ooguri, S. and Vafa, C., Kodaira-Spencer theory of gravity and exact results for quantum string amplitudes, *Comm. Math. Phys.* **165**(1994), pp. 311–427.
[44] Bini, G., de Concini, S., Polito, M., Procesi, C., On the work of Givental relative to mirror symmetry, Appunti dei Corsi Tenuti da Docenti della Scuola, Scuola Normale Superiore, Pisa, 1998.
[45] Boardman, J. and Vogt, R., *Homotopy Invariant Algebraic Structures on Topological Spaces*, Lecture Note in Math. 347, Springer, Berlin, 1973.
[46] Bogomolov, F., Hamiltonian Kähler manifolds, *Dokl. Akad. Nauk SSSR* **243** (1978), pp. 1101–1104
[47] Borcherds, R., Automorphic forms with singularities on Grassmannians, *Invent. Math.* **132**(1998), pp. 491–562.
[48] Borcea, C., "K3 Surfaces with Involution and Mirror Pairs of Calabi-Yau Manifolds" in *Mirror Symmetry II*, Greene, B. and Yau, S. T.(eds.), International Press, Hong-Kong, 1997, pp. 717–744.
[49] Borel, A., Sur la cohomologie des espaces fibrés principaux et des espaces homogènes de groupes de Lie compacts, *Ann. of Math.* **57**(1953), pp. 115–207.
[50] Bott, R., Nondegenerate critical manifolds, *Ann. of Math.* **60**(1954), pp. 248–261.
[51] Bourgain, J., "Harmonic analysis and nonlinear partial differential equations" in *International Congress of Mathematics*, Birkhäuser, Zürich, 1995.
[52] Bryant, R., Metrics with exceptional holonomy, *Ann. of Math.* **126**(1987), pp. 525–576.
[53] Bryant, R., Chern, S., Gardner, R., Goldschmidt, H. and Griffiths, P., *Exte-*

*rior Differential Systems*, Mathematical Sciences Research Institute Publications 18, Springer, New York, 1991.

[54] Burago, Y. and Zalgaller, A., *Geometric Inequalities*, Springer, Berlin, 1988.

[55] Calabi, E., "On the group of automorphisms of a symplectic manifold" in *Problems in Analysis*, Gunning, C. (ed.), Princeton Univ. Press, 1970, pp. 1–26.

[56] Candelas, P., de la Ossa, X. C., Green, P. S. and Parks, L., A pair of Calabi-Yau manifolds as an exactly soluble superconformal theory, *Nucl. Phys.* **B359**(1991), p. 21.

[57] Carrión, R., A generalization of the notion of instanton, *Diff. Geom. and its Application* **8**(1998), pp. 1–20.

[58] Cattaneo, A. and Felder, G., The Path Integral Approach to the Kontsevich Quantization Formula. math.QA/9902090, *Comm. Math. Phys.* **212**(2000), no. 3, pp. 591–611.

[59] Chaperon, M., *Quelques Questions de Géométrie Symplectique* (d'après, entre autres, Poincaré, Arnol'd, Conley et Zehnder), Astérisque 105–106, 1983, pp. 231–249.

[60] Chekanov, Differential algebras of Legendrian links, *Invent. Math.* **150**(2002), no. 3, pp. 441–483.

[61] Conley, C. and Zehnder, E., The Birkhoff-Lewis fixed point theorem and a conjecture by V. I. Arnold, *Invent. Math.* **73**(1983), pp. 33–49.

[62] Connes, A., *Noncommutative Geometry*, Academic Press, 1994.

[63] Connes, A., Douglas, R. and Schwarz, A., Noncommutative geometry and matrix theory: compactification on tori, *J. High Energy Phys* **2**(1998). Paper 3 hep-th/9711162.

[64] Cox, D. and Katz, S., *Mirror Symmetry and Algebraic Geometry*, Mathematical surveys and Monographs 68, Amer. Math. Soc., 1998.

[65] Dazord, P. and Weinstein, A.(eds.), *Symplectic Geometry, Groupoids, and Integrable Systems*, Mathematical Sciences Research Institute Publications 20, Springer, New York, 1989.

[66] Deligne, P., Etingof, P., Freed, D., Jeffrey, L., Kazdan, D., Morgan, J., Morrison, D. and Witten, E. (eds.), *Quantum Fields and Strings: A course for mathematicians, 1, 2*, Amer. Math. Soc., 1999.

[67] Deligne, P. and Freed, D., "Supersolutions" in *Quatum Fields and Strings: A course for mathematicians 1, 2*, Deligne, P. et al.(eds.), Amer. Math. Soc., 1999.

[68] Deligne, P., Griffiths, P., Morgan, J. and Sullivan, D., Real homotopy theory of Kähler manifolds, *Invent. Math.* **29**(1975), pp. 245–274.

[69] Deligne, P. and Mumford, D., The irreducibility of the space of curves of given genus, *Publ. Math. IHES* **36**(1969), pp. 75–110.

[70] De Wilde, M. and Lecomte, P., "Formal deformations of the Poisson Lie algebra of a symplectic manifold and star-products. Existence, equivalence, derivations." in *Deformation Theory of Algebras and Structures and Applications*, Hazewinkel, H. and Gerstenhaber, M.(eds.), Kluwer Academic Publishers, 1988.

[71] Donagi, R., "Taniguchi lecture on principal bundles on elliptic fibrations", in

*Integrable Systems and Algebraic Geometry*, World Scientific, 1998, pp. 33–46. hep-th/9802094.
[72] Donaldson, S., A new proof of a theorem of Narasimhan and Seshadri, *J. Diff. Geom.* **18**(1983), pp. 279–315.
[73] Donaldson, S., Anti-self-dual Yang-Mills connections over complex algebraic surfaces and stable vector bundles, *Proc. London Math. Soc.* **50**(1985), pp. 1–26.
[74] Donaldson, S., Irrationality and h-cobordism conjecture, *J. Diff. Geom.* **26**(1986), pp. 275–297.
[75] Donaldson, S., Infinite determinants, stable bundles and curvature, *Duke Math. J.* **54**(1987), pp. 231–241.
[76] Donaldson, S., Lecture at University of Warwick, 1992.
[77] Donaldson, S., Symplectic submanifolds and almost-complex geometry, *J. Diff. Geom.* **44**(1996), pp. 275–297.
[78] Donaldson, S., "Lefschetz fibrations in symplectic geometry" in *International Congress of Mathematics*, 1998, Berlin.
[79] Donaldson, S. and Kronheimer, P., *The Geometry of Four Manifolds*, Oxford Univ. Press, 1990.
[80] Donaldson, S. and Thomas, R., "Gauge theory in higher dimensions" in *The Geometric Universe*, Oxford Univ. Press, 1996, pp. 31–47.
[81] Dubrovin, B., "The geometry of 2D topological field theories" in *Integrable systems and quantum groups*, Springer, Berlin, 1996, pp. 120–348.
[82] Dubrovin, B., Painlevé trancendents and two-dimensional topological field theory. math/9803017. The Painlevé property, pp. 287–412, CRM Ser. Math. Phys., Springer, New York, 1999.
[83] Dubrovin, B., Krichever, I. and Novikov, S., "Integrable systems I" in *Encyclopaedia of Mathematical Sciences, Dynamical system IV*, Arnold, V. and Novikov, S.(eds.), Springer, Berlin, 1980, pp. 174–283.
[84] Dubrovin, B. and Zhang, Y., Frobenius manifolds and Virasoro constraints. math/9808048. *Selecta Math.* (N.S.) **5**(1999), no. 4, pp. 423–466.
[85] Duistermaat, J. and Heckman, G., On the variation in the cohomology class of the symplectic form of the reduced phase space, *Invent. Math.* **69**(1982), pp. 259–269.
[86] Eells, J. and Sampson, J., Harmonic mappings of Riemannian manifolds, *Amer. J. Math.* **86**(1964), pp. 109–160.
[87] Eguchi, T., Hori, K. and Xiong, C., Quantum cohomology and Virasoro algebra, *Physics Lett.* **B402**(1997), pp. 71–80. hep-th/9703068.
[88] Eguchi, T. and Xiong, C., Quantum cohomology at higher genus: topological recursion relations and Virasoro conditions. *Adv. Theor. Math. Phys.* **2**(1997), pp. 219–229. hep-th/9801010.
[89] Ekeland, I., *Convexity Methods in Hamiltonian Mechanics*, Ergebnisse der Mathematik und ihrer Grenzgebiete(3) 19, Springer, Berlin, 1990,
[90] Eliashberg, Y., "Cobordisme des solutions de relations differentielles" in *South*

*Rhone Seminar on Geometry*, Travaux en Cours, Hermann, 1984.

[91] Eliashberg, Y., A theorem on the structure of wave fronts and its applications in symplectic topology, *Functional Anal. Appl.* **21**(1987), pp. 65–72.

[92] Eliashberg, Y., "Filling by holomorphic disks and its applications" in *Geometry of Low-Dimensional Manifolds 2* (Durham), Cambridge Univ. Press, 1990, pp. 45–68.

[93] Eliashberg, Y., Contact 3-manifolds, twenty years since J. Martinet's work, *Ann. Inst. Fourier* **42**(1992), pp. 165–192.

[94] Eliashberg, Y., "Invariants in contact topology" in *International Congress of Math.*, 1998, Berlin. Documenta Mathematica, extra volume. http://www.mathematik.uni-bielefeld.de/documenta.

[95] Eliashberg, Y. and Gromov, M., Convex symplectic manifolds, *Proc. Sympos. Pure Math.* **52**(1991), pp. 135–162.

[96] Eliashberg, Y. and Gromov, M., Lagrangian intersection and stable Morse theory, *Boll. Un. Mat. Ital. B* **11**(1997), pp. 289–326.

[97] Eliashberg, Y. and Thurston, W., *Confoliations*, University Lecture Series 13, Amer. Math. Soc., 1998.

[98] Federer, H., *Geometric Measure Theory*, Die Grundlehren der mathematischen Wissenschaften in Einzeldarstellungen 153, Springer, Berlin, 1969.

[99] Fedosov, B., A simple geometrical construction of deformation quantization, *J. Diff. Geom.* **40**(1994), pp. 213–238.

[100] Fedosov, B., *Deformation Quantization and Index Theory*, Mathematical Topics 9, Akademie Verlag, 1996.

[101] Floer, A., Proof of Arnold conjecture for surfaces and generalizations to certain Kähler manifolds, *Duke Math. J.* **53**(1986), pp. 1–32.

[102] Floer, A., The unregularized gradient flow of the symplectic action, *Comm. Pure Appl. Math.* **41**(1988), pp. 775–813.

[103] Floer, A., Morse theory for Lagrangian intersections, *J. Diff. Geom.* **28**(1988), pp. 513–547.

[104] Floer, A., An instanton invariant for 3-manifolds, *Comm. Math. Phys.* **118**(1988), pp. 215–240.

[105] Floer, A., Witten's complex and infinite dimensional Morse theory, *J. Diff. Geom.* **30**(1989), pp. 207–221.

[106] Floer, A., Symplectic fixed point and holomorphic spheres, *Comm. Math. Phys.* **120**(1989), pp. 575–611.

[107] Floer, A., Cup length estimate for Lagrangian intersections, *Comm. Pure Appl. Math.* **47**(1989), pp. 335–356.

[108] Floer, A. and Hofer, H., Coherent orientation problems for periodic orbits problem in symplectic geometry, *Math. Z.* **212**(1993), pp. 13–38.

[109] Floer, A., Hofer, H. and Salamon, D., Transversality in elliptic Morse theory for the symplectic action, *Duke Math. J.* **80**(1995), pp. 251–292.

[110] Freed, D., *Five Lectures on Super Symmetry*, Amer. Math. Soc., 1999.

[111] Friedman, R. and Morgan, J., Holomorphic principal bundles over elliptic curves. math/9811130.
[112] Friedman, R., Morgan, J. and Witten, E., Vector bundles over elliptic fibrations, *J. Alg. Geometry* **8** (1999), pp. 279–401. alg-geom/9709029.
[113] Friedman, R., Morgan, J. and Witten, E., Principal $G$-bundles over elliptic curves. *Math. Res. Lett.* **5** (1998), pp. 97–118. alg-geom/9707004.
[114] Fukaya, K., "Morse homotopy, $A^\infty$ category, and Floer homologies" in *Garc Workshop on Geometry and Topology*, Seoul National University, 1993.
[115] Fukaya, K., "Informal note on topology, geometry and topological field theory" in *Geometry from the Pasific Rim*, Berrick, A., Loo, B. and Wang, H.(eds.), Walter de Gruyter, 1994, pp. 99–116.
[116] Fukaya, K., Morse homotopy and Chern-Simons perturbation theory, *Comm. Math. Phys.* **181**(1996), pp. 37–90.
[117] Fukaya, K., Floer homology of connected sum of homology 3-spheres, *Topology* **35**(1996), pp. 89–136.
[118] Fukaya, K., "Morse homotopy and its quantization" in *Geometry and Topology*, Kazez, W.(ed.), AMS/IP Studies in Advanced Math. 2–1, 1997, International Press, Hong Kong, pp. 409–440.
[119] Fukaya, K., Floer homology for 3 manifold with boundary I, 1997, preprint, never to appear.
[120] Fukaya, K., Floer homology of Lagrangian foliations and noncommutative mirror symmetry, preprint.
[121] Fukaya, K., Mirror symmetry of Abelian variety and multi theta functions, *J. Algebraic Geom.* **11**(2002), no. 3, pp. 393–512.
[122] Fukaya, M., Oh, Y., Ohta, H. and Ono, K., Lagrangian intersection Floer theory: Anomaly and obstruction, preprint (2000).
[123] Fukaya, K. and Oh, Y., Zero-loop open strings in the cotangent bundle and Morse homotopy, *Asian. J. Math.* **1**(1997), pp. 96–180.
[124] Fukaya, K. and Ono, K., Arnold conjecture and Gromov-Witten invariant, *Topology* **38**(1999), pp. 933–1048.
[125] Fukaya, F., Floer homology and mirror symmetry. I. Winter School on Mirror Symmetry, Vector Bundles and Lagrangian Submanifolds (Cambridge, MA, 1999), pp. 15–43, AMS/IP Stud. Adv. Math., **23**, *Amer. Math. Soc.*, Providence, RI, 2001.
[126] 深谷賢治,『ゲージ理論とトポロジー』(シュプリンガー現代数学シリーズ), シュプリンガー東京, 1996.
[127] 深谷賢治,『解析力学と微分形式』(シリーズ「現代数学への入門」), 岩波書店, 2004.
[128] 深谷賢治,『これからの幾何学』, 日本評論社, 1998.
[129] 深谷賢治 編,『共形場の理論と幾何学』(Surveys in Geometry 予稿集), 1992. http://www.math.nagoya-u.ac.jp/~naito/Surveys/List.html よりダウンロード可能.
[130] 深谷賢治 編,『シンプレクティック幾何学』(Surveys in Geometry 予稿集), 1995.
[131] 深谷賢治 編,『サイバーグ・ウィッテン理論』(Surveys in Geometry 予稿集),

1997. http://www.ms.u-tokyo.ac.jp/~furuta/index.html よりダウンロード可能.
[132] 深谷賢治 編, 『$C^*$ 環と幾何学』(Surveys in Geometry 予稿集), 1998.
[133] Fulton, W., *Introduction to Toric Variety*, Annals of Math. Studies 131, Princeton Univ. Press, 1993.
[134] Fulton, W. and MacPherson, R., Compactification of configuration spaces, *Ann. of Math.* **139**(1994), pp. 183–225.
[135] 古田幹雄, 『指数定理』, 岩波書店, 2008.
[136] Gelfand, S. and Manin, I., *Method of Homological Algebra*, Springer, Berlin, 1991.
[137] Gelfand, I., Kapranov, M. and Zelevinsky, A., *Discriminants, Resultants, and Multidimensional Determinants*, Mathematics: Theory & Applications, Birkhäuser, Basel, 1994.
[138] Gerstenhaber, M., The cohomology structure of an associative ring, *Ann. of Math.* **78**(1963), pp. 267–288.
[139] Getzler, E., Virasoro conjecture for Gromov-Witten invariants, 1998. Algebraic geometry: Hirzebruch 70 (Warsaw, 1998), pp. 147–176, Contemp. Math., **241**, Amer. Math. Soc., Providence, RI, 1999. math/9903147.
[140] Getzler, E. and Jones, J., $A_\infty$ algebra and cyclic bar complex, *Illinois J. Math.* **34**(1990), pp. 256–283.
[141] Gilberg, D. and Trudinger, N., *Elliptic Partial Differential Equations of Second Order*, Grundlehren der mathematichen Wissenschaften 224, Springer, Berlin, 1970.
[142] Ginzburg, V. and Kapranov, M., Koszul duality for operads, *Duke Math. J.* **76**(1994), pp. 203–272.
[143] Givental, A., "The nonlinear Maslov index" in *Geometry of Low-Dimensional Manifolds 2* (Durham), Cambridge Univ. Press, 1990, pp. 35–43.
[144] Givental, A., "A symplectic fixed point theorem for toric manifolds" in *The Floer Memorial Volume*, Hofer, H. et al.(eds.), Birkhäuser, Basel, 1995, pp. 445–481.
[145] Givental, A., Homological geometry, I: projective hypersurfaces, *Selecta. Math.* **1**(1995), pp. 325–345.
[146] Givental, A., Equivariant Gromov-Witten invariants, *Internat. Math. Res. Notices* **13**(1996), pp. 613–663.
[147] Givental, A., "Elliptic Gromov-Witten invariants and the generalized mirror conjecture" in *Integral Systems and Algebraic Geometry*, World Scientific, 1998, pp. 107–155.
[148] 牛腸徹, "Connection 付きの hermitian line bundle をめぐって", 『共形場の理論と幾何学』(Surveys in Geometry 予稿集, 深谷賢治 編)所収, 1992.
[149] 牛腸徹, "SUPERSYMMETRY 入門", 『サイバーグ・ウィッテン理論』(Surveys in Geometry 予稿集, 深谷賢治 編)所収, 1997.
[150] Goldman, W., The symplectic nature of fundamental groups of surfaces, *Adv. in Math.* **54**(1984), pp. 200–225.
[151] Goldman, W., Invariant functions on Lie groups and Hamiltonian flows of surface group representations, *Invent. Math.* **85**(1986), pp. 263–302.

[152] Goldman, W. and Millson, J., The deformation theory of representations of fundamental groups of compact Kähler manifolds, *Publ. Math. IHES* **67**(1988), pp. 43–96.
[153] Goldman, W. and Millson, J., The homotopy invariance of the Kuranishi space, *Illinois J. Math.* **34**(1990), pp. 337–367.
[154] Gompf, R., A new construction of symplectic manifolds, *Ann. of Math.* **142**(1995), pp. 527–595.
[155] Green, M., Schwarz, J. and Witten, E., *Super String Theory I,II*, Cambridge Monographs on Mathematical Physics, Cambridge Univ. Press, 1987.
[156] Griffiths, P. and Harris, J., *Principle of Algebraic Geometry*, John Wiley, 1978.
[157] Griffiths, P. and Morgan, J., *Rational Homotopy Theory and Differential Forms*, Progress in Math. 16, Birkhäuser, Basel, 1981.
[158] Gromov, M., Filling Riemannian manifolds, *J. Diff. Geom.* **18**(1983), pp. 1–147.
[159] Gromov, M., Pseudo holomorphic curves in symplectic manifolds, *Invent. Math.* **82**(1985), pp. 307–347.
[160] Gromov, M., *Partial Differential Relations*, Ergebnisse der Mathematik und ihrer Grenzgebiete 3–9, Springer, Berlin, 1986.
[161] Gromov, M., "Soft and hard symplectic geometry" in *International Congress of Mathematics*, 1986, Berkeley.
[162] Gross, M. and Wilson, P., Mirror symmetry via 3-tori for a class of Calabi-Yau threefolds, *Math. Ann.* **309**(1997), pp. 505–531.
[163] Gross, M., "Special Lagrangian fibrations, I, topology" in *Integrable Systems and Algebraic Geometry*, World Scientific, River Edge, 1997, pp. 156–193.
[164] Gross, M., Special Lagrangian fibrations II: Geometry. Winter School on Mirror Symmetry, Vector Bundles and Lagrangian Submanifolds (Cambridge, MA, 1999), pp. 95–150, AMS/IP Stud. Adv. Math., **23**, Amer. Math. Soc., Providence, RI, 2001. math/9809072.
[165] Guillemin, V. and Sternberg, S., *Geometric Asymptotics*, Mathematical Surveys 14, Amer. Math. Soc., 1977.
[166] Guillemin, V. and Sternberg, S., Convexity properties of the moment map, *Invent. Math.* **97**(1982), pp. 485–522.
[167] Guillemin, V. and Sternberg, S., *Symplectic Techniques in Physics*, Cambridge Univ. Press, 1984.
[168] Guillemin, V. and Sternberg, S., On the Kostant multiplicity formula, *J. Geom. and Phys.* **5**(1989), pp. 721–750.
[169] Guillemin, V. and Sternberg, S., *Supersymmetry and Equivariant de Rham Theory*, Springer, Berlin, 1999.
[170] Göttsche, L. and Zagier, D., Jacobi forms and the structure of Donaldson invariants for 4-manifolds with $b_+ = 1$, *Selecta Math.* **4**(1998), pp. 69–115.
[171] 原田耕一郎, 『モンスター』, 岩波書店, 1999.
[172] Hardt, R. and Simon, L., *Seminar on Geometric Measure Theory*, DMV Seminar, 7, Birkhäuser, Basel, 1986.

[173] Hartshorne, R., *Residues and Duality*, Lecture Note in Math. 20, Springer, Berlin, 1966.
[174] Harvey, R. and Lawson, B., Calibrated geometries, *Acta Math.* **148**(1982), pp. 47–157.
[175] 服部晶夫, 『位相幾何学』(基礎数学選書), 岩波書店, 1991.
[176] 服部晶夫, 『多様体のトポロジー』, 岩波書店, 2003.
[177] Herald, C., Legendrian cobordism and Chern-Simons theory on 3-manifolds with boundary, *Comm. Anal. Geom.* **3**(1994), pp. 337–413.
[178] Hölmander, L., Hypoelliptic second order differential equations, *Acta Math.* **119**(1967), pp. 147–171.
[179] Hirsh, M., Immersions of manifolds, *Trans. Amer. Math. Soc.* **93**(1961), pp. 242–276.
[180] Hitchin, N., Karlhede, A., Lindström, U. and Roček, M., Hyper-Kähler metrics and supersymmetry, *Comm. Math. Phys.* **108**(1987), pp. 535–589.
[181] Hofer, H., Pseudoholomorphic curves in symplectisations with application to the Weinstein conjecture in dimension three, *Invent. Math.* **114**(1993), pp. 515–563.
[182] Hofer, H. and Zehnder, E., *Symplectic Invariants and Hamiltonian Dynamics*, Birkhäuser Advanced Texts, Birkhäuser, Basel, 1994.
[183] Hofer, H. and Salamon, D., "Floer homology and Novikov ring" in *The Floer Memorial Volume*, Hofer, H. et al.(eds.), Birkhäuser, Basel, 1995, pp. 483–524.
[184] Hummel, C., *Gromov's Compactness Theorem for Pseudo-holomorphic Curves*, Progress in Math. 151, Birkhäuser, Basel, 1997.
[185] Hutchings, M., Reidemeister torsion in generalized Morse theory, Thesis, Department of Mathematics, Harvard Univ., 1998.
[186] Hutchings, M. and Lee, Y., Circle valued Morse theory, Reidemeister torsion, and Seiberg-Witten invariants of three manifolds, *Topology* **38**(1999), pp. 861–888.
[187] Itagaki, Y., Convergence of the normalized solution of the Maurer-Cartan equation in the Barannikov-Kontsevich construction, Master Thesis, Kyoto Univ, 1999.
[188] 泉屋周一・石川剛郎, 『応用特異点論』, 共立出版, 1998.
[189] Jeffrey, L. and Kirwan, F., Localization for nonabelian group actions, *Topology* **34**(1995), pp. 291–327.
[190] Jeffrey, L. and Kirwan, F., Intersection theory on moduli spaces of holomorphic bundles of arbitrary rank on a Riemann surface, *Ann. of Math.* **148**(1998), pp. 109–196.
[191] Jeffrey, L. and Weitsman, J., Half density quantization of the moduli space of flat connections and Witten's semiclassical manifold invariants, *Topology* **32**(1993), pp. 509–529.
[192] Jeffrey, L. and Weitsman, J., Bohr-Sommerfeld orbits in the moduli space of flat connections and the Verlinde dimension formula, *Comm. Math. Phys.* **150**(1993), pp. 593–630.
[193] Joyce, D., Compact Riemannian 7-manifolds with holonomy $G_2$, I, II, *J. Diff.*

Geom. **43**(1996), pp. 291–328, 359–375.
[194] Joyce, D., Compact 8-manifolds with holonomy Spin(7), *Invent. Math.* **123**(1996), pp. 507–552.
[195] Kapranov, M., "Operads and algebraic geometry" in *International Congress of Mathematics*, 1998, Berlin.
[196] Karasev, M. and Maslov, V., *Nonlinear Poisson Brackets, Geometry and Quantization*, Translations of Mathematical Monographs 119, Amer. Math. Soc., 1993.
[197] Keel, S., Intersection theory of the moduli space of stable $n$-pointed curves of genus zero, *Trans. Amer. Math. Soc.* **330**(1992), pp. 545–574.
[198] Kimura, T., Stasheff, J., Voronov, J. and Alexander, A., On operad structures of moduli spaces and string theory, *Comm. Math. Phys.* **171**(1995), pp. 1–25.
[199] Kirillov, "Geometric quantization" in *Encyclopaedia of Mathematical Sciences, Dynamical System IV*, Arnold, V. and Novikov, S.(eds.), Springer, Berlin, 1980, pp. 254–272.
[200] Kirwan, F., *Cohomology of Quotients in Symplectic and Algebraic Geometry*, Mathematical Notes 31, Princeton Univ. Press, 1984.
[201] Kirwan, F., The cohomology rings of moduli spaces of vector bundles over Riemann surfaces, *J. Amer. Math. Soc.* **5**(1992), pp. 853–906.
[202] Knudsen, F., Projectivity of the moduli space of stable curves, II: the stacks $\mathcal{M}_{0,n}$, *Math. Scand.* **52**(1983), pp. 1225–1265.
[203] Kobayashi, R. and Todorov, A., Polarized period map for generalized $K3$ surfaces and the moduli of Einstein metric, *Tohoku Math. J.* **39**(1987), pp. 341–363.
[204] Kobayashi, S. and Nomizu, K., *Foundation of Differential Geometry I,II*, Interscience Tracts in Pure and Applied Mathematics 15, Interscience, 1963, 1969.
[205] 小林昭七,『接続の微分幾何とゲージ理論』, 裳華房, 1989.
[206] 小林昭七,『複素幾何』, 岩波書店, 2005.
[207] Kodaira, K. and Spencer, D., On deformation of complex analytic structures I, II, *Ann. of Math.* **67**(1958), pp. 328–466.
[208] Kodaira, K., Nirenberg, L. and Spencer, D., On the existence of deformations of complex analytic structures, *Ann. of Math.* **68**(1958), pp. 450–459.
[209] 小平邦彦, 複素多様体と複素構造の変形 1, 2, 東大セミナリーノート 19, 31, 東京大学数学教室, 1974.
[210] 小平邦彦,『複素多様体論』, 岩波書店, 1992.
[211] 河野俊丈,『曲面の幾何構造とモジュライ』, 日本評論社, 1997.
[212] 河野俊丈,『場の理論とトポロジー』, 岩波書店, 2008.
[213] Kolmogorov, A., On the representation of continuous functions of several variables as super position of functions of smaller number of variables, *Soviet Math. Dokl.* **108**(1956), pp. 179–182. (Selected works of Kolmogorov, Vol. 1, pp. 378–382)
[214] Konno, H., On the natural line bundle on the moduli space of stable parabolic bundles, *Comm. Math. Phys.* **155**(1993), pp. 311–324.
[215] Kontsevich, M., "$A_\infty$-algebras in mirror symmetry" in *Arbeitstagung*, Max Plank

Institute of Mathematics, 1992.

[216] Kontsevich, M., "Formal (non)commutative symplectic geometry" in *The Gelfand Mathematical Seminars 1990–1992*, Birkhäuser, Zürich, 1993, pp. 173–187.

[217] Kontsevitch, M., "Feynman diagram and low dimensional topology" in *Proceeding of the First European Congress of Mathematics*, Birkhäuser, Boston, 1994, pp. 97–122.

[218] Kontsevich, M., "Enumeration of rational curve by torus action" in *Moduli Space of Surface*, Dijkgraaf, H., Faber, C. and v. d. Geer, G. (eds.), Birkhäuser, Boston, 1995, pp. 335–368.

[219] Kontsevich, M., "Homological algebra of mirror symmetry" in *International Congress of Mathematics*, Birkhäuser, Zürich, 1995.

[220] Kontsevich, M., "Formality conjecture" in *Deformation Theory and Symplectic Geometry*, Steinheimer, D., Rawnsley, J. and Gutt, S. (eds.), Kluwer Academic Publishers, 1997, pp. 139–156.

[221] Kontsevich, M., Deformation quantization of Poisson manifolds I, *Lett. Math. Phys.* **66**(2003), no. 3, 157–216. q-alg/9709040.

[222] Kontsevich, M. and Manin, Y., Gromov-Witten classes, quantum cohomology, and enumerative geometry, *Comm. Math. Phys.* **164**(1994), pp. 525–562. hep-th/9102147.

[223] Kostant, B., *Quantization and unitary representations*, Lecture Notes in Math. 170, Springer, Berlin, 1970, pp. 87–208.

[224] Kotschick, D., The Seiberg-Witten invariants of symplectic four-manifolds (after C. H. Taubes), *Séminaire Bourbaki 1995/96*, Astérisque 241, 1997, pp. 195–220.

[225] Kronheimer, P., The construction of ALE spaces as hyper Kähler quotients, *J. Diff. Geom.* **29**(1989), pp. 665–683.

[226] Kronheimer, P. and Mrowka, T., Monopoles and contact structures, *Invent. Math.* **130**(1997), pp. 209–255.

[227] Kronheimer, P. and Nakajima, H., Yang-Mills instantons on ALE gravitational instantons, *Math. Ann.* **288**(1990), pp. 263–307.

[228] Kuksin, F., Infinite-dimensional symplectic capacities and a squeezing theorem for Hamiltonian PDEs, *Comm. Math. Phys.* **167**(1995), pp. 531–552.

[229] Kuranishi, M., On the locally complete families of complex analytic structures, *Ann. of Math.* **75**(1962), pp. 536–577.

[230] Lalonde, F. and McDuff, D., "$J$-curves and the classification of rational and ruled symplectic 4-manifolds" in *Contact and Symplectic Geometry*, Thomas, C. (ed.), Cambridge Univ. Press, 1996.

[231] Lalonde, F., McDuff, D. and Polterovich, L., "On the flux conjectures" in *Geometry, Topology, and Dynamics*, CRM Proc. Lecture Notes 15, Amer. Math. Soc., 1998, pp. 69–85.

[232] Lees, J., On the classification of Lagrange immersion, *Duke Math. J.* **43**(1976), pp. 217–224.

[233] Lian, B., Liu, K. and Yau, S. T., Mirror principle I, *Asian J. Math.* **1**(1998), pp. 729–763.
[234] Lie, J. and Tian, G., Virtual moduli cycles and Gromov Witten invariants of algebraic varieties, *J. Amer. Math. Soc.* **6**(1997), pp. 269–305.
[235] Lie, J. and Tian, G., "Virtual moduli cycles and Gromov Witten invariants of general symplectic manifolds" in *Topics in Symplectic 4-Manifolds*, International Press, Cambridge, 1998, pp. 47–83.
[236] Liu, G. and Tian, G., Floer homology and Arnold conjecture, *J. Diff. Geom.* **49**(1998), pp. 1–74.
[237] Liu, X. and Tian, G., Virasoro Constraints for Quantum cohomology. *J. Differential Geom.* **50**(1998), no. 3, 537–590. math/9806028.
[238] Loday, J., Stasheff, J., and Voronov, A.(eds.), Operads: proceedings of renaissance conferences, *Contemporary Math.* **102** (1997).
[239] Lyusternik, L. and Snirel'man, L., *Méthodes Topologiques dans les Problèmes Variationnels*, Actualités Sci. Indust. 118, Hermann, 1934.
[240] MacLane, S., *Homology*, Die Grundlehren der mathematischen Wissenchaften in Einzeldarstellungen 114, Springer, Berlin, 1967.
[241] Manin, Y., "Generating functions in algebraic geometry and sums over trees" in *Moduli Space of Surface*, Dijkgraaf, H., Faber, C. and v. d. Geer, G.(eds.), Birkhäuser, Boston, 1995, pp. 401–418.
[242] Manin, Y., *Frobenius Manifolds, Quantum Cohomology, and Moduli Spaces*, Colloquim Publ. 47, Amer. Math. Soc., 1999.
[243] Manin, Y, Three constructions of Frobenius manifolds: a comparative study, Surveys in differential geometry, pp. 497–554, *Surv. Differ. Geom.*, VII math/9801006.
[244] Marsden, J., "Park City Lectures on Mechanics, Dynamics, and Symmetry" in *Symplectic Geometry and Topology*, Eliashberg, Y. and Traynor, L. (eds.), IAS/Park City Math. Series 7, Amer. Math. Soc. 1999, pp. 335–430.
[245] Marsden, J. and Weinstein, A., Reduction of symplectic manifolds with symmetry, *Reports on Mathematical Physics* **5**(1974), pp. 121–130.
[246] マスロフ, 『摂動論と漸近的方法』, 大内忠・金子晃・村田実 訳, 岩波書店, 1965.
[247] Mathai, V. and Quillen, D., Thom classes, super connections, and equivariant differential forms, *Topology* **25**(1986), pp. 85–110.
[248] 松本幸夫, 『Morse 理論の基礎』, 岩波書店, 2005.
[249] May, J., The geometry of iterated loop spaces, Lecture Note in Math. 271, Springer, Berlin, 1972.
[250] McDuff, D., Example of simply connected symplectic non Kählerian manifolds, *J. Diff. Geom.* **77**(1984), pp. 267–277.
[251] McDuff, D., Example of symplectic structures, *Invent. Math.* **89**(1987), pp. 13–36.
[252] McDuff, D., Elliptic methods in symplectic geometry, *Bull. Amer. Math. Soc.* **23**(1990), pp. 311–358.

[253] McDuff, D. and Salamon, D., *J-holomorphic Curves and Quantum Cohomology*, University Lecture Series 6, Amer. Math. Soc., 1994.

[254] McDuff, D. and Salamon, D., *Introduction to Symplectic Topology*, Oxford Mathematical Monographs, Oxford Univ. Press, 1995.

[255] McLean, R., Deformations of calibrated submanifolds, *Comm. Anal. Geom.* **6**(1998), pp. 705–747.

[256] Milnor, J., On the cobordism ring $\Omega_*$ and its complex analogue, *Amer. J. Math.* **82**(1960), pp. 505–521.

[257] Milnor, J., *Morse Theory*, Annals of Math. Studies 51, Princeton Univ. Press, 1963. (邦訳)『モース理論』,志賀浩二 訳,吉岡書店,1983.

[258] Milnor, J., *Lectures on the h-Cobordism Theorem*, Mathematical Notes, Princeton Univ. Press, 1965.

[259] Milnor, J., Whitehead torsion, *Bull. Amer. Math. Soc.* **72**(1966), pp. 358–426.

[260] Minahan, J., Nemeschansky, D., Vafa, C. and Warner, N., E-strings and $N=4$ topological Yang-Mills theories, *Nucl. Phys.* **B517**(1998), pp. 537–556. hep-th/9802168.

[261] Moore, G. and Witten, E., Integration over the $u$-plane in Donaldson theory, *Adv. Theor. Math. Phys.* **1**(1997), pp. 298–387. hep-th/9709193.

[262] Morgan, J., Mrowka, T. and Ruberman, D., *The $L^2$ Moduli Space and a Vanishing Theorem for Donaldson Polynomial Invariants*, Monographs in Geometry and Topology II, International Press, 1994.

[263] Kollár, J.・森重文,『双有理幾何学』,岩波書店,2008.

[264] 森田茂之,『特性類と幾何学』,岩波書店,2008.

[265] Moser, J., On the volume elements on manifolds, *Trans. of Amer. Math. Soc.* **120**(1965), pp. 280–296.

[266] Mukai, S., Duality between $D(X)$ and $D(\hat{X})$ with its application to Picard sheaves, *Nagoya Math. J.* **81**(1981), pp. 334–353.

[267] Mukai, S., Abelian variety and spin representation, preprint, 1998. Translation of an article written in Japanese in 1994.

[268] 向井茂,『モジュライ理論1, 2』,岩波書店,2008.

[269] Mumford, D., *Geometric Invariant Theory*, Springer, Berlin, 1965.

[270] Mumford, D., *Abelian Variety*, Oxford Univ. Press, 1974.

[271] Mumford, D., Stability of projective varieties, *Enseign. Math.* **24**(1977), pp. 39–110.

[272] Mumford, D., "Toward an enumerative geometry of the moduli space of curves" in *Arithmetric and Geometry*, Artin, M. and Tate, J.(eds.), Birkhäuser, Boston, 1983, pp. 271–326.

[273] 村井信行,『拘束系の力学』,日本評論社,1998.

[274] 長野正,『大域変分法』(現代の数学17),共立出版,1971.

[275] Nakajima, H., Removable singularities for Yang-Mills connections in higher dimensions, *J. Fac. Sci. Univ. Tokyo Sect. IA Math.* **34**(1987), pp. 299–307.

[276] Nakajima, H., Compactness of the moduli space of Yang-Mills connections in higher dimensions, *J. Math. Soc. Japan*, **40**(1988), pp. 383–392.
[277] Nakajima, H., Hausdorff convergence of Einstein 4-manifolds, *J. Fac. Sci. Univ. Tokyo Sect. IA Math.* **35**(1988), pp. 411–424.
[278] Nakajima, H., Instantons on ALE spaces, quiver varieties, and Kac-Moody algebras, *Duke Math. J.* **2**(1994), pp. 61–74.
[279] Nakajima, H., Heisenberg algebra and Hilbert schemes of points on projective surfaces, *Ann. of Math.* **145**(1997), pp. 379–388.
[280] Nakajima, H., Lectures on Hilbert scheme of points on surface, University Lecture Series, **18**, Amer. Math. Soc., Providence, RI, 1999.
[281] 中島啓, 『非線形問題と複素幾何学』, 岩波書店, 2008.
[282] 中岡稔, 『位相幾何学——ホモロジー論——』(現代の数学15), 共立出版, 1960.
[283] Narashimhan, M. and Seshadri, C., Stable and unitary vector bundles on compact Riemannian surfaces, *Ann. of Math.* **82**(1965), pp. 540–567.
[284] Newlander, R. and Nirenberg, L., Complex analytic coordinates in almost complex manifolds, *Ann. of Math.* **65**(1957), pp. 391–404.
[285] 西川青季, 『幾何学的変分問題』, 岩波書店, 2006.
[286] Novikov, S., *Solitons and Geometry*, Academia Nazionale dei Lincei, Scuola Normale Superiore, Press Syndicate of the University of Cambridge, 1992.
[287] Novikov, S., Multivalued functions and functionals — an analogue of the Morse theory, *Soviet Math. Dokl.* **24**(1981), pp. 222–225.
[288] 小田忠雄, 『凸体と代数幾何学』(紀伊國屋数学叢書24), 紀伊國屋書店, 1988.
[289] Oh, Y., Removal of boundary singularities of pseudo-holomorphic curves with Lagrangian boundary conditions, *Comm. Pure Appl. Math.* **45**(1992), pp. 131–139.
[290] Oh, Y., Floer cohomology of Lagrangian intersections and pseudo-holomorphic disks I, II, *Comm. Pure and Appl. Math.* **46**(1993), pp. 949–994, 995–1012.
[291] Oh, Y., Floer cohomology, spectral sequences, and the Maslov class of Lagrangian embeddings, *Internat. Math. Res. Notices* **7**(1996), pp. 305–346.
[292] 岡本久・中村周, 『関数解析』, 岩波書店, 2006.
[293] Ono, K., On the Arnold conjecture for weakly monotone symplectic manifolds, *Invent. Math.* **119**(1995), pp. 519–537.
[294] Omori, H., Maeda, Y. and Yoshioka, A., Weyl manifolds and deformation quantization, *Adv. Math.* **85**(1991), pp. 224–255.
[295] 大森秀樹, 『無限次元 Lie 群論』(紀伊國屋数学叢書15), 紀伊國屋書店, 1978.
[296] 大森秀樹, 『一般力学系と場の幾何学』, 裳華房, 1991.
[297] 大沢健夫, 『多変数複素解析』, 岩波書店, 2008.
[298] Pansu, P., "Compactness" in *Holomorphic Curves in Symplectic Geometry*, Audin, M. and Lafontaine, J.(eds.), Birkhäuser, Basel, 1994, pp. 233–250.
[299] Parker, T. and Wolfson, J., Pseudo holomorphic maps and bubble trees, *J. Geom. Analysis* **3**(1993), pp. 63–98.
[300] Pazhitnov, Rationality of boundary operators in the Novikov complex in general

position, *St. Petersburg Math. J.* **9**(1998), pp. 969–1006.

[301] Pazhitnov, Incidence coefficients in the Novikov complex for Morse forms: rationality and exponential growth properties. dg-ga/9604004.

[302] Piunikihin, S., Schwartz, M. and Salamon, D., "Symplectic Floer-Donaldson theory and quantum homology" in *Contact and Symplectic Geometry*, Thomas, C.(ed.), Cambridge Univ. Press, 1996, pp. 171–200.

[303] Polchinski, J., "TASI lectures on D-branes" in *Fields, String, and Duality*, Efthimiou, C. and Green, B.(eds.), World Scientific, Hong-Kong, 1997. hep-th/9611050.

[304] Polchinski, J., *String Theory I, II*, Cambridge Univ. Press, 1998.

[305] Polishchuk, A. and Zaslow, E., Categorical mirror symmetry: the elliptic curve, *Adv. Theor. Math. Phys.*, **2**(1998), pp. 443–470. math/9801119.

[306] Polishchuk, A., Massey and Fukaya product on Elliptic curves. math.AG/980301.

[307] Polterovich, L., The surgery of Lagrange submanifolds, *Geometric Analysis and Functional Analysis*, **1**(1991), pp. 198–210.

[308] Polterovich, L., Monotone Lagrange submanifolds of linear spaces and the Maslov class in cotangent bundles, *Math. Z.* **207**(1991), pp. 217–222.

[309] Pozniak, M., Floer homology, Novikov rings, and clean intersections, Thesis, Mathematics Institute, University of Warwick, Coventry, 1994.

[310] Quillen, D., Rational homotopy theory, *Ann. of Math.* **90**(1969), pp. 205–295.

[311] Rabinowitz, P., Periodic solutions of Hamiltonian systems on a prescribed energy surface, *J. Diff. Equations* **33**(1978), pp. 336–352.

[312] Ran, Z., "Thickening Calabi-Yau moduli spaces" in *Mirror Symmetry II*, Greene, B. and Yau, S. T.(eds.), International Press, Hong-Kong, 1997, pp. 393–400.

[313] Rieffel, M., $C^*$ algebras associated with irrational rotations, *Pacific J. Math.* **93**(1981), pp. 415–429.

[314] Rieffel, M., Noncommutative tori — a case study of noncommutative differential geometry, *Contemporary Math.* **105**(1990), pp. 191–211.

[315] Ruan, Y., Symplectic topology and extremal rays, *Geometric and Functional Analysis* **3**(1993), pp. 395–430.

[316] Ruan, Y., Topological sigma model and Donaldson-type invariants in Gromov theory, *Duke Math. J.* **83**(1996), pp. 461–500.

[317] Ruan, Y., Virtual neighborhood and pseudoholomorphic curve, Proceedings of 6th Gökova Geometry-Topology Conference. *Turkish J. Math.* **23**(1999), no. 1, pp. 161–231.

[318] Ruan, Y. and Tian, G., Bott-type symplectic Floer cohomology and its multiplicative structure, *Mathematical Research Letters* **2**(1995), pp. 203–219.

[319] Ruan, Y. and Tian, G., A mathematical theory of quantum cohomology, *J. Diff. Geom.* **42**(1995), pp. 259–367.

[320] Sacks, J. and Uhlenbeck, K., The existence of minimal immersions of 2-spheres, *Ann. of Math.* **113**(1981), pp. 1–24.

[321] Saito, K., Period mapping associated to a primitive form, *Publ. RIMS* **19**(1983), pp. 1231–1264.
[322] Saito, K., Duality of regular system of weights, *Asian J. Math.* **2**(1998), no. 4, pp. 983–1047.
[323] Satake, I., On a generalization of the notion of manifold, *Proc. Nat. Acad. Sci. USA*, **42**(1956), pp. 359–363.
[324] Schechtman, V., Remarks on formal deformations and Batalin-Vilkovsky algebras. math/9802006.
[325] Schlessinger, M., Functors of Artin rings, *Trans. Amer. Math. Soc.* **130**(1968), pp. 208–222.
[326] Shlessinger, M. and Stasheff, J., The Lie algebra structure on tangent cohomology and deformation theory, *J. Pure Appl. Algebra* **89**(1993), pp. 231–235.
[327] Shoen, R. and Wolfson, J., Minimizing volume among Lagrangian submanifolds, *Proc. Sympos. Pure Math.* **65**(1998), pp. 181–199.
[328] Schwarz, M., *Morse Homology*, Progress in Math. 111, Birkhäuser, Basel, 1993.
[329] Seiberg, N. and Witten, E., Electric-magnetic duality, monopole condensation, and confinement in $N=2$ supersymmetric Yang-Mills theory, *Nucl. Phys.* **B303**(1994), p. 19. hep-th/9407087.
[330] Seidel, P., $\pi_1$ of symplectic automorphism groups and invertibles in quantum homology rings, *Geometric and Functional Analysis* **6**(1997), pp. 1046–1095.
[331] Shaneson, J., "Characteristic classes, lattice points, and Euler-MacLaurin formulae" in *International Congress of Mathematics*, Birkhäuser, Zürich, 1994.
[332] 重川一郎, 『確率解析』, 岩波書店, 2008.
[333] Siebert, B., Gromov-Witten invariants for general symplectic manifolds. alg-geom/9611021.
[334] Sikorav, J., Points fixés d'une application symplectique homologue l'identité, *J. Diff. Geom.* **22**(1985), pp. 49–79.
[335] Sikorav, J., Homologie de Novikov associé à une classe de cohomologie réelle de degré un, Thesis, Paris: Orsay, 1987.
[336] Silva., A.C. and Weinstein A., *Geometric Models for Noncommutative Algebras*, Berkeley Math., Lecture Notes 10, Amer. Math. Soc., 1999.
[337] Silva, V. D., Products on symplectic Floer homology, Thesis, Oxford University, 1997.
[338] Simon, L., Asymptotics for a class of non-linear evolution equations with application to geometric problems, *Ann. of Math.* **118**(1983), pp. 525–571.
[339] Simon, L., Lectures on geometric measure theory, *Proc. Centre Math. Anal. Austral. Nat. Univ.* **3**(1983).
[340] Simpson, C., Algebraic aspects of higher nonabelian Hodge theory. math/9902067.
[341] Siu, Y., Lectures on Hermitian-Einstein metrics for stable bundles and Kähler-Einstein metrics, Birkhäuser, Düsseldorf, 1986.
[342] Smale, S., An infinite dimensional version of Sard's theorem, *Amer. J. Math.*

**87**(1968), pp. 861–866.
[343] Śniatycki, J., On cohomology group appearing in geometric quantization, Lecture Note in Math. 570, Springer, 1977, pp. 46–66.
[344] Śniatycki, J., *Geometric Quantization and Quantum Mechanics*, Applied Mathematical Sciences 30, Springer, Berlin, 1980.
[345] Souriau, J., Quantification géométrique, *Comm. Math. Phys.* **1**(1966), pp. 374–398.
[346] Spanier, E., *Algebraic Topology*, McGraw Hill, 1966.
[347] Stasheff, J., Homotopy associativity of H-Spaces I, II. *Trans. Amer. Math. Soc.* **108**(1996), pp. 275–292, 293–312.
[348] Stasheff, J., "Deformation theory and Batalin-Virkovsky Master equation" in *Deformation Theory and Symplectic Geometry*, Steinheimer, D., Rawnsley, J. and Gutt, S.(eds.), Kluwer Academic Publishers, 1997, pp. 271–284.
[349] Steenrod, N. and Epstein, D., *Cohomology Operations*, Ann. of Math. Studies 50, Princeton Univ. Press, 1962.
[350] Strominger, A., Yau, S. T. and Zaslow, E., Mirror symmetry is T-duality, *Nucl. Phys.* **B476**(1996), pp. 243–259. hep-th/9606040.
[351] Sullivan, D., Infinitesimal calculations in topology, *Publ. Math. IHES* **74**(1978), pp. 269–331.
[352] Swan, R., Vector bundles and projective modules, *Trans. Amer. Math. Soc.* **105**(1962), pp. 264–277.
[353] Takakura, T., Degeneration of Riemann surfaces and intermediate polarization of the moduli space of flat connections, *Invent. Math.* **123**(1996), pp. 431–452.
[354] 高倉樹, "幾何学的量子化の理論概観",『シンプレクティック幾何学』(Surveys in Geometry 予稿集, 深谷賢治 編)所収, 1995.
[355] 田村一郎,『葉層のトポロジー』(数学選書), 岩波書店, 1976.
[356] 田村一郎,『微分位相幾何学』, 岩波書店, 1992.
[357] Taubes, C., Self-dual connections on non-self-dual manifolds, *J. Diff. Geom.* **17**(1982), pp. 139–170.
[358] Taubes, C., Casson's invariant and gauge theory, *J. Diff. Geom.* **31**(1990), pp. 547–599.
[359] Taubes, C., SW ⇒ Gr: from the Seiberg-Witten equations to pseudoholomorphic curves, *J. Amer. Math. Soc.* **9**(1996), pp. 845–918.
[360] Taubes, C., The structure of pseudo-holomorphic subvarieties for a degenerate almost complex structure and symplectic form on $S^1 \times B^3$, *Geom. Topol.* **2**(1998), pp. 221–332.
[361] Taubes, C., Moduli spaces and Fredholm theory for pseudoholomorphic subvarieties associated to self-dual harmonic 2-forms, preprint.
[362] Thom, R., Sur une partition en cellules associée à une fonction sur une variété, *C. R. Acad. Sci. Paris* **228**(1949), pp. 973–975.
[363] Thomas, B., Eliashberg, Y. and Giroux, E., "3-dimensional contact geometry"

in *Contact and Symplectic Geometry*, Thomas, C.(ed.), Cambridge Univ. Press, 1996.

[364] Thomas, R., A holomorphic Casson invariant for Calabi-Yau 3-folds, and bundles on K3 fibrations. *J. Differential Geom.* **54**(2000), no. 2, 367–438. math/9806111.

[365] Tian, G., "Smoothness of the universal deformation space of compact Calabi-Yau manifolds and its Petersson-Weil metric" in *Mathematical Aspects of String Theory*, World Scientific, Singapore, 1987, pp. 543–559.

[366] Tian, G., Gauge theory and calibrated geometry I, preprint.

[367] Todorov, A., The Weil-Petersson geometry of the moduli space of $SU(n \geqq 3)$ (Calabi-Yau) manifolds, *I. Comm. Math. Phys.* **126**(1989), pp. 325–346.

[368] 戸田宏・三村護,『ホモトピー論』(紀伊國屋数学叢書3), 紀伊國屋書店, 1975.

[369] 戸田宏・三村護,『リー群の位相上・下』(紀伊國屋数学叢書14A, B), 紀伊國屋書店. 1979.

[370] 上野健爾,『代数幾何』, 岩波書店, 2005.

[371] 上野健爾・清水勇二,『複素構造の変形と周期——共形場理論への応用——』, 岩波書店, 2008.

[372] Uhlenbeck, K. and Yau, S. T., On the existence of Hermitian-Yang-Mills connections in stable vector bundles, *Comm. Pure. Appl. Math.* **39**(1986), pp. 257–293.

[373] Vafa, C., "Topological mirrors and quantum rings" in *Essays on Mirror Manifolds*, Yau, S. T.(ed.), International Press, Hong-Kong, 1992, pp. 96–119.

[374] Vafa, C., Extending Mirror conjecture to Calabi-Yau with bundles. hep-th/9804031.

[375] Vanderbauwhede, A., "Center manifolds, normal forms and elementary bifurcations" in *Dynamics Reported*, Kirchgraber, U. and Walther, H.(eds.), John Wiley, 1989.

[376] Vassiliyev, V., *Lagrange and Legendre Characteristic Classes*, Advanced Studies in Contemporary Math., Gordon and Breach, 1988.

[377] Vinogradov, A., The $\mathfrak{C}$ spectral sequence, Lagrangian formalism and conservation laws I, II, *J. Math. Anal. Appl.* **100**(1984), pp. 1–40, 41–129.

[378] Viterbo, C., A proof of Weistein conjecture in $\mathbb{R}^n$, *Ann. Inst. H. Poincaré, Anal. Non Linéaire* **4**(1987), pp. 337–357.

[379] Viterbo, C., A new obstruction to embedding Lagrangian tori, *Invent. Math.* **100**(1990), pp. 301–320.

[380] Viterbo, C., Symplectic topology as the geometry of generating functions, *Math. Annal.* **292**(1992), pp. 685–710.

[381] Viterbo, C., Exact Lagrange submanifolds, periodic orbits and the cohomology of free loop spaces, *J. Diff. Geom.* **47**(1997), pp. 420–468.

[382] Wang, G. and Ye, R., Equivariant and Bott-type Seiberg-Witten Floer Homology: Part I. math/9901058.

[383] Weil, A., *Elliptic Functions According to Eisenstein and Kronecker*, Springer, Berlin, 1976.

[384] Weinstein, A., Symplectic manifolds and their Lagrangian submanifolds, *Adv.*

*in Math.* **6**(1971), pp. 202–213.

[385] Weinstein, A., Periodic orbits for convex Hamiltonian system, *Ann. of Math.* **108**(1978), pp. 507–518.

[386] Weinstein, A., "Noncommutative geometry and geometric quantization" in *Symplectic Geometry and Mathematical Physics*, Donato, P. et al.(eds.), Birkhäuser, Boston, 1991, pp. 11–15.

[387] Weinstein, A., Classical theta functions and quantum tori, *Publ. RIMS* **2**(1994), pp. 327–333.

[388] Weinstein, A., Deformation quantization, Séminaire Bourbaki 1993/94, No. 789, Astérisque 227, 1995, pp. 389–409.

[389] Weitsman, J., Real polarization of the moduli space of flat connections on a Riemann surface, *Comm. Math. Phys.* **145**(1992), pp. 423–433.

[390] Whitney, H., The self intersections of a smooth $n$-manifold in $2n$-space, *Ann. of Math.* **45**(1944), pp. 220–246.

[391] Witten, E., Supersymmetry and Morse theory, *J. Diff. Geom.* **117**(1982), pp. 353–386.

[392] Witten, E., Topological sigma model, *Comm. Math. Phys.* **118**(1988), pp. 411–449.

[393] Witten, E., Quantum field theory and Jones polynomial, *Comm. Math. Phys.* **121**(1989), pp. 661–692.

[394] Witten, E., Two dimensional gauge theory revisited, *J. Geom. Phys.* **9**(1992), pp. 303–368.

[395] Witten, E., "Chern-Simons gauge theory as a string theory" in *The Floer Memorial Volume*, Hofer, H. et al.(eds.), Birkhäuser, Basel, 1995, pp. 637–678.

[396] Witten, E., "Phases of $N=2$ theories in two dimensions" in *Mirror Symmetry II*, Yau, S. T.(ed.), International Press, Hong-Kong, 1996.

[397] Witten, E., "Mirror manifolds and topological field theory" in *Mirror Symmetry I*, Yau, S. T.(ed.), International Press, Hong-Kong, 1998.

[398] Witten, E. and Olive, O., Super Symmetric algebra that include topological charg, *Physics Lett.* **70B**(1978), pp. 97–101.

[399] Woodhause, N., *Geometric Quantization*, Oxford Univ. Press, 1992.

[400] Yau, S. T., On the Ricci curvature of a compact Kähler manifold and the complex Monge-Ampère equation I, *Comm. Pure Appl. Math.* **31**(1978), pp. 339–411.

[401] Yau, S. T.(ed.), *Mirror Symmetry II*, AMS/IP Studies, International Press, Hong-Kong, 1997.

[402] Yau, S. T.(ed.), *Mirror Symmetry I*, AMS/IP Studies, International Press, Hong-Kong, 1998.

[403] Yau, S. T.(ed.), *Mirror Symmetry III*, AMS/IP Studies, International Press, Hong-Kong, 1999.

[404] Ye, R., Gromov's compactness theorem for pseudo holomorphic curves, *Trans. Amer. Math. Soc.* **342**(1994), pp. 671–694.

# 欧文索引

1 periodic solution  188
A model  245
action angle coordinate  145
$A^\infty$ homomorphism  304
almost complex structure  3, 22
B field  278
B model  245
Batalin-Vilkovsky master equation  303
bifurcation  128
biholomorphic map  257
BKS pairing  151
Bochner trick  7
Bogomol'nyi inequality  60
Bogomol'nyi-Prasad-Sommerfeld instanton  60
Bohr-Sommerfeld orbit  149
Borel construction  108
Bott-Morse function  89
brane  334
bubble  66
Calabi-Yau manifold  246
calibrated submanifold  61
calibration  61
Carnot-Carathéodory metric  136
catastroph  128
Cauchy-Riemann structure  134
caustics  125
center manifold  112
Chern-Simons functional  157
classical complex structure  343
clean intersection  202

cobordant  170
compact real form  97
compatible  30
complete integrable  142
complex gauge transformation  105
conformal  58
conformal block  161
conformal field theory  161
conformal transformation  58
conjugate point  140
Conley-Zehnder index  212
conormal bundle  120
contact diffeomorphism  130
contact form  129
contact homology  136, 298
contact structure  129
contact transform  130
continuity method  41
coupling constant  248
critical point  43
critical point set  89
critical submanifold  89
critical value  43
Darboux coordinate  28
deformation quantization  15
deformation theory  7
derived category  305
differential invariant  5
dilaton  248
duality of duality  359
Dynkin diagram  128
effective  95

energy   57
energy filter   301
enumerative geometry   289
equivalence problem   5
equivariant cohomology   108
equivariant Euler class   116
equivariantly perfect over $\mathbb{Q}$   114
Erlangen program   2
evaluation map   254
exact Lagrangian immersion   138
exact symplectic diffeomorphism   188
exchange symmetry   264
extended moduli space   276
filtered $A^\infty$ algebra   302
filtered $\Lambda_{\mathrm{nov}}$ module   280
filtered $L^\infty$ algebra   302
filtered weak $A^\infty$ algebra   302
filtered weak $L^\infty$ algebra   302
flat coordinate   19, 287
forgetting map   255
formal   307
formality conjecture   321
Fourier integral operator   121
Fourier transform   12
Fourier-Mukai transform   122
Fredholm map   43
Fredholm operator   43
free   108
Frobenius algebra   246
fundamental form   22
$G$ structure   3
gauge equivalent   306
generating function   124
genus   258
geodesic flow   140

geometric chain   220
geometric measure theory   337
geometric mirror symmetry   340
geometric optics   140
geometric quantization   13
Gerstenhaber bracket   319
gradient like   56
Grassmannian manifold   163
Gromov-Witten invariant   255
Gromov-Witten potential   284
$h$ principle   178
Hamilton formalism   10
Hamilton vector field   13
Hamiltonian action   83
harmonic analysis   7
harmonic map   58
Hermitian metric   23
Hilbert scheme   337
Hochschild complex   318
Hodge diamond   251
holomorphic Casson invariant   336
holomorphic vector bundle   48
homological mirror symmetry   335
Hutchings-Lee invariant   208
hyper Kähler manifold   118
hyper Kähler moment map   118
hyper Kähler manifold   146
hypoelliptic differential equation   136
Hörmander condition   136
immersion classification theorem   179
index   43
integrability   3
intermediate polarization   163
irreducible component   256

$J$-holomorphic curve  33
Joyce manifold  337
$k$ pointed semistable curve  256
Kähler form  23
Kodaira-Spencer map  308
Kuranishi map  296
Kähler cone  292
Kähler manifold  23
Kähler polarization  147
Lagrange formalism  10
Lagrange singularity  125
Lagrange surgery  174
Lagrangian cobordant  171
Lagrangian correspondense  121
Lagrangian fibration  142
Lagrangian Grassmannian manifold  164
Lagrangian immersion  119
Lagrangian submanifold  119
Lagrangian foliation  142
large complex structure limit  317
large volume limit  292
Legendrian cobordant  173
Legendrian singularity  139
Legendrian submanifold  137
Levi form  133
linearized equation  46
$L^\infty$ homomorphism  304
low energy effective field theory  277
Lyapunov function  56
marked point  259
Maslov index  164
Massey-Yoneda triple product  296
Mathai–Quillen formalism  118
Maurer-Cartan equation  303

micro bundle  6
minimal Chern number  213
minimal immersion  58
mirror  245
mirror symmetry  18
moduli space  7
moduli space of vacuum  277
moment map  82
monopole equation  45
monotone  194
monotonicity principle  78
Morse index  90
Morse theory  7
Morse-Witten complex  198
motiv  121
Moyal product  332
multi theta function  371
non squizing theorem  76
noncommutative geometry  15
noncommutative mirror symmetry  359
nondegenerate  192
normalization  256
Novikov ring  206
number filter  300
operad  273
orbifold  85, 252
ordinary double point  256
oriented cobordant  170
oriented Lagrangian cobordant  171
perfect Bott-Morse function  95
periodic Hamiltonian system  188
Poisson bracket  14
Poisson structure  16
polarization  147
poly-vector field  309

prepotential 287
prequantization 146
prequantization bundle 132
primitive form 19
projective variety 24
pseudo convex 133
pseudoholomorphic 261
pseudoholomorphic curve 33
pseudoholomorphic map 32
quantized contact transform 121
quantum cohomology ring 266
real algebraic variety 123
real polarization 147
Reeb vector field 131
reflection 109
reflection group 128
regular point 43, 256
regular value 43
removable singularity theorem 73
Rieman surface of genus $g$ with $k$ marked points 252
scheme 16
Schouten bracket 309
Seiberg-Witten invariant 45
self indexing 91
semipositive 194
semistable 100
semistable curve 256
singular point 256, 259
skyscraper sheaf 340
slant product 249
special Lagrangian fiber bundle 340
special Lagrangian submanifold 339
special point 259

stable 100, 128, 259, 342
stable center manifold 112
stable map 261
strange duality 128
strongly positive 255
sub Riemannian geometry 136
submanifold of contact type 135
super manifold 284
super string theory 18
symplectic reduction 84
symplectic structure 21
symplectization 136
tamed by $\omega_M$ 56
tangent bundle 6
Thom isomorphism 94
Thom space 177
topological sigma model 18
toric variety 106
totally real 184
transitive 2
tree 271
unfolding 127
universal Maslov class 164
universal Novikov ring 207
unobstructed 307
unstable 100
unstable center manifold 112
valuation 301
vanishing cycle 360
virtual dimension 44
volume 58
wall crossing 353
wave front 139
weak $A^\infty$ algebra 300
weak $A^\infty$ homomorphism 304
weak $L^\infty$ algebra 300

weak $L^\infty$ homomorphism　304
weighted homogeneous　134
weighted projective space　85
Weitzenböck formula　67
Weyl chamber　109
Weyl group　109

Wirtinger inequality　60
Witten–Dijkgraaf–Verlinde–Verlinde equation　286
Yoneda product　295
Yukawa coupling　247

# 和文索引

$A$ 模型　245
$A^\infty$ 準同型写像　304
$A^\infty$ 代数　300
Arnold–Givental の予想　240
Arnold–Liouville の定理　142
$B$ 場　278
$B$ 模型　245
Batalin–Vilkovsky のマスター方程式　303
Blatter–Kostant–Sternberg の対合　151
Bohr–Sommerfeld の量子条件　150
Borel の構成　108
BPS インスタントン　60
BRST コホモロジー　118, 303
$C$ スペクトル系列　303
$Comm_\infty$ 代数　275
CR 構造　134
Darboux の定理　27
$G$ 構造　3
$h$ 原理　178
Huygens の原理　141
Levi の問題　134
$L^\infty$ 準同型写像　304
$L^\infty$ 代数　300
Lojaszewicz の評価　93

Moser の定理　26
Narashimhan–Seshadri の定理　105
$n, m$ 型の微分型式　35
$n, m$ 型式　35
$\omega_M$ 穏やかである　56
$\partial\bar{\partial}$ 補題　313
Pontrjagin–Thom の構成　178
$\mathbb{Q}$ 上同変完全　114
Serre–Swan の定理　15
Tian–Todorov の恒等式　311
Verlinde の公式　118
WDVV 方程式　286
Weitzenböck の公式　67
$(X, G)$ 構造　2

## ア 行

アーノルド予想　192
圧縮不能性定理　76
安定　100, 128, 259, 342
安定写像　201
安定多様体　91
安定中心多様体　112
位相的シグマ模型　18
1 周期解　188
ウィルティンガー不等式　60
運動量写像　82, 152

エネルギー　57
エネルギーフィルター　301
エルミート計量　23
エルランゲン目録　2
オペラッド　273
重み付き射影空間　85
重み付き斉次　134

## カ 行

概型　16
概ケーラー多様体　30
概正則　261
概正則曲線　33
概正則写像　32
開析　127
概複素構造　3, 22
概複素多様体　22
角・運動量座標　145
拡大モジュライ空間　276
加群
　　オペラッド上の——　274
仮想次元　44
数え上げ幾何学　289
カタストロフ　128
壁越え　353
カルノー–カラテオドリ距離　136
完全シンプレクティック同相写像　188
完全積分可能　142
完全ボット–モース関数　95
完全ラグランジュはめ込み　138
完全ラグランジュ部分多様体　138
幾何学的鎖　220
幾何学的測度論　337
幾何学的ミラー対称性　340
幾何学的量子化　13, 151

幾何光学　140
軌道体　85, 252
擬凸　133
基本型式　22
奇妙な双対性　128
既約成分　256
キャラビ–ヤウ多様体　246
キャラビ予想　246
キャリブレーション　61, 339
キャリブレートされた部分多様体　61, 339
鏡映　109
鏡映変換群　128
共形的　58
共形場の理論　161
共形ブロック　161
共形変換　58
強正　255
共役点　140
極小はめ込み　58
巨大体積極限　292
巨大複素構造極限　317
グラスマン多様体　163
倉西写像　296
グロモフ–ウィッテン不変量　255
グロモフ–ウィッテンポテンシャル　284
形式性予想　321
形式的　307
ゲージ同値　306
結合定数　248
ケーラー型式　23
ケーラー錐　292
ケーラー多様体　23
ケーラー偏極　147
ゲルステンハーバー括弧　319

原始型式　19
弦理論　122
効果的　95
交叉対称性　264
拘束系のハミルトン力学　303
勾配的　56
コーシー–リーマン構造　134
個数フィルター　300
コースティックス　125
小平–スペンサー写像　308
古典的複素構造　343
コンパクト実型式　97
コンレイ–ゼーンダー指数　212

## サ 行

サイクルの対応　121
最小チャーン数　213
最小マスロフ数　239
サイバーグ–ウィッテン不変量　45
自己指数付き　91
指数　43
実代数多様体　123
実偏極　147
射影代数多様体　24
弱 $A_\infty$ 準同型写像　304
弱 $A_\infty$ 代数　300
弱 $L_\infty$ 準同型写像　304
弱 $L_\infty$ 代数　300
自由　108
周期ハミルトン系　188
種数
　　半安定曲線の——　258
樹木　271
準楕円型微分方程式　136
準リーマン幾何学　136
ジョイス多様体　337

焦点集合　125
消滅サイクル　360
除去可能特異点定理　73
真空のモジュライ空間　277
シンプレクティック化　136
シンプレクティック簡約　84
シンプレクティック構造　21
シンプレクティック商　84
シンプレクティック多様体　21
シンプレクティック同相　25
シンプレクティック同相写像　25
シンプレクティック変換群　28
推移的　2
スカイスクレーパー層　340
スカウテン括弧　309
スキーム　16
スラント積　249
正規化　256
斉交叉　202
整合的　30
生成関数　124
正則値　43
正則点　43, 256
正則同型　257
正則な自明化　49
正則ベクトル束　48
積分可能　23
積分可能性　3
接触型部分多様体　135
接触型式　129
接触構造　129
接触同相写像　130
接触変換　130
接触ホモロジー　136, 298
接束　6
線型化方程式　46

先験的評価　65
前量子化　146
前量子化束　132
総実　184
双対性の双対性　359
測地流　140
ソフト　182

## タ 行

体積　58
代入写像　254
多重テータ関数　371
多重ベクトル場　309
ダルブー座標　28, 129
単調　194, 239
単調性原理　78
チャーン–サイモンズ型式　157
チャーン–サイモンズ摂動理論　163
チャーン–サイモンズ汎関数　157
中間偏極　163
中心多様体　112
超ケーラー運動量写像　118
超ケーラー多様体　118, 146
超弦理論　18
超多様体　284
調和写像　58
調和積分論　7
通常2重点　256
低エネルギー有効場の理論　277
ディラトン　248
ディンキン図形　128
テータ関数　362
点層　340
同境　170
同値問題　5
同変オイラー類　116
同変コホモロジー　108
同変トム同型　116
導来圏　305
特異点　256, 259
特殊点　259
特殊ラグランジュファイバー束　340
特殊ラグランジュ部分多様体　339
トム空間　177
トム同型　94
トーリック多様体　106
ドルボー複体　37

## ナ 行

名前付きの点　259
ネイエンハイステンソル　35
ノビコフ環　206
ノビコフコホモロジー　207

## ハ 行

ハッチングス–リー不変量　208
ハード　182
波頭　139
バブル　66
ハミルトン型式　10
ハミルトン作用　83
ハミルトンベクトル場　13
はめ込みの分類定理　179
半安定　100
半安定曲線　256
　　$k$ 点付き——　256
半正　194, 239
パンツ分解　162
半非退化　202
非可換幾何学　15
非可換ミラー対称性　359
非障害的　307

非退化　192
非特異既約成分　256
微分不変式　4
非向き付きラグランジュボルディズム
　　半群　175
非向き付きルジャンドルボルディズム
　　半群　175
ヒルベルト概型　337
不安定　100
不安定多様体　91
不安定中心多様体　112
フィルター付き $A^\infty$ 代数　302
フィルター付き $\Lambda_{nov}$ 加群　280
フィルター付き $L^\infty$ 代数　302
フィルター付き弱 $A^\infty$ 代数　302
フィルター付き弱 $L^\infty$ 代数　302
複素軌道体　253
複素キャッソン不変量　336
複素ゲージ変換　105
複素構造　23
複素構造を保つ　98
複素座標　23
複素部分多様体　24
複素リー群　97
付値　301
普遍ノビコフ環　207
普遍マスロフ類　164
フラックス予想　342
フーリエ–向井変換　122, 359
フーリエ積分作用素　121
フーリエ変換　12
フレアーコホモロジー　351
　　周期ハミルトン系の――　217
　　ラグランジュ部分多様体の――
　　　231
フレドホルム作用素　43

フレドホルム写像　43
フレドホルム切断　46
プレポテンシャル　287
ブレーン　334
フロベニウス代数　246
フロベニウス多様体　287
分岐集合　128
平坦座標　19, 287
平坦接続のモジュライ空間　88
ヘッケ作用素　122
ヘルマンダー条件　136
偏極　147
変形量子化　15
変形理論　7
ボーア–ゾンマーフェルト軌道　149
ポアッソン括弧　131
ポアッソン構造　16
ポアッソンの括弧　14
ホイットニートリック　173
忘却写像　255
母関数　124
ボゴモルニー不等式　60
ホッジダイアモンド　251
ボット–モース関数　89
ボット–モース型式　205
ホッホシルト複体　318
ボホナートリック　7
ホモトピー同値写像　304
ホモロジー的ミラー対称性　335

## マ 行

マイクロバンドル　6
マスロフ指数　164, 166, 168
マタイ–キレン流の定式化　118
マッセイ–米田3重積　296
ミラー　245

ミラー対称性　18, 122
向き付き同境　170
向き付きラグランジュ同境　171
無限遠方で凸　238
モジュライ空間　7
モース–ウィッテン複体　198
モース型式　204
モース指数　90
モース理論　7
モチーフ　121
モノポール方程式　45
モーヤル積　332
モーラー–カルタン方程式　303

## ヤ 行

湯川結合　247
余接球面束　135
米田積　295
余法束　120

## ラ 行

ラグランジュ・グラスマン多様体　164
ラグランジュ型式　10
ラグランジュ対応　121
ラグランジュ同境　171
ラグランジュ特異点　125
ラグランジュはめ込み　119
ラグランジュファイバー束　142
ラグランジュ部分多様体　119
ラグランジュ部分多様体の手術　174
ラグランジュボルディズム半群　175
ラグランジュ葉層構造　142
リアプノフ関数　56
リーマン面
　$k$ 点付き種数 $g$ の——　252
量子化接触変換　121
量子コホモロジー環　266
量子補正　248
臨界値　43
臨界点　43
臨界点集合　89
臨界部分多様体　89
ルジャンドル同境　173
ルジャンドル特異点　139
ルジャンドルはめ込み　137
ルジャンドル部分多様体　137
ルジャンドル変換　135
ルジャンドルボルディズム半群　175
ループ空間　54
レビ行列　134
レビ型式　133
レーブベクトル場　131
連続法　41

## ワ 行

ワイル群　109
ワイル領域　109
ワインシュタイン予想　131

■岩波オンデマンドブックス■

シンプレクティック幾何学

2008年11月12日　第1刷発行
2011年 5月16日　第3刷発行
2019年 3月12日　オンデマンド版発行

著　者　深谷賢治

発行者　岡本　厚

発行所　株式会社　岩波書店
　　　　〒101-8002　東京都千代田区一ツ橋2-5-5
　　　　電話案内　03-5210-4000
　　　　http://www.iwanami.co.jp/

印刷/製本・法令印刷

© Kenji Fukaya 2019
ISBN 978-4-00-730859-8　　Printed in Japan